国家科学技术学术著作出版基金资助出版

先进功能材料丛书

新型薄膜太阳能电池

孟庆波　花建丽　等编著

科学出版社

北京

内 容 简 介

本书结合作者多年从事新型薄膜太阳能电池研究的认识和体会,从薄膜太阳能电池半导体基础知识出发,全面并深入地介绍了新型薄膜太阳能电池的工作原理,太阳能电池材料的性质、制备,以及太阳能电池器件的结构、制备方法、提高电池性能的途径,并且专门设置一章介绍薄膜太阳能电池材料与表征。

本书面向从事新型薄膜太阳能电池研究的科研人员和高等院校师生、薄膜太阳能电池产业的研发者、技术人员及热爱光伏事业的人群。

图书在版编目(CIP)数据

新型薄膜太阳能电池 / 孟庆波等编著. —北京:科学出版社,2022.11

(先进功能材料丛书)

ISBN 978-7-03-073564-5

Ⅰ.①新… Ⅱ.①孟… Ⅲ.①薄膜太阳能电池 Ⅳ.①TM914.4

中国版本图书馆 CIP 数据核字(2022)第 197341 号

责任编辑:许 健 / 责任校对:谭宏宇
责任印制:黄晓鸣 / 封面设计:殷 靓

科学出版社 出版
北京东黄城根北街 16 号
邮政编码:100717
http://www.sciencep.com

南京展望文化发展有限公司排版
上海时友数码图文设计制作有限公司印刷
科学出版社发行 各地新华书店经销

*

2022 年 11 月第 一 版 开本:B5(720×1000)
2024 年 12 月第二次印刷 印张:27
字数:527 000
定价:**160.00 元**
(如有印装质量问题,我社负责调换)

丛 书 序

■
■
■
■

    功能材料是指具有一定功能的材料,是涉及光、电、磁、热、声、生物、化学等功能并具有特殊性能和用途的一类新型材料,包括电子材料、磁性材料、光学材料、声学材料、力学材料、化学功能材料等等,近年来很热门的纳米材料、超材料、拓扑材料等由于它们具有特殊结构和功能,也是先进功能材料。人们利用功能材料器件可以实现物质的多种运动形态的转化和操控,可以制备高性能电子器件、光电子器件、光子器件、量子器件和多种功能器件,所以其在现代工程领域有广泛应用。

    20世纪后半期以来,关于功能材料的制备、特性和应用就一直是国际上研究的热点。在该领域研究中,新材料、新现象、新技术层出不穷,相关的国际会议频繁举行,科技工作者通过学术交流不断提升材料制备、特性研究和器件应用研究的水平,推动当代信息化、智能化的发展。我国从20世纪80年代起,就深度融入国际上功能材料的研究潮流,取得众多优秀的科研成果,涌现出大量优秀科学家,相关学科蓬勃发展。进入21世纪,先进功能材料依然是前沿高科技,在先进制造、新能源、新一代信息技术等领域发挥着极其重要的作用。以先进功能材料为代表的新材料、新器件的研究水平,已成为衡量一个国家综合实力的重要标志。

    把先进功能材料领域的科技创新成就在学术上总结成科学专著并出版,可以有效地推动科学与技术学科发展,推动相关产业发展。我们基于国内先进功能材料领域取得众多的科研成果,适时成立了"先进功能材料丛书"专家委员会,邀请国内先进功能材料领域杰出的科学家,将各自相关领域的科研成果进行总结并以丛书形式出版,是一件有意义的工作。该套丛书的实施也符合我国"十三五"科技创新的需求。

在本丛书的规划理念中,我们以光电材料、信息材料、能源材料、存储材料、智能材料、生物材料、功能高分子材料等为主题,总结、梳理先进功能材料领域的优秀科技成果,积累和传播先进功能材料科学知识、科学发现和技术发明,促进相关学科的建设,也为相关产业发展提供科学源泉,并将在先进功能材料领域的基础理论、新型材料、器件技术、应用技术等方向上,不断推出新的专著。

希望本丛书的出版能够有助于推进先进功能材料学科建设和技术发展,也希望业内同行和读者不吝赐教,帮助我们共同打造这套丛书。

中国科学院院士

2020 年 3 月

序 一

■
■
■
■

目前,全球每年向大气排放超过 500 亿吨的二氧化碳,对全球的气候产生重要影响。2020 年,中国政府宣布了 2030 年碳达峰和 2060 年碳中和的"双碳"目标愿景。"双碳"目标的实现必须大力发展可再生的清洁能源。

太阳能作为"取之不尽,用之不竭"的清洁能源,可以满足人类社会发展的能源需求。利用光伏技术将太阳能转化为高品质的电能,是太阳能重要的利用方式之一。薄膜太阳能电池具有轻便、柔性等优点,在便携式电源、光伏建筑一体化等多场景应用方面具有不可替代的优势。同时,此类太阳能电池具有进一步提升效率、降低成本的空间,必将成为光伏发电领域重要的新生力量。目前,薄膜太阳能电池的研发正在成为光伏领域的研究新热点和产业界的竞争制高点。在这一背景下,科学出版社出版《新型薄膜太阳能电池》这部专著是非常有意义的。

该书全面介绍了薄膜太阳能电池的工作原理、关键材料的制备和薄膜太阳能电池材料与器件的表征技术。书中详细介绍了钙钛矿太阳能电池、铜基薄膜太阳能电池、纳晶染料敏化太阳能电池、量子点敏化太阳能电池及量子点太阳能电池等研究领域的最新进展。该书的各章节作者都是相关领域第一线的科研工作者,对所写领域的研发状态有清晰的了解。同时,基于作者团队二十余年在薄膜太阳能电池领域的耕耘,书中介绍的几种薄膜太阳能电池研究都包含了作者团队的工作,书中的很多分析和讨论都是作者的体会和真知灼见。其中,第六章"薄膜太阳能电池材料与器件表征",比较详细地介绍了作者团队自主发展的可调控的瞬态光电测试方法。这种方法不仅对书中所介绍的几种薄膜太阳能电池适用,也适用于传统的硅基太阳能电池和有机光伏薄膜太阳能电池。

作者研究团队从 2014 年开始连续 8 年主办了新型太阳能电池材料科学与技术学术研讨会,全面见证了新型薄膜太阳能电池领域的发展与进步。书中的很多内容既是对新型薄膜太阳能电池领域研究进展的总结,更详细介绍了我国广大科技工作者多年来在薄膜太阳能电池领域耕耘的成果。

相信该书的出版将进一步促进新型薄膜太阳能电池领域的发展,提高我国在新一代薄膜太阳能电池领域的国际影响力。

中国科学院院士

苏州大学教授

中国科学院化学研究所研究员

2022 年 1 月于北京

序 二

■
　■
　　■
　　　■

　　人类社会进入工业化以来,能源消耗呈现指数级增长。同时化石能源的过度使用造成了严重的环境问题。为了人类社会健康和可持续发展,大规模利用清洁的可再生能源是最佳的选择。利用光伏技术将丰富清洁的太阳能转化电能,是获取清洁能源的重要方式之一。

　　硅基太阳能电池经过 60 余年发展,已经成为光伏发电市场的中坚力量,为大规模利用太阳能做出了重要贡献。但硅基太阳能电池受到材料本身物理性质的限制(间接带隙材料),消光系数低,材料用量大,继续提高性价比遇到了困难,这为薄膜太阳能电池的发展提供了机遇。与晶硅太阳能电池相比,薄膜太阳能电池可以利用直接带隙材料,吸光层材料用量少,具有轻便、柔性等优点,在便携式电源、光伏建筑一体化、弱光环境等多场景应用领域具有不可替代的优势。同时此类电池具有进一步提升效率、降低成本的空间。相信不远的将来,薄膜太阳能电池一定能大规模走向市场,将更多的清洁太阳能转化为高品质的电能,为节能减排和"双碳"目标做出更大贡献。目前,薄膜太阳能电池的研发正在成为光伏领域的研究新热点和产业界的竞争制高点。在这一背景下,出版《新型薄膜太阳能电池》这本书是非常有意义的。

　　以纳晶染料敏化太阳能电池为代表的新型薄膜太阳能电池的发展始于 20 世纪 90 年代。其独特的光电转化机理、新颖的结构、简便的生产工艺、低廉的成本和较高的光电转化效率吸引了广大科技工作者和产业界的关注。以此电池为基础先后发展了量子点敏化太阳能电池、量子点异质结太阳能电池、钙钛矿太阳能电池等。这些工作不仅丰富了薄膜太阳能电池种类、扩展了光伏材料的选择范围,而且极大促进了薄膜太阳能电池的发展。其中最具有代表性的钙钛矿薄膜太阳能电池的光电转换效率已经达到25.7%,超过了多晶硅太阳能电池。同时,基于溶剂工程的全无机铜基薄膜太阳能电池、有机薄膜太阳能电池的发展也取得了长足的进步。

我国科技工作者最早开展染料敏化太阳能电池研究,对该领域的发展做出了重要贡献。研究工作包括新型敏化剂的设计与制备、新型的固态电解质、非碘氧化还原电对、碳对电极材料等。更重要的是,在二十余年的研发过程中,培养和锻炼了一批年轻的科技人才,为我国新型薄膜太阳能电池基础研究和产业化研究走在世界前列打下了坚实的基础。

该书全面介绍了钙钛矿薄膜太阳能电池、铜基薄膜太阳能电池、纳晶染料敏化太阳能电池、量子点敏化太阳能电池及量子点太阳能电池的工作原理、关键材料制备、器件性能、材料与器件表征技术,以及各自研究领域的最新进展。该书的各章节作者都是该领域第一线的科研工作者,对该领域研究现状有清晰的了解。书中的很多分析和讨论都结合了作者的体会和感悟。其中,将薄膜太阳能电池材料与器件的表征方法作为单独一章,是本书的一个特色,这为青年科技工作者和研究生快速理解该领域的表征技术和开展相关研究提供了便利。

相信该书的出版将进一步促进我国在新型薄膜太阳能电池领域的发展。

中国科学院院士

华东理工大学教授

2022 年 1 月于上海

前　言

太阳能是"取之不尽,用之不竭"的清洁能源,它的广泛应用对人类社会的可持续发展至关重要。利用光伏技术将太阳能转换为电能是太阳能利用的重要方式之一。经过广大科技工作者和产业界的多年共同努力,作为第一代太阳能电池的代表,硅基太阳能电池已经成为太阳能发电市场的主力军,为太阳能大规模利用做出了重要贡献。与此同时,以高稳定性的碲化镉、铜铟镓硒为代表的第二代无机薄膜太阳能电池的研发与应用也取得了长足的发展,光电转换效率分别达到22.1%和23.4%。目前,薄膜太阳能电池的发电成本还不足以与硅基太阳能电池竞争,在光伏发电市场所占份额低于10%。然而,薄膜太阳能电池具有轻便、柔性等优点,在便携式电源、光伏建筑一体化等多场景应用方面展示出广阔的发展空间,受到科技工作者和产业界的广泛关注。研发新型薄膜太阳能电池,使之同时具有第一代太阳能电池和第二代薄膜太阳能电池的优点,是社会发展的需要,更是广大科技工作者和产业界的责任与梦想。

自20世纪90年代开始,人们先后研发了多种新型薄膜太阳能电池,取得了重要进展。其中,纳晶染料敏化太阳能电池效率超过14%,量子点敏化太阳能电池效率超过15%,量子点太阳能电池效率超过13%,有机光伏薄膜太阳能电池效率超过19%,铜基薄膜太阳能电池效率超过13%,基于纳晶染料敏化太阳能电池发展起来的有机无机杂化钙钛矿太阳能电池效率超过25%。同时,这些进展也引起了产业界的关注,为新型薄膜太阳能电池的研发注入了新的动力。期望通过广大科技工作者和产业界的共同努力,使新型薄膜太阳能电池早日走向市场，为人类社会的可持续发展提供更多的清洁能源。

作者感谢褚君浩院士和李永舫院士的邀请，组织了薄膜太阳能电池领域的第一线科研人员共同撰写了《新型薄膜太阳能电池》这部专著。

本书针对纳晶染料敏化太阳能电池、量子点太阳能电池、钙钛矿太阳能电池和铜锌锡硫（硒）太阳能电池的发展现状，从材料与器件制备、材料性质及其测量表征、缺陷态和能带性质调控等角度介绍这几种电池最新研究进展，并在此基础上探讨薄膜太阳能电池的发展机遇与挑战。因系列丛书已经包括了李永舫院士编著的《有机光伏材料与器件》，故本书并没有包含有机光伏电池部分。有感兴趣的读者可以直接参考李永舫院士的专著。

本书共7章，其中第一章（导论）由孟庆波、李冬梅编写，第二章（钙钛矿太阳能电池）由李冬梅、石将建、孟庆波编写，第三章（铜锌锡硫太阳能电池）由石将建、孟庆波编写，第四章（染料敏化太阳能电池）由花建丽、武文俊编写，第五章（量子点太阳能电池）由卫会云、李冬梅编写，第六章（薄膜太阳能电池材料与器件表征）由石将建、孟庆波编写，第七章（结语与展望）由孟庆波编写。

在本书编写过程中，作者力求物理图像表述清楚，图表表述清晰，数据提供准确，文献参考权威。本书对新型薄膜太阳能电池进行了比较完整的综述，希望对从事新型薄膜太阳能电池研究的科技工作者、研究生及大学生提供有益的帮助。由于作者的知识水平有限，时间紧迫，难免存在不妥和疏漏之处，衷心希望得到广大读者及各位专家的批评指正。

作　者

2022 年 1 月于北京

目 录

第一章　导　　论

随着人类社会的发展和进步,对能源的需求越来越多。而煤炭、石油、天然气等传统化石能源一方面储量有限,另一方面其过量消耗对环境产生了严重污染。因此迫切需要发展新的能源获取方式,为人类社会的可持续发展提供动力。在诸多新能源中,太阳能具有资源丰富、清洁无污染、分布广泛等优点,其开发利用前景广阔。将太阳能转化为电能的太阳能电池是目前主要的新能源技术之一,受到世界各国的普遍关注。太阳能电池是利用半导体材料受到太阳能光照而产生的光伏效应,将太阳能转换成电能的器件。经过半个多世纪的发展,太阳能电池的种类繁多,各类电池效率对比见图 1.1。总的来讲,太阳能电池主要包括传统晶硅电池(单晶硅、多晶硅、非晶硅电池)、高效率砷化镓电池(多结及聚光电池),被称作第一代太阳能电池;传统碲化镉(CdTe)、铜铟镓硒(CIGS)等薄膜太阳能电池,被称作第二代太阳能电池;各类新型薄膜太阳能电池,如钙钛矿电池(perovskite solar cell)、有机太阳能电池(organic/polymer solar cell)、染料敏化太阳能电池(dye-sensitized solar cell)、量子点太阳能电池(quantum dot solar cell)及铜锌锡硫(硒)太阳能电池(Kesterite $Cu_2ZnSnS_xSe_{4-x}$ solar cell)等,被称作第三代太阳能电池。

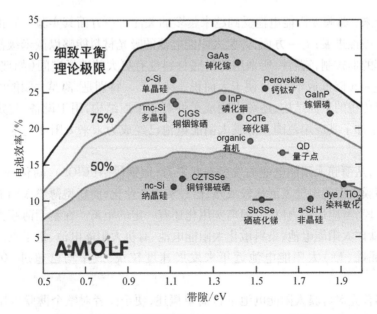

图 1.1　各类电池效率对比(https://www.lmpv.nl/db/)

经过了 40 余年的发展,各类太阳能电池的研发都取得了长足的进步。目前,晶硅太阳能电池以其高性价比占据了太阳能电池发电市场 90% 以上的份额。为太阳能电池的大规模利用做出了重要贡献。然而,由于晶硅材料的消光系数低及晶硅太阳能电池的生产工艺限制,通过继续降低晶硅材料的使用量,进一步提升晶硅太阳能电池的性价比将变得越来越困难。

薄膜太阳能电池,一方面在降低成本方面具有巨大潜力,另一方面,可以实现柔性化,适用于便携式设备、建筑光伏一体化等场景。首先,薄膜太阳能电池薄膜厚度仅需数微米(μm)甚至数百纳米(nm),较传统硅基太阳能电池能大幅度减少原料的用量。其次,薄膜太阳能电池可以采用一些低成本材料当基板,也可以进一步降低电池制备成本。此外,当太阳能电池大规模应用时,所采用的半导体材料还必须具备含量丰富、环境友好、能大规模生产并且性能稳定的特点,这也促进了新型薄膜太阳能电池的快速发展。未来光伏发展,必将是硅基太阳能电池与薄膜太阳能电池优势互补、携手发展的趋势。

本书将着重介绍四种新型薄膜太阳能电池(钙钛矿太阳能电池、染料敏化太阳能电池、量子点电池和铜锌锡硫硒电池),包括电池基本结构和工作原理、关键电池材料及相应器件的特性、发展现状,并简要分析其发展前景。

1.1　薄膜太阳能电池的概述

近年来,薄膜太阳能电池受到越来越多的关注。一方面其实验室转换效率不断取得突破性进展;另一方面,薄膜太阳能电池的吸光材料能够以微米级甚至百纳米级薄膜的形式制备器件,所采用的衬底材料也有更大的选择空间(如玻璃、塑料等),可进一步降低成本,并且便于大面积连续生产。特别是,薄膜太阳能电池不仅可以制成传统的平面结构,还可以制成柔性等非平面结构,用于设备、建筑物等表面,大大增加了其应用范围。薄膜太阳能电池已经成为未来太阳能电池的重要发展方向。

目前,从薄膜太阳能电池的发展现状来看,铜铟镓硒(CIGS)、碲化镉(CdTe)、非晶硅薄膜太阳能电池发展比较成熟,已经实现产业化;而新型薄膜太阳能电池处于研究阶段,虽应用潜力巨大,但离实用化还有一定的距离。在新型薄膜太阳能电池中,钙钛矿太阳能电池、染料敏化太阳能电池、有机太阳能电池、量子点太阳能电池、铜锌锡硫(硒)太阳能电池近年来发展速度较快,效率均已超过 10%,甚至更高。

我们首先对薄膜太阳能电池进行简单概述,便于读者对整个薄膜太阳能电池有一个较为全面的了解。

1.1.1 碲化镉(CdTe)薄膜太阳能电池

CdTe 是 Ⅱ-Ⅵ族化合物半导体,直接带隙半导体,带隙为 1.45 eV,与太阳光谱匹配得非常好,是最适合于光电转换的一种光伏材料。CdTe 电池的理论效率为28%。此外,CdTe 性能稳定,具有很好的抗辐射能力,且 CdTe 太阳能电池在较高环境温度下也能正常工作,强弱光均能发电,且具有温度越高、电池性能越好的特点。

CdTe 太阳能电池是在玻璃或其他柔性衬底上依次沉积多层薄膜而实现的,它的典型结构为:减反射膜/玻璃/SnO_2:F/CdS/p-CdTe/背电极。具体来讲,CdTe电池由以下五部分构成:① 玻璃衬底,对电池起透光支撑作用;② 透明导电层(TCO 层),主要起透光和导电作用;③ CdS(n 型)窗口层;④ CdTe 光吸收层,电池主体吸光层,与 CdS 形成 p-n 结,是整个电池最核心部分;⑤ 背接触层和背电极,为了降低 CdTe 和金属电极的接触势垒,引出电流,实现金属电极与 CdTe 的欧姆接触,见图 1.2。

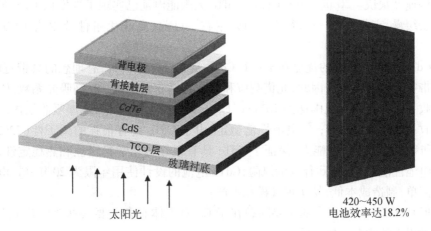

图 1.2 CdTe 电池节本结构和组件(参考美国 First Solar 公司网站,First Solar Series 6™)

CdTe 太阳能电池的工作原理:CdTe 层是主体吸光层,与 n 型 CdS 窗口层形成p-n 结,在光照下产生电子-空穴对;电子在内建电场驱动下依次进入 CdS 层、TCO层,到达外电路,而空穴聚集在 CdTe 层,经由背电极离开电池,最终产生电流。CdTe 薄膜太阳能电池以 CdS/CdTe 异质结为基础,虽然 CdS 和 CdTe 的晶格常数相差 10%,但它们组成的异质结电学性能优良,因此,所制备的 CdTe 太阳能电池填充因子高,最高可达到 0.794。

目前,多种 CdTe 多晶薄膜制备工艺和技术被开发出来,如近空间升华、电沉积(electrodeposition,ED)、物理气相沉积(physical vapor deposition, PVD)、化学气相沉积(chemical vapor deposition, CVD)、化学浴沉积(chemical bath deposition, CBD)、丝网印刷、溅射、真空蒸发等。真空蒸发法和溅射法制备薄膜质量好,但是成本相对较高,在大规模生产中一般采用近空间升华法和电沉积法。

近空间升华法:将高纯 CdTe 原料粉末或固体颗粒在约 700℃真空中加热升华,冷凝在 400~600℃衬底上,沉积速率 10 μm/min。近空间升华法具有沉积速率高、设备简单、薄膜质量好、成本低等优点,适用于真空度不高的系统进行流水线生产。沉积速率取决于源温度和反应室气压,最高沉积速率可达 75 μm/min。

电沉积法:将 CdSO$_4$ 水溶液与 Te$_2$O$_3$ 在 90℃左右反应,先形成 n 型 CdTe 薄膜:

$$Cd^{2+} + HTeO_2^+ + 3H^+ + 6e \rightarrow CdTe + 2H_2O$$

n 型 CdTe 薄膜在氯化物存在的条件下退火、掺杂转变为 p 型,这一过程中 CdTe 晶粒变大且薄膜电导率也得到提高。这种沉积工艺电流密度小,沉积速率较低。

CdTe 太阳能电池的实验室效率已达到 22.1%,并且这种电池被认为是制备工艺最简单的一种太阳能电池,因此,它也是技术上发展较快的一种薄膜电池,商品化发展速度很快。20 世纪 90 年代初,CdTe 太阳能电池已实现了规模化生产,但市场发展缓慢,市场份额一直徘徊在 1% 左右。目前,商业化组件效率为 19.0%±0.9%[1]。

CdTe 太阳能电池的优点在于:① CdTe 是直接带隙材料,有理想的禁带宽度,其禁带宽度为 1.45 eV,因此,光谱响应和太阳光谱非常匹配;② 高吸光系数,CdTe 的吸收系数在可见光范围达到 10^4 cm^{-1} 以上,95% 的光子在 1 μm 厚吸收层内均可被吸收;③ 转换效率高;④ 电池性能稳定,由于 CdTe 具有很强的离子性(72%),Cd^{2+} 和 Te^{2-} 的离子结合能大,保证了 CdTe 具有很好的化学稳定性和热稳定性,降低了电池性能衰减和 Cd 释放的风险,CdTe 电池的设计使用年限为 20 年;⑤ 电池结构简单,制造成本低,易实现规模化生产。

但是,CdTe 电池存在的主要问题在于 Cd 对人体有害。要认真评估其生产和使用过程中的潜在环境风险。

1.1.2 CIGS 薄膜太阳能电池

铜铟镓硒(CIGS)是 Ⅰ-Ⅲ-Ⅵ多元化合物半导体,直接带隙半导体。通过用 Ga 替代部分 In 并调控 Ga/Ga+In 比,CIGS 带隙可在 1.04~1.68 eV 范围内任意调控,具有较宽的太阳光谱响应范围。CIGS 的最佳禁带宽度为 1.3 eV,理论效率为 33%。CIGS 性能稳定,可直接通过调节化学组成就能得到 p 型或 n 型 CIGS 半导体材料,无需进一步掺杂。更重要的是,CIGS 太阳能电池在衬底的选择上有较大的空间,柔性 CIGS 太阳能电池是其重要的发展方向。目前,日本 Solar Frontier 公司保持着 CIGS 电池光电转换效率的世界最高纪录,转换效率为 23.35%±0.5%[1]。

CIGS 太阳能电池性能稳定、抗辐射能力强,无论是在地面上还是作为空间微小卫星动力电源的应用上具有广阔的市场前景。

CIGS 太阳能电池由多层薄膜组成的,典型结构为 Al - Ni/MgF$_2$/ZnO/CdS/CIGS/Mo/衬底,包括以下七层薄膜材料: ① 底电极,Mo 电极; ② CIGS 吸收层; ③ CdS 缓冲层(或无镉材料); ④ i - ZnO 窗口层(本征氧化锌,高电阻); ⑤ Al - ZnO 窗口层(铝掺杂氧化锌,低电阻); ⑥ MgF$_2$减反层; ⑦ 顶电极(Ni - Al),见图 1.3。

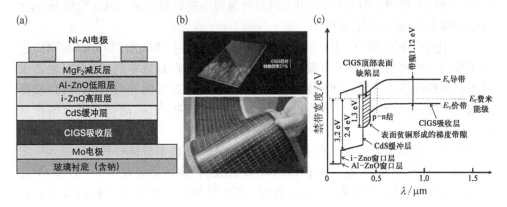

图 1.3 （a）CIGS 电池结构;（b）汉能公司发布的效率为 21% 的 CIGS 薄膜太阳能电池组件;（c）CIGS 异质结能带图

CIGS 电池的工作原理是: n 型 CdS 缓冲层与 p 型 CIGS 光吸收层形成 p - n 结,在光照下产生电子-空穴对;电子在内建电场驱动下依次进入 CdS 层、ZnO 层、Al - ZnO 层到达外电路,而空穴聚集在 CIGS 层,经由 Mo 背电极与外电路中的电子复合,最终产生电流。此外,在 CIGS 薄膜中 Ga 的引入会产生一个有利于电子-空穴分离及光生电子收集的背表面场(BSF),BSF 的存在能有效降低 CIGS/Mo 界面少数载流子复合。高效率的 CIGS 电池吸收层表面都是贫铜的,它的元素配比与本体材料不同的。

CIGS 异质结的能带图见图 1.3,从图中看出: ① CIGS 吸收层的顶部有一个表面缺陷层,厚度为 10~30 nm,禁带宽度为 1.3 eV; ② 一个 CIGS 同质 p - n 结深入到 CIGS 内部,但远离 CdS/CIGS 界面; ③ CIGS 吸收层价带(VB)位置从 1.3 eV 下降至 1.12 eV,形成空穴传输势垒,能够降低界面处空穴浓度,减少了界面复合。能带偏移(band offset)是一个非常重要的物理量。当两种不同半导体材料形成异质结时,界面处导带(CB)和价带(VB)发生连续或不连续突变,这种能带边的不连续产生了能带偏移,用 ΔE_c 表示。而界面处导带和价带的这种突变是由这两种材料不同的电子亲和能引起的,例如,CdS/CIGS 的导带边失调值为 0.2~0.3 eV,失配率很低。

CIGS 薄膜的制备主要采取以下工艺：

1）磁控溅射法制备 CuIn 薄膜：采用共溅射方法，通过精确控制 Cu/In 元素比制备 CuIn 薄膜。富 In 型薄膜晶粒较小，硒化过程能够提高薄膜结晶性，获得形貌平整的 CIS 和 CIGS 薄膜，因此所制备的前驱膜都是富 In 薄膜。

2）磁控溅射法制备 CuInGa 薄膜：在 CuInSe$_2$ 薄膜中引入一定量的 Ga 来取代 In，用来改变合金半导体薄膜的禁带宽度。随着 Ga 引入量的增加，禁带宽度在 1.04~1.68 eV 可调。但是 Ga 的引入容易使薄膜出现劈裂现象，当 Ga 取代 In 的比例在 30%左右，电池性能最佳。

3）化学气相沉积（CVD）法制备 CIGS 薄膜：采用 CVD 法对 CuInGa 薄膜进行两步硒化处理制备 CIGS 薄膜。由于 H$_2$Se 气体剧毒且成本高，实验室通常采用固态硒粉代替传统的气体硒源。两步硒化包括固态硒源充分气化，达到较高的硒化蒸气，再对 CIG 合金薄膜进行硒化制备 CIGS 吸收层，温度对硒化的影响尤为重要。

CIGS 太阳能电池的优点在于：① CIGS 为直接带隙半导体材料；② 掺入一定量的 Ga 替代部分 In，并通过调节 Ga/Ga+In 比使得 CIGS 带隙在 1.04~1.68 eV 连续可调，具有较宽的太阳光谱响应，这是 CIGS 材料相对于硅基材料最显著的优势；③ 高吸收系数，CIGS 的吸光系数达到 10^5 cm^{-1}；④ 可直接通过调节化学组成得到 p 型或 n 型 CIGS 半导体材料，不必掺杂，因此，CIGS 不会产生 Si 基太阳能电池的光致衰退效应；⑤ CIGS 薄膜很薄（约 2 μm），易产生光子再循环效应；⑥ CIGS薄膜的制备过程有一定的环境宽容性，使得 CIGS 太阳能电池在选择衬底时有较大的选择空间；⑦ CIGS 封装组件性能稳定，但对于没有经过密封的电池，测试结果表明，高湿度会引起 CIGS 吸收层材料性能衰减。

CIGS 薄膜太阳能电池存在的主要问题是制备工艺复杂，原材料中 Ga 和 In 为地球稀缺元素，价格昂贵，在未来大规模应用时会遇到原材料瓶颈。

1.1.3 硅基薄膜太阳能电池

硅基薄膜太阳能电池包括非晶硅电池、微晶硅、非晶硅/非晶硅叠层、非晶硅/微晶硅双叠层薄膜电池。目前，非晶硅电池效率达到 10.2%，微晶硅电池效率达到 11.9%[1]。硅基薄膜电池可以实现在玻璃、金属或塑料等衬底上沉积很薄的硅材料，硅材料的平均消耗量仅为传统硅基电池硅消耗量的 1/200，因此，在降低电池成本方面硅基薄膜太阳能电池有很大潜力。

非晶硅薄膜电池是 20 世纪 70 年代中期发展起来的。这种电池制备温度低，材料使用量低，价格低廉，便于工业化生产。非晶硅薄膜由化学气相沉积法制备，在真空室中通入硅烷（SiH$_4$）和氢气（H$_2$），通过等离子放电使气体分解，非晶硅薄膜沉积在 200℃左右的玻璃、塑料、不锈钢等衬底上，电池结构见图 1.4。

由于非晶硅薄膜原子排列不整齐,存在许多悬挂键,因此,薄膜缺陷多,载流子迁移率较低,器件效率也较低。非晶硅电池存在光致衰减现象,一般来讲,当初始效率衰退 20%~25% 时才能达到稳定。但是这种光致衰减问题一直没能解决。非晶硅电池具有弱光性,在弱光下仍可产生电能,可用于商用建筑物屋顶、楼宇立面等。

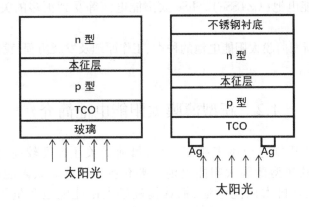

图 1.4　非晶硅太阳能电池结构示意图

微晶硅材料是一种由非晶与微晶硅颗粒组成的混合相材料,具有很好的结构有序性,没有衰退效应,具有相对较高的载流子迁移率,兼具晶硅的稳定性、高效率和非晶硅的低温制备特性等优点。此外,通过改变制备过程中氢的含量可以实现微晶硅的带隙调变,获得接近 1.1 eV 的带隙。事实上,微晶硅材料的制备不会增加材料制备工艺的复杂性,能很好地兼容现有的非晶硅技术。但是,微晶硅材料吸收系数较低,需要比较厚的吸收层。目前,非晶硅/微晶硅叠层电池具有较好的发展潜力,其优势在于:① 拓宽电池的长波光谱响应,提高太阳光利用率;② 降低了较不稳定的非晶硅顶电池厚度,有利于提高电池整体稳定性。因此,非晶硅/微晶硅叠层电池被认为是实现高效、低成本薄膜太阳能电池的一种技术途径,也是新的产业方向。

但总的来讲,硅基薄膜太阳能电池目前效率偏低,并且光致衰减问题仍然没有完全解决。

1.1.4　新型薄膜太阳能电池

新型薄膜太阳能电池的快速发展得益于新材料、新技术的发展。通过开发低成本、生产工艺简单的电池制备技术,获得高效、稳定太阳能电池,大幅降低电池成本,这是目前太阳能电池研究领域的最前沿,也将为整个光伏产业带来技术革新。新型薄膜太阳能电池种类越来越多,既包含全无机太阳能电池,也包含基于有机材料的太阳能电池或有机-无机杂化太阳能电池。总的来说,这些新型薄膜太阳能电池具有制备材料成本低、材料结构可调控性强、器件制备工艺简单、可进行大面积工业化印刷以及能够制作柔性便携式器件等优点,非常有潜力成为新能源产品的新宠。目前,有5种新型薄膜太阳能电池,包括钙钛矿太阳能电池(PSC)、染料敏化太阳能电池(DSSC)、有机太阳能电池(OPV)、量子点太阳能电池(QSC)、铜锌锡硫硒太阳能电池(CZTSSe)、SbSe太阳能电池等受到更多的关注,具有一定竞争力。

关于几种新型薄膜太阳能电池的种类、工作原理及发展历程,我们将在随后几节进行详细介绍。

1.2 新型薄膜太阳能电池简介

新型薄膜太阳能电池越来越多样化,目前受关注程度较高且电池效率具有一定竞争力的新型薄膜太阳能电池主要包括:钙钛矿太阳能电池、染料敏化太阳能电池、有机太阳能电池、铜锌锡硫硒太阳能电池和量子点太阳能电池。20世纪90年代初,M. Grätzel等成功将TiO_2纳米晶引入DSSC中,显著提高了TiO_2光阳极的比表面积及染料的吸附量,转换效率从不到1%上升至7.1%[2]。通过进一步开发敏化剂、优化电池关键材料和界面工程,电池效率很快突破10%,目前DSSC电池效率文献报道已经超过14.5%[3],认证效率为13%[1]。有机太阳能电池以有机半导体材料作为电池核心器件,1958年Kearns用镁酞菁染料制成了第一块有机太阳能电池,并观测到了200 mV的开路电压,在随后20年里,各式各样的有机半导体材料被应用到有机太阳能电池中。1986年柯达(Kodak)公司邓青云制备出第一个转换效率为1%的给受体双层平面OPV,美国A. J. Heeger教授1995年提出了聚合物/C60体相异质结光伏电池[4],这一基本结构成为OPV日后发展的基础,目前文献报道OPV电池效率达到18.8%[5],单结OPV认证效率已经超过15%[1]。第一个量子点太阳能电池(QSC)是2002年由A. J. Nozik等基于InP量子点制备的[6],这种电池最初发展速度缓慢,主要受限于电池复合严重,电池效率低。QSC的第一次快速发展得益于TiO_2多孔薄膜上原位生长量子点,量子点主要集中少数几种易于原位生长的量子点,如CdS、CdSe、CdS_xSe_{1-x}和$CuInS_2$,电池效率不到7%。第二次快速发展主要是通过改进量子点合成方法和发展量子点对TiO_2多孔膜的敏化新方法,电池效率突破10%,随着PbS(PbSe)量子点合成方法的不断发展、电池制备工艺的优化,QSC电池效率目前已经超过15%[7]。钙钛矿太阳能电池(PSC)因其较高的光电转换效率近年来成为新型太阳能电池的新星,2009年,Miyasaka等首次将甲胺铅溴/甲胺铅碘作为敏化剂用于基于液体电解质的敏化太阳能电池中[8],

2012 年 Park 和 Grätzel 等采用 *spiro*－OMeTAD 替换液体电解质,电池效率提升至9.7%,从此开启了 PSC 效率的快速提升期。目前,钙钛矿太阳能电池的最高认证电池效率已经达到 25.5%[1]。此外,经过这几年的发展,钙钛矿电池结构呈现多样化,制备方法更是多种多样。铜锌锡硫硒太阳能电池(CZTSSe)结构与 CIGS电池相似,一般被看作是为了解决 CIGS 电池铟和镓储量稀少、价格昂贵问题而发展起来的替代品。1988 年,Ito 和 Nakazawa 采用原子束溅射法成功制备出CZTS 薄膜,首次报道了 CZTS 电池效率为 0.66% 。在过去几年里,世界上多个研究小组发展了热蒸发、喷雾热解、磁控溅射、溶液法等多种方法制备铜锌锡硫硒薄膜,电池效率也稳定提高,2014 年认证效率达到 12.6%,并保持了 7 年,2021年该记录提升至 13%,2022 年进一步提升至 13.6%[9],越来越多的学者开展这方面的研究工作。

以上述几种具有代表性的新型薄膜太阳能电池为例,我们对新型薄膜太阳能电池进行简单分类:

按照电池工作原理进行分类,新型薄膜太阳能电池可分为光电化学电池和异质结电池。敏化太阳能电池(染料敏化太阳能电池和量子点敏化太阳能电池)属于光电化学电池;异质结太阳能电池主要包括钙钛矿太阳能电池、量子点太阳能电池、铜锌锡硫(硒)太阳能电池和有机太阳能电池。

按照所使用的光伏材料进行分类,新型薄膜太阳能电池可分为有机太阳能电池、无机太阳能电池[如量子点太阳能电池、铜锌锡硫(硒)太阳能电池]、有机－无机杂化太阳能电池(如钙钛矿太阳能电池和敏化太阳能电池)。

本书将主要讨论钙钛矿太阳能电池、敏化太阳能电池、量子点太阳能电池和铜锌锡硫(硒)太阳能电池四种电池。

1.3　新型薄膜太阳能电池工作原理

新型薄膜太阳能电池的工作原理主要有两种:一种是以染料敏化太阳能电池为代表的光电化学电池工作原理;另一种是基于异质结的太阳能电池工作原理。原则上,对于一个异质结太阳能电池器件来讲,当太阳光照在半导体 p－n 结区上,受激发形成空穴-电子对(激子)。在内建电场作用下,激子首先被分离成电子与空穴并分别向阴极和阳极输运,光生空穴流向 p 区、光生电子流向 n 区到达外电路,接通电路后会产生电流。本节里,我们将对上述 4 种新型薄膜太阳能电池的工作原理做简单介绍。

1.3.1　染料敏化太阳能电池工作原理

1991 年,瑞士联邦工学院的 M. Grätzel 等提出了基于纳米晶二氧化钛多孔电极的染料敏化太阳能电池,其光电转换效率超过7%[2]。纳米晶染料敏化太阳能电池是基于半导体纳米材料而发展起来的新型太阳能电池,它模仿了自然界光合作用的基本原理,通过对 TiO_2 纳晶多孔膜、电解液与光敏化剂(染料)之间的结构进行设计与优化,利用纳米材料大比表面积提高敏化剂吸附量,大幅度提高光吸收效率,同时也保持了较高的载流子迁移率。更重要的是,DSSC 的光吸收过程、载流子输运和收集过程在空间上是分开的,避免了光生载流子高复合率和少数载流子寿命短的问题,见图1.5。

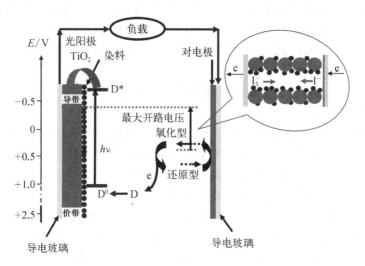

图 1.5　DSSC 电池结构、工作原理示意图(以纳晶 TiO_2 光阳极为例)

与传统太阳能电池不同,DSSC 是一种有机/无机复合体系,工作电极是吸附了单层染料分子的纳米晶半导体多孔薄膜。光照后,染料吸收入射光子,电子从染料的基态跃迁至激发态,光生电子再由染料的激发态跃迁至纳晶半导体的导带。电荷分离机制是一个动力学控制的过程,其量子产率可接近 1。电解质通常由含有氧化还原电对(如 I_3^-/I^-)的有机溶液组成。失去电子的染料阳离子被电解质中的还原物质(I^-)还原,而还原物质(I^-)由其相应的氧化物质(I_3^-)在对电极处得到电子而再生。电子通过外电路形成光电流而没有净化学变化产生。

主要动力学过程如下:

1)光照下,染料分子吸收光子由基态 S 跃迁至激发态 S^*:

$$S + h\nu \rightarrow S^*$$

2)电子经激发态 S^* 注入半导体的导带,而染料分子本身变为氧化态:

$$S^* \rightarrow S^+ + e\ (CB)$$

3) 氧化态染料分子 S^+ 与电解质中的还原态物质(red)反应回到基态 S,而电解质中还原态物质被氧化成氧化态物质(ox):

$$S^+ + red \rightarrow S + ox$$

4) 对电极上,电解质中氧化态物质被电子还原:

$$ox + e \rightarrow red$$

DSSC 不仅能够解决宽禁带半导体本身只吸收紫外光的问题,提高电池对可见光的利用,通过进一步设计、制备新型染料,拓宽其光吸收范围,可以进一步提升电池性能。事实上,染料敏化的概念提出得很早,但一直受限于平滑的电极表面,在平滑的电极表面吸附了单层染料分子,即使这些染料分子具有高消光系数,也只能吸收小于 1% 的入射单色光,而多层染料分子吸附对电子来说就是一个绝缘体,反而会阻碍了电子传输。当采用纳米 TiO_2 多孔电极,电极表面吸收的染料分子数量比普通电极表面所吸附的染料分子数量多 50 倍以上,且几乎每个染料分子与 TiO_2 分子都是直接接触,光生载流子在界面转移速率很快,因而具有优异的光吸收及光电转换特性。

DSSC 的光电转换效率表示为

$$\eta(\lambda) = LHE(\lambda) \times \phi_{inj} \times \eta_e$$

其中,LHE(light harvesting efficiency) 为染料吸收的入射光子数;η_e 为在背接触(back contact)收集注入电荷的效率;ϕ_{inj} 为电荷注入的量子产率。

DSSC 具有较高的光电转换效率,制备工艺简单,对原材料纯度要求较低,光稳定性测试表明该电池体系本质上是稳定的。

1.3.2 钙钛矿太阳能电池

2009 年,日本 Miyasaka 等将甲胺铅碘和甲胺铅溴作为敏化剂,制备了敏化太阳能电池,效率达到 3.8%,但是稳定性极差。随着钙钛矿太阳能电池(PSC)固态化,电池性能有了突飞猛进的发展。钙钛矿太阳能电池具有以下几个优点:

1) 钙钛矿材料的综合性能优良:新型的有机-无机杂化钙钛矿材料能同时高效完成对光的吸收和光生载流子的激发、输运、分离等多个过程。

2) 有机-无机杂化钙钛矿材料消光系数高且带隙宽度可调:能带宽度与太阳光谱匹配度好,带隙约为 1.5 eV,光吸收能力是有机染料的 10 倍以上,400 nm 厚度的钙钛矿薄膜可以吸收紫外-可见光-近红外范围内的所有光子,是开发高效率、低成本太阳能电池的理想材料。

3) 具有双极性载流子输运性质:此类钙钛矿材料能高效传输电子和空穴,且扩散长度大于 1 μm,载流子寿命远远超过其他太阳能电池。

4）开路电压较高：钙钛矿太阳能电池的开路电压已达 1.3 V，接近 GaAs 电池，远高于其他电池。说明在太阳光照射下能量损耗较低，并且光电转换效率还有提升空间。

5）结构简单：钙钛矿太阳能电池由透明电极、电子传输层、钙钛矿吸收层、空穴传输层、金属电极五部分构成。可以制备成 p-i-n 和 n-i-p 型平面结构，也可以制备介孔结构的 n-i-p 型电池，甚至可以基于非导电氧化铝介孔薄膜制备钙钛矿太阳能电池。

6）制备成本低且条件温和：钙钛矿材料可以采用多种方法制备，如旋涂法、涂布法、气相沉积法及混合工艺，其制备工艺简单，制造成本低、能耗低。

7）可制备柔性器件：可以采用卷对卷大面积制造工艺将薄膜沉积在塑料织物等柔性衬底上。第一个钙钛矿太阳能电池（PSC）是基于 DSSC 制备的。由于电池采用 TiO$_2$ 介孔层能够提高 TiO$_2$ 与钙钛矿的接触面积，提高了对光的吸收，因此，在 PSC 发展初期，一些人认为 PSC 的工作原理与 DSSC 是相同的。但进一步研究发现，不采用 TiO$_2$ 介孔层甚至直接使用 Al$_2$O$_3$ 绝缘层，PSC 器件仍然能够很好地工作。随着人们对 PSC 工作原理的深入理解，最终把 PSC 归为异质结太阳能电池。PSC 的基本结构如图 1.6（a）所示。目前，从光入射方向看，PSC 可以分为正结电池（n-i-p）和反结电池（p-i-n）两大类。具体来讲，n-i-p 结构电池的基本结构是：FTO 导电玻璃/TiO$_2$ 致密层/（TiO$_2$ 介孔层）/钙钛矿层/空穴传输层/Au 电极，而 p-i-n 结构电池的基本结构是：ITO 导电玻璃/空穴传输层（PEDOT: PSS 或 PTAA）/钙钛矿层/电子传输层（PCBM）/Ag 电极。吸光层是钙钛矿层，钙钛矿材料具有双极性，电子和空穴都可以传输。图 1.6（b）和（c）分别给出了正结和反结 PSC 的关键材料能带结构示意图。对于这两种类型的电池，当入射光照在电池上，能量大于禁带宽度的光子被钙钛矿半导体吸收，产生电子-空穴对，并分别注入载流子传输层中，光生电子进入电子传输层（如 TiO$_2$、SnO$_2$、PCBM），光生空穴进入空穴传

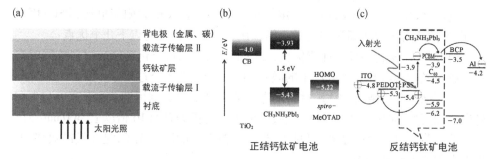

图 1.6 （a）钙钛矿太阳能电池结构（对于正结电池，载流子传输层 Ⅰ 为电子传输层，载流子传输层 Ⅱ 为空穴传输层；对于反结电池，载流子传输层 Ⅰ 为空穴传输层，载流子传输层 Ⅱ 为电子传输层）；正结（b）及反结（c）工作原理示意图

输层(如 *spiro* - MeOTAD、PEDOT - PSS、PTAA 等),分别到达外电路,产生光电流。

1.3.3 量子点太阳能电池

量子点太阳能电池(QSC)结构有多种形式,这与电池的发展紧密相关。目前,量子点太阳能电池主要包括肖特基型量子点电池(Schottky QSC)、耗尽型异质结量子点电池(depleted heterojunction QSC)以及量子点敏化太阳电池(quantum dot sensitized solar cells,QDSC),见图 1.7。近年来,一些新概念量子点电池,如量子漏斗、量子结、耗尽型体异质结、体纳米异质结等概念相继被提出来,这将会加快实现 QDSC 的研究进程和理解。

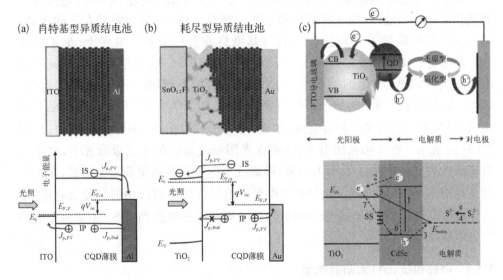

图 1.7 不同结构的量子点太阳电池结构和工作原理示意图:(a)肖特基型量子点电池;(b)耗尽型异质结量子点电池;(c)量子点敏化太阳电池

肖特基型量子点电池。是一种 p 型胶体量子点处于 n 型半导体和低功函数之间形成肖特基结的简单器件,可以通过喷涂、丝网印刷或"纳米晶"喷墨打印的方式来制作,早期的量子点太阳能电池器件主要采用这种结构。在这类器件中,能带弯曲只发生在量子点薄膜区域,整个电池的耗尽区都集中在此,此时由肖特基结形成的内建电场促进光生载流子的分离,电子流入功函数较低的金属电极而被外电路收集,而空穴则流入 ITO。一般选用的量子点多为在近红外吸收的 PbS 或 PbSe,但是电池转换效率较低。这种电池的主要缺点:① 肖特基结位于背电极处,光生电子必须通过整个量子点薄膜才能被金属电极收集,容易产生严重的复合;② 由于金属-半导体界面高密度缺陷态引起的费米能级钉扎现象比较严重,导致电池的开路电压比较低,因此这种电池的研究进展一直比较缓慢。

耗尽型异质结量子点电池。将量子点薄层置于电子传输层和金属电极之间形成三明治结构。电池工作原理是:采用 n 型材料和 p 型量子点形成 tpye Ⅱ 异质结,光照下产生光生电子和空穴并发生分离,所生成的光生电子和空穴分别流入 n 型和 p 型半导体材料中,最后被外电路和金属电极收集,产生电流。这种电池的异质结处在光照面一侧,由于耗尽层电场的存在,有利于光生载流子的分离和收集,从而可以提高开路电压。这种结构的优势在于量子点与 n 型材料(如 TiO$_2$)可以形成一定程度上的相互扩散,增大了接触界面,在提高光吸收效率但不影响载流子收集效率的前提下,也可以适当增加量子点层厚度。

量子点敏化太阳电池。一般认为,量子点敏化太阳能电池(QDSC)与传统染料敏化太阳能电池(DSSC)的结构和工作原理是一致的,主要差异在于敏化剂,即以无机窄带隙量子点取代传统的钌基染料或有机染料。事实上,量子点在 TiO$_2$ 多孔光阳极上的吸附方式也与传统染料有显著区别,从单层吸附变成了多层吸附。特别是,敏化剂的改变还会引起电池的电解液和对电极随之改变。QDSC 是由量子点敏化的纳晶多孔半导体薄膜(如 TiO$_2$)、含有氧化-还原电对的电解液(如 S^{2-}/S$_2^{2-}$ 电对)和对电极(如碳、Cu$_2$S/黄铜)构成三明治结构电池,如图 1-7(c)所示。在太阳光照射下,吸附在光阳极表面的量子点吸收光子,电子从价带跃迁到导带中并注入 TiO$_2$ 导带,再通过 TiO$_2$ 多孔膜富集在导电衬底,经由负载到达对电极,产生电流。而到达对电极的电子再将电解液中的氧化态物质 S$_2^{2-}$ 还原成 S^{2-},同时,量子点价带中的空穴被电解液的还原态物质 S^{2-} 还原而完成一个光电化学循环。

1.3.4　铜锌锡硫(硒)太阳能电池

铜锌锡硫(硒)与铜铟镓硒具有相似的半导体性质。同样地,铜锌锡硫(硒)薄膜太阳能电池结构也与铜铟镓硒(CIGS)电池相似。铜锌锡硫(硒)吸光层主要包括铜锌锡硫(CZTS)、铜锌锡硒(CZTSe)和铜锌锡硫硒(CZTSSe),本书统一用 CZTS(Se)表示。CZTS(Se)电池结构见图 1.8。Mo 电极(一般在钠钙玻璃衬底上采用溅射法沉积金属 Mo)作为器件的背电极,在 Mo 电极上依次沉积 CZTS(Se)吸光层、CdS 缓冲层、本征 ZnO(i-ZnO)和掺 Al 的 ZnO(AZO)(或者 ITO)作为窗口层、MgF$_2$ 作为减反层、Ni-Al 电极作为顶电极。CZTS(Se)器件结构中,n 型的本征 ZnO 与 n 型的 CdS 协同构成 n 型区,与 p 型 CZTS(Se)吸收层之间构成 p-n 结。在光照下,CZTS(Se)产生电子—空穴对,在内建电场作用下电子和空穴发生分离。电子在内建电场驱动下依次进入 CdS 层、ZnO 层、Al-ZnO 层到达外电路,而空穴聚集在 CZTS(Se)层,经由 Mo 背电极与电子复合,最终产生电流。高效率电池的 CZTS(Se)吸收层也是贫铜的。CZTS(Se)异质结的能带图见图 1.8。

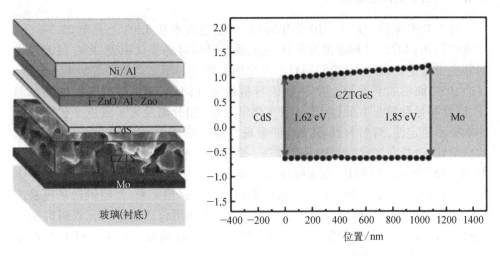

图 1.8 铜锌锡硫(硒)薄膜太阳能电池典型结构

1.4 新型薄膜太阳能电池研究的发展与现状

目前,新型薄膜太阳能电池的研究方兴未艾,主要研发工作集中在如何进一步提升电池效率、寿命以及降低成本等方面,提高薄膜太阳能电池的性价比,提升其市场竞争力。由于不同类型的薄膜太阳能电池自身的特点差异,每一种电池目前所面临的问题也不相同。下面我们将分别加以讨论。

1.4.1 染料敏化太阳能电池

从 1991 年第一块纳晶 DSSC 诞生以来,人们对 DSSC 的关键材料(如多孔材料、染料、非碘电解质、非铂电极等)进行了深入的研究,对电池的载流子动力学传输过程也有了深刻的理解,但是电池效率提升缓慢,发展进入了瓶颈期。目前,DSSC 面临以下挑战:① 高效率 DSSC 是基于液态电解液实现的,封装、稳定性与使用寿命成为这种电池最终能否被市场接纳的关键;同时,发展高载流子传输速率的全固态(HTM)材料替代液体电解质也是 DSSC 发展的必然趋势。② DSSC 全固态化,尽管高吸光系数敏化剂和纳米结构的发展能够提高器件对太阳光的利用,但由于染料通常都是单分子吸附,为了保证太阳光能够被充分利用,吸收层厚度通常在 10 μm 以上,这在全固态电池中难以实现。如何实现超薄半导体吸收层、发展超高消光系数的有机/无机敏化剂并提高器件对太阳光的利用率显得尤为重要。

③ 有机染料在使用过程中存在光漂白现象。

1.4.2　钙钛矿太阳能电池

对于 PSC 来讲,仅用了 10 余年时间,其电池效率从 3.8% 上升至 25.7%(认证效率),可以看出这种电池发展风头正劲。但同时必须认识到,PSC 目前最大问题在于稳定性,而稳定性问题对于电池的大规模利用又是最严重的不利因素。目前,PSC 面临如下挑战:① 钙钛矿材料稳定性问题,钙钛矿材料由于外部温度、湿度等导致的非本征稳定性、潜在化学反应、相分离及离子或原子扩散导致的本征不稳定性,对材料性能及器件重现性有一定影响;② PSC 在不同环境下的稳定性,包括在实验室和外部环境下,如长时间室内光照处理、80~85℃ 条件下、双"85"测试。特别是,在实际应用中能否抵抗更长时间的、各种环境条件下影响,仍需要投入更多研究;③ 如何避免使用重金属铅元素,含铅钙钛矿极易溶解在雨水中而使铅释放到环境中造成污染,因此选用合适的金属元素解决铅毒性问题值得进一步研究和探索。在此基础上,开展环境友好的无铅型 PSC 制备也是 PSC 的发展趋势之一。

1.4.3　量子点太阳能电池

对于 QSC 来讲,如何提高器件性能仍然是此类电池面临的主要问题。另外,量子点电池的吸光材料目前主要有两大类——含铟的多组分量子点和硫化铅量子点,这两类材料要么含有稀有金属 In 要么含有重金属铅,因此,还需要发展新型高效、稳定、合适带隙、绿色环保的量子点材料以及相关器件。

1.4.4　铜锌锡硫硒太阳能电池

对于 CZTS(Se)电池来讲,最大的优势在于其吸收层组成元素在自然界储量丰富、廉价、对环境无害,在原材料成本上有很大优势。从制备工艺上看,真空法和溶液法并存,最高效率是基于溶液法制备得到的。从电池制备成本上看,溶液法更有优势。目前 CZTS(Se)电池最高效率 13.6%,是继 2021 年以 13% 的效率打破保持了 7 年的纪录(12.6%)之后创造的新纪录。CZTS(Se)电池已经开始进入一个快速发展阶段。CZTS(Se)电池面临如下挑战:① CZTS(Se)电池效率仍然偏低,如何进一步提高电池效率,是摆在研究人员面前的现实问题。高效率的 CZTS(Se)电池必须基于高质量 CZTS(Se)薄膜,这是器件最核心部分。虽然 CZTS(Se)与 CIGS 具有相似结构,但 CZTS(Se)本身更容易分相、产生二次相及大量缺陷等。因此,必须对多组分 CZTS(Se)吸收层本征缺陷、表界面和晶界处缺陷的产生、种类及产生的影响进行深入研究,对 CZTS(Se)相能够进行精细调控,深入理解 CZTS(Se)相、次生相形成的动力学过程以及对器件性能的影响。② CZTS(Se)电池开路电压偏低问题。开路电压偏低与背电极界面复合有很大关系,CZTS(Se)薄膜在硒化过程中Se 与 Mo 发生反应,生成 MoSe$_2$、Cu$_2$(S,Se)等杂相,导致背电极界面接触不良,会通过分流降低并联电阻,降低开路电压。因此,如何改善背电极界面接触,也是亟需解决的重要问题。③ CZTS(Se)电池的长期稳定性以及对光、热、湿度等不同环境下的稳定性都有待进一步确认。

从图 1.9 所示的成本-转换效率的发展趋势图上看出,各类新型薄膜太阳能电池都具有一定的发展潜力,但究竟哪种电池会脱颖而出最终得以广泛应用,目前还很难做出判断。因此,还需要广大研究人员通过不懈努力,不断解决目前电池发展中存在的问题,提高器件效率和稳定性,并降低电池成本。希望新型薄膜太阳能电池能尽快走向市场,将"取之不尽,用之不竭"的太阳能转化为电能,助力人类社会的可持续发展。

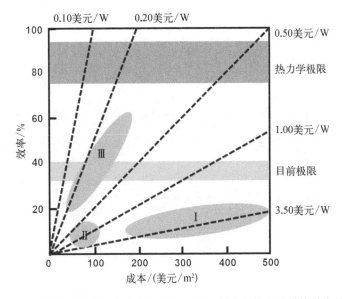

图 1.9　不同光伏技术指标太阳能电池的成本与太阳能电池转换效率关系

参 考 文 献

[1] Green M A, Dunlop E D, Hohl-Ebinger J, et al. Solar cell efficiency tables[J]. Prog. Photovolt. Res. Appl., 2021, 29(7): 657－667.

[2] O'Regan B, Grätzel M. A low-cost, high-efficiency solar cell based on dye-sensitized colloidal TiO$_2$ films[J]. Nature, 1991, 353: 737－740.

[3] Kakiage K, Aoyama Y, Yano T, et al. Highly-efficient dye-sensitized solar cells with collaboratorative sensitization by silyl-anchor and carboxy-anchor dyes[J]. Chemical Communication, 2015, 51: 15894.

[4] 李腾飞,占肖卫.有机光伏研究进展[J].化学学报,2021, 79: 257－283.

[5] Bi P, Zhang S, Chen Z, et al. Reduced non-radiative charge recombination enables organic photovoltaic cell approaching 19% efficiency[J]. Joule, 2021, 5(9): 2408 – 2419.

[6] Ellingson R J, Micic O I, Blackburn J, et al. Quantum dot solar cells[J]. Physica E, 2002, 14: 115 – 120.

[7] Song H, Lin Y, Zhang Z, et al. Improving the efficiency of quantum dot sensitized solar cells beyond 15% via secondary deposition[J]. J. Am. Chem. Soc., 2021, 143: 4790 – 4800.

[8] Kojima A, Teshima K, Shirai Y, et al. Organometal halide perovskites as visible-light sensitizers for photovoltaic cells[J]. Am. Chem. Soc., 2009, 131: 6050 – 6051.

[9] Green M A, Dunlop E D, Hohl-Ebinger J, et al. Solar cell efficiency tables (Version 60)[J]. Prog. Photovolt. Res. Appl., 2022, 30: 687 – 701.

第二章　钙钛矿太阳能电池

太阳能电池尤其是新型太阳能电池的发展取决于器件制备技术的进步,更重要的在于新材料和新原理的发现与应用。以甲胺铅碘(化学式为 $CH_3NH_3PbI_3$)为代表的有机-无机杂化钙钛矿型半导体材料在光伏领域的应用催生了一类新兴的薄膜太阳能电池——钙钛矿太阳能电池[1]。钙钛矿太阳能电池通常是指以有机-无机杂化或全无机钙钛矿型半导体为光吸收层的太阳能电池器件。钙钛矿型材料具有悠久的发展历史,在凝聚态物理、新能源等领域均有广泛应用[2-6]。作为钙钛矿型材料的一个重要分支,有机-无机杂化钙钛矿在晶体结构、物相等方面曾被大量研究[7-8];在其应用于太阳能电池之前,此类材料在晶体管和铁电等领域已被广泛研究[9-11]。近年来钙钛矿与其他类型太阳能电池效率发展如图 2.1 所示[12]。

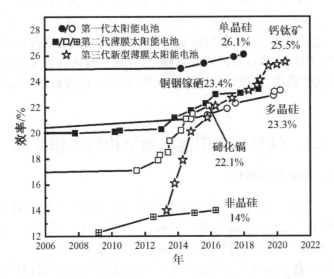

图 2.1　近年来钙钛矿与其他类型太阳能电池效率发展[12]

2009 年,日本 T. Miyasaka 团队首次将杂化钙钛矿材料应用在太阳能电池中,即将钙钛矿材料作为吸光材料组装成染料(量子点)敏化太阳能电池[1]。他们利用旋涂法在较厚的介孔 TiO_2 薄膜上沉积了具有纳米尺寸的甲胺铅碘和甲胺铅溴($CH_3NH_3PbBr_3$),再利用液态电解质和对电极组装了钙钛矿敏化电池,获得了3.8%光电转换效率。之后,韩国 N. G. Park 和香港科技大学杨世和研究组在钙钛矿敏化电池方面又做出了进一步努力[13-14]。但总的来讲,液态钙钛矿敏化电池稳定性极差。钙钛矿太阳能电池的快速发展得益于固态空穴传输材料 spiro – OMeTAD(中文名:2,2′,7,7′–四[N,N–二(4–甲氧基苯基)氨基]–9,9′–螺二芴)的应用。2012~2013 年,韩国 N. G. Park、英国 H. Snaith 和瑞士 M. Grätzel 研究团队分别采用 spiro – OMeTAD 替代液态电解质,获得固态钙钛矿电池,器件的稳定性得到了大幅提升,为电池研究提供了较宽的实验窗口[15-16]。2013 年,M. Grätzel 团队获得了钙钛矿电池第一个国际认证效率14.1%,远超当时染料敏化电池认证效率[17]。此后,钙钛矿电池进入了快速发展时期。钙钛矿电池的进一步发展主要得益于钙钛矿薄膜的高质量可控备,即反溶剂方法的发展。该方法是由澳大利亚莫纳什大学/武汉理工大学程一兵团队和韩国化学技术研究所(KRICT) Seok 团队发展而来的[18-19]。通过钙钛矿薄膜的半导体质量不断提升和新材料的应用,使得钙钛矿太阳能电池认证效率已经达到25.7%[12],接近单晶硅电池效率,并超过多晶硅、铜铟镓硒和碲化镉等商业化太阳能电池。我国科研工作者在该领域做出了重要贡献,尤其是中国科学院半导体研究所游经碧团队获得了 23.3%和 23.7%光电转换效率的纪录[12]。

基于钙钛矿太阳能电池高光电转换效率及其在器件成本等方面的优势,钙钛矿电池在商业化应用方面具有较好的发展前景,成为目前新型薄膜太阳能电池的研究热点,见图 2.1。本章在目前研究基础上,着重介绍钙钛矿太阳能电池从材料到器件相关代表性成果,并探讨其产业化前景,以便让读者对该领域有更全面、深入的了解。

2.1　钙钛矿太阳能电池结构与工作原理

2.1.1　钙钛矿太阳能电池结构

经过十余年发展,钙钛矿太阳能电池的器件结构有了全面的发展。图 2.2 总结了目前钙钛矿太阳能电池的器件结构,基本继承了敏化电池和有机异质结电池的结构。根据光照方向材料的半导体类型,主要可以分为 n-i-p 和 p-i-n 型结构,其中 n 表示电子传输层(ETL),p 表示空穴传输层(HTL),i 表示钙钛矿薄膜层。根据 ETL 或 HTL 的形貌结构,又分为介孔(m)和平面(p)两种类型。实际上,钙钛矿电池中即使无电子传输层(ETL – free)或无空穴传输层(HTL – free),也能获得较高的器件性能[21-22]。此外,由我国华中科技大学韩宏伟团队等发展起来的基于单基板介孔碳电极钙钛矿电池(m-carbon),在器件结构和制备工艺上与其他类型电池存在较大的差异,也可以算作器件结构的一种[23]。

钙钛矿电池一般选用商品化 FTO 或 ITO 导电玻璃或 ITO/PET 或 ITO/PEN 作

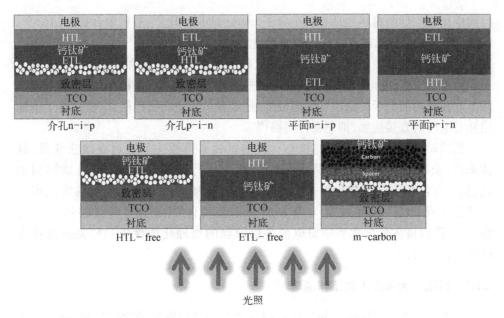

图 2.2 钙钛矿太阳能电池结构类型[20]：n 表示电子传
输层；i 表示钙钛矿吸收层；p 表示空穴传输层

为器件衬底和前电极[24-25]。FTO 和 ITO 为透明导电氧化物，其可见光透过率一般在 80%~90%，具有较好的导电性能及较合适的功函数，因此，在保证足够太阳光透过的同时，可以作为器件电极来满足电池光生电荷有效收集和横向传输。商业化衬底的使用极大降低了钙钛矿电池的研究门槛，同时弥补了器件内其他薄膜层电荷在横向传输能力方面的不足。电池的背电极一般选用贵金属 Au 或 Ag，或采用碳电极[23,25-26]。Au 和 Ag 电极一般采用热蒸镀法进行沉积，对薄膜表面的平整度有较高的容忍度[25-26]。而碳电极具有低成本、更高的物理化学稳定性等优势，在钙钛矿电池方面有广泛的应用[23]。此外，金属 Cu 也被开发用于背电极，表现出良好的成本和稳定性优势[27]。

电子传输层材料主要包括 TiO_2、SnO_2 和 ZnO 等金属氧化物宽禁带半导体，这几种材料也经常被应用在染料敏化电池中；另外，有机材料（富勒烯及其衍生物，如 C_{60} 和 PCBM 等[28-32]）也被广泛用于钙钛矿电池中。而金属氧化物的制备，可通过前驱溶液旋涂、喷雾热解、真空溅射或原子层沉积等多种方法获得致密的电子传输层薄膜；也可以利用旋涂或丝网印刷等方式获得介孔型的电子传输层薄膜，以获得更大的 ETL/钙钛矿的接触面积和电子抽取性能[28-30]。C_{60}、PCBM 等单独作为 ETL，一般用在平面 p-i-n 结构的电池中[31-32]，有时也被用于 ETL/钙钛矿界面处理，起到提升界面电子抽取性能和减少界面缺陷等作用[33-34]。对于空穴传输层，目前应用最广泛的材料包括有机小分子 *spiro* - OMeTAD[13]、有机聚合物 PTAA[35]、PEDOT：PSS[31]和无机 NiO[30]及其掺杂化合物[36]、铜化合物[37]等。它们的沉积方式主要是旋涂法。但值得一提的是,钙钛矿电池在无电子传输层或无空穴传输层下均可正常工作,并能获得较高的光电转换性能。而对于单基板介孔碳结构电池,除了介孔结构的电子传输层和碳电极外,还需要引入空间阻挡层,以阻止电子传输层和背电极的直接接触,抑制器件短路[38]。

　　钙钛矿光吸收层是电池的核心。目前钙钛矿薄膜主要通过旋涂法获得,具体来讲,采用反溶剂法[18]或两步互扩散法[17]进行薄膜沉积。而介孔碳结构电池,则是在沉积完碳电极后将钙钛矿前驱溶液直接通过印刷或浸泡的方式填充到各层介孔薄膜中,通过退火等方式去除溶剂而形成空间贯穿的钙钛矿薄膜[23]。我们将在后续章节里对电池各层薄膜的物理化学性质和相关的沉积方法进行详细介绍。

2.1.2　钙钛矿太阳能电池工作原理

　　关于钙钛矿太阳能电池的工作原理及相关的光电现象的物理机制,至今存在着一定的争议。本节将在最广泛的研究结果的基础上,给出基于半导体物理的认识。图 2.3 给出了平面型钙钛矿太阳能电池结构及其与硅基太阳能电池的对比。可以发现两者在结构上有很大的相似性。对于钙钛矿电池,光电转换过程可以概述为:钙钛矿光吸收层吸收了从前电极入射的可见光,通过光子-电子相互作用形成非平衡的电子和空穴,然后电子和空穴在电场或浓度梯度的驱使下进行漂移或扩散运动,分别被具有选择性电荷传输层(即 ETL 或 HTL)抽取,然后在电荷传输层内进行纵向扩散运动到达前电极和背电极,再通过横向扩散的方式进行电荷传

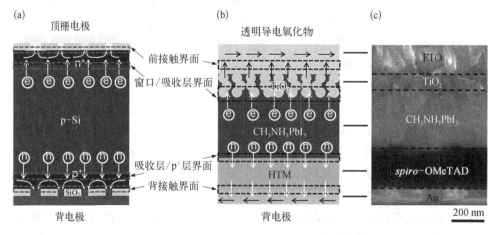

图 2.3　钙钛矿电池与硅太阳能电池结构对比[39]

输,在外电路形成电流而对外做功,完成光能到电能的转换。这是太阳能电池光电转换的一般原理,几乎适用于所有的太阳能电池。

钙钛矿太阳能电池起源于液态染料敏化电池,虽然经历了固态化和器件结构调整,早期研究倾向于该类电池也是一种敏化型电池。但后来越来越多的表征和研究更倾向于该电池是一种异质结太阳能电池。为清晰理解这种差异,需要首先明确这两种太阳能电池的差异。敏化太阳能电池(染料或量子点作为敏化剂)一般基于介孔传输层材料,通过介孔材料吸附染料或量子点,然后采用液态或固态电解质作为空穴传输材料,与对电极构成完整器件。需要指出的是,器件结构不是判断器件类型和工作原理的根本原则。器件内光电物理过程在空间和时间上的差异才是根本。对于敏化太阳能电池来讲,光吸收材料只参与光子-电子转换过程,即染料或量子点中产生的非平衡电荷可以在飞秒(fs)至皮秒(ps)时间尺度上进入介孔层,而其自身并不显著参与后续的电荷传输和复合等过程。后续物理过程主要发生在介孔电荷传输层、电解质、对电极及界面区域,对器件性能影响较大。敏化的意义在于为原本不具备可见光活性却对电荷过程有重要参与作用的介孔电荷传输层获得了非平衡载流子。因此,敏化电池中光生电荷产生和后续的电荷传输在时间和空间上是显著分离的。另外,敏化电池的电学性质(如界面能带结构等)主要由介孔电荷传输层和电解质决定,光吸收材料的贡献可以忽略。而对于异质结电池来讲,首先,光吸收层在其电学性质中占据重要作用,光吸收层中有显著的能带弯曲;其次,除了产生非平衡电荷,光吸收层还会显著参与电荷的输运和复合过程,对器件性能有重要影响。

瞬态光学测量表明,对于目前广泛采用的器件结构,钙钛矿材料内的光生电荷完全进入电荷传输层至少需要几纳秒,甚至几十纳秒,远高于敏化电池的时间尺度。在该过程中,光生电荷在钙钛矿薄膜内会经历漂移、扩散和复合等过程,不同于敏化电池。因此,从时间和空间的光电物理过程看,钙钛矿电池是一种异质结电池。中国科学院物理研究所(简称中科院物理所)孟庆波等利用直流电流-电压特性和电容-电压(Mott-Schotky 分析),证明了钙钛矿电池具有典型的异质结电池的电学特性,且器件的电容贡献主要来源于钙钛矿光吸收层,即能带弯曲主要发生在钙钛矿光吸收层内,由此论证了该类电池的异质结属性[39]。

在此基础上,研究人员倾向于钙钛矿电池是一种 p-i-n 型异质结电池,其中钙钛矿光吸收层作为本征半导体,而电子和空穴传输层分别作为 n 和 p 型半导体。为了进一步认识该电池的结型属性,尤其是器件内部电场的分布性质,研究人员利用开尔文探针显微镜(KPFM)对电池的纵向电势分布及其随偏置电压的变化进行了测量,结果表明电池内部电场的变化主要体现在钙钛矿薄膜及 TiO_2/钙钛矿界面区域,而钙钛矿/HTL 界面的电场及其变化较小,见图 2.4[40-41]。由此认为,这种结构的钙钛矿电池是一种 n^+-p 型的单边异质结电池,而空穴传输层对于器件内电场并没有显著贡献。这些研究结果表明:钙钛矿电池是一种异质结型太阳能电池,且钙钛矿材料内存在较高的内建电场,可以有效分离电子和空穴,并为高速漂移运动提供动力。

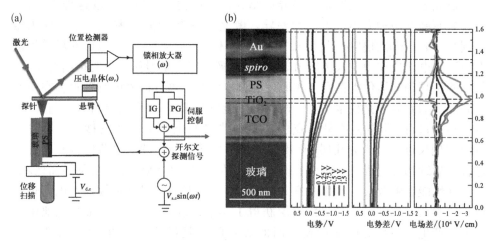

图 2.4   开尔文探测测量得到的钙钛矿太阳能电池内部电场在偏压下的响应[40-41]

最近研究表明,钙钛矿材料具有较低的离子迁移激活能,其薄膜内离子会在外部或内建电场作用下发生迁移和重新分布[42]。上述基于电压变化测量得到的钙钛矿电池,尤其是光吸收层内的电场或电势分布并没有反映器件的真实状态。考虑到离子电荷与电场间的相互作用,更倾向于认为钙钛矿内的电场主要分布在界面区域,而体相钙钛矿薄膜内的内建电场较弱,光生载流子主要通过扩散机制进行输运。电荷传输层的作用一方面在于提供合适的导带(CB)和价带(VB)位置,为电子和空穴提供输运通道,另一方面在于阻挡空穴和电子的反向扩散,保证较高的电荷抽取效率。

综上,钙钛矿太阳能电池虽然是一种异质结型电池,但由于离子迁移导致其内建电场的分布不同于传统器件。进一步研究发现,钙钛矿电池在光照下的电荷复合动力学行为也不同于传统的硅基电池。图 2.5 给出了钙钛矿电池与硅基电池在不同光照强度下电压相关的电荷复合速率的对比[43]。对于多晶硅电池,复合速率-电压行为与光照无关,表现为一种少子行为。而对于钙钛矿电池,光照会显著增加电荷的复合速率,且高偏压下理想因子会显著增大,这些都暗示着钙钛矿电池中光生载流子不再是少子,而是直接影响电荷复合动力学。由此,我们推测钙钛矿太阳能电池是一种多子型异质结器件,具有更强的电荷-电场相互作用。

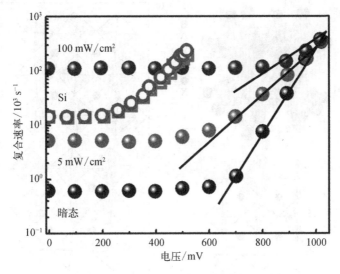

图 2.5　基于瞬态光电压方法得到钙钛矿和硅太阳能
电池在不同光照和偏压下电荷复合速率[43]

2.2　钙钛矿结构光伏材料

2.2.1　无机-有机杂化钙钛矿光伏材料

钙钛矿是一种古老的材料体系,一般指具有 $CaTiO_3$ 类型晶体结构的材料,在超导、铁电、磁性等领域有重要的应用。三维钙钛矿的化学结构通式可以表述为 ABX_3,其中一个 B 位原子与六个 X 位原子配位,形成[BX_6]正八面体结构,相邻正八面体共用顶点。A 位原子(离子)填充在相邻的 8 个正八面体的间隙位置,以稳定钙钛矿的正八面体结构,如图 2.6(a)所示[44]。理想的钙钛矿具有立方晶系结构,其晶胞在 ab 方向,其中 $a=b=c$,为最近邻 B 位的原子间距,如图 2.6(b)所示。实际中,钙钛矿晶体结构都会发生一定程度的畸变,主要原因在于晶体结构的适当扭曲可以降低体系能量,增加材料稳定性;另一方面是电子在不同轨道的占据会导致八面体结构的拉伸变形,比如 John-Tellar 效应。一般来讲,随着温度的降低,钙钛矿会经历从立方(cubic)到四方(tetragonal)再到正交(orthorhombic)相的转变,结构相变会导致晶体对称性的下降和电子-晶格相互作用的变化,进而影响电子态等多种性质。图 2.6(c)给出了四方相钙钛矿相邻 B－X 面在 ab 方向的结构。由于对称性的下降,需要扩散晶胞以描述材料的周期性,此时 $a=b$,为第二近邻 B 位原子间距。

对于有机-无机杂化钙钛矿材料,B 位一般为 Pb 或 Sn 原子,X 位一般为卤素

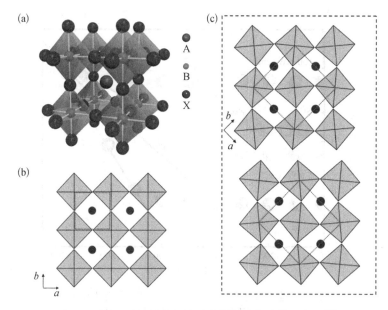

图 2.6   有机-无机杂化钙钛矿材料的晶格结构示意图[44]

(I, Br 或 Cl)原子。金属与卤素原子间以轨道杂化的方式形成极性共价键,金属原子表现出 +2 价,而卤素原子为 -1 价。A 位一般为短链有机胺离子,比如甲胺($CH_3NH_3^+$)或甲脒$[CH(NH_2)_2]^+$。有机胺离子与金属卤素八面体之间通过较弱的范德瓦尔斯力相互作用。

除了三维钙钛矿,目前二维钙钛矿材料也被广泛关注。二维钙钛矿材料具有较高的材料稳定性和疏水性能。图 2.7 给出了二维层状钙钛矿晶体结构示意图[44]。利用较大的有机胺离子,可以将钙钛矿某一个方向上的 B-X-B 共顶点结构分离,形成 A_2BX_4 结构或 ABX_4 结构。在 B-X 八面体平面内,相邻八面体依然以共顶点的形式存在;在垂直于该平面方向,X 原子至于一个 B 原子配位,由此形成二维层状结构。

由此可见,钙钛矿的层状结构主要由 A 位有机胺离子的尺寸决定的。图 2.8 总结了被广泛报道的、用于杂化钙钛矿材料的有机胺离子及其结构[1,45-53]。其中甲胺和甲脒是目前三维钙钛矿的重要组成部分[1,45]。因为拥有较小的尺寸和较大的偶极矩,基于甲胺的三维钙钛矿具有较高的晶体结构稳定性。基于甲脒的三维钙钛矿在高温下具有较高的结构稳定性;但在较低温度下,由于其较大的尺寸和较小的偶极矩,结构稳定性较差,容易发生从钙钛矿到非钙钛矿相的转变。为描述离子尺寸对钙钛矿结构的影响,一般用容忍因子(tolerance factor)来描述构成钙钛矿离子间的尺寸匹配。具有更大尺寸的二甲胺、乙胺和胍离子很难形成稳定的三维钙钛矿,但可以用作界面或晶界修饰材料,构成局域的二维结构,调控钙钛矿吸收

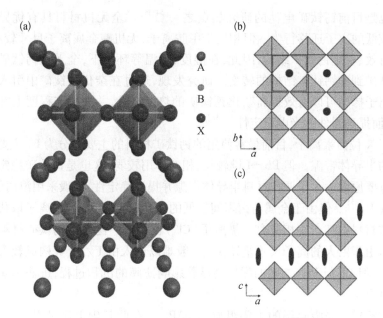

图 2.7 层状钙钛矿材料的晶格结构示意图[44]

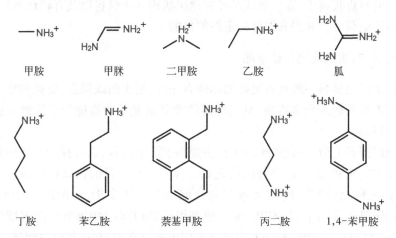

甲胺　　　　甲脒　　　　二甲胺　　　　乙胺　　　　　胍

丁胺　　　　苯乙胺　　　　萘基甲胺　　　　丙二胺　　　　1,4-苯甲胺

图 2.8 用于构建无机-有机杂化钙钛矿材料的有机胺离子结构示意图[1,45-53]

层的能带结构和电荷复合性质[46-48]。而长链的丁胺、苯乙胺、萘基甲胺则是目前构成 Ruddlesden-Popper 层状钙钛矿的主要阳离子[49-51]。为了保留层状钙钛矿特性并进一步增强层间相互作用,最近又引入了长链双端胺离子,如丙二胺和 1,4-苯甲胺,构成了 Dion-Jacobson 层状钙钛矿[52-53]。

除了基于有机胺离子的杂化钙钛矿,以铯铅碘($CsPbI_3$)为代表的全无机钙钛矿材料也是目前钙钛矿电池的研究热点之一[54-55]。全无机材料具有优异的热稳定性和较低的离子迁移行为。但相比于甲胺离子,无机碱金属离子尺寸较小,不利于形成有效、稳定钙钛矿结构,因此,在湿度、低温等环境下,全无机钙钛矿极易发生从钙钛矿到非钙钛矿结构的转变。研究发现,通过在杂化钙钛矿中引入少量的碱金属离子掺杂可以有效提高杂化钙钛矿的热稳定性,并在一定程度上抑制离子迁移,从而提高器件的光电稳定性[24,56]。

对于 X 位卤素离子,目前最常使用的钙钛矿材料的主要成分为 I^-,主要原因在于合适的半导体带隙。但 Pb—I 键较长,相互作用较弱,这也是钙钛矿稳定性较低的一个重要原因。为了调控材料半导体带隙并提高稳定性,一般采用溴离子(Br^-)部分取代 I^-[57]。但由于金属与卤素间较低的库仑相互作用,这种离子取代往往会在钙钛矿材料内部产生相分离。氯离子(Cl^-)也曾被广泛用于钙钛矿材料的制备过程。但由于巨大的离子尺寸差异,Cl^- 一般难以进入由 I^-/Br^- 等构成较大的钙钛矿晶格内,但 Cl^- 与 Pb^{2+} 之间的配位会显著影响薄膜的沉积过程,进而影响薄膜的最终质量[57]。

目前钙钛矿光吸收层的主要组成为 $FAPbI_3$,在此基础上适量引入 MA、Cs 和 Br 等尺寸较小的有机或无机离子以提升材料稳定性及调整材料带隙;另外,通过引入长链的有机胺离子,在界面或晶界构建层状钙钛矿材料以及有机疏水层,以达到抑制器件电荷复合和提升器件稳定性的目的。

2.2.2　无机-有机杂化钙钛矿单晶

钙钛矿单晶材料一般具备更高的晶体有序度、更少的缺陷态、更高的电荷传输性能和更本征的物理化学特性,是光电器件尤其是光子和高能粒子探测方面的研究重点和热点。

与薄膜沉积类似,钙钛矿单晶生长主要基于溶液过程,通过控制溶液中钙钛矿前驱溶质的过饱和度,促进晶种的出现和晶体的生长。目前钙钛矿单晶的生长方式主要有三种,分别为降温、反溶剂和升温结晶。图 2.9(a)给出了 $MAPbI_3$ 和 $MAPbBr_3$ 分别在 γ-丁内酯(GBL)和二甲基甲酰胺(DMF)中溶解度随温度的变化关系[58]。$MAPbI_3$ 在 GBL 中 60℃ 附近溶解度出现极高值,在该临界点两侧,通过降温或升温的方式均降低前驱物质溶解度,出现过饱和现象,进而导致晶种的析出和单晶的生长。美国 Jinsong Huang 研究组通过表面降温的方式实现了 $MAPbI_3$ 单晶生长[59]。但是对于 $MAPbBr_3$,溶解度随温度降低反而上升,降温法并不适用。研究人员发展出反温度单晶生长方式,即通过升温降低溶解度,实现过饱和及晶体的生长,晶体生长过程如图 2.9(b)与(c)所示[60]。该方法可以在较短的时间内生长出毫米尺度的钙钛矿单晶,通过不断提供原料,晶体可以持续生长。陕西师范大学/中科院大连化学物理研究所刘生忠团队已经报道了数厘米大小的单晶[61]。另一种方式是通过反溶剂降低钙钛矿前驱溶质在溶剂/反溶剂组成的混合溶剂中的溶解度,实现溶液过饱和及晶体生长。研究人员利用二氯甲烷(dichloromethane)作为反溶剂,其蒸气自发扩散进入钙钛矿前驱溶液中,实现了毫米尺度单晶的生长[62]。目前,反温度方式是最常用的三维钙钛矿单晶的方法,具有实验过程和设备简单、易操作等优势。

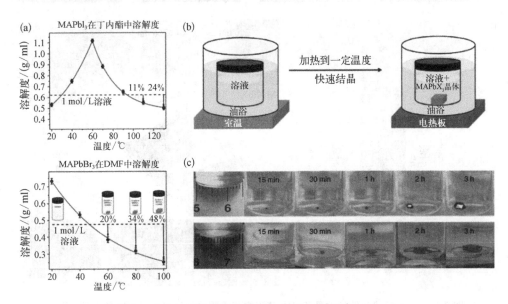

图 2.9 钙钛矿单晶的生长过程[59-60]

在三维单晶的基础上,研究人员对其材料性质尤其是半导体缺陷态和载流子扩散长度等进行了大量测量。利用空间电荷限制电流(SCLC)方法,获得的基于溶液法生长的钙钛矿单晶的缺陷态浓度可以低至 10^{10} cm^{-3} 量级[59-62],远低于传统无机半导体单晶的缺陷态浓度。这一结果表明,钙钛矿材料内存在的实空间缺陷对材料的半导体性质和光电响应影响较小,这是钙钛矿材料独特的优势。

除了三维单晶,层状钙钛矿的单晶生长也一直是研究热点。研究人员通过降温的方式生长了二维及准二维层状钙钛矿单晶,并对它们的发光和光子探测性能进行了研究。图 2.10(a)给出了基于丁胺和甲胺的二维钙钛矿单晶的照片,可见随着二维钙钛矿层数的上升,量子尺寸效应减弱,钙钛矿材料的颜色显著加深,吸光范围更宽[63]。进一步地,在一定的衬底结构上,研究人员实现了单层二维钙钛矿单晶薄膜的生长,可用于高效光子探测。

三维钙钛矿单晶的薄膜化也是目前的研究热点。通过空间限域,多个研究组实现了钙钛矿单晶薄膜的生长。图 2.10(b)给出了基于空间限域法制备的钙

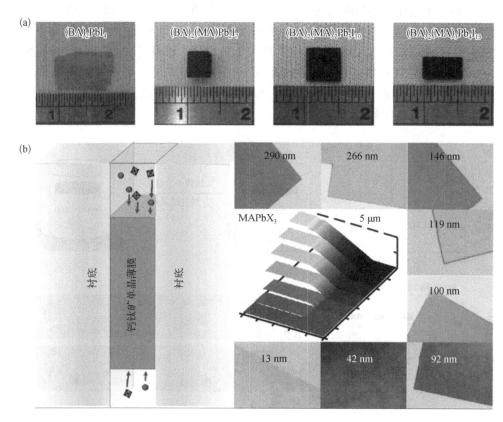

图2.10　(a)层状钙钛矿单晶和(b)基于空间受限的钙钛矿单晶薄膜的生长[63-64]

钛矿单晶生长示意图[64]。具体来讲,首先施加一定的压力,将两片衬底(比如硅片)以一定的间距贴合在一起。然后将其置于加热的钙钛矿前驱溶液中,由于表面张力及其相关的毛细现象,溶液会自发进入两衬底的平面间隙内。通过溶剂挥发,前驱液会进入饱和状态,而上表面的溶液由于更低的温度而更早地出现过饱和与固体晶核。由此开始从上到下单晶的生长。由于空间限域作用,单晶在垂直于衬底的方向被限制生长,由此可形成从纳米到微米不同厚度的单晶薄膜。陕西师范大学/中科院大连化学物理研究所刘生忠团队利用反温度方式在循环的前驱溶液下通过空间限域生长出了厚度在百微米量级、宽度达到厘米的单晶薄膜[65]。通过压力控制的空间限域,中科院化学研究所胡劲松/万立骏在硅衬底上实现了十纳米尺度的超薄钙钛矿单晶薄膜的生长和从纳米到微米的厚度控制[64]。美国Jinsong Huang团队在空穴传输层PTAA上实现了单晶薄膜的生长[66]。与此同时,石家庄铁道大学/中科院深圳先进技术研究院等联合实现了FTO/TiO2电子传输层衬底上微米厚度的单晶薄膜的生长[67]。这些在电荷传输层上实现的钙钛矿单晶薄膜生长,为高效钙钛矿单晶太阳能的制备奠定了基础。

如前所述,相比于薄膜,钙钛矿单晶最大的优点在于其较高的电荷迁移率和长载流子寿命。基于此,钙钛矿单晶的一个重要应用在于制备光电探测器,用于探测光子和高能粒子。图 2.11(a)给出了陕西师范大学/中科院大连化学物理研究所刘生忠团队在大的单晶表面制备的光子探测器阵列[68]。早期生长的单晶一般比较厚,基于栅状电极制备横向光电导探测器。利用激光线切割掩模板制备的栅状电极间距多在 50 μm 左右。基于光电导探测器面阵,可以实现图像的初步探测。除了光子,利用钙钛矿中原子序数较大的 Pb 对高能粒子较大的吸收能力,Jinsong Huang 等还实现了对 X 射线和 γ 射线的探测,获得了较高的探测性能和灵敏度[69]。另一方面,Jinsong Huang 等在空穴传输层衬底上生长的单晶薄膜已被用于制备太阳能电池,取得了超过 17% 的光电转换效率,见图 2.11(b)[66]。

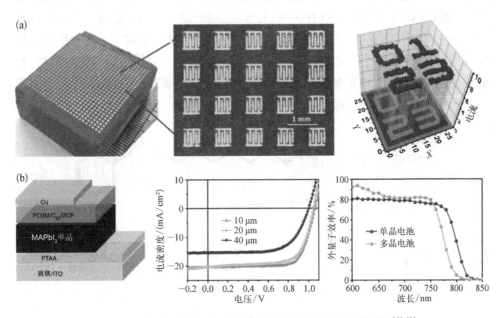

图 2.11 钙钛矿单晶在光子探测器和太阳能电池方面的应用[66,68]

总之,相对于传统无机半导体材料,钙钛矿单晶具有更低的缺陷态以及更易生长等优势,表现出了良好的材料和器件性能。但由于钙钛矿材料"软"的特性,单晶难以进行片状切割、表面抛光以及表面钝化等处理。除了用于光子探测等,由于具有更本征的材料特性,单晶材料也是研究钙钛矿更深层次的物理现象和机制的理想体系,如精细能带结构、铁电行为等。

2.2.3   无机-有机杂化钙钛矿薄膜生长

目前钙钛矿光电器件尤其是太阳能电池主要基于钙钛矿多晶薄膜,而器件性能的提升主要得益于薄膜晶体质量的不断提高。在液态敏化和钙钛矿固态薄膜电池的发展初期,主要采用一步法进行薄膜沉积。一步法沉积过程是指,首先将钙钛矿原料,如碘化铅(PbI_2)和碘化甲胺(CH_3NH_3I),按照 1 : 1 或其他特定比例溶解在 N, N - 二甲基甲酰胺(DMF)或 γ - 丁内酯中,形成单一的前驱溶液,再将前驱溶液旋涂到衬底上得到钙钛矿前驱膜,然后通过加热退火形成钙钛矿薄膜[18]。然而,由于钙钛矿独特的结晶行为,采用一步法获得的薄膜覆盖度较差、薄膜表面粗糙,器件性能也较差。

钙钛矿电池发展的第一个里程碑在于固态化,而之后的一个主要任务在于改善钙钛矿薄膜的晶体质量与形貌。改善一步法制备的薄膜质量的第一个路径是添加剂方式。图 2.12 基本概括了几种添加剂类型,主要包括:含卤素离子化合物,如氯化甲胺(MACl)[70]、氢碘酸(HI)[71]、1, 8 -二碘辛烷[72]和 1 -氯萘[73]等;含 O 或 S 等给电子能力较强的原子基团,如次磷酸[74]、水[75]、硫脲和脲[76]等;有机胺类材料,如丁基膦酸 4 -胺;[77]苯基类刚性基团,如四苯基碘化膦[78];聚合物类材料,如聚乙二醇(PEG)[79]、聚甲基丙烯酸甲酯(PMMA)[80]和聚苯乙烯(PS)[81]等。卤素

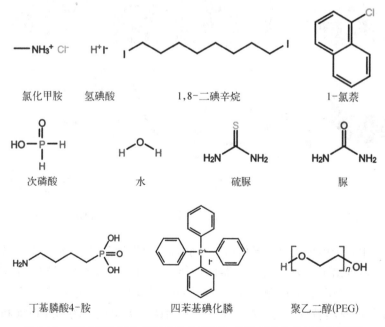

图 2.12   用于调控钙钛矿薄膜生长的添加物类型及其分子结构[70-79]

原子、给电子基团以及胺等基团与 Pb^{2+} 之间发生配位作用,使得钙钛矿的结晶动力学或中间相过程在一定程度上被改变,从而改善了薄膜的最终形貌;而聚合物材料在一定程度上可以改变钙钛矿前驱液的黏度等性质,也可以改变结晶过程和薄膜的最终形貌。尽管研究人员在添加剂方面做了很大的努力,基于传统一步法的钙钛矿太阳能电池的性能提升依然有限。

钙钛矿电池发展的第二个里程碑是形貌和结晶可控的薄膜沉积方法的开发。图 2.13(a)示意性地给出了钙钛矿从前驱溶液到薄膜的转变过程[44]。钙钛矿的形成是在热力学驱动下 PbI_2 八面体共棱结构向钙钛矿共顶点结构的转变,该转变主要在 MA^+ 和 I^- 的参与下完成。在钙钛矿前驱溶液中,MA–Pb–I 以一定的团簇形式存在,当溶剂挥发后,薄膜在团簇的基础上进行成核和生长。由于团簇结构存在一定的配位形式和生长方式,最终获得的薄膜易形成近似针状的表面形貌,且薄膜覆盖度低。由此推测,溶液中八面体共棱结构并未完全发生转变。溶剂和 MAI 的存在使长程的 PbI_2 八面体共棱结构片段化,而溶剂分子和MA–I 主要存在于短程的共棱结构片段周围,形成团簇结构。由于不同团簇间的配位差异,它们在成核速率方面存在较大差异,导致自发结晶的随机性和最终薄膜表面覆盖度较差。

为了改善薄膜形貌和晶体质量,需要提高薄膜成核的均匀性,即将自发成核转变为可控成核。澳大利亚莫纳什(Monash)大学/武汉理工大学程一兵团队和韩国化学技术研究所(KRICT)Seok 团队分别独立发展了反溶剂方法,见图2.13(b)[18-19]。具体来讲,在钙钛矿前驱溶液旋涂过程中在特定时间向薄膜表面滴加反溶剂,再进行薄膜退火处理,获得了平整、致密、均匀的钙钛矿薄膜。反溶剂是指与钙钛矿前驱溶剂可混溶但不能溶解钙钛矿的溶剂,比如氯苯、甲苯、乙醚和乙酸乙酯等非极性有机溶剂。Seok 团队进一步在前驱溶液中引入少量配位能力更强、沸点更高的二甲基亚砜(DMSO)[19],利用该溶剂的强配位能力和不易挥发性,首先抑制了钙钛矿的自发成核,显著增加了反溶剂滴加的时间窗口。同时,残留的 DMSO 在退火过程中能在一定程度上促进晶体的生长和熟化。目前,普遍采用基于 DMF/DMSO 混合溶剂的前驱溶液及反溶剂法制备高质量钙钛矿薄膜。

为了解决传统一步法的自发熟化问题,研究人员还开发了两步沉积法,即首先在衬底上沉积 PbI_2 薄膜,再将 PbI_2 浸泡到 MAI 溶液中。利用它们间的化学反应转变成 $MAPbI_3$,再退火结晶。瑞士洛桑联邦理工学院(EPFL) M. Grätzel 研究组首次在钙钛矿电池制备中采用了该方法,显著提升了薄膜质量和器件性能,首次获得了14.1%的器件认证效率[17]。但是,这种两步沉积法在薄膜形貌控制方面依然存在不足,比如 PbI_2 反应转化不完全以及表面形貌的重构和熟化可控性差等。基于此,研究人员又先后发展了气相辅助的两步法和两步旋涂互扩散法。气相辅助是指第

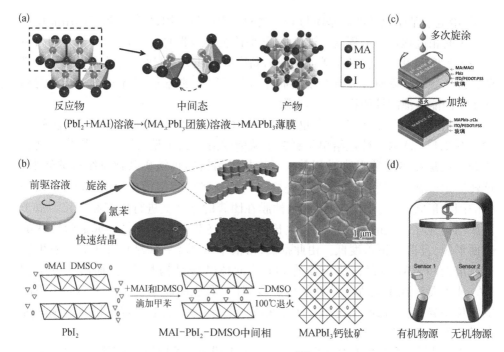

图 2.13　(a) 钙钛矿生长晶格结构演化示意图[44];(b) 反溶剂法制备高质量
钙钛矿薄膜示意图[18-19];(c) 两步旋涂法制备高质量钙钛矿薄膜示
意图[82,85];(d) 双源共蒸镀沉积钙钛矿薄膜示意图[86]

二步 PbI₂ 薄膜直接在较高温度下与热挥发的 MAI 蒸气反应,由此可以避免固液界
面的形貌重构和熟化。互扩散法,是在第二步直接将 MAI 旋涂到 PbI₂ 薄膜表面
[图 2.13(c)],然后退火处理,通过溶液扩散和固态离子扩散的方式发生两相的化
合反应和晶体生长。这种改进的两步法有助于获得更致密均匀的钙钛矿薄膜[82]。
中科院物理所孟庆波等研究了两步互扩散法中、湿度环境下 Cl⁻ 参与反应过程的影
响,进一步调控了互扩散的反应速率和晶体质量[83-84]。为了进一步提高两步互扩
散法的反应速率,Seok 团队首次采用 PbI₂ 与 DMSO 配位形成的 PbI₂(DMSO)中间
相来替代 PbI₂[85]。该中间相为离子扩散和交换提供了更大的晶格空间,促进了互
扩散速率和提高晶体质量。这种互扩散的两步法也是目前获得高性能钙钛矿器件
的薄膜沉积方法之一。

　　此外,英国 Henry J. Snaith 研究组还发展了真空双源共蒸发法,见图
2.13(d)[86]。采用热蒸发的方式,将 Pb(I, Cl)₂ 和 MAI 以一定速率沉积到衬底上,
共蒸发过程中在衬底上直接反应生成钙钛矿,由此可以获得非常致密均匀的薄
膜[86]。顺序蒸发等真空方法进行薄膜沉积也有报道[87]。总的来讲,目前钙钛矿
器件最常规的制备方法是溶液法,一方面溶液法一直在不断改进,为制备高质量薄

膜奠定了基础;另一方面,钙钛矿材料自身优异的半导体性质,使得溶液法具有更低的研究门槛。

晶体生长和熟化是获得高质量多晶薄膜的重要过程。薄膜制备方法的改进主要取决于对固体薄膜成核过程和均匀性的控制。固体材料的熟化和晶体生长的本质在于薄膜内部固体物质(原子)的扩散和交换,提高原子的扩散和物质交换能力有助于熟化过程。研究人员在理解钙钛矿材料物理化学性质的基础上,进一步发展了多种促进薄膜生长和熟化的方法。图 2.14 总结了不同的添加材料通过配位作用为晶体生长发挥积极作用,尤其是 MACl 和水分子可以显著提升薄膜的晶粒尺寸和质量[70,75]。目前,研究人员发现,在反溶剂一步法和互扩散两步法中,通过引入一定量 MACl,并在有一定湿度的环境中进行退火,可以获得更大的晶粒尺寸和更优异的器件性能。类似地,Huang 等在退火过程中引入 DMF 气氛,显著提升了晶粒尺寸和薄膜质量[图 2.14(a)][88]。这主要是因为 DMF 对钙钛矿有较好的溶解作用,适量 DMF 蒸气可以在一定程度上获得液相钙钛矿,而在薄膜生长过程中液相钙钛矿的存在能有效促进物质交换;另一方面,在薄膜表面沉积原子尺寸更小的材料,比如 MABr,也能促进晶体的熟化。

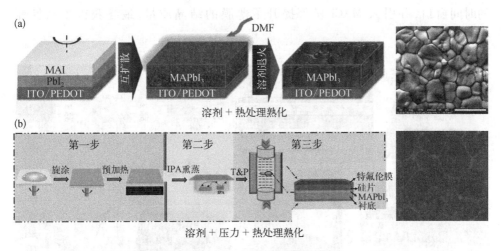

图 2.14 (a) 溶剂热处理提升钙钛矿薄膜的晶体熟化[88];(b) 溶剂-压力-热三参数法提升钙钛矿薄膜的晶体熟化,获得 10 μm 以上的钙钛矿晶粒[90]

除了温度和溶剂之外,压强也能为原子迁移和物质交换提供动力。基于此,在两步法薄膜沉积的基础上采用热压法可以获得更好的薄膜形貌[89]。山东大学廉刚等在传统一步法沉积的薄膜表面通过一定溶剂吸附和高压后退火处理,将钙钛矿的晶粒尺寸提高到了 10 μm 以上,见图 2.14(b)[90]。总之,通过改进薄膜沉积方法、引入添加剂和控制熟化过程等手段,可以获得高质量多晶薄膜,取得了超过23%的光电转换效率。

　　为了实现钙钛矿太阳能电池的大面积生产,研究人员还利用其他制备工艺实现大面积钙钛矿薄膜沉积,并通过多种方法调控大面积钙钛矿薄膜的形貌和结晶质量。图 2.15 总结了目前报道的大面积钙钛矿的薄膜沉积方法和典型结果。刮涂法(doctor blade)是沉积大面积薄膜的重要方法,在敏化电池的介孔层薄膜沉积中有大量应用。刮涂法是利用刀片或类似结构的机械运动将浆料或前驱液涂抹到衬底表面,如图 2.15(a)所示[91]。Huang 等较早地报道了钙钛矿薄膜的刮涂工艺,实现了高性能器件的制备[92]。在此过程中,溶液黏度和表面张力、刮涂速度、衬底温度等对所得到的前驱膜的均匀性、溶剂挥发速率和固体成核生长过程等有重要影响。通过优化原料纯度、衬底温度和成分比例并引入溶剂气氛诱导熟化过程等方法,可获得较平整的钙钛矿薄膜及微米级的晶粒尺寸。进一步地,通过在前驱溶液中引入少量的表面活性剂,可以显著改变前驱薄膜的干燥过程,并改善溶液与衬底的浸润性,最终获得非常平整的钙钛矿薄膜及超过20%的小面积器件效率[91]。美国可再生能源国家实验室 Kai Zhu 等以高沸点的 N-甲基-2-吡咯烷酮(NMP)与 DMF 为混合溶剂,显著增加了钙钛矿薄膜沉积的时间窗口,并引入 MACl 显著提升了薄膜的结晶质量,最终获得了高性能器件[93]。

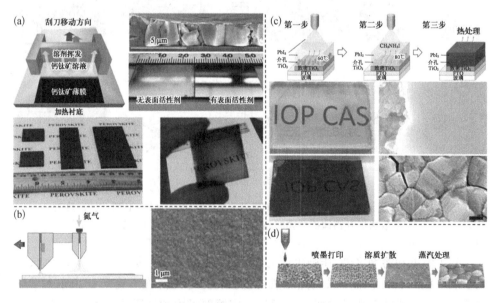

图 2.15　钙钛矿薄膜的大面积制备:(a)刀片刮涂法[91-93];(b)狭缝印刷法[94-95];(c)超声喷涂法[96];(d)喷墨打印法[97]

狭缝涂布(slot-die)是基于溶液法制备大面积薄膜,尤其是柔性薄膜的主要方法,在有机太阳能电池及有机薄膜的卷对卷生产中大量应用。狭缝涂布是将溶液挤压通过狭缝的方式涂布到衬底上,见图2.15(b)[94]。狭缝涂布法可以应用在一步或两步钙钛矿沉积方式中。为了解决沉积过程中溶剂挥发速率对最终薄膜形貌的影响,研究人员又增加了吹气狭缝。从狭缝吹出的高速气流快速将刚涂布的薄膜中溶剂快速挥发而形成固态薄膜,进而获得较为致密均匀的钙钛矿薄膜[95]。这与反溶剂方法和由此衍生的气流辅助快速结晶方法在原理上是一致的。目前,研究人员已经利用该方法进行了柔性钙钛矿太阳能电池卷对卷生产的尝试。

另一种重要的获得大面积钙钛矿薄膜的方法是喷涂或超声喷涂。喷涂法是利用高压载气携带溶液,并在喷头处以撞针或超声的方式将溶液进行雾化,并快速喷涂到衬底表面。喷涂法在氧化物薄膜(如致密 TiO_2)沉积等方面有更广泛的应用。在钙钛矿太阳能电池制备中,中科院物理所孟庆波等首次利用喷涂法制备了介孔 TiO_2薄膜,在此基础上,利用超声喷涂结合两步法,制备了钙钛矿薄膜,见图2.15(c)[96]。利用这种方法可以获得平滑致密的 PbI_2 和钙钛矿薄膜,并获得了较高的器件性能。喷墨打印(inkjet printing)是制备大面积薄膜的另一种方法。具体来讲,喷墨打印是利用压电打印头,可以更精密地控制薄膜沉积的溶液量和位置。中科院化学所宋延林团队利用绿色打印技术,采用喷墨打印制备了钙钛矿薄膜[图2.15(d)],并系统优化了溶剂量、喷墨间距等参量,最终获得了较为均匀致密的钙钛矿薄膜[97]。

综上,为了实现小面积和大面积高质量的钙钛矿薄膜,研究人员通过方法创新、过程创新及物理化学手段等开展了大量研究,并取得了积极成果。

2.2.4 无机-有机杂化钙钛矿薄膜表征

表征方法是确定薄膜和器件质量和性能的重要方式,是全面认识材料物理化学性质的重要手段,是保障最终产品良品率的重要手段。经过十年的发展,钙钛矿材料在表征和分析方法方面已经逐渐完善。本小节将介绍用于钙钛矿薄膜的主要表征方法及相关研究成果。

1. 衍射/散射测量

晶体材料最基本的表征是关于其晶格结构。X 射线衍射(XRD)分析是表征晶体结构和物相组成最基本的实验方法。图2.16(a-c)给出了目前在钙钛矿太阳能电池方面常用的 X 射线表征方法。掠入射 XRD(GIXRD)通过改变 X 射线的入射角可以改变 X 射线在薄膜中的穿透深度,获得不同深度的晶格信息。图2.16(a)给出了 GIXRD 测试示意图,利用不同深度的 X 射线衍射峰位置可以定性判断薄膜内部组分和应力状态等信息[98]。掠入射广角 X 射线散射（GIWAXS），通过面阵探测器获得薄膜在平行和垂直于衬底的两个方向上的晶格衍射信息，进而获得薄膜的结晶取向等信息。图 2.16(b)给出了典型的随机取向和存在取向的钙钛矿薄膜的 GIWAXS 二维衍射结果。对于随机取向，GIWAXS 获得的是衍射圆环；对于存在结晶取向的薄膜，GIWAXS 获得的是衍射斑点。这与电子显微镜所用的选区电子衍射在现象上是一致的[99]。研究者根据该衍射结构确定了准二维钙钛矿材料在不同沉积状态下的结晶取向。

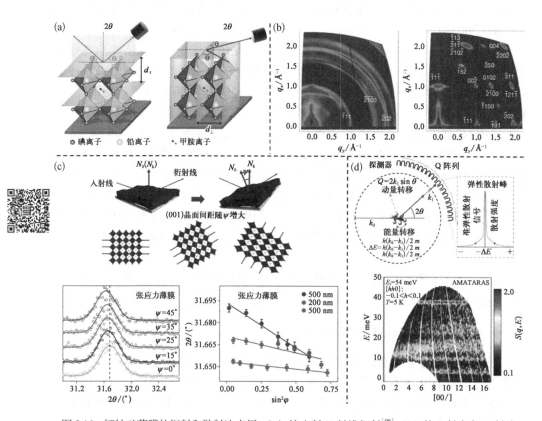

图 2.16   钙钛矿薄膜的衍射和散射法表征：(a) 掠入射 X 射线衍射[98]；(b) 掠入射广角 X 射线散射[99]；(c) X 射线倾斜法测量薄膜内应力[100]；(d) 准弹性和非弹性中子散射[101-102]

应力及其相关的缺陷态性质等是钙钛矿薄膜的研究热点之一。除了采用 GIXRD 定性表征应力及其引起的晶格参数的变化。北京理工大学陈棋及其合作者采用倾斜法(2θ-$\sin^2\psi$)通过改变 X 射线的入射方向获得了高指数衍射角位置与 X 射线方向间的定量关系，并依此定量计算了钙钛矿薄膜内的残余应力，见图 2.16(c)[100]。研究结果表明，通过改变薄膜沉积条件，可以调控薄膜内应力类型，并可在一定程度上消除应力,提高器件性能。

中子散射是另一种研究晶体结构的方法,即利用其弹性和非弹性散射性质,研究晶体中元激发性质,比如偶极分子的运动和声子等性质。图2.16(d)给出了利用中子衍射在杂化钙钛矿材料领域的研究,主要包括:利用准弹性散射研究晶格中偶极分子的转动性质和利用非弹性散射研究钙钛矿材料的声子能量及其散射[101]。弹性散射指中子与物质相互作用,不发生明显的能量转移;而非弹性散射指材料与中子发生能量交换,材料内部电子或声子状态发生相应的变化。伦敦帝国理工学院的研究人员较早地利用准弹性散射研究了钙钛矿材料中甲胺离子的H原子运动动力学。他们发现甲胺离子在皮秒(ps)尺度的转动过程,同时甲胺离子在与中子相互作用过程中并不会发生扩散运动[101]。进一步地,日本Bing Li等通过更高精度中子散射研究发现了钙钛矿结构相变后甲胺离子转动行为的改变,在低温下呈正交相,甲胺离子主要围绕C-N轴进行转动,而在高温下呈四方相,甲胺离子会围绕垂直于C-N的轴进行转动,而且这两种转动行为间存在显著的耦合。他们在更宽的散射能量范围内对钙钛矿材料的元激发进行了研究,见图2.16(d)[102]。结合理论计算,对中子散射谱进行细致拟合,他们最终获得了钙钛矿材料光学声子能量的精细结构。

2. 电子学测量

前面讲过,钙钛矿太阳能电池发展的第一阶段主要集中在薄膜形貌的改善,因此,关于薄膜形貌的相关表征在这一阶段占据重要地位。多晶薄膜在微纳米尺度的表征一般依赖电子显微镜,即扫描电子显微镜(SEM)或透射电子显微镜(TEM)。电子显微镜依靠聚焦的电子束扫描可以获得纳米分辨率薄膜表面信息。除了我们经常看到的正面或侧面形貌外,功能化的电子显微镜还可以提供材料的晶体结构、元素分布、电荷输运以及能带相关的物理性质方面的信息,见图2.17。研究人员在聚焦离子束(FIB)辅助制样的基础上,利用选区电子衍射研究了钙钛矿不同晶粒的物相结构,见图2.17(a)[103]。研究发现,在钙钛矿薄膜内部存在具有不同形貌结构的晶粒,有些结晶存在特殊的条纹结构。而对这些条纹结构的选区电子衍射结果表明,在某些衍射方向上出现了衍射斑点的分裂,暗示了晶粒内部孪晶的存在。后期研究人员通过压电力显微镜,也在钙钛矿晶体表面观测到了条纹畴结构。

利用电子显微镜的高分辨特性结合X射线能谱(EDX),可以获得薄膜内部精细的元素分布信息。图2.17(b)给出了元素分布研究在确定钙钛矿薄膜物相分布方面的重要应用[104]。研究人员在钙钛矿薄膜中引入了碘化钾,并实现了器件性能的显著提升。通过对钙钛矿薄膜侧面高角环形暗场像(HAADF)的非负矩阵分析(NMF),发现薄膜中存在两种相分布,分别对这两种相进行了EDX分析,发现K元

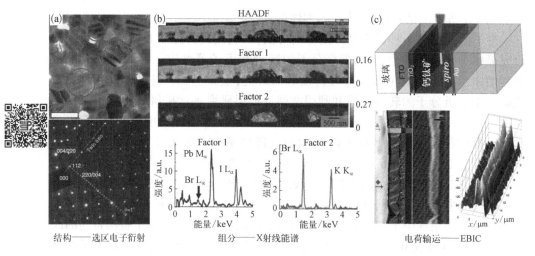

图 2.17　钙钛矿薄膜 SEM 表征：(a) 形貌和选区电子衍射[103]；
(b) 测量形貌和 EDX 元素分析[104]；(c) 电子束诱导电流[105]

素主要富集在其中一种相中,且该相中 Br 元素含量也很高。基于此,他们认为 K 元素主要分布在晶界处,与 Br 元素相互作用稳定钙钛矿晶界结构。

电子束诱导电流(EBIC)是基于扫描电子显微镜,对器件内部电子束诱导电流的空间分布进行测量。利用该方法可以直接观测薄膜的电荷输运能力。图 2.17(c) 给出了该测量方法示意图及其在钙钛矿太阳能电池中应用示例[105]。研究人员发现,钙钛矿薄膜与电子传输层或空穴传输层界面均可以测量到较大的 EBIC 强度,这主要起源于电子和空穴的扩散运动。基于此,进一步计算了电子和空穴扩散长度,发现空穴具有更高的扩散长度。最近,研究者们还利用 EBIC 研究钙钛矿薄膜在电子辐照下半导体性能衰减变化[106]。他们发现,随着电子辐照时间的增加,EBIC 强度显著下降,表明薄膜缺陷态的增加和电荷输运能力的下降。

将电子显微镜与光学测量相结合发展出了空间分辨的阴极荧光方法(CL),即测量薄膜在电子束激发下产生的荧光。由于采用扫描的聚焦电子束作为激发源,该方法可以获得薄膜极高空间分辨率的光学性质,进而获得薄膜微区的半导体带隙等性质。研究人员利用扫描电子显微镜,测量了混合卤素全无机钙钛矿薄膜微区的发光强度和发光峰位置等性质[107]。研究发现,薄膜发光主要位于晶界位置,且晶界在更长的波长位置进行发光。这些结果表明,钙钛矿多晶薄膜晶粒内部与晶界半导体的带隙存在差异,而晶界带隙更小。这意味着混合卤素钙钛矿薄膜存在着微区物相分离现象,碘离子主要富集在晶界而溴离子主要分布于晶粒内部。这种卤素离子的相分离可能会为离子迁移提供通道。

综上,利用电子显微镜及相关技术可以在高空间分辨率下研究钙钛矿薄膜的结构、组分和半导体光电性质,对于研究微纳尺度的多晶薄膜具有重要作用。

X射线(XPS)或紫外光电子能谱(UPS)是在能量空间研究薄膜组分、能带结构的重要方法,基本原理是测量薄膜在X射线或紫外光子激发下从薄膜表面逃逸出的电子数量随能量的分布。光电子能谱一般以费米能级为参考能量位置,具体原理读者可参考介绍该方法的专业书籍。光电子能谱是目前应用最广的表面分析方法,在钙钛矿材料和器件研究中有着广泛应用。图2.18给出了一些典型应用示例。光电子能谱最重要的两个谱学特征是价带谱(valence-band spectra)和芯能级谱(core energy spectra)。价态谱是指靠近费米能级的结合能较小的谱;而芯能级谱产生于原子未参与能带构建的芯能级,有较大的结合能,是材料内不同元素的特征谱。利用价带谱可以确定材料的带边位置等性质,而利用芯能级谱可以对元素的含量、价态等进行分析。

图2.18(a)与(b)给出了利用UPS价带谱分析钙钛矿薄膜自掺杂特性的研究工作[108]。研究人员通过改变钙钛矿薄膜中PbI_2和MAI比例,制备了一系列薄膜,并分别测量紫外光电子能谱。研究发现,随着PbI_2比例的上升,钙钛矿薄膜的价带带边结合能逐渐变大,即费米能级离价带边越来越远,表明自掺杂引起的从p型向n型转变。关于芯能级谱,利用N 1 s能级的XPS研究了混合阳离子钙钛矿薄膜中甲胺和甲脒离子在加热环境下稳定性以及晶界和表面封装的影响[81]。由于甲脒和甲胺中N原子所处的化学环境存在一定的差异,它们的1 s能级结合能表现出2 eV左右的差异,这种差异在XPS上体现为两个峰。中科院物理所孟庆波等研究发现:高温下,甲胺离子会因为挥发而从薄膜中消失;而通过晶界和表面的PS修饰可以显著抑制这种挥发,维持薄膜组分稳定。

价带谱的另一个应用是确定不同薄膜间的相对能带位置,从而确定它们的能带弯曲结构。研究人员利用XPS分别测量了TiO_2薄膜及其上面沉积的钙钛矿薄膜的价带边结合能。根据两种薄膜在费米能级上的统一性,他们确定了TiO_2和钙钛矿薄膜间2.1 eV的价态边能量差[109];再利用两种材料的带隙确定了它们导带边能量差0.4 eV。因此,从能带边位置角度,TiO_2可以作为电子传输层接受来自钙钛矿的光生电子,同时阻挡空穴。为了进一步研究薄膜材料内能带弯曲,研究人员通过不断改变薄膜厚度,测量价带谱[110]。由于能带弯曲以及费米能级的统一性,不同厚度薄膜的价态边与费米能级之差逐渐改变,从而确定能带向上或向下弯曲特性。基于该方法,研究人员分别研究了钙钛矿/Au、钙钛矿/MoO_x和钙钛矿/C_{60}的能带弯曲性质,为理解钙钛矿电池的界面能带性质提供了重要证据。

角分辨光电子能谱(ARPES)通过对不同角度下光电子能谱的测量可以实现对布里渊区包含角动量的能带测量,即测量k空间能带结构,在超导和拓扑绝缘体等领域有重要应用。图2.18(d)给出了利用ARPES获得的钙钛矿单晶近边能带的

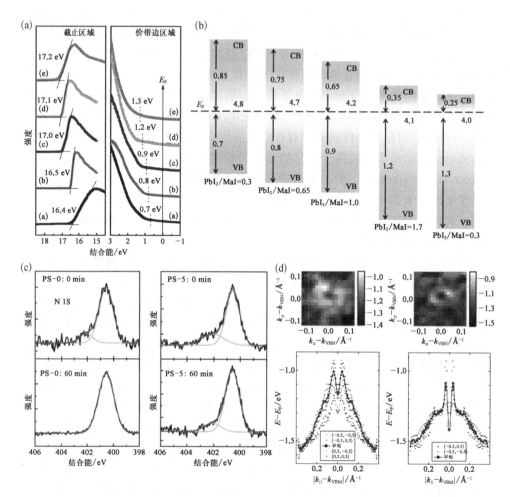

图 2.18　钙钛矿材料的光电子能谱表征：(a)与(b) 紫外光电子能谱价态谱确定
钙钛矿掺杂类型[108]；(c) X 射线光电子能谱确定元素性质；(d) 角分辨
光电能谱确定 k 空间能带分布[111]

一个重要测量结果[111]。研究人员利用该方法发现了钙钛矿材料中由于自旋-轨道
耦合而导致了巨大的带边能带分裂——Rashba Splitting，为理解钙钛矿材料近边能
带结构和有趣的光物理现象提供了重要实验证据。

3. 光学测量

(1) 线性吸收

可见光吸收性质是半导体光伏材料最基本的物理性质，对于判定半导体类型以
及设计器件结构具有重要指导作用。一般用紫外可见吸收光谱测量钙钛矿薄膜的光

吸收性质。配备积分球的吸光光度计一般包含两种测量模式——薄膜透过谱 T 和薄膜反射谱 R,而薄膜吸收谱是无法直接测量的。在实际应用中,研究人员经常把仪器测量得到的透过率换算到吸收值(Abs.)而当作薄膜真正的吸收值。严格来讲,为了分析材料的带边吸收性质,需要从透过谱和反射谱计算得到薄膜的吸收,即 Abs.= $-\lg[T/(1-R)]$。图 2.19(a)给出了利用上述过程得到的钙钛矿 $MAPbI_3$ 薄膜在不同温度下的光吸收谱[112]。从吸收边上看,可以明显看出肩峰结构,表明激子吸收的存在。为了从吸收谱中定量获得材料的激子结合能和直接带隙等性质,孟庆波等对谱图进行拟合。对于激子特性较弱的直接带隙半导体,一般用 Tauc plot 方法获得直接带隙,对于激子吸收特性显著的钙钛矿薄膜,我们采用 Elliot 理论,即

$$\alpha(E) \propto \frac{1}{E}\left[\sum_n \frac{4\pi\sqrt{E_b^3}}{n^3}\delta\left(E-E_g+\frac{E_b}{n^2}\right)+\frac{2\pi\sqrt{E_b}\theta(E-E_g)}{1-e^{-2\pi\sqrt{\frac{E_b}{E-E_g}}}}\right]$$

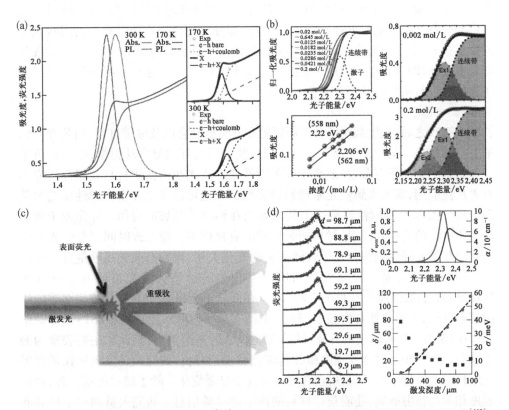

图 2.19　(a)钙钛矿薄膜线性吸收特性[112];(b)利用线性吸收及拟合分析带边电子能带[113];(c)钙钛矿晶体的重吸收示意图[114];(d)重吸收引起的荧光红移和峰形变化[115]。图中 Abs.为吸收峰;PL 为荧光峰;Exp 为实验数据;bare 为不考虑库仑相互作用;coulomb 为库仑相互作用模型;X 为激子吸收

其中,α 为薄膜吸收系数;E 为光子能量;E_b 为激子结合能;n 为正整数;θ 为阶跃函数;E_g 为直接带隙。该式右侧第一项表示激子吸收,第二项表示库仑相互作用增强下的直接带隙吸收。利用该方法并考虑一定的温度展宽,可以很好地拟合钙钛矿的吸收谱,得到 MAPbI$_3$ 的激子结合能 10~20 meV。进一步研究了钙钛矿材料的近边能带性质[图 2.19(b)][113]。通过改变钙钛矿分散液的浓度,发现吸收边性质,尤其是吸收边拓展起源于材料本征的能态性质。利用该方法,对钙钛矿的吸收性质进行了定量拟合,发现钙钛矿材料在直接带隙吸收和自由激子吸收的基础上还存在更低能的高斯型吸收,可能是一种束缚态激子吸收。

除了利用光吸收性质研究钙钛矿材料的能带性质,研究人员还关注到钙钛矿材料内存在光子重吸收现象和相关的光子循环。光子重吸收对于充分利用光生载流子和减少辐射损失具有重要意义。图 2.19(c)给出了钙钛矿晶体内光子重吸收示意图[114]。钙钛矿薄膜或晶体在光照射下吸收光子再辐射,以荧光形式发射出去。由于钙钛矿材料具有极小的斯托克斯红移和极高的光吸收系数,其辐射荧光光谱与吸收光谱在能量上存在较大的重合,部分荧光会被重新吸收。利用双光子共聚焦荧光测量,研究人员测量了不同激发深度下钙钛矿材料的荧光光谱,发现其随着深度增加而出现显著红移现象[图 2.2.14(d)][115]。这种红移现象可以用光子重吸收进行很好的解释。

(2)荧光

光吸收之后,光生载流子会经历辐射和非辐射复合以及输运过程,而荧光是辐射复合的结果。荧光强度及其寿命可以反映材料内部的复合动力学,用于评价半导体材料的载流子寿命、扩散系数等关键性质。荧光在钙钛矿材料和器件研究中有着广泛应用,深入理解荧光原理和相关测试方法可以实现多重物理性质的测量和分析。图 2.20 示例性地概述了荧光方法在钙钛矿领域的应用。首先光子辐射产生于电荷的直接跃迁,是材料能级性质的直接体现。稳态或时间积分荧光光谱能够测量发光强度或积分光子数随能量的变化关系,而瞬态荧光是测量发光强度随时间的变化关系。研究人员利用温度相关的稳态荧光光谱研究了钙钛矿 MAPbBr$_3$ 的能级性质[116],见图 2.20(a)。在低温正交相中,钙钛矿表现出多重能级的辐射性质,主要包括自由激子(FE)、束缚态激子(BE)、浅缺陷态(ST)和深缺陷态(DT)能级。随着温度的升高,缺陷态能级辐射逐渐消失,钙钛矿主要表现为激子辐射。进一步通过激发强度相关的荧光和理论分析,研究人员发现钙钛矿材料在结构相变过程中电子-晶格耦合强度会发生显著变化。除了辐射能量位置,通过温度相关的辐射展宽,还能获得材料的声子能量等信息。研究人员测量了甲脒和甲胺铅碘溴四种钙钛矿材料温度相关的辐射展宽,拟合得到了 15 meV 光学波声子能量[117]。通过对稳态荧光光谱不同辐射峰的解耦合和温度相关的拟合,获得了 MAPbBr$_3$ 体系中约 25 meV 的声子能量。

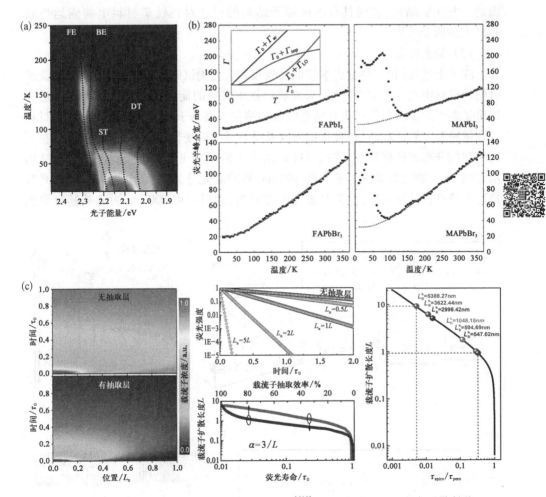

图 2.20 （a）钙钛矿薄膜电子能态的荧光分析[116]；（b）钙钛矿电子-声子散射分析[117]；（c）钙钛矿薄膜内光生载流子浓度演化示意图以及扩散长度的钙钛矿薄膜的荧光衰减的影响和实验测量[43,118]

除了复合，光生载流子在薄膜内部会发生扩散等输运过程。图 2.20（c）计算模拟了薄膜内光生载流子浓度分布随时间的变化[43]。在没有电荷抽取层的情况下，载流子会逐渐趋向于平均分布；而当存在电荷抽取层时，载流子浓度会快速下降。通过对载流子分布进行积分，并考虑辐射复合速率，进行理论模拟荧光强度随时间的变化过程。结果发现，在均匀的薄膜体系中，无论是否存在电荷抽取，材料荧光均表现为单 e 指数衰减，并且可以建立荧光寿命与载流子扩散长度间的数学关系。利用该数学关系，可以通过测量不同电荷抽取状态下的瞬态荧光来估算薄膜材料的载流子扩散长度。图 2.20（c）给出了中科院物理所在这方面的一些实验结果,表明具有不同原子结构的衬底对钙钛矿材料电荷输运性质有较大的影响[118]。

（3）瞬态吸收

除了上述常用的、测量成本较低的吸收和荧光测试等,飞秒瞬态吸收在钙钛矿材料的研究中发挥了重要作用,为理解钙钛矿材料的能级结构和超快动力学过程提供了重要的实验数据。飞秒瞬态吸收的测量主要基于泵浦-探测技术,即在材料受到脉冲激发后,测量材料吸收系数或者反射系数的变化,进而用于光生电荷在不同时间的分布和转移特性。图2.21（a）给出了常用的飞秒瞬态吸收测量设备结构示意图[119]。将飞秒放大器输出的800 nm脉冲激光分为两束,其中一束经过光参量放大器进行波长变换,作为泵浦光激发材料;而另一束800 nm激光被耦合聚焦

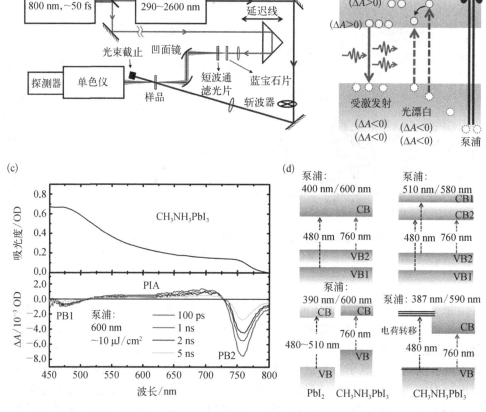

图2.21　（a）飞秒瞬态吸收测量示意图[119];（b）光激发电荷-载流子过程示意图[119];
（c）钙钛矿薄膜典型的线性和瞬态吸收谱[119];（d）根据瞬态吸收对钙钛矿材料内的电荷转移过程进行分析[119-123]

到蓝宝石片上以产生白光作为探测光,白光再透过样品被光谱仪采集。泵浦光和探测光在样品表面空间上重合;它们在时间上的差异通过其中一条光路上的光学延迟线进行调节。通过与泵浦之前的透过光谱相对比,获得不同延时时刻的透过光谱的变化,即得到材料的瞬态吸收或透过谱。

图 2.21(b)给出了瞬态吸收光谱常见的特征,主要包括光致吸收(PIA)、光致漂白(PB)和受激辐射。光致吸收,指材料在泵浦光激发下在某些波段下吸收增强的现象,在半导体材料中光致吸收常见的起因是非平衡电荷浓度增大导致的能带重整化引起的材料带隙的减小;光致漂白,指某些波段下吸收减弱的现象,最主要的起因是非平衡电荷占据激发态而导致电子跃迁能态数量的减少;受激辐射,指材料在高激发浓度下,非平衡电荷的粒子数反转引起探测光放大的现象[119]。利用这些光谱特征和时间分辨特性,可以细致地研究半导体材料的能带结构和电荷动力学过程。

图 2.21(c)给出了钙钛矿 MAPbI₃ 薄膜的线性吸收和不同延时条件下吸收的改变。在飞秒泵浦下,钙钛矿材料表现出两个 PB 带和一个宽的 PIA 带[119]。随着延时的增加,PB 和 PA 强度均逐渐下降。目前研究普遍认为,PB1 产生于高阶价带与导带底间、由于导带底占据而引起的电子直接跃迁的减弱;PB2 则是价带顶与导带底电子跃迁的减弱;PIA 产生于钙钛矿的能带重整化[120-123]。利用瞬态吸收,研究人员还研究了钙钛矿材料中的电荷占据、热载流子及其扩散过程、界面间超快电荷转移等性质[图 2.21(d)],为建立钙钛矿材料和器件的光物理过程的全面认识奠定了基础[124-126]。

4. 电学测量

电学性质是半导体材料的另一重要性质,直接决定了与其相关的光电器件性能。利用直流、交流、脉冲和空间分辨等电学测量方法可以获得非常丰富的材料和器件信息,这也是钙钛矿材料研究的重要方法。我们较早地利用直流伏安分析方法研究了钙钛矿太阳能电池的电学特性和异质结属性[127]。异质结的直流电流 (J)-电压 (V) 特性一般可以描述为

$$ J = J_L - J_0 \left[\exp\left(\frac{e(V + J \times R_s)}{AK_BT} \right) - 1 \right] - \frac{V + J \times R_s}{R_{sh}} \qquad (2.1) $$

其中,J_L 为光生电流密度;J_0 为异质结反向饱和电流密度;e 为电子电量;R_s 为串联电阻;A 为异质结理想因子;K_B 为玻尔兹曼常数;T 为热力学温度;R_{sh} 为并联电阻。将式(2.1)进行变换可以得到两个重要的线性关系,即

$$ -\frac{dV}{dJ} = \frac{AK_BT}{e}(J_{sc} - J)^{-1} + R_s \qquad (2.2) $$

$$\ln(J_{sc} - J) = \frac{e}{AK_BT}(V + R_s \times J) + \ln J_0 \tag{2.3}$$

式中，J_{sc} 为短路电流密度。利用这两个公式，对电池的电流-电压曲线进行变化，通过拟合得到理想因子、串联电阻和反向饱和电流密度，见图 2.22(a)[127]。利用该方法，研究人员发现钙钛矿太阳能电池的伏安特性及其特定电学参数满足异质结电池的基本模型，且其电荷复合等性能与传统无机太阳能电池可相比拟。进一步地，在直流伏安的基础上，引入交流微扰成分，获得电荷转移阻抗(R_{ct})与电压的关系，即

$$R_{ct} = \frac{AK_BT}{eJ_0} \cdot \exp\left(-\frac{eV}{AK_BT}\right) \tag{2.4}$$

式(2.4)表明，交流阻抗谱测得到的 R_{ct} 在理论上与偏压存在 e 指数关系，且通过交流阻抗测量可以获得电池理想因子和饱和电流密度等信息。我们在实验上证实了该方法，获得了与直流伏安相一致的结果。基于此，中科院物理所孟庆波等认为，交流阻抗 R_{ct} 的分析与直流伏安分析在本质上是一致的。借助上式，实现 R_{ct} 定量化有助于获得更多直观的信息。

　　空间电荷受限电流方法(SCLC)也被广泛应用在直流伏安分析中。该方法一般用于绝缘材料中电流-电压行为和缺陷态分布的研究。N. F. Mott 和 R. W. Gurney 基于能带理论对没有缺陷的固态材料的电流-电压特性进行了基础研究[128]。A. Rose 进一步将该方法拓展到存在缺陷态的固体体系中[129]。研究指出，空间电荷受限电流与电压之间存在平方关系；而缺陷态的存在会显著降低导电载流子浓度，进而降低缺陷态的浓度；随着电压升高，缺陷态被逐渐占据，电流-电压关系快速上升，出现更高阶关系。Murray A. Lampert 进一步简化了该模型[130]。具体来讲，在较低偏压下，材料主要表现为欧姆伏安性质，电流-电压之间呈线性关系；在高偏压下，电流-电压呈平方关系，表现为空间电荷受限电流。而在欧姆与空间电荷受限电流区之间，电流表现出高阶的快速上升段，被认为是缺陷态被填充的过程，该区域起始电压称为缺陷填充限的临界电压(V_{TFL})。该电压与缺陷态浓度(N_t)之间存在一定的数学关系，即 $V_{TFL} = ea^2/(2\varepsilon)N_t$，其中 e 为电子电量，a 为电极间距，$\varepsilon$ 为介电常数。在实验上，测量材料的电流-电压特性，即可获得该临界电压，并依此估算出材料的缺陷态浓度。该方法在确定钙钛矿材料，尤其是单晶的缺陷态方面有重要应用。图 2.22(b)给出了利用该方法确定反温度快速生长的钙钛矿单晶的缺陷态浓度和迁移率[60]。研究发现，钙钛矿单晶的缺陷态浓度在 10^{10} cm^{-3} 量级，远低于单晶硅和砷化镓等传统的无机半导体材料，从而证明了钙钛矿优异的半导体性能。

　　交流电学也是半导体材料表征的重要方法。除了电荷转移阻抗，材料和器件电容响应与电荷占据等性质密切相关，可以有效反映材料的缺陷态和电荷分

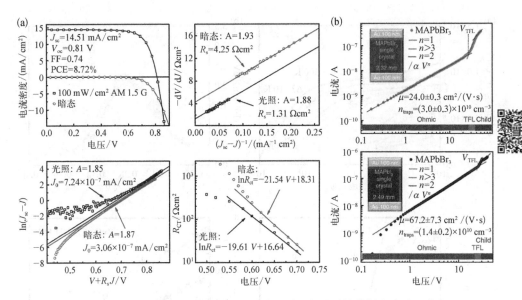

图 2.22　(a) 钙钛矿太阳能电池的稳定电流-电压测量分析和交流阻抗
分析[127];(b) SCLC 法在测量钙钛矿单晶缺陷态中的应用[60]

布等,在钙钛矿器件研究中有重要应用。图 2.23 给出了两种类型的电容测试和
分析,即电容-频率和电容-电压[131]。在不同频率下测量器件短路状态的电容,
可以发现,随着频率的降低,电容在某一频段显著上升然后出现平坦区域;不同
温度下,电容-频率特性有一定程度的差异。半导体电容的热导纳谱理论认为,
这种电容的上升是因为频率的降低使得特定能级的缺陷态出现响应。因此,通
过分析电容-频率特性可以较好地定量分析半导体材料的缺陷态分布和浓度等
信息。图 2.23(a)是不同温度下钙钛矿器件的电容-频率特性,随着温度升高,缺
陷态电容响应频率逐渐升高[131]。根据阻抗谱理论,缺陷态分布与电容-频率特
性之间存在如下关系:

$$N_t(E_\omega) = -\frac{V_D}{eW}\frac{\omega}{K_B T}\frac{dC}{d\omega} \tag{2.5}$$

其中,V_D 为结耗尽电势;e 为电子电量;W 为耗尽区宽度;ω 为圆频率;C 为单位电
容。而缺陷态对应的能级深度 E_ω 可以由相应的圆频率推得,即

$$E_\omega = K_B T\ln\frac{2\beta_V N_V}{\omega} \tag{2.6}$$

其中,β_V 和 N_V 分别为半导体材料缺陷态捕获速率和价态顶有效态密度,需要通过
温度相关的测量得到。因此,为了利用导纳谱准确地确定缺陷态分布,需要测量不

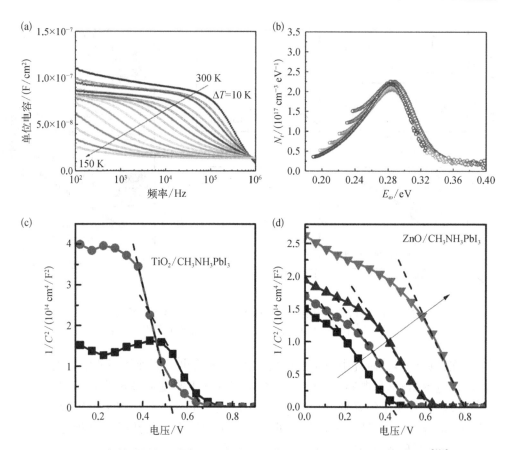

图 2.23 钙钛矿材料和器件的电容分析:(a)不同温度下电容-频率缺陷[131];
(b)根据热导纳谱方法测量得到的钙钛矿内缺陷态分布[131];
(c)TiO₂/MAPbI₃ 和(d)ZnO/MAPbI₃ 的 Mott-Schottky 曲线分析[39]

同温度下器件的电容-频率特性,然后根据理论进行相关的运算分析。图 2.23(b)
给出了从(a)计算得到的钙钛矿材料缺陷态分布,缺陷态密度在 10^{17} cm^{-3} eV^{-1} 量
级,总缺陷态浓度在 10^{16} cm^{-3} 量级,与其他测量方法给出的结果相当[131]。

通过测量偏压相关的电容性质,可以进一步得到材料或器件内的电荷在实空
间的分布性质,进而得到异质结耗尽区相关的信息,是研究和测量材料多数载流子
(多子)浓度、耗尽区势垒和宽度的重要方法。图 2.23(c)与(d)给出了不同薄膜沉
积条件下的 Mott-Schottky 曲线(即电容平方倒数与电压间的关系)[39]。首先在一
定偏压范围内,均能观测到代表异质结的线性特征,利用该线性区的斜率和电压截
距可以计算得到相应的多子浓度和耗尽区势垒高度。更重要的是,发现通过改变
钙钛矿薄膜的沉积条件,该线性区的斜率会发生显著变化;而改变电子传输层的电
子浓度,线性区斜率不变,但耗尽区势垒高度改变。这表明,氧化物电子传输层/钙

钛矿异质结的耗尽区主要分布在钙钛矿薄膜内,即它们构成了单边突变结结构。由此证明,钙钛矿电池是一种异质结太阳能电池。

以瞬态光电测量为代表的脉冲电学表征对于认识钙钛矿电池的电荷动力学性质具有重要意义。在传统瞬态光电流/光电压的基础上,中科院物理所孟庆波等发展出了可调控瞬态光电测量方法和相关测试系统,见图 2.24(a)[132]。通过引入滤波电路,可以测量器件在不同偏置光和电压下的瞬态光电流和光电压特性,进而通过分析峰值、衰减时间和电量等得到更定量的结果。图 2.24(b-c)给出了实际测量得到的不同偏压下光电流和光电压衰减曲线[132]。对这些曲线进行数据处理,定量得到 TiO_2/钙钛矿界面电荷抽取效率和电极/TiO_2界面电荷收集效率。通过对比电池界面电荷转移量子效率与电压、光照及器件结构等关系,可以更好地分析器件电荷损失机制。通过对比钙钛矿电池和多晶硅电池在不同光照下电荷复合行为,发现钙钛矿电池的电荷复合动力学对光照极其敏感,而光照并不影响硅电池的电荷复合速率[43,132]。根据该现象,推测钙钛矿电池不同于硅电池,它不是传统的少子器件,光生载流子会显著影响器件内的电学性质。而产生这一结果的原因,从材料方面看,钙钛矿光吸收系数极高、光生载流子密度极高;从器件方面看,钙钛矿薄膜的多数载流子处于完全耗尽状态,因而产生的光生载流子可以扮演多数载流子角色,钙钛矿电池可能是一种功能上的多子器件。

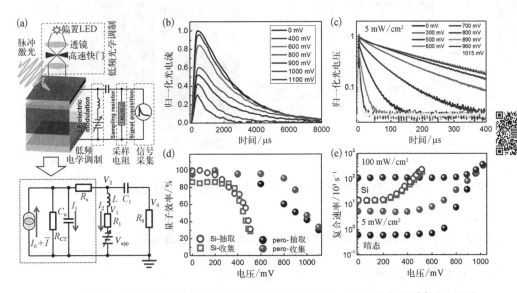

图 2.24　钙钛矿太阳能电池的可调控瞬态光电流/光电压表征:(a)可调控的瞬态光电测量系统示意图,不同偏压下的(b)瞬态光电流和(c)瞬态光电压。从瞬态光电流和光电压估算得到的电池的(d)界面电荷转移量子效率和(e)电荷复合速率[43,132]

　　将电学测量与空间分辨测量技术相结合可以获得材料和器件局域的电学性质,从实空间研究器件的物理性质,获得更直观的认知。EBIC 实现了将电学测量与 SEM 相结合。将电流测量与原子力显微镜结合得到导电原子力显微镜(C - AFM)。图 2.25(a)给出了电压测量与原子力显微镜结合的开尔文探针显微镜(KPFM)的结构和测量示意图[40]。KPFM 在研究钙钛矿电池的电势和电场分布等方面有重要应用。图 2.25(b)给出了钙钛矿电池侧面 SEM 照片和 KPFM 测量得到的电势分布[40]。为了降低界面缺陷态对测量的影响,研究人员通过对器件施加不同大小的偏压,测量了器件不同位置的电场变化,进而研究器件的电学响应[40]。利用该方法,研究人员发现钙钛矿电池的电场响应主要分布在 TiO₂/钙钛矿结的钙钛矿区域,这与图 2.23 结果是一致的。最近,华北电力大学李美成等通过控制钙钛矿薄膜的沉积条件,构建了钙钛矿同质结,并利用 KPFM 方法给予了证明[133]。研究人员还利用时间相关的 KPFM 研究了钙钛矿电池内离子迁移及其对电势分布的影响[134]。

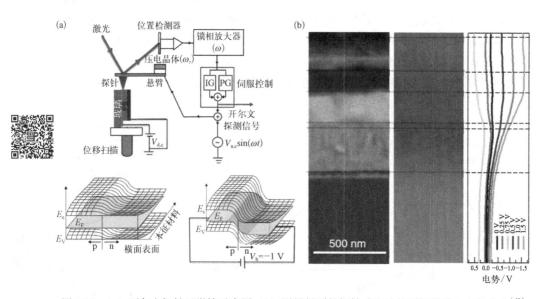

图 2.25　(a) 开尔文探针显微镜示意图;(b) 测量得到的钙钛矿电池的测量形貌和电势分布[40]

2.2.5　有机-无机杂化钙钛矿材料的半导体性质和光物理过程

1. 能带和光吸收

　　能带是半导体材料最基本的物理性质,决定了材料的光吸收以及电荷输运能力等多种光电性能。图 2.26(a - c)给出了第一性原理计算得到的钙钛矿 MAPbI₃

的能带结构、态密度和电荷分布性质[135]。研究发现,钙钛矿材料是直接带隙半导体,其带边电子态主要由 Pb 和 I 原子的 p 轨道贡献,而有机胺离子对带边能带几乎没有贡献。进一步根据带边的能量-动量关系,计算出钙钛矿材料载流子的有效质量,结果表明它们接近于 0.1 倍的电子质量,为钙钛矿的高载流子迁移率提供了能带基础。

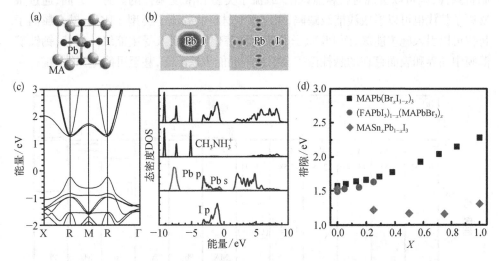

图 2.26 (a)(b)(c)钙钛矿 MAPbI₃ 的原子结构、电荷分布和能带结构[135];(d) 钙钛矿材料可调的禁带宽度[45,136-139]

由于 CBM 处 Pb p 轨道有高的态密度,钙钛矿具有极高的可见光吸收系数和陡峭的吸收边结构,超过传统的 GaAs 材料[136-137]。为了调节钙钛矿材料带隙和光吸收性质,研究人员通过原子替代的方式进行了大量尝试,主要工作集中在调控材料的晶格尺寸。图 2.26(d)概述了不同组分的钙钛矿材料的光吸收性质[45,138-139]。对于不同钙钛矿,它们的光吸收边发生变化,但形状基本一致,这表明不同组分钙钛矿的主要差异在于带隙,而带边能带结构基本一致。通过 I/Br 混合,可以获得超过 2.0 eV 的带隙,而通过 Sn 的引入,可以获得低至 1.0 eV 带隙的钙钛矿材料。由此,钙钛矿材料带隙的可调控性为其多种应用提供了可能。比如,Br 含量高的钙钛矿材料可以作为叠层电池顶电池的光吸收层,而 Sn 含量高的钙钛矿材料可以作为叠层电池底电池的光吸收层,采用 Br 含量高的材料可以获得更高的光电压等。

2. 缺陷态

缺陷态决定了材料和器件载流子输运和复合等过程及最终性能。研究人员对钙钛矿材料的缺陷态已经进行了大量研究,这里主要对其基本性质和测量结果做

简单介绍。Y. Yan 等较早地对钙钛矿系列材料的缺陷态进行了理论计算,见图
2.27[135,140]。从计算结果看,钙钛矿体相材料主要以浅能级缺陷为主,而深能级缺陷
由于形成能一般比较大,难以形成。自身的浅能级点缺陷可以为材料提供 p 型或
n 型掺杂。比如,MA 或 Pb 空位形成较浅的受主能级,提供 p 型载流子;而 I 空位
的存在则可以引入施主能级,提供 n 型载流子。在实验上,通过调控钙钛矿材料的
制备条件,是可以实现对材料点缺陷/载流子类型和浓度调控的。另一方面,通过杂
质原子替代也可以形成浅能级缺陷,用以调节材料的载流子类型。比如,碱金属离子
替位可以引入施主能级,而 Pb 原子的碱金属替位则会引入受主能级。当然,钙钛矿
薄膜中晶界和表面存在的悬挂键等会引入不同能级缺陷态,甚至可能是深缺陷态。

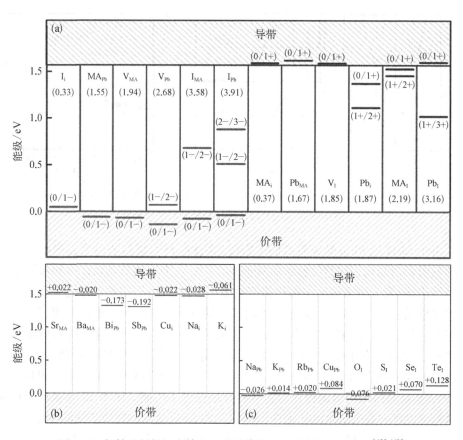

图 2.27　钙钛矿材料的自掺杂和杂质掺杂性质的理论计算结果[135,140]

基于热导纳谱,研究人员测量了钙钛矿的缺陷态能级。测量发现,钙钛矿存在
高频和低频段的两种缺陷态电容响应,对应能级分别为 0.24 eV 和 0.66 eV[141]。另
一方面,通过热激电流谱,得到了 0.5 eV 左右的缺陷态[142]。这些测量得到的较深

能级可能产生于材料的表界面和晶界。对这些缺陷态的控制是提升钙钛矿器件光电转换效率和稳定性的关键。

3. 光物理过程和电荷动力学

太阳能电池材料和器件在实现光能到电能这种宏观上的能量转换过程中,在微观上将经历吸收光子、电荷-空穴产生分离、电荷输运与复合等动力学过程,跨越从飞秒到毫秒多个时间尺度。这些过程最终决定材料和器件性能。为了深入理解钙钛矿材料的物理本质和宏观现象、探索新奇物理现象,研究人员对这些电荷动力学过程进行了深入研究,已经可以绘制钙钛矿材料和器件基本的光物理过程和电荷动力学图像。

图 2.28(a)给出了钙钛矿材料能带内的电荷产生和转移过程示意图[43]。在可见光激发下,电子吸收光子能量直接跃迁到达导带和价带的激发态能级,高能电子(空穴)通过与晶格(即声子)相互作用,快速弛豫到导带底或价带顶。对于光生电荷,由于电子空穴间的库仑相互作用,它们会在一定程度上以激子的形式

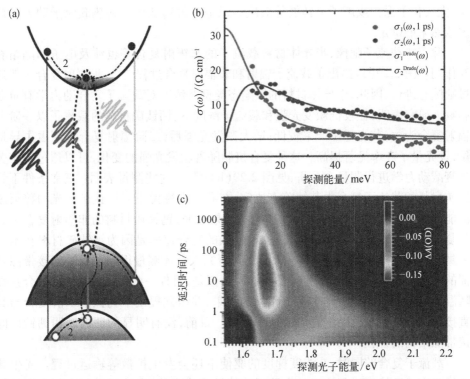

图 2.28 (a) 钙钛矿材料的光激发和载流子弛豫过程示意图[43];(b) 太赫兹光电导谱[144]和(c)飞秒瞬态吸收显示的极长的热载流子弛豫过程[125]

存在。但是,激子会增强电荷复合,并且激子运动不会引起电荷的定向流动,对器件光电转换没有贡献。因此,首先要确定钙钛矿光生电荷类型——是激子还是自由载流子。通过光吸收谱拟合和磁光效应测量等方法,研究人员发现钙钛矿 $MAPbI_3$ 激子结合能在 10 meV 左右,远低于室温下的平均热能 (26 meV)[143]。由此推断,$MAPbI_3$ 等低带隙钙钛矿材料在室温下激子会自发解离,光生电荷主要以自由载流子形式存在。研究人员进一步利用太赫兹光电导方法确定了该结论。通过测量光激发后 1 ps 太赫兹光电导的实部和虚部,发现 Drude 模型可以很好地描述光电导与太赫兹能量的关系[图 2.28(b)][144]。由此证明,光激发1 ps后钙钛矿材料内光生电荷主要以自由载流子形式存在。

　　研究发现,在高激发光强下,钙钛矿材料在高能段会出现长时间(100 ps 左右)光致漂白和荧光[图 2.28(c)][125]。这表明钙钛矿材料存在极长的热载流子寿命,而这为热载流子的抽取和突破热平衡光生电压极限提供了可能。进一步通过空间分辨瞬态吸收发现,钙钛矿材料同时具有很高的热载流子扩散能力[145]。热载流子寿命长是指光激发产生的高能载流子与晶格(声子)相互作用较弱,不能将能量高速地转移而使载流子弛豫。基于此,研究人员提出钙钛矿材料可能存在热声子瓶颈、大极化子保护或声子上转换等效应。但是有关钙钛矿材料热载流子动力学成因依然未能确定。

　　除了热载流子弛豫,半导体材料载流子的非辐射复合等也涉及电子和晶格相互作用。图 2.29(a)给出了载流子辐射和非辐射复合过程[43]。非辐射复合一般通过缺陷态进行,因此,半导体材料的缺陷态类型及浓度对载流子复合动力学有重要影响。研究表明,在较低激发光强和载流子浓度下,钙钛矿材料的载流子以一阶非辐射复合为主,荧光量子产率较低;增大激发光强后,二阶辐射复合逐渐占主导地位,荧光量子产率显著提高。这种复合机制随着激发光强的变化,可以通过瞬态荧光衰减动力学进行测量和分析,见图 2.29(b)[146]。这些测量表明:正常条件下钙钛矿材料的载流子复合由其缺陷态决定,与我们在变温下对钙钛矿荧光的猝灭激活能的测量结果是一致的[43]。实验测量结果表明,钙钛矿材料的非辐射复合和辐射复合速率均较低。有研究指出,这种较低的复合速率是因为钙钛矿材料在本质上具有间接带隙结构,见图 2.29(c)[147]。研究人员还测量得到了反映间接带隙特征的二阶复合系数随温度的变化关系[147]。但是,另外一些研究者对二阶复合系数随温度变化关系的测量却得到了相反的结果,并由此提出了钙钛矿二阶复合与其直接带隙吸收是相反的过程[图 2.29(d)]。目前,没有明显的证据表明钙钛矿间接带隙结构的存在[148]。

　　载流子复合的同时,在浓度梯度的驱使下还会发生扩散等输运过程。光生载流子只有经历输运过程流经外电路后才能转换为电能,在输运过程中复合掉的就是电荷损失。一般用载流子扩散长度表征半导体材料的电荷输运性能。大量研究

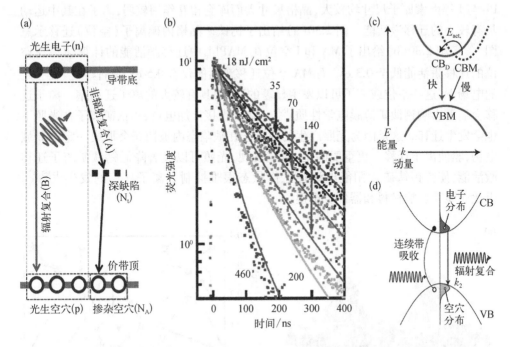

图2.29 （a）钙钛矿材料电荷复合过程示意图[43]；（b）不同激发强度下钙钛矿荧光衰减动力学[146]；（c-d）为钙钛矿二阶复合动力学的实验结果和争议[147-148]，（c）为间接带隙，（d）为直接带隙辐射复合

表明，钙钛矿多晶薄膜的载流子扩散长度可以达到数微米，远大于电池中钙钛矿薄膜厚度[118,149]。因此，钙钛矿太阳能电池的钙钛矿吸收层具有较为高效的体相电荷输运性能。而单晶材料的载流子扩散长度可以达到百微米，为单晶材料的应用奠定了基础[59]。现有研究中已经实现了单晶光子和高能粒子探测器甚至单晶太阳能电池[66,68-69]。

经历了钙钛矿体相输运后，载流子会在电荷传输层内进行纵向和横向扩散，最终到达电极。电荷传输层/钙钛矿界面的复合也是太阳能电池电荷损失的重要原因。为了深入探究这些过程，中科院物理所孟庆波等发展了可调控的太阳能电池瞬态光电测量方法。图2.24对该方法进行了简单介绍，并给出了应用示例，更详细的物理模型和测量方法请读者参阅相关文献。测量表明，在较高偏压下，钙钛矿电池电荷抽取和收集效率均会逐渐下降，最终会引起器件电流输出的减小。进一步对不同结构电池的输运测量表明，钙钛矿电池中空穴传输材料的主要作用不在于传导空穴，而在于抑制电子向背表面传输，提高电子抽取效率。

不同于其他光伏材料，杂化钙钛矿存在显著的离子迁移现象，主要原因在于

Pb 与 I 等卤素原子尺寸均较大,晶格尺寸大而库仑相互作用较弱,离子在其中运动具有较小的迁移激活能。图 2.30(a)给出了钙钛矿晶格内碘离子(空位)迁移示意图[150]。图 2.30(b)给出了 MA 和 I 空位在 MAPbI₃中迁移激活能的计算结果,I 空位的迁移激活能低至 0.3 eV,而 MA 空位迁移激活能仅有 0.5 eV 左右[151]。在一定的电场下,这些空位或离子可以发生显著的迁移,具有较大的离子迁移率。离子迁移会显著影响钙钛矿薄膜电学性质[152]。除了直接外加电场,钙钛矿离子在光照下也会发生迁移。这是因为光照产生的载流子在缺陷态内被捕获会形成一定的局域电场,驱使离子迁移。更重要的是,研究发现,光照可以显著降低钙钛矿离子迁移激活能,使得钙钛矿太阳能电池在工作状态很难抑制下离子迁移的发生[153-154]。由此会显著影响材料和器件稳定性。

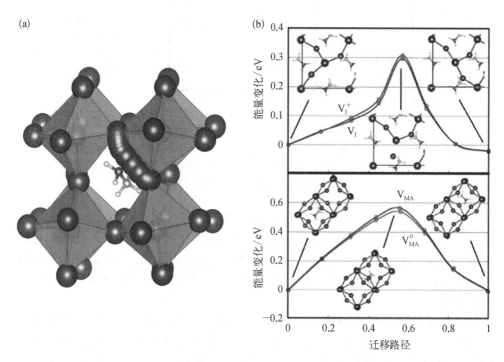

图 2.30　(a) 钙钛矿材料的离子迁移示意图[150];
(b) 迁移激活能的理论计算结果[151]

2.2.6　无机-有机杂化钙钛矿材料稳定性研究

目前,钙钛矿太阳能电池发展的最大瓶颈在于其较低的稳定性。稳定性指钙钛矿材料和器件在光照、偏压和外部环境下工作时物相、结构和性能的演化。图 2.31(a)给出了钙钛矿材料的形成以及在水和热环境下的物相变化示意图[155]。研究表明,少量水会与钙钛矿形成一定的水合结构,导致钙钛矿材料分解为氢卤酸、有机胺和碘化铅。其中,前两者以气态或水溶液的形式存在,而 PbI_2 以固体形式存在。这种组分相的分离会导致钙钛矿材料不可逆分解。大量水的存在会直接将钙钛矿中的卤化胺成分直接溶解,也会造成钙钛矿材料的不可逆分解。上述过程涉及的主要化学反应如下(以 $MAPbI_3$ 为例)[156]:

$$CH_3NH_3PbI_3(s) \rightarrow PbI_2(s) + CH_3NH_3I(aq)$$

$$CH_3NH_3I(aq) \rightarrow CH_3NH_2(aq) + HI(aq)$$

由于 MAI 在水中有极大的溶解度,该反应基本是不可逆的。进一步地,在氧气的作用下,HI 被氧化为碘单质,即

$$4HI(aq) + O_2(g) \rightarrow 2I_2(s) + 2H_2O(l)$$

该反应加剧了钙钛矿材料在湿度环境下分解的不可逆性。清华大学王立铎等将该过程归结为钙钛矿材料的湿化学稳定性[158-159]。除了水,由于 MAI 等具有较高的离子性以及 MA‐Pb‐I 间存在较弱的相互作用,常见的极性溶剂(如甲醇、乙醇、异丙醇、DMF、乙腈等)均会导致钙钛矿材料的分解[157]。升高温度除了会引起钙钛矿结构相变,还会加快钙钛矿材料中 MAI 等挥发,促进钙钛矿分解产物的挥发[160]。

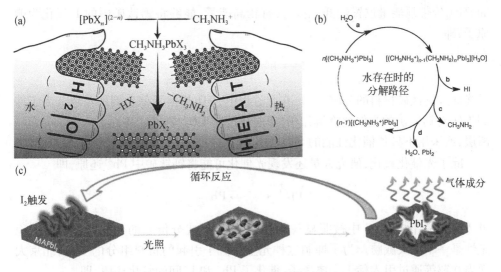

图 2.31 (a)钙钛矿材料的产生和分解示意图[155];(b)水催化下钙钛矿材料的讲解过程示意图[157];(c)钙钛矿材料在 I_2 蒸气下的加速分解[161]

　　针对钙钛矿分解产物中的 I_2 单质,研究人员进一步研究了 I_2 单质的存在对钙钛矿材料分解速率的影响,结果发现: I_2 可以与 I^- 快速结合,能加快原有钙钛矿物相的分解,起到催化剂作用。图 2.31(c)给出了该过程的示意图[161]。因此,为了抑制钙钛矿材料的物相分解,必须充分隔离水等极性溶剂。目前报道的主要手段包括引入疏水性的电荷传输材料、有机高聚物界面层和器件封装[32,81,162]。

　　相对于外部湿度环境,钙钛矿材料和器件在光照下的稳定性受到更多的关注。研究人员已经发现光照显著影响器件稳定性的多种机制。首先,光照会诱导混合钙钛矿材料的相分离。图 2.32(a)给出了光照下钙钛矿相分离的实验证据[163]。利用显微荧光方法,研究人员实时观测了光照下 $MAPb(I, Br)_3$ 单晶纳米片表面荧光光谱的变化。随着光照时间的增加,纳米片表面逐渐出现了基于富 I 相的长波长发光,并随着光照时间的延长,强度逐渐增强。由此证明了在光照下存在着相分离。很明显,相分离会在钙钛矿材料内引入不均匀的物相和空间能带,其结果是导致光生载流子局域,这对于载流子输运是不利的。目前,混合离子钙钛矿材料被广泛应用,其潜在的相分离值得关注。

　　另一方面,光照会显著降低器件的界面稳定性。在光照下,TiO_2 界面的钙钛矿材料会发生显著分解,形成空洞结构,见图 2.32(b)[164]。产生这种现象主要在于两个方面:一方面,研究人员认为 TiO_2 界面电子抽取速率低,光生电子在该界面累积产生局域电场,而局域电场会引起界面离子迁移,进而诱导钙钛矿分解;另一方面,TiO_2 价带顶能量位置较低,空穴具有较高能量,能够将钙钛矿中的 I^- 氧化为碘原子,即

$$I^- + h^+ \rightarrow I^· \rightarrow I_2$$

最终导致钙钛矿材料的分解[165]。在此过程中,TiO_2 扮演了催化剂的角色。为了抑制 TiO_2 对钙钛矿的光催化降解作用,普遍通过在 TiO_2/钙钛矿界面引入分子界面隔离层,或采用不具备催化性能的 SnO_2 等电子传输层。

　　除了光催化氧化,研究人员还发现光催化可能将钙钛矿中 Pb^{2+} 还原,即

$$Pb^{2+} + e^- \rightarrow Pb^·$$

Pb 价态的变化在 XPS 中被明显观测到[166]。组成成分价态的变化对于材料的稳定性是一个巨大威胁。为了抑制这种光生载流子引起的材料组分的变化,北京大学周欢萍等通过引入稀土金属离子,催化了 $Pb^·$ 和 $I^·$ 间的氧化还原,即

$$Pb^· + 2Eu^{3+} \rightarrow Pb^{2+} + 2Eu^{2+}$$

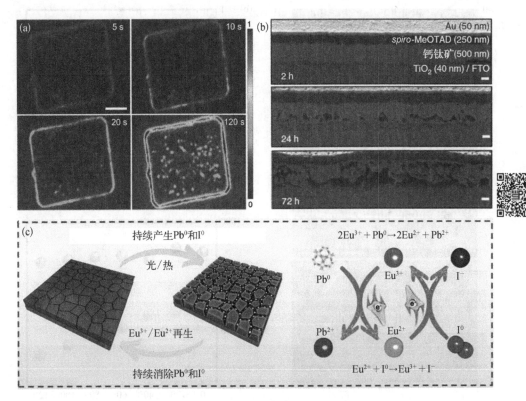

图 2.32　（a）光致钙钛矿相分离的荧光观测[163]；（b）光照下 TiO₂/钙钛矿界面的分解[164]；（c）利用稀土金属离子提高钙钛矿离子价态稳定性示意图[167]

$$I^- + Eu^{2+} \rightarrow I^- + Eu^{3+}$$

该氧化还原通道被认为可以显著提升钙钛矿材料在光照下离子价态稳定性和最终的器件稳定性[167]。

　　电学稳定性是钙钛矿材料需要面对的另一个问题。如前所述,钙钛矿材料在电场下会发生显著的离子迁移,而长时间的离子迁移和积累必然会导致薄膜内部组分的不均匀甚至是物相的改变。Huang 等研究了电场下钙钛矿晶界的离子迁移,见图 2.33[168]。结果发现,长时间的电场作用会显著改变薄膜晶界和界面形貌,表明材料的物相和性能等均发生了衰减。利用原位瞬态光电压测量,我们发现钙钛矿电池在电场作用下,界面复合速率会显著提升,表明界面缺陷态增加[169]。由此推断,太阳能电池在工作状态下发生离子迁移和积累,将诱导缺陷态的产生甚至是材料分解。这是钙钛矿材料和器件的物理稳定性问题,需要从材料更本征的物理性质进行研究和调控。

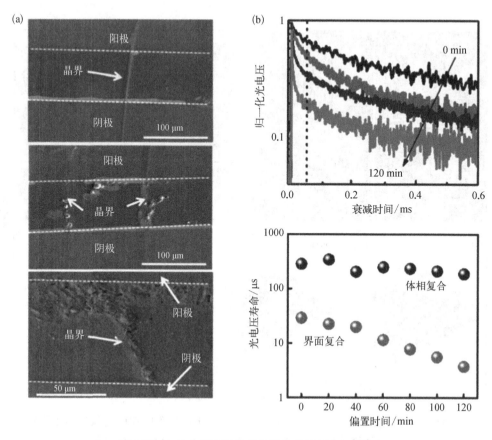

图 2.33   （a）电场下钙钛矿晶界处的材料分解[168]；
　　　　　　（b）电场下钙钛矿电池界面复合的显著增加[169]

2.3   钙钛矿太阳能电池的电子传输层

　　钙钛矿太阳能电池高光电转换效率,一方面得益于钙钛矿材料自身优异的半导体性质,另一方面则得益于合理的器件结构。电荷传输层是该电池结构的重要组成部分,对于引导钙钛矿光生电荷做定向运动,顺利对外做功至关重要。本节将主要讨论钙钛矿电池的电子传输层材料。

2.3.1   电子传输层的种类

　　图 2.34 概述了目前钙钛矿太阳能电池中普遍采用的电子传输层材料类型及其能带位置(不同测量方法获得的数据存在一定的差异),主要包括金属氧化物宽禁带半导体(如 TiO₂、SnO₂ 和 ZnO 等),有良好电子受体能力的富勒烯衍生

物(如 PCBM 和 ICBA)。对于金属氧化物,它们的导带底与钙钛矿材料的导带底位置相当,而价带顶远低于钙钛矿的价带顶。这种界面结构有利于钙钛矿中光生电子的抽取,同时有效阻止光生空穴的扩散。而对于富勒烯衍生物,它们的HOMO 能级位置一般较高,与钙钛矿价带顶不存在显著的能量差异。金属氧化物与透明导电氧化物 FTO 或 ITO 的能级基本匹配;而富勒烯衍生物则与 Ag 电极等比较匹配。因此,金属氧化物一般在 n-i-p 结构电池中广泛应用,而 p-i-n 结构电池中一般采用富勒烯衍生物作为电子传输层。当然,这也与材料的沉积方法等密切相关。

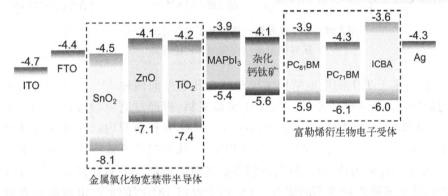

图 2.34 用于钙钛矿太阳能电池的主要电子传输型材料的能级位置[41]

2.3.2 TiO₂传输层

TiO₂是钙钛矿电池中应用最早也是最广的电子传输层材料,这主要是因为钙钛矿电池起源于 TiO₂基敏化电池,TiO₂有合适的能级位置,TiO₂具有丰富的薄膜沉积和控制方法等。目前已知的基于 TiO₂的钙钛矿电池的最高认证效率是24.2%[12],表明 TiO₂在获取高效器件方面具有巨大的优势。

为了认识 TiO₂电子传输层与钙钛矿之间结合形式、相互作用,研究人员利用球差矫正透射电子显微镜研究了 TiO₂/MAPbI₃界面原子结构,见图 2.35(a)[170]。研究发现,钙钛矿晶体可以直接生长在 TiO₂表面,并且在界面处观测到了有序的晶格条纹。同时,界面原子层表现出比其他层更重的原子核信息。为了进一步探寻界面原子结构,对 TiO₂和 MAPbI₃的结合方式进行了第一性原理计算,结果表明,界面甲胺离子的缺失可以显著提高界面结合能。这是因为甲胺的缺失为释放因晶格失配或原子相互作用而产生的界面应力提供了空间。界面原子结构发生一定扭曲,且界面原子的配位数也显著提升。MA 的缺失与实验上观测到的界面重原子层的存在相一致。

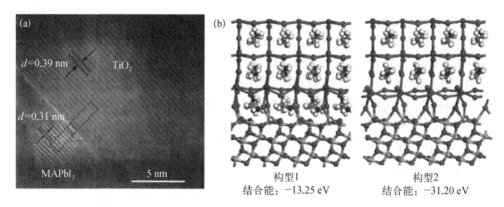

图 2.35　基于球差矫正透射电子显微镜的 TiO_2/钙钛
矿界面原子结构观测和理论计算[170]

　　目前,基于 TiO_2 的电池结构主要包括介孔和平面两种[171]。一般来讲,介孔结构是指在致密 TiO_2 上旋涂一层 TiO_2 纳晶浆料,再经过高温煅烧得到的。采用旋涂法制备钙钛矿薄膜,钙钛矿可以填充在 TiO_2 介孔薄膜内。这种介孔薄膜有助于显著提升 TiO_2 与钙钛矿的界面接触面积,从而提升有效界面电荷抽取。韩国 Seok 等一直采用该器件结构,所制备的钙钛矿器件效率不断提升[172]。同时,随着钙钛矿薄膜质量的不断提升,目前基于致密 TiO_2 层的平面电池的研究越来越广泛[173]。虽然 TiO_2 在材料自身稳定性、能级匹配等方面具有良好的优势,但研究发现 TiO_2 对钙钛矿的光生电子的抽取能力较弱且 TiO_2 自身电子传输速率较慢。因此,一般采用对 TiO_2 进行掺杂或引入界面层的方式来提升钙钛矿电池性能[174]。

　　图 2.36 给出了用于掺杂 TiO_2 及其对电池性能的影响。例如,通过在 $TiCl_4$ 水解过程中引入 Mg^{2+},实现了界面 Mg 掺杂(电感耦合等离子体原子发射光谱证实了 Mg 掺杂的存在)。Mg 掺杂显著提升了 TiO_2 薄膜的导电能力,器件在高偏压下表现出更好的电子抽取能力,最终实现了超过 19% 的器件效率[173]。EPFL 研究团队在 TiO_2 介孔薄膜 $TiCl_4$ 后退火过程中引入 LiTFSI 修饰,获得了 Li 掺杂的 TiO_2 介孔薄膜[175]。研究发现,Li 离子的引入使 TiO_2 中 +3 价 Ti 离子含量上升,从而实现了电荷传输性能的显著提升,同时,迟滞效应也得到很大程度抑制。为了促进 TiO_2/钙钛矿界面原子相互作用,抑制界面缺陷态,多伦多大学团队 E. H. Sargent 在 TiO_2 中引入氯离子,通过 Pb 与 Cl 离子间较强的库仑相互作用实现了上述目的,获得了正反扫一致的高效器件[176]。

　　为了提高 TiO_2 基钙钛矿电池器件性能,目前最常用的方法包括在 TiO_2 和钙钛矿间引入有机界面层,比如 PCBM、C_{60}、PCBA 等,见图 2.37。研究发现,引入该界

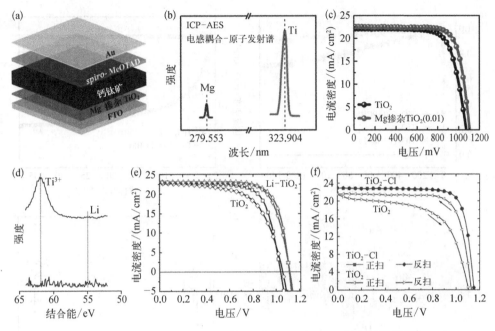

图 2.36 掺杂 TiO_2 用于钙钛矿电子传输层以提升电池性能[173,175-176]

面层之后,钙钛矿内光生载流子抽取速率明显加快,从而显著提升器件效率[174,177-178]。需要指出的是,界面层的引入,尤其是有机界面层,在一定程度上改变薄膜表面张力和后续旋涂浸润性,甚至会影响钙钛矿薄膜的沉积[179]。因此,在实验中,研究人员一般通过控制界面层厚度、实验流程、衬底温度和钙钛矿前驱液温度等方法尽量避免或降低这种影响。另一方面,为了抑制材料/钙钛矿之间较小的价带顶位置差异引起的电荷复合,最近研究人员在 PCBM 界面层中引入一定比例的聚合物,比如 PMMA 等,可以显著提高器件的开路电压和光电转换效率[180]。因此,PCBM/PMMA 混合界面层成为钙钛矿电池重要的界面处理方式。除了富勒烯类界面材料,研究人员在界面引入了含配位基团或偶极分子作为界面分子层,调控界面缺陷态和能级结构。比如,通过引入对羧基苯硫酚,一方面羧基可以吸附在 TiO_2 衬底上,另一方面巯基可以与 Pb 原子发生配位,由此强化 TiO_2/钙钛矿界面,最终提升了器件性能[181]。研究人员还在该界面引入了氨基酸分子,羧基与氨基分别与 TiO_2、钙钛矿发生作用,也能增强界面相互作用和电荷转移,最终提升器件性能[182]。总之,TiO_2 是目前应用最为广泛的电子传输层,而针对 TiO_2 存在的问题,研究人员发展了大量的界面调控手段。基于介孔结构的钙钛矿太阳能电池性能还有巨大的提升空间。

但如前所述,TiO_2 界面电子转移速率较慢,容易引起界面电荷的堆积和局域

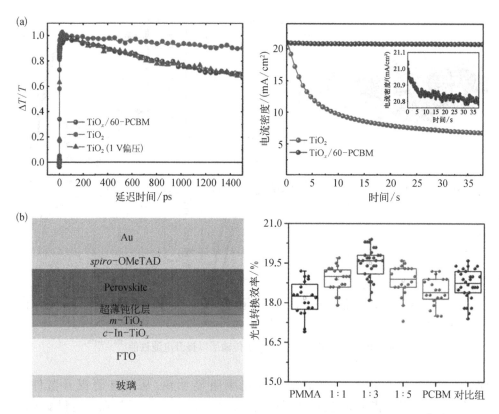

图 2.37 （a）富勒烯衍生物用于 TiO$_2$/钙钛矿界面提高界面电荷抽取能力[178]；
（b）PCBM/PMMA 界面层用于抑制界面复合提高电池电压[180]

电荷的俘获,由此形成局域电场,诱导离子迁移并最终引起钙钛矿材料降解[183]；
另一方面,TiO$_2$对钙钛矿材料具有一定的紫外催化降解活性[184]。此外,TiO$_2$与
钙钛矿之间相互作用、晶格失配等容易在钙钛矿界面引入界面应力,而应力一般
会诱导产生缺陷态、能带扭曲,影响材料的稳定性[185]。因此,提升电池界面稳定
性也是一个重要课题。通过引入具有一定机械容忍度的有机分子,比如富勒烯
衍生物等,降低界面原子配位程度或弱化晶格匹配要求是提升该类器件稳定性
的重要手段。

2.3.3 ZnO 传输层

ZnO 也是一种重要的宽禁带氧化物半导体,在新型和传统薄膜太阳能电池里
均有广泛应用。由于 ZnO 具有更高的电子传输能力,期望可以获得更高的器件性
能[186]。加拿大研究团队较早地采用 ZnO 纳米颗粒制备了 ZnO 致密薄膜及平面型
钙钛矿电池,得到了 15.7%器件转换效率[187]。但是该结构器件后来很少被采用,

一方面是因为器件性能可重复性差,另一方面是 ZnO 对钙钛矿的加热降解作用[188]。ZnO 纳米颗粒薄膜后来又被应用于反型钙钛矿电池,获得了 16.1% 器件效率[189]。

ZnO 纳米棒阵列也被广泛用于钙钛矿太阳能电池。中科院物理所孟庆波等报道了 ZnO 纳米棒阵列钙钛矿太阳能电池研究,通过引入 Al：ZnO 界面层,提高了 ZnO 费米能级位置,增强了异质结耗尽电势[190];而通过引入 Mg 离子掺杂,调节了 ZnO 和钙钛矿间的导带带阶,降低了界面电荷复合,将基于 ZnO 纳米棒的钙钛矿电池效率提高到了 15.3%[191]。国王阿普杜拉科技大学研究人员系统优化了 ZnO 纳米棒的长径比,并引入了 N 原子掺杂和表面 PEI 包覆,实现了 16.12% 器件效率[192]。

2.3.4 SnO$_2$ 传输层

针对 TiO$_2$ 和 ZnO 在钙钛矿电池里存在的问题,研究人员开发了 SnO$_2$ 电子传输材料。SnO$_2$ 具有高电子迁移率和电子浓度,有利于光生电子的快速抽取和传输;但同时高导电性质也会引起较严重的界面复合[193]。因此,为了获得高性能的基于 SnO$_2$ 钙钛矿电池,首先要制备高质量的 SnO$_2$ 薄膜,调控 SnO$_2$ 薄膜沉积的均匀度、电子浓度等性质。武汉大学方国家等率先在钙钛矿电池中引入 SnO$_2$ 电子传输层,他们通过旋涂 SnCl$_2$ 溶液、并结合热处理制备了非晶相的 SnO$_2$ 致密薄膜,获得了 17% 器件效率[194]。但这种方法存在重复性差等问题,并没有被广泛采用。进一步地,EFPL 团队采用原子层沉积方法制备了均匀致密的 SnO$_2$ 非晶薄膜,获得了 18% 器件效率[195]。最近,研究人员在原子层沉积的 SnO$_2$ 基础上又引入 PCBM/PMMA 界面层,在无甲胺的钙钛矿材料体系中获得了超过 20% 的器件效率[196]。

SnO$_2$ 作为钙钛矿电池电子传输层材料也带来了钙钛矿太阳能电池发展的一个新里程碑。中科院半导体研究所游经碧等采用商品 SnO$_2$ 纳米颗粒分散液通过旋涂法制备了电子传输层,显著提升电子抽取和传输效率,经过一系列器件优化,最终获得了 23.3% 和 23.7% 的认证效率,超过 TiO$_2$ 体系,一度成为世界最高效率[12]。事实上,商品 SnO$_2$ 纳米颗粒分散液的组成成分、添加剂等对分散液的稳定性及最终钙钛矿太阳能电池性能具有重要影响。因此,如何通过旋涂分散液获得致密、均匀的薄膜,尤为关键[197]。目前,商品 SnO$_2$ 分散液一般都沉积在 ITO 玻璃上进行器件制备,其中的一个主要原因在于 ITO 玻璃比 FTO 玻璃的表面平整度更高。

除了商品 SnO$_2$ 分散液,研究人员通过各种方法合成了 SnO$_2$ 纳米晶(量子点)用于器件制备,见图 2.38。武汉大学方国家等利用 SnCl$_2$·2H$_2$O 与硫脲的自发水解过程合成 SnO$_2$ 量子点,获得了 20.8% 电池效率[198]。商品 SnO$_2$ 分散液中包含有适量添加剂用于稳定分散液,但是却很难应用在狭缝印刷等设备上以实现大面积 SnO$_2$ 薄膜制备。同时,研究人员还发现,薄膜中含有 K$^+$ 等对于提高器件性能至关重要。目前,通过水热合成法制备 SnO_2 纳晶,然后在薄膜上引入 KOH 修饰,实现了高性能器件和大面积柔性器件的制备[199]。另外,为了降低 SnO_2/钙钛矿界面缺陷引起的复合,人们尝试对 SnO_2 表面进行修饰,例如北京大学占肖卫等设计和合成了 C9(9-(1-(6-(3,5-bis(hydroxymethyl)phenoxy)-1-hexyl)-1H-1, 2,3-triazol-4-yl)-1-nonyl[60]fullerenoacetate),钝化了 SnO_2 氧空位引起的缺陷,提高了光生电子抽取,p-i-n 型电池效率达到 21.3%[200]。

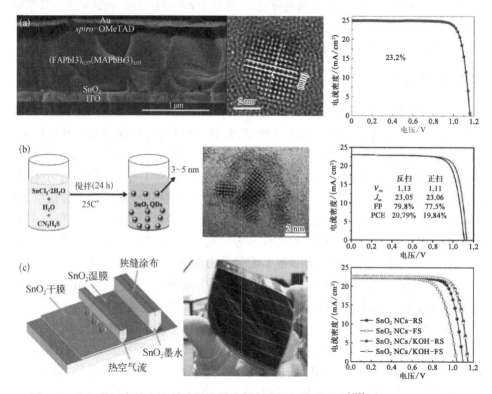

图 2.38　(a) 基于商品 SnO_2 纳米晶分散液制备高效钙钛矿电池[197];(b) SnO_2 量子点合成及应用[198];(c) 基于水热法制备 SnO_2 纳晶在大面积狭缝印刷中的应用[199]

相比于 TiO_2 薄膜,SnO_2 薄膜的另一个重要优势在于低温沉积特性,即不需要经过高温烧结。这使得 SnO_2 薄膜也可以应用于反型器件和柔性器件,因此,对于构建多结构器件有重要贡献。

2.3.5　其他氧化物电子传输层

除了上述三种氧化物电子传输材料外,其他氧化物电子传输材料也被应用于钙钛矿太阳能电池,并且在器件效率和稳定性方面展现出一定的优势。例如,研究人员通过旋涂氯化钨溶液及低温水解制备了非晶 WO_x 薄膜。相比于 TiO_2 薄膜，WO_x 具有更高的电子传输能力，并在此基础上制备了平面型钙钛矿电池[201]。为了解决钙钛矿电池紫外稳定性问题，韩国化学技术研究所团队开发了 La 掺杂的 $BaSnO_3$ 薄膜作为电子传输层，得到了 21.2% 器件效率，高于同等条件下 TiO_2 器件效率，并且电池表现出极高的紫外稳定性[202]。此外，他们还开发出了 Zn_2SnO_4 纳晶电子传输层，并制备了柔性钙钛矿太阳能电池，器件效率为 15.3%[203]。目前，已有大量关于钙钛矿太阳能电池电子传输材料的报道，在此不一一赘述。

2.3.6 有机电子传输层

有机光伏的发展催生出了大量电子传输材料和新器件结构的出现。相比于无机材料，有机材料在能级位置、电子抽取能力等方面具有较大的可调性，因此，基于有机电子传输层的钙钛矿太阳能电池也得到了快速发展，并且也成为钙钛矿太阳能电池的一个重要研究方向。图 2.39(a)概述了近年来此类电池发展进程，目前基于有机电子传输层的器件效率已经达到 21% 左右[204]。

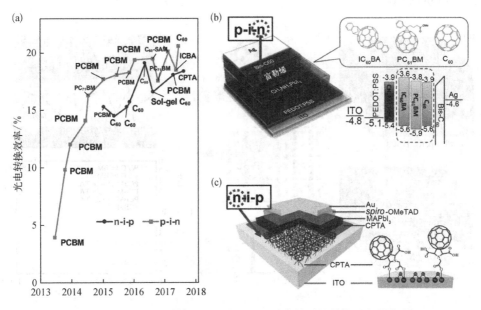

图 2.39　(a) 基于富勒烯衍生物等有机电子传输层的钙钛矿太阳能电池研究进展；(b~c) 两种不同结构的钙钛矿电池示意图[204,31,205]

Guo 和 Chen 等较早发展了基于富勒烯衍生物 PCBM 的 p-i-n 钙钛矿电池。与有机异质结电池相似，将 PCBM 作为电子受体，钙钛矿作为电子给体，构成了钙钛矿/富勒烯平面异质结电池[206]。其中，BCP(浴铜灵)作为宽禁带界面层，抑制了界面电荷复合,最终获得了 3.9% 的器件效率。器件性能主要受限于钙钛矿薄膜质量。为了提高钙钛矿薄膜质量,Huang 等在传统一步法钙钛矿沉积的基础上调控了原料比例,获得了较为平整、覆盖度高的钙钛矿薄膜,显著提升了器件性能。他们采用 ICBA(indene－C_{60} bisadduct)作为电子传输层,通过加热钝化薄膜表界面缺陷,最终获得了 12% 的器件效率和 0.80 的填充因子[207]。富勒烯衍生物电子传输层的低温沉积特性满足了柔性电池制备的条件。中科院半导体研究所游经碧等较早地实现了柔性钙钛矿电池制备,获得了 9.2% 的器件效率[208]。随着钙钛矿薄膜质量提升,空穴传输材料的发展,此类钙钛矿太阳能电池性能也得到快速发展。Seok 等在 LiF 界面层的基础上获得了 14.1% 的器件效率[209]。

除了平面型异质结电池,研究人员还构建了体相异质结钙钛矿电池(图2.40),即在钙钛矿薄膜中引入富勒烯衍生物,在晶界处构成电子受体和传输通道,以提升器件的电荷传输能力[210]。理论计算表明,PCBM 与钙钛矿,尤其是二者表面的相互作用可以抑制表面电子缺陷态[211]。Huang 等通过热处理促进了 PCBM 向钙钛矿晶界的扩散及 PCBM/钙钛矿相互作用,显著提升了器件性能,获得了几乎无迟滞的 14.9% 效率[212]。

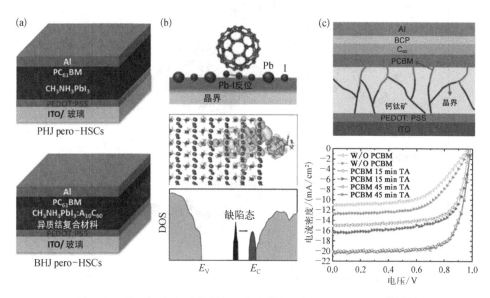

图 2.40　基于钙钛矿/富勒烯衍生物的体相异质结太阳能电池[210-212]

进一步地,考虑到 PCBM 分子随机取向可能引起带尾态的存在,可以通过溶剂热退火的方法实现 PCBM 分子的有序排列,最终获得了 19.4% 的电池效率及 1.1 V 的开路电压,见图2.41[213]。针对钙钛矿/PCBM 界面的电荷复合,北京大学朱瑞等进一步引入采用大尺寸阳离子卤化物 GABr,实现钙钛矿薄膜二次生长(SSG),在该界面构建了梯度带隙的钙钛矿,最终将电池开路电压提高到了 1.2 V,并获得 21%的高效器件[214]。

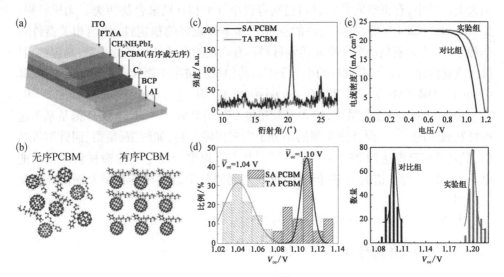

图 2.41　(a-d) PCBM 有序化[213];(e) 钙钛矿/PCBM
界面能带结构调控以提升电池电压[214]

综上,对于 p-i-n 型钙钛矿电池来讲,富勒烯衍生物依然是最主要的有机电子传输材料。基于该类材料提升器件性能,一方面取决于该类材料修饰、薄膜沉积及相关界面优化,另一方面取决于对有机电子传输材料与钙钛矿的相互作用精确调控,抑制钙钛矿缺陷态。此外,调控界面能级结构和抑制复合也是提升电池性能的重要手段。

2.4　钙钛矿太阳能电池的空穴传输层

在钙钛矿太阳能电池中,空穴传输层的主要作用是收集并传输钙钛矿吸收层产生的光生空穴,实现电子-空穴分离,同时,它也可以阻止光生电子与背电极接触。因此,空穴传输层是钙钛矿太阳能电池的重要组成部分。理想的空穴传输材料应满足以下要求:① 具有高空穴迁移率;② 具有与钙钛矿半导体材料价带匹配的 HOMO 能级或价带,以保证空穴在界面的有效抽取与传输;③ 稳定性好(包括光、热、化学及电学稳定性);④ 成膜性好;⑤ 高光透过率;⑥ 可见光范围内低吸光强度;⑦ 制备成本低且合成方法适合大规模制备。事实上,由于钙钛矿材料本身具有双极性,其空穴传输能力要优于电子传输能力,因此,一些课题组制备并研究了无空穴传输层的钙钛矿太阳能电池,但光电转换效率偏低(18.1%)[215]。空穴传输材料的使用有利于获得高效、稳定钙钛矿太阳能电池。

　　到目前为止,空穴传输材料可以分为无机空穴传输材料与有机空穴传输材料两大类。其中,有机空穴传输材料包括有机小分子和有机聚合物两类。无机材料,如 NiO、CuI、CuSCN 等,具有较高的空穴迁移率和较好的稳定性,然而相关器件效率却不高[216]。有机小分子空穴传输材料具有确定的分子结构和分子量,易提纯,且批次重复性好。目前,有大量的小分子空穴传输材料被用于钙钛矿太阳能电池中,其中,*spiro* - OMeTAD(2, 2′, 7, 7′- tetrakis(*N*, *N* - di - p - methoxyphenylamine) - 9, 9′- spirobifluorene)性能最优,绝大多数超过 23% 的高效率 n - i - p 器件都是基于这种材料获得的[217]。而其他类型的小分子空穴传输材料,如线型、星型、四臂型等结构,最高效率已经达到 23.1%[218]。另外,基于有机聚合物空穴传输材料的太阳能电池也可以实现不错的效率,但不同批次之间的分子量差异不利于大规模商业化的应用。

　　本节将结合一些具体实例分别予以介绍。

2.4.1　无机空穴传输材料

　　无机空穴传输材料大都具有高空穴迁移率、高热稳定性和化学稳定性、价格低廉的优点,因此,无机空穴传输材料在钙钛矿太阳能电池中的应用具有一定优势。但是,当采用旋涂法制备薄膜时,无机空穴传输材料经常会遇到溶剂选择难的问题。为了提高溶解性,需要采用极性较强的溶剂,而强极性溶剂又会对钙钛矿薄膜产生破坏作用,影响电池性能,降低电池稳定性。常用的无机空穴传输材料,包括铜基材料(CuSCN、CuI、Cu$_2$O、CuO、CuS、CuGaO$_3$、CuAlO$_2$)和 NiO$_x$、MoO$_x$、MoS$_2$ 等,见图 2.42[219]。下面介绍几种常用的无机空穴传输材料。

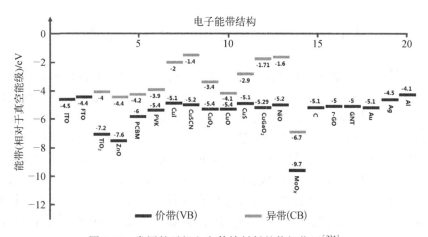

图 2.42　常用的无机空穴传输材料的能级位置[234]

1. 铜基空穴传输材料

铜基空穴传输材料包括碘化亚铜（CuI）、硫氰化亚铜（CuSCN）、氧化铜 CuO_x、硫化铜 CuS 及一些铜盐（$CuAlO_2$、$CuCrO_2$、$CuGaO_2$ 和 $CuGaO_2$ 等。）我们将分别予以介绍。

碘化亚铜（CuI），宽带隙半导体材料（带隙 3.1 eV），具有高空穴迁移率（$0.2 \sim 2 \ cm^2/(V \cdot s)$），化学稳定性好，价格低[220]。美国西北大学 P. V. Kamat 等首次将 CuI 用于 n–i–p 结构钙钛矿太阳能电池中，获得了 6% 的转换效率，且电池表现出较好的稳定性[221]。目前，基于 CuI 的 n–i–p 结构电池（$FTO/TiO_2/CH_3NH_3PbI_3/CuI/Au$）最高效率为 9.24%[222]，而 p–i–n 结构电池 $ITO/CuI/CH_3NH_3PbI_3/C_{60}/BCP/Ag$ 的最高效率为 16.80%[223]。

硫氰化亚铜（CuSCN），宽带隙半导体材料（带隙 4 eV），空穴迁移率为 $0.01 \sim 0.1 \ cm^2/(V \cdot s)$，化学稳定性好。CuSCN 薄膜可以采用刮涂法、电沉积法、旋涂法、喷涂法等来获得。特别是，它具有低温下溶液法易于成膜的优点，非常适于柔性衬底。Grätzel 等首次将 CuSCN 用于钙钛矿电池中，获得了 12.4% 的转换效率[224]。为了进一步提高电池效率，Grätzel 等 2017 年发展了一种简单的动态沉积法，获得了一层均匀 CuSCN 薄膜，进一步对 CuSCN 薄膜进行还原石墨烯后处理，制备了 n–i–p 型 $FTO/TiO_2/CsFAMAPbI_{3-x}Br_x/CuSCN/rGO/Au$ 电池，电池效率为 20.4%，这是目前基于 CuSCN 钙钛矿太阳能电池的最高效率[225]。大连理工大学/瑞典皇家理工学院孙立成等将 CuI/CuSCN 复合材料用于甲胺铅碘钙钛矿中，获得了更平整的薄膜，电池效率为 18.75%[226]。

其他铜基纳米材料，除 CuI 和 CuSCN 之外，还有其他一些铜基纳米材料也被用作钙钛矿太阳能电池的空穴传输层。硫化铜（CuS）的导带和价带位置分别为 -2.9 eV 和 -5.1 eV，与 $MAPbI_3$ 的能级相匹配。Rao 等首次将 CuS 纳米颗粒作为空穴传输材料用于 p–i–n 型钙钛矿太阳能电池，电池效率为 16.2%，且电池迟滞效应几乎可以忽略，并表现出良好的稳定性[225]。铜锌锡硫（Cu_2ZnSnS_4），具有高空穴迁移率[$6 \sim 30 \ cm^2/(V \cdot s)$]，用于 n–i–p 型 $MAPbI_3$ 钙钛矿太阳能电池，电池效率为 12.75%[227]。宽带隙的 Cu_2O 空穴迁移率为 $100 \ cm^2/(V \cdot s)$，且具有高光透过率。此外，Cu_2O 导价带位置分别在 -3.65 eV 和 -5.05 eV，能与大部分钙钛矿的价带相匹配[228]。最初，Cu_2O 薄膜无法通过溶液法获得，而是采用反应磁控溅射法直接制备 Cu_2O 薄膜，再与 $MAPbI_{3-x}Cl_x$ 钙钛矿组装成器件，器件效率为 8.93%[229]。随着氧化铜薄膜制备方法越来越多样化，器件效率也在逐渐提升。北京大学卞祖强等采用 $Cu(acac)_2$ 的 1, 2-二氯苯溶液直接旋涂在 ITO 玻璃上，80℃加热 20 分钟，再用甲醇旋涂清洗，最后在所制备的 CuO_x 薄膜上沉积钙钛矿薄膜，获得

MAPbI$_3$钙钛矿太阳能电池,电池效率达到 19%[230]。Ding 等采用溶液法制备 CuI 薄膜,再将 CuI 与 NaOH 反应得到 Cu$_2$O,进一步将 Cu$_2$O 氧化可以得到 CuO 薄膜。而基于这两种氧化铜空穴传输材料所制备的钙钛矿电池,电池效率达到 12.61%[231]。近期,四元半导体材料 Cu$_2$MSnS$_4$(M = Co^{2+}, Ni^{2+}, Zn^{2+}) 被用于钙钛矿电池中,获得了13.57% 转换效率及较好的长期稳定性[232]。

2. 氧化镍(NiO$_x$)

氧化镍是一种宽带隙半导体材料,价带位置在 −5.2 eV(图 2.42),具有高空穴迁移率、高透光率和优异的热稳定性,适合做空穴传输材料,已经被成功用于有机太阳能电池、染料敏化太阳能电池、钙钛矿太阳能电池等光电器件。最初,人们将 NiO$_x$纳米颗粒直接作为空穴传输材料引入到 PSC 中,效率在 10%左右。牛津大学 H. Snaith 等采用旋涂法制备了 NiO 薄膜,并首次将其应用在钙钛矿太阳能电池中,所制备的 n−i−p 和 p−i−n 结构钙钛矿电池效率分别为 11.8%和 9.8%,而柔性电池效率为 6.3%[233]。NiO$_x$薄膜的制备方法有很多种,如丝印法、旋涂法、磁控溅射法、电沉积法、真空沉积法、燃烧沉积法(combustion deposition) 和喷雾热解法(spray pyrolysis) 等[234]。目前,基于旋涂法和喷雾热解法制备的 NiO$_x$应用在 PSC 上性能会更好。研究发现,NiO$_x$薄膜的晶体结构和化学组成会显著影响其光学和电学性质,进而影响 PSC 性能。本征 NiO$_x$薄膜电导率为 2.2×10^{-6} S/cm,薄膜导电性较差,导致所制备的电池性能不好,尤其是短路电流密度(J_{sc})和填充因子(FF) 偏低。掺杂能显著提高 NiO$_x$薄膜导电性,如掺铜的 NiO$_x$导电性可提高 2 个数量级,达到 8.4× 10^{-4} S/cm,电池效率15.40%[235]。此外,人们尝试对 NiO$_x$进行其他元素掺杂。例如,碱金属 Li$^+$对 NiO$_x$掺杂(Li/NiO$_x$),通过调控钙钛矿与 NiO$_x$界面的能级结构,提高电池的开路电压[233]。Cs/NiO$_x$用于p−i−n结构钙钛矿电池时,不仅提高空穴抽取能力及器件效率,也能提高器件稳定性[236]。上海交通大学韩礼元等对 NiO$_x$进行 Li$^+$和 Mg^{2+}共掺杂(Li$_{0.05}$Mg$_{0.15}$/Ni$_{0.8}$O),再进一步对钙钛矿薄膜形貌进行调控,电池效率达到20.65%[237]。此外,Park 采用脉冲激光沉积技术制备 NiO$_x$薄膜,用于 p−i−n 结构钙钛矿电池,通过优化氧气分压和 NiO$_x$薄膜厚度,电池效率为 17.30%,特别是,填充因子达到 0.81,这与 NiO$_x$薄膜均匀致密、高透光性、晶体生长取向(111)相关[238]。

3. 其他过渡金属化合物

一些过渡金属氧化物,如Co$_3$O$_4$、V$_2$O$_x$、WO$_x$、MoO$_x$等,同样具有高空穴迁移率、高透光率和高化学稳定性,也可以用作钙钛矿太阳能电池的空穴传输层,都能在一定程度上提高空穴抽取速率,有效抑制复合,对电池效率和稳定性均有所提升。对于 VO_x 来讲, VO_x 价带位置高于钙钛矿 $MAPbI_3$,直接用 VO_x 做空穴传输层会降低电池 V_{oc},当 VO_x 层表面用氨基丙酸处理以后,降低了 VO_x 的价带位置,能有效解决上述问题,电池效率达到 14.04%[235]。WO_3 和 MoO_x 薄膜一般采用热蒸镀方法制备,用于 p-i-n 结构电池中,其中 MoO_x 电池效率要高些,主要是由于 MoO_x 的空穴抽取能力更强些[239]。香港大学 W. C. H. Choy 等合成了超小且分散均匀的 $NiCo_2O_4$ 纳米颗粒,形成均匀、无孔洞薄膜,作为衬底进一步沉积 $CH_3NH_3PbI_{3-x}Cl_x$ 钙钛矿,制备了 p-i-n 型钙钛矿电池,效率达到 18.23%[240]。事实上,直接采用这几种材料用作空穴传输材料,电池整体性能并不理想,而把它们用作插层或缓冲层时,能够提升电池效率。

综上,无机空穴材料虽然具备优异的电学性质和稳定性,但是器件效率仍然低于基于 *spiro*-OMeTAD。一方面,大部分无机空穴材料溶解性较差,特别是纳米粒子分散性差,导致界面接触性能差,直接影响器件效率。另一方面,对材料价带位置的调控可操作性也相对较低。因此,发展新的界面调控方法也将有助于提升器件性能。

2.4.2 有机空穴传输材料

有机空穴传输材料作为空穴传输层,因其多样性而具有更宽的选择性。例如,通过选择不同取代基团可以调控薄膜表面性能,也可以通过分子设计实现对空穴传输层/钙钛矿最优能级匹配。因此,有关有机空穴传输材料的研究更为广泛。目前,公认的性能最好且商品化的空穴传输材料包括 *spiro*-OMeTAD(2,2′,7,7′-tetrakis[*N*,*N*-di(4-methoxyphenyl)amino]-9,9′-spirobifluorene),PTAA[聚二-(4-苯基)(2,4,6-三甲基苯基)胺]和 PEDOT:PSS[聚(3,4-亚乙基二氧噻吩):聚(苯乙烯磺酸)]。

有机空穴传输材料大致分为小分子空穴传输材料、聚合物空穴传输材料及金属有机配合物三大类。下面主要介绍前两种。

1. 小分子空穴传输材料

小分子空穴传输材料结构多样,更有利于对材料性能的调控。目前,小分子空穴传输材料都是基于中心基团发展起来的,因此,以三苯胺及其衍生物、螺芴、咔唑或芴衍生物等为中心结构,再以双键、苯、噻吩等桥耦联到上述中心基团上,可以获得星型、线型等不同结构的空穴传输材料。

图 2.43 给出了一系列代表性的空穴传输材料[241]。其中,最具代表性的就是 *spiro*-OMeTAD,它由螺芴中心及周围四个二甲氧基二苯胺组成,具有与钙钛矿价带相匹配的 HOMO 能级(-5.22 eV),能有效抽取空穴,溶解性和成膜性好,并且在

可见光区吸收较弱,非常适合用作钙钛矿电池的空穴传输层。然而,螺旋状结构容易使分子间距离增大,不利于电荷传输,因此,*spiro* - OMeTAD 本征空穴迁移率较低[$10^{-6} \sim 10^{-5}$ cm^2/(V·s)],必须通过掺杂提高电导率。常用的添加剂有 LiTFSI [二 - (三氟甲磺酰)亚胺]、FK209(tris(2 - (1H - pyrazol - 1 - yl) - 4 - tert - butylpyridine)cobalt(Ⅲ)bis(trifluoromethylsulphonyl)imide)和 TBP(4 - 叔丁基吡啶)。在添加剂的作用下,空穴迁移率提升至 10^{-4} cm^2/(V·s)量级。但是,这些添加剂往往具有亲水性,易吸收空气中的水分,导致钙钛矿层稳定性下降,也不利于器件的长期稳定性。2012 年,Kim 等首次制备了基于 *spiro* - OMeTAD 的全固态钙钛矿电池,获得了 9.7% 光电转换效率,此后钙钛矿太阳能电池进入了快速发展期。目前,*spiro* - OMeTAD 已实现商品化,应用最为广泛,基于 *spiro* - OMeTAD 钙钛矿太阳能电池可实现超过 25% 的高效率[217]。但是,由于螺二芴核合成复杂,且提纯较困难,导致了 *spiro* - OMeTAD 价格昂贵,不利于钙钛矿太阳能电池大规模应用及产业化。因此,为了进一步推动钙钛矿太阳能电池领域发展,研究人员一直致力于发展低成本、高稳定性和高性能的小分子空穴传输材料以替代 *spiro* - OMeTAD。

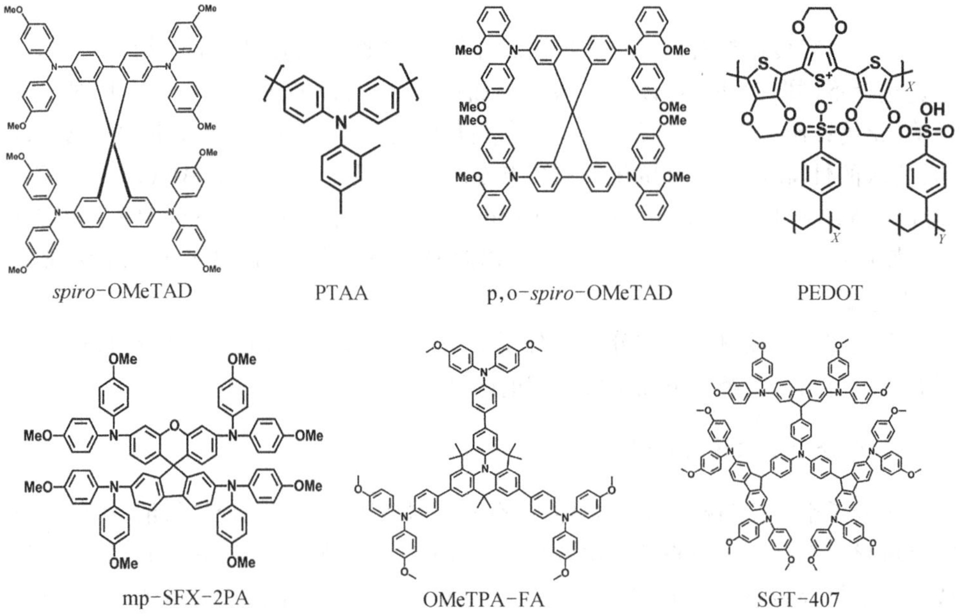

图 2.43　文献报道的空穴传输材料(一)

Seok 等研究了甲氧基取代位置对 *spiro* - OMeTAD 光电性质和器件性能的影响,研究发现:*spiro* - OMeTAD 的甲氧基间位和邻位取代相对于对位取代,吸收峰明显蓝移,说明甲氧基取代位置对 *spiro* – OMeTAD 带隙是有影响的。此外,由于间位甲氧基表现出吸电子能力,使得分子共振结构不稳定,HOMO 能级位置比 *spiro* – OMeTAD 的低 0.09 eV,而邻位取代的甲氧基由于空间位阻效应,增大了与螺芴之间的二面角,减弱了分子内共轭作用,使得其 LUMO 能级又比 *spiro* – OMeTAD 的高 0.10 eV。基于这三种材料制备的 n – i – p 型钙钛矿太阳能电池效率分别为 14.9% (*spiro* – OMeTAD)、13.9%(*p*, *m* – methoxyl – *spiro* – OMeTAD)和 16.7%(*p*, *o* – methoxyl – *spiro* – OMeTAD)[242]。同时,基于邻位取代 *spiro* – OMeTAD 的电池器件具有较低串联电阻和较高并联电阻,提高了填充因子和电池效率。此外,基于螺结构的其他空穴传输材料也有越来越多的报道。孙立成等采用简单的合成过程制备了基于螺芴和氧杂蒽组合的小分子 X60 和 X59(图 2.44),器件光电转换效率达到 19.8%,与相同条件下所制备的基于 *spiro* – OMeTAD 器件效率相近[243-244]。螺[芴-9,9′-氧杂蒽](SFX)衍生物因为其合成路径简化,可通过一锅法合成。SFX 具有十字型的分子结构,可以作为设计多维有机半导体材料的主体,可进行多种偶联反应,比如 Suzuki 偶联反应、Ullmann 反应等。氧杂蒽类衍生物作为宽带隙的蓝色荧光材料、磷光材料以及空穴传输材料常应用在有机发光二极管领域。Robertson 等设计、制备了一系列基于螺结构 SFX 衍生物,其十字交叉结构有利于载流子各向同性传输且易制备[245]。中科院物理所孟庆波和北京大学占肖卫等报道了基于螺[芴-9,9′-氧杂蒽]核(SFX)、甲氧基二苯胺/三苯胺给电子基团在不同取代位置的 4 种低成本空穴传输材料,其中化合物 mp – SFX – 2PA(图 2.43)器件效率为 17.7%,并且发现不同的端基会影响材料的吸收范围,而其取代位置并不影响。但是,mp – SFX – 2PA 比 *spiro* – OMeTAD 具有更好的疏水性,能有效阻挡水分子对钙

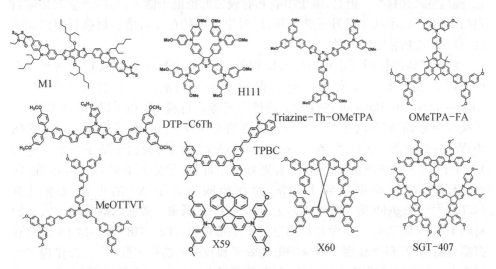

图 2.44　文献报道的空穴传输材料(二)

钛矿层的破坏作用,从而具有更好的湿度稳定性[246]。

三苯胺中亲电的氮原子通过诱导效应吸引苯环上的电子,同时由于 p-π 共轭效应,氮原子上未共用电子与苯环共轭,使其富电子;并且,由于共轭效应大于诱导效应,使其电子云分布广,易失去电子而形成正电空位,因此,更易于传输空穴。通过引入功能团对三苯胺进行修饰,能够对材料的离子电位、溶解性、成膜性和光稳定性实现调控,以满足钙钛矿电池器件的需要。基于三苯胺结构的小分子空穴传输材料数量多,发展速度快。但是,由于三苯胺并没有平面化,使得分子间相互作用距离长,因此,这类空穴传输材料的空穴迁移率较低[10^{-5} ~ 10^{-4} cm²/(V·s)]。但通过掺杂,如引入适量锂盐、钴盐和 4-叔丁基吡啶(TBP)等,可以提高空穴迁移率和调节能级结构,使之与钙钛矿能级更匹配。李泽生等利用 DFT 理论计算研究了三苯胺基团(H2,5 和 H3,4)取代基位置不同对能级、光学性质、空穴传输行为等影响,证实了平面结构不仅能提高空穴迁移率,而且能提高材料的界面相互作用[247]。J. Ko 等制备平面三苯胺空穴材料 OMeTPA-FA 获得 13.63% 的转换效率[248]。李翔高、孟庆波等发展了一系列基于三苯胺的空穴传输材料(如 TPBC,2TPA-n-DP,apv-EC 等),理论计算并结合实验表明其 HOMO 能级与 spiro-OMeTAD 相近,更好地与钙钛矿相匹配,未掺杂的器件效率更优,获得超过 13% 器件效率[249-250]。韩国 W. I. Lee 等利用中心三苯胺基团及咔唑基团构成三臂结构 SGT-407,电池效率为 13.86%[251]。随着小分子空穴材料的发展,三苯胺基团更多的与其他基团组合在一起,提升材料性能。有一点需要注意的是,在基于三苯胺空穴传输材料中,人们经常用甲氧基作为取代基团,提高空穴材料与 MAPbI₃ 钙钛矿上的相互作用,为空穴传输提供通道。甲氧基的存在使得空穴传输材料更容易氧化,提高空穴迁移率。但是,由于甲氧基有较强的推电子能力,会降低空穴传输材料的氧化电位,不利于提升开路电压,同时甲氧基的存在可能会增强材料的亲水性,存在潜在的稳定性问题。

除了以螺结构和三苯胺为中心结构外,其他类型空穴传输材料尤其是多个单元组合在一起的空穴传输材料得到了快速发展。这里给出几个例子。Johansson、Sun 和 Hagfeldt 等设计了两种空穴传输材料 X2 和 X25,其中 X2 以三苯胺为中心而 X25 以咔唑为中心,周边的衍生结构相同,研究发现:X25 的 HOMO 位置更低一些(-5.16 eV vs. -5.09 eV)。并且,相比于基于三苯胺基的 X2 分子,基于咔唑基的 X25 分子有更好的平面性,导致其有较好的导电性,因此,组装的电池效率达到 17.4%,而在相同条件下 X2 的电池效率只有 14.7%[252]。Hagfeldt 等合成了以六芳基苯为中心、低聚三芳胺六取代的空穴传输材料 HAB1(图 2.45),这种材料通过进一步掺杂(LiTFSI,TBP 及钴盐 FK209)获得高质量薄膜,最终获得 17.5% 的电池效率和较好的热稳定性[253]。天津理工大学 Liang 和洛桑联邦理工学院 Hagfeldt 等将芴与咔唑相结合的茚并[1,2-b]咔唑替代常用的 MOTPA(甲氧基取代三苯基胺),制备了系列空穴传输材料 M129 等。对于 M129 来讲,二甲基芴的引入能改善薄膜的均匀性、提高空穴抽取效率及可操作性,咔唑作为中心基团能调控 HOMO 能级和空穴迁移率。并且由于玻璃转化温度提高,可以同时提高电池效率和稳定性[254]。基于苯并噻二唑(BT)的杂环分子有较强的推电子特性,有利于空穴传输。同时,含有苯并噻二唑单元的分子可能拥有有序晶体结构,易与杂环分子形成分子间相互作用或与其他芳香环分子产生 π-π 相互作用,其结果是有利于载流子传输。瑞士洛桑工学院 Nazeeruddin 和西班牙 Palomares 等设计了一系列基于苯并噻二唑的空穴传输材料,将 BT 作为电子受体,二苯基和三苯基胺作为电子给体,调控 HOMO 位置,使其与钙钛矿的价带更匹配,CS01 和 LCS01 的 HOMO 位置分别为-5.01 eV 和-5.16 eV,相应的电池效率分别为 17.84%和 18.09%[255]。

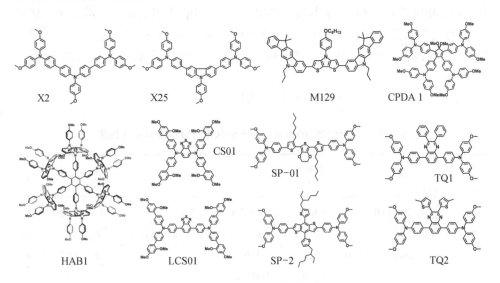

图 2.45　文献报道的空穴传输材料(三)

　　噻吩作为中心基团,能增加分子的共轭性,有利于提高空穴迁移率。中山大学苏成勇等以噻吩为核、富电子的三芳胺为取代基,在分子周边引入了长脂肪链,合成了两个空穴传输材料(SP-01 和 SP-2),既提高了材料的疏水性,又提高了溶解性和降低载流子复合。SP-01 经 FK102 掺杂后,电池效率为 13.91%[256]。Gratzel 和 Bauerled 等发展了一种新颖的空穴传输材料 CPDA-1,它是以环戊二烯二甲基缩醛为中心结构、以四个芳胺形成星型结构,基于此化合物的钙钛矿电池器件效率达到 23.1%,并且仅需要 40 nm 厚的 CPDA-1 就可实现高性能器件,特别是这种材料易制备、成本低[218]。

　　富电子共轭基团的引入会形成 D-π-D 结构的空穴传输材料,但这种构型并不利于 HOMO 能级位置的优化。根据杂化轨道理论,给电子基团的引入可以提高芳胺体系的 HOMO 位置,能进一步增加钙钛矿/空穴层界面的能量补偿。而且,芳胺上额外的富电子基团由于氧化电势的降低可以提高材料稳定性。华东理工大学朱为宏等采用喹喔啉作为中心单元,与甲氧基取代三苯胺(MOTPA)构建了 D – A – D 结构的空穴传输材料 TQ2。喹喔啉的推电子能力相对较弱,但是它可以稳定 HOMO 位置,使其与钙钛矿价带更匹配,同时它可以保持相对高的 LUMO 位置而有效阻挡电子反向流动,降低复合,此外,它还有利于提高材料的光电稳定性,电池最高效率达到 18.54%[257]。孙立成等发展了以刚性的苯并二噻吩(BDT)为中心、吩噁嗪(POZ)为链的小分子空穴传输材料 M1,这是一个 A – D – A 结构的材料,它作为空穴传输材料用于钙钛矿电池中时有一定的优越性,如合适的带隙和高空穴迁移率,但是在可见光范围有一定的吸收,对于太阳能电池来讲是不利的[258]。芘作为一种共轭芳香环结构,由于其较强的电子离域作用,表现出优异的载流子传输能力,它也是空穴传输材料设计中常使用的中心单元。例如,中科院化学所钟羽武等制备了系列基于芘空穴传输材料,基于 TEAP 的 $MAPbI_3$ 钙钛矿电池效率达到 19.7%[259]。

上述一些小分子空穴传输材料见表 2.1。

表 2.1　一些代表性的有机小分子空穴传输材料及其器件性能

序号	HTM	HOMO /eV	钙 钛 矿 层	是否掺杂	PCE	文献
1	spiro – OMeTAD	−5.22	$(MA, FA)Pb(I, Br)_3$	是	25.2%	217
2	CPDA – 1		$FA_{0.85}MA_{0.1}Cs_{0.05}Pb(I_{0.97}Br_{0.03})3$	是	23.1%	218
3	p, o – spiro – OMeTAD	−5.22	$MAPbI_3$	是	16.7%	242
4	H111	−5.31	$MAPbI_3$	是	15.4%	241
5	Triazine – Th – OMeTPA	−5.04	$MAPbI_3$	否	12.5%	241
6	OMeTPA	−5.15	$MAPbI_3$	是	13.6%	241
7	Fused – F	−5.23	$MAPbI_3$	否	12.8%	241
8	MeOTTVT	−5.24	$Cs_{0.05}MA_{0.10}FA_{0.85}Pb(I_{0.97}Br_{0.03})_3$	否	21.30%	239
9	PFD	−5.20	$Cs_{0.04}MA_{0.14}FA_{0.82}Pb(I_{0.87}Br_{0.13})_3$	否	18.60%	240
10	DTP – C6Th	−4.94	$MA_{0.7}FA_{0.3}Pb(I_{0.925}Br_{0.075})_3$	否	21.04%	260
11	X59	−5.15	$MA_{0.15}FA_{0.85}Pb(I, Br)_3$	是	19.8%	243
12	X60	−5.24	$MA_{0.15}FA_{0.85}Pb(I, Br)_3$	是	19.86%	244
13	mp – SFX – 2PA	−5.06	$(FAPbI_3)_{0.85}(MAPbBr_3)_{0.15}$	是	17.7%	246

续 表

序号	HTM	HOMO /eV	钙钛矿层	是否掺杂	PCE	文献
14	OMeTPA - FA	-5.14	MAPbI$_3$	否	13.63%	248
15	SGT - 407	-5.26	MAPbI$_3$	否	13.86%	251
16	LCS01	-5.16		是	18.04%	255

2. 聚合物空穴传输材料

聚合物空穴传输材料,主要包括基于苯胺和噻吩聚合单元两大类,前者聚合单元主要为三苯胺等,空穴迁移率一般比较高,基于此类材料的钙钛矿电池效率较高;后者主要是通过引入噻吩、苯并噻二唑等,这类材料在可见光范围内有一定的吸收,甚至能与钙钛矿材料互补,但是空穴迁移率偏低,总体电池效率也偏低。有文献报道,引入碳材料、石墨烯等可以提高空穴迁移率。

以苯胺、咔唑、芴等为结构单元的聚合物,这类材料相比于小分子空穴传输材料有较好的成膜性和较高的空穴迁移率。最具代表性的基于三苯胺结构单元的聚合物空穴传输材料是聚[双(4 -苯基)(2,4,6 -三甲基苯基)胺](PTAA,poly[bis(4 - phenyl)(2,4,6 - trimethylphenyl)amine]),其空穴迁移率比 spiro - OMeTAD 要高 2 个数量级,且与钙钛矿界面处的接触电阻较小,能更有效地抽取和传输空穴。因此,以 PTAA 为空穴传输材料的电池串联电阻更低,电池的开路电压和填充因子高。Seok 等以 PTAA 为空穴传输材料制备了一系列高效率电池,电池效率超过 23%[260-262]。目前,这种材料已经商品化,但价格高。PTAA 及其衍生物 PF8 - TAA、PIF8 - TAA(图 2.43 和图 2.46)的 HOMO 能级分别为-5.20 eV、-5.40 eV 和 5.50 eV,所得到器件的 V_{oc} 分别为 1.29 eV、1.36 eV 和 1.40 eV,说明采用较低 HOMO 能级的材料可以提高电池的 V_{oc}[263]。需要说明的是,PTAA 需要通过掺杂来进一步提高空穴迁移率和导电性,所采用的掺杂材料与 spiro - OMeTAD 的相似。此外,根据文献报道,PTAA 也可以用 F4 - TCNQ 进行掺杂[264-265]。为了进一步提高电池的开路电压,韩国 Park 等设计了一种基于吲哚并咔唑为中心、再与双噻吩衍生物相连,形成材料的主体结构,再通过引入氟原子或乙二醇单元,获得了一种聚合物空穴传输材料 PBTFO,同时实现了对电池的界面钝化,电压提升至 1.22 V,电池效率为 22.1%[266]。

含有噻吩结构的聚合物空穴传输材料大多含有苯并二噻吩、吡咯并吡咯二酮等结构单元,引入噻吩可以增加其共轭性,有助于提高空穴迁移率。在钙钛矿电池中,最常见的含噻吩结构的聚合物空穴传输材料是 P3HT(聚-3 -己基噻吩)和 PEDOT:PSS[聚(3,4 -乙烯二氧噻吩)与聚苯乙烯磺酸盐混合物],见图2.43。

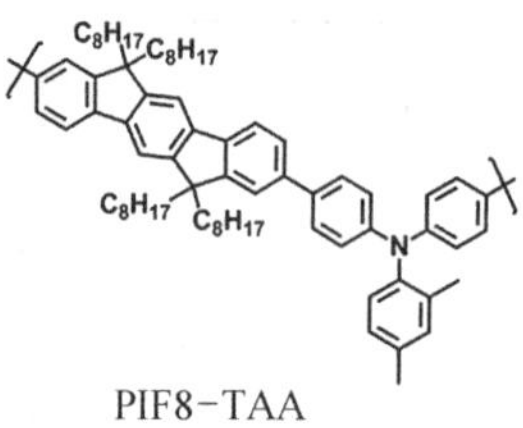

PIF8-TAA 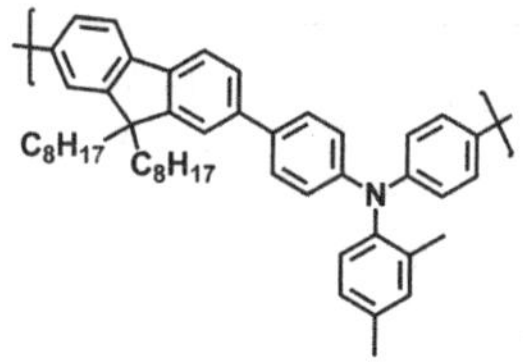   PF8-TAA

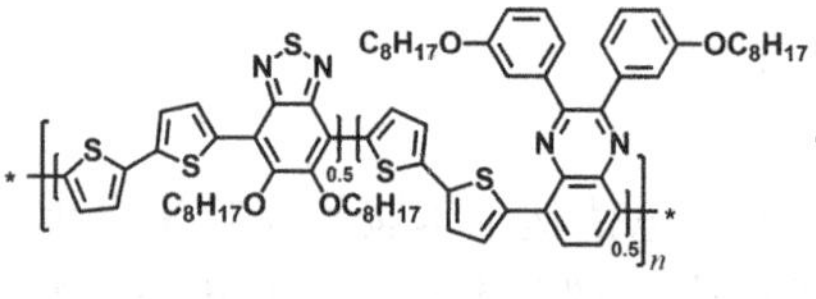

TTB-TTQ

图 2.46　文献报道的空穴传输材料(四)

一般情况下,P3HT 电导率较低,将碳纳米管、石墨炔等引入 P3HT 可以提高空穴迁移率和电池性能。例如,石墨炔引入 P3HT 中,由于石墨炔与 P3HT 均为大 π 键共轭体系,二者之间存在较强的 π - π 堆积相互作用,有利于空穴迁移。此外,石墨炔颗粒较大有较强的光散射作用,能提高 PSC 在长波段对光的吸收能力,基于石墨炔/P3HT 复合空穴传输层的 PSC 效率为 14.58%[267]。目前,P3HT 作为空穴传输材料的 PSC 认证效率达到 22.7%,并且是无掺杂的[268]。PEDOT: PSS 是 p-i-n 型钙钛矿太阳能电池中最常见的空穴传输材料。这种材料导电率很高,一般以水溶液形式存在。它是由 PEDOT 和 PSS 两种物质构成,PEDOT 是聚(3,4-乙烯二氧噻吩),PSS 是聚苯乙烯磺酸盐,这两种物质混合在一起能极大提高 PEDOT 的溶解性。PEDOT: PSS 作为空穴传输层最早是用于有机发光二极管(OLED)、有机太阳能电池等器件中,PSC 发展起来以后,也被用于 p-i-n 型 PSC 中。基于 PEDOT: PSS 的钙钛矿太阳能电池最高效率为 21.05%[269]。陕西师范大学刘生忠等采用氧化石墨烯修饰 PEDOT: PSS,可以提升电荷分离和收集效率、降低复合。

吡咯并吡咯二酮单元有较高的空穴迁移率,由于它本身是吸电子基团,有很强的吸电子能力,在聚合物中通过形成 D-A 结构来调节能级。此外,由于吡咯并吡咯二酮结构具有疏水性,使得基于这种结构单元的聚合物空穴传输层也有一定的疏水性,有利于提高钙钛矿薄膜的水稳定性。而通过在吡咯并吡咯二酮链上引入一些共轭基团,可以进一步调节 HOMO 能级,使之与钙钛矿材料的价带位置更匹配。例如,在吡咯并吡咯二酮上引入咔唑衍生物合成的 PCBTDPP,其 HOMO 能级与 MAPbBr$_3$ 价带更匹配,其导带比 TiO$_2$ 的准费米能级要高,使得 MAPbBr$_3$ 钙钛矿太阳能电池的开路电压达到 1.15 V[270]。以苯并二噻吩作为结构单元时,通过改变其分子链上的取代基可以调节聚合物分子与钙钛矿之间的相互作用力,提高空穴迁移率和电池性能。T. Park 等设计、合成了以苯并噻二唑为受体基团、噻吩为给体基团的 D-π-A 型聚合物 TTB-TTQ(图 2.46),TTB 本身是一种结晶聚合物,其 HOMO 能级位置在-5.30 eV,由于分子间存在较强 π-π 相互作用,TTB 溶解性差,通过引入喹喔啉获得 TTB-TTQ,提高了其在氯苯中的溶解度,但同时降低了空穴迁移率。采用 LiTFSI 和 t-TBP 对 TTB-TTQ 进行掺杂,来提升电荷传输能力,电池效率为 14.1%[271]。徐保民等将共轭聚电解质(CPEs)作为空穴传输材料用于钙钛矿电池中,设计了一种基于 2,5-二烷氧基-1,4-亚苯基与噻吩形成的单体形成的聚合物 TB(MA),并且以 $SO_3^-MA^+$ 为侧链,2,5-二烷氧基-1,4-亚苯基上的氧原子与噻吩上的硫原子相互作用有助于这两个单元的平面化[272]。TB(MA)薄膜钙钛矿前驱液有很好的润湿性,有助于形成高质量钙钛矿薄膜,最后得到19.76%的最高效率,优于相同条件下的 PEDOT:PSS 电池。

此外,鉴于钙钛矿材料对水的高度敏感,可以在设计有机空穴传输材料时引入一些疏水基团,提高空穴传输层的疏水性,有利于提升电池稳定性。

2.4.3 复合空穴传输层

复合空穴传输层的发展主要是基于提高电池整体性能和稳定性的角度发展起来的。一般来说,为了提高有机空穴传输层的空穴迁移率,往往需要添加剂,如 LiTFSI、4-叔丁基吡啶、2,3,5,6-四氟-7,7′,8,8′-四氰二甲基对苯醌(F4TCNQ)等。但是,添加剂同时会产生一些负面效应,如电池稳定性变差、成本增加、制备工艺复杂等。将两种空穴传输材料的优点有机结合在一起,优势互补,进一步提升电池性能,也是一种非常有效的方法。复合空穴传输层,包括无机/无机复合空穴传输层、无机/有机复合空穴传输层及有机/有机复合空穴传输层。例如,无机空穴传输材料具有优异的导电性、空穴迁移率和水稳定性,无机/无机和无机/有机复合空穴传输层(如 V_2O_5/NiPc、CuSCN/CuI、CuSCN/$spiro$-OMeTAD)具有更快的空穴抽取速率,降低复合,更有利于电池性能的提高。特别是对于基于 PEDOT:PSS 的 p-i-n 型钙钛矿太阳能电池,由于 PEDOT:PSS 呈酸性并具有吸湿性,会导致器件不稳定。人们尝试了各种方法来进一步提高 PEDOT:PSS 空穴传输材料的性能,比如,将 V_2O_5 引入 PEDOT:PSS 能有效改善钙钛矿成膜性;而 MoO_3 与 P3HT 复合空穴传输层能提高空穴抽取能力[273-274]。北京大学赵清等将无机空穴传输材料 CuSCN 与 $spiro$-OMeTAD 复合,显著提高了器件效率[275]。

2.4.4 非掺杂空穴传输材料的发展

我们注意到,一些空穴传输材料本身空穴迁移率低和导电性差,需要通过掺杂来提高其导电性和空穴迁移率。但是,掺杂往往需要使用较强极性的溶剂(如乙腈、4-叔丁基吡啶等),会对电池稳定性造成一定的负面影响,同时将增加电池的制备成本和工艺复杂程度。近年来,空穴传输材料的一个重要发展方向就是设计、制备高性能、非掺杂空穴传输材料。一般来讲,非掺杂空穴传输材料本身就应具有较高空穴迁移率、分子最高占有轨道(HOMO)与钙钛矿层价带位置相匹配,促进空穴抽取。显然,深入理解材料分子结构与器件性能之间的内在联系对于设计非掺杂空穴传输材料来讲至关重要。

目前报道的非掺杂空穴传输材料主要是指有机空穴传输材料,同样也包括小分子材料和聚合物材料。杨世和等发展了一种基于四硫富瓦烯衍生物的空穴传输材料(图 2.46),用于 MAPbI$_3$ 钙钛矿太阳能电池效率为 11.03%,并且电池常温水稳定性略有提高。进一步研究显示,空穴传输材料本身的高空穴迁移率对于提高器件稳定性是非常重要的[276]。共轭小分子(SMs)易合成、重复性好,且较强的分子间堆积有利于获得高载流子迁移率,近期受到广泛关注。近期,瑞士洛桑工学院 Grätzel、天津大学李翔高等发展了一种新空穴传输材料 MeOTTVT,它基于准三维锥形结构的三苯胺(TPA)为中心单元的对称结构,TPA 与周边甲氧基取代三苯胺之间通过 C═C 双键相连,这样可以保证空穴传输层的高空穴迁移率、高效的电荷抽取和空穴传输,在非掺杂的情况下,组装的钙钛矿电池效率达到 21.30%[277]。Nazeeruddin 等报道了三种星型结构的 D-π-A 空穴传输材料,KR355、KR321 和 KR353,主要以平面结构的三氮杂三并苝为核(D),在垂直方向上通过 π 堆积实现空穴导电,同时以噻吩基共轭链和丙二腈(A)向外延伸。由于强分子间作用力,这三种分子具有高空穴迁移率和优异的导电性能,并且热稳定性、电化学稳定性和光化学稳定性优异,电池最高效率超过 19%[278]。

酞菁类材料作为 p 型半导体在钙钛矿太阳能电池也有应用。酞菁具有 18e 的共轭结构、优异的化学稳定性和热稳定性、合适的氧化还原电位和低成本的优势,不同中心金属和周边取代基极大地影响着 HOMO 和 LUMO 位置。这主要是因为中心金属和周边的取代基团会改变酞菁晶格的 π-π 堆叠,从而影响载流子迁移及器件性能。Kumar 等以铜酞菁为空穴传输材料制备成电池,效率为 5.0%[279]。Seo 等发现将铜酞菁衍生物与 spiro-OMeTAD 一起使用,能有效提升空穴传输层的阻电子能力,提高电池的开路电压(V_{oc})和填充因子(FF),电池效率提升至 19.4%[280]。Zhang 等以铜酞菁或锌酞菁为核,以 4-甲酸甲酯-苯氧基或 4-甲酸丁酯-苯氧基为周边取代基合成了三种非掺杂空穴传输材料(CuPcNO$_2$-OMFPh,CuPcNO$_2$-OBFPh 和 ZnPcNO$_2$-OBFPh),这三种材料具有优异的热稳定性,合适的能级和空穴迁移率,其中基于 ZnPcNO$_2$-OBFPh 制备的钙钛矿电池效率最高达到 15.74%,且电池稳定性也得到提升[281]。Albrecht 等将未掺杂 spiro-OMeTAD 与 PEDOT 共混制备 SpiDOT 共混膜,用于 n-i-p 型钙钛矿电池中,获得了 1.19 V 的高开路电压,稳态电池效率达到 18.7%[282]。

目前,用于钙钛矿太阳能电池的非掺杂空穴传输材料已经有了一定的发展,但是电池性能与常规使用的掺杂 *spiro* - OMeTAD 和 PTAA 相比仍有一定的差距,未来还需要在材料分子设计方面进行深入的探索。

2.5 钙钛矿太阳能电池界面修饰材料

我们知道,钙钛矿太阳能电池各层之间均存在接触界面,同时,钙钛矿表界面存在大量缺陷和晶界,因此,载流子在界面处的抽取与传输对器件性能有重大影响。一般来讲,钙钛矿太阳能电池光电性能损失主要源自异质界面和本体材料缺陷引起的非辐射复合,而非辐射复合将主要影响电池开路电压(V_{oc})和填充因子(FF)。对于钙钛矿单晶来讲,其载流子扩散长度为 100 μm,缺陷态密度为 $10^9 \sim 10^{10}$ cm^{-3},而对于钙钛矿多晶薄膜来讲,缺陷态密度为 $10^{16} \sim 10^{18}$ cm^{-3},载流子扩散长度为 10 μm。采用溶液法制备钙钛矿薄膜为多晶薄膜,在晶界形成过程中不可避免会产生结构失配,而这种结构失配不仅会影响电池效率,也会降低电池稳定性。另外,晶界处的位错和悬挂键引起的缺陷态不利于载流子传输,引起非辐射复合。而有缺陷的晶界是最容易受到环境影响的。因受热和高湿度引起的钙钛矿分解首先发生在晶界处,进而延伸到本体钙钛矿层,同时在电场作用下,带电缺陷通过晶界发生迁移。此外,在钙钛矿层与载流子传输层形成的异质界面处,表面缺陷会对钙钛矿太阳能电池性能产生不利影响。理论上讲,降低缺陷态密度和提高钙钛矿层与载流子传输层之间的能级匹配度可以降低界面复合。

在载流子传输层/钙钛矿层之间实现有效的电荷抽取和传输,对于获得高 J_{sc}、V_{oc} 和 FF 至关重要。钙钛矿太阳能电池中,光电流密度是由入射光子与电流转换效率(IPCE)决定的:

$$\text{IPCE}\ (\lambda) = \alpha(\lambda)\varphi_{inj}\varphi_c \tag{2.7}$$

其中,α 代表光吸收;φ_{inj} 是电荷注入效率;φ_c 是电荷收集效率。通过选择性界面接触,可获得最大 φ_{inj}。而电荷注入效率是由 $\varphi_{inj} = k_{inj}/(k_{inj}+k_r+k_{nr})$ 决定的,其中 k_{inj}、k_r、k_{nr} 分别代表了注入、辐射复合和非辐射复合速率。为了获得高注入效率 φ_{inj},提高注入速率 k_{inj} 与降低复合速率 k_r 和 k_{nr} 都是十分必要的。k_{inj} 与界面材料及构成界面的两种材料是否能级匹配相关;而 k_r 和 k_{nr} 则与材料本身及界面质量相关。对于钙钛矿材料来讲,$k_r(10^{-9}s^{-1})$ 要低于 $k_{nr}(10^7 s^{-1})$,这样才能够提供足够的驱动力促进载流子注入,获得高 k_{inj}。非辐射复合也将影响稳态载流子密度,使准费米能级发生劈裂,而这与 V_{oc} 有着密切联系:

$$V_{oc} = \frac{k_B T}{e}\ln\left(\frac{J_{ph}}{J_0} + 1\right) \tag{2.8}$$

其中,e 是基础电荷电量;k_B 是玻尔兹曼常数;T 是温度;J_0 是饱和电流密度;J_{ph} 是光电流密度。调控能带结构和界面缺陷密度是提高电池性能的关键。此外,界面电荷的抽取也与瞬态电流-电压表征和器件稳定性相关。更重要的是,载流子传输层/活性层界面上受限电荷与迟滞现象、长期稳定性相关。由于钙钛矿有较低激子结合能(30~76 meV)和较长的激子扩散长度(100~1 000 nm),因此,钙钛矿中激子/自由载流子则容易向界面扩散。在异质界面处,表面荧光淬灭是通过非辐射能量转移或激子解离减弱器件的光电性质。

钙钛矿电池经过 10 余年的发展,在界面钝化方面也得到了快速发展,各类钝化材料层出不穷,例如,含有 N、O、P、S 给电子基团的 Lewis 碱和 Lewis 酸[如富勒烯及其衍生物、IPFB(iodopentafluorobenzene)、PbI$_2$]、一些特殊功能的盐(如无机金属卤化物、有机胺盐、离子液体等)、量子点、二维钙钛矿等。总的来讲,这些钝化分子与钙钛矿组分之间通过化学键合(如配位键、离子健或范德瓦尔斯力)相互作用[283]。

2.5.1 钙钛矿/电子传输层界面

在 n-i-p 型钙钛矿太阳能电池中,电子传输材料主要包括 TiO$_2$、SnO$_2$、ZnO,其中使用最为广泛的是 TiO$_2$,包括致密层和介孔层,近期 SnO$_2$ 开始被越来越多的研究组采用,目前文献报道的最高效率是基于 SnO$_2$ 实现的。基于 TiO$_2$ 的钙钛矿太阳能电池虽然效率比较高,但经常会有迟滞现象。一般认为,这是由以下原因导致的:TiO$_2$ 存在氧空位,特别是具有介孔结构的 TiO$_2$ 有大量氧空位缺陷,导致载流子在界面处复合比较严重。此外,TiO$_2$ 价带位置略高,与钙钛矿之间存在一定的电子注入势垒。TiO$_2$ 本征电导率和电子迁移率也较低。为了解决这一问题,人们尝试对钙钛矿/TiO$_2$ 界面进行修饰,提升界面载流子的抽取能力,有效钝化缺陷并抑制复合。富勒烯及其衍生物(如 PCBA、C$_{60}$SAM 等,SAM 表示自组装单层膜)因其具有较高的电子迁移率和强的电子亲和能,被广泛用于修饰钙钛矿/TiO$_2$ 界面,进一步提升界面处电子抽取能力,提高器件效率并降低迟滞[284-286]。Snaith 等将苯甲酸修饰的 C$_{60}$ 用于多孔 TiO$_2$ 层表面修饰,羧基(C$_{60}$SAM)通过自组装与 TiO$_2$ 作用,C$_{60}$SAM 作为电子受体,抽取电子,同时抑制电子的反向移动[284]。Yang 和李永舫等合成了一种三嵌段富勒烯衍生物 PCBB-2CN-2CB(图 2.47),具有强电子结合能力的富勒烯 C$_{60}$ 作为主体结构,缺电子氰基基团的引入用来填补氧空位;为了解决溶解性问题,他们引入了长链辛氧基来降低 PCBB-2CN-2CB 在极性溶剂(如 DMF)中的溶解度,提高它在非极性溶剂(如氯苯)中溶解度,电池效率达到17.35%[285]。另外,一系列基于苯甲酸以及氨基酸的衍生物也被用于修饰钙钛矿与 TiO$_2$[287-288]、ZrO$_2$、MgO 等金属氧化物界面[289-290],此外,聚环氧乙烯、聚乙烯吡啶、聚乙烯酰亚胺等聚合物也被证实对TiO$_2$表面缺陷态能够有效钝化[291-293]。

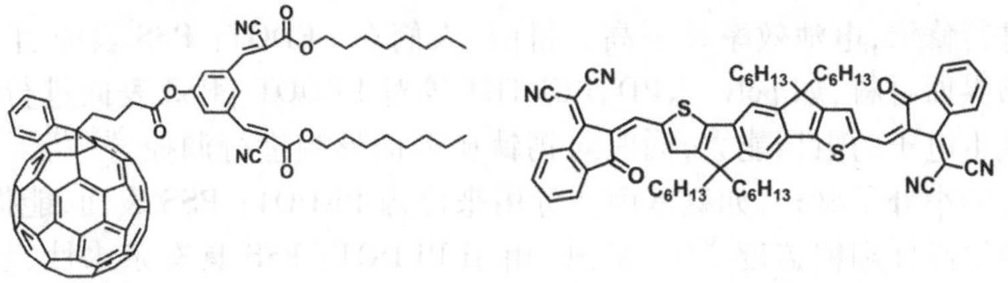

PCBB-2CN-2CB　　　　　　　　　　　　IC-C6IDT-IC

图 2.47　具有代表性的有机界面材料

在 p - i - n 型钙钛矿太阳能电池中,钙钛矿多晶薄膜卤素空位是最主要的一类缺陷,薄膜中未配位的 Pb^{2+} 或团簇成为光生电子的复合中心。缺陷态主要分布在表面和晶界处,会加剧载流子复合,降低器件性能和稳定性,同时也会加剧迟滞。目前广泛采用含氨基的有机半导体材料,如吡啶[294-295]、氨基修饰富勒烯衍生物[296]、氨基修饰石墨烯[297]和氨基硅烷等对钙钛矿表面进行修饰[298]。氨基能提供孤对电子与 Pb^{2+} 发生路易斯(Lewis)酸碱反应,对缺陷态进行有效钝化。占肖卫等采用含有氰基和羰基的 n 型五并稠环有机小分子 IDIC(见图 2.47)对 MAPbI$_3$ 钙钛矿表面进行修饰,这种 π 共轭路易斯碱能够与钙钛矿表面未配位的 Pb^{2+} 发生配位作用,既钝化了钙钛矿表面陷阱态也提升了电子的抽取速度,电池的开路电压和短路电流均得到提高[299]。最近,Huang 等将氯化胆碱(QAHs)引入钙钛矿/电子传输层界面,分子内的阴阳离子能够扩散到晶界处,Cl$^-$ 与 Pb^{2+} 团簇发生作用,且对碘离子空位缺陷进行有效钝化,对钙钛矿的带电缺陷进行有效钝化,提升了载流子的寿命,基于这种界面工程的钙钛矿太阳能电池也实现了超过 20% 的认证效率[300]。

另外,为了提升钙钛矿水稳定性,人们引入一些疏水材料有效阻挡水分对钙钛矿的破坏,提升器件稳定性。在钙钛矿/电子传输层界面引入绝缘聚合物材料,如聚苯乙烯、聚四氟乙烯、三苄基氧磷等。中科院物理所孟庆波等在一步法制备钙钛矿薄膜时,将三苄基氧磷引入反溶剂氯苯中,三苄基氧磷在钙钛矿薄膜表面通过分子间 π-π 共轭自组装实现充分的界面钝化,而且这种协同作用有助于稳定表面分子的排列,最终实现了超过 22% 的光电转换效率,并显著抑制了迟滞现象,而这层很薄的绝缘界面层的引入大大地提高了钙钛矿太阳能电池在大气环境中稳定性及光电稳定性[301]。

2.5.2　钙钛矿/空穴传输层界面

钙钛矿/空穴传输层的界面工程有利于光生空穴的抽取与传输,有效阻止载流子复合。对于 p-i-n 型钙钛矿太阳能电池,空穴传输层的界面修饰也同时影响钙钛矿的形貌,并对钙钛矿成核与晶粒生长过程进行调控。PEDOT: PSS 被广泛用于 p-i-n 型钙钛矿太阳能电池的空穴传输层,但是直接采用 PEDOT: PSS 而不对其进行修饰,电池效率并不高。目前,人们在 PEDOT: PSS 表面引入其他 p 型聚合物界面材料,如 poly-TPD、PCDTBT 等对 PEDOT: PSS 表面进行修饰,提升了对光生电子的阻挡能力,同时对钙钛矿表面形貌进行调控[302-303]。另外,一些自组装的小分子材料,如氨基丙酸等用来修饰 PEDOT: PSS 表面,能提高钙钛矿薄膜的结晶性和覆盖度[304]。此外,由于 PEDOT: PSS 具有亲水性,易与水结合而浸入钙钛矿,从而影响器件稳定性。因此,人们尝试采用 NiO 等 p 型无机半导体材料作为空穴传输层,并且采用 Al_2O_3[305]、二乙醇胺[306]等材料修饰低温制备的 NiO 表面,能够大大提升钙钛矿薄膜的结晶性;同时减缓 PbI_2 向钙钛矿的转化速度,获得良好的界面接触和高质量钙钛矿薄膜,进而制备无迟滞且稳定性优异的钙钛矿太阳能电池。

对于 n-i-p 型钙钛矿太阳能电池,在沉积空穴传输材料之前,对钙钛矿薄膜进行界面修饰,也是非常必要的。北京大学赵清等在 $MAPbI_3$ 钙钛矿薄膜上依次旋涂 CuSCN 和 spiro-OMeTAD 层,CuSCN 层的作用是抑制甲胺迁移,所制备电池的稳定性有了显著提升,在最大功率点处连续工作 10 小时,电池效率仍然保持初始效率 90%。游经碧等在钙钛矿薄膜表面旋涂一层苯乙基碘化胺(PEAI),再沉积 spiro-OMeTAD,PEAI 的引入能有效降低缺陷,抑制非辐射复合,显著提高了开路电压($V_{oc}=1.18$ V),最终获得了 23.32% 的认证效率[307]。

2.5.3　电子传输层/对电极界面

对于 p-i-n 型钙钛矿太阳能电池来讲,其效率目前低于 n-i-p 型钙钛矿太阳能电池,主要原因是一些高功函的对电极材料,如 Ag、Al 等与电子传输材料 $PC_{61}BM$ 的 LUMO 能级之间存在较大的注入势垒,导致了在电子传输层/对电极界面处载流子抽取能力较低[308-309]。基于此,人们采用一些金属氧化物[如 TiO_x、$Ti(Nb)O_x$、ZnO、SnO_2 等][310-312]、金属(如 Ca、Ba 等)[313]、金属盐(LiF)[314] 进行界面处理。借鉴有机太阳能电池,将用于有机太阳能电池缓冲层或界面处理材料用于 p-i-n 型钙钛矿电池中,如 2,9-二甲基-4,7-联苯-1,10-邻二氮杂菲(BCP,铜浴灵)、1,10-邻二氮杂菲(Bphen)、聚乙氧基乙烯亚胺(PEIE)等[315-317]。p-i-n 型钙钛矿太阳能电池中电子传输层/对电极的界面修饰,还能够起到降低注入势垒、有效阻挡空穴的作用,提升反向平面钙钛矿太阳能电池的光伏性能和稳定性。

此外,对于无空穴传输材料的钙钛矿太阳能电池,在钙钛矿/Au 电极界面($MAPbI_3$/Au)形成欧姆接触,不利于电荷分离。引入超薄绝缘层,如 Al_2O_3、N, N,

N'，N'-四苯基联苯二胺(TPB)等，降低空穴传输势垒，促进载流子的传输，达到降低复合、提高电池效率的目的[318-319]。

2.6 钙钛矿太阳能电池背电极

n-i-p 和 p-i-n 型钙钛矿太阳能电池所用背电极是不同的。对于 n-i-p 型电池来讲，最常用的背电极是金电极；而 p-i-n 型钙钛矿电池常用的背电极是银电极或铝电极，获得上面金属电极的常规方法是真空蒸镀法。但是，随着钙钛矿太阳能电池稳定性研究不断深入，人们发现，p-i-n 型钙钛矿太阳能电池中 Ag 或 Al 电极与钙钛矿层会发生反应，造成电池稳定性变差，甚至金电极也可能与钙钛矿反应[320]。近年来，其他金属电极(如 Cu，Ni 电极)也被用于 p-i-n 型钙钛矿电池中，其中基于铜电极的 p-i-n 型 PSC 效率已经超过21%[321-322]。鉴于贵金属电极成本高，且存在潜在的稳定性问题，而碳材料的功函数与 Au 电极相近，并且成本低、材料选择性更多样化，因此，碳作为 PSC 背电极逐渐发展起来，并且这方面工作的相关报道也越来越多。

最初，碳电极主要是用于无空穴传输层的 n-i-p 型钙钛矿太阳能电池中。为了实现空穴的有效抽取，钙钛矿价带要低于 Au、碳电极的费米能级。如果能级位置不合适，则需要通过能级调控来满足上述要求。韩宏伟等首次将碳电极用于钙钛矿电池(FTO/TiO$_2$/ZrO$_2$/MAPbI$_3$/碳)中，所采用的碳材料是活性炭与石墨混合物，所形成 Schottky 结产生的内建电场方向是 MAPbI$_3$ 指向 C 电极，有利于光生电子-空穴的分离[323]。目前，人们将不同种类的碳材料制备成碳电极，用于钙钛矿太阳能电池中，并且已经不局限于无空穴传输材料。

事实上，碳基钙钛矿电池性能除了受到钙钛矿薄膜本身的影响，主要受限于碳电极制备方法。碳薄膜的制备往往采用刮涂法，而所用碳浆料的溶剂极有可能对钙钛矿薄膜造成破坏，降低电池稳定性。因此，碳基钙钛矿太阳能电池的发展也是碳薄膜沉积方法不断改进、发展的过程。碳电极在钙钛矿薄膜上的沉积主要有以下方法：① 将碳材料(如炭黑、碳纳米管、石墨烯等)分散在非极性溶剂中，采用旋涂法或刮涂法在钙钛矿薄膜表面直接制备碳薄膜[324-325]；② 先在其他衬底上制备碳薄膜，再将该碳薄膜从衬底上剥离、转移至钙钛矿薄膜上，经常采用热压法来实现[326-328]；③ 采用丝网印刷方法在 FTO 玻璃上依次沉积 TiO$_2$、ZrO$_2$ 和碳膜，再用滴涂/浸泡两步法制备钙钛矿薄膜[329]。华中科技大学韩宏伟等采用第三种方法，制备了一系列碳基钙钛矿电池，通过改进钙钛矿薄膜制备工艺、发展钙钛矿薄膜后处理方法，钙钛矿电池效率和稳定性逐步提高，其中以(5-AVA)$_x$MA$_{1-x}$PbI$_3$ 钙钛矿作为光吸收层所制备的碳基电池，电池效率为12.8%，在未封装情况下连续光照

1 008 小时,电池效率无明显衰减,见图 2.48[329]。目前,这种结构的碳基钙钛矿电池最高效率达到 18.1%[269]。

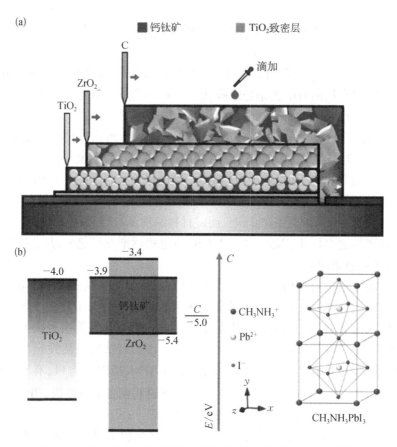

图 2.48   华中科技大学韩宏伟等所采用的碳基钙钛矿电池结构

　　相比于传统的金电极电池,无空穴传输材料的碳基钙钛矿电池性能偏低。这是由多种原因造成的。其中的一个重要原因是填充因子偏低,这一方面与碳电极/钙钛矿层界面接触性能有关,这主要受碳电极制备方法的限制,另一方面与所采用的碳材料相关。杨世和等对比了多壁碳纳米管、炭黑和石墨分别作为碳电极时对电池性能的影响。从电镜照片上看,炭黑和石墨分别做电极时,与钙钛矿层界面接触都存在裂纹或空洞,而基于多壁碳纳米管电极与钙钛矿层能够实现无缝贴合。进一步研究表明,碳材料的形貌对碳/钙钛矿界面有很大影响,例如,炭黑薄膜是由 30 nm 左右碳颗粒构成的,由于碳颗粒之间范德瓦尔斯力较弱,因此碳颗粒松散堆积在一起,薄膜易碎,不利于空穴传输;多壁碳纳米管柔韧性好、更容易形成连续、无裂纹的薄膜;而石墨是几十微米大小的二维片状结构,远大于炭黑颗粒和多壁碳纳米管,这种石墨片能够致密叠加在一起形成一个连续薄膜,但是石墨片尺寸过大,柔韧性差,无法与 PbI_2 薄膜充分接触,在钙钛矿与石墨薄膜之间产生许多沟壑,同样会产生空穴传输问题。从电池性能上看,基于多壁碳纳米管的 PSC 填充因子能够达到 0.80,远高于另外两种[330]。

除了填充因子偏低以外,较低的开路电压 V_{oc} 也是制约其电池性能进一步提升的影响因素。我们知道,V_{oc} 理论值是由电子的准费米能级(E_{fn})空穴的准费米能级(E_{fp})之差来决定的。对于无空穴传输材料的碳基钙钛矿电池,E_{fn} 则是由钙钛矿与碳电极之间相互作用决定的。一般来讲,碳费米能级(功函数)高于空穴材料的HOMO 能级,导致了 V_{oc} 偏低。研究发现,碳基钙钛矿电池中电子向碳电极转移是非常严重的,不仅降低了 E_{fn},还不利于 V_{oc}。因此,降低碳电极的功函数(费米能级)可以有效提高 V_{oc} 和电池效率。实际上,碳电极最经常使用的两种碳材料——炭黑和石墨的费米能级与钙钛矿(如 $MAPbI_3$ 或 $MAPbBr_3$)价带能级位置并不匹配,因此,空穴抽取效率受到限制,导致复合损失严重。发展新的拥有合适费米能级位置的碳材料对于提高空穴抽取效率显得尤为重要。片状石墨烯是一种具有空穴抽取能力且能够实现钙钛矿/碳电极良好界面接触的电极材料。石墨烯的功函数与石墨烯层数密切相关,单层石墨烯的功函数低于多层石墨烯。因此,当采用多层石墨烯作为电极材料时,将有利于在钙钛矿/石墨烯电极之间的界面形成肖特基结,提高空穴抽取能力,抑制电子回传。高透明氧化石墨烯薄膜沉积在 ITO 玻璃上,制备的 p-i-n 型钙钛矿电池效率为 12.4%[331]。

将空穴传输材料引入碳基电池中,不仅有利于 V_{oc} 的提高,还对抑制电子从钙钛矿向背电极转移起到积极作用。此外,空穴传输材料还能起到钝化钙钛矿表面缺陷,降低复合的作用。孟庆波等通过常温溶剂交换法制备了一种自支撑大孔碳膜,采用压力转移技术实现碳膜与 *spiro* - OMeTAD/钙钛矿层/TiO$_2$实现良好的界面接触,所制备电池的 V_{oc} = 1 080 mV 和效率为 19.2%,电池稳定性也有了显著提高[328]。近期,该研究组进一步发展碳电极制备工艺,获得了一系列高效率碳基钙钛矿电池,最高认证效率已经达到 22.4%,越来越接近金电极的电池效率。

碳基钙钛矿太阳能电池性能的提高可以通过以下方法实现:① 发展新的与钙钛矿价带能级匹配的碳材料;② 通过掺杂来调控碳材料的费米能级,实现与钙钛矿价带能级匹配;③ 在电子传输层/钙钛矿层和钙钛矿层/碳电极界面实现有效的电荷抽取对于高效率器件是必不可少的,因此,界面调控是解决材料之间能级不匹配问题的有效手段,对碳电极表面或钙钛矿表面进行修饰以钝化表面态也是降低复合、提高 V_{oc} 的有效方法[332]。

2.7 柔性钙钛矿太阳能电池简介

随着电子工业的快速发展,人们对便携式电子设备、显示器件、甚至可穿戴的电子织物等需求日益迫切。柔性太阳能电池因其柔韧性好、重量轻、便于携带、曲面适应性强等优点受到广泛关注。更重要的一点是,柔性太阳能电池可以通过卷对卷技术进行规模化生产。因此,柔性太阳能电池是新型太阳能电池的重要发展方向。钙钛矿太阳能电池效率已经超过 25%,而钙钛矿光吸收层可以采用低成本的溶液法获得的,并且电池的制备过程温度可以不超过 150℃,因此更容易实现电池的柔性化。

大部分柔性钙钛矿电池一般都是基于成本低、质量轻的聚合物作为衬底的,如聚对苯二甲酸乙二醇酯[PET, poly(ethylene terephthalate)]、聚对萘二甲酸乙二醇酯(PEN)等。衬底对温度处理是有要求的,如 PET 能承受的最高温度不超过 150℃,而 PEN 能承受的温度最高不超过 250℃,因此,钙钛矿电池中各层薄膜沉积及各种处理方法必须在低温下完成。目前,柔性钙钛矿太阳能电池研究主要集中在:① 在柔性衬底上获得高结晶质量的钙钛矿薄膜,所采用的钙钛矿薄膜沉积方法包括一步法、两步法、双源真空共蒸发法、溶剂退火、发展不同前驱液制备钙钛矿等;② 发展载流子传输层的低温沉积方法,包括低温制备电子传输层(TiO_2、SnO_2等)和空穴传输层(NiO、PEDOT: PSS 等),其中还包括设计和制备新型载流子传输材料。目前,柔性钙钛矿太阳能电池效率已经从最初 2.62% 提高到超过22%[333-334]。近期,中科院化学所宋延林等基于 p-i-n 型钙钛矿电池,该器件以PEDOT: PSS 为空穴传输材料、$MAPbI_3$为光吸收层,$1\ cm^2$电池效率达到 19.7%[335]。影响柔性电池性能的关键因素包括器件结构设计及关键材料的选择、钙钛矿材料的晶体生长、界面工程、制备工艺及封装技术等,见图 2.49。下面将简述与柔性电池相关的材料及其制备方法。

2.7.1 柔性电极

对于柔性电池来讲,柔性电极的选择对于电池性能至关重要。一般来讲,适用于柔性钙钛矿太阳能电池的电极需要满足以下要求:柔韧性好、弯折耐受性好、高导电性、高透明度和低面电阻。柔性电极是基于柔性衬底(支撑)实现。柔性衬底主要包括聚合物(PET、PEN)、钛箔(或钛片)和不锈钢片等。对于聚合物衬底,必须要在上面沉积一层透明导电薄膜,而透明导电薄膜可以分为 ITO 薄膜(掺 In 的氧化锡)和非 ITO 薄膜两大类。基于 ITO 导电薄膜的柔性电极包括 ITO/PET、ITO/PEN,已经商品化,使用也最为广泛。

本小节主要讨论非 ITO 导电薄膜的柔性电极。Jun 等在 Ti 片上制备了 n-i-p 型柔性钙钛矿电池,对电极是采用溶液法旋涂银纳米线(Ag-NW),电池效率只有7.45%,需要指出的是,这种 Ag-NW 电极导电性要低于 ITO[337]。此外,Moon 等将 AZO/Ag/AZO 沉积在聚醚砜树脂(PES)上,400 次弯折测试(弯折半径为5 mm)后,这种电极没有明显裂纹,所制备的柔性 n-i-p 型电池效率达到11.23%,略低

图 2.49 柔性钙钛矿电池示意图及影响柔性电池性能的关键因素[336]

于同等条件下基于 ITO/PEN 柔性电池(13.56%)[338]。石墨烯具有在较宽光谱范围内透光率高、载流子迁移率高和化学、机械稳定性好等优点,因此它作为柔性透明电极材料是非常有发展潜力的。大面积石墨可以采用化学气相沉积法(CVD)获得,再通过卷对卷工艺转移到目标衬底上。单层石墨烯薄膜在可见光范围内透光率约 97.7%,高于传统的 ITO 电极。更重要的是,石墨烯具有优异的机械柔软性、可弯折性好,Yan 等在铜箔上采用 CVD 法制备单层石墨烯膜,石墨烯膜上再旋涂一层 P3HT 或 PMMA[聚甲基丙烯酸甲酯,poly(methyl methacrylate)],作为石墨烯支撑层,将铜箔刻蚀掉,得到负载了石墨烯的聚合物膜,进一步转移至 PET 柔性衬底上,再用丙酮或氯苯将 PMMA 或 P3HT 溶解掉。在转移石墨烯膜的过程中,需要在 PET 表面涂约 2 μm 厚的可交联烯烃类聚合物(ZEOCOAT™ ES2110),然后在石墨烯表面依次沉积 PEDOT:PSS,MAPbI$_3$、PC71BM 和 Ag,获得完整柔性电池,电池效率达到 11.5%[338]。为了提高单层石墨烯在柔性衬底 PEN 上的导电性,Choi 等在石墨烯上面热蒸镀几纳米 MoO$_3$ 层对石墨烯进行掺杂,同时 MoO$_3$ 有利于提高石墨烯表面的浸润性,有利于 PEDOT:PSS 沉积。在此基础上,制备了 p-i-n 型钙钛矿太阳能电池,电池效率最高 16.8%[339]。Im 等用 3-氨丙基三乙氧基硅烷(APTES)处理 PET 衬底,再采用 AuCl$_3$ 对单层石墨烯进行掺杂,通过在石墨烯与 PET 衬底之间引入化学键,提高电子的传输能力,降低石墨烯/PET 面电阻,进一步制备 p-i-n 型柔性钙钛矿电池,电池反扫效率为 17.9%[340]。宋延林等合成了 PEDOT/GO 胶体,采用刮涂法获得高质量的空穴传输层,并且空穴传输层与衬底电学接触性能、柔性机械性能优异,并且可以实现大面积均匀制备,基于 MAPbI$_3$ 钙钛矿的 1.01 cm² 电池效率达到 19.7%,25 cm² 电池效率超过 10%。经过 5 000 次弯折实验,电池效率仍然能保持初始效率的 85%[335]。

　　碳纳米管(CNT)具有高导电性、高透光率等优点,也是一种理想电极材料。Wong 等首次将 CNT 引入钙钛矿柔性电池中,即,先在钛片上生长 TiO_2 纳米管,将钙钛矿 $MAPbI_3$ 沉积在 TiO_2 纳米管上;另一方面,Ni 片上生长碳纳米管,再用胶带将碳纳米管转移至 $MAPbI_3$ 层上面,最后把 spiro – OMeTAD 的氯苯溶液旋涂在碳纳米管上面,得到完整的 n – i – p 型柔性电池,电池效率 8.31%[341]。中科院物理所孟庆波等发展了一种柔性碳电极,也适合制备柔性电池[328]。

　　下面重点讨论基于 ITO/PET 或 ITO/PEN 柔性衬底相关研究,如电子和空穴传输层、电池稳定性。

2.7.2　电子传输层的低温制备

　　如前面所述,TiO_2 是钙钛矿太阳能电池中最常用的电子传输层材料[342]。但是,无论是采用喷雾热解法还是旋涂法制备的 TiO_2 薄膜都需要进行高温处理(>450℃)才能获得高结晶质量薄膜。而高温制备并不适用于聚合物柔性衬底。为了解决这一问题,人们发展了一些低温制备 TiO_2 薄膜的方法。Jung 等采用等离子体增强的原子层沉积技术(PEALD)在 PEN(聚对萘二甲酸乙二醇酯)衬底上制备了 ~20 nm 厚 TiO_2 致密层,反应温度 80℃,再采用一步法沉积 $MAPbI_{3-x}Cl_x$ 钙钛矿薄膜,获得了 n – i – p 型钙钛矿太阳能电池,效率达到 12.2%,在电池弯折半径为 1 mm 时,电池效率相比于初始效率仅降低了 7%[343]。刘生忠等在室温下采用磁控溅射法制备 TiO_2 薄膜,这种致密 TiO_2 薄膜虽然是非晶态的(am – TiO_2),但是其费米能级为 -4.15 eV,电子更容易从钙钛矿吸收层抽取至 TiO_2 层,电子传输速率快(传输电阻低)。将这种 am – TiO_2 沉积在 ITO – PET 上,所制备的柔性 PSC 效率为 15.07%(电池面积 >10 mm^2)[344]。在此基础上,将固态离子液体 1 –苄基– 3 –甲基咪唑氯化铵(1 – benzyl – 3 – methyl – imidazolium chloride)引入电子传输层,进一步降低钙钛矿薄膜表面电子缺陷态,减小迟滞,同时利用其减反性质,将电池效率提高至 16.09%[345]。

　　此外,人们在低温条件下合成了其他的电子传输材料,如 ZnO、SnO_2、$ZnSnO_4$、$W(Nb)O_x$,并将其制备柔性钙钛矿太阳能电池。ZnO 薄膜沉积不需要高温加热或煅烧,直接用作柔性 PSC。例如 Mathews 等采用化学浴沉积方法在 90℃制备了 ZnO 薄膜,Liu 和 Kelly 采用旋涂法在 ITO 衬底上直接沉积了 ZnO 层,电池效率超过 10%[346]。Heo 等采用旋涂法制备 ZnO 薄膜,再经过 150℃热处理,基于这种 ZnO 膜制备了柔性 PSC,效率提高到 15.5%[347]。Liu 等采用电子束蒸发制备的 Nb_2O_5 薄膜作为电子抽取层,有效降低复合,柔性电池效率达到 15.56%[348]。SnO_2 是一种性能优异的电子传输材料,也被用于柔性钙钛矿太阳能电池中。Yan 等采用等离子体辅助原子层沉积技术制备了 SnO_2,这种 SnO_2 是非晶态的,电学性质较差,并且电子迁移率偏低,因此,当直接用来制备柔性 PSC 时,电池的 V_{oc} 和填充因子较低,且迟滞较大。针对这一问题,他们采用水蒸气对 SnO_2 膜进行后处理,促进了原子层沉积锡前驱体与水的充分反应,获得纯度更高的 SnO_2,SnO_2 电子迁移率得到显著改善,在 ITO/PET 衬底上制备的柔性 n-i-p 型 PSC 效率提高到 18.36%[349]。刘生忠等采用二碘组胺盐(HADI)对 SnO_2 薄膜进行处理,HADI 与 SnO_2 表面缺陷形成化学作用,而另一端与未配位 Pb^{2+} 与 I^- 发生配位及氢键作用,有效调控 SnO_2 及钙钛矿电学性质,提高电子迁移率,钝化钙钛矿缺陷,提高结晶性,达到提升电池性能的目的,获得了柔性电池最高效率[334]。此外,一些有机电子传输材料可直接采用旋涂法制膜,并用于柔性电池。例如,PCBM,三(二甲胺基丙基)胺(CDIN,(N,$N-bis[3-(dimethylamino)propyl]-N',N'-dimethylpropane-1,3-diamine$))[350],1-苄基-3-甲基咪唑氯化铵(1-benzyl-3-methylimidazolium chloride)。

2.7.3 空穴传输层低温制备

目前,柔性 PSC 中使用最为广泛的空穴传输材料仍然是 spiro-OMeTAD,spiro-OMeTAD 薄膜是可以通过低温旋涂法直接获得的。但是,spiro-OMeTAD 本身有两个缺点(一是高成本,二是空穴迁移率偏低),促使人们发展低成本、性能优异的替代物。PEDOT: PSS 沉积在 ITO/PET 衬底上,直接用于 PET/ITO/PEDOT:PSS/perovskite/PCBM/Al 结构的柔性电池中,效率为 9.2%[351]。将聚苯乙烯(PS)引入 PEDOT:PSS,能够有效释放柔性衬底弯折应力,有助于提高结晶性和载流子的传输,1.01 cm^2 的 $MAPbI_3$ 钙钛矿柔性电池效率提高到 12.32%[352]。此外,一些小分子空穴传输材料、聚合物空穴传输材料、甚至无机空穴传输材料也用于柔性电池中。Huang 等将 PTAA 沉积在 ITO-PET 上,制备了 p-i-n 型柔性电池 PTAA/MAFAPb(IBr)$_3$/PCBM/BCP/Cu,电池效率达到 18.10%[353]。Huang 等在 ITO/PET 柔性衬底上采用倾斜角度电子束蒸发法制备了 NiO_x 纳米柱,这种氧化镍纳米柱透光性好,有利于空穴的传输与收集,还有利于钙钛矿大晶体生长,基于这种无机空穴传输材料,制备了 p-i-n 型钙钛矿柔性电池 PET/ITO/NiO_x/perovskite/PCBM/BCP/Ag,电池效率为 17.23%[354]。Chen 等将聚多巴胺(PDA)引入 NiO_x 纳米颗粒溶液中,采用旋涂法在 ITO/PET 衬底上制备 PDA 修饰 NiO_x 薄膜。这种 PDA 处理的 NiO_x 薄膜能释放薄膜与衬底之间的应力,消除无机晶体内在的脆性。同时,PDA 作为界面层能够有效降低非辐射复合,组装 PET/ITO/PDA-NiO_x/$MAPbI_3$/PCBM/BCP/Ag 钙钛矿太阳能电池,最高反扫电池效率 18.35%,与未经 PDA 修饰的电池相比 V_{oc} 和 FF 有明显改善,而这种柔性电池经过 1 000 次弯折试验后仍然可以保持初始效率的 70%[203]。Lim 等采用分子自组装方法在柔性衬底上制备了一层全氟聚合物作为空穴抽取材料,提高电池的电子-空穴对分离效率,在常温下即可制备,柔性电池的 PCE 达到了 8.0%。

2.7.4　柔性电池稳定性研究初步

稳定性问题是钙钛矿太阳能电池最核心的问题,柔性 PSC 也不例外。对钙钛矿电池稳定性产生影响的各种因素,也会对柔性电池产生影响,包括环境(水、氧、热、紫外光稳定性)和电学稳定性等,这部分内容在本节暂不讨论。这里主要讨论的是,针对柔性电池的特殊性而产生的稳定性问题。

柔性电池的稳定性主要是指电极的稳定性。目前,ITO/PET 和 ITO/PEN 是两种商品化的柔性电极。与玻璃衬底不同,柔性衬底上的 ITO 导电薄膜在导电性、透光率和机械稳定性都要差一些,主要是由于聚合物衬底不耐高温(<250℃),因此,ITO 导电薄膜的沉积和处理必须在较低温度下进行,直接导致了 ITO 薄膜电阻率高(> 20 Ω/sq)。为了降低电阻率,只能增加 ITO 薄膜的厚度。事实上,商品 ITO/PET 的 ITO 厚度要超过 400 nm,而 ITO 导电玻璃的 ITO 厚度只有 150 nm。我们知道,ITO 薄膜越厚,电极透光性就越差,导致电池短路电流下降和电池效率降低。同时,器件制备完成后,由于衬底的可弯曲也会造成电池性能有一定的损失。因此,柔性电池性能要低于同等条件下刚性衬底的电池。

同时,机械弯折性也是柔性 PSC 稳定性的重要指标。例如,Seok 研究组制备的 ITO/PEN 衬底柔性电池,经过 300 次弯折实验,效率能够保持初始效率的 95%[343]。Jung 等报道在相同衬底上制备的柔性电池经过 1 000 次弯折实验(弯折半径 10 mm),效率仅剩初始效率 50%[330]。Carlo 等报道,如果弯折测试实验的半径≥14 mm,对 ITO 薄膜形貌、导电性等没有影响,当弯折半径<14 mm时,ITO 薄膜开裂、导电性明显变差[344]。宋延林等基于 PEDOT/GO 薄膜制备的柔性 MAPbI₃ 钙钛矿电池经过 5 000 次弯折实验,电池效率仍然能保持初始效率的 85%[335]。为了提高柔性电池的机械弯折性能,一些研究组尝试对柔性衬底进行预处理,有利于透明导电薄膜的沉积,提高薄膜质量;或者采用其他的导电薄膜代替 ITO 来提高这种机械稳定性。

目前,柔性钙钛矿电池效率比刚性电池效率要低得多,主要是由于柔性钙钛矿薄膜尚不完美的晶体、界面及各类缺陷造成的非辐射复合较严重。因此,深入研究适用于柔性衬底的钙钛矿材料、电子传输材料和空穴传输材料及界面修饰方法,提升器件稳定性,是柔性钙钛矿电池未来研究的重点,也是必须要解决的问题。此外,也应发展新型柔性衬底材料,使其具有与电池材料相近的热膨胀系数,并能适应电池制备工艺温度且表面粗糙度小、轻质、低成本等。

参 考 文 献

[1] Kojima A, Teshima K, Shirai Y, et al. Organometal halide perovskites as visible-light sensitizers for photovoltaic cells[J]. Journal of the American Chemical Society, 2009, 131(17): 6050 - 6051.

[2] Cohen R E. Origin of ferroelectricity in perovskite oxides[J]. Nature, 1992, 358(6382): 136 - 138.

[3] Maeno Y, Hashimoto H, Yoshida K, et al. Superconductivity in a layered perovskite without copper[J]. Nature, 1994, 372(6506): 532 - 534.

[4] Ishihara T, Matsuda H, Takita Y. Doped LaGaO$_3$ perovskite type oxide as a new oxide ionic conductor[J]. Journal of the American Chemical Society, 1994, 116(9): 3801 - 3803.

[5] Cava R J, Batlogg B J, Dover R, et al. Bulk superconductivity at 91K in single-phase oxygen-deficient perovskite Ba$_2$YCu[J]. Physical Review Letters, 1987, 58(16): 1676 - 1679.

[6] Bousquet E, Dawber M, Stucki N, et al. Improper ferroelectricity in perovskite oxide artificial superlattices [J]. Nature, 2008, 452(7188): 732 - 736.

[7] Kawamura Y, Mashiyama H, Hasebe K. Structural study on cubic-tetragonal transition of CH$_3$NH$_3$PbI$_3$[J]. Journal of the Physical Society of Japan, 2002, 71(7): 1694 - 1697.

[8] Mitzi D B. Synthesis, structure, and properties of organic-inorganic perovskites and related materials. New Jersey: John Wiley & Sons, 1999.

[9] Mathews S, Ramesh R, Venkatesan T, et al. Ferroelectric field effect transistor based on epitaxial perovskite heterostructures[J]. Science, 1997, 276(5310): 238 - 240.

[10] Kagan C R, Mitzi D B, Dimitrakopoulos C D. Organic-inorganic hybrid materials as semiconducting channels in thin-film field-effect transistors[J]. Science, 1999, 286(5441): 945 - 947.

[11] Mitzi D B, Dimitrakopoulos C D, Kosbar L L. Structurally tailored organic-inorganic perovskites: optical properties and solution-processed channel materials for thin-film transistors[J]. Chemistry of Materials, 2001, 13(10): 3728 - 3740.

[12] NREL. Best research-cell efficiency chart[EB/OL]. https://www.nrel.gov/pv/cell-efficiency.html [2022 - 01 - 26].

[13] Im J H, Lee C R, Lee J W, et al. 6.5% efficient perovskite quantum-dot-sensitized solar cell[J]. Nanoscale, 2011, 3(10): 4088 - 4093.

[14] Qiu J, Qiu Y, Yan K, et al. All-solid-state hybrid solar cells based on a new organometal halide perovskite sensitizer and one-dimensional TiO$_2$ nanowire arrays[J]. Nanoscale, 2013, 5(8): 3245 - 3248.

[15] Kim H S, Lee C R, Im J H, et al. Lead iodide perovskite sensitized all-solid-state submicron thin film mesoscopic solar cell with efficiency exceeding 9%[J]. Scientific Reports, 2012, 2(1): 1 - 7.

[16] Lee M M, Teuscher J, Miyasaka T, et al. Efficient hybrid solar cells based on meso-superstructured organometal halide perovskites[J]. Science, 2012, 338(6107): 643 - 647.

[17] Burschka J, Pellet N, Moon S J, et al. Sequential deposition as a route to high-performance perovskite-sensitized solar cells[J]. Nature, 2013, 499(7458): 316 - 319.

[18] Xiao M, Huang F, Huang W, et al. A fast deposition-crystallization procedure for highly efficient lead iodide perovskite thin-film solar cells[J]. Angewandte Chemie International Edition, 2014, 53(37): 9898 - 9903.

[19] Jeon N J, Noh J H, Kim Y C, et al. Solvent engineering for high-performance inorganic-organic hybrid perovskite solar cells[J]. Nature Materials, 2014, 13(9): 897 - 903.

[20] Yu D, Hu Y, Shi J, et al. Stability improvement under high efficiency-next stage development of perovskite solar cells[J]. Science China Chemistry, 2019, 62(6): 684 - 707.

[21] Liu D, Yang J, Kelly T L. Compact layer free perovskite solar cells with 13.5% efficiency[J]. Journal of the American Chemical Society, 2014, 136(49): 17116 - 17122.

[22] Etgar L, Gao P, Xue Z, et al. Mesoscopic CH$_3$NH$_3$PbI$_3$/TiO$_2$ heterojunction solar cells[J]. Journal of the

American Chemical Society, 2012, 134(42): 17396 - 17399.

[23] Ku Z, Rong Y, Xu M, et al. Full printable processed mesoscopic $CH_3NH_3PbI_3/TiO_2$ heterojunction solar cells with carbon counter electrode[J]. Scientific Reports, 2013, 3(1): 1 - 5.

[24] Saliba M, Matsui T, Domanski K, et al. Incorporation of rubidium cations into perovskite solar cells improves photovoltaic performance[J]. Science, 2016, 354(6309): 206 - 209.

[25] Tan H, Jain A, Voznyy O, et al. Efficient and stable solution-processed planar perovskite solar cells via contact passivation[J]. Science, 2017, 355(6326): 722 - 726.

[26] Yao K, Li F, He Q, et al. A copper-doped nickel oxide bilayer for enhancing efficiency and stability of hysteresis-free inverted mesoporous perovskite solar cells[J]. Nano Energy, 2017, 40: 155 - 162.

[27] Stolterfoht M, Wolff C M, Amir Y, et al. Approaching the fill factor Shockley-Queisser limit in stable, dopant-free triple cation perovskite solar cells[J]. Energy Environmental Science, 2017, 10(6): 1530 - 1539.

[28] Li Y, Zhao Y, Chen Q, et al. Multifunctional fullerene derivative for interface engineering in perovskite solar cells[J]. Journal of the American Chemical Society, 2015, 137(49): 15540 - 15547.

[29] Zhu Z, Bai Y, Liu X, et al. Enhanced efficiency and stability of inverted perovskite solar cells using highly crystalline SnO_2 nanocrystals as the robust electron-transporting layer[J]. Advanced Materials, 2016, 28(30): 6478 - 6484.

[30] You J, Meng L, Song T B, et al. Improved air stability of perovskite solar cells via solution-processed metal oxide transport layers[J]. Nature Nanotechnology, 2016, 11(1): 75 - 81.

[31] Liang P W, Chueh C C, Williams S T, et al. Roles of fullerene-based interlayers in enhancing the performance of organometal perovskite thin-film solar cells[J]. Advanced Energy Materials, 2015, 5(10): 1402321.

[32] Wojciechowski K, Leijtens T, Siprova S, et al. C_{60} as an efficient n-type compact layer in perovskite solar cells[J]. The Journal of Physical Chemistry Letters, 2015, 6(12): 2399 - 2405.

[33] Zhou Y Q, Wu B S, Lin G H, et al. Interfacing pristine C_{60} onto TiO_2 for viable flexibility in perovskite solar cells by a low-temperature all-solution process[J]. Advanced Energy Materials, 2018, 8(20): 1800399.

[34] Fang Y, Bi C, Wang D, et al. The functions of fullerenes in hybrid perovskite solar cells[J]. ACS Energy Letters, 2017, 2(4): 782 - 794.

[35] Zheng X, Chen B, Dai J, et al. Defect passivation in hybrid perovskite solar cells using quaternary ammonium halide anions and cations[J]. Nature Energy, 2017, 2(7): 17102.

[36] Chen W, Wu Y, Yue Y, et al. Efficient and stable large-area perovskite solar cells with inorganic charge extraction layers[J]. Science, 2015, 350(6263): 944 - 948.

[37] Arora N, Dar M I, Hinderhofer A, et al. Perovskite solar cells with CuSCN hole extraction layers yield stabilized efficiencies greater than 20%[J]. Science, 2017, 358(6364): 768 - 771.

[38] Wei H, Shi J, Xu X, et al. Enhanced charge collection with ultrathin AlO_x electron blocking layer for hole-transporting material-free perovskite solar cell[J]. Physical Chemistry Chemical Physics, 2015, 17(7): 4937 - 4944.

[39] Shi J, Xu X, Li D, et al. Interfaces in perovskite solar cells[J]. Small, 2015, 11(21): 2472 - 2486.

[40] Jiang C S, Yang M, Zhou Y, et al. Carrier separation and transport in perovskite solar cells studied by nanometre-scale profiling of electrical potential[J]. Nature Communications, 2015, 6(1): 8397.

[41] Li D, Shi J, Xu Y, et al. Inorganic-organic halide perovskites for new photovoltaic technology[J]. National Science Review, 2018, 5(4): 559 - 576.

[42] Courtier N E, Cave J M, Foster J M, et al. How transport layer properties affect perovskite solar cell performance: insights from a coupled charge transport/ion migration model[J]. Energy Environmental Science, 2019, 12(1): 396 - 409.

[43] Shi J, Li Y, Li Y, et al. From ultrafast to ultraslow: charge-carrier dynamics of perovskite solar cells[J]. Joule, 2018, 2(5): 879 - 901.

[44] Xiao J, Shi J, Li D, et al. Perovskite thin-film solar cell: excitation in photovoltaic science[J]. Science China Chemistry, 2015, 58(2): 221-238.

[45] Jeon N J, Noh J H, Yang W S, et al. Compositional engineering of perovskite materials for high-performance solar cells[J]. Nature, 2015, 517(7535): 476-480.

[46] Noel N K, Congiu M, Ramadan A J, et al. Unveiling the influence of pH on the crystallization of hybrid perovskites, delivering low voltage loss photovoltaics[J]. Joule, 2017, 1(2): 328-343.

[47] Im J H, Chung J, Kim S J, et al. Synthesis, structure, and photovoltaic property of a nanocrystalline 2H perovskite-type novel sensitizer ($CH_3CH_2NH_3$)PbI_3[J]. Nanoscale Research Letters, 2012, 7(1): 353-359.

[48] Soe C M M, Stoumpos C C, Kepenekian M, et al. New type of 2D perovskites with alternating cations in the interlayer space, ($C(NH_2)_3$)(CH_3NH_3)$_n Pb_n I_{3n+1}$: structure, properties, and photovoltaic performance[J]. Journal of the American Chemical Society, 2017, 139(45): 16297-16309.

[49] Cao D H, Stoumpos C C, Farha O K, et al. 2D homologous perovskites as light-absorbing materials for solar cell applications[J]. Journal of the American Chemical Society, 2015, 137(24): 7843-7850.

[50] Smith I C, Hoke E T, Solis-Ibarra D, et al. A layered hybrid perovskite solar-cell absorber with enhanced moisture stability[J]. Angewandte Chemie International Edition, 2014, 53(42): 11232-11235.

[51] Zou W, Li R, Zhang S, et al. Minimising efficiency roll-off in high-brightness perovskite light-emitting diodes [J]. Nature communications, 2018, 9(1): 608.

[52] Ma C, Shen D, Ng T W, et al. 2D Perovskites with short interlayer distance for high-performance solar cell application[J]. Advanced Materials, 2018, 30(22): 1800710.

[53] Cohen B E, Li Y, Meng Q, et al. Dion-Jacobson two-dimensional perovskite solar cells based on benzene dimethanammonium cation[J]. Nano Letters, 2019, 19(4): 2588-2597.

[54] Swarnkar A, Marshall A R, Sanehira E M, et al. Quantum dot-induced phase stabilization of α-$CsPbI_3$ perovskite for high-efficiency photovoltaics[J]. Science, 2016, 354(6308): 92-95.

[55] Wang Q, Zheng X, Deng Y, et al. Stabilizing the α-phase of $CsPbI_3$ perovskite by sulfobetaine zwitterions in one-step spin-coating films[J]. Joule, 2017, 1(2): 371-382.

[56] Saliba M, Matsui T, Seo J Y, et al. Cesium-containing triple cation perovskite solar cells: improved stability, reproducibility and high efficiency[J]. Energy Environmental Science, 2016, 9(6): 1989-1997.

[57] Park N G. Perovskite solar cells: an emerging photovoltaic technology[J]. Materials Today, 2015, 18(2): 65-72.

[58] Saidaminov M I, Abdelhady A L, Maculan G, et al. Retrograde solubility of formamidinium and methylammonium lead halide perovskites enabling rapid single crystal growth[J]. Chemical Communications, 2015, 51(100): 17658-17661.

[59] Dong Q, Fang Y, Shao Y, et al. Electron-hole diffusion lengths >175 μm in solution-grown $CH_3NH_3PbI_3$ single crystals[J]. Science, 2015, 347(6225): 967-970.

[60] Saidaminov M I, Abdelhady A L, Murali B, et al. High-quality bulk hybrid perovskite single crystals within minutes by inverse temperature crystallization[J]. Nature Communications, 2015, 6(1): 1-6.

[61] Liu Y, Yang Z, Cui D, et al. Two-inch-sized perovskite $CH_3NH_3PbX_3$ (X=Cl, Br, I) crystals: growth and characterization[J]. Advanced Materials, 2015, 27(35): 5176-5183.

[62] Shi D, Adinolfi V, Comin R, et al. Low trap-state density and long carrier diffusion in organolead trihalide perovskite single crystals[J]. Science, 2015, 347(6221): 519-522.

[63] Leng K, Abdelwwahab I, Verzhbitskiy I, et al. Molecularly thin two-dimensional hybrid perovskites with tunable optoelectronic properties due to reversible surface relaxation[J]. Nature Materials, 2018, 17(10): 908-914.

[64] Chen Y X, Ge Q Q, Shi Y, et al. General space-confined on-substrate fabrication of thickness-adjustable

hybrid perovskite single-crystalline thin films[J]. Journal of the American Chemical Society, 2016, 138(50):
16196 − 16199.

[65] Liu Y, Zhang Y, Yang Z, et al. Thinness- and shape-controlled growth for ultrathin single-crystalline perovskite wafers for mass production of superior photoelectronic devices[J]. Advanced Materials, 2016, 28 (41): 9204 − 9209.

[66] Chen Z, Dong Q, Liu Y, et al. Thin single crystal perovskite solar cells to harvest below-bandgap light absorption[J]. Nature Communications, 2017, 8(1): 1 − 7.

[67] Zhao J, Kong G, Chen S, et al. Single crystalline $CH_3NH_3PbI_3$ self-grown on FTO/TiO_2 substrate for high efficiency perovskite solar cells[J]. Science Bulletin, 2017, 62(17): 1173 − 1176.

[68] Liu Y, Zhang Y, Zhao K, et al. A 1300 mm^2 ultrahigh-performance digital imaging assembly using high-quality perovskite single crystals[J]. Advanced Materials, 2018, 30(29): 1707314.

[69] Wei H, Fang Y, Mulligan P, et al. Sensitive X-ray detectors made of methylammonium lead tribromide perovskite single crystals[J]. Nature Photonics, 2016, 10(5): 333 − 339.

[70] Zhao Y, Zhu K. CH_3NH_3Cl-assisted one-step solution growth of $CH_3NH_3PbI_3$: structure, charge-carrier dynamics, and photovoltaic properties of perovskite solar cells[J]. The Journal of Physical Chemistry C, 2014, 118(18): 9412 − 9418.

[71] Eperon G E, Stranks S D, Menelaou C, et al. Formamidinium lead trihalide: a broadly tunable perovskite for efficient planar heterojunction solar cells[J]. Energy Environmental Science, 2014, 7(3): 982 − 988.

[72] Liang P W, Liao C Y, Chueh C C, et al. Additive enhanced crystallization of solution-processed perovskite for highly efficient planar-heterojunction solar cells[J]. Advanced Materials, 2014, 26(22): 3748 − 3754.

[73] Song X, Wang W, Sun P, et al. Additive to regulate the perovskite crystal film growth in planar heterojunction solar cells[J]. Applied Physics Letters, 2015, 106(3): 033901.

[74] Zhang W, Pathak S, Sakai N, et al. Enhanced optoelectronic quality of perovskite thin films with hypophosphorous acid for planar heterojunction solar cells[J]. Nature Communications, 2015, 6(1): 10030.

[75] Wu C G, Chiang C H, Tseng Z L, et al. High efficiency stable inverted perovskite solar cells without current hysteresis[J]. Energy & Environmental Science, 2015, 8(9): 2725 − 2733.

[76] Zhu L, Xu Y, Zhang P, et al. Investigation on the role of Lewis bases in the ripening process of perovskite films for highly efficient perovskite solar cells[J]. Journal of Materials Chemistry A, 2017, 5(39): 20874 − 20881.

[77] Li X, Dar M I, Yi C, et al. Improved performance and stability of perovskite solar cells by crystal crosslinking with alkylphosphonic acid ω-ammonium chlorides[J]. Nature Chemistry, 2015, 7(9): 703 − 711.

[78] Sun C, Xue Q, Hu Z, et al. Phosphonium halides as both processing additives and interfacial modifiers for high performance planar-heterojunction perovskite solar cells[J]. Small, 2015, 11(27): 3344 − 3350.

[79] Chang C Y, Chu C Y, Huang Y C, et al. Tuning perovskite morphology by polymer additive for high efficiency solar cell[J]. ACS Applied Materials & Interfaces, 2015, 7(8): 4955 − 4961.

[80] Bi D, Yi C, Luo J, et al. Polymer-templated nucleation and crystal growth of perovskite films for solar cells with efficiency greater than 21%[J]. Nature Energy, 2016, 1(10): 16142.

[81] Zhang H, Shi J, Zhu L, et al. Polystyrene stabilized perovskite component, grain and microstructure for improved efficiency and stability of planar solar cells[J]. Nano Energy, 2018, 43: 383 − 392.

[82] Dong Q, Yuan Y, Shao Y, et al. Abnormal crystal growth in $CH_3NH_3PbI_{3-x}Cl_x$ using a multi-cycle solution coating process[J]. Energy & Environmental Science, 2015, 8(8): 2464 − 2470.

[83] Xu Y, Zhu L, Shi J, et al. Efficient hybrid mesoscopic solar cells with morphology-controlled $CH_3NH_3PbI_{3-x}Cl_x$ derived from two-step spin coating method[J]. ACS Applied Materials Interfaces, 2015, 7 (4): 2242 − 2248.

[84] Xu Y, Zhu L, Shi J, et al. The effect of humidity upon the crystallization process of two-step spin-coated

organic-inorganic perovskites[J]. ChemPhysChem, 2016, 17(1): 112 – 118.

[85] Yang W S, Noh J H, Jeon N J, et al. High-performance photovoltaic perovskite layers fabricated through intramolecular exchange[J]. Science, 2015, 348(6240): 1234 – 1237.

[86] Liu M, Johnston M B, Snaith H J. Efficient planar heterojunction perovskite solar cells by vapour deposition [J]. Nature, 2013, 501(7467): 395 – 398.

[87] Hu H, Wang D, Zhou Y, et al. Vapour-based processing of hole-conductor-free CH$_3$NH$_3$PbI$_3$ perovskite/C$_{60}$ fullerene planar solar cells[J]. RSC Advances, 2014, 4(55): 28964 – 28967.

[88] Xiao Z, Dong Q, Bi C, et al. Solvent Annealing of perovskite-induced crystal growth for photovoltaic-device efficiency enhancement[J]. Advanced Materials, 2014, 26(37): 6503 – 6509.

[89] Xiao J, Yang Y, Xu X, et al. Pressure-assisted CH$_3$NH$_3$PbI$_3$ morphology reconstruction to improve the high performance of perovskite solar cells[J]. Journal of Materials Chemistry A, 2015, 3(10): 5289 – 5293.

[90] Fu X, Dong N, Lian G, et al. High-quality CH$_3$NH$_3$PbI$_3$ films obtained via a pressure-assisted space-confined solvent-engineering strategy for ultrasensitive photodetectors[J]. Nano Letters, 2018, 18(2): 1213 – 1220.

[91] Deng Y, Zheng X, Bai Y, et al. Surfactant-controlled ink drying enables high-speed deposition of perovskite films for efficient photovoltaic modules[J]. Nature Energy, 2018, 3(7): 560 – 566.

[92] Deng Y, Peng E, Shao Y, et al. Scalable fabrication of efficient organolead trihalide perovskite solar cells with doctor-bladed active layers[J]. Energy Environmental Science, 2015, 8(5): 1544 – 1550.

[93] Yang M, Li Z, Reese M O, et al. Perovskite ink with wide processing window for scalable high-efficiency solar cells[J]. Nature Energy, 2017, 2(5): 1 – 9.

[94] Hwang K, Jung Y S, Heo Y J, et al. Toward large scale roll-to-roll production of fully printed perovskite solar cells[J]. Advanced Materials, 2015, 27(7): 1241 – 1247.

[95] Wang H, Huang Z, Xiao S, et al. An in situ bifacial passivation strategy for flexible perovskite solar module with mechanical robustness by roll-to-roll fabrication[J]. Journal of Materials Chemistry A, 2021, 9(9): 5759 – 5768.

[96] Huang H, Shi J, Zhu L, et al. Two-step ultrasonic spray deposition of CH$_3$NH$_3$PbI$_3$ for efficient and large-area perovskite solar cell[J]. Nano Energy, 2016, 27: 352 – 358.

[97] Li P, Liang C, Bao B, et al. Inkjet manipulated homogeneous large size perovskite grains for efficient and large-area perovskite solar cells[J]. Nano Energy, 2018, 46: 203 – 211.

[98] Zhao J, Deng Y, Wei H, et al. Strained hybrid perovskite thin films and their impact on the intrinsic stability of perovskite solar cells[J]. Science Advances, 2017, 3(11): eaao5616.

[99] Tsai H H, Nie W, Blancon J C, et al. High-efficiency two-dimensional Ruddlesden-Popper perovskite solar cells[J]. Nature, 2016, 536(7616): 312 – 316.

[100] Zhu C, Niu X, Fu Y, et al. Strain engineering in perovskite solar cells and its impacts on carrier dynamics [J]. Nature Communications, 2019, 10(1): 815.

[101] Leguy A M A, Frost J M, McMahon A P, et al. The dynamics of methylammonium ions in hybrid organic-inorganic perovskite solar cells[J]. Nature Communications, 2015, 6(1): 7124.

[102] Li B, Kawakita Y, Liu Y, et al. Polar rotor scattering as atomic-level origin of low mobility and thermal conductivity of perovskite CH$_3$NH$_3$PbI$_3$[J]. Nature Communications, 2017, 8(1): 16086.

[103] Rothmann M U, Li W, Zhu Y, et al. Direct observation of intrinsic twin domains in tetragonal CH$_3$NH$_3$PbI$_3$ [J]. Nature Communications, 2017, 8(1): 14547.

[104] Abdi-Jalebi M, Andaji-Garmaroudi Z, Cacovich S, et al. Maximizing and stabilizing luminescence from halide perovskites with potassium passivation[J]. Nature, 2018, 555(7697): 497 – 501.

[105] Edri E, Kirmayer S, Mukhopadhyay S, et al. Elucidating the charge carrier separation and working mechanism of CH$_3$NH$_3$PbI$_{3-x}$Cl$_x$ perovskite solar cells[J]. Nature Communications, 2014, 5(1): 3461.

[106] Baena J P C, Luo Y, Brenner T M, et al. Homogenized halides and alkali cation segregation in alloyed

organic-inorganic perovskites[J]. Science, 2019, 363(6427): 627 - 631.

[107] Li W, Rothmann M U, Liu A, et al. Phase segregation enhanced ion movement in efficient inorganic CsPbIBr$_2$ solar cells[J]. Advanced Energy Materials, 2017, 7(20): 1700946.

[108] Wang Q, Shao Y, Xie H, et al. Qualifying composition dependent p and n self-doping in CH$_3$NH$_3$PbI$_3$[J]. Applied Physics Letters, 2014, 105(16): 163508.

[109] Lindblad R, Bi D, Park B, et al. Electronic structure of TiO$_2$/CH$_3$NH$_3$PbI$_3$ perovskite solar cell interfaces [J]. The Journal of Physical Chemistry Letters, 2014, 5(4): 648 - 653.

[110] Liu P, Liu X, Lyu L, et al. Interfacial electronic structure at the CH$_3$NH$_3$PbI$_3$/MoO$_x$ interface[J]. Applied Physics Letters, 2015, 106(19): 193903.

[111] Niesner D, Wilhelm M, Levchuk I, et al. Giant Rashba splitting in CH$_3$NH$_3$PbBr$_3$ organic-inorganic perovskite[J]. Physical Review Letters, 2016, 117(12): 126401.

[112] Saba M, Cadelano M, Marongiu D, et al. Correlated electron-hole plasma in organometal perovskites[J]. Nature Communications, 2014, 5(1): 5049.

[113] Shi J, Zhang H, Li Y, et al. Identification of high-temperature exciton states and their phase-dependent trapping behaviour in lead halide perovskites [J]. Energy Environmental Science, 2018, 11(6): 1460 - 1469.

[114] Fang Y, Wei H, Dong Q, et al. Quantification of re-absorption and re-emission processes to determine photon recycling efficiency in perovskite single crystals[J]. Nature Communications, 2017, 8(1): 14417.

[115] Yamada T, Yamada Y, Nakaike Y, et al. Photon emission and reabsorption processes in CH$_3$NH$_3$PbBr$_3$ single crystals revealed by time-resolved two-photon-excitation photoluminescence microscopy[J]. Physical Review Applied, 2017, 7(1): 014001.

[116] Shi J, Li Y, Wu J, et al. Exciton character and high-performance stimulated emission of hybrid lead bromide perovskite polycrystalline film[J]. Advanced Optical Materials, 2020, 8(10): 1902026.

[117] Wright A D, Verdi C, Milot R L, et al. Electron-phonon coupling in hybrid lead halide perovskites[J]. Nature Communications, 2016, 7(1): 11755.

[118] Li Y, Li Y, Shi J, et al. High quality perovskite crystals for efficient film photodetectors induced by hydrolytic insulating oxide substrates[J]. Advanced Functional Materials, 2018, 28(10): 1705220.

[119] Sum T C, Mathews N, Xing G, et al. Spectral features and charge dynamics of lead halide perovskites: origins and interpretations[J]. Accounts of Chemical Research, 2016, 49(2): 294 - 302.

[120] Xing G, Mathews N, Sun S, et al. Long-range balanced electron-and hole-transport lengths in organic-inorganic CH$_3$NH$_3$PbI$_3$[J]. Science, 2013, 342(6156): 344 - 347.

[121] Marchioro A. Interfacial charge transfer dynamics in solid-state hybrid organic-inorganic solar cells [D]. Lausanne: EPFL, 2014.

[122] Wang L, McCleese C, Kovalsky A, et al. Femtosecond time-resolved transient absorption spectroscopy of CH$_3$NH$_3$PbI$_3$ perovskite films: evidence for passivation effect of PbI$_2$[J]. Journal of the American Chemical Society, 2014, 136(35): 12205 - 12208.

[123] Stamplecoskie K G, Manser J S, Kamat P V. Dual nature of the excited state in organic-inorganic lead halide perovskites[J]. Energy Environmental Science, 2015, 8(1): 208 - 215.

[124] Even J, Pedesseau L, Katan C. Analysis of multivalley and multibandgap absorption and enhancement of free carriers related to exciton screening in hybrid perovskites[J]. The Journal of Physical Chemistry C, 2014, 118(22): 11566 - 11572.

[125] Yang Y, Ostrowski D P, France R M, et al. Observation of a hot-phonon bottleneck in lead-iodide perovskites [J]. Nature Photonics, 2016, 10(1): 53 - 59.

[126] Zhu Z, Ma J, Wang Z, et al. Efficiency enhancement of perovskite solar cells through fast electron extraction: the role of graphene quantum dots [J]. Journal of the American Chemical Society, 2014, 136(10):

3760 – 3763.

[127] Shi J, Dong J, Lv S, et al. Hole-conductor-free perovskite organic lead iodide heterojunction thin-film solar cells: high efficiency and junction property[J]. Applied Physics Letters, 2014, 104(6): 063901.

[128] Mott N F, Gurney R W. Electronic processes in ionic crystals[M]. Oxford: Clarendon Press, 1940.

[129] Rose A. Space-charge-limited currents in solids[J]. Physical Review, 1955, 97(6): 1538 – 1544.

[130] Lampert M A. Simplified theory of space-charge-limited currents in an insulator with traps[J]. Physical Review, 1956, 103(6): 1648 – 1656.

[131] Heo J H, Song D H, Han H J, et al. Planar $CH_3NH_3PbI_3$ perovskite solar cells with constant 17.2% average power conversion efficiency irrespective of the scan rate [J]. Advanced materials, 2015, 27 (22): 3424 – 3430.

[132] Shi J, Li D, Luo Y, et al. Opto-electro-modulated transient photovoltage and photocurrent system for investigation of charge transport and recombination in solar cells[J]. Review of Scientific Instruments, 2016, 87(12): 123107.

[133] Cui P, Wei D, Ji J, et al. Planar p-n homojunction perovskite solar cells with efficiency exceeding 21.3% [J]. Nature Energy, 2019, 4(2): 150 – 159.

[134] Weber S A L, Hermers I M, Turren-Cruz S H, et al. How the formation of interfacial charge causes hysteresis in perovskite solar cells[J]. Energy Environmental Science, 2018, 11(9): 2404 – 2413.

[135] Yin W J, Shi T, Yan Y. Unusual defect physics in $CH_3NH_3PbI_3$ perovskite solar cell absorber[J]. Applied Physics Letters, 2014, 104(6): 063903.

[136] De Wolf S, Holovsky J, Moon S J, et al. Organometallic halide perovskites: sharp optical absorption edge and its relation to photovoltaic performance [J]. The Journal of Physical Chemistry Letters, 2014, 5(6): 1035 – 1039.

[137] Yin W J, Shi T, Yan Y. Unique properties of halide perovskites as possible origins of the superior solar cell performance[J]. Advanced Materials, 2014, 26(27): 4653 – 4658.

[138] Noh J H, Im S H, Heo J H, et al. Chemical management for colorful, efficient, and stable inorganic-organic hybrid nanostructured solar cells[J]. Nano Letters, 2013, 13(4): 1764 – 1769.

[139] Mosconi E, Umari P, De Angelis F. Electronic and optical properties of mixed Sn-Pb organohalide perovskites: a first principles investigation[J]. Journal of Materials Chemistry A, 2015, 3(17): 9208 – 9215.

[140] Shi T, Yin W J, Yan Y. Predictions for p-type $CH_3NH_3PbI_3$ perovskites [J]. The Journal of Physical Chemistry C, 2014, 118(44): 25350 – 25354.

[141] Samiee M, Konduri S, Ganapathy B, et al. Defect density and dielectric constant in perovskite solar cells[J]. Applied Physics Letters, 2014, 105(15): 153502.

[142] Baumann A, Väth S, Rieder P, et al. Identification of trap states in perovskite solar cells[J]. The Journal of Physical Chemistry Letters, 2015, 6(12): 2350 – 2354.

[143] Miyata A, Mitioglu A, Plochocka P, et al. Direct measurement of the exciton binding energy and effective masses for charge carriers in organic-inorganic tri-halide perovskites[J]. Nature Physics, 2015, 11(7): 582 – 587.

[144] Valverde-Chávez D A, Ponseca C S, Stoumpos C C, et al. Intrinsic femtosecond charge generation dynamics in single crystal $CH_3NH_3PbI_3$[J]. Energy Environmental Science, 2015, 8(12): 3700 – 3707.

[145] Guo Z, Wan Y, Yang M, et al. Long-range hot-carrier transport in hybrid perovskites visualized by ultrafast microscopy[J]. Science, 2017, 356(6333): 59 – 62.

[146] Yamada Y, Nakamura T, Endo M, et al. Photocarrier recombination dynamics in perovskite $CH_3NH_3PbI_3$ for solar cell applications[J]. Journal of the American Chemical Society, 2014, 136(33): 11610 – 11613.

[147] Hutter E M, Gélvez-Rueda M C, Osherov A, et al. Direct-indirect character of the bandgap in methylammonium lead iodide perovskite[J]. Nature Materials, 2017, 16(1): 115 – 120.

·104· 第二章 钙钛矿太阳能电池

[148] Davies C L, Filip M R, Patel J B, et al. Bimolecular recombination in methylammonium lead triiodide perovskite is an inverse absorption process[J]. Nature Communications, 2018, 9(1): 293.

[149] Stranks S D, Eperon G E, Grancini G, et al. Electron-hole diffusion lengths exceeding 1 micrometer in an organometal trihalide perovskite absorber[J]. Science, 2013, 342(6156): 341-344.

[150] Eames C, Frost J M, Barnes P R F, et al. Ionic transport in hybrid lead iodide perovskite solar cells[J]. Nature Communications, 2015, 6(1): 7497.

[151] Haruyama J, Sodeyama K, Han L, et al. First-principles study of ion diffusion in perovskite solar cell sensitizers[J]. Journal of the American Chemical Society, 2015, 137(32): 10048-10051.

[152] Yuan Y, Chae J, Shao Y, et al. Photovoltaic switching mechanism in lateral structure hybrid perovskite solar cells[J]. Advanced Energy Materials, 2015, 5(15): 1500615.

[153] Zhang T, Chen H, Bai Y, et al. Understanding the relationship between ion migration and the anomalous hysteresis in high-efficiency perovskite solar cells: a fresh perspective from halide substitution[J]. Nano Energy, 2016, 26: 620-630.

[154] Xing J, Wang Q, Dong Q, et al. Ultrafast ion migration in hybrid perovskite polycrystalline thin films under light and suppression in single crystals[J]. Physical Chemistry Chemical Physics, 2016, 18(44): 30484-30490.

[155] Manser J S, Saidaminov M I, Christians J A, et al. Making and breaking of lead halide perovskites[J]. Accounts of Chemical Research, 2016, 49(2): 330-338.

[156] Wang D, Wright M, Elumalai N K, et al. Stability of perovskite solar cells[J]. Solar Energy Materials and Solar Cells, 2016, 147: 255-275.

[157] Frost J M, Butler K T, Brivio F, et al. Atomistic origins of high-performance in hybrid halide perovskite solar cells[J]. Nano Letters, 2014, 14(5): 2584-2590.

[158] Niu G, Guo X, Wang L. Review of recent progress in chemical stability of perovskite solar cells[J]. Journal of Materials Chemistry A, 2015, 3(17): 8970-8980.

[159] Niu G, Li W, Meng F, et al. Study on the stability of $CH_3NH_3PbI_3$ films and the effect of post-modification by aluminum oxide in all-solid-state hybrid solar cells[J]. Journal of Materials Chemistry A, 2014, 2(3): 705-710.

[160] Juarez-Perez E J, Hawash Z, Raga S R, et al. Thermal degradation of $CH_3NH_3PbI_3$ perovskite into NH_3 and CH_3I gases observed by coupled thermogravimetry-mass spectrometry analysis[J]. Energy & Environmental Science, 2016, 9(11): 3406-3410.

[161] Wang S, Jiang Y, Juarez-Perez E J, et al. Accelerated degradation of methylammonium lead iodide perovskites induced by exposure to iodine vapour[J]. Nature Energy, 2016, 2(1): 16195.

[162] Guarnera S, Abate A, Zhang W, et al. Improving the long-term stability of perovskite solar cells with a porous Al_2O_3 buffer layer[J]. The Journal of Physical Chemistry Letters, 2015, 6(3): 432-437.

[163] Mao W, Hall C R, Chesman A S R, et al. Visualizing phase segregation in mixed-halide perovskite single crystals[J]. Angewandte Chemie International Edition, 2019, 58(9): 2893-2898.

[164] Ahn N, Kwak K, Jang M S, et al. Trapped charge-driven degradation of perovskite solar cells[J]. Nature Communications, 2016, 7(1): 13422.

[165] Ito S, Tanaka S, Manabe K, et al. Effects of surface blocking layer of Sb_2S_3 on nanocrystalline TiO_2 for $CH_3NH_3PbI_3$ perovskite solar cells[J]. The Journal of Physical Chemistry C, 2014, 118(30): 16995-17000.

[166] Li Y, Xu X, Wang C, et al. Light-induced degradation of $CH_3NH_3PbI_3$ hybrid perovskite thin film[J]. The Journal of Physical Chemistry C, 2017, 121(7): 3904-3910.

[167] Wang L, Zhou H, Hu J, et al. A Eu^{3+}-Eu^{2+} ion redox shuttle imparts operational durability to Pb-I perovskite solar cells[J]. Science, 2019, 363(6424): 265-270.

[168] Shao Y, Fang Y, Li T, et al. Grain boundary dominated ion migration in polycrystalline organic-inorganic halide perovskite films[J]. Energy Environmental Science, 2016, 9(5): 1752 − 1759.

[169] Li Y, Li Y, Shi J, et al. Photocharge accumulation and recombination in perovskite solar cells regarding device performance and stability[J]. Applied Physics Letters, 2018, 112(5): 053904.

[170] Xu X, Li K, Yang Z, et al. Methylammonium cation deficient surface for enhanced binding stability at TiO_2/ $CH_3NH_3PbI_3$ interface[J]. Nano Research, 2017, 10(2): 483 − 490.

[171] Isakova A, Topham P D. Polymer strategies in perovskite solar cells[J]. Journal of Polymer Science Part B: Polymer Physics, 2017, 55(7): 549 − 568.

[172] Min H, Kim G, Paik M J, et al. Stabilization of precursor solution and perovskite layer by addition of sulfur [J]. Advanced Energy Materials, 2019, 9(17): 1803476.

[173] Zhang H, Shi J, Xu X, et al. Mg-doped TiO_2 boosts the efficiency of planar perovskite solar cells to exceed 19%[J]. Journal of Materials Chemistry A, 2016, 4(40): 15383 − 15389.

[174] Dong Y, Li W, Zhang X, et al. Highly efficient planar perovskite solar cells via interfacial modification with fullerene derivatives[J]. Small, 2016, 12(8): 1098 − 1104.

[175] Giordano F, Abate A, Baena J P C, et al. Enhanced electronic properties in mesoporous TiO_2 via lithium doping for high-efficiency perovskite solar cells[J]. Nature Communications, 2016, 7(1): 10379.

[176] Tan H, Jain A, Voznyy O, et al. Efficient and stable solution-processed planar perovskite solar cells via contact passivation[J]. Science, 2017, 355(6326): 722 − 726.

[177] Wu J, Shi J, Li Y, et. Quantifying the interface defect for the stability origin of perovskite solar cells[J]. Advanced Energy Materials, 2019, 9: 1901352.

[178] Liu X, Yu H, Yan L, et al. Triple cathode buffer layers composed of PCBM, C_{60}, and LiF for high-performance planar perovskite solar cells[J]. ACS Applied Materials Interfaces, 2015, 7(11): 6230 − 6237.

[179] Bi C, Wang Q, Shao Y, et al. Non-wetting surface-driven high-aspect-ratio crystalline grain growth for efficient hybrid perovskite solar cells[J]. Nature Communications, 2015, 6(1): 7747.

[180] Peng J, Khan J I, Liu W, et al. A universal double-side passivation for high open-circuit voltage in perovskite solar cells: role of carbonyl groups in poly (methyl methacrylate)[J]. Advanced Energy Materials, 2018, 8 (30): 1801208.

[181] Cao J, Yin J, Yuan S, et al. Thiols as interfacial modifiers to enhance the performance and stability of perovskite solar cells[J]. Nanoscale, 2015, 7(21): 9443 − 9447.

[182] Yun S C, Ma S, Kwon H C, et al. Amino acid salt-driven planar hybrid perovskite solar cells with enhanced humidity stability[J]. Nano Energy, 2019, 59: 481 − 491.

[183] Ahn N, Kwak K, Jang M S, et al. Trapped charge-driven degradation of perovskite solar cells[J]. Nature Communications, 2016, 7(1): 13422.

[184] Di Giacomo F, Zardetto V, D'Epifanio A, et al. Flexible perovskite photovoltaic modules and solar cells based on atomic layer deposited compact layers and UV-irradiated TiO_2 scaffolds on plastic substrates[J]. Advanced Energy Materials, 2015, 5(8): 1401808.

[185] Zhao J, Deng Y, Wei H, et al. Strained hybrid perovskite thin films and their impact on the intrinsic stability of perovskite solar cells[J]. Science Advances, 2017, 3(11): eaao5616.

[186] Kumar M H, Yantara N, Dharani S, et al. Flexible, low-temperature, solution processed ZnO-based perovskite solid state solar cells[J]. Chemical Communications, 2013, 49(94): 11089 − 11091.

[187] Liu D, Kelly T L. Perovskite solar cells with á planar heterojunction structure prepared using room-temperature solution processing techniques[J]. Nature Photonics, 2014, 8(2): 133 − 138.

[188] Singh T, Singh J, Miyasaka T. Role of metal oxide electron-transport layer modification on the stability of high performing perovskite solar cells[J]. ChemSusChem, 2016, 9(18): 2559 − 2566.

[189] You J, Meng L, Song T B, et al. Improved air stability of perovskite solar cells via solution-processed metal

oxide transport layers[J]. Nature Nanotechnology, 2016, 11(1): 75 - 81.

[190] Dong J, Zhao Y, Shi J, et al. Impressive enhancement in the cell performance of ZnO nanorod-based perovskite solar cells with Al-doped ZnO interfacial modification[J]. Chemical Communications, 2014, 50 (87): 13381 - 13384.

[191] Dong J, Shi J, Li D, et al. Controlling the conduction band offset for highly efficient ZnO nanorods based perovskite solar cell[J]. Applied Physics Letters, 2015, 107(7): 073507.

[192] Mahmood K, Swain B S, Amassian A. 16.1% efficient hysteresis-free mesostructured perovskite solar cells based on synergistically improved ZnO nanorod arrays [J]. Advanced Energy Materials, 2015, 5 (17): 1500568.

[193] Xiong L, Guo Y, Wen J, et al. Review on the application of SnO_2 in perovskite solar cells[J]. Advanced Functional Materials, 2018, 28(35): 1802757.

[194] Ke W, Fang G, Liu Q, et al. Low-temperature solution-processed tin oxide as an alternative electron transporting layer for efficient perovskite solar cells[J]. Journal of the American Chemical Society, 2015, 137 (21): 6730 - 6733.

[195] Baena J P C, Steier L, Tress W, et al. Highly efficient planar perovskite solar cells through band alignment engineering[J]. Energy & Environmental Science, 2015, 8(10): 2928 - 2934.

[196] Turren-Cruz S H, Hagfeldt A, Saliba M. Methylammonium-free, high-performance, and stable perovskite solar cells on a planar architecture[J]. Science, 2018, 362(6413): 449 - 453.

[197] Jiang Q, Zhang L, Wang H, et al. Enhanced electron extraction using SnO_2 for high-efficiency planar-structure $HC(NH_2)_2PbI_3$-based perovskite solar cells[J]. Nature Energy, 2016, 2(1): 1 - 7.

[198] Yang G, Chen C, Yao F, et al. Effective carrier-concentration tuning of SnO_2 quantum dot electron-selective layers for high-performance planar perovskite solar cells[J]. Advanced Materials, 2018, 30(14): 1706023.

[199] Bu T, Li J, Zheng F, et al. Universal passivation strategy to slot-die printed SnO_2 for hysteresis-free efficient flexible perovskite solar module[J]. Nature Communications, 2018, 9(1): 4609.

[200] Liu K, Chen S, Wu J, et al. Fullerene derivative anchored SnO_2 for high-performance perovskite solar cells [J]. Energy Environmental Science, 2018, 11(12): 3463 - 3471.

[201] Wang K, Shi Y, Dong Q, et al. Low-temperature and solution-processed amorphous WO_x as electron-selective layer for perovskite solar cells[J]. The Journal of Physical Chemistry Letters, 2015, 6(5): 755 - 759.

[202] Shin S S, Yeom E J, Yang W S, et al. Colloidally prepared La-doped $BaSnO_3$ electrodes for efficient, photostable perovskite solar cells[J]. Science, 2017, 356(6334): 167 - 171.

[203] Shin S S, Yang W S, Noh J H, et al. High-performance flexible perovskite solar cells exploiting Zn_2SnO_4 prepared in solution below 100℃[J]. Nature Communications, 2015, 6(1): 7410.

[204] Sun S, Buonassisi T, Correa-Baena J P. State-of-the-art electron-selective contacts in perovskite solar cells [J]. Advanced Materials Interfaces, 2018, 5(22): 1800408.

[205] Wang Y C, Li X, Zhu L, et al. Efficient and hysteresis-free perovskite solar cells based on a solution processable polar fullerene electron transport layer[J]. Advanced Energy Materials, 2017, 7(21): 1701144.

[206] Jeng J Y, Chiang Y F, Lee M H, et al. $CH_3NH_3PbI_3$ perovskite/fullerene planar-heterojunction hybrid solar cells[J]. Advanced Materials, 2013, 25(27): 3727 - 3732.

[207] Wang Q, Shao Y, Dong Q, et al. Large fill-factor bilayer iodine perovskite solar cells fabricated by a low-temperature solution-process[J]. Energy Environmental Science, 2014, 7(7): 2359 - 2365.

[208] You J, Hong Z, Yang Y, et al. Low-temperature solution-processed perovskite solar cells with high efficiency and flexibility[J]. ACS Nano, 2014, 8(2): 1674 - 1680.

[209] Seo J, Park S, Kim Y C, et al. Benefits of very thin PCBM and LiF layers for solution-processed p-i-n perovskite solar cells[J]. Energy Environmental Science, 2014, 7(8): 2642 - 2646.

[210] Wang K, Liu C, Du P, et al. Bulk heterojunction perovskite hybrid solar cells with large fill factor[J].

Energy & Environmental Science, 2015, 8(4): 1245 – 1255.

[211] Xu J, Buin A, Ip A H, et al. Perovskite-fullerene hybrid materials suppress hysteresis in planar diodese[J]. Nature Communication, 2015, 6: 7081.

[212] Shao Y, Xiao Z, Bi C, et al. Origin and elimination of photocurrent hysteresis by fullerene passivation in $CH_3NH_3PbI_3$ planar heterojunction solar cells[J]. Nature Communications, 2014, 5(1): 1 – 7.

[213] Shao Y, Yuan Y, Huang J. Correlation of energy disorder and open-circuit voltage in hybrid perovskite solar cells[J]. Nature Energy, 2016, 1(1): 15001.

[214] Luo D, Yang W, Wang Z, et al. Enhanced photovoltage for inverted planar heterojunction perovskite solar cells[J]. Science, 2018, 360(6396): 1442 – 1446.

[215] Xiao X, Chu Y, Han H, et al. Enhanced perovskite electronic properties via A-site cation engineering[J]. Fundam. Res., 2021, 1: 385 – 392.

[216] Chen J, Park N G. Inorganic hole transporting materials for stable and high efficiency perovskite solar cells [J]. The Journal of Physical Chemistry C, 2018, 122(25): 14039 – 14063.

[217] Yoo J J, Seo G, Chua M R, et al. Efficient perovskite solar cells via improved carrier management[J]. Nature, 2021, 590(7847): 587 – 593.

[218] Bauer M, Zhu H, Baumeler T, et al. Cyclopentadiene-based hole-transport material for cost-reduced stabilized perovskite solar cells with power conversion efficiencies over 23%[J]. Advanced Energy Materials, 2021, 11 (30): 2003953.

[219] Inudo S, Miyake M, Hirato T. Electrical properties of CuI films prepared by spin coating[J]. Physica Status Solidi (A), 2013, 210(11): 2395 – 2398.

[220] Christians J A, Fung R C M, Kamat P V. An inorganic hole conductor for organo-lead halide perovskite solar cells. Improved hole conductivity with copper iodide[J]. Journal of the American Chemical Society, 2014, 136(2): 758 – 764.

[221] Nazari P, Ansari F, Nejand B A, et al. Physicochemical interface engineering of CuI/Cu as advanced potential hole-transporting materials/metal contact couples in hysteresis-free ultralow-cost and large-area perovskite solar cells[J]. Journal of Physical Chemistry C, 2017, 121(40): 21935 – 21944.

[222] Sun W, Ye S, Rao H, et al. Room-temperature and solution-processed copper iodide as the hole transport layer for inverted planar perovskite solar cells[J]. Nanoscale, 2016, 8(35): 15954 – 15960.

[223] Qin P, Tanaka S, Ito S, et al. Inorganic hole conductor-based lead halide perovskite solar cells with 12.4% conversion efficiency[J]. Nature Communications, 2014, 5(1): 3834.

[224] Arora N, Dar M I, Hinderhofer A, et al. Perovskite solar cells with CuSCN hole extraction layers yield stabilized efficiencies greater than 20%[J]. Science, 2017, 358(6364): 768 – 771.

[225] Rao H, Sun W, Ye S, et al. Solution-processed CuS NPs as an inorganic hole-selective contact material for inverted planar perovskite solar cells[J]. ACS Applied Materials Interfaces, 2016, 8(12): 7800 – 7805.

[226] Wang H, Yu Z, Lai J, et al. One plus one greater than two: high-performance inverted planar perovskite solar cells based on a composite CuI/CuSCN hole-transporting layer[J]. Journal of Materials Chemistry A, 2018, 6 (43): 21435 – 21444.

[227] Nejand B A, Ahmadi V, Gharibzadeh S, et al. Cuprous oxide as a potential low-cost hole-transport material for stable perovskite solar cells[J]. ChemSusChem, 2016, 9(3): 302 – 313.

[228] Tseng C C, Chen L C, Chang L B, et al. Cu_2O-HTM/SiO_2-ETM assisted for synthesis engineering improving efficiency and stability with heterojunction planar perovskite thin-film solar cells[J]. Solar Energy, 2020, 204: 270 – 279.

[229] Guo Y, Lei H, Xiong L, et al. Single phase, high hole mobility Cu_2O films as an efficient and robust hole transporting layer for organic solar cells[J]. Journal of Materials Chemistry A, 2017, 5(22): 11055 – 11062.

[230] Rao H, Ye S, Sun W, et al. A 19.0% efficiency achieved in CuO_x-based inverted $CH_3NH_3PbI_{3-x}Cl_x$ solar

cells by an effective Cl doping method[J]. Nano Energy, 2016, 27: 51 – 57.

[231] Zuo C, Ding L. Solution-processed Cu$_2$O and CuO as hole transport materials for efficient perovskite solar cells [J]. Small, 2015, 11(41): 5528 – 5532.

[232] Shadrokh Z, Sousani S, Gholipour S, et al. Enhanced stability and performance of poly(4-vinylpyridine) modified perovskite solar cell with quaternary semiconductor Cu$_2$MSnS$_4$(M = Co^{2+}, Ni^{2+}, Zn^{2+}) as hole transport materials[J]. Solar Energy Materials Solar Cells, 2020, 211: 110538.

[233] Docampo P, Ball J M, Darwich M, et al. Efficient organometal trihalide perovskite planar-heterojunction solar cells on flexible polymer substrates[J]. Nature Communications, 2013, 4(1): 1 – 6.

[234] Gong Y, Zhang S, Gao H, et al. Recent advances and comprehensive insights on nickel oxide in emerging optoelectronic devices[J]. Sustainable Energy Fuels, 2020, 4: 4415.

[235] Kim J H, Liang P W, Williams S T, et al. High-performance and environmentally stable planar heterojunction perovskite solar cells based on a solution-processed copper-doped nickel oxide hole-transporting layer[J]. Advanced Materials, 2015, 27(4): 695 – 701.

[236] Chen W, Liu F Z, Feng X Y, et al. Cesium doped NiO$_x$ as an efficient hole extraction layer for inverted planar perovskite solar cells[J]. Advanced Energy Materials, 2017, 7(19): 1700722.

[237] Xie F, Chen C C, Wu Y, et al. Vertical recrystallization for highly efficient and stable formamidinium-based inverted-structure perovskite solar cells[J]. Energy & Environmental Science, 2017, 10(9): 1942 – 1949.

[238] Park J H, Seo J, Park S, et al. Efficient CH$_3$NH$_3$PbI$_3$ perovskite solar cells employing nanostructured p-type NiO electrode formed by a pulsed laser deposition[J]. Advanced Materials, 2015, 27(27): 4013 – 4019.

[239] Hu X, Chen L, Chen Y. Universal and versatile MoO$_3$-based hole transport layers for efficient and stable polymer solar cells[J]. The Journal of Physical Chemistry C, 2014, 118(19): 9930 – 9938.

[240] Ouyang D, Xiao J, Ye F, et al. Strategic synthesis of ultrasmall NiCo$_2$O$_4$ NPs as hole transport layer for highly efficient perovskite solar cells[J]. Advanced Energy Materials, 2018, 8(16): 1702722.

[241] Yu Z, Sun L. Recent progress on hole-transporting materials for emerging organometal halide perovskite solar cells[J]. Advanced Energy Materials, 2015, 5(12): 1500213.

[242] Jeon N J, Lee H G, Kim Y C, et al. o-Methoxy substituents in *spiro*-OMeTAD for efficient inorganic-organic hybrid perovskite solar cells[J]. Journal of the American Chemical Society, 2014, 136(22): 7837 – 7840.

[243] Xu B, Bi D, Hua Y, et al. A low-cost spiro [fluorene-9, 9′-xanthene]-based hole transport material for highly efficient solid-state dye-sensitized solar cells and perovskite solar cells[J]. Energy & Environmental Science, 2016, 9(3): 873 – 877.

[244] Bi D, Xu B, Gao P, et al. Facile synthesized organic hole transporting material for perovskite solar cell with efficiency of 19.8%[J]. Nano Energy, 2016, 23: 138 – 144.

[245] Maciejczyk M, Ivaturi A, Robertson N. SFX as a low-cost 'spiro' hole-transport material for efficient perovskite solar cells[J]. Journal of Materials Chemistry A, 2016, 4(13): 4855 – 4863.

[246] Liu K, Yao Y, Wang J, et al. spiro[fluorene-9, 9′-xanthene]-based hole transporting materials for efficient perovskite solar cells with enhanced stability[J]. Materials Chemistry Frontiers, 2017, 1(1): 100 – 110.

[247] Hao M, Chi W, Li Z. Positional effect of the triphenylamine group on the optical and charge-transfer properties of thiophene-based hole-transporting materials[J]. Chemistry — An Asian Journal, 2020, 15(2): 287 – 293.

[248] Choi H, Paek S, Lim N, et al. Efficient perovskite solar cells with 13.63% efficiency based on planar triphenylamine hole conductors[J]. Chemistry-A European Journal, 2014, 20(35): 10894 – 10899.

[249] Zhu L, Xiao J, Shi J, et al. Efficient CH$_3$NH$_3$PbI$_3$ perovskite solar cells with 2TPA-n-DP hole-transporting layers[J]. Nano Research, 2015, 8(4): 1116 – 1127.

[250] Song Y, Lv S, Liu X, et al. Energy level tuning of TPB-based hole-transporting materials for highly efficient perovskite solar cells[J]. Chemical Communications, 2014, 50(96): 15239 – 15242.

[251] Do Sung S, Kang M S, Choi I T, et al. 14.8% perovskite solar cells employing carbazole derivatives as hole transporting materials[J]. Chemical Communications, 2014, 50(91): 14161 – 14163.

[252] Zhang J, Xu B, Johansson M B, et al. Strategy to boost the efficiency of mixed-ion perovskite solar cells: changing geometry of the hole transporting material[J]. ACS Nano, 2016, 10(7): 6816 – 6825.

[253] Shasti M, Völker S F, Collavini S, et al. Perovskite solar cells based on oligotriarylamine hexaarylbenzene as hole-transporting materials[J]. Organic Letters, 2019, 21(9): 3261 – 3264.

[254] Wang J, Zhang H, Wu B, et al. Indeno [1, 2-b] carbazole as methoxy-free donor group: constructing efficient and stable hole-transporting materials for perovskite solar cells[J]. Angewandte Chemie-International Edition, 2019, 131(44): 15868 – 15872.

[255] Rodríguez-Seco C, Mendez M, Roldan-Carmona C, et al. Benzothiadiazole aryl-amine based materials as efficient hole carriers in perovskite solar cells [J]. ACS Applied Materials Interfaces, 2020, 12 (29): 32712 – 32718.

[256] Su P Y, Chen Y F, Liu J M, et al. Hydrophobic hole-transporting materials incorporating multiple thiophene cores with long alkyl chains for efficient perovskite solar cells [J]. Electrochimica Acta, 2016, 209: 529 – 540.

[257] Zhang H, Wu Y, Zhang W, et al. Low cost and stable quinoxaline-based hole-transporting materials with a D-A-D molecular configuration for efficient perovskite solar cells[J]. Chemical Science, 2018, 9(27): 5919 – 5928.

[258] Cheng M, Xu B, Chen C, et al. Phenoxazine-based small molecule material for efficient perovskite solar cells and bulk heterojunction organic solar cells[J]. Advanced Energy Materials, 2015, 5(8): 1401720.

[259] Shao J Y, Yang N, Guo W, et al. Introducing fluorene into organic hole transport materials to improve mobility and photovoltage for perovskite solar cells [J]. Chemical Communications, 2019, 55 (89): 13406 – 13409.

[260] Yin X, Zhou J, Song Z, et al. Dithieno[3,2-b: 2′,3′-d]pyrrol-cored hole transport material enabling over 21% efficiency dopant-free perovskite solar cells [J]. Advanced Functional Materials, 2019, 29 (38): 1904300.

[261] Jeon N J, Noh J H, Kim Y C, et al. Solvent engineering for high-performance inorganic-organic hybrid perovskite solar cells[J]. Nature Materials, 2014, 13(9): 897 – 903.

[262] Jeon N J, Na H, Jung E H, et al. A fluorene-terminated hole-transporting material for highly efficient and stable perovskite solar cells[J]. Nature Energy, 2018, 3(8): 682 – 689.

[263] Ryu S, Noh J H, Jeon N J, et al. Voltage output of efficient perovskite solar cells with high open-circuit voltage and fill factor[J]. Energy Environmental Science, 2014, 7(8): 2614 – 2618.

[264] Luo D, Yang W, Wang Z, et al. Enhanced photovoltage for inverted planar heterojunction perovskite solar cells[J]. Science, 2018, 360(6396): 1442 – 1446.

[265] Wang Q, Bi C, Huang J. Doped hole transport layer for efficiency enhancement in planar heterojunction organolead trihalide perovskite solar cells[J]. Nano Energy, 2015, 15: 275 – 280.

[266] Li Z, Park J, Park H, et al. Graded heterojunction of perovskite/dopant-free polymeric hole-transport layer for efficient and stable metal halide perovskite devices[J]. Nano Energy, 2020, 78: 105159.

[267] Xiao J, Shi J, Liu H, et al. Efficient $CH_3NH_3PbI_3$ perovskite solar cells based on graphdiyne (GD)-modified P3HT hole-transporting material[J]. Advanced Energy Materials, 2015, 5(8): 1401943.

[268] Jung E H, Jeon N J, Park E Y, et al. Efficient, stable and scalable perovskite solar cells using poly (3-hexylthiophene)[J]. Nature, 2019, 567(7749): 511 – 515.

[269] Chiang C H, Wu C G. A method for the preparation of highly oriented $MAPbI_3$ crystallites for high-efficiency perovskite solar cells toachieve an 86% fill factor[J]. ACS Nano, 2018, 12: 10355 – 10364.

[270] Cai B, Xing Y, Yang Z, et al. High performance hybrid solar cells sensitized by organolead halide perovskites

[J]. Energy Environmental Science, 2013, 6(5): 1480－1485.

[271] Kim G W, Kim J, Lee G Y, et al. A strategy to design a donor-π-acceptor polymeric hole conductor for an efficient perovskite solar cell[J]. Advanced Energy Materials, 2015, 5(14): 1500471.

[272] Zhang L, Zhou X, Zhong X, et al. Hole-transporting layer based on a conjugated polyelectrolyte with organic cations enables efficient inverted perovskite solar cells[J]. Nano Energy, 2019, 57: 248－255.

[273] Peng H, Sun W, Li Y, et al. Solution processed inorganic V_2O_x as interfacial function materials for inverted planar-heterojunction perovskite solar cells with enhanced efficiency[J]. Nano Research, 2016, 9(10): 2960－2971.

[274] Hou F, Su Z, Jin F, et al. Efficient and stable planar heterojunction perovskite solar cells with an MoO_3/PEDOT: PSS hole transporting layer[J]. Nanoscale, 2015, 7(21): 9427－9432.

[275] Li Q, Zhao Y, Fu R, et al. Enhanced long-term stability of perovskite solar cells using a double-layer hole transport material[J]. Journal of Materials Chemistry A, 2017, 5(28): 14881－14886.

[276] Qiu J, Qiu Y, Yan K, et al. All-solid-state hybrid solar cells based on a new organometal halide perovskite sensitizer and one-dimensional TiO_2 nanowire arrays[J]. Nanoscale, 2013, 5(8): 3245－3248.

[277] Zhu H, Shen Z, Pan L, et al. Low-cost dopant additive-free hole-transporting material for a robust perovskite solar cell with efficiency exceeding 21%[J]. ACS Energy Letters, 2020, 6(1): 208－215.

[278] Rakstys K, Paek S, Gao P, et al. Molecular engineering of face-on oriented dopant-free hole transporting material for perovskite solar cells with 19% PCE[J]. Journal of Materials Chemistry A, 2017, 5(17): 7811－7815.

[279] Kumar C V, Sfyri G, Raptis D, et al. Perovskite solar cell with low cost Cu-phthalocyanine as hole transporting material[J]. RSC Advances, 2015, 5(5): 3786－3791.

[280] Seo J, Jeon N J, Yang W S, et al. Effective electron blocking of CuPC-doped *spiro*-OMeTAD for highly efficient inorganic-organic hybrid perovskite solar cells [J]. Advanced Energy Materials, 2015, 5(20): 1501320.

[281] Guo J, Meng X, Zhu H, et al. Boosting the performance and stability of perovskite solar cells with phthalocyanine-based dopant-free hole transporting materials through core metal and peripheral groups engineering[J]. Organic Electronics, 2019, 64: 71－78.

[282] Kegelmann L, Tockhorn P, Wolff C M, et al. Mixtures of dopant-free *spiro*-OMeTAD and water-free PEDOT as a passivating hole contact in perovskite solar cells[J]. ACS Applied Materials Interfaces, 2019, 11(9): 9172－9181.

[283] Chen J, Park N G. Materials and methods for interface engineering toward stable and efficient perovskite solar cells[J]. ACS Energy Letters, 2020, 5(8): 2742－2786.

[284] Abrusci A, Stranks S D, Docampo P, et al. High-performance perovskite-polymer hybrid solar cells via electronic coupling with fullerene monolayers[J]. Nano Letters, 2013, 13(7): 3124－3128.

[285] Li Y, Zhao Y, Chen Q, et al. Multifunctional fullerene derivative for interface engineering in perovskite solar cells[J]. Journal of the American Chemical Society, 2015, 137(49): 15540－15547.

[286] Dong Y, Li W, Zhang X, et al. Highly efficient planar perovskite solar cells via interfacial modification with fullerene derivatives[J]. Small, 2016, 12(8): 1098－1104.

[287] Zuo L, Gu Z, Ye T, et al. Enhanced photovoltaic performance of $CH_3NH_3PbI_3$ perovskite solar cells through interfacial engineering using self-assembling monolayer[J]. Journal of the American Chemical Society, 2015, 137(7): 2674－2679.

[288] Shih Y C, Wang L Y, Hsieh H C, et al. Enhancing the photocurrent of perovskite solar cells via modification of the TiO_2/$CH_3NH_3PbI_3$ heterojunction interface with amino acid[J]. Journal of Materials Chemistry A, 2015, 3(17): 9133－9136.

[289] Han G S, Chung H S, Kim B J, et al. Retarding charge recombination in perovskite solar cells using ultrathin

MgO-coated TiO$_2$ nanoparticulate films[J]. Journal of Materials Chemistry A, 2015, 3(17): 9160 – 9164.

[290] Kang H W, Lee J W, Son D Y, et al. Modulation of photovoltage in mesoscopic perovskite solar cell by controlled interfacial electron injection[J]. RSC Advances, 2015, 5(59): 47334 – 47340.

[291] Song S, Moon B J, Hörantner M T, et al. Interfacial electron accumulation for efficient homo-junction perovskite solar cells[J]. Nano Energy, 2016, 28: 269 – 276.

[292] Dong H P, Li Y, Wang S F, et al. Interface engineering of perovskite solar cells with PEO for improved performance[J]. Journal of Materials Chemistry A, 2015, 3(18): 9999 – 10004.

[293] Chaudhary B, Kulkarni A, Jena A K, et al. Poly (4-vinylpyridine)-based interfacial passivation to enhance voltage and moisture stability of lead halide perovskite solar cells[J]. ChemSusChem, 2017, 10(11): 2473 – 2479.

[294] de Quilettes D W, Vorpahl S M, Stranks S D, et al. Impact of microstructure on local carrier lifetime in perovskite solar cells[J]. Science, 2015, 348(6235): 683 – 686.

[295] Noel N K, Abate A, Stranks S D, et al. Enhanced photoluminescence and solar cell performance via Lewis base passivation of organic-inorganic lead halide perovskites[J]. ACS Nano, 2014, 8(10): 9815 – 9821.

[296] Azimi H, Ameri T, Zhang H, et al. A Universal interface layer based on an amine-functionalized fullerene derivative with dual functionality for efficient solution processed organic and perovskite solar cells [J]. Advanced Energy Materials, 2015, 5(8): 1401692.

[297] Wen X, Wu J, Gao D, et al. Interfacial engineering with amino-functionalized graphene for efficient perovskite solar cells[J]. Journal of Materials Chemistry A, 2016, 4(35): 13482 – 13487.

[298] Zhang J, Wang P, Huang X, et al. Polar molecules modify perovskite surface to reduce recombination in perovskite solar cells[J]. RSC Advances, 2016, 6(11): 9090 – 9095.

[299] Lin Y, Shen L, Dai J, et al. π-conjugated Lewis base: efficient trap-passivation and charge-extraction for hybrid perovskite solar cells[J]. Advanced Materials, 2017, 29(7): 1604545.

[300] Zheng X, Chen B, Dai J, et al. Defect passivation in hybrid perovskite solar cells using quaternary ammonium halide anions and cations[J]. Nature Energy, 2017, 2(7): 17102.

[301] Li H, Shi J, Deng J, et al. Intermolecular pi-pi conjugation self-assembly to stabilize surface passivation of highly efficient perovskite solar cells[J]. Advanced Materials, 2020, 32(23): 1907396.

[302] Malinkiewicz O, Yella A, Lee Y H, et al. Perovskite solar cells employing organic charge-transport layers [J]. Nature Photonics, 2014, 8(2): 128 – 132.

[303] Lin Q, Armin A, Nagiri R C R, et al. Electro-optics of perovskite solar cells[J]. Nature Photonics, 2015, 9 (2): 106 – 112.

[304] Gu Z, Zuo L, Larsen-Olsen T T, et al. Interfacial engineering of self-assembled monolayer modified semi-roll-to-roll planar heterojunction perovskite solar cells on flexible substrates[J]. Journal of Materials Chemistry A, 2015, 3(48): 24254 – 24260.

[305] Chen W, Wu Y, Liu J, et al. Hybrid interfacial layer leads to solid performance improvement of inverted perovskite solar cells[J]. Energy & Environmental Science, 2015, 8(2): 629 – 640.

[306] Bai Y, Chen H, Xiao S, et al. Effects of a molecular monolayer modification of NiO nanocrystal layer surfaces on perovskite crystallization and interface contact toward faster hole extraction and higher photovoltaic performance[J]. Advanced Functional Materials, 2016, 26(17): 2950 – 2958.

[307] Jiang Q, Zhao Y, Zhang X, et al. Surface passivation of perovskite film for efficient solar cells[J]. Nature Photonics, 2019, 13(7): 460 – 466.

[308] Chueh C C, Li C Z, Jen A K Y. Recent progress and perspective in solution-processed interfacial materials for efficient and stable polymer and organometal perovskite solar cells[J]. Energy Environmental Science, 2015, 8(4): 1160 – 1189.

[309] Kim H, Lim K G, Lee T W. Planar heterojunction organometal halide perovskite solar cells: roles of

interfacial layers[J]. Energy Environmental Science, 2016, 9(1): 12 - 30.

[310] Docampo P, Ball J M, Darwich M, et al. Efficient organometal trihalide perovskite planar-heterojunction solar cells on flexible polymer substrates[J]. Nature Communications, 2013, 4(1): 2761.

[311] Bai S, Wu Z, Wu X, et al. High-performance planar heterojunction perovskite solar cells: preserving long charge carrier diffusion lengths and interfacial engineering[J]. Nano Research, 2014, 7(12): 1749 - 1758.

[312] Barrows A T, Pearson A J, Kwak C K, et al. Efficient planar heterojunction mixed-halide perovskite solar cells deposited via spray-deposition[J]. Energy Environmental Science, 2014, 7(9): 2944 - 2950.

[313] Chen W, Wu Y, Yue Y, et al. Efficient and stable large-area perovskite solar cells with inorganic charge extraction layers[J]. Science, 2015, 350(6263): 944 - 948.

[314] Seo J, Park S, Kim Y C, et al. Benefits of very thin PCBM and LiF layers for solution-processed p-i-n perovskite solar cells[J]. Energy Environmental Science, 2014, 7(8): 2642 - 2646.

[315] Wang Q, Shao Y, Dong Q, et al. Large fill-factor bilayer iodine perovskite solar cells fabricated by a low-temperature solution-process[J]. Energy Environmental Science, 2014, 7(7): 2359 - 2365.

[316] Chen C W, Kang H W, Hsiao S Y, et al. Efficient and uniform planar-type perovskite solar cells by simple sequential vacuum deposition[J]. Advanced Materials, 2014, 26(38): 6647 - 6652.

[317] Min J, Zhang Z G, Hou Y, et al. Interface engineering of perovskite hybrid solar cells with solution-processed perylene-diimide heterojunctions toward high performance [J]. Chemistry of Materials, 2015, 27 (1): 227 -234.

[318] Shi J, Dong W, Xu Y, et al. Enhanced performance in perovskite organic lead iodide heterojunction solar cells with metal-insulator-semiconductor back contact[J]. Chinese Physics Letters, 2013, 30(12): 128402.

[319] Xu Y, Shi J, Lv S, et al. Simple way to engineer metal-semiconductor interface for enhanced performance of perovskite organic lead iodide solar cells[J]. ACS Applied Materials Interfaces, 2014, 6(8): 5651 - 5656.

[320] Guerrero A, You J, Aranda C, et al. Interfacial degradation of planar lead halide perovskite solar cells[J]. ACS Nano, 2016, 10(1): 218 - 224.

[321] Yang S, Dai J, Yu Z, et al. Tailoring passivation molecular structures for extremely small open-circuit voltage loss in perovskite solar cells[J]. Journal of the American Chemical Society, 2019, 141(14): 5781 - 5787.

[322] Ku Z, Xia X, Shen H, et al. A mesoporous nickel counter electrode for printable and reusable perovskite solar cells[J]. Nanoscale, 2015, 7(32): 13363 - 13368.

[323] Ku Z, Rong Y, Han H, et al. Full printable processed mesoscopic $CH_3NH_3PbI_3/TiO_2$ heterojunction solar cells with carbon counter electrode[J]. Scientific Reports, 2013, 3: 3132.

[324] Hadadian M, Smått J H, Correa-Baena J P. The role of carbon-based materials in enhancing the stability of perovskite solar cells[J]. Energy Environmental Science, 2020, 13(5): 1377 - 1407.

[325] Siram R B K, Khenkin M V, Niazov-Elkan A, et al. Hybrid organic nanocrystal/carbon nanotube film electrodes for air- and photo-stable perovskite photovoltaics[J]. Nanoscale, 2019, 11(8): 3733 - 3740.

[326] Yang Y, Xiao J, Wei H, et al. An all-carbon counter electrode for highly efficient hole-conductor-free organo-metal perovskite solar cells[J]. Rsc Advances, 2014, 4(95): 52825 - 52830.

[327] Wei H, Xiao J, Yang Y, et al. Free-standing flexible carbon electrode for highly efficient hole-conductor-free perovskite solar cells[J]. Carbon, 2015, 93: 861 - 868.

[328] Zhang H, Xiao J, Shi J, et al. Self-adhesive macroporous carbon electrodes for efficient and stable perovskite solar cells[J]. Advanced Functional Materials, 2018, 28(39): 1802985.

[329] Mei A, Li X, Liu L, et al. A hole-conductor-free, fully printable mesoscopic perovskite solar cell with high stability[J]. Science, 2014, 345(6194): 295 - 298.

[330] Liu C, Liu S, Wang Y, et al. Improving the performance of perovskite solar cells via a novel additive of N, 1-fluoroformamidinium iodide with electron-withdrawing fluorine group [J]. Advanced Functional Materials, 2021, 31(18): 2010603.

[331] Wei Z, Chen H, Yan K, et al. Hysteresis-free multi-walled carbon nanotube-based perovskite solar cells with a high fill factor[J]. Journal of Materials Chemistry A, 2015, 3(48): 24226 – 24231.

[332] Wu Z, Bai S, Xiang J, et al. Efficient planar heterojunction perovskite solar cells employing graphene oxide as hole conductor[J]. Nanoscale, 2014, 6(18): 10505 – 10510.

[333] Kumar M H, Yantara N, Dharani S, et al. Flexible, low-temperature, solution processed ZnO-based perovskite solid state solar cells[J]. Chemical Communications, 2013, 49(94): 11089 – 11091.

[334] Yang L, Feng J, Liu S, et al. Record-efficiency flexible perovskite solarcells enabled by multifunctional organic ions interface passivation[J]. Advanced Materials, 2022, 34: 2201681.

[335] Xue T, Chen G, Hu X, et al. Mechanically robust and flexible perovskite solar cells via a printable and gelatinous interface[J]. ACS Applied Materials Interfaces, 2021, 13(17): 19959 – 19969.

[336] Hu X, Li F, Song Y. Wearable power source: a newfangled feasibility for perovskite photovoltaics[J]. ACS Energy Letters, 2019, 4(5): 1065 – 1072.

[337] Lee M, Ko Y, Min B K, et al. Silver nanowire top electrodes in flexible perovskite solar cells using titanium metal as substrate[J]. ChemSusChem, 2016, 9(1): 31 – 35.

[338] Liu Z, You P, Xie C, et al. Ultrathin and flexible perovskite solar cells with graphene transparent electrodes [J]. Nano Energy, 2016, 28: 151 – 157.

[339] Yoon J, Sung H, Lee G, et al. Superflexible, high-efficiency perovskite solar cells utilizing graphene electrodes: towards future foldable power sources [J]. Energy Environmental Science, 2017, 10 (1): 337 –345.

[340] Heo J H, Shin D H, Jang M H, et al. Highly flexible, high-performance perovskite solar cells with adhesion promoted AuCl$_3$-doped graphene electrodes [J]. Journal of Materials Chemistry A, 2017, 5 (40): 21146 –21152.

[341] Wang X, Li Z, Xu W, et al. TiO$_2$ nanotube arrays based flexible perovskite solar cells with transparent carbon nanotube electrode[J]. Nano Energy, 2015, 11: 728 – 735.

[342] Kim B J, Kim D H, Lee Y Y, et al. Highly efficient and bending durable perovskite solar cells: toward a wearable power source[J]. Energy Environmental Science, 2015, 8(3): 916 – 921.

[343] Yang D, Yang R, Zhang J, et al. High efficiency flexible perovskite solar cells using superior low temperature TiO$_2$[J]. Energy Environmental Science, 2015, 8(11): 3208 – 3214.

[344] Yang D, Yang R, Ren X, et al. Hysteresis-suppressed high-efficiency flexible perovskite solar cells using solid-state ionic-liquids for effective electron transport[J]. Advanced Materials, 2016, 28(26): 5206 –5213.

[345] Liu D, Kelly T L. Perovskite solar cells with a planar heterojunction structure prepared using room-temperature solution processing techniques[J]. Nature Photonics, 2014, 8(2): 133 – 138.

[346] Heo J H, Lee M H, Han H J, et al. Highly efficient low temperature solution processable planar type CH$_3$NH$_3$PbI$_3$ perovskite flexible solar cells[J]. Journal of Materials Chemistry A, 2016, 4(5): 1572 –1578.

[347] Feng J, Yang Z, Yang D, et al. E-beam evaporated Nb$_2$O$_5$ as an effective electron transport layer for large flexible perovskite solar cells[J]. Nano Energy, 2017, 36: 1 – 8.

[348] Wang C, Guan L, Zhao D, et al. Water vapor treatment of low-temperature deposited SnO$_2$ electron selective layers for efficient flexible perovskite solar cells[J]. ACS Energy Letters, 2017, 2(9): 2118 – 2124.

[349] Zhu Z, Xu J, Chueh C C, et al. A low-temperature, solution-processable organic electron-transporting layer based on planar coronene for high-performance conventional perovskite solar cells[J]. Advanced Materials, 2016, 28(48): 10786 – 10793.

[350] You J, Hong Z, Yang Y, et al. Low-temperature solution-processed perovskite solar cells with high efficiency and flexibility[J]. ACS Nano, 2014, 8(2): 1674 – 1680.

[351] Hu X, Huang Z, Zhou X, et al. Wearable large-scale perovskite solar-power source via nanocellular scaffold [J]. Advanced Materials, 2017, 29(42): 1703236.

[352] Bi C, Chen B, Wei H, et al. Efficient flexible solar cell based on composition-tailored hybrid perovskite[J]. Advanced Materials, 2017, 29(30): 1605900.

[353] Cong S, Zou G, Lou Y, et al. Fabrication of nickel oxide nanopillar arrays on flexible electrodes for highly efficient perovskite solar cells[J]. Nano Letters, 2019, 19(6): 3676-3683.

[354] Duan X, Huang Z, Liu C, et al. A bendable nickel oxide interfacial layer via polydopamine crosslinking for flexible perovskite solar cells[J]. Chemical Communications, 2019, 55(25): 3666-3669.

第三章　铜锌锡硫太阳能电池

基于硫族化合物半导体太阳能电池具有与晶硅太阳能电池相比拟的研究历史,1932 年,Audobert 和 Stora 在硫化镉(CdS)中发现了光伏效应。目前广泛研究并已商业化的硫族太阳能电池主要包括铜铟镓硒[Cu(In, Ga)Se$_2$,以下简称 CIGS]和碲化镉(CdTe)电池,它们从 20 世纪 70 年代开始进行光电转换效率的国际认证,目前最高效率均已超过 22%[1]。不同于晶硅材料,CIGS 和 CdTe 均为直接带隙半导体,其可见光吸收系数接近 10^5 cm^{-1}[2]。1~2 μm 厚的薄膜材料即可实现太阳光的高效吸收,由此奠定了薄膜太阳能电池基础。薄膜太阳能电池在原料消耗、多场景应用等方面具有显著优势。目前,以 CIGS 和 CdTe 为主的薄膜太阳能电池在全球光伏市场中约占据 5%的份额[3]。

追求更高性能、更低成本、更环境友好的半导体材料和光伏器件一直是太阳能电池领域的研究重点。CIGS 和 CdTe 所依赖的铟(In)和碲(Te)元素在地壳中丰度很低[4-5](图 3.1),因此成本很高,在一定程度上限制了该类薄膜电池的大规模应用或成本的进一步降低。由此铜锌锡硫硒[Cu$_2$ZnSn (S, Se)$_4$,以下简称 CZTSSe]被开发出来。2010 年,第一块获得认证效率(9.6%)的 CZTSSe 电池诞生于美国 IBM Watson 实验室,David B. Mitzi 研究组[6]。David B. Mitzi 等主要采用联胺(N$_2$H$_4$,又称肼)作为溶剂或分散剂,制备 CZTSSe 退火工艺前驱液,再使用旋涂(spin coating)高性能进行前驱薄膜沉积和硒化,获得高质量 CZTSSe 半导体薄膜和太阳能电池[7]。他

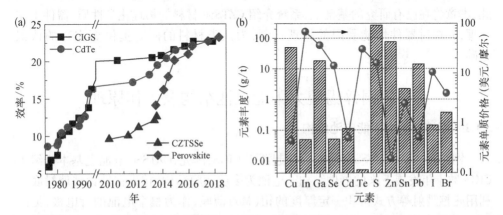

图 3.1　(a)铜铟镓硒(CIGS)、碲化镉(CdTe)、铜锌锡硫硒(CZTSSe)和钙钛矿太阳能电池认证效率;(b)地壳中元素丰度和元素单质价格对比

注:数据源自文献[1][4][5]

们的工作一方面展现了 CZTSSe 电池的发展前景,另一方面展现了溶液法在制备无机半导体薄膜太阳能电池方面的优势。纳米晶合成-分散方法也被用于 CZTSSe 薄膜和器件制备[8]。与 CIGS 类似的蒸镀和溅射等真空薄膜沉积方法也被广泛应用于 CZTSSe 器件制备。与此同时,科研界对 CZTSSe 材料的物理化学性质也进行了大量研究。由于其合适的半导体带隙和硫化物属性,CZTSSe 材料和薄膜也被应用于敏化电池的对电极和光/电催化等方面。总之,CZTSSe 研究在数年内呈现百家争鸣的良好发展态势。与国际同行一道,我国研究人员也积极开展 CZTSSe 材料与器件的实验和理论研究,对该领域的发展,尤其是对此类材料的热力学相和电子结构的认识起到了重要推动作用。我国相关企业也积极开展 CZTSSe 材料和相关设备的研发工作。

　　2013 年,基于联胺的 CZTSSe 电池效率达到 12.6%。然而在之后相当长的一段时间内该电池认证效率无显著提升,出现瓶颈。一方面原因在于 CZTSSe 材料的多元组分增加了材料物相和电子能态的复杂性及调控难度;另一方面,CZTSSe 电池制备流程较多,工艺较复杂,对溅射等真空设备依赖较大,研究成本和门槛较高;第三个方面在于,自 2013 年钙钛矿太阳能电池诞生,电池性能迅速提升和研究热度对 CZTSSe 电池的研究带来了较大冲击。钙钛矿材料自身优异的半导体性能和可溶液加工的薄膜沉积过程等较低的研究门槛吸收了大量的研究团队和资源投入。

　　尽管如此,我们仍需理性地认识到包括晶硅电池在内的任何太阳能电池的发展和产业化均经历了数十年的历程,它们也多次经历效率瓶颈。与这些已经产业化的电池相比,CZTSSe 十分年轻,其发展仍然存在很大的不确定性和很多的机遇。最近,我国在该领域取得系列进展,将电池效率提升到 13.5%以上。材料多样化的需求、研究方向的优化和资源整合必然会为 CZTSSe 的研究提供更大的动力。基于此,本章将在已有研究的基础上,系统介绍 CZTSSe 材料的物理化学性质、器件工作原理,并探讨器件性能受限的物理机制,为该类材料的研究提供更完善的认识基础。

3.1　铜锌锡硫太阳能电池结构及工作原理

3.1.1　铜锌锡硫太阳能电池结构

　　铜锌锡硫硒(CZTSSe)材料直接起源于 CIGS,因此,CZTSSe 电池也基本延续了 CIGS 数十年发展下来的器件结构。电池为多层薄膜结构,首先在钠钙玻璃衬底上利用磁控溅射等方式沉积一定厚度的钼(Mo)薄膜,作为整个电池的背电极,见图3.2。然后在 Mo 电极上通过溅射、蒸镀或溶液过程等方法沉积 CZTSSe 前驱薄膜,并进行后续退火和硒(硫)化以得到具有光电活性的 CZTSSe 半导体薄膜。然后通过化学浴沉积(CBD)方法沉积 CdS 薄膜作为缓冲层。CdS 缓冲层一方面可以避免后续的磁控溅射对 CZTSSe 半导体薄膜的损伤,又可以为 CZTSSe 薄膜和 ZnO 窗口层之间提供晶格和能带匹配的缓冲。进一步采用射频磁控溅射方式在 CdS 上面分别沉积本征氧化锌(i−ZnO)和具有高电子浓度的透明导电薄膜铝掺杂氧化锌(AZO)或锡掺杂氧化铟(ITO)。最后利用直流溅射或蒸镀等方式沉积金属栅电极,目前常用的金属材料主要包括 Ni/Al 多层膜、银(Ag)和铝(Al)等。太阳光从栅状电极侧入射经过窗口层和缓冲层最终被 CZTSSe 层吸收产生电荷。

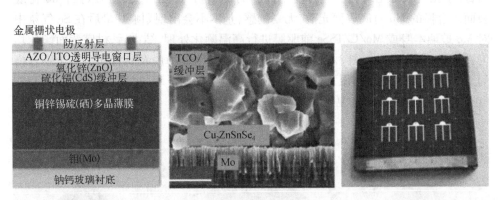

图 3.2　CZTSSe 太阳能电池的基本结构和相应的电子显微镜截面[6]和实物照片

　　CZTSSe 电池采用上述结构,一方面延续了 CIGS 器件制备工艺,另一方面主要考虑电池内各层材料间的晶格、机械性能和能级匹配。Mo 电极在 CIGS 领域已经经过了长期研究,对材料性能等已经充分认识,并已建立了成熟的工艺流程。简言之,Mo 具有 4.6 eV 左右的功函数,与 CIGS 和 CZTSSe 的费米能级接近,界面电荷传输势垒较小,可以形成较好的欧姆接触。另一方面,Mo 与 CIGS 或 CZTSSe 在高温退火和硒(硫)化过程中可以发生一定程度的化学反应,生成 $MoS(Se)_2$,该界面层的存在有助于缓解退火过程中金属衬底和半导体薄膜间的应力差异,从而获得较好的薄膜附着性能,提升薄膜沉积的稳定性。同时,该 $MoS(Se)_2$ 薄层能在一定程度上降低半导体薄膜背表面的少子复合,提高器件整体性能[2]。

　　目前实验中,主要通过磁控溅射方法在钠钙玻璃衬底上进行 Mo 薄膜的沉积,通过控制溅射过程中腔室气压控制 Mo 薄膜内应力,进而获得与玻璃衬底间较为可靠的附着性能。一般采用双层 Mo 结构,提升附着性的同时,保证高的导电性能。首先,采用高气压沉积拉应力的 Mo 层,再进一步在低气压下沉积高电导率的 Mo 电极。希望 Mo 电极在微观上呈现柱状结构,这有利于高温退火硒化过程中玻璃内 Na/Ca 离子的扩散。

　　虽然 Mo 电极工艺在 CIGS 电池研究中已趋于成熟,但作为整个电池的基础,Mo 电极依然在一定程度上制约了 CZTSSe 电池的可重复性制备和性能提升。主要原因如下:Mo 电极的溅射沉积需要有长期的实践经验,对真空仪器和操作经验都有较高的要求,因此,研究门槛较高;CZTSSe 与 Mo 电极间的高温化学反应不同于 CIGS,对 Mo 电极质量、致密度和膜间结合能力要求更高[9]。目前国内市场尚无专门针对 CZTSSe 的 Mo 玻璃衬底出售,基于 CIGS 的 Mo 衬底经常会出现重复性较差等问题。因此,Mo 衬底是限制 CZTSSe 快速发展的一个重要因素。实践中,可以通过下述过程对溅射或直接购买得到的 Mo 衬底的质量进行初步判断。首先透过光照,几乎无肉眼可见的孔洞。再使用锋利的尖状物,比如刀尖,用力划割 Mo 衬底表面。合格的 Mo 衬底表面光滑,无划割感,基本不会出现划痕。最后在 Se 气氛中对 Mo 玻璃本身或 Mo/CZTSSe 前驱膜进行高温硒化处理,结束后,衬底背面颜色均匀,无薄膜脱落现象。图 3.3 给出了硒化后的 CZTSSe 薄膜及其背面。对于不合格的 Mo 衬底,脱落现象肉眼可见。满足上述基本要求的 Mo 衬底方可用于 CZTSSe 电池,以保证研究的可重复性和可靠性。

图 3.3　硒化后的 CZTS 正面和背面薄膜,以及不合格的 Mo 衬底在硒化后的脱落现象

　　CZTSSe 与 CIGS 一样,均采用钠钙玻璃作为硬质衬底,主要原因在于玻璃中的 Na/Ca 等碱金属或碱土金属离子在高温下可通过扩散穿过 Mo 薄膜进入半导体层,通过晶界或体相掺杂的方式在一定程度上降低 CZTSSe 的缺陷态以及调控载流子浓度。另一方面,杂质原子的引入及其反应中间产物的存在可以改变薄膜的结晶热力学和动力学过程,促进 CZTSSe 晶粒的生长[10]。为了提高碱金属杂质的可控性,很多研究选择在 Mo 薄膜之上预沉积或在 CZTSSe 薄膜制备过程中引入碱金属化合物[11-12]。由于 CZTSSe 半导体薄膜制备需要超过 500℃的高温过程,目前应用于该电池的柔性衬底仍较少。硬质钠钙玻璃是目前研究中最普遍的衬底材料。其他各层材料及其制备方法我们将在后续相应章节进行详细介绍。

随着新型薄膜太阳能电池研究和结构的多样化,除了上述基本结构外,透明导电氧化物玻璃以及有机半导体材料等也曾被引入[13],对应的电池结构如图 3.4 所示。这是一种基于 CZTSSe 光吸收层的杂化太阳能电池,其中电子型受体富勒烯衍生物(比如 PCBM)作为电子抽取和传输层。透明导电氧化物(ITO 或 FTO)的功函数与 Mo 接近,也可以与 CZTSSe 间形成一定程度的欧姆接触,使得器件形成合理的能带和电子传输结构。对于器件制备,首先在商品 ITO 或 FTO 薄膜衬底上沉积 CZTSSe 薄膜,再和通过溶液旋涂或刮涂甚至蒸镀等方式沉积电子传输型材料、界面材料,并沉积全覆盖型的金属电极。入射光经过透明导电玻璃进入器件。

图 3.4 杂化型的 CZTS 电池结构示意图

该电池结构主要得益于有机太阳能电池的发展,与钙钛矿太阳能电池在结构上也存在一定的相似性。该结构器件的优势在于:更易进行基于溶液过程的薄膜沉积,更易与丰富的有机或无机电荷传输和界面材料结合,从而更利于器件性能的优化和提升。同时,透明导电氧化物是一种成熟的商品衬底,研究门槛较低;相较于金属 Mo,其物理化学性质也更稳定,与玻璃衬底间的结合十分牢靠,在硒化环境下也不会发生显著的化学反应,可保持其优良的导电性能。然而,只有少数基于该结构的 CZTSSe 研究被报道,其光电转换性能也较低。主要原因在于,ITO 或 FTO 的力学性能以及与 CZTSSe 薄膜间附着性不同于 Mo,这会影响 CZTSSe 的结晶过程和最后的晶体质量。同时,玻璃中的碱金属离子较难穿透致密的氧化物层扩散进 CZTSSe 薄膜。另一方面,CZTSSe 不同于极易溶液沉积的半导体薄膜,比如钙钛矿薄膜,其晶体和半导体质量较低,与有机材料间的界面结合和电荷传输可能不同于理想的能带结构。界面态等问题不能得到有效的解决。对于 CZTSSe 材料的研究和认识的不足也限制了其器件结构的多样化。从研究角度出发,图 3.4 所示的器件结构对于提高 CZTSSe 研究的多样性具有重要意义,为该材料的应用和性能突破提供了更多的机遇。相信随着对 CZTSSe 材料和器件更深入的认识,更优异的导电氧化物的研发,该结构的 CZTSSe 电池也将更具潜力。

总之,对于一种半导体光吸收材料,可以与多种类型的电荷传输材料进行结合,构造多样化的器件结构。这些材料和器件结构的选择本质上都是为了满足一定的能带结构,以使得光生电荷能够进行分离和传输,进而对外电路做功,实现太阳能到电能的转换。为了进一步理解 CZTSSe 电池,下节我们将从半导体异质结角度对该电池的光电转换过程和电荷传输过程进行介绍和分析。

3.1.2　铜锌锡硫太阳能电池工作原理

　　由于在半导体能带性质和器件结构上的相似性,CZTSSe 太阳能电池的工作原理与 CIGS 电池类似,属于典型的异质结太阳能电池。首先结合图 3.5 所示的器件能带结构示意图介绍该电池的光电物理过程[14]。不同半导体材料间的电学接触会形成异质结,其种类主要包括电荷耗尽型和电荷堆积型[15-16]。由于材料的费米能级差异和电荷转移,当 n 型和 p 型半导体接触时,一般情况下,n 型半导体内的电子会转移进入 p 型半导体,被受主杂质捕获,在 p 型半导体内形成空穴耗尽区;相应地,n 型半导体由于电子损耗,形成电子耗尽区。此即耗尽型异质结。耗尽型异质结内一般电荷耗尽区较宽,内建电场较强,非常有利于光生载流子的漂移,是半导体太阳能电池的首选。此外,同型异质半导体间接触也会发生电荷转移。但由于它们费米能级一般较为接近,电荷转移量少,内建电势小,电场较弱,一般不用于太阳能电池。

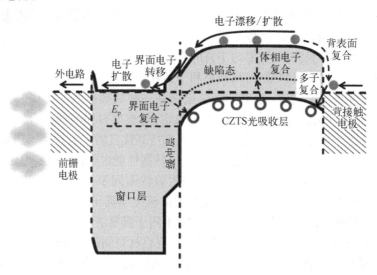

图 3.5　CZTS 太阳能电池中的电荷过程示意图[14]

　　在 CZTSSe 电池中,通过 CBD 过程获得的 CdS 和磁控溅射得到的 ZnO 由于自掺杂效应均表现为 n 型半导体[14]。而 CZTSSe,由于晶格中 Cu 空位的存在,表现为 p 型半导体[17]。器件制备完成后,器件内各层半导体表现出图 3.5 所示的能带弯曲。内建电场主要位于 CZTSSe 侧,数百纳米的界面区域,为光生电荷的分离和输运提供了动力,而 CZTSSe 的其他区域依然保持电中性,为中性区。CdS 和 ZnO 侧均表现出一定程度的电子耗尽,由此引入的界面区电场有利于降低光电电荷在界面的积累,从而减少复合。由于功函数间的差异,CZTSSe/Mo 背接触界面也表现出一定程度的能带弯曲,这在一定程度上增加了背表面多子复合的势垒并会引起背表面复合[14]。

简言之,CZTSSe 电池的光电物理过程如下：CZTSSe 吸收从前表面入射并透过窗口层和缓冲层的光子,进而产生自由的电子和空穴。由于内建电场的存在,耗尽区的光生电荷被迅速分离,电子漂移进入 CdS 和 ZnO 层,并在 ITO 或 AZO 层内横向传输最终被前栅电极收集进入外电路。由于快速的电子漂移,CZTSSe 耗尽区与中性区的界面处电子浓度低。这为中性区的电子扩散过程提供了边界条件,故中性区的光生电子首先通过扩散过程到达耗尽区界面,然后在内建电场的作用下通过漂移进入 n 区。对于空穴输运,内建电场使空穴以漂移的方式在耗尽区界面形成堆积,进而促使中性区非平衡空穴以扩散的方式向背表面运动。最终,流经外电路的电子到达背电极,进而与非平衡空穴复合(多子复合),实现电荷守恒。这就是太阳能电池工作的微观物理过程。从宏观的能量转换角度理解,光子的吸收和激发过程为电子系统提供了初始势能,而合适的能带结构和内建电场为电荷的定向运动和对外做功提供了基础,二者缺一不可。

伴随着上述光电物理过程和能量转换,部分光生激发态电荷会以复合的方式回到基态,而不能对外电路做功,从而出现电荷和能量损失。图 3.5 示意性地给出了 3 种形式的电荷复合过程,分别为体相复合、ZnO/CdS/CZTSSe 前界面电子复合和 CZTSSe/Mo 界面的背表面复合。体相复合主要为通过体相缺陷态的非辐射复合,前界面复合主要通过界面缺陷态进行。背表面复合一方面起源于背接触界面态,另一方面产生于电子在浓度梯度下的背向扩散和在背面电场作用下的背向漂移。器件制备中,提高半导体薄膜和异质结质量以降低体相和界面缺陷态,重掺杂或梯度带隙调控背表面电场是抑制上述复合,提高器件光电转换性能的重要手段[2,14]。图 3.6 给出了 CZTSSe 电池和侧面形貌和相应的表征其电荷传输的电子束诱导电流图[7]。可见,电流贡献更多地来源于异质结界面及其结区,而背表面区的电荷则由于体相和背表面复合而不能被有效收集。

下面将结合异质结电荷输运理论并参照 CIGS 电池,讨论 CZTSSe 电池中较为关键的电学性质。关于太阳能电池更详细的电荷输运和复合性质的论述,可见参见相关书籍[2,14,16]。

1. 掺杂和能带弯曲

p 型吸收层的能带弯曲和内建电场的宽度是影响光生电荷输运和复合的重要因素。如图 3.7 所示,可以用 CdS/CZTSSe 界面处 CZTSSe 价带顶与费米能级的能量差 E_p 来描述 CZTSSe 的能带弯曲[14]。同时,E_p 也反映了界面处电子和空穴的浓度分布,以及能级填充状态。较大的 E_p,一方面可以促使 CZTSSe 界面反型,增强

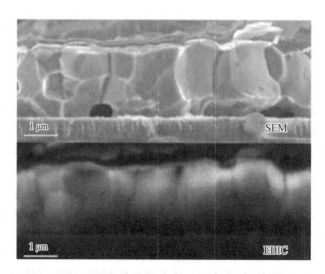

图 3.6　联胺溶液法制备的 CZTS 电池的电子显微镜截面照片
（SEM）和相应的电子束诱导的电流成像（EBIC）[7]

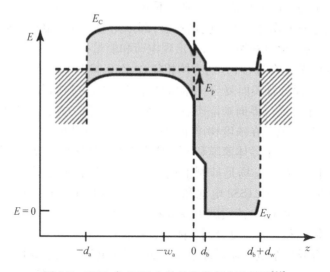

图 3.7　CIGS 或 CZTS 电池的能带弯曲示意图[14]

界面电场,促进电荷分离;同时使得电子成为多子,可以有效降低辐射和非辐射复
合。另一方面,界面态的填充可以有效降低非辐射复合路径。根据图 3.7 所示能
带弯曲,可知

$$E_p = E_{g,a} + \Delta E_C^{w,b} + \Delta E_C^{b,a} - E_{n,w} + q\varphi(0) \tag{3.1}$$

其中,$E_{g,a}$ 表示 CZTSSe 的禁带宽度;$\Delta E_C^{w,b}$ 表示窗口层与缓冲层间的导带带阶;

$\Delta E_{\rm C}^{\rm b,\ a}$ 表示缓冲层与 CZTSSe 间的导带带阶; $E_{\rm n,\ w}$ 表示窗口层导带与费米能级的能量差; $q\varphi(0)$ 为窗口层和缓冲层内的电势降(此处小于 0)。同时,器件的电荷守恒可以描述为

$$qN_{\rm D,\ w}d_{\rm w} + qN_{\rm D,\ b}d_{\rm b} - qN_{\rm A,\ a}W_{\rm a} = 0 \tag{3.2}$$

其中, q 表示电子电荷; $N_{\rm D,\ w}$ 为窗口层施主浓度; $d_{\rm w}$ 为窗口层耗尽区宽度; $N_{\rm D,\ b}$ 为缓冲层施主浓度; $d_{\rm b}$ 为缓冲层耗尽区宽度; $N_{\rm A,\ a}$ 为光吸收层受主浓度; $W_{\rm a}$ 为光吸收层耗尽区宽度。

　　原则上,在器件各层半导体性质(包括介电常数、薄膜厚度、禁带宽度、电子亲和势、有效态密度、掺杂类型和浓度、缺陷态类型和浓度)已知的情况下,根据泊松方程和电荷守恒原理,器件的能带弯曲可以进行数值求解,并可根据数值结果定量分析影响器件半导体电学性质和性能的物理性质。目前有很多模拟软件可以对异质结太阳能电池的能带和电学性质进行模拟,比如 AMPS‒1D[18],已经在 CIGS 的研究中被广泛应用。

　　图 3.8 给出了具有吸收层/缓冲层/窗口层结构的基于 CIGS 异质结薄膜太阳能电池的能带弯曲、载流子分布、内建电场和电荷密度的模拟结果,以定性了解 CZTSSe 电池的电学性质[14]。由于费米能级平衡和电荷守恒的需要,窗口层 ZnO 内的电子会向 n 型缓冲层 CdS 和 p 型光吸收层转移,从而出现界面处的电荷积累和耗尽。ZnO 界面和 CdS/光吸收层界面均出现了电子耗尽而导致的正电荷分布,而 CdS/ZnO 界面的 CdS 一侧则出现了一定程度的电子积累。光吸收层内则出现了很宽的空穴耗尽,形成了负电荷区,即空间电荷区,见图 3.8(a)所示。由于空间电荷的存在,器件内部形成内建电场,为光生电荷的分离和定向输运提供动力。较大的施主浓度有利于获得更显著的能带弯曲,这主要是因为更大的费米能级差异和内建电势。而吸收层受主浓度的升高会降低 $E_{\rm p}$,这是费米能级差异和吸收层价带边位置变化共同作用的结果。而受主浓度的升高也会降低吸收层的耗尽宽度,不利于更多的光生电荷的快速转移。此外,缓冲层厚度对器件能带弯曲也有一定影响,这是因为缓冲层起到了连接窗口层和吸收层电荷转移和电中性的作用,其厚度的变化将影响两个界面的电荷积累和耗尽状态。总之,对于包含缓冲层的异质结太阳能电池,表现出更为复杂的能带结构性质。实验中,需要对各层的半导体性质进行协同优化,才能获得最优的器件性能。直观地,为了在吸收层内获得更大程度的能带弯曲和耗尽区宽度,希望缓冲层和窗口层具有更高浓度的施主掺杂,而吸收层受主掺杂浓度不宜过高。而在保证薄膜均匀性和缓冲效果的状态下,缓冲层厚度应具有更小的厚度,使器件在整体上更接近理想的 p‒n+单边异质结。

　　在实际器件中,由于晶格失配、界面污染等原因,经常存在界面电荷,这会在一定程度上影响器件的能带弯曲,甚至显著影响吸收层的内建电场强度和宽度,进而

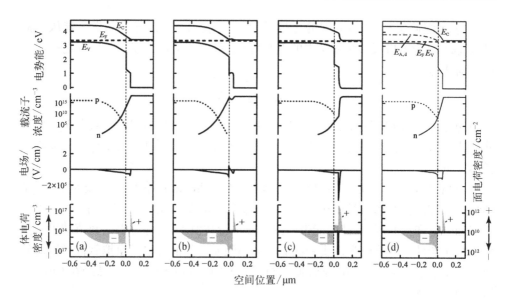

图 3.8   理论计算得到的不同界面电荷状态下器件内的能带弯曲、载流子浓度、电场
和电荷分布图。(a)没有界面电荷;(b) 吸收层/缓冲层界面 $8×10^{11}$ cm^{-2} 密
度正电荷;(c) 缓冲层/窗口层界面 $2×10^{12}$ cm^{-2} 密度电荷;(d) 吸收层中存
在位于 0.6 eV 的密度为 $5×10^{17}$ cm^{-3} 受主能级[14]

影响器件的性能[16]。图 3.8(b)和(c)分别示意地给出了在光吸收层/缓冲层界面
(正电荷)和缓冲层/窗口层界面(负电荷)存在界面电荷时的能带结构。当界面存
在较高浓度的电荷堆积时(比如来自界面施主/受主掺杂),界面电荷也会参与电
荷转移和守恒条件,即式(3.2)左侧需引入界面电荷浓度项(qN_{IF},其中 N_{IF} 表示界
面电荷面密度,电荷正负由其类型决定)。当存在高浓度界面施主导致的正电荷
时,即相当于提高了缓冲层或窗口层的掺杂浓度,这会在一定程度上增加吸收层能
带弯曲和耗尽层宽度。也可能会引入一定程度的界面势垒。对于界面受主导致的
负电荷的存在,则体现出相反的性质。通过电荷守恒原理,我们可以直观地理解这
种变化。对于实际器件,我们更希望前界面缓冲层和窗口层内具有更少的缺陷态
浓度,尤其是受主浓度,以降低界面复合,并获得更流畅的能带结构。图3.8(d)还
给出了当吸收层内存在深受主缺陷态时的能带弯曲。除了引入复合中心,深受主
缺陷态的引入相当于增加了光吸收层的掺杂浓度,这对于耗尽区宽度也是不利的。

2. 光电流产生、复合和伏安特性

如前所述,在内建电场导致的电荷漂移和浓度梯度导致的扩散作用下,电池在
光照下产生的自由电子和空穴会定向输运,进而产生光生电流,并对外电路做工,
实现太阳能到电能的转换。由于电荷复合的存在,一定电压 V 下,电池的光生电流

J_{ph}为[2,14,16]

$$J_{ph}(V) = q \int_0^{d_a} [G(Z) - U(z, V)] dz = q \int_0^{d_a} G(Z) \eta(z) dz \qquad (3.3)$$

其中,d_a为光吸收层厚度;$G(z)$为空间位置z处的电荷产生速率;$U(z, V)$电荷复合速率。引入电荷收集效率η以描述电荷复合与电荷产生间的比率关系。根据器件的光学性质和光吸收原理,电荷产生速率可以进一步表示为

$$G(z) = \int N(\lambda) T_w(\lambda) [1 - R_w(\lambda)] \exp[-\alpha_b(\lambda) d_b] \alpha_a(\lambda) \exp[\alpha_a(\lambda) z] d\lambda$$

其中,λ表示入射光波长;$N(\lambda)$表示入射光子流密度;T_w和R_w分别表示窗口层的透射和反射率;α_b和α_a分别为缓冲层和光吸收层的消光系数;d_b为缓冲层厚度。可见,对于具有特定光学性质的CZTSSe等异质结太阳能电池,其电荷产生速率是一定的。而实验中,优化缓冲层厚度以及窗口层反射和透射率是CZTSSe电池制备的必经过程。除去该类光学损耗外,该类电池光电流的另一重要损耗机制即为图3.5所示的复合过程。

对于准中性区,光生电荷的收集主要通过扩散过程进行,而扩散过程中的电荷复合主要来源于体相少子复合和背表面复合。体相少子复合可以用少子寿命τ_0描述,而背表面复合用背表面电子转移(复合)速率$S_{n, bc}$描述。故体相过程可以描述为

$$D_n \frac{\partial^2 \Delta n}{\partial x^2} + G_n(x) - \frac{\Delta n}{\tau_0} = 0$$

其中,D_n表示电子扩散系数;Δn为非平衡电子浓度。其边界条件为

$$\begin{cases} D_n \dfrac{d\Delta n}{dx} \bigg|_{z = -d_a} = S_{n, bc} \Delta n(-d_a) \\ \Delta n(-d_{a, e}) = 0 \end{cases}$$

其中$d_{a, e}$为吸收层耗尽区宽度。一般认为耗尽区/中性区边界处的光生电荷可以被快速收集,其非平衡电荷浓度和相应的体相复合损耗可以忽略,该位置的电荷收集效率为1。结合扩散方程和边界条件可以求解不同空间位置的电子浓度,再结合耗尽区/中性区扩散边界条件,即可获得扩散电流,与pn结电池的原理基本一致。当背表面复合速率增大时,接近背表面区域的光生电荷的背向扩散增加,会产生较大程度的损耗;而体相扩散系数和少子寿命降低引起的少子扩散长度($L_{n, a}$)的下降也会显著降低电荷收集效率。总之,中性区的光生电荷损失主要来源于体相少子复合和背表面复合。实验中,需要提高晶体质量以提高少子

扩散长度,并在背表面引入梯度带隙或背表面场来降低其复合速率,提升器件性能。

对于空间电荷区,由于存在较强的内建电场,光生电荷可以较高的速率进行漂移运动。对于 CIGS,其电子迁移率可以达到 100 $cm^2/(V \cdot s)$,内建电场强度可以达到 10^4 V/cm^1,电子在空间电荷区的平均速度可以达到 10^4 nm/ns^1,电子在约为500 nm 厚的空间电荷区的渡越时间仅为 50 ps,远小于材料的少子寿命[19]。故空间电荷区的光生电荷收集效率为 1。对于 CZTSSe,由于高浓度缺陷导致的散射,电子迁移率较低,可能在 10 $cm^2/(V \cdot s)$ 量级,当内建电场平均强度仅有 10^3 V/cm^1 时,电子在 200 nm 厚的空间电荷区的渡越时间将达到 3 ns。这与目前报道的CZTSSe 材料自身的少子寿命相当[20]。故对于 CZTSSe 电池,电子在空间电荷区的复合不能忽略,也显著影响着器件性能。总之,无论是准中性区的电子扩散过程还是空间电荷区较快的电子漂移过程,提高材料的迁移率和少子寿命是提升其性能的必由之路。

依照半导体物理基本理论,CZTSSe 电池的伏安特性也可以描述为[16]

$$J = J_{ph} - J_0 \left[\exp\left(\frac{qV + J \times R_s}{AKT} \right) - 1 \right] - \frac{V}{R_{sh}}$$

其中 J_{ph} 近似为电池的短路电流密度,而 J_0 和 A 共同决定了电池的开路电压和最终的光电转换效率。表 3.1 给出了 CZTSSe 的器件性能和相应的伏安特性参数,通过这些参数及其与 CIGS 和硅电池的对比,我们可以定性分析该电池性能的受限因素,为性能优化提供一定的指导。与 CIGS 电池相比,目前 CZTSSe 电池的短路电流并没有明显的劣势,尽管它们都还明显低于理论极限。限制 CZTSSe 电池性能的因素主要在其异质结反向饱和电流密度 J_0。J_0 由 CZTSSe 电池的中性区扩散饱和电流密度和空间电荷区复合电流密度共同决定。对于 CZTSSe,扩散饱和电流密度 $J_0 = \frac{qn_i^2}{N_A} \sqrt{\frac{D_n}{\tau_n}}$,近似为 10^{-15} mA/cm^2,对应的开路电压可以达到 0.99 V,远高于目前实验结果。相应地,空间电荷区复合电流密度 $J_0 = \sqrt{\frac{\pi}{2}} \frac{KTn_i}{\tau_n F}$,近似为 10^{-7} mA/cm^2,其对应的开路电压也超过 1 V。故理想状况下,CZTSSe 电池也可以获得高的开路电压和光电转换效率。从表 3.1 看出,CZTSSe 电池的异质结理想因子约为 1.5,表明偏压下光吸收层内的少子扩散和复合在器件的电荷损失中扮演相似的角色,与 CIGS 电池类似。而对于高性能的单晶硅电池,理想因子接近 1,表明电子扩散主导其伏安特性,器件伏安特性与性能参数间存在很好的对应关系。而对于 CZTSSe 电池,其开路电压远低于其伏安特性的预测值,表明电池内还存在其他电荷损失机制,比如串联和并联电阻效应,这也反映在其较低的理想因子上。总之,CZTSSe 的伏安特性表明该类电池在各方面还存在很大的提升空间,尤其是要降低光生载流子的复合和附加损失。

表 3.1 CZTSSe 电池器件性能和伏安特性参数[7,21]

电　池	短路电流/(mA/cm^2)	开路/V	填充因子	效率/%	A	$J_0/$(mA/cm^2)
CZTSSe－1	35.2	0.513	0.70	12.6	1.45	$7.0×10^{-8}$
CZTSSe－2	34.5	0.460	0.70	11.1	1.48	$2.2×10^{-7}$
CIGS－1	32.6	0.623	0.75	15.2	1.49	$3.7×10^{-9}$
CIGS－2	35.7	0.730	0.78	20.3	1.28	$4.2×10^{-11}$
Si	41.8	0.740	0.83	25.6	1.07	$9.3×10^{-11}$

3.2　铜锌锡硫(硒)半导体材料物理化学性质

3.2.1　铜锌锡硫(硒)半导体材料的晶体学和物相特征

1. 晶体结构

CZTSSe 是一种四(五)元半导体材料,具有与 CIGS 类似的晶体结构和原子配位方式。CZTSSe 并不是自然存在的晶体材料,而是在 CIGS 的基础上进行原子替代而研发出的环境更友好元素储量更丰富的半导体材料。图 3.9 示意地给出了硫族半导体材料的组分演化过程[17]。ZnS 具有闪锌矿(zinc blende)结构,是自然界一种广泛存在的锌矿物。作为一种宽禁带半导体材料,ZnS 具有悠久的研究历史。闪锌矿 ZnS 具有立方结构,其中 S 原子采用 sp^3 杂化形式,与金刚石和硅类似具有

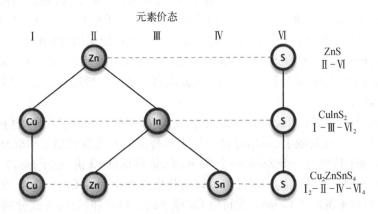

图 3.9　CZTS 系列材料的元素演化示意图[17]

四配位结构,见图 3.10。一个 S 原子与四个等价的 Zn 原子进行配位,并构成正四面体。类似地,Zn 原子也与最近邻的四个 S 原子进行配位,构成正四面体。Zn 和 S 原子间采用共用电子形式形成具有一定极性的共价键,结构稳定。然而,ZnS 的带隙过大,是一种绝缘性材料,在可见光区没有明显的光电特性,限制了其作为活性材料在光电器件方面的应用。在 ZnS 晶体结构的基础上,采用原子替换的方式可以调整材料的晶格尺寸等参数,进而调节材料带隙。为保证原子配位和八电子结构,可以采用具有 +1 价的 Cu 原子和具有 +3 价的 In 原子分别替代两个 Zn 原子,从而形成 $CuInS_2$ 组分,见图 3.9。类似地,S 原子依然采用四配位的方式与周围两个 Cu 和两个 In 原子进行配位。而 Cu 和 In 原子也分别采用四配位的方式与周围最近邻四个 S 原子进行配位,见图 3.10。

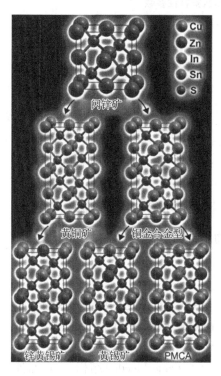

图 3.10　CZTS 系列材料的晶格结构
演化和多样性示意图[17]

由于原子替换后的金属原子的占据位置,$CuInS_2$ 可以具有两种晶体结构,分别为黄铜矿(chalcopyrite)和铜金合金型(CuAu-like)结构。对于 ZnS 晶胞,Zn 原子占据立方体 8 个顶点和 6 个面心位置。而 $CuInS_2$ 晶胞则是 ZnS 在 c 轴方向的双倍化,金属原子具有不同的位置和化学环境。故在进行 Cu 和 In 原子占据时,Cu 和 In 原子可以分别独自占据一个原子面,形成 CuAu 型结构;或以间隔的方式共同占据金属原子面,形成 chalcopyrite 结构。由于原子结构的差异,材料的形成能、稳定性以及半导体性质均存在一定的差异。目前广泛采用的 CIGS 电池材料即为 chalcopyrite 结构。CIGSSe 即在 $CuInS_2$ 黄铜矿结构的基础上,引入 Ga 原子部分替代 In 原子,引入 Se 部分替代 S 原子,从而获得合适的能带结构,以满足太阳能电池设计的需求。

然而如前所述,In 元素储量很低,原料成本高等问题,限制了 CIGS 材料和器件的长远发展。在此基础上,采用等价态原子对替换的方式发展出了 CZTSSe 材料。将两个 In 原子替换为一个 Zn 和一个 Sn 原子,依然保证 +3 价/原子,见图 3.9。由此,在 $CuInS_2$ 两种晶体结构的基础上可以演化出三种类型的 CZTS 晶体,如图 3.10 所示。首先对于黄铜矿 $CuInS_2$,保持原 Cu 原子的占位,以间隔的方式分别将 In 原子层替换为 Zn 和 Sn 原子层,此即锌黄锡矿(kesterite,以下简称 KS)结构。对于铜金合金型 CuInS₂,在保持 Cu 原子占位的基础上,Zn 和 Sn 可以间隔的方式完全等价地占据四个 c 面的 1/4 和 3/4 心位置,即黄锡矿(stannite,以下简称 ST)结构;也可以分别各自占据左右和前后 c 面位置,此即混合铜金(PMCA)结构,见图 3.11。

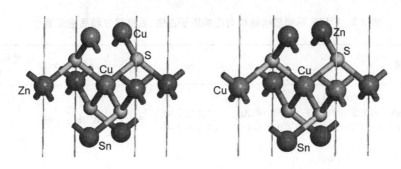

图 3.11 不同结构的 CZTS 的晶格的微观原子
占位差异示意图(左为 KS;右为 ST)

CZTSSe 材料的多样化的晶体结构是早期研究关注的重点之一。近年来对该材料原子无序和缺陷态的关注,更凸显了认识其晶格结构的必要性。表 3.2 总结了不同晶格结构 CZTS 中金属原子的占位状态,以更直观地体现它们的差异性[22]。KS 中(1/2,0,1/4),(0,1/2,3/4)位置的 Cu 原子与(1/2,1/2,0),(0,0,1/2)位置的 Zn 原子互换,即 ST 结构。而 ST 中(0,1/2,3/4)位置的 Zn 原子与(1/2,0,3/4)位置的 Sn 原子互换,即 PMCA 结构。故 CZTS 三种晶体结构间的差异本质在于 Cu/Zn 和 Zn/Sn 原子间的取代和无序化。由于原子结构的差异,不同结构的 CZTS 晶胞在尺寸上也存在一定程度的差异,如表 3.2 所示。但这种差异在实验上并不一定能很好地体现。当然不同结构的 CZTS 在能量上也存在一定的差异。第一性原理计算表明,KS 结构具有更低的能量,在热力学稳定状态下最稳定也最容易形成,而 ST 结构相较 KS 能量高出 4.6 meV/atom,PMCA 较 ST 则高出 3.7 meV/atom,见图 3.12。类似地,对于多种具有 I₂-Ⅱ-Ⅳ-Ⅵ₄ 组分结构的硫族化合物材料,KS 均表现出最低的能量。然而该类多组分材料一般需要在高温下才能形成单一稳定的组分物相,而高温合成中不同结构间较小的能量差异并不能保证材料具有单一的 KS 结构。而由于动力学过程的限制,材料退火和冷却过程晶格结构并不一定能进行充分的弛豫,由此导致最终合成的 CZTS 材料在 KS 主体结构的基础上还包含 ST 甚至 PMCA 结构,最终影响材料的半导体性能。此即目前被广泛关注的 CZTS 材料中 Cu/Zn 反位缺陷或无序化的形成原因。然而由于结构和原子尺寸间的相似性,目前实验上尚不能利用 XRD 等传统手段对不同结构的 CZTS 进行有效区分。图 3.13 给出了 CZTS 和 CZTSe 不同晶体结构的 XRD 模拟结果,可见不同结构间由于晶格尺寸等的相似性,在 XRD 上并不能看出物相的差异[26]。故目前研究中,XRD 仅作为材料物相的初步判断手段,对于 CZTS 物相以及其他结构相似的二次相的鉴别,一般采用拉曼散射等对原子位置和取向更敏感的测量方法。

表 3.2　CZTS 不同晶格结构对应的原子占位、晶格尺寸和晶格能量[22]

材　料	Cu	Zn	Sn	$a/Å$	$c/Å$	c/a	能量/(meV /atom)
CZTS KS (sim)	(0,0,0) (1/2,1/2,1/2) (1/2,0,1/4); (0,1/2,3/4)	(1/2,1/2,0) (0,0,1/2)	(0,1/2,1/4) (1/2,0,3/4)	5.443	10.786	1.982	0
CZTS ST (sim)	(0,0,0) (1/2,1/2,1/2) (1/2,1/2,0) (0,0,1/2)	(1/2,0,1/4) (0,1/2,3/4)	(0,1/2,1/4) (1/2,0,3/4)	5.403	10.932	2.023	4.6
CZTS PMCA (sim)	(0,0,0) (1/2,1/2,1/2) (0,0,1/2) (1/2,1/2,0)	(1/2,0,1/4) (1/2,0,3/4)	(0,1/2,1/4) (0,1/2,3/4)	5.400	10.942	2.026	8.3
CZTS KS (exp)	—	—	—	5.432	10.840	1.996	—
CZTS ST (exp)	—	—	—	5.426	10.81	1.992	—

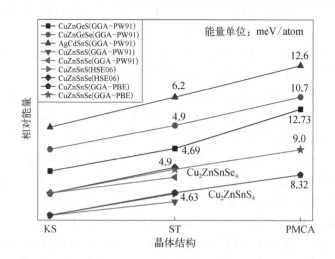

图 3.12　理论计算得到的具有不同晶格的 CZTS 系列材料的相对能量。不同计算方法均表明 KS 结构具有最低的晶格能量,即最稳定的晶格结构

注:数据整理自文献[23]~[26]。

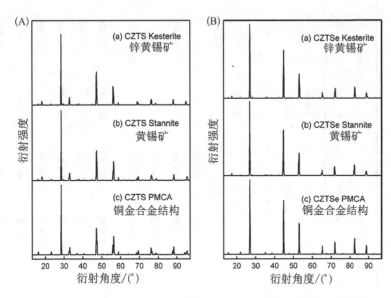

图 3.13 理论模拟得到的不同结构的 CZTS 材料的 X 射线衍射谱[26]

拉曼散射依赖光子与晶体声子间的非弹性散射。通过分析散射前后光子波数的变化可以得到材料中的声子状态,进而对材料的结构进行判断。表 3.3 给出了第一性原理计算得到的不同结构 CZTS 布里渊区 $k=0$ 位置的声子振动模式和频率以及相关的拉曼散射和红外光谱的实验结果。见图 3.14 所示,目前实验获得的拉曼散射光谱一般在 338 cm^{-1}、287 cm^{-1}、368 cm^{-1} 和 377 cm^{-1} 等附近具有明显的散射峰[26-27]。这些散射对应的声子更接近于计算得到的 KS 结构的声子能量,表明目前制备的 CZTS 主要为 KS 结构,这与 KS 具有最低的能量是一致的。但通过多峰拟合,依然可以分辨出位于 332 cm^{-1},对应于 ST 结构的拉曼散射峰。表明 KS 主体结构下,材料中依然会存在 ST 结构,或者说材料表现出一定程度的 Cu/Zn 无序。关于 Cu/Zn 无序及其影响我们在后续章节中进行更详细的讨论。

2. 物相

CZTS(Se)材料是由 Cu、Zn 和 Sn 三种金属元素在 S(Se)气氛和高温下反应生成的四元半导体材料。式(3.4)给出了高温下金属元素与 S 气氛接触时可能发生的化学反应。除了 CZTS,在 Zn 不足的情况下,反应还可能会生成 Cu_2SnS_3(CTS);而当 Zn 过量时,Zn 与 S 反应会生成 ZnS 二次相。由于 CZTS 起源于 ZnS 晶格,CTS 和 ZnS 与 CZTS 间具有类似的晶格结构和尺寸,它们在 XRD 上体现出的衍射峰位置极其接近,如表 3.4 所示,难以进行有效区分[28]。此外,当 Cu 或 Sn 过量时,则又

表 3.3　第一性原理计算得到的不同结构 CZTS 布里渊区 $k=0$ 位置的声子振动模式和频率以及相关的拉曼散射和红外光谱的实验结果[26]

对称性	KS 波数/cm⁻¹	对称性	ST 波数/cm⁻¹	对称性	PMCA 波数/cm⁻¹	实验/cm⁻¹ 拉曼	实验/cm⁻¹ 红外
A	340.04	A_1	334.08	A_1	334.42	338.00	—
	284.30		277.12		299.25	287.00	—
	272.82	A_2	263.11	A_2	266.13	—	—
B (TO LO)	355.80　374.05	B_1	291.12	B_1	291.18	368.00	—
	309.56　313.19		74.17		61.17	—	316.00
	238.48　254.73	B_2 (TO LO)	360.12　370.63	B_2 (TO LO)	341.77　356.57	—	—
	166.65　168.21		277.08　291.82		278.85　288.88	—	168.00
	98.82　98.83		149.69　150.91		148.63　149.90	—	—
	86.70　87.51		95.85　95.86		87.21　87.26	—	86.00
E (TO LO)	351.55　366.35	E (TO LO)	346.01　364.87	E (TO LO)	336.98　357.95	351.00	351.00
	281.07　293.44		264.37　275.52		277.85　284.12	—	293.00
	250.26　257.85		235.41　246.58		234.77　247.02	252.00	255.00
	150.53　151.05		161.68　162.63		164.81　166.56	—	143.00
	105.93　106.00		97.34　97.38		86.29　86.32	—	—
	83.64　83.65		78.39　78.73		73.26　73.86	—	68.00

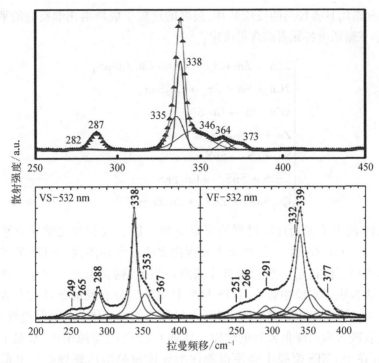

图 3.14　CZTS 薄膜的拉曼散射谱示例[26-27]

表 3.4　CZTS 及其相关的二次相的 XRD 衍射峰位[28]

CZTS		tetragonal - Cu_2SnS_3		cubic - Cu_2SnS_3		cubic - ZnS	
2θ (°)	hkl	2θ (°)	hkl	2θ (°)	hkl	2θ (°)	hkl
28.44	112	28.54	112	28.45	111	28.50	111
32.93	200	33.07	200	32.96	200	33.03	200
33.02	400	—	—	—	—	—	—
47.33	204	47.47	112	47.31	220	47.40	220
56.09	312	56.32	312	56.13	311	56.24	311
56.20	116	—	—	—	—	—	—
76.41	332	76.68	316	76.39	331	76.56	331

会生成 Cu_xS 或 SnS_x 杂相。总之,由于组分的复杂性和高温等反应环境,二次相是 CZTS 材料制备中一直存在也是首先要解决的重要问题。当然,当二次相比例合适时,在高温下,它们彼此间也会发生化学反应,生成新的化合物,比如 Cu_2S 和 SnS_2 会反应生成 CTS,而 CTS 可进一步与 ZnS 反应生成 CZTS。从化学角度来理解,高

温下不同元素均具备较高的反应活性,最终的反应生成物由化学反应的平衡来决定,而化学平衡则由各元素的含量决定。

$$\begin{cases} 2Cu + Zn + Sn + 4S \rightarrow Cu_2ZnSnS_4 \\ 2Cu + Sn + 3S \rightarrow Cu_2SnS_3 \\ xCu + S \rightarrow Cu_xS \\ Zn + S \rightarrow ZnS \\ Sn + xS \rightarrow SnS_x \\ Cu_2S + SnS_2 \rightarrow Cu_2SnS_3 \\ Cu_2SnS_3 + ZnS \rightarrow Cu_2ZnSnS_4 \end{cases} \quad (3.4)$$

图 3.15 给出了理论计算得到的可以反映上述二次相和化学反应平衡的热力学相图[17]。Cu、Zn 和 Sn 三种金属元素构成的三维相图内,单相 CZTS 只能在一个很小的相区内存在。当元素组分偏离该相区,则会出现二次相。该理论结果更直接地表明了实验中合成 CZTS 材料对化学组分和反应条件均有较为苛刻的要求。由于这些二次相具有与 CZTS 差异较大的半导体特性和导电性能,它们的存在一般被认为会降低器件的性能。比如 Cu_xS(Se)带隙很小,常温下导电性较高,其存在于 CZTS 薄膜中会使得器件半导体薄膜层出现导电和电荷复合通道;而 ZnS 则会作为绝缘中心,影响 CZTS 薄膜中光生电荷的正常传导,增加器件的串联电阻[29]。但如果能将这些二次相控制在合理的位置,它们也能在一定程

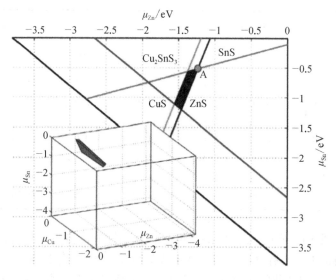

图 3.15 理论计算 CZTS 相图和相关的二次相。在 Cu – Zn – Sn 三元相空间内,CZTS 单相只稳定存在于长方体中灰色的较小的区域内[17]

度上起到辅助电荷传输、钝化缺陷等作用[30-31]。总之,二次相的利弊,取决于我们是否能有效地调控它们。目前实验中通过对组分等的系统探索,已经能在宏观上比较好地控制二次相问题。如何发挥二次相的积极效应,依然是值得发展的方向。

如前所述,在 CZTS 的物相和二次相表征中,XRD 不能发挥良好的效果。对于二次相,目前实验上依然普遍采用拉曼散射方法。表 3.5 总结了 CZTS(Se)及其杂相的拉曼散射频移,可见对于不同的物相,它们的拉曼散射频移间存在较大的差异,通过这些差异我们可以很好地对制备出的 CZTS 材料进行物相鉴别,甚至是空间成像。需要指出的是,ZnS 和 ZnSe 的拉曼散射需要在短波长激发下才能被有效地观测到[32-33]。

表 3.5　CZTS 及其相关的二次相的拉曼散射峰位[28]

物　相	CZTS (Se)	T-CTS (Se)	C-CTS (Se)	O-CTS (Se)	C-ZnS (Se)	SnS	SnS$_2$	Sn$_2$S$_3$	Cu$_{2-x}$S	MoS(Se)$_2$
生成条件	—		缺 Zn		富 Zn			富 Sn	富 Cu	背电极反应
拉曼散射频移/cm^{-1}	289, 339, 350, 370	297, 337, 352	267, 303, 356	318	275, 352	160, 190, 219	314, 215	32, 60, 307	264, 475	288, 384, 410
	231, 196, 173		179, 233		250, 500	—	—	—		240, 285

3.2.2　铜锌锡硫(硒)半导体材料电子结构与光学特性

1. 能带结构

CZTS 起源于 CIGS,它们也具有相似的能带结构和光吸收特性。图 3.16 给出了基于第一性原理不同方法计算的 CZTS 能带结构[34]。尽管不同方法在计算禁带宽度(带隙)方面存在一定的差异(表 3.6),但理论计算均表明 CZTS 具有直接带隙结构,为获得高的光吸收奠定了基础。实验表明,CZTS 的禁带宽度约为 1.5 eV。进一步观察图 3.16 所示的能带结构可以发现,CZTS 的价带顶包含三种不同有效质量的子带,而导带底只包含一种子态。并且,电子的有效质量明显低于空穴有效质量,这对于获得较高的少子迁移率是有益的。CZTSe 具有与 CZTS 类似的能带结构。

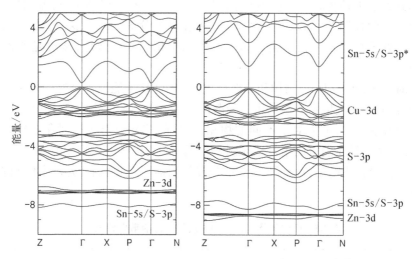

图 3.16　基于不同方法计算得到的 CZTS 的能带结构[34]

表 3.6　不同方法计算得到的 CZTS 的禁带宽度和实验结果[17]

计 算 方 法	带隙/eV
GW(+U)+G0W0[35]	1.08
HSE(+G0W0)[36]	1.39
HSE(+scGW)[37]	1.52
实验组[38]	1.49

　　图 3.17 给出了 CZTS 的分波态密度图,可见价带顶的能态主要来自 Cu 原子的 3d 轨道和 S 原子的 3p 轨道,而导带顶能态主要由 Sn 原子的 5s 和 S 原子的 3p 轨道贡献。表明,CZTS 材料的光吸收和电子激发主要发生在与 S 原子共同配位的 Cu 和 Sn 原子间。因此一定的原子有序对于电荷传输至关重要,可能这也是不同晶格结构的 CZTS 间半导体性能差异较大的原因。

　　作为多元材料,CZTS 各组分可进行同族或同价态原子间的替换,进而可以调控晶格尺寸和电子结构。Se 原子具有与 S 原子相同的最外层电子结构,可以与 S 原子进行任意比例的替换,从而形成 CZTSSe 五元材料。Se 原子的引入可以增大材料的晶格尺寸,进而减小其禁带宽度。图 3.18(a)给出了不同 S/Se 比例的 CZTSSe 材料能带的第一性原理计算结构[39]。可见,不同组分材料间的差异主要在于禁带宽度,而它们的能带组成等基本一致。图 3.18(b)给出了基于该理论计算的禁带宽度与 Se 元素含量间的关系,表明,禁带宽度与组分间存在一定的线性

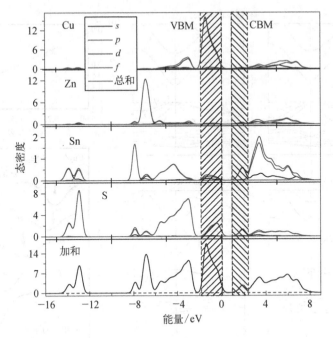

图 3.17 CZTS 的分波态密度图

关系。该关系为通过组分调控以获得最优带隙用以吸光奠定了基础。图3.18(c)给出了基于电解质电反射率法实验测量得到的不同组分 CZTSSe 单晶的禁带宽度[40]。CZTS 的禁带宽度为 1.43 eV,而 CZTSe 的禁带宽度则减小到 1.05 eV 左右,与理论计算的趋势一致。图 3.18(d)则给出了 CZTSSe 纳米晶禁带宽度与组分间的关系,也表明了一种线性关系[41]。目前用于太阳能电池的 CZTSSe 材料基本为硒化获得的薄膜,具有较高含量的 Se 原子,禁带宽度在 1.1 eV 左右。这一方面满足肖克利-奎伊瑟(Shockley-Queisser)的理论预测,另一方面硒化过程相比于硫化更容易生长出高质量低缺陷的半导体薄膜。

从器件角度出发,图 3.19 给出了 CZTS 类电池中常见材料的禁带宽度和带边相对位置的理论计算结果。可见 CZTS 导带底位置高于 CdS 的导带底,它们之间易形成 cliff 结构的异质结;而 CZTSe 的导带底位置明显低于 CdS 导带底,它们间易形成 spike 结构。然而实验测量结果依然存在一定的争议[43-46]。总之,通过调控材料组分和原子替代,我们可以在一定程度上调节 CZTSSe 材料的禁带宽度和带边位置,进而获得更高性能的器件。表 3.7 总结了应用于 CZTSSe 的常见的杂质原子替代及其对禁带宽度的影响[47-50]。杂质原子主要包括与 Sn 原子同族的而原子序数更小的 Ge 原子,Ge/S 原子替代可以减小晶格尺寸,进而增大材料带隙,单纯的

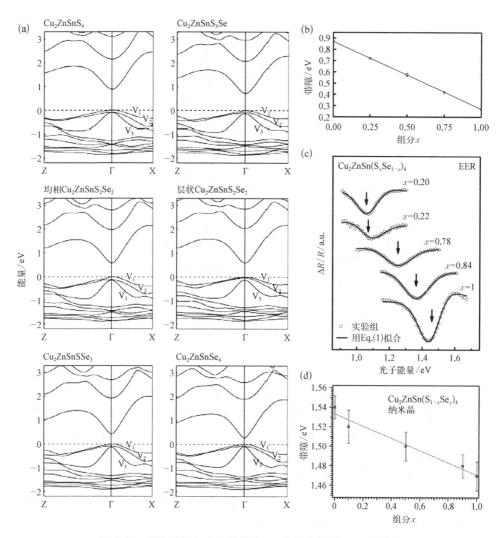

图 3.18　理论计算和实验测得 CZTS 禁带宽度随 S/Se 组分的
变化[39-41]：(a)(b) 为计算；(c)(d) 为实验

Cu_2ZnGeS_4带隙达到 1.95 eV；与 Zn 同一族的原子序数更大的 Cd 原子，Cd/Zn 原子替代可以较小程度的调节材料的带隙，但并不存在线性关系；还可以用第二主族的 Ba 元素替代 Zn，获得的 Cu_2BaSnS_4 和 $Cu_2BaSnSe_4$ 带隙分别为 2.05 eV 和 1.8 eV；与 Cu 同族的原子序数更大 Ag 原子，实验表明，在 CZTSe 体系中，Ag 离子的替代会一定程度上增大材料带隙。目前这些原子替代已经被用于 CZTSSe 太阳能电池，均发现了一定的积极效果，除了对带隙的调节，它们也可以在一定程度上调控材料的缺陷态分布和浓度。

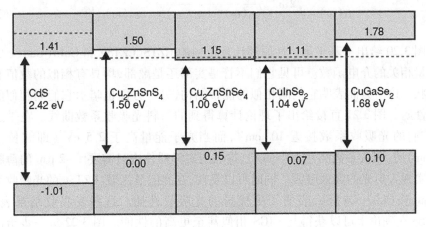

图 3.19 CZTS 相关的半导体材料的禁带宽度和带边位置示意图[42]

表 3.7 CZTS 相关的合金或原子替换化合物的禁带宽度,数据源自文献[47]~[50]

元 素	组 分	带隙/eV
	Cu_2ZnSnS_4	1.5
Ge	$Cu_2Zn(Sn, Ge)S_4$	1.65
	Cu_2ZnGeS_4	1.95
	$Cu_2(Zn_{0.8}Cd_{0.2})SnS_4$	1.46
Cd	$Cu_2(Zn_{0.5}Cd_{0.5})SnS_4$	1.36
	Cu_2CdSnS_4	1.41
	$Cu_2ZnSnSe_4$	1.05
Ag	$(Cu_{0.95}Ag_{0.05})ZnSnSe_4$	1.06
	$(Cu_{0.5}Ag_{0.5})_2ZnSnSe_4$	1.24
Ba	Cu_2BaSnS_4	2.05
	$Cu_2BaSnSe_4$	1.80

2. 光吸收性质

半导体材料对光的吸收和光子-电子转换是太阳能电池工作的首要条件。我们一般希望材料具有高的光吸收系数,可以在更薄的基础上获得更高效率的光子吸收,而更薄的材料可以更好地满足光生电荷的输运和电荷收集。式(3.5)给出了描述材料光吸收系数(α)的理论关系,即取决于材料的实部(ε_1)和虚部(ε_2)介电函数以及光子频率(ω)[51]。

$$\alpha(\omega) = \frac{\sqrt{2}\,\omega}{c}\left[\sqrt{\varepsilon_1(\omega)^2 + \varepsilon_2(\omega)^2} - \varepsilon_1(\omega)\right]^{1/2} \qquad (3.5)$$

图 3.20 给出了基于第一性原理计算得到的 CZTS、CZTSe 和 CuIn(Ga)Se 的光子能量相关的介电函数。可见它们不管是实部还是虚部，均具有相似的数值和曲线形状。这一方面表明它们间相似的能带结构，另一方面也暗示它们间相似的光吸收性质。图 3.21 直接给出了理论计算得到的材料光吸收系数曲线。在带边附近，它们的光吸收系数接近 10^4 cm^{-1}，而当光子能量高于 2.5 eV（即波长小于 500 nm）时，吸收系数高达 10^5 cm^{-1}。这表明实际器件中只需要 1～2 μm 的薄膜即可以实现入射光的高效吸收。同时可以发现，在高能量区域，CZTSe 的光吸收系数显著高于 CuIn(Ga)Se，表明了更优异的光吸收性质。这些光吸收结果表明，CZTSSe 在理论上可以获得与 CIGS 相似甚至更高的性能。图 3.22 进一步给出了 CZTSSe 组分相关的光吸收曲线[52]，可见不同组分间的吸收差异主要来自材料带隙，它们在曲线形状方面完全类似，在可见光区域吸收系数高达 10^5 cm^{-1}，是一个非常优异的光吸收材料体系，与目前研究火热的有机-无机杂化钙钛矿材料可相比拟[53]。

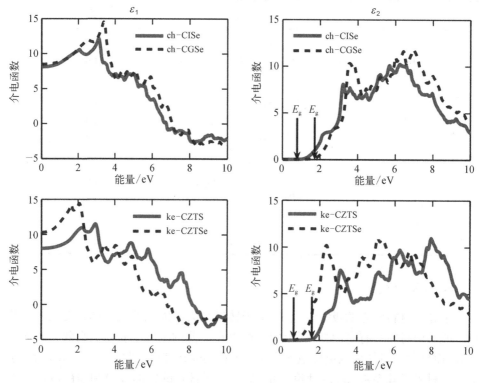

图 3.20   第一性原理计算得到的 CZTS 和 CIGS 材料的光子能量相关的介电常数[51]

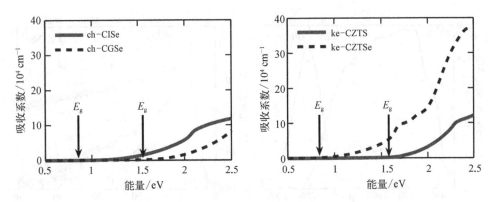

图 3.21 第一性原理计算得到的 CZTS 和 CIGS 的光吸收系数曲线

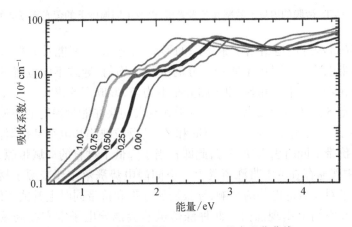

图 3.22 计算得到的 $CZTS_{1-x}Se_x$ 的光吸收曲线

3. 光辐射和带尾态性质

光子辐射是与光吸收相反的物理过程。光子辐射的能量位置、强度和衰减寿命等均与半导体材料的质量和带边能态结构密切相关[54]。图 3.23 给出了 CZTSSe 典型的光吸收、光致发光(荧光)谱和衰减寿命的实验结果[55]。可以发现材料的光子吸收带隙约为 1.13 eV,而荧光峰位置约为 1.03 eV,它们间存在 0.1 eV 的能量差异。这表明在用于光吸收的直接带隙之下还存在其他能态,即带尾态。实验发现,CZTSSe 的荧光量子产率很低,在较低的激发强度下很难观测到光子辐射;材料在常温下的荧光寿命只有几个纳秒,而材料在低温下的荧光寿命却非常长,可以达到近 10 μs,这表明常温下非辐射复合非常严重。因此,虽然 CZTSSe 具有非常优异的光吸收性能,由于存在带尾态和严重的非辐射复合,其光生电荷并不能被高效地收集。当然关于 CZTSSe 性能受限的各方面因素仍需进一步探讨,带尾态的存在可能只是其中之一。

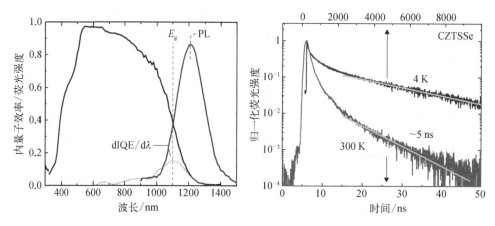

图 3.23　CZTS 薄膜的内量子效率和荧光光谱,以及不同温度下的荧光衰减动力学[55]

图 3.24(a)示意性地给出了带尾态的形成机制,即空间能带涨落或静电势涨落。空间能带涨落主要是由于原子组分的空间不均匀,导致不同位置的能带存在差异。比如,CZTSSe 中 S 和 Se 原子的分布不均匀,形成富 S 或富 Se 区,富 Se 区的带隙较小而富 S 区的带隙较大。光生电子和空穴均会在能量梯度的驱使下自发地转移到富 Se 区。又比如,CZTSSe 中 Cu 和 Zn 的反位缺陷和电荷补偿对的形成,会在导带下和价带上同时引入缺陷态,此即相当于降低了材料的局域带隙,这也是一种 CZTSSe 中普遍存在的能带涨落类型。空间静电势涨落主要来源于材料中正或负电杂质原子对局域静电势的影响,导致局域导带和价带同时上升或下降,从而是导带和价带在空间上出现涨落。此种涨落虽然会诱导电子空穴在局域空间的分离,但其在导带和价带内的势阱(垒)也会分别导致电子和空穴的空间局域,不利于电荷的传输和器件性能。在空间接近的导带和价带势阱内局域的电子和空穴则可以通过隧穿方式进行复合,造成电荷损失。总之,直接带隙之下的带尾态态密度一般较低,其在空间也是不连续的,它们对电荷的捕获必然导致电荷局域,最终增加了材料内的非辐射复合,降低了器件性能。

图 3.24(b)给出了从光吸收曲线中拟合得到的 CZTSSe 和 CIGS 的带尾态能量分布性质。能量越大表明带尾态分布越宽,对电荷的局域越严重。结果表明,CZTSSe 的带尾态能量分布远大于 CIGS,这是这两种类型材料在半导体性质上的一个重要差异,也可能是导致它们器件性能差异较大的一个重要原因。正是这些严重的带尾态的存在导致了 CZTSSe 光子辐射的红移。图 3.24(c)给出了不同激发光功率下 CZTS 薄膜的荧光谱。可见,在低激发功率下材料辐射峰位于 1.15 eV,表现出了近 0.35 eV 的辐射红移。而随着激发功率的上升,辐射峰蓝移,表现出一种能态填充行为。最终在高激发功率下,该辐射峰出现强度饱和,并在 1.45 eV 附近出现了新的辐射峰。该辐射峰与材料带隙接近,可以被认为是电荷通过直接带隙

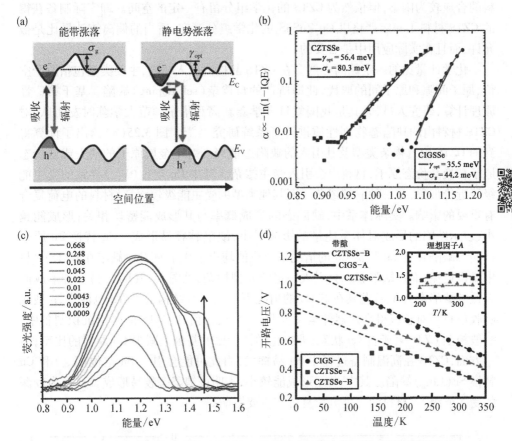

图 3.24 CZTS 内的能带涨落示意图(a)和通过光吸收和量子效率测量得到的带尾态信息(b);不同激发强度下 CZTS 发射峰的蓝移(c);CZTS 电池低温下的极限开路电压损失(d)[55-57]

的辐射复合。这种激发强度依赖的荧光谱直接给出了带尾态存在和电荷填充的实验证据。在电池正常工作状态下,光生电荷被局域,却不足以将带尾态完全填充。由此引起的严重的非辐射复合和电荷传输下降最终导致了器件的光电压降低。如 3.24(d)所示,CZTSSe 的低温极限电压依然显著低于其直接带隙,正是由于带尾态对整个体系内有效带隙的影响。

4. 缺陷态性质

CZTS 体系材料带尾态的产生与材料自身的缺陷态性质密切相关。对于多元半导体,偏离化学组分导致的自掺杂是其缺陷态产生的主要原因。CZTS 可以在一个较狭窄的热力学相区以单相的形式存在,见图 3.15。虽然这意味着 CZTS 单相材料的合成较为困难,但依然为 CZTS 的化学组分留有一定的空间。即实际制备获得的 CZTS 材料不一定严格以 Cu_2ZnSnS_4 的化学组分存在,适当的偏离该计量比是被允许,而且在实际应用中是必要的。

　　化学计量比的一定偏离必然会在 CZTS 晶格内引入缺陷,主要类型包括原子空位、原子间隙和原子间的取代,此即所谓的自掺杂(self-doping)缺陷。基于第一性原理计算,研究人员,尤其是我国复旦大学龚新高和华东师范大学陈时友团队,对 CZTS 材料内的缺陷态物理性质进行了系统研究[17,58]。图 3.25(a) 给出了计算得到的 CZTS 内自掺杂类型及其引入的缺陷态能级。对于金属原子的缺失或低价态原子替换高价态原子,材料内会引入受主掺杂。其中 Cu 空位(V_{Cu})导致的受主能级接近价带顶,是一种 p 型掺杂。而其他类型的受主能级较深,对材料的电荷复合有重要的影响。实际体系中,缺陷态的形成概率与其形成能密切相关;形成能越小,表示缺陷的形成对体系能量的影响越小,缺陷越容易形成。Cu 替换 Zn 原子(Cu_{Zn})缺陷在贫 Cu 和富 Cu 的情况下形成能均小于 0,表面 Cu_{Zn} 缺陷在 CZTS 材料中难以避免;而该缺陷态也会引入一定的 p 型掺杂,见图 3.25(b)。另一种形成能较低的缺陷态为 V_{Cu},尤其在贫 Cu 的情况下。在现有结构的 CZTS 电池中,p 型光吸收层材料对于获得高效器件至关重要。因此,目前在 CZTS 的薄膜沉积制备中,一般控制 CZTS 处于贫 Cu 状态,即在化学计量比的基础上减少 Cu 原料的比率;另一方面,CZTS 在高温制备过程中 Sn 易挥发,由此可能会引入 Sn 空位(V_{Sn})和 Cu 替换 Sn(Cu_{Sn})缺陷。其中,Cu_{Sn} 形成能较小,表明该缺陷态较易形成。且其为较深的受主能级,对材料的光生电荷复合有重要影响。

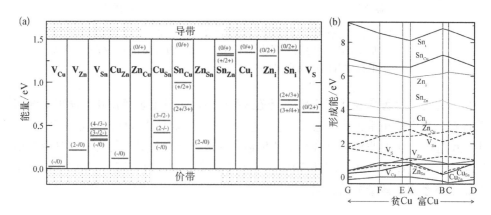

图 3.25　第一性原理计算得到 CZTS 自掺杂缺陷态
能级(a)和相应的缺陷态形成能(b)[17,58]

　　由于电荷差异,上述原子点缺陷一般会引入施主或受主能级,会捕获光生电荷,从而影响器件的性能。而 CZTS 的多组分特性也为电荷补偿型缺陷对提供了可能性。图 3.26 总结了该材料中可能存在的缺陷对类型。其中最为关注的是 Cu 原子和 Zn 原子间的互相取代(Cu_{Zn}+Zn_{Cu}),即 Cu/Zn 反位缺陷。由于 Cu 和 Zn 间极为接近的原子/离子尺寸,该缺陷对的形成能只有 0.2 eV 左右,且与 Cu 元素含量无关[58]。虽然该缺陷对于电荷复合没有显著影响,但可以明显降低材料的有效禁带宽度,尤其是缺陷对所在的局域空间,见图 3.26。这种局域空间的带隙减小是上述能带涨落的重要起因,对载流子的空间局域化和载流子输运散射有重要作用[59-60]。目前认为,CZTS 性能受限的一个重要因素即该缺陷对的大量存在。由于该缺陷对形成能较小,且不显著依赖于元素组分含量,通过控制 CZTS 材料制备过程以彻底消除该缺陷对较为困难。目前实验中,主要通过中低温持续退火处理,在热力学的驱使下,缺陷对浓度可以得到一定程度上的下降[27]。然而,清晰认识并实现 CZTS 系材料的本征自掺杂缺陷态的控制依然是该领域研究的重点和难点。

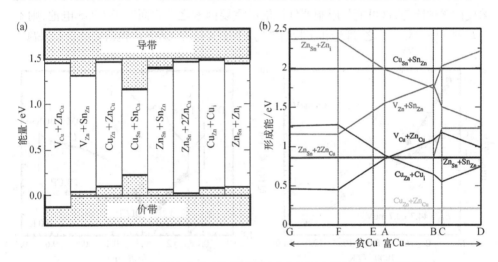

图 3.26 CZTS 内的缺陷对对能带的影响(a)和相应的缺陷对形成能(b)

目前我们用于太阳能电池的 CZTS 系列材料(贫 Cu 条件下制备)主要的缺陷态包括 Cu 空位(V_{Cu})、Cu 取代 Zn(Cu_{Zn})以及 Cu 和 Zn 原子间的反位缺陷对(Cu_{Zn}+Zn_{Cu})。V_{Cu}能级仅为 0.02 eV(价带顶以上),为浅受主掺杂,对于 CZTS 的 p 型载流子特性具有重要贡献。Cu_{Zn}能级约为 0.12 eV,为较浅的受主掺杂,对 CZTS 的 p 型载流子特性和光生载流子的复合均有一定的影响。Cu 和 Zn 原子间的反位缺陷对,会显著降低材料的局域禁带宽度,引起能带涨落和载流子局域化。另一方面,易挥发的 Sn 元素的损失会引入 Cu_{Sn}缺陷,由此导致 0.3~0.4 eV 左右的深受主能级,并引起较为严重的非辐射复合。上述缺陷态对器件性能有重要影响,也为我们优化器件提供了重要的理论指导。

目前温度相关的电容测量也给出了 CZTS 薄膜材料中的缺陷态能级[61-63]。图

3.27(a)给出了由热导纳谱方法测量得到的两种缺陷态的阿伦尼乌斯(Arrhenius)曲线,并由此推得两种缺陷态能级分别位于价带顶以上 0.045 eV 和0.113 eV[62]。该实验测量结果与图 3.25 给出的理论计算结果非常接近,表明这两种缺陷分别对应于 V_{Cu} 和 Cu_{Zn}。其他实验测量也给出了较为接近的能级特征[63]。进一步,利用电压相关的电容测量,可以得到上述缺陷态在 CZTS 薄膜内的一维空间分布[64-65]。图 3.27(b)为认证的 12.6%光电转换效率的 CZTSSe 的缺陷分布结果。驱动电平电容分析(drive‐level capacitance profiling,DLCP)测量表明 CZTSSe 内载流子均呈现"V"形分布,与 CIGS 类似。表面载流子浓度接近 10^{16} cm^{-3},而体相低至 $2\times$ 10^{15} cm^{-3},也与 CIGS 处于同一量级。而包含深缺陷电荷响应的电容-电压(C‐V)的测量则给出了更高数量级的电荷浓度分布。CZTSSe 表面电荷浓度达到 $2\times$ 10^{16} cm^{-3},与 DLCP 结果存在明显差异,表明 CZTSSe 电池在 CdS/CZTSSe 界面存在高浓度的深缺陷态,这可能是限制器件性能的重要因素之一。而对于 CIGS 电池,则不会观测到该差异。总之,理论和实验结果均表明缺陷态是 CZTS 电池研究的重要课题。

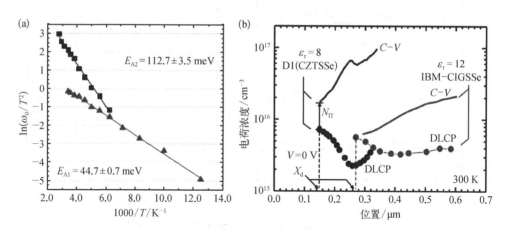

图 3.27 实验测量得到的 CZTS 缺陷态能级典型的 Arrhenius
曲线(a);不同位置的电荷浓度分布图(b)[7,62]

CZTS 的缺陷态调控研究目前已经被广泛开展。贫 Cu 条件的采用即为该调控的一个典型示例。目前研究中较为关注的是 Cu/Zn 反位缺陷对,主要由于它会引入能带涨落,降低材料的有效带隙和器件的开路电压。该反位缺陷对较低的形成能主要起因于 Cu 和 Zn 原子极其相似的尺寸和电子结构。因此采用具有显著尺寸差异的原子进行等价替换,可以在一定程度上增加 Cu 和 Zn 位原子的取代难度,从而有助于降低缺陷对密度和减弱能带涨落。目前,用于 Zn 位的 Cd 原子替代和用于 Cu 位的 Ag 原子替代均被进行了研究。实验中,无论是 Cd 还是 Ag 原子替代,均能在一定程度上降低材料的缺陷态密度,并提升器件的性能[48,49,68,69]。然而通过原子取代,目前尚未取得 CZTS 电池光电性能的巨大突破。一方面,原子替代的比例受限于材料半导体和电荷载流子性质,而低含量的原子取代难以显著抑制缺陷对和点缺陷的产生;另一方面,原子取代会影响材料的制备和薄膜沉积过程,这对于器件性能也是一个重要的影响因素。

第一性原理计算也对原子取代及其相关的缺陷态性质进行了研究。图 3.28(a)与(b)给出了 Cd 和 Ag 分别取代 Cu 和 Zn 位后的缺陷对形成能[66]。结果表明,Cu/Cd 的反位缺陷对形成能依然为 0.2 eV 左右,与 Cu/Zn 接近。故 Cd 原子的 Zn 为替代方法难以有效抑制反位缺陷对的形成和相应的能带涨落。而 Ag/Zn 反位缺陷对的形成能在 0.5 eV 左右,显著高于 Cu/Zn。这表明,Ag 原子替代有望对 CZTS 电池的性能提升产生重要作用。除了过渡金属,第二主族元素也可用于 Zn 位取代。目前被关注到的主要为 Ba 元素[67]。计算表明,无论是 Cu_{Ba} 还是 Ba_{Cu} 缺陷,其形成能都较高,见图 3.28(c)。由于 Cu^+ 和 Ba^{2+} 离子间巨大的尺寸差异,Cu/Ba 反位缺陷原则

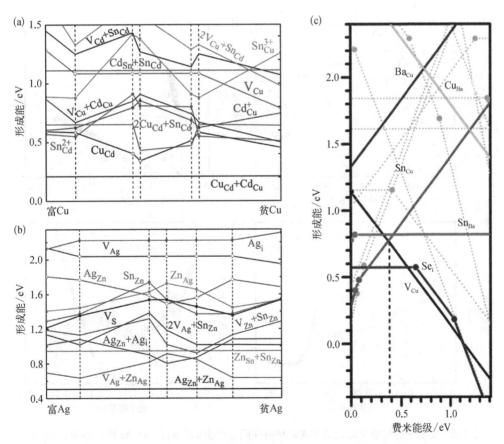

图 3.28 原子取代对 CZTS 缺陷对或缺陷态形成能的影响:(a) Cd;(b) Ag;(c) Ba[66-67]

上也较难形成。直观而言,原子取代对点缺陷或缺陷对形成能的影响主要在于影响了晶格尺寸、原子键长和库仑相互作用强度。然而在保持 CZTS 主体材料的基础上,通过少量的原子取代又难以显著改变上述性质和原子占位空间。所以如前所述,这种原子取代方法对于器件性能提升的影响程度还有待研究。当然,通过控制材料和薄膜制备过程,在关键区域(如界面)引入高浓度的原子取代也应该是一种潜在手段[66,69]。

图 3.29 给出了实验中通过原子取代等方式对材料缺陷态产生的影响。Ag 原子的 Cu 位掺杂可以在一定程度上降低深缺陷能级,这有助于降低非辐射复合[68],见图 3.29(a)。同时,Ag 的均匀或梯度掺杂均能有效降低材料内的界面和体相缺陷态密度,增大异质结耗尽宽度[69]。除了原子取代等,我们还发现 CZTS 材料本身即存在缺陷态的自我修复行为[70]。比如将该类吸光层薄膜至于常温、惰性或真空环境中一段时间,材料的缺陷态密度会下降一个数量级。材料的带尾态或缺陷态

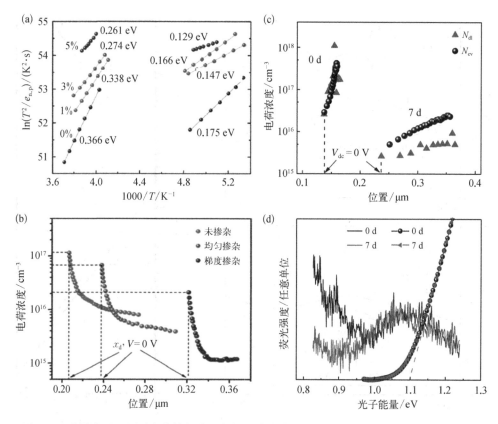

图 3.29   实验中通过原子取代等方式对材料缺陷态产生的影响:(a) Ag 离子掺杂;(b) Ag 的均匀或梯度掺杂;(c) CZTS 的缺陷态自修复;(d) 及对发光性质的影响

辐射也会因此下降,见图 3.29(c)与(d)。这种自我修复行为也会显著提升器件的性能。而自修复的物理机制可能在于薄膜材料内应力的自发释放和局域晶格畸变的自愈。总之,这些行为均表明 CZTS 电池存在多种性能受限机制,有待进一步研究。

3.3 铜锌锡硫(硒)吸收层

太阳能电池的性能一方面取决于半导体材料自身的性质,比如光吸收、载流子有效质量、辐射复合速率等,另一方面又取决于材料和器件的制备。薄膜材料的均匀性、覆盖率、界面和内应力、物相和缺陷态密度等均与器件的制备过程密切相关。对于 CZTS 电池,其 Mo 玻璃衬底、CdS 和窗口层沉积等技术均主要沿用 CIGS 工艺,较为成熟;而 CZTS 光吸收层由于其复杂的物相和结晶性质,是 CZTS 器件制备中的重点和难点。本节我们将总结用于 CZTS 的主要的薄膜沉积方法,及其相关的器件发展和关键问题。

3.3.1 铜锌锡硫(硒)薄膜生长方法——溅射法

溅射法是半导体和其他各类薄膜沉积的重要方法,在原理、设备和成膜条件控制等方面均较为成熟,目前已在各类薄膜的实验室研究和商业化方面得到了广泛应用。溅射法与目前主流的工业化流程兼容,在薄膜的大面积沉积方面也具有优势。用于 CZTS 薄膜沉积的溅射方法主要包括单质和化合物多元顺序或共溅射,CZTS 单源溅射和反应溅射等类型,见表 3.8。

表 3.8 溅射方法类型概述

沉积类型	多元顺序溅射	多元共溅射	单源溅射	反应溅射
靶材类型 气体环境	金属单质或化合物	金属单质或化合物 Ar 或 N$_2$	CZTS 化合物或合金源	金属单质或化合物 H$_2$S$_{(e)}$/Ar
溅射薄膜 后续过程	多元叠层	多元单层 合金化-硒(硫)化	单层	单层薄膜 —

目前用于溅射的源主要为金属单质和二元化合物。金属单质即为 Cu、Zn 和 Sn 单质,而二元化合物包括 ZnS(Se)、SnS(Se)和 CuS(Se)。金属单质溅射包括共溅射和顺序溅射叠层前驱膜。共溅射主要指同时通过直流或交流的方式将金属靶材溅射到衬底上,形成较为均匀单一的前驱金属混合物和合金薄膜。靶材的类型主要有两类,一类是三个独立的高纯金属靶,另一类是三种金属整合在一起的单个

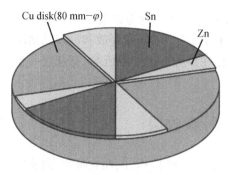

图 3.30　三种金属整合在一起的
单个靶材结构示意图[71]

靶材,见图 3.30[71]。

N. Muhunthan 等报道了基于三种金属靶材的 CuZnSn 前驱薄膜的共溅射,并通过后续硫化过程获得了 CZTS 薄膜[72]。溅射在 80 sccm 的氩气流速下进行,衬底保持在 430 K,腔体真空度保持在 5.2×10^{-3} mbar。实际溅射过程中,通过控制每个靶材的溅射功率可以调节金属前驱薄膜的元素比例,进而调节最终的 CZTS 的物相。实验发现,Cu 或 Sn 元素的过量会导致 CuS 或 Sn_2S_3 二次相的出现,这与 CZTS 相图的理论结果是一致的。然而目前为止,鲜有关于该方法的更系统的研究和基于该方法的器件制备工作。另一种共溅射即预先制备多元金属靶材,见图 3.30[71]。Zn 和 Sn 片叠加在 Cu 靶之上,可以通过调节它们间的夹角调节溅射出的金属元素比例。溅射在 0.5 Pa 的氩气中进行,溅射速率为 85 nm/min 左右。基于该方法并在 590℃ 下硫化制备的 CZTS 电池,效率为 3.7%。

与共溅射相比,顺序溅射在组分控制、合金组合等方面有更大的可调和可控性,因此研究较多。目前基于金属顺序溅射的 CZTS 电池效率已经可以超过 10%,与绝大部分溶液法电池效率接近。顺序溅射,一方面在于通过控制各金属层的数目和厚度控制金属元素比例,另一方面在于控制金属叠层顺序以有利于后续的合金化和硫(硒)化过程,同时需要控制合金过程的温度等获得最优的前驱膜状态。Shao 等在 Cu/Zn/Sn 射频顺序溅射中研究了不同厚度的各金属层对 CZTS 薄膜的形貌、物相以及电学性质的影响[73]。发现,过量的 Cu 金属元素会导致 Cu_xS 二次相的出现,与共溅射结果以及我们的认识一致。不同组分的薄膜在形貌上存在较大的差异,可能原因在于金属组分影响了合金化和后续的晶体成核生长过程。电学测试结果表明,所有的 CZTS 薄膜均为 p 型半导体,载流子浓度与溅射类型相关,在 $10^{17} \sim 10^{19}$ cm^{-3} 量级。载流子迁移率彼此接近,为 10 $cm^2/(V \cdot s)$ 左右。

P. A. Fernandes 等研究了 Cu/Zn/Sn 三层金属叠层顺序对薄膜形貌、物相、光学和电学性质的影响[74]。采用的叠层顺序为 Mo/Zn/Cu/Sn 和 Mo/Zn/Sn/Cu。结果表明,叠层顺序对硫化后的组分有重要影响,且基于 Mo/Zn/Sn/Cu 的 CZTS 薄膜的拉曼散射中表现出了更明显的 Cu_xS 二次相。当然基于 Mo/Zn/Sn/Cu 的 CZTS 薄膜也表现出更大的晶粒尺寸,这表明表层的金属 Cu 更易于与 S 反应,也更利于促进结晶,这与后续的大量研究结果是一致的。Kim 等进一步研究了 Cu/Sn/Zn/glass、Cu/Sn/Cu/Zn/glass 和 Sn/Cu/Zn/glass 的叠层顺序对 CZTS 薄膜的影响[75]。结果表明 Cu/Sn/Cu/Zn 叠层制备的 CZTS 薄膜具有更好的表观晶粒尺寸和更强的拉曼散射信号。而表面 Cu 层的存在有助于更大晶粒的生长。这与三金属叠层的研究结果一致。但薄膜在贫 Cu 状态下更易消除 Cu_xS 二次相。

基于此,目前顺序溅射的金属叠层一般选择 Mo/Zn/Cu/Sn/Cu 结构,首先在中等温度(比如 300℃)下进行合金化。Cu 原子具有较大的活性和扩散能力,在该温度下可以扩散进入 Zn 和 Sn 中,形成 CuZn 和 CuSn 合金,然后再在 S 或 Se 气氛下高温反应获得较高质量的 CZTS 薄膜。双层 Cu 结构一方面有助于金属合金的充分形成,另一方面表面的 Cu 元素和 CuSn 合金可以首先形成 Cu_xS 和 Cn_2SnS_3,这两种化合物有利于晶体的生长。南开大学孙云、张毅团队利用该结构,并进一步通过控制硒化过程,最终获得了 10.4% 的光电转换效率[76-77]。

化合物是溅射法制备 CZTS 薄膜的另一种常用靶材。溅射方式包括多元共溅射、顺序溅射和单元溅射。单元溅射所用靶材为预先制备的 CZTS 化合物靶材或多元化合物的混合物靶材。Hyunsik Im 等报道了基于 CZTS 单元化合物靶材的薄膜沉积[78]。溅射在 30 CCM 的氩气流量和 90 W 的射频溅射功率下进行,腔体真空度为 10 mTorr。溅射后的薄膜为无定形状态,通过 500℃ 高温煅烧,可以获得结晶的 CZTS 薄膜。然而,结晶后的 CZTS 薄膜中存在明显的 CuS 等二次相,薄膜形貌也较差,需要更多的工艺优化。Kyoo Ho Kim 等将 CuSe、Cu_2Se、ZnSe 和 SnSe 高纯粉末按照一定的摩尔比例进行混合、球磨,并压制成 2 英寸靶材,作为 CZTS 溅射的单一靶材[79]。结果发现,按照 2∶1.1∶2∶1 摩尔比例制得的靶材可以获得单一的 CZTS 物相。同时发现,一定的衬底温度有助于 CZTS 薄膜的结晶,体现为更强的 X 射线衍射强度和更窄的半峰宽。然而上述两种方法中均未见器件制备和效率报道,原因可能在于单元溅射在组分和物相控制方面较大的难度。

化合物多元共溅射采用射频溅射 Cu、SnS 和 ZnS,然后再高温硫(硒)化制备 CZTS 薄膜。Hironori Katagiri 等采用该方法制备了 CZTS 薄膜,并组装了器件[80]。在该方法中,他们通过控制 Cu 的溅射功率实现了对薄膜组分的调节,发现在较低的 Cu 组分下可以获得更高的器件效率,可以达到 5.7%。进一步利用去离子水浸泡选择性得去除薄膜表面的金属氧化物颗粒,将该器件效率提升到 6.7%[81]。

化合物顺序沉积一般采用 Cu 单质和 Zn/Sn 的硫化物作为靶材。采用 Cu 单质的主要原因在于 Cu 具有较高的反应活性和扩散性能,有利于不同化合物之间的融合和晶体生长。与金属单质的顺序溅射类似,化合物顺序溅射对于叠层结构也有一定的要求。J. Y. Lee 等较早地研究了叠层顺序对最终的 CZTS 薄膜物相和带隙等性质的影响[82]。结果发现,$Cu/SnS_2/ZnS/glass$ 的顺序可以获得单相的 CZTS 薄膜,带隙约为 1.45 eV,与已知结果相当。而 $ZnS/Cu/SnS_2/glass$ 和 $SnS_2/ZnS/Cu/glass$ 的叠层顺序均会出现二次相,且薄膜带隙明显偏小。这说明最表层 Cu 单质的存在对于薄膜的结晶具有重要作用,这与其他类型的溅射方法的实验结果是一致的。

南开大学孙云和张毅团队系统地研究了化合物顺序溅射叠层顺序对 CZTS 薄膜性能的影响，及其相关的物理和化学反应过程[83]。叠层类型包括：Mo/SnS/ZnS/Cu、Mo/ZnS/SnS/Cu、Mo/SnS/Cu/ZnS、Mo/Cu/SnS/ZnS、Mo/ZnS/Cu/SnS 和 Mo/Cu/ZnS/SnS。图 3.31 给出了不同叠层顺序溅射后薄膜的正面和侧面电子扫描显微镜图。显然它们的形貌存在一定程度的差异，Cu 和 ZnS 表现出更致密均匀的表面形貌。低温硒化后薄膜与 Mo 衬底的附着性则表现出巨大的差异，只有 Mo/SnS/ZnS/Cu、Mo/ZnS/SnS/Cu 表现出较好的附着性和表面宏观形貌，而 Mo/Cu/SnS/ZnS 表现出一定的开裂。这可能与薄膜的内应力相关。进一步，在高温硒化下，这三种薄膜在物相和硒化反应程度等方面表现出明显的差异。只有 Mo/ZnS/SnS/Cu 表现出较纯的 CZTSe 物相和较强的 X 射线衍射强度，其 Mo 衬底与 Se 反应生成的 MoSe$_2$ 也难以被观测到。这主要是因为该叠层结构遵循了 CZTSe 硒化反应和薄膜结晶的化学反应过程。CZTSe 的硒化反应过程主要包括三步，即：

$$2Cu + Se \rightarrow Cu_2Se$$

$$Cu_2Se + Sn(S,\ Se)_2 \rightarrow Cu_2Sn(S,\ Se)_3$$

$$Cu_2Sn(S,\ Se)_3 + Zn(S,\ Se) \rightarrow Cu_2ZnSn(S,\ Se)_4$$

基于该反应，Mo/ZnS/SnS/Cu 的硒化可以从上而下顺序进行，硒化过程中底层 Se 含量较少，可以减少 Mo 衬底的硒化反应。而对于 Mo/SnS/ZnS/Cu，在第二步反应过程中，Cu 和 Se 均需通过扩散穿过 ZnS 层与 SnS 进行反应，由此造成反应过程较为复杂，反应速率较慢，而底层 Se 含量较高，与 Mo 衬底反应明显，最终导致二次相

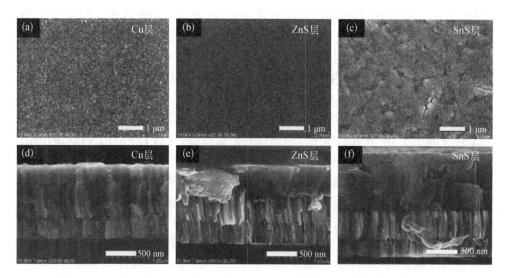

图 3.31　不同叠层顺序溅射后的薄膜正面和侧面电子扫描显微镜图

的存在和 Mo 衬底的大量损耗。最终,Mo/ZnS/SnS/Cu 硒化薄膜表现出最好的器件性能。进一步,他们又设计了 Mo/Sn/Cu/ZnS/Sn/ZnS/Cu 的多叠层结构,充分利用金属间的合金化过程和 CZTS 多步反应原理,获得了更高质量的 CZTS 薄膜,最终将器件效率提升到 10.2%[84]。清华大学庄大明团队采用 CZTS 陶瓷靶材溅射沉积 CZTS 薄膜,并通过 Cd 合金化,将器件效率提升到 11.2%[85]。

除了这种溅射后硫(硒)化方法,还可以进行反应溅射沉积 CZTS 或其前驱薄膜,即在溅射过程中在腔室内通入一定浓度的 $H_2S(Se)$ 气体,与溅射出的单质或化合物进行直接反应。然而,溅射后硫(硒)化方法在组分控制和仪器需求等方面具有一定的优势。目前溅射类 CZTS 薄膜和器件的研究主要基于金属/化合物预溅射后硒化法。

3.3.2 铜锌锡硫(硒)薄膜生长方法——蒸发法

基于铜铟镓硒薄膜沉积工艺,蒸发法也被用于 CZTS 薄膜和器件的制备。与溅射法类似,蒸发法的作用也在于在 Mo 衬底上按照特性的结构和顺序沉积前驱薄膜,然后再经过后续退火和硒化过程获得 CZTS 薄膜。当然由于工艺的不同,蒸发与溅射在具体的薄膜参数等方面存在差异,也形成了各自的研究体系。

H. Katagiri 等最早报道了 CZTS 的蒸发薄膜沉积方法,并获得了 0.66% 的光电转换效率[86]。他们采用电子束蒸发在 150℃ Mo 玻璃衬底上沉积了 Cu/Sn/Zn 叠层,然后在 500℃ 的三温区管式炉中利用 5% 浓度的 H_2S 对前驱薄膜进行硫化。通过控制硫化条件,可以获得较为单一的 CZTS 物相和 1.5 eV 左右的材料带隙。之后,通过引入化合物叠层,并控制蒸发过程中的衬底温度,获得了 2.62% 的效率。进一步通过控制热处理腔室环境,CdS 缓冲层沉积条件以及引入 Na 掺杂,获得了 5.45% 的效率[87]。

共蒸发法也被用于沉积 CZTS 或其前驱薄膜。德国斯图加特大学首先在会议中报道了基于 Cu、ZnS、SnS_2(Sn) 和 S 蒸发源的 CZTS 和基于 Cu、ZnSe、Sn 和 Se 的 CZTSe 薄膜和器件的制备,并在 CZTS 中获得了 2.3% 的效率[88]。在共蒸发中,S 或 Se 也作为一种蒸发源,参与薄膜的蒸发沉积和原位反应。因此一般不需要后续的硫(硒)化过程。但原位反应,衬底需要一定的温度。研究者们探索了不同衬底温度对薄膜质量的影响。当衬底温度过高时,Sn 和 Zn 易从薄膜中重新蒸发出来,由此影响薄膜组分的可控性,并由此导致二次相的产生[89]。但一定的高温是 CZTS 多元化合物结晶和生长的必要条件。因此,研究者们首先在高温衬底上采用快速共蒸发,获得了富 Cu 的薄膜,然后用 KCN 对高导电的 CuS 二次相进行选择性去除,最终获得了 4.1% 的效率[90]。IBM 研究小组通过共蒸发 Cu、Zn、Sn、S 在 110℃ 衬底上沉积了薄的前驱薄膜,并通过几分钟的快速热退火获得了单相的 CZTS 薄膜,最终获得了 6.8% 的器件效率[91]。较薄的薄膜沉积有利于减少沉积时间,结合较低的衬底温度有助于抑制 Sn 和 Zn 元素的二次蒸发,更易于控制薄膜组分。S 元素的引入有利于通过短时间的高温煅烧进行硫化反应,这也有助于减少薄膜内组分的损失。

美国可再生能源国家实验室研究小组在 CIGS 共蒸技术的基础上,利用多流程控制在高温衬底上直接沉积了 CZTSe 薄膜[92]。其元素蒸发流程和衬底温度控制过程,见图 3.32。在前 12 min,研究者们选择了较高的 Cu 沉积速率,获得了 Cu/(Zn+Sn)>1 的组分,这有助于在富 Cu 相的作用下促进结晶。该过程中形成的 $CuSe_x$ 相在后续过程中会继续与 Sn 和 Zn 反应生成 CZTSe,并最终形成整体贫 Cu 的组分。衬底温度选择在 500℃ 左右,该温度一方面可以防止 CZTSe 的分解,另一方面可以去除易挥发的 Sn 二次相。与 CIGS 类似,采用了分步降温过程,一方面有助于抑制二次相,另一方面也有助于组分控制。最终,利用该共蒸技术,获得了高质量的 CZTSe 薄膜。图 3.32(c) 给出了薄膜的侧面电子显微镜照片,从图中看出 CZTSe 具有较大的晶粒和致密的形貌,与高质量 CIGS 非常相似。基于该方法制备的器件获得了 9.15% 的光电转换效率。2015 年 IBM 研究团队进一步将基于热共蒸发的 CZTSe 器件效率提升到 11.6%[93]。

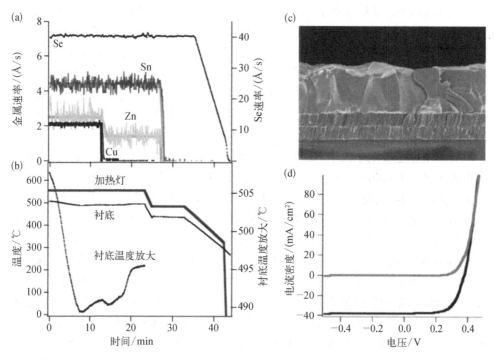

图 3.32　多元共蒸发制备 CZTSe 薄膜的元素沉积速率(a)、温度变化(b)控制。共蒸发获得的 CZTSe 薄膜截面电子显微镜照片(c)和器件性能曲线(d)

3.3.3　铜锌锡硫(硒)薄膜生长方法——非真空工艺法

非真空工艺是目前实验室制备 CZTS 薄膜最广泛的方法。目前非真空方法主要包括电化学沉积法、喷雾热解法和前驱溶液法。其中前驱溶液法因其多样化的溶剂体系和较低的设备要求,研究最为广泛。其实无论是真空还是非真空工艺,它们在材料的合成和薄膜沉积思路上是十分一致的,即将 Cu、Zn、Sn 和 S (Se) 以一定的形式一定的顺序进行混合和接触,然后在一定温度下使其反应生成 CZTS (Se)。真空法是在真空环境中通过溅射或蒸发的方式,而非真空法主要依赖溶剂过程,通过直接的旋涂沉积或间接的电化学沉积将上述组分混合形成前驱薄膜。对于后续的高温硫(硒)化和热处理过程,因前驱膜的工艺和参数的差异,而因地制宜。

1. 电化学沉积

溅射法或蒸发法是直接将原料或靶材沉积到衬底上,沉积过程中材料的化学状态不会发生明显的变化,只是物理形貌的变化和组合。而电化学沉积方法则利用电化学反应,将金属离子电解质还原并沉积到衬底上。其化学反应可以简单地描述如下

$$M^{x+}(溶液) + xe^-(导电衬底) \rightarrow M (导电衬底)$$

其中,M 表示金属;x 表示电解液中金属离子价态;e^- 表示流经导电衬底与金属离子发生电化学反应的电子。这是电化学沉积制备 CZTS 前驱薄膜最直观的反应机理,而实际沉积过程中,电解液状态,电极特征以及沉积电压等参数对薄膜沉积速率、形貌和附着性有巨大的影响。与真空法类似,电化学沉积也包括两种类型,即顺序沉积金属叠层和共沉积金属薄膜。对于顺序沉积的金属叠层再经过合金化和高温硫(硒)化过程而获得 CZTS 薄膜。对于不同的金属离子和电解液,它们一般具有各自的特征沉积电压。因此采用顺序沉积可以更好地控制单个金属的沉积。电化学沉积不仅仅是简单地通过还原的方法沉积金属,其中还可能伴随其他复杂的电化学过程,比如 Mo 衬底与电解液的化学或电化学反应,以及金属负极发生的电化学产氢反应。所以,为了获得合适的薄膜沉积条件,一般需要首先确定沉积的电化学窗口,即可用的电压范围。该窗口的选择,应首先避免电化学产氢反应的出现。其次,要选择合理的金属沉积顺序,使得不同金属层均能获得合适的沉积窗口,并获得较好的薄膜形貌和附着性能。

表 3.9 简要概述了目前报道的电化学顺序沉积 CZTS 前驱金属薄膜的沉积条件(参比电极为 Ag/AgCl)和电解液[94-100]。可以发现,研究者们普遍选择首先在 Mo 衬底上沉积 Cu,主要原因在于,可以获得碱性 Cu 电解液,而该电解液可以保证 Mo 的稳定性。而在酸性电解液中,Mo 衬底会被溶液溶解。另一方面,Cu 在 Mo 表

表 3.9 顺序电化学沉积条件概述（电解质和沉积电压）[94~100]

沉积顺序	Cu 电解质	Cu 电压(V)/电流	Zn 电解质	Zn 电压(V)/电流	Sn 电解质	Sn 电压(V)/电流	沉积温度	器件效率
Cu/Sn/Zn	1.5 mol/L NaOH, 0.1 mol/L 山梨醇, 50 mmol/L CuCl$_2$	-1.14	缓冲溶液(pH=3), 0.15 mol/L ZnCl$_2$	-1.2	2.25 mol/L NaOH, 0.45 mol/L 山梨醇, 55 mmol/L SnCl$_2$	-1.21	室温	—
Cu/Sn/Zn	3.0 mol/L NaOH, 0.2 mol/L 山梨醇, 0.1 mol/L CuSO$_4$	-1.15	缓冲溶液(pH=3), 1 mol/L KCl, 0.05 mol/L ZnCl$_2$	-1.1	1.5 mol/L NaOH, 0.3 mol/L 山梨醇, 0.05 mol/L SnCl$_2$	-1.21	室温	—
Zn/Cu/Sn	1.3 mol/L NaCN, 17 mmol/L Na$_2$SO$_4$, 0.068 mol/L ZnCN, 0.018 mol/L NaSnO$_3$, 0.78 mol/L CuCN	-1.6	0.088 mol/L ZnCl$_2$, 0.49 mol/L NaKC$_4$H$_2$O$_6$	-1.6	0.088 mol/L SnCl$_2$, 0.49 mol/L NaKC$_4$H$_2$O$_6$	-1.6	58℃	—
Cu/Sn/ Cu/Zn	3 mol/L NaOH, 0.1 mol/L CuSO$_4$, 0.2 mol/L Sorbitol, 0.9 mmol/L Empigen BB	-1.2/ -1.34 150 r/min	0.1 mol/L ZnSO$_4$, 缓冲溶液(pH=3), 0.5 mol/L K$_2$SO$_4$	-1.2 150 rpm	50 mmol/L Sn(SO$_3$CH$_3$)$_2$, 1 mol/L CH$_3$SO$_3$H, 3.6 mmol/L Empigen BB	-0.72 100 r/min	—	3.2%
Cu/Zn/Sn 或 Cu/Sn/Zn	157.3 g/L CuSO$_4$, 10 g/L H$_2$SO$_4$	10 mA/cm^2	0.2 mol/L ZnSO$_4$, 0.5 mol/L CH$_3$SO$_3$H	20 mA/cm^2	Technistan 89 RTU (Technic Inc.)	10 mA/cm^2	—	7.3%
Cu/Sn/Zn	0.05 mol/L CuSO$_4$, 0.02 mol/L 柠檬酸, 0.04 mol/L Na$_3$C$_6$H$_5$O$_7$	-0.4	0.1 mol/L ZnSO$_4$, 0.5 mol/L K$_2$SO$_4$, 缓冲溶液(pH=3)	-1.2	0.05 mol/L Sn(II) methanesulfonate, 1 mol/L 甲磺酸, 1 mol/L Empigen BB	-0.54	—	8.1%

面沉积具有较小的过电势,沉积难度更小。Cu 层沉积后一方面可以保护 Mo 层被后续的电解液腐蚀,也可以为其他层金属沉积提供更好的衬底。以 Cu 为第一层的沉积方法一般在绝对值较低的电压下进行,见表 3.9。

Cu 之后可以进行其他金属的沉积。然而 J. J. Scragg 等研究发现,Sn 和 Zn 均更容易在 Cu 层上进行沉积。如果仅采用三金属层结构,沉积质量不佳。因此,他们采用了 Cu/Sn/Cu/Zn 四金属层结构,用 Cu 层作为 Sn 和 Zn 的衬底[97]。并采用甲磺酸(CH_3SO_3H)代替广泛使用的山梨糖醇(sorbitol)作为 Sn 沉积的电解液成分,最终获得了更均匀致密的薄膜。最终他们获得了 3.2% 的器件光电转换效率,是利用电化学沉积制备 CZTS 电池的一次重要进展。IBM 的一个团队进一步采用商用的 Cu 和 Sn 电解液,获得了均匀致密高结晶的 CZTS 薄膜,将器件效率提升到 7.3%[98]。日本大阪大学的研究团队,进一步在较低的电压下沉积了 Cu/Sn/Zn 薄膜,最终获得了高质量的 CZTS 单相薄膜,并获得了 8% 的器件效率[99-100]。

除了顺序沉积,电化学沉积方法也可以进行共沉积。表 3.10 概述了共沉积 CZTS 前驱薄膜所使用的主要的实验条件[101-107]。所谓共沉积,是将 Cu、Zn 和 Sn 三种金属离子电解质混合在一起,并结合添加剂和 pH 缓冲剂,配置成一种电解液用于沉积。如表 3.10 所示,共沉积选择的电压绝对值一般较大,以此满足三种金属的同时沉积。同时电压和电解液的配置需要保证可以获得满足需求的金属元素比例。因此,共沉积相对顺序沉积难度更大。早期研究主要在导电氧化物(如 FTO 和 ITO)上进行。这类氧化物在电解液中有较好的稳定性。日本 H. Araki 等较早地利用电化学共沉积 Cu/Zn/Sn 合金,并优化高温硫化过程,最终获得了 3.16% 的器件效率[101]。华东师范大学褚君浩院士团队进一步发展了该方法,获得了 8.7% 的器件效率,并对薄膜物相、微结构和电学性质进行了细致研究[106-107]。

表 3.10　电化学共沉积条件概述[101-107]

薄膜	效率	衬底	电解质	电压/V	温度
CZTS	3.16%	Mo/玻璃	20 mmol/L $CuSO_4$, 0.2 mmol/L $ZnSO_4$, 10 mmol/L $SnCl_2$, 0.5 mol/L $Na_3C_6H_5O_7$	$-1.1\sim-1.2$	室温
CZTS	—	Cu/玻璃	$CuCl_2$, $SnCl_2$, $ZnCl_2$溶于离子液体($C_4H_{14}ONCl/C_2H_6O_2$)	-1.15	—
CZTSe	—	Mo/玻璃	19 mmol/L $CuSO_4$, 70 mmol/L $ZnSO_4$, 10 mmol/L $SnCl_2$, 0.5 mol/L 柠檬酸三钠	-1.15	35℃

续 表

薄膜	效率	衬底	电解质	电压/V	温度
CZTS	—	FTO	$CuCl_2$, $ZnCl_2$, $SnCl_2$, NaS_2O_3(pH=2.7)	−1.1	室温
CZTSe	—	ITO	20 mmol/L $CuSO_4$, 10 mmol/L $ZnSO_4$, 10 mmol/L $SnSO_4$, 0.1 M sodium citrate H_2SO_4(pH=5.5~6.0)	−1.3	20℃
CZTS	5.5%	Mo/玻璃	10 mmol/L $CuSO_4$, 15 mmol/L $ZnSO_4$, 10 mmol/L $SnSO_4$, 5 mmol/L 巯基乙酸钠 0.1 mol/L 柠檬酸钠 (pH=5.9)	−1.15	室温

喷雾热解和连续离子层吸附与反应技术(SILAR)也可被用于 CZTS 前驱薄膜的沉积[108-109]。G. Larramona 等报道了基于水-乙醇体系的喷雾沉积,最终通过硒化获得了 8.6%的器件效率[108]。这类方法在薄膜形貌、物相和组分控制等方面难度较大,因此目前在 CZTS 的器件研究没有被广泛报道。

2. 纳米晶法

通过预先合成 CZTS 纳米晶、配置纳米晶分散液、旋涂等方法沉积纳米晶薄膜,高温硫(硒)化等过程也是获得质量多晶薄膜的重要方法,在 CdTe 和 CIGS 等电池领域均有所应用。纳米晶法是 CZTS 器件研究的一种重要方向,在材料合成、组分控制以及材料反应机理等方面均有大量的工作报道。Q. Guo、S. C. Riha 和 C. Steinhagen 等分别较早地进行了 CZTS 系列纳米晶的化学合成,并进行了器件制备尝试[110-112]。其中纳米晶的合成主要采用热注入法,即首先以油胺作为配体,将 Cu、Zn 和 Sn 的原料,比如乙酰丙酮铜(锌或锡)等,在一定温度下进行溶解形成均匀的混合溶液。然后将溶有硫或硒的油胺溶液注入上述热的混合溶液中。硫(硒)离子会迅速地与金属离子发生反应,最终在油胺配位的作用下生成 CZTS 纳米晶体,尺寸在 10 nm 左右。由于油胺配体和反应原料对空气敏感,上述合成一般在氮气的保护下进行。合成得到的纳米晶再经过离心、分散、提纯等过程,最终可再分散到具有一定配位作用的有机溶剂,如己硫醇中,进而获得稳定的用于后续薄膜沉积的 CZTS 纳米晶"墨水"。

图 3.33 给出了典型的 CZTS 纳米晶的透射电子显微镜照片,及其单分散特性。

一般来说,只要保证合成的气氛环境、温度以及原料的纯度,采用上述热注入法可以较为重复地合成 CZTS 纳晶。另一方面在于后续分散所采用的溶剂。早期主要采用甲苯作为溶剂,由于甲苯与 CZTS 间没有显著的配位作用,纳晶分散液的稳定性较差。后来研究者们采用己硫醇作为溶剂,其巯基与 CZTS 纳晶表面具有较强的相互作用,可以将纳晶很稳定地单分散。然后通过多次旋涂烘干等过程,沉积 CZTS 纳晶薄膜,再经过高温硫(硒)化过程,即可获得 CZTS 薄膜,其侧面形貌见图 3.34[113]。Q. Guo 和 C. Steinhagen 首次利用该方法分别获得了 0.8% 和 0.23% 的器件效率[110,112]。进一步,通过降低纳米晶中 Cu 的原料组分比,Q. Guo 等将效率提升到 7.2%[113]。

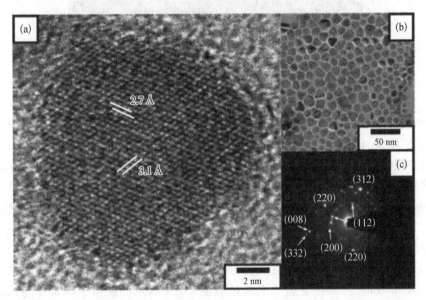

图 3.33　热注入法合成的 CZTS 纳米晶透射电子显微镜照片和选取电子衍射[111]

在单组分纳米晶的基础上,Y. Cao 等于 2012 年又进一步发展了二元/三元纳米晶,包括 Cu_2SnS_3、ZnS、SnS、CuS 和 Cu_7S_4 等[114]。将这些纳米晶按照一定比例混合配制成多组分纳米晶分散体系,并沉积前驱薄膜,最后在高温硫(硒)化下发生化合反应生成 CZTS(Se)。最终,器件效率被提升到 8.5%。该方法与真空沉积法中的化合物共溅射等有异曲同工之妙,主要基于对 CZTS 高温化合的清晰理解。其优势主要在于可以避免 CZTS 纳米晶合成中经常出现的不可控的二次相,又可以较为精确地控制最终薄膜的化学组分。其化学反应过程可以表述为

$$Cu_2SnS_3 + ZnS + SnS + Se \ (高温) \rightarrow CZTSSe \ 或$$
$$CuS + SnS + ZnS + Se \ (高温) \rightarrow CZTSSe$$

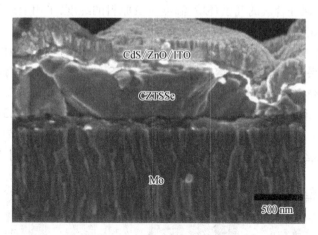

图 3.34   基于纳米晶分散液法制备的 CZTS
电池的测量结构照片[113]

  该反应对于所有的方法是普适的,其本质在于 CZTS 的热力学相图。即将 Cu、Zn、Sn、S 和 Se 元素按照合适的比例以一定的形式进行混合,然后在高温下,它们之间会按照一定的顺序反应生成 CZTSSe。目前,不同的方法,包括真空、非真空法,纳米晶以及后续介绍的分子溶液等本质上在于控制这些元素的混合形式。真空金属单质的溅射或蒸发,即以单元素的形式进行混合;而化合物沉积,只是预先形成二元和三元化合物,差异主要在于混合形式。故发展二元、三元纳米颗粒方法在于对该物理化学反应过程清晰认识基础上的解放思想。当然,该方法的一个劣势在于需要合成较多的纳米晶,实验工作量较大。且 ZnS 合成所需温度较高。同年,美国 Solexant 公司在金属片上通过煅烧 CZTS 纳米晶获得了 9.85% 的认证效率,其实验室自测效率达到 10.2%[115]。其后数年间,基于纳米晶方法制备的 CZTS 电池的器件报道效率主要在 9% 左右,未有太大突破。

  研究人员还细致研究了 CZTS 纳米晶合成过程中的材料和化学反应过程,研究结果对于理解 CZTS 薄膜的形成具有重要参考价值。J. M. R. Tan 等利用表面增强拉曼散射研究了纳米晶合成过程中金属离子与 S 源在高温溶液相中的反应过程和纳米晶的形成机制[116]。表面增强拉曼散射可以显著提升拉曼散射的敏感性,获得更高分辨的散射信号,对于多重物相的确认具有重要作用。图 3.35 给出了经历不同反应时间的纳米晶的透射电子显微镜形貌和相应的拉曼光谱。通过电镜形貌,可以判断纳米晶是一个缓慢生长的过程。而拉曼散射表明在不同的时间段,纳米晶表现出的物相存在显著的差异。反应 2 min 后,纳米晶主要为 $Cu_{2-x}S$,表明即使硫源同时与多种金属离子的配位化学物接触,它们间的反应活性和速度也存在明显的差异。第一步,Cu 离子具有最高的反应活性和速度,形成 $Cu_{2-x}S$ 核。8 min

后,纳米晶生长的同时,开始出现 Cu_2SnS_3 物相,即纳米晶反应和生长的第二步是 $Cu_{2-x}S$ 与 Sn 离子反应生成 Cu_2SnS_3。基于固-液反应过程,其更可能的过程是 Sn 离子扩散进入 $Cu_{2-x}S$ 中,一方面导致了晶体的生长,另一方面产生了新的物相。12 min 后,纳米晶中可以观测到 CZTS 相的生成,表明纳米晶生长的第三步是 Zn 离子扩散进入 Cu_2SnS_3,并反应生成 CZTS。后续的时间,则是第三步反应地不断进行和平衡。图 3.35(i) 形象地概述了实验观测到的该多步反应过程。该过程的直接观测对于理解 CZTS 晶体,无论是纳米晶还是其他体系,成核和生长过程具有重要意义。

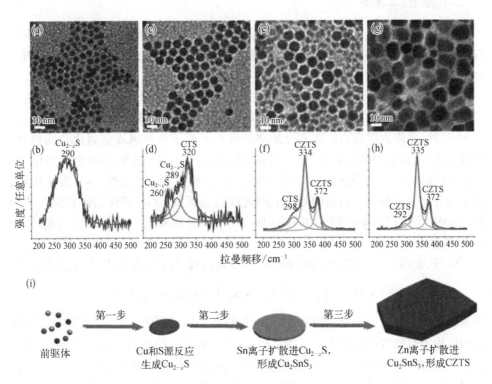

图 3.35 CZTS 纳米晶合成过程中的材料和化学反应过程

上述顺序反应过程有利于形成单相的 CZTS,对于该过程的清晰理解有助于通过反应过程调控调节合成的 CZTS 的二次相性质。比如在液相合成中,一旦不同的金属硫化物,如 CuS、SnS 和 ZnS 二次相纳米晶形成,在有限的溶液反应温度下,这些硫化物纳米晶之间难以进行互扩散和融合,而且反应进度也难以预测和控制。因此为了获得单相的 CZTS,我们需要调控反应体系使之按照上述的化学反应过程进行。而除了离子本身的反应活性,其在溶液中的配位形式对于与 S 源的反应活性和速度也有重要影响。我们一般期望,Cu 最先与 S 源反应,而要降低 Zn 离子释放和反应速度。所以实验中可以选择乙酰丙酮锌(Ⅱ)作为锌源，乙酰丙酮基团与 Zn 离子键有较强的配位相互作用，Zn 离子释放较慢。而 Sn 源则不适合选择乙酰丙酮来配位，因为会导致 Sn 离子释放速度过慢，影响 Cu_2SnS_3 的形成，由此会导致 ZnS 相的出现。而对于真空法，也正是利用 Cu 离子的反应活性，通过控制薄膜沉积顺序，使表面富 Cu，有利于化学反应和结晶的进行。总之，对于该反应过程的理解是获得高质量 CZTS 薄膜的关键，是每一位 CZTS 科研工作者的必备知识。

3. (分子)溶液法

分子溶液法是目前 CZTS 研究采用最为广泛的方法，也是目前获得最高效率的方法种类。因为溶剂的差异，分子溶液法也分为多种体系，主要包括联胺(N_2H_4)溶液法、二甲基亚砜(DMSO)法和硫醇-胺溶液法。

联胺是一种强还原剂，可用做火箭的推进剂。联胺易挥发，反应产物一般为水和氮气，极易去除，因此制备的 CZTS 薄膜杂质残留极少。同时联胺可以有效地溶解 S(e)源，并作为强有力的溶剂介质将溶解的 S 离子与金属或金属化合物结合，形成可溶配合物或团簇体系[117]。因此联胺是制备 CZTS 前驱溶液的理想体系。当然，联胺由于其强还原性，与空气中的氧气具有极高的反应活性，容易发生爆炸，安全性方面要求较高。目前国际上采用过联胺法制备 CZTS 器件的研究组主要为美国 IBM 沃森(Watson)研究中心的 David Mitzi 和加州大学洛杉矶分校的 Yang Yang 课题组。

联胺、金属硫(硒)化物和硫(硒，X)的反应过程可以描述为(以 SnX_2 为例)[117]

$$5N_2H_4 + 2X + 2SnX_2 \rightarrow N_2 + 4N_2H_5^+ + Sn_2X_6^{4-}$$

金属硫化物在联胺中自身的溶解度不大，但硫族单质元素的引入，可以在与联胺的协同作用下打破金属硫化物的三维结构，形成可被溶解的 $Sn_2X_6^{4-}$ 阴离子，而反应生成的 $N_2H_5^+$ 作为阳离子，保持体系的电中性。通过蒸发等方式去除溶剂后，可以得到$(N_2H_5)_4Sn_2X_6$ 形式的固体化合物。而在加热下，该化合物又可分解为金属硫化物，即

$$(N_2H_5)_4Sn_2X_6 \rightarrow 4N_2H_4 + 2H_2X + 2SnX_2$$

该分解反应在 350℃(较低温度)下就可以发生，生成的联胺和 H_2X 均极易挥发，且 H_2X 在更高温度下也有利于促进 CZTS 的硫(硒)化和结晶过程。因此，联胺作为反应中间体和溶剂，是一种非常清洁的适用于 CZTS 薄膜沉积的体系。

David Mitzi 首先在 CIGS 等硫族化合物材料体系中应用联胺溶剂进行较高质量的薄膜沉积，后又将该方法应用于 CZTS 的薄膜沉积和器件制备。他们于 2010

年首先报道了基于该方法的 CZTS 器件,并首次取得了超过 9% 的光电转换效率[118]。对于前驱溶液,首先配制 Cu_2S-S 和 $SnSe-Se$ 两种联胺溶液,然后将 Zn 粉末添加到后者中,原位反应生成 $ZnSe(N_2H_4)$ 分散颗粒。然后将 Cu 和 Sn/Zn 的溶液按照一定元素比例进行混合即获得前驱浆状溶液(slurry)。然后将该溶液多次旋涂到 Mo 玻璃衬底上制备前驱薄膜,最后将该薄膜在 540℃ 热台上进行退火即形成 CZTS 薄膜。

图 3.36 给出了 David Mitzi 在不同时期利用联胺法制备的 CZTS 薄膜形貌图[7,118]。可见,该方法可以生长出较大的且上下贯穿的晶粒,薄膜内无小晶粒层残留,薄膜表面也较平整致密。这种较高质量晶体的获得得益于联胺的无碳无氧、易挥发、易分解等特点。薄膜较易结晶和生长,热处理温度较低,时间也较短,一般来说无需额外硫或硒进行高温硫(硒)化过程。这种情况下,Mo 衬底不会与硫或硒发生显著的反应,生成高阻 $Mo(S,Se)_2$ 层较薄。这些使得 CZTS 具有较为优异的电学和半导体性能,更易获得高效率的器件。当然高效率的器件制备也需要对薄膜沉积以及缓冲层等进行系统的优化。

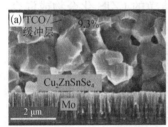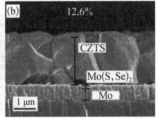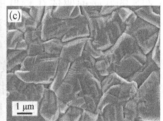

图 3.36 联胺法制备的 CZTS 薄膜的形貌照片[7,118]

图 3.37 给出了联胺溶液法高温热处理生成 CZTSSe 的示意图[119]。因为较高的饱和蒸气压,S 元素在高温下极易挥发,因此单纯的高温退火反应生成的主要是 CZTSe,而在退火过程中引入 S 气氛(单质硫挥发)可以抑制薄膜中 S 的损失,形成 S/Se 合金化合物。而 S/Se 的比例对于调节材料带隙具有重要作用。David Mitzi 研究组的工作均主要采用 S/Se 合金化合物,带隙在 1.13 eV 左右。利用联胺浆状溶液方法,他们先后获得了 10.1% 和 11.1% 的效率[119-120]。进一步,他们采用锌盐代替 Zn 单质,获得了纯的前驱溶液,由此获

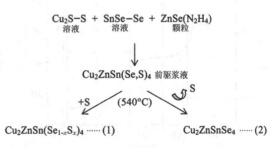

图 3.37 联胺法制备不同 S/Se 组分的 CZTS 薄膜的化学反应流程示意图[119]

得了更为平整的表面形貌[121]。基于联胺纯溶液方法,并优化窗口层的光学性质,他们将器件效率进一步提升到12%和12.6%[7,122]。他们又采用 In_2S_3/CdS 双发射缓冲层将器件效率提升到12.7%[123]。

虽然该方法相比于其他溶液法,更易获得高质量的 CZTS 薄膜晶体。但薄膜在宏观形貌方面依然存在可提升的空间。比如,晶粒形态和取向随机,晶粒间存在一定程度的空隙(void),而晶粒与 Mo 衬底间也存在一定的空隙。这些空隙的存在均会影响薄膜的电学性质,进而影响器件性能。产生这种现象的主要原因在于联胺溶液体系的 CZTS 薄膜易于结晶和生长,而不同晶粒间的独立生长和竞争很可能导致空隙的出现。所以该方法在薄膜沉积和晶体生长方面仍然有一定的调控空间,比如在溶液中引入一定的添加剂,调控晶界形态。当然更深层次的半导体缺陷等问题是目前所有方法的共性问题,也是 CZTS 电池面临的最主要问题。

加州大学洛杉矶分校(UCLA)Yang Yang 研究组也细致研究了联胺体系的化学反应和薄膜结晶过程,并在纯溶液体系的开发方面做出了重要工作。他们发现 CZTS 的联胺前驱体在较低的温度下就能分解成较为洁净的 CZTS 化合物或混合物,见图3.38(a)[124]。联胺溶剂在400℃以下就可以完全除去。进一步,他们又利用 XRD 和拉曼散射研究了 CZTS 前驱体(干燥)在不同温度下的物相转变。发现干燥的前驱薄膜主要由联胺-金属硒化物组成。在较低的煅烧温度下,薄膜中可以观测到 Cu_2SnSe_3 和 ZnSe 的物相,随着温度升高到350℃以上,这两种物相特征逐渐减弱,并开始出现 CZTSe 物相。这表明对于联胺溶液法,虽然金属和 Se 元素已经混合在一个体系里,薄膜的结晶和生长依然存在一个从二元/三元化合物到 CZTS 的转变过程。这与前面讨论过的 CZTS 反应路径是完全一致的。进一步证实这种反应路径对于目前的 CZTS 薄膜沉积是普适的。

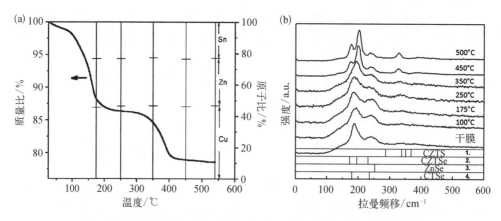

图3.38 联胺法制备 CZTS 薄膜过程中的热重(a)和物相(b)变化[124]

他们还于 2012 年较早地开发出基于联胺溶剂的纯分子溶液体系[125]。对于联胺溶剂,它可以很好地溶解 Cu 和 Sn 的硫(硒)化物和硫(硒)单质,却很难溶解 Zn。可能原因在于 ZnS(e)的溶度积很小。所以之前的联胺溶液法的 Zn 元素主要以颗粒的形式分散在溶液中,形成的是一种浆状液。这种浆状液在制备均匀致密的薄膜方面存在一定的不足。基于此,他们通过联胺与干冰(CO$_2$)的反应制备得到了肼基羧酸(NH$_2$NHCOOH,HD),以此为配体可以将 Zn 粉末直接溶解其中。可能是溶剂中的羧酸根离子与 Zn 反应,使得其被溶解。通过这种纯溶液的方式[图3.39(a)],可以保证金属元素间更均匀、组分更可控地混合,这为制备高质量的单相 CZTS 薄膜提供了有效途径。最终也获得了较高质量的 CZTS 薄膜[图 3.39(b)],晶粒几乎贯穿整个薄膜。薄膜内部以及薄膜与 Mo 衬底间几乎观察不到空隙的存在。最终获得了 8.1%的器件效率。

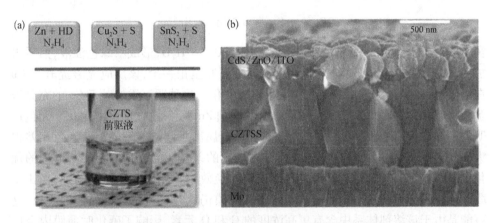

图 3.39　基于肼基羧酸(HD)的联胺纯溶液制备 CZTS 的
前驱液(a)和器件形貌照片(b)[125]

虽然联胺溶液法是目前制备最高效 CZTS 电池的方法,但由于联胺及其反应产物的危险性,该方法在该领域并没有被广泛采用。这种安全性方面的限制也在一定程度上影响了该方法和 CZTS 器件的进一步发展。联胺方法的优势在于联胺溶剂不含 C、O 和 S 等元素,溶剂组分简单,残留少。因此,探寻安全的、组分简单的、残留少的溶剂体系一直是分子溶液法的研究重点之一。DMSO 是目前采用的另一种较为优异的溶剂体系。众所周知,DMSO 是一种在各领域广泛采用的“万能溶剂”,在最近的钙钛矿太阳能电池的制备中也发挥了重要作用。DMSO 中 S═O 的 O 原子具有较强的给电子能力,对金属离子有较强的配位作用,从而有助于金属化合物的溶解。目前在 DMSO 体系中,CZTS 的器件效率也得到显著提升[126]。且其在安全性方面的优势吸引了较多的研究人员。

美国华盛顿大学的 Hugh W. Hillhouse 研究组率先报道了基于 DMSO 的 CZTS

薄膜和器件制备[127]。他们将 $Cu(CH_3COO)_2 \cdot H_2O$、$ZnCl_2$、$SnCl_2 \cdot 2H_2O$ 和硫脲按照一定比例溶解于 DMSO 中，形成稳定的分子溶液，并通过多次旋涂和短时间高温煅烧制备 CZTS 前驱薄膜。其化学反应可以表示为

$$2Cu(CH_3COO)_2 \cdot H_2O + ZnCl_2 + SnCl_2 \cdot 2H_2O + 4SC(NH_2)_2$$

$$\rightarrow Cu_2ZnSnS_4(s) + 副产物(气相)$$

然后再经过高温硒化过程，即获得了 CZTSSe 薄膜。在此基础上，他们获得了 4.1% 的器件效率。

2013 年，辛颢及 Hillhouse 等进一步研究了 DMSO 中金属盐的溶解过程，并优化了溶解顺序[128]。为了获得更高质量的前驱溶液，他们在 DMSO 溶液中引入 Cu 和 Sn 之间的氧化还原反应，即

$$2Cu^{2+} + Sn^{2+} \rightarrow 2Cu^+ + Sn^{4+}$$

实验中，首先在 DMSO 中部分溶解 $Cu(CH_3COO)_2 \cdot H_2O$，形成墨绿色浊液，然后再加入 $SnCl_2 \cdot 2H_2O$，二价 Sn 离子将 Cu 逐渐还原至正一价，该反应显著提升了 Cu 在溶液中的溶解性，且溶液颜色发生了显著变化。这种顺序添加对于 Cu 的充分溶解和价态优化具有重要作用。然后再分别添加 $ZnCl_2$ 和硫脲，即可配制几乎无色透明的前驱溶液，见图 3.40 所示。这与将三种金属离子同时溶解的溶液颜色相差很大，表明它们在金属离子配位等方面存在较大的差异。而这种溶液配制过程的优化也最终获得了 8.32% 的更高的器件光电转换效率。然而值得指出的是，相比于联胺溶液法，DMSO 制备得到的 CZTS 硒化薄膜仍然存在一定的小晶粒层现象，这可能是由于该溶剂体系中含有更高浓度的 C 和 O 元素，影响了硒化时薄膜内金属元素互扩散和晶体生长。为了进一步提升器件性能，他们又在 DMSO 溶液体系中率先引入金属 Li 离子掺杂，实现了晶界能带弯曲和电荷复合的调控，最终获得了 11.8% 的器件(活性面积)效率[129]。

图 3.40　不同溶质顺序的 CZTS－DMSO 溶液：(a) 同时溶解；(b) 顺序溶解

　　S. G. Haass 等进一步研究了 DMSO 体系中碱金属掺杂及元素损失机制,最终通过调控 Li 和 Sn 元素含量,获得了 12.3% 的器件(活性面积)效率(全面积~11.5%)[126]。图 3.41 给出了优化得到的基于 DMSO 体系的 CZTS 电池的侧面电子显微镜照片[130]。可见,CZTS 晶粒较大,几乎上下贯穿,无明显小晶粒层,其形貌与基于联胺的 CZTS 非常相似。所以 DMSO 体系在溶液法中具有很大的优势。

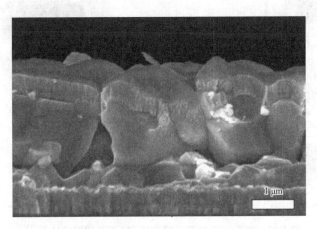

图 3.41　基于 DMSO 方法的 CZTS 薄膜形貌[130]

　　目前较为常用的另一种溶剂体系主要基于巯基和氨,即二元或多元溶剂。R. L. Brutchey 等于 2013 年报道了乙二硫醇(ethanedithiol)和乙二胺(ethylenediamine)在溶解金属硫族化合物方面的超强能力,如图 3.42 所示[131]。利用这种前驱溶液,再经过旋涂、煅烧等过程,即可得到金属硫族化合物薄膜。

　　早在 2012 年中国科学院长春应用化学研究所的潘道成研究组就采用巯基和胺作为配体,以乙醇作为溶剂,溶解了 Cu、In 和 Ga 元素,并以此作为前驱溶液制备了 CIGS 薄膜,最终获得了 8.8% 的器件效率[132]。为巯基/氨体系开创了空间。在该工作中,他们采用正

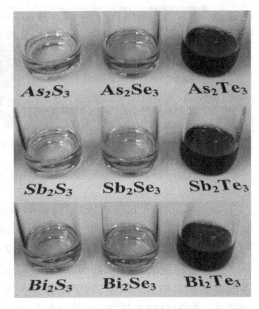

图 3.42　乙二硫醇/乙二胺溶剂体系对Ⅵ-Ⅶ
二元金属化合物的溶解[131]

丁胺和二硫化碳反应获得了巯基,并进一步与金属离子配位,实现了多元金属离子的溶液化。在此基础上,他们于 2013 年将这种方法应用于 CZTS 前驱溶液和薄膜的制备(图 3.43),并首次在溶剂中引入巯基乙酸配位,最终获得了 6% 的器件效率[133](图 3.44)。

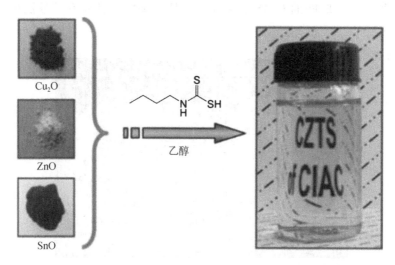

图 3.43　基于正丁胺和二硫化碳和 CZTS 的溶液体系[133]

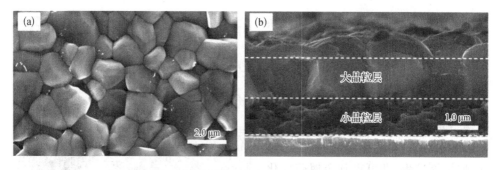

图 3.44　硫醇/胺溶剂体系制备的 CZTS 薄膜的典型形貌

　　进一步,他们简化溶剂体系,将 S 粉直接溶于正丁胺,再结合巯基乙酸制备的 CZTS 的乙醇溶液,并通过 Na 掺杂最终获得了 6.5% 的器件效率[134]。2014 年,他们利用巯基乙酸和乙醇胺直接溶解了 Cu、Zn、Sn、Se 的单质,并在乙二醇甲醚的稀释下获得了稳定的 CZTSe 前驱溶液,最终获得了 8% 的器件效率[135]。与 DMSO 体系的发展基本相当。但是,为了增强多元溶质的溶解和溶液稳定性,基于巯基/胺的体系一般组分较为复杂,溶液中含有较高含量的 C 元素,这在一定程度上不利于 CZTS 后续的结晶和晶体生长过程,会导致薄膜内部较厚的高 C 小晶粒层的存在,见图 3.44 所示[135]。基于巯基/胺体系的溶解特性,他们直接采用巯基乙酸胺将金属氧化物溶解在水溶液中(如图 3.45 所示),最终获得了 6.6% 的器件效率[136]。虽然这是一种非常简化的配体和溶剂体系,硒化制备的 CZTS 薄膜依然包含近 1 μm 厚的小晶粒层。这在很大程度上限制了该器件的性能,也是目前基于该类溶剂体系的主要问题之一。随后,河南大学武四新研究组在乙二硫醇/乙二胺的溶剂体系中实现了 Cu、Zn、Sn、S 和 Se 五元单质的溶解,获得了 6.4% 的器件效率[137]。近年来,基于巯基/胺的 CZTS 电池效率均普遍超过 10%,也逐渐出现了超过 11% 的效率报道[69]。然而,该体系溶剂和金属离子配体较为复杂,硒化薄膜碳含量较高,小晶粒层较明显。因此该溶剂体系的进一步发展方向主要在于深入理解多元溶剂和配体对 CZTS 的溶解机制,并在此基础上进行调控,获得更优的溶液系统;另一方面在于通过控制溶剂和薄膜沉积过程,提升晶体结晶质量。最近,我们开发了水基溶液体系,并调控了薄膜生长模式,已经获得了超过 13% 的效率。

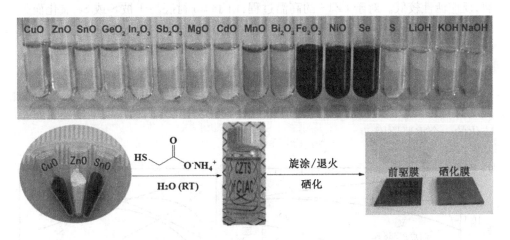

图 3.45　基于巯基乙酸胺的金属氧化物的溶解,及 CZTS 薄膜的制备示意图

3.3.4　铜锌锡硫(硒)薄膜的硒化与硫化

总结上述多种用于 CZTS 的薄膜沉积方法可知,目前 CZTS 的薄膜沉积过程主要包括两步:第一步为前驱薄膜的沉积,上述各种方法均主要为实现前驱薄膜沉积;第二步为前驱薄膜的硫(硒)化。硫(硒)化,即将 CZTS 前驱薄膜置于高温和硫(硒)蒸气环境中,薄膜在高温下一方面发生前驱固体的分解和化合,另一方面外部的硫或硒与金属元素进行反应,逐渐生成 CZTS 四(五)元化合物,并且在此过程中晶体不断生长。其总的物理化学过程可以表述为

CZTSSe(前驱薄膜) + S(Se)(蒸气) + 高温 → CZTSSe(多晶薄膜)

这是一种典型的固-气反应。对于单纯的金属前驱薄膜,首先发生的主要是金属单质被 S 或硒氧化,然后是不同金属组分之间的化合反应,与前章节讨论的 CZTS 的形成路径一致。对于金属化合物前驱薄膜,首先发生的是 S 或 Se 蒸气原子与固体金属化合物中已有的 S 或 Se 原子的取代,比如 $Cu_xS+Se(g)\rightarrow Cu_xSe+S(g)$。该反应发生的驱动力是固-气元素间的化学势和蒸气压平衡。

硫(硒)化反应中,S 或 Se 蒸气原子进入金属化合物晶格中。在此类晶格中,一般一个硫(硒)原子与两个金属原子成键。直观地,蒸气原子与固体薄膜晶格中原有阴离子间的替换,最终是以单个原子的形式进行的。因此,这种替换或化合反应的活性与蒸气中硫(硒)的存在形式密切相关。图 3.46 给出了 J. Berkowitz 等于 20 世纪 60 年代研究得到的不同温度饱和蒸气压下不同分子结构的单质 S(Se)的摩尔比例[138-139]。可见,在低温下无论是 S 还是 Se,其主要以多 S(Se)分子形式存在,比如 S_6 和 Se_6。对于这种多 S 分子,其反应首先需要分子内多个 S—S 键的断裂,反应活性较低。对于 CZTS 的高温过程,由于 Mo 衬底易于被 S 或 Se 氧化而失去导电性能,Zn 和 Sn 元素等高温下易挥发而组分偏离,一般反应时间较短。因此,目前一般认为小分子量的 S(Se)分子,比如 S_2 和 Se_2,具有更高的反应活性,更有利于硫(硒)化和高质量的 CZTS 薄膜的获得。对于以 Se 粉为源,在 500~550℃的高下,高分子量的 Se 分子依然占很大的比重。见图 3.46(b)。对于 S 和 Se 可以发现,在相同的温度下,更容易获得高比例的 Se_2,这可能是目前广泛采用硒化而非硫化的一个重要原因。

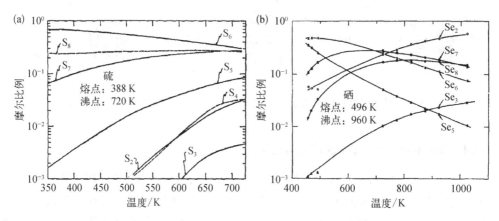

图 3.46　不同温度下 S(a)和 Se(b)蒸气的分子组成[138-139]

针对不同 S(e)分子的反应活性,见图 3.47。目前发展出的硫(硒)化方法主要有三种类型,即 $H_2S(e)/Ar$、S(e)粉(颗粒)/石墨盒和 S(e)蒸气高温裂解法。$H_2S(e)/Ar$ 属于纯气相过程,高温硫(硒)化过程中的气压、浓度等参数易于调控[2]。且高温下会发生 $H_2S(e)$ 的分解反应,产生的低分子量的 $S(e)$ 具有较高的反应活性,更易制备出高质量的 CZTS 薄膜。主要缺点在于 $H_2S(e)$ 属于剧毒气体,安全风险较高,实际应用中对设备、防护等有较高的要求,因此在目前的研究中并没有被广泛采用。

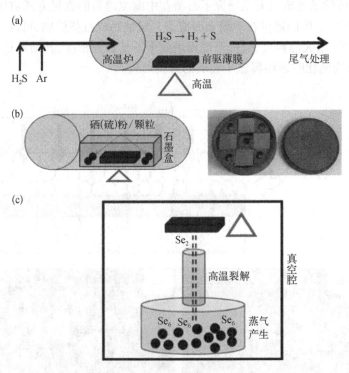

图 3.47　CZTS 薄膜硫(硒)化的常用方法:(a) H_2S 法;
(b) 石墨盒法;(c) 高温裂解法

$S(e)$ 粉(颗粒)/石墨盒是目前可见报道中采用最多的硫(硒)化方法,主要在于该方法安全、设备要求低、易于操作。实验中,只需要将前驱薄膜和 $S(e)$ 粉(颗粒)密闭或部分密闭在一个石墨盒中[图 3.47(b)],然后在高温下发生固体 $S(e)$ 的蒸发气化,前驱膜在高温下与蒸发出的 $S(e)$ 蒸气发生反应,并逐渐结晶生长成 CZTS 薄膜。这方法的一个缺点在于蒸发出的 $S(e)$ 蒸气的气压、浓度、蒸气空间分布以及活性 $S(e)$ 分子等参量均不能精确控制,反应过程更多地依赖经验。另一个缺点是石墨盒一般具有一定的介孔结构,长期使用会出现大量的 $S(e)$ 吸附,可能会影响硫(硒)化的可重复性。

针对固体 $S(e)$ 硫(硒)化的不足,南开大学又开发出了如图 3.47(c)所示的高温裂解法[76]。即首先将固体 $S(e)$ 在较高的温度下蒸发,然后蒸气进入裂解管,在更高的温度下进一步裂解成低分子量的 S(e)，然后再与高温的前驱膜发生反应，最终生成 CZTS 薄膜。

除了上述设备和方法外，实际硫（硒）化中还需细致调节薄膜放置方式、温度程序、前驱膜预处理等具体的细节，以实现高质量薄膜的获得。中国科学院长春应用化学研究所的潘道成研究组研究了石墨盒中前驱薄膜的放置方式对硒化和薄膜形貌的影响[140]。他们通过在薄膜表面覆盖一层钠钙或石英玻璃，可以显著改善多晶薄膜的形貌，增大晶粒尺寸，提升薄膜表面平整度和致密度，其结果见图 3.48，其中(c)和(e)为硒化时表面覆盖了玻璃的薄膜形貌。

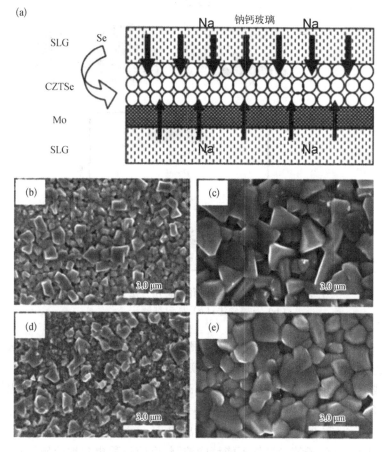

图 3.48　通过表面玻璃覆盖提高 CZTS 硒化质量[140]

S. G. Haass 等通过在石墨盒表面包覆 SiO_x，并引入三步加热流程，获得了更高质量的 CZTS 硒化薄膜[130]。图 3.49 给出了相应的升温曲线和薄膜形貌电镜图。对于石墨盒硒化，我们一般采用两步加热过程，即首先在 300~350℃保持数分钟，以获得硒的蒸发。然后升到高温下,让硒蒸气与前驱薄膜反应和结晶。而作者在第二步 500℃ 保持 40 多分钟后又进一步升高温度到 550℃ 保持了数分钟。通过延长高温硒化时间和进一步提高温度,可以发现样品 B 和 D 的薄膜结晶程度明显提高,这可能是高温促进了 CZTS 晶体的生长。另一方面,他们通过 SiO_x 包覆石墨盒,获得了更高质量的 CZTS 薄膜。对比样品 A、B 和 C、D,可见,石墨盒的包覆对于提升薄膜晶体程度也至关重要。这可能是 SiO_x 的包覆可以有效抑制硒蒸气向介孔石墨中扩散,减少硒的损失,从而有助于提高石墨盒中硒的蒸气压,促进晶体的生长。最终他们获得了 11.2% 的器件效率。总之,利用石墨盒进行硫(硒)化,在石墨盒的宏观和微观结构等方面需要进行不断的探索。

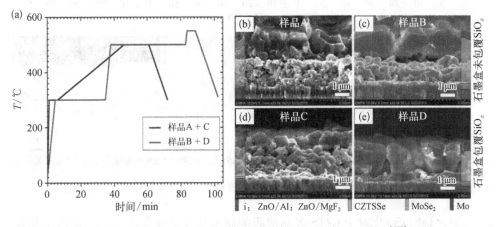

图 3.49 多步硒化和石墨盒微结构控制对 CZTS 硒化的影响[130]

对于高温裂解法,南开大学研究团队系统研究了 Se 蒸气压和组分对硒化薄膜形貌和生长机制的影响[76]。他们通过调控硒源温度实现 Se 蒸气压的调控,进一步通过裂解管温度调控了 Se 蒸气的组成成分,即 Se_6 和 Se_2 比例,见图 3.50。对于 H-H 过程,第一步和第二步的硒源温度均达到 450℃,为薄膜提供了高气压的 Se 蒸气,而裂解温度只有 500℃,Se 蒸气中具有较高含量的 Se_6。在此条件下获得的硒化薄膜表面致密,晶粒较大。但薄膜内部还有大量的小晶粒,且薄膜整体 Se 含量较低。这可能是高含量的 Se_6 易于与 CZTS 反应生成致密高结晶的表面层,而阻止后续的 Se 的进一步扩散。他们将该过程归因于 $SnSe_2$ 在高浓度 Se_6 作用下的熔点降低和液态 $SnSe_6$ 对晶体生长的促进。对于 L-L 过程,硒源在整个过程中均保持在较低的 300℃,而裂解管保持在 800℃ 高温。则,在整个硒化过程中,Se 气压较低,且主要以 Se_2 的形式存在。尽管 Se_2 的比例较高,但并未获得高质量的 CZTS 薄膜,晶粒较小。但相比 H-H 过程,L-L 过程的 CZTS 薄膜反而可以获得更高含量的 Se,这主要是因为表面较小晶粒的 CZTS 可以让 Se 进一步扩散进薄膜。为了获得高质量的 CZTS 结晶,他们进一步采用了 L－H 过程,即第一步在较低 Se 气压进行硒化,首先获得较小的晶粒,然后在高的 Se_6 气压下,诱使 $SnSe_2$ 的液化和 CZTS 的液相辅助生长,最终获得了大晶粒的 CZTS 薄膜,见图 3.50。

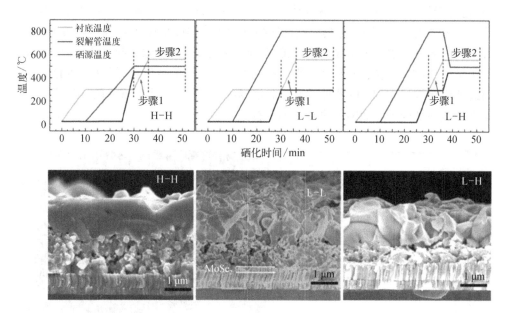

图 3.50　高温裂解法硒化,控制 Se 蒸气压和组分对薄膜生长和形貌的影响

　　总之,硫(硒)化对于 CZTS 多晶薄膜的制备具有重要作用,这是 CZTS 太阳能电池在物理和缺陷态性质方面进一步调控的基础。因此,其硒化设备、硒化条件等需要不断优化。

3.3.5　铜锌锡硫(硒)薄膜的表征技术

　　铜锌锡硫(硒)薄膜的表征,从材料角度主要包括形貌、物相、组分表征,从半导体角度还包括缺陷态、局域电势和电导等表征。其中形貌表征一般采用扫描或透射电子显微镜、原子力显微镜(AFM)等;物相表征主要采用 X 射线衍射和拉曼散射;组分及其空间分布可采用 X 射线荧光(XRF)、时间飞行-二次离子质谱(ToF－SIMS)、X 射线能谱(EDS)进行测量;而缺陷态性质主要通过器件的导纳(电容)响应进行测量,比如电容-电压($C－V$)、驱动电平电容分析(drive level capacitance profiling, DLCP)和热导纳谱(TAS);局域电势和电导可以通过开尔文探针或导电 AFM 进行测量;稳态和瞬态荧光也是表征 CZTS 薄膜带尾态和电荷复合性质的一种重要方法。总之,目前 CZTS 电池性能受限的原因主要在于其复杂的物理化学性质,同时也在于我们尚未能完全认识和调控其性质,即受限于对 CZTS

的深入表征。本小节仅针对部分表征方法及其在 CZTS 中的应用做一些简单的介绍,具体内容读者可参见相关原始文献。

1. 拉曼散射:Cu/Zn 无序

拉曼散射是研究 CZTS 物相的有力手段。同时拉曼散射信号对 CZTS 晶格的对称性、原子周围化学环境等十分敏感,最近被 Scragg 等率先用来表征 CZTS 晶格中的无序性质[27]。他们发现,CZTS 退火后的降温条件对其拉曼散射信号有显著的影响,尤其是在 785 nm 的近似共振激发下,见图 3.51(a)。对于缓慢退火的 CZTS(VS),其 2A 模式(m_{2A})的散射峰强度高,半峰宽(FWHM)窄;m_{1A} 峰有类似的特性。而对于快速降温的样品(VF),其 m_{1A} 峰相对于其他散射峰强度显著降低,并具有较大的 FWHM;另一方面,m_{3A} 峰表现出较高的强度。由此,作者定义 $Q = I(m_{2A})/I(m_{3A})$ 以反映 CZTS 的晶格原子有序程度,然后进一步研究了后退火工艺对 Q 的影响。研究发现,对制备得到的样品进行进一步的后退火处理,样品的 Q 值,即晶格原子有序度,会随着后退火温度和时间发生显著的变化。对于 1 小时后退火,在较低温度下,随着退火温度升高到470℃,其 Q 值可以从初始的1.1提高到1.6 左右,而进一步升高温度 Q 值显著降低,最后稳定到0.5 左右。对于 24 小时后退火处理,当温度升高到440℃时,其 Q 值可以提高到2.4 左右,体现出 CZTS 晶格原子有序度的显著提升。与 1 小时类似,继续升高温度,其 Q 值也会显著下降。m_{1A} 峰的 FWHM 也表现出这种温度依赖特性。随着后退火温度的提升,FWHM 首先表现出轻微的下降,然后在530℃左右出现突然的增加。

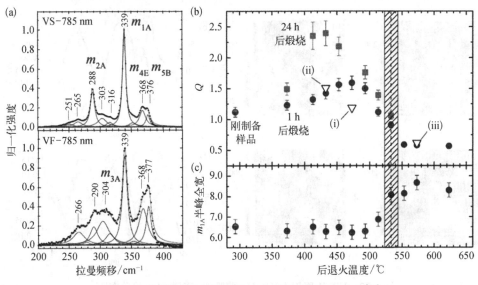

图 3.51 拉曼散射用于表征 CZTS 晶格的原子无序度[27]

　　这些结果表明我们常用方法制备的 CZTS 薄膜,其晶格原子存在较大的无序度。这种无序可能来源于 Cu/Zn 的反位缺陷,会在能带中引入涨落,对于器件性能是不利的。另一方面,通过合适的温度后退火,可以给原子提供一定的能量,以持续到最低能量状态,此时晶格有序度会显著提升。而更高的温度下,晶格会直接发生从有序到无序的相转变。所以这种拉曼散射和分析方法一方面为表征 CZTS 的晶格无序提供了重要的手段,另一方面也为深入认识 CZTS 性质提供了重要结果。

　　2. 微区测量: 晶界能带

　　多晶薄膜的晶界一直是太阳能电池关注的焦点。相比于晶体内部,晶界一般具有较高的缺陷态密度,对于光电电荷的复合具有重要的影响。而晶界处的能带弯曲也会显著影响光生载流子的局域化和输运性质。基于原子力显微镜的开尔文探针技术(KPFM)以及基于扫描隧道显微镜(STM)的态密度测量为表征晶界的能带弯曲特性提供了重要方法,并已被应用于 CZTS 太阳能电池。

　　图 3.52 给出了 KPFM 的一个应用。研究者们采用 Li 离子对 CZTS 薄膜进行掺杂,并研究了掺杂对薄膜晶界电势分布的影响[129]。图 3.52(a~c)给出了未掺杂 Li 的结果,可见晶界处,CZTS 表现出较大的接触电势差(CPD),表明晶界处能带向下弯曲,这会导致光电电子被晶界捕获。而 Li 掺杂 CZTS,晶界处的 CPD 则给出极小值,表明晶界处能带向上弯曲,这有利于减小光生电子的晶界局域和复合。这种方法对于认识 CZTS 的微结构具有重要作用。但值得指出的是,KPFM 测量具有较大的误差和不可重复性,研究人员在应用该方法时应谨慎。

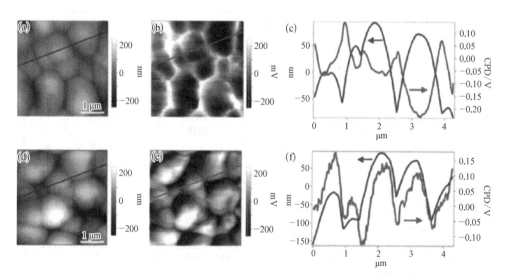

图 3.52　KPFM 用于表征 CZTS 薄膜的表面微区电势分布[129]

　　另一种微结构表征方法是 STM 及其相关的电导和态密度测量[141]。研究者们首先利用透射电镜 X 射线能谱测量了晶界附近的元素分布,发现晶界处硫元素含量明显升高而 Se 含量明显降低。STM 测量了晶界附近的电导特性,并通过微分电导测量出了界面处的态密度信息。结果发现,晶界处带隙较大,能带在晶界处出现弯曲,光生电子和空穴均不会被晶界局域。同时,对于不同 S/Se 组分的 CZTS 薄膜,其界面能带弯曲特性存在一定的差异。

　　3. 透射电镜:原子取代

　　球差矫正透射电子显微镜是一种更精细的研究原子尺度的表征方法。研究人员已经利用该方法研究了 CZTS 中的原子取代和原子有序等性质[142-143]。图 3.53 给出了研究晶界 O 掺杂的实验结果[142]。研究者们发现 CZTS 薄膜在空气中的后煅烧可以显著提升器件性能。他们进一步利用球差矫正透射电镜和关联的电子损失谱观测了薄膜晶界处的原子分布。发现,晶界处存在明显的 O 原子的电子损失

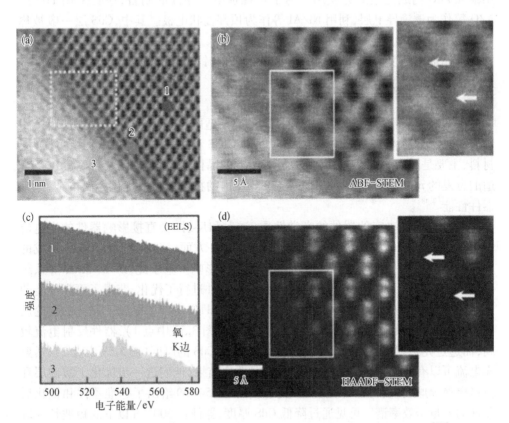

图 3.53　球差矫正透射电子显微镜用于表征 CZTS 的局域原子结构和分布[142]

特性,表明 O 原子确实在空气煅烧过程中进入薄膜。进一步,从环形明场(ABF)和高角度环形暗场(HAADF)成像中均观测到 Se 原子位不同的衬度,表明了不同的原子核数。进一步,与理论模拟相比较,这种低衬度的原子像[图 3.53(b)和(d)中箭头所示]被归于 O 原子。故该实验测量直接证实了空气煅烧过程中的 O 原子掺杂。这种球差矫正透射电镜结合电子损失谱的方法也被用于研究 CZTS 中 Cu/Zn 的无序,并观察到了一定的实验证据表明 Cu/Zn 的局域取代[143]。

3.4　缓冲和窗口层

异质结和太阳能电池的制备,一方面在于获得高质量的光吸收层材料,对于 CZTS 电池,光吸收层材料主要为 p 型 CZTS 多晶薄膜;另一方面还在于制备能带和晶格匹配的 n 型半导体薄膜,以构成异质结,并实现 p 型 CZTS 层高的载流子耗尽和大的耗尽宽度。对于 CZTS 电池,目前主要采用 CdS 作为 n 型半导体,进一步采用本征 ZnO 构成完整的异质结。为了实现顶电极器件的制备,还要采用 ITO 或 AZO 等作为透镜导电层,利用 Ni/Al 等作为顶部栅状电极。其中,CdS 层一般被称为缓冲层,而 ZnO/ITO(AZO)一般被称为窗口层。总的来说,CZTS 的器件结构和材料选择基本延续 CIGS 电池,并在此基础上进行针对性优化和部分材料替换。

3.4.1　缓冲层材料及其制备

缓冲层,即缓冲光吸收层和窗口层间的晶格适配、能带失配以及溅射薄膜沉积对光吸收层半导体造成的损伤。CdS 是目前 CIGS 和 CZTS 电池中最常用的缓冲层材料,主要是因为 CdS 与 CZTS 具有较为接近的晶格、较为合理的禁带宽度以及合适的自发的 n 型掺杂。同时 Cd 元素在 CZTS 内的扩散也可以优化界面掺杂,提升器件性能[2,48]。

由 CdS 厚度决定的器件的光学性质(透射和反射)会直接影响器件的光电流性质。一方面,CdS 能够吸收一定的可见光;另一方面,窗口层/CdS/CZTS 形成的多层膜结构对器件的整体反射性质具有重要的影响。基于此,D. B. Mitzi 等系统研究了该系统的反射透射和光吸收性质,并对器件进行了优化,获得了更高性能的光电转换[122]。他们首先计算了不同厚度 CdS 和 ITO 窗口层厚度下器件的理论反射和透射光贡献的电流。对于常用的标准条件(图 3.53 中点 1),器件反射电流较高,而透过光贡献的电流较低。通过降低 ITO 和 CdS 的厚度(图 3.53 中点 2),透射光电流可以有效提升,见图 3.54(a)。根据理论结果,他们进一步优化了缓冲层和窗口层薄膜厚度,使得器件性能显著提升。图 3.54(b)给出了标准器件和优化后器件的外量子效率谱。可见通过降低 CdS 厚度,器件在 500 nm 以下的短波长区域的量子效率得到了显著提升。对于标准和优化后器件,无论 CZTS 禁带宽度如何,光学优化后器件均表现出更高的短路电流。当然这种优化的前提是我们能够沉积致密均匀的薄的 CdS,这就需要 CdS 的沉积有一个较宽的时间窗口。

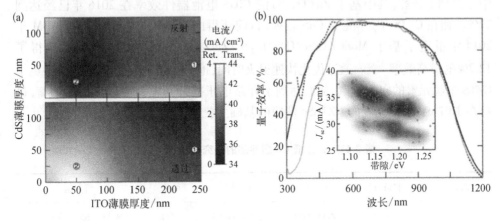

图 3.54 CZTS 电池的缓冲层和窗口层的光学性质
研究(a)及优化后的电池量子效率(b)

CdS 沉积主要采用化学浴沉积,即将 CZTS 薄膜浸泡在一定的 $CdSO_4$、硫脲和氨水的溶液中,然后在一定的温度下,硫脲逐渐释放出 S 离子,Cd 和 S 同时沉积在 CZTS 薄膜表面,形成均匀的 CdS 薄膜。这是一种典型的共沉积法薄膜沉积。尽管这种化学浴沉积 CdS 在 CZTS 电池制备中常用,而且已发展为基本流程,但 CdS 的沉积条件以及后处理等依然是值得优化和探索的。首先常用的 $CdSO_4$、硫脲和氨水体系,其共沉积的速率较高,CdS 薄膜沉积一般在数分钟间,因此时间窗口较小,精确控制较难,这会显著影响薄膜沉积的可重复性以及粗糙的 CZTS 薄膜表面的 CdS 覆盖度和均匀性。基于此,E. Saucedo 等采用 $Cd(NO_3)_2$ 作为 Cd 源,可以将 CdS 沉积速率从 10 nm/min 降低到 0.9 nm/min,由此显著提升了 CdS 沉积的时间窗口。通过降低 CdS 的沉积速率,CdS 薄膜内的光敏感缺陷态也被降低,由此显著提升了 CZTS 的器件性能[144]。

另一种提升 CdS 基 CZTS 电池的方法是后退火处理,即在完成 CdS 沉积后将薄膜在一定温度下进行退火。S. Tajima 通过在 330℃下进行后退火,促进了 Cd 离子和 CZTS 内 Zn 离子的互扩散,优化了 CdS/CZTS 界面的导带带阶,进而将器件效率从 5% 提升到 9.4%[145]。目前 CdS 后退火处理已经在一些实验室得到广泛应用。只是,结合自身器件和薄膜性质,需要对实验条件进行相应的优化。

Cd 是重金属离子,具有较大的毒性,且 CdS 与 CZTS 间形成的界面能带对于电荷收集和复合性质的影响存在争议。目前研究者们正在积极探索低 Cd 甚至无 Cd 缓冲层,一方面降低 Cd 使用,另一方面优化界面能带结构。表 3.11 简要概述了目前用于 CZTS 的新型缓冲层材料及其沉积方法和器件性能[123,146-150]。采用材料主要包括 $Zn(O,S)$、$(Zn,Mg)O$、$(Zn,Sn)O$、$(Zn,Cd)S$ 和 In_2S_3。这些材料在 CIGS 中也得到了研究,其中基于 $Zn(O,S)$ 的 CIGS 电池器件效率在 2016 年已经达到 22%。而在 CZTS 中,单纯的 CdS 替换,目前获得的器件效率在 9% 左右。IBM 于 2014 年报道了基于 $Mo/CZTSSe/CdS/In_2S_3/ZnO/ITO$ 的双缓冲层结构,取得了 12.7% 的最高效率[123]。通过优化快速退火时间,他们在促进 In 扩散的同时避免了 CZTS 金属元素的向上扩散,从而达到了开路电压提升与填充因子保持的平衡,最终在 1.07 eV 禁带宽度的 CZTSSe 薄膜的基础上获得了最高的器件效率。

表 3.11　无或低 Cd 缓冲层的研究概述[123,146-150]

缓冲层	制备方法	窗口层	吸收层	效率	研究组
$Zn_{1-x}Sn_xO$	ALD	ZnO/AZO	共溅射 CZTS	9.0%	瑞典 Angstrom Solar Center
$Zn(O,S)$	ALD	ZnO/AZO	反应溅射 CZTS	4.6%	瑞典 Angstrom Solar Center
$(Zn,Mg)O$	磁控溅射	ZnO/AZO	CZTSSe	2.7%	日本立命馆大学
$Zn_{1-x}Cd_xS$	SILAR	ZnO/ITO	共溅射 CZTS	9.2%	澳大利亚新南威尔士大学
In_2S_3	CBD	ZnO/ITO	联胺 CZTSSe	7.6%	IBM
In_2S_3/CdS	CBD	ZnO/ITO	联胺 CZTSSe	12.7	IBM

总而言之,缓冲层的优化对于提升 CZTS 电池效率有一定的积极作用,但对于大幅提升其性能,其做起作用仍值得探索。CZTS 的性能受限因素一直是值得深入探索的课题。

3.4.2　窗口层材料及其制备方法

目前用于 CZTS 的窗口层材料主要为 ZnO。首先在于 ZnO 是 n 型宽禁带半导体,不吸收可见光,同时 ZnO 具有较为合适的带边位置,与 CdS 和 CZTS 间带阶较小,可以保持光生电荷的顺利传输;另一方面,ZnO 与 CdS 具有相同的纤锌矿结构,晶格尺寸接近;同时本征 ZnO 薄膜由于自发的 O 缺陷,表现出 n 型掺杂,电子浓度和电子迁移率均较高,可为 CdS 和 CZTS 提供足够的电子以实现光吸收层的耗尽,并是自身具有良好的电子传输能力。目前 ZnO 的沉积一般采用射频磁控溅射,由于电子在 ZnO 中发生纵向传输,所以 ZnO 厚度一般较薄,在 50 nm 左右。尽管 $(Zn,Mg)O$、$Ga-ZnO$ 或者 TiO_2 等均是潜在的窗口层材料,由于性能方面的差异,目前使用最广泛的还是 ZnO。

ZnO 上是铝掺杂 ZnO (AZO) 或锡掺杂氧化铟(ITO)透明导电氧化物。光生电子在透明导电氧化物内进行横向传输,最终被栅状电极收集。总的来说,ITO 具有更高的电导率,可以在更薄的基础上获得更好的电荷传输,在实验上更容易实现透光率与电导的平衡。目前透明导电氧化物的沉积也是采用磁控溅射(射频)。ZnO和透明电极的溅射条件和厚度需要进行协同优化,以达到最优透过率和电导性能。

透明导电氧化物之上即为金属栅状电极,用于最终收集光生电子,并与外电路进行连接。金属栅状电极的直接目的就是降低器件总的串联电阻。理论上,如果透明导电氧化物横向电阻无穷小,可以不使用金属电极。但实际中,其电阻远大于栅状金属电极电阻,因此采用金属栅状电极,平衡透光面积比率与串联电阻是十分有必要的。目前金属电极材料一般采用 Ni/Al 或 Ag。可以采用真空热蒸发进行电极沉积。进一步,为了减少器件表面反射,一般还会沉积 MgF_2 防反射层,可以采用电子束蒸发进行沉积。

3.5 铜锌锡硫(硒)薄膜电池的器件物理

CZTS 继承了 CIGS 的结构特性,是一种典型的无机半导体异质结太阳能电池,其宏观的器件物理和电荷输运特性等在本章第 1 节已做初步介绍,本节我们重点关注与该类器件性能受限相关的物理特性,以及相关的材料和器件调控。

3.5.1 器件特性和性能损失机制

1. Crossover 和 red kink

Crossover 和 red kink 是 CZTS 和 CIGS 常见的两种电流-电压特性。Crossover即电池的光照和暗态 $I\text{-}V$ 曲线在较低的电流值下即相交,其直观的起因是光照下器件的复合显著大于暗态。而 red kink 指电池在长波段光照下表现出的转折特性,这主要与器件的界面能带性质相关。图 3.55 给出了计算模拟得到的 CZTS 的crossover 和 red kink 现象[151]。可见,AM1.5G 光谱下,光照曲线在接近0 mA/cm^2处即与暗态曲线相交。而在 600 nm 光谱下,$I\text{-}V$ 曲线表现出明显的弯曲现象。理论计算将这种现象归因于 CdS 缓冲层内的补偿性缺陷态和较大的导带带阶(CBO)。这主要是因为暗态下较大的 CBO 会显著降低暗态电流,而光照下,CBO 会表现出一定程度的下降,复合电流显著提升。值得指出的是,crossover 在太阳能电池中普遍存在,即使对于目前最高性能的钙钛矿太阳能电池也存在类似的现象。因为,太阳能电池的光照曲线不是简单的短路电流与暗态电流的叠加,电流-电压特性与器件所处的光照状态密切相关。当然,这一切的起源还在于缺陷态性质。Red kink现象的存在也是因为 CZTS/CdS 界面较大的势垒;且在长波长光照下,CdS 自身无法产生光生载流子钝化自身缺陷和实现势垒的降低。总之,虽然一定的正的 CBO被认为可以有效提升器件性能,但过高的 CBO 是光生电子从 CZTS 到 ZnO 的势垒,对于器件整体性能是不利的。因此,在可调控的范围内,界面的 CBO 以及 CdS 层厚度是需要进行细致优化的。E. Saucedo 等采用的 $Cd(NO_3)_2$ 作为 Cd 源进行 CdS 沉积,则在一定程度上实现了界面能带和 CdS 缺陷态调控,消除了转折点 (crossover)和 red kink 现象[144]。

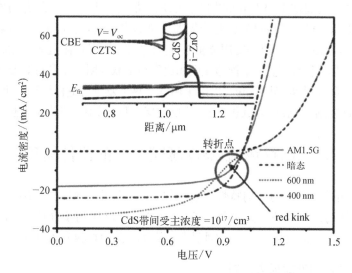

图 3.55　CZTS 电池的电流-电压特性的 crossover 和 red kink 行为的理论计算[151]

2. 器件低温性能与电荷传输势垒

CZTS 和 CIGS 间物理化学性质的比较一般被用来研究 CZTS 性能的损失机制。除了电流-电压曲线特性参数方面的差异,它们在器件的低温性能方面存在显著的差异。CZTS 器件光电转换效率随着温度的降低首先上升,然后下降[57]。效率的上升可以归因于低温下带隙的增加和非辐射复合的较少,见图 3.56。然而,对于 CIGS,降低温度,其效率会持续上升,不会出现下降的现象。进一步测量不同温度下器件的暗态串联电阻,可以发现,CZTS 在低温下串联电阻迅速上升,而 CIGS 上升则不明显。对串联电阻和温度的关系进行阿伦尼乌斯激活能分析,可以得出 CZTS 的电荷输运的势垒在 100 meV 左右,而 CIGS 仅有 5.6 meV。IBM 的 O. Gunawan 等认为这种巨大的差异来源于器件的背接触界面,见图 3.56(c)。由于较厚的 $MoSe_2$ 和一定的肖特基势垒,CZTS 的电荷输运存在较大的势垒。该势垒一方面影响了器件的性能,另一方面也可能限制了器件的常温性能,因为背界面较大的电荷输运势垒可能会导致电荷的堆积,从而增加电荷复合。除了界面势垒,我们还可以发现一个重要的现象,即电荷传输势垒在数值上与测量得到的缺陷态能级和带尾态能级接近[55,62]。这暗示着,CZTS 电池在低温下电荷输运受限可能也起源于其能带涨落。这种电荷输运受限,无论是低温还是高温,对器件的电流电压特性和最终的性能输出都会有较大的影响。

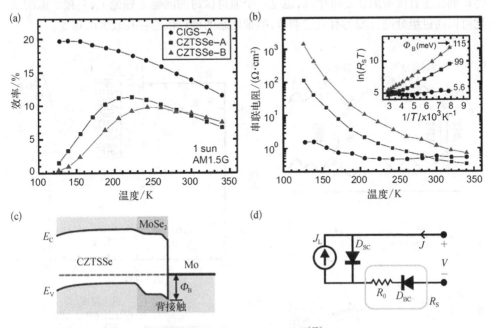

图 3.56 CZTS 的低温性能[57]

3. 带尾态与原子无序

CZTS 器件性能的另一个损失机制在于其带尾态性质。关于带尾态我们在前述章节中已经进行了介绍,其产生的原因主要在于晶体材料的空间不均匀及其一些浅的缺陷态能级,见图 3.57(a)[55]。目前实验上,通过光吸收和量子效率测量,确实观测到了带尾态的存在,见图 3.57(b)。测量得到的 CZTS 的带尾态能级显著大于 CIGS。这种大的带尾态是对有效带隙的降低,进而降低了器件的开路电压,见图 3.57(c)。虽然带尾态具有一定的光吸收,但其空间和能量态密度低,光吸收弱,对器件的光生电流贡献小。另一方面,带尾态是空间的能带涨落,会局域电荷诱导非辐射复合,是电荷传输的势垒所在。这会显著降低器件的开路电压和填充因子,进而降低器件性能。CZTS 中,带尾态产生的一个重要原因是 Cu/Zn 无序。CZTS 中,Cu^+ 和 Zn^{2+} 离子尺寸和外层电子结构极其接近,它们之间的相互取代的能量差极其小,因此无序度相对较高。如图 3.26(a)所示,Cu/Zn 的相互取代会降低材料带隙。实验研究中,确实观测到了原子无序对材料禁带宽度的影响。通过升高材料的温度,其无序度将逐渐升高,而无序度的升高也伴随着 CZTS 禁带宽度的降低,见图 3.57(d)与(e)[152]。除了直接带隙的变化,从图 3.57(d)的吸收曲线中还可以发现高温下 CZTS 带尾态吸收的增大,表明带尾态的增强。因此,原子无序的最终影响在于直接带隙还是带尾态,也是一个值得探讨的问题。理论上,直接带隙的变化可以通过组分进行较为有效的调节,但带尾态的调控依然存在较大的难度。

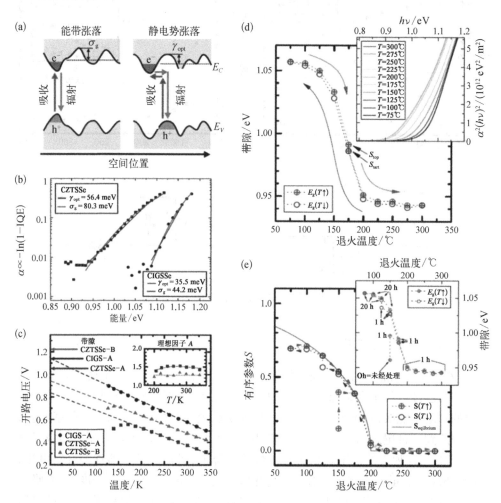

图 3.57　CZTS 的能带涨落(a)和带尾态测量(b)及其对电池低温极限电压的影响(c)。带隙相关的原子有序度的调控和测量(d)(e)[55,152]

4. 更多的未知

　　尽管 Cu/Zn 无序及其相关的带隙变化目前被认为是 CZTS 较低电压的一个重要起因,但通过退火等手段调控对电压的提升目前是非常有限的,并往往伴随电流的下降,最终并未显著提升器件的性能。且器件的电压损失并未显著降低。同时,S. Bourdais 等研究表明,这种无序对于电压的影响在目前器件的性能状态下应该是可以忽略的[153]。即目前状态下,CZTS 器件性能的受限因素并不是起源于 Cu/Zn 或 S/Se 的空间无序和相关的能带涨落。图 3.58 统计了常见太阳能电池的带隙、带尾态和电压损失信息[153]。可见,目前 CZTS 与其他类型光伏材料和器件存在显著差异。对于同样大小的带尾态能级(Urbach 能量),CZTS 的电压损失相对于其他电池大 0.3 V 左右。而相似的禁带宽度下,CZTS 表现出更大的 Urbach 能量。这些结果表明,CZTS 的性能受限因素值得进一步探索。

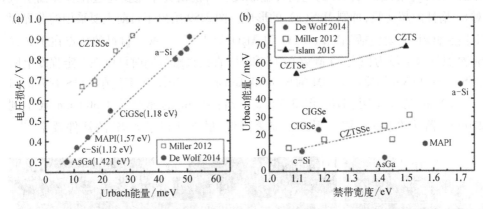

图 3.58 常见太阳能电池的带隙、带尾态(Urbach 能量)和电压损失信息[153]

对于太阳能电池,其电压最终取决于电荷产生和电荷复合的平衡。CZTS 电池的低电压本质上起因于其较快的非辐射复合,而非辐射复合主要由材料内的缺陷态和光生电荷分布决定。对于 CZTS 材料,尽管第一性原理计算和实验测量均对其缺陷态进行了研究,但其缺陷态性质仍存在很大的理解空间。首先,目前实验上测量到的缺陷态,其缺陷态能级一般在 100 meV 左右,很少能观测到深缺陷能级的存在;而这种较浅的缺陷态能级一般不被认为是非辐射复合的主要贡献者[16]。然而,浅缺陷态能级在电荷捕获方面,一般具有较小的激活能,电荷捕获速率高。浅缺陷能级辅助以及多种缺陷态共同参与的非辐射复合是值得关注的电荷损失机制之一。

总之,关于 CZTS 器件性能受限的物理机制,至今尚无定论。而 CZTS 材料和器件存在很多未知的性质,只有对这些性质的进行进一步探索才能真正促进 CZTS 器件性能的提升。

3.5.2 材料和器件调控

针对 CZTS 电池中已知的影响材料和器件性能的因素,目前研究中已经进行了一系列的工作。

1. 背接触界面调控

研究表明,不同于 CIGS,CZTS 与 Mo 在高温下易发生化学反应,导致 CZTS 的
分解[9]。即

$$2Cu_2ZnSnS(e)_4 + Mo \rightarrow 2Cu_2S(e) + 2ZnS(e) + 2SnS(e) + MoS(e)_2$$

在 550℃高温下,该反应的发生是自发的,可以导致体系自由能的显著下降。该反
应一方面导致背界面 CZTS 二次相的出现,另一方面导致 Mo 的快速硒化,引入较
厚的 MoS(e)$_2$ 层,增大器件的电荷传输难度。目前研究中主要通过在背界面引入
对 Se 惰性的超薄膜,抑制 MoS(e)$_2$ 的形成。图 3.59 给出了目前主要采用的背界面
阻挡层材料,主要包括 TiN、ZnO、Ag 和 Al$_2$O$_3$ 等[154-157]。这些材料的特点在于 S 或
Se 高温气氛下较为稳定,在避免 CZTS 和 Mo 直接接触的同时可以在一定程度上阻
止 S 或 Se 与 Mo 的反应。IBM 的 Supratik Guha 等于 2012 年率先在 CZTS 背界面引
入了 20 nm 的 TiN 阻挡层[图 3.59(a)],将 MoSe$_2$ 的厚度从 1 300 nm 减小到
220 nm,器件的串联电阻也得到了显著降低,最终获得了 8.9%的器件效率[154]。

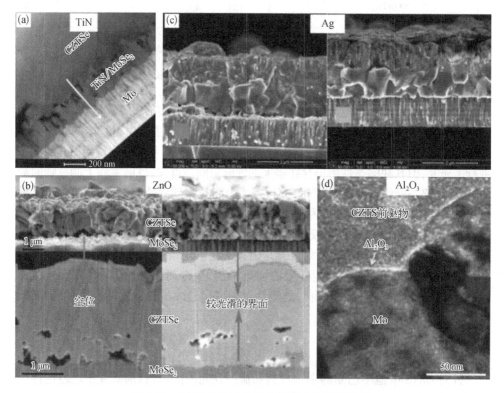

图 3.59　CZTS 电池背界面硫(硒)化阻挡层概述

2013 年,López-Marino 等又通过磁控溅射在背界面引入了 10 nm 的 ZnO 超薄膜[155]。当没有界面缓冲层时(左),CZTS/Mo 界面出现了较大的孔洞,这些孔洞可能起源于 CZTS 的分解。当 ZnO 引入后(右),界面孔洞明显消除,见图3.59(b)。最终,器件效率从 2.5%提升到 6%。2014 年,X. Hao 等在该界面引入了金属 Ag 薄膜,显著提升了背界面接触平整度,并抑制了二次相,最终将器件效率从 2.3%提高4.4%[156]。他们又通过射频溅射引入了 Al_2O_3 界面层,将器件效率从 7.3%提升到8.6%[157]。最近,我们通过空气中原位煅烧的方式,在 Mo 衬底上直接引入了 50 nm 厚度的 MoO_3,由此抑制了 $MoSe_2$ 的形成,将器件效率从 10%提升到 10.6%[158]。此外,利用磁控溅射或蒸镀方法沉积的碳薄膜也被用于背界面层来提升器件性能[159-160]。总之,多种材料可被用作 CZTS 电池的背界面层,均能提升器件性能。除了通过界面层方法,提高 Mo 结晶质量、适当降低硒化温度等也能抑制该界面的不利反应。

2. 碱金属掺杂

碱金属掺杂是 CZTS 和 CIGS 电池中最常用的材料调控方法[161-167]。基于钠钙玻璃衬底的薄膜沉积,碱金属会通过热扩散的方式参与 CZTS 结晶过程,被证明对于提升 CZTS 结晶质量和器件性能具有重要作用。在 CIGS 电池,尤其是柔性 CIGS 电池中,由于衬底材料不含有碱金属成分,通过后处理的方式向薄膜添加碱金属是获得高性能器件的关键[166-167]。在 CZTS 电池中,这种方法也被广泛采用,并得到了积极效果。

图 3.60 给出了不同衬底和不同硫化环境下 CZTS 薄膜的正面和侧面电镜照片[162]。对于不同衬底,可见钠钙玻璃衬底上的 CZTS 晶粒尺寸和均匀性明显好于石英和高硼硅玻璃衬底。进一步,通过在石英和高硼硅玻璃衬底的 CZTS 薄膜的硫化气氛中放入钠钙玻璃片,也能观察到晶粒尺寸的明显增大。由此表明,钠钙玻璃

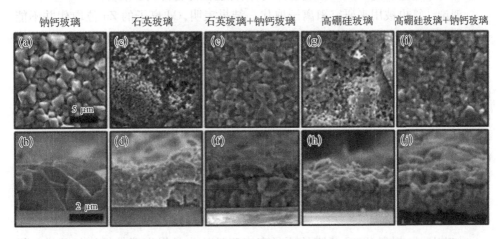

图 3.60 衬底和硫化环境对 CZTS 薄膜结晶和形貌的影响[162]

促进 CZTS 的晶体生长主要来源于其杂质。

参照 CIGS,研究者通过后溅射或蒸发的方式在 CZTS 表面沉积了 NaF 层。随着 NaF 厚度的增加,CZTS 硒化薄膜的结晶质量也不断提高,晶粒尺寸和薄膜致密度显著提升。关于 Na 在促进 CZTS 结晶方面的作用被认为是 Na 可以与 Se 蒸气反应生成 Na_2Se_x 化合物,而该类化合物具有较低的熔点,在硒化温度下可以出现液相,由此形成液相辅助的 CZTS 生长。同时第一性原理计算表明,Na 原子可以替换 Cu 或 Zn 离子,并可在薄膜内迁移,这种迁移诱导的物质交换也可能会促进薄膜的结晶[161]。另一方面,研究发现 Na 掺杂可以提高 CZTS 薄膜的空穴浓度,进而提升薄膜的电荷传输能力。理论计算认为这种提高可能来源于两个方面,一方面是 Na 原子替换 Zn 离子引入空穴[161];另一方面,结晶过程中 Na 替换 Cu 位,而在 CdS 沉积时 Na 被水溶解,进而形成 Cu 空位,并由此引入空穴[164]。总之,碱金属在促进结晶和调节电学性质方面均具有重要作用。对于溶液法,研究者们一般通过在前驱液中添加碱金属盐的方式进行掺杂。通过在 DMSO 溶液中添加 LiCl,获得了 11.8% 和 12.2% 的活性面积的光电转换效率[126,129]。

3. 金属阳离子掺杂

如前所述,带尾态和 Cu/Zn 无序被认为是 CZTS 性能受限的一个重要原因。通过金属阳离子部分掺杂 Cu 或 Zn 位在一定程度上可以抑制 Cu/Zn 无序及其相关的缺陷态。目前已经报道的掺杂主要包括 Cu 位的 Ag 离子替换和 Zn 位的 Cd 离子替换。新加坡南洋理工苏正华(现深圳大学)等报道了利用 CZTS 体系的 Cd 取代,在 40% 的取代比例下获得了最高的器件性能。Cd 取代的作用主要归因于对晶粒尺寸的提升和二次相的抑制[48]。IBM 公司 T. Gershon 报道了 Ag 离子掺杂。CZTS 薄膜和器件的带尾态和电压损失被显著抑制,其低温性能也得到了改善[49]。

理论计算也被用来研究阳离子取代。结果表明,Cd 离子的 Zn 位取代并不能显著抑制 Cu/Zn 位的原子无序,而 Ag 离子的 Cu 位取代则有较好的效果。但 Ag 离子掺杂会引入 n 型掺杂,这对于器件是不利的。因此,研究人员提出通过梯度掺杂的方式在电池界面处引入 Ag,以此主要抑制界面处的缺陷态和电荷复合[66]。实验上,河南大学武四新研究组通过溶液多次旋涂的方式,在较低的硒化温度下在 CZTS 薄膜内引入了梯度分布 Ag 离子,并获得了一定的梯度带隙,最终将器件的效率提升到了 11.2%[69]。目前研究者们已经广泛报道了利用金属阳离子掺杂改善 CZTS 结晶和缺陷态性质。然而现阶段,这种离子掺杂的方式可能并不能解决 CZTS 最基本问题。

4. 原子有序度调控

如前所述,提高 CZTS 薄膜的原子有序度被认为是提高器件性能的关键。目前,研究者们主要通过控制退火后冷却条件或采用后退火的方式提高原子有序度,但有序度的提升却非常有限,对于器件性能提升也未能有明显的体现[153]。但提升原子有序度,获得单相的 CZTS 晶体是追求高性能器件的必由之路。

5. 溶液化学调控

溶液法是目前制备 CZTS 薄膜和器件的重要方法[168-170]。前驱溶液的配制及其化学性质是决定 CZTS 薄膜生长的初始条件,故溶液化学研究和调控对于器件制备具有重要意义。前面提到,金属、金属硫化物、氧化物等溶解在特定溶剂中一般以一定的配位形式存在。配位结构和配位化学键的强度等对于后续 CZTS 生成过程中的化学反应路径有重要影响。

最近辛颢团队发现,金属离子价态对于 DMSO 前驱溶液分子配位结构类型也有重要影响。二价 Sn 更容易与硫脲形成配位,而四价 Sn 倾向于与 DMSO 分子形成配位。而 Sn - DMSO 配位更有利于薄膜在后续高温过程中一步生成 CZTS 相,获得更高质量的光吸收层薄膜。进一步结合 Ag 离子掺杂,他们将 CZTS 电池效率提升到 13.5%(有效面积)。2021 年 10 月,辛颢团队进一步将电池全面积效率提升到 13.0%(NREL 认证),打破了 IBM 团队的记录。

中科院物理所孟庆波团队近期研究了巯基乙酸-氨水溶液体系中金属与有机分子的配位结构,并在此基础上通过巯基乙酸去质子化过程进行了配位结构调控。该过程实现了 O 与 S 基团与 Sn 原子的配位交换,从而更有利于高温下前驱化合物向金属硫化物的转变。在此基础上,结合器件综合调控获得了 13.5% 的电池效率(有效面积)。2021 年 12 月,他们在乙二醇甲醚体系中通过引入 Ge 掺杂,降低了 CZTSSe 吸收层缺陷,提高了晶体质量,并同时改善了界面性能,CZTSSe 电池效率达到 13.77%(全面积)(福建省计量科学研究院认证: 21Q3 - 00282)。

可见通过前驱溶液配位结构调控,优化 CZTS 形成的化学反应路径是提升电池性能的重要手段,值得关注和研究。

3.6　总结与展望

CZTSSe 研究目前处于一个瓶颈阶段,主要是由于 CZTS 材料和器件很多物理、化学性质,尤其是器件性能的受限因素尚未被完全理解和探索。未来,CZTS 电池的发展首先要解决的还是薄膜结晶和物相问题。现在最高性能的 CZTS 薄膜主要基于溶液法进行制备,但由于碳残留等问题,目前溶液法制备的 CZTS 薄膜的结晶质量和多晶形貌还有待提升。在此基础上,可以进一步调控材料的物理性质,尤其是缺陷态性质,抑制材料内的非辐射复合,降低电荷传输势垒;然后再通过界面调控、原子有序度调控等提升器件的整体性能。总之,相比于 CIGS 电池几十年的发展历程,CZTS 材料和器件的发展依然处于早期发展阶段。鉴于材料和器件成本、环境友好性等方面的优势,CZTS 的前景值得期待,但它的性能提升需要经历一步步过程。

参 考 文 献

[1] National Renewable Energy Laboratory[EB/OL]. https：//www. nrel. gov/pv/assets/pdfs/best-research-cell-efficiencies-rev210726.pdf［2021－10－16］.

[2] 熊绍,朱美芬.太阳能电池基于与应用[M].北京：科学出版社,2009.

[3] Philipps S.Photovoltaics report[R]. Freiburg：Fraunhofer ISE and Werner Warmuth, 2018.

[4] 百度百科.铟[EB/OL].https：//baike.baidu.com/item/铟/574447［2022－8－30］.

[5] 百度百科.碲[EB/OL].https：//baike.baidu.com/item/碲/84998［2022－8－30］.

[6] Todorov T K, Reuter R B, Mitzi R B. High-efficiency solar cell with earth-abundant liquid-processed absorber [J]. Advanced Materials, 2010, 22(20)：E156－E159.

[7] Wei W, Winkler M T, Gunawan O, et al. Device characteristics of CZTSSe thin-film solar cells with 12.6% efficiency[J]. Advanced Energy Materials, 2014, 4(7)：1301465.

[8] Zhou H, Hsu W C, Duan H S, et al. CZTS nanocrystals：a promising approach for next generation thin film photovoltaics[J]. Energy Environmental Science, 2013, 6(10)：2822－2838.

[9] Scragg J J, Waetjen J T, Edoff M, et al. A detrimental reaction at the molybdenum back contact in $Cu_2ZnSn(S, Se)_4$ thin-film solar cells[J]. Journal of the American Chemical Society, 2012, 134(47)：19330－19333.

[10] Maeda T, Kawabata A, Wada T. First-principles study on alkali-metal effect of Li, Na, and K in Cu_2ZnSnS_4 and $Cu_2ZnSnSe_4$[J]. Physica Status Solidi, 2015, 12(6)：631－637.

[11] Johnson M, Baryshev S V, Thimsen E, et al. Alkali-metal-enhanced grain growth in Cu_2ZnSnS_4 thin films[J]. Energy & Environmental Science, 2014, 7(6)：1931－1938.

[12] Sutter-Fella C M, Stückelberger J A, Hagendorfer H, et al. Sodium assisted sintering of chalcogenides and its application to solution processed $Cu_2ZnSn(S, Se)_4$ thin film solar cells[J]. Chemistry of Materials, 2014, 26 (3)：1420－1425.

[13] Saha S K, Guchhait A, Pal A J. Cu_2ZnSnS_4 (CZTS) nanoparticle based nontoxic and earth-abundant hybrid pn-junction solar cells[J]. Physical Chemistry Chemical Physics, 2012, 14(22)：8090－8096.

[14] Scheer R, Schock H W. Chalcogenide photovoltaics：physics, technologies, and thin film devices[M]. New York：John Wiley & Sons, 2011.

[15] 虞丽生. 半导体异质结物理[M].北京：科学出版社, 2006.

[16] Sze S M. Ng K K. Physics of semiconductor devices[M].New York：Wiley, 2006.

[17] Walsh A, Chen S, Wei S H, et al. Kesterite thin-film solar cells：advances in materials modelling of Cu_2ZnSnS_4[J]. Advanced Energy Materials, 2012, 2(4)：400－409.

[18] Zhu H, Kalkan, A K, Hou J, et al. Applications of AMPS-1D for solar cell simulation[J]. AIP Conference Proceedings, 1999, 462：309－314.

[19] Metzger W K, Repins I L, Contreras M A. Long lifetimes in high-efficiency Cu(In, Ga)Se_2 solar cells[J]. Applied Physics Letters,2008, 93(2)：022110.

[20] Todorov T K, Tang J, Bag S, et al. Beyond 11% Efficiency：characteristics of state-of-the-art $Cu_2ZnSn(S, Se)_4$ solar cells[J]. Advanced Energy Materials, 2013, 3(1)：34－38.

[21] Shi J, Xu X, Li D, et al. Interfaces in perovskite solar cells[J]. Small, 2015, 11(21)：2472－2486.

[22] Khare A, Himmetoglu B, Johnson M, et al. Calculation of the lattice dynamics and Raman spectra of copper zinc tin chalcogenides and comparison to experiments [J]. Journal of Applied Physics, 2012, 111

(8): 083707.

[23] Chen S, Gong X G, Walsh A, et al. Electronic structure and stability of quaternary chalcogenide semiconductors derived from cation cross-substitution of II-VI and I-III-VI$_2$ compounds[J]. Microscopy & Microanalysis, 2009, 79(16): 165211.

[24] Chen S, Walsh A, Ye L, et al. Wurtzite-derived polytypes of kesterite and stannite quaternary chalcogenide semiconductors[J]. Physical Review B, 2010, 82(19): 4706 - 4712.

[25] Zhang Y, Sun X, Zhang P, et al. Structural properties and quasiparticle band structures of Cu-based quaternary semiconductors for photovoltaic applications[J]. Journal of Applied Physics, 2012, 111(6): 894.

[26] Khare A, Himmetoglu B, Johnson M, Norris D J, et al. Calculation of the lattice dynamics and Raman spectra of copper zinc tin chalcogenides and comparison to experiments[J]. Journal of Applied Physics, 2012, 111 (8): 083707.

[27] Scragg J J, Choubrac L, Lafond A, et al. A low-temperature order-disorder transition in Cu$_2$ZnSnS$_4$ thin films [J]. Applied Physics Letters, 2014, 104(4): 041911.

[28] Fernandes P A, Salomé P M P, Da Cunha A F. Study of polycrystalline Cu$_2$ZnSnS$_4$ films by Raman scattering [J]. Journal of Alloys and Compounds, 2011, 509(28): 7600 - 7606.

[29] Kumar M, Dubey A, Adhikari N, et al. Strategic review of secondary phases, defects and defect-complexes in kesterite CZTS-Se solar cells[J]. Energy Environmental Science, 2015, 8(11): 3134 - 3159.

[30] Mendis B G, Goodman M C, Major J D, et al. The role of secondary phase precipitation on grain boundary electrical activity in Cu$_2$ZnSnS$_4$(CZTS) photovoltaic absorber layer material[J]. Journal of Applied Physics, 2012, 112(12): 124508.

[31] Ren Y, Richter M, Keller J, et al. Investigation of the SnS/Cu$_2$ZnSnS$_4$ interfaces in kesterite thin-film solar cells[J]. ACS Energy Letters, 2017, 2(5): 976 - 981.

[32] Redinger A, Hönes K, Fontané X, et al. Detection of a ZnSe secondary phase in coevaporated Cu$_2$ZnSnSe$_4$ thin films[J]. Applied Physics Letters, 2011, 98(10): 101907.

[33] Fairbrother A, Fontané X, Izquierdo-Roca V, et al. Secondary phase formation in Zn-rich Cu$_2$ZnSnSe$_4$-based solar cells annealed in low pressure and temperature conditions[J]. Progress in Photovoltaics: Research and Applications, 2014, 22(4): 479 - 487.

[34] Paier J, Asahi R, Nagoya A, et al. Cu$_2$ZnSnS$_4$ as a potential photovoltaic material: a hybrid Hartree-Fock density functional theory study[J]. Physical Review B, 2009, 79(11): 115126.

[35] Zhang Y, Yuan X, Sun X, et al. Comparative study of structural and electronic properties of Cu-based multinary semiconductors[J]. Physical Review B, 2011, 84(7): 075127.

[36] Zhao H, Persson C. Optical properties of Cu(In, Ga)Se$_2$ and Cu$_2$ZnSn(S, Se)$_4$[J]. Thin Solid Films, 2011, 519(21): 7508 - 7512.

[37] Botti S, Kammerlander D, Marques M A. Band structures of Cu$_2$ZnSnS$_4$ and Cu$_2$ZnSnSe$_4$ from many-body methods[J]. Applied Physics Letters, 2011, 98(24): 241915.

[38] Scragg J J, Dale P J, Peter L M, et al. New routes to sustainable photovoltaics: evaluation of Cu$_2$ZnSnS$_4$ as an alternative absorber material[J]. Physica Status Solidi, 2010, 245(9): 1772 - 1778.

[39] Khare A, Himmetoglu B, Cococcioni M, et al. First principles calculation of the electronic properties and lattice dynamics of Cu$_2$ZnSn(S$_{1-x}$Se$_x$)$_4$[J]. Journal of Applied Physics, 2012, 111: 123704.

[40] Levcenco S, Dumcenco D, Wang Y P, et al. Influence of anionic substitution on the electrolyte electroreflectance study of band edge transitions in single crystal Cu$_2$ZnSn(S$_x$Se$_{1-x}$)$_4$ solid solutions[J]. Optical Materials, 2012, 34: 1362.

[41] Riha S C, Parkinson B A, Prieto A L. Compositionally tunable Cu$_2$ZnSn(S$_{1-x}$Se$_x$)$_4$ nanocrystals: probing the effect of Se-Inclusion in mixed chalcogenide thin films[J]. Journal of the American Chemical Society, 2011, 133(39): 15272 - 15275.

[42] Chen S, Walsh A, Yang J H, et al. Compositional dependence of structural and electronic properties of Cu$_2$ZnSn(S, Se)$_4$ alloys for thin film solar cells[J]. Physical Review B Condensed Matter, 2011, 83(12): 113-115.

[43] Crovetto A, Hansen O. What is the band alignment of Cu$_2$ZnSn(S, Se)$_4$ solar cells[J]. Solar Energy Materials and Solar Cells, 2017, 169: 177-194.

[44] Haight R, Barkhouse A, Gunawan O, et al. Band alignment at the Cu$_2$ZnSn(S$_x$Se$_{1-x}$)$_4$/CdS interface[J]. Applied Physics Letters, 2011, 98(25): 253502.

[45] Yan C, Liu F, Song N, et al. Band alignments of different buffer layers (CdS, Zn (O, S), and In$_2$S$_3$) on Cu$_2$ZnSnS$_4$[J]. Applied Physics Letters, 2014, 104(17): 173901.

[46] Nagai T, Udaka Y, Takaki S, et al. Electronic Structures of Cu$_2$ZnSnSe$_4$ surface and CdS/Cu$_2$ZnSnSe$_4$ heterointerface[J]. Japanese Journal of Applied Physics, 2017, 56(6): 065701.

[47] Ford G M, Guo Q, Agrawal R, et al. Earth abundant element Cu$_2$Zn(Sn$_{1-x}$Ge$_x$)S$_4$ nanocrystals for tunable band gap solar cells: 6.8% efficient device fabrication [J]. Chemistry of Materials, 2011, 23 (10): 2626-2629.

[48] Su Z, Tan J M R, Li X, et al. Cation substitution of solution-processed Cu$_2$ZnSnS$_4$ thin film solar cell with over 9% efficiency[J]. Advanced Energy Materials, 2015, 5(19): 1500682.

[49] Gershon T, Lee Y S, Antunez P, et al. Photovoltaic materials and devices based on the alloyed kesterite absorber (Ag$_x$Cu$_{1-x}$)$_2$ZnSnSe$_4$[J]. Advanced Energy Materials, 2016, 6(10): 1502468.

[50] Ge J, Koirala P, Grice C R, et al. Oxygenated CdS buffer layers enabling high open-circuit voltages in earth-abundant Cu$_2$BaSnS$_4$ thin-film solar cells[J]. Advanced Energy Materials, 2017, 7(6): 1601803.

[51] Zhao H, Persson C. Optical properties of Cu(In, Ga)Se$_2$ and Cu$_2$ZnSn(S, Se)$_4$[J]. Thin Solid Films, 2011, 519(21): 7508-7512.

[52] Camps I, Coutinho J, Mir M, et al. Elastic and optical properties of Cu$_2$ZnSn(Se$_x$S$_{1-x}$)$_4$ alloys: density functional calculations[J]. Semiconductor Science and Technology, 2012, 27(11): 115001.

[53] Yin W J, Shi T, Yan Y. Unique properties of halide perovskites as possible origins of the superior solar cell performance[J]. Advanced Materials, 2014, 26(27): 4653-4658.

[54] Klingshirn C F. Semiconductor Optics[M]. Berlin: Springer, 2012.

[55] Gokmen T, Gunawan O, Todorov T K, et al. Band tailing and efficiency limitation in kesterite solar cells[J]. Applied Physics Letters, 2013, 103(10): 103506-5.

[56] Talia Gershon B S, Bojarczuk N, Gokmen T, et al. Photoluminescence characterization of a high-efficiency Cu$_2$ZnSnS$_4$ device[J]. Journal of Applied Physics, 2013, 114(15): 1421-1464.

[57] Gunawan O, Todorov T K, Mitzi D B. Loss mechanisms in hydrazine-processed Cu$_2$ZnSn(Se, S)$_4$ solar cells [J]. Applied Physics Letters, 2010, 97(23): 346-349.

[58] Chen S, Ji H, Yang X, et al. Intrinsic point defects and complexes in the quaternary kesterite semiconductor Cu$_2$ZnSnS$_4$[J]. Physical Review B, 2010, 81: 245204.

[59] Larsen Jes K, Persson, Clas Sendler, et al. Cu-Zn disorder and band gap fluctuations in Cu$_2$ZnSn(S, Se)$_4$: theoretical and experimental investigations [J]. Physica Status Solidi B: Basic Research, 2016, 253: 247-254.

[60] Baranowski L L, K Mclaughlin, Zawadzki P, et al. Effects of disorder on carrier transport in Cu$_2$SnS$_3$ [J]. Physical Review Applied, 2015, 4(4): 044017.

[61] Walter T, Herberholz R, Müller C, et al. Determination of defect distributions from admittance measurements and application to Cu(In, Ga)Se$_2$ based heterojunctions[J]. Journal of Applied Physics, 1996, 80(8): 4411-4420.

[62] Fernandes P A, Sartori A F, Salomé P M P, et al. Admittance spectroscopy of Cu$_2$ZnSnS$_4$ based thin film solar cells[J]. Applied Physics Letters, 2012, 100(23): 233504.

[63] Brammertz G, Buffie Re M, Oueslati S, et al. Characterization of defects in 9.7% efficient $Cu_2ZnSnSe_4$-CdS-ZnO solar cells[J]. Applied Physics Letters, 2013, 103(16): 512.

[64] Heath J T, Cohen J D, Shafarman W N. Bulk and metastable defects in $CuIn_{1-x}Ga_xSe_2$ thin films using drive-level capacitance profiling[J]. Journal of Applied Physics, 2004, 95(3): 1000 – 1010.

[65] Kaufmann E. Characterization of materials[M]. New York: John Wiley & Sons, 2012.

[66] Yuan Z K, Chen S, Xiang H, et al. Engineering solar cell absorbers by exploring the band alignment and defect disparity: the case of Cu- and Ag-based kesterite compounds[J]. Advanced Functional Materials, 2016, 25(43): 6733 – 6743.

[67] Xiao Z, Meng W, Li J V, et al. Distant-atom mutation for better earth-abundant light absorbers: a case study of $Cu_2BaSnSe_4$[J]. ACS Energy Letters, 2017, 2(1): 29 – 35.

[68] Qi Y, Tian Q, Meng Y, et al. Elemental precursor solution processed $(Cu_{1-x}Ag_x)_2ZnSn(S, Se)_4$ photovoltaic devices with over 10% efficiency[J]. ACS Applied Materials and Interfaces, 2017, 9(25): 21243 – 21250.

[69] Qi Y F, Kou D X, Zhou W H, et al. Engineering of interface band bending and defects elimination via a Ag-graded active layer for efficient $(Cu, Ag)_2ZnSn(S, Se)_4$ solar cells[J]. Energy & Environmental Science, 2017, 10(11): 2401 – 2410.

[70] Yu Q, Shi J, Zhang P, et al. Impressive self-healing phenomenon of $Cu_2ZnSn(S, Se)_4$ solar cells[J]. Chinese Physics B, 2018, 27(6): 066108.

[71] Momose N, Htay M T, Yudasaka T, et al. Cu_2ZnSnS_4 thin film solar cells utilizing sulfurization of metallic precursor prepared by simultaneous sputtering of metal targets[J]. Japanese Journal of Applied Physics, 2011, 1S2: 01BG09.

[72] Muhunthan N, Singh O P, Singh S, et al. Growth of CZTS thin films by cosputtering of metal targets and sulfurization in H_2S[J]. International Journal of Photoenergy, 2013, 2013: 752012.

[73] Zhang J, Shao L. Cu_2ZnSnS_4 thin films prepared by sulfurizing different multilayer metal precursors[J]. Science in China Series E: Technological Sciences, 2009, 52(1): 269 – 272.

[74] Fernandes P A, Salomé P M P, Da Cunha A F. Precursors' order effect on the properties of sulfurized Cu_2ZnSnS_4 thin films[J]. Semiconductor Science and Technology, 2009, 24(10): 105013.

[75] Hyesun, Yoo, Jun H, et al. Comparative study of Cu_2ZnSnS_4 film growth[J]. Solar Energy Materials & Solar Cells, 2011, 95: 239 – 244.

[76] Li J, Wang H, Wu L, et al. Growth of $Cu_2ZnSnSe_4$ film under controllable Se vapor composition and impact of low Cu content on solar cell efficiency[J]. ACS Applied Materials & Interfaces, 2016, 8(16): 10283 – 10292.

[77] Li J, Zhang Y, Zhao W, et al. Solar cells: a temporary barrier effect of the alloy layer during selenization: tailoring the thickness of $MoSe_2$ for efficient $Cu_2ZnSnSe_4$ solar cells[J]. Advanced Energy Materials, 2015, 5: 1402178.

[78] Inamdar A I, Jeon K Y, Woo H S, et al. Synthesis of a Cu_2ZnSnS_4(CZTS) absorber layer and metal doped ZnS buffer layer for heterojunction solar cell applications[J]. ECS Transactions, 2011, 41(4): 167.

[79] Munir B, Wibowo R A, Lee E S, et al. One step deposition of $Cu(In_{1-x}Al_x)Se_2$ thin films by RF magnetron sputtering[J]. Journal of Ceramic Processing Research, 2007, 8(4): 252 – 255.

[80] Jimbo K, Kimura R, Kamimura T, et al. Cu_2ZnSnS_4-type thin film solar cells using abundant materials[J]. Thin Solid Films, 2007, 515(15): 5997 – 5999.

[81] Katagiri H, Jimbo K, Yamada S, et al. Enhanced conversion efficiencies of Cu_2ZnSnS_4-based thin film solar cells by using preferential etching technique[J]. Applied Physics Express, 2008, 1(4): 041201 – 2.

[82] Shin S W, Pawar S M, Chan Y P, et al. Studies on Cu_2ZnSnS_4(CZTS) absorber layer using different stacking orders in precursor thin films[J]. Solar Energy Materials and Solar Cells, 2011, 95(12): 3202 – 3206.

[83] Li J, Zhang Y, Wang H, et al. On the growth process of $Cu_2ZnSn(S, Se)_4$ absorber layer formed by selenizing Cu-ZnS-SnS precursors and its photovoltaic performance[J]. Solar Energy Materials and Solar Cells, 2015,

132: 363 - 371.

[84] Li J, Wang H, Luo M, et al. 10% Efficiency $Cu_2ZnSn(S, Se)_4$ thin film solar cells fabricated by magnetron sputtering with enlarged depletion region width[J]. Solar Energy Materials and Solar Cells, 2016, 149: 242 - 249.

[85] Sun R, Zhuang D, Zhao M, et al. Beyond 11% efficient $Cu_2ZnSn(Se, S)_4$ thin film solar cells by cadmium alloying[J]. Solar Energy Materials and Solar Cells, 2018, 174: 494 - 498.

[86] Katagiri H, Sasaguchi N, Hando S, et al. Preparation and evaluation of Cu_2ZnSnS_4 thin films by sulfurization of EB evaporated precursors[J]. Solar Energy Materials and Solar Cells, 2011, 49(1 - 4): 407 - 414.

[87] Katagiri H, Jimbo K, Moriya K, et al. Solar cell without environmental pollution by using CZTS thin film[C]. World Conference on Photovoltaic Energy Conversion. IEEE, 2003: 2874 - 2879.

[88] Friedlmeier T M, Wieser N, Walter T, et al. Heterojunctions based on Cu_2ZnSnS_4 and $Cu_2ZnSnSe_4$ thin films [C]. Proceedings of the 14th European Photovoltaic Solar Energy Conference, 1997: 1242 - 1245.

[89] Ahn S J, Jung S, Gwak J, et al. Determination of band gap energy (E_g) of $Cu_2ZnSnSe_4$ thin films: on the discrepancies of reported band gap values[J]. Applied Physics Letters, 2010, 97(2): 1242.

[90] Schubert B A, Marsen B, Cinque S, et al. Cu_2ZnSnS_4 thin film solar cells by fast coevaporation[J]. Progress in Photovoltaics Research and Applications, 2011, 19(1): 93 - 96.

[91] Wang K, Gunawan O, Todorov T, et al. Thermally evaporated Cu_2ZnSnS_4 solar cells[J]. Applied Physics Letters, 2010, 97(14): 143508.

[92] Repins I, Beall C, Vora N, et al. Co-evaporated $Cu_2ZnSnSe_4$ films and devices[J]. Solar Energy Materials and Solar Cells, 2012, 101: 154 - 159.

[93] Lee Y S, Gershon T, Gunawan O, et al. $Cu_2ZnSnSe_4$ thin-film solar cells by thermal co-evaporation with 11.6% efficiency and improved minority carrier diffusion length[J]. Advanced Energy Materials, 2015, 5 (7): 1401372.

[94] Scragg J J, Dale P J, Peter L M. Towards sustainable materials for solar energy conversion: preparation and photoelectrochemical characterization of Cu_2ZnSnS_4[J]. Electrochemistry Communications, 2008, 10(4): 639 - 642.

[95] Scragg J J, Dale P J, Peter L M. Synthesis and characterization of Cu_2ZnSnS_4 absorber layers by an electrodeposition-annealing route[J]. Thin Solid Films, 2009, 517(7): 2481 - 2484.

[96] Sarswat P K, Snure M, Free M L, et al. CZTS thin films on transparent conducting electrodes by electrochemical technique[J]. Thin Solid Films, 2012, 520(6): 1694 - 1697.

[97] Scragg J J, Berg D M, Dale P J. A 3.2% efficient Kesterite device from electrodeposited stacked elemental layers[J]. Journal of Electroanalytical Chemistry, 2010, 646(1 - 2): 52 - 59.

[98] Ahmed S, Reuter K B, Gunawan O, et al. A high efficiency electrodeposited Cu_2ZnSnS_4 solar cell[J]. Advanced Energy Materials, 2012, 2(2): 253 - 259.

[99] Jiang F, Ikeda S, Tang Z, et al. Impact of alloying duration of an electrodeposited Cu/Sn/Zn metallic stack on properties of Cu_2ZnSnS_4 absorbers for thin-film solar cells[J]. Progress in Photovoltaics Research and Applications, 2016, 23(12): 1884 - 1895.

[100] Jiang F, Ikeda S, Harada T, et al. Pure sulfide Cu_2ZnSnS_4 thin film solar cells fabricated by preheating an electrodeposited metallic stack[J]. Advanced Energy Materials, 2014, 4(7): 1301381.

[101] Araki H, Kubo Y, Jimbo K, et al. Preparation of Cu_2ZnSnS_4 thin films by sulfurization of co-electroplated Cu-Zn-Sn precursors[J]. Physica Status Solidi, 2009, 6(5): 1266 - 1268.

[102] Chan C P, Lam H, Surya C. Preparation of Cu_2ZnSnS_4 films by electrodeposition using ionic liquids[J]. Solar Energy Materials & Solar Cells, 2010, 94(2): 207 - 211.

[103] Z. Chen, J. Xu, Wan L, et al. $Cu_2ZnSnSe_4$ thin films prepared by selenization of co-electroplated Cu-Zn-Sn precursors[J]. Applied Surface Science, 2011, 257: 8490.

[104] Wang Y, Ma J, Ping L, et al. Cu_2ZnSnS_4 films deposited by a co-electrodeposition-annealing route[J]. Materials Letters, 2012, 77: 13 - 16.

[105] JuKNas R, Kanapeckait S, Karpaviien V, et al. A two-step approach for electrochemical deposition of Cu-Zn-Sn and Se precursors for CZTSe solar cells [J]. Solar Energy Materials and Solar Cells, 2012, 101: 277 - 282.

[106] Jie G, Jiang J C, Yang P X, et al. A 5.5% efficient co-electrodeposited $ZnO/CdS/Cu_2ZnSnS_4/Mo$ thin film solar cell[J]. Solar Energy Materials and Solar Cells, 2014, 125: 20 - 26.

[107] Zhang C, Tao J, Chu J. An 8.7% efficiency co-electrodeposited Cu_2ZnSnS_4 photovoltaic device fabricated via a pressurized post-sulfurization process[J]. Journal of Materials Chemistry C, 2018, 6(48): 13275 - 13282.

[108] Larramona G, Bourdais S, Jacob A, et al. Efficient Cu_2ZnSnS_4 solar cells spray coated from a hydro-alcoholic colloid synthesized by instantaneous reaction[J]. RSC Advances, 2014, 4(28): 14655 - 14662.

[109] Su Z, Chang Y, Sun K, et al. Preparation of Cu_2ZnSnS_4 thin films by sulfurizing stacked precursor thin films via successive ionic layer adsorption and reaction method[J]. Applied Surface Science, 2012, 258(19): 7678 - 7682.

[110] Guo Q, Hillhouse H W, Agrawal R. Synthesis of Cu_2ZnSnS_4 nanocrystal ink and its use for solar cells[J]. Journal of the American Chemical Society, 2009, 131: 11672 - 11673.

[111] Riha S C, Parkinson B A, Prieto A L. Solution-based synthesis and characterization of Cu_2ZnSnS_4 nanocrystals[J]. Journal of the American Chemical Society, 2009, 131(34): 12054 - 12055.

[112] Steinhagen C, Panthani M G, Akhavan V, et al. Synthesis of Cu_2ZnSnS_4 nanocrystals for use in low-cost photovoltaics[J]. Journal of the American Chemical Society, 2009, 131(35): 12554 - 12555.

[113] Guo Q, Ford G M, Yang W C, et al. Fabrication of 7.2% efficient CZTSSe solar cells using CZTS nanocrystals[J]. Journal of the American Chemical Society, 2010, 132(49): 17384.

[114] Cao Y, Michael S, Denny J. High-efficiency solution-processed $Cu_2ZnSn(S, Se)_4$ thin-film solar cells prepared from binary and ternary nanoparticles[J]. Journal of the American Chemical Society, 2012, 134 (38): 15644 - 15647.

[115] Leidholm, Hotz, Sunderland. Final report: sintered CZTS nanoparticle solar cells on metal foil[R]. Final Report: Sintered CZTS Nanoparticle Solar Cells on Metal Foil, 2012.

[116] Tan J, Lee Y H, Pedireddy S, et al. Understanding the synthetic pathway of a single-phase quarternary semiconductor using surface-enhanced Raman scattering: a case of Wurtzite Cu_2ZnSnS_4 nanoparticles[J]. Journal of the American Chemical Society, 2014, 136(18): 6684 - 6692.

[117] David B. Mitzi, solution processing of chalcogenide semiconductors via dimensional reduction[J]. Advanced Materials, 2010, 21(31): 3141 - 3158.

[118] Teodor K, Todorov, et al. Photovoltaic devices: high-efficiency solar cell with earth-abundant liquid-processed absorber[J]. Advanced Materials, 2010, 22(20): E156.

[119] Bag S, Gunawan O, Gokmen T, et al. Low band gap liquid-processed CZTSe solar cell with 10.1% efficiency [J]. Energy & Environmental Science, 2012, 5: 7060 - 7065.

[120] Todorov T K, Tang J, Bag S, et al. Beyond 11% efficiency: characteristics of state-of-the-art $Cu_2ZnSn(S, Se)_4$ solar cells[J]. Advanced Energy Materials, 2013, 3(1): 34 - 38.

[121] Todorov T, Sugimoto H, Gunawan O, et al. High-efficiency devices with pure solution-processed $Cu_2ZnSn(S, Se)_4$ absorbers[J]. IEEE Journal of Photovoltaics, 2014, 40: 483 - 485.

[122] Harold J, Hovel, Mitzi D B, et al. Optical designs that improve the efficiency of $Cu_2ZnSn(S, Se)_4$ solar cells [J]. Energy Environmental Science, 2014, 7(3): 1029 - 1036.

[123] Kim J, Hiroi H, Todorov T K, et al. High efficiency $Cu_2ZnSn(S, Se)_4$ solar cells by applying a double In_2S_3/CdS emitter[J]. Advanced Materials, 2014, 26: 7427 - 7431.

[124] Hsu W C, Brion B, Yang W, et al. Reaction pathways for the formation of $Cu_2ZnSn(Se, S)_4$ absorber

materials from liquid-phase hydrazine-based precursor inks[J]. Energy Environmental Science, 2012, 5: 8564 - 8571.

[125] Yang W, Duan H S, Bob B, et al. Novel solution processing of high-efficiency earth-abundant Cu₂ZnSn(S, Se)₄ solar cells[J]. Advanced Materials, 2012, 24: 6323 - 6329.

[126] Haass S G, C Andres, Figi R, et al. Complex interplay between absorber composition and alkali doping in high-efficiency kesterite solar cells[J]. Advanced Energy Materials, 2018, 8(4): 1701760.1 - 1701760.9.

[127] Ki W, Hillhouse H W. Earth-abundant element photovoltaics directly from soluble precursors with high yield using a non-toxic solvent[J]. Advanced Energy Materials, 2011, 1(5): 732 - 735.

[128] Xin H, Katahara J K, Braly I L, et al. 8% Efficient Cu₂ZnSn(S, Se)₄ solar cells from redox equilibrated simple precursors in DMSO[J]. Advanced Energy Materials, 2014, 4(11): 1220 - 1225.

[129] Xin H, Vorpahl S M, Collord A D, et al. Lithium-doping inverts the nanoscale electric field at the grain boundaries in Cu₂ZnSn(S, Se)₄ and increases photovoltaic efficiency[J]. Physical Chemistry Chemical Physics, 2015, 17(37): 23859.

[130] Stefan G, Haass, Diethelm M, et al. 11.2% Efficient solution processed kesterite solar cell with a low voltage deficit[J]. Advanced Energy Materials, 2015, 5(18): 1 - 7.

[131] Webber D H, Brutchey R L. Alkahest for V2VI3 chalcogenides: dissolution of nine bulk semiconductors in a diamine-dithiol solvent mixture [J]. Journal of the American Chemical Society, 2013, 135 (42): 15722 - 15725.

[132] Wang G, Wang S, Cui Y, et al. A novel and versatile strategy to prepare metal-organic molecular precursor solutions and its application in Cu(In, Ga)(S, Se)₂ solar cells[J]. Chemistry of Materials, 2012, 24(20): 3993 - 3997.

[133] Wang G, Zhao W, Cui Y, et al. Fabrication of a Cu₂ZnSn(S, Se)₄ photovoltaic device by a low-toxicity ethanol solution process[J]. ACS Applied Materials and Interfaces, 2013, 5(20): 10042 - 10047.

[134] Zhao W, Wang G, Tian Q, et al. Fabrication of Cu₂ZnSn(S, Se)₄ solar cells via an ethanol-based sol-gel route using SnS₂ as Sn source[J]. ACS Applied Materials and Interfaces, 2014, 6(15): 12650 - 12655.

[135] Yang Y, Wang G, Zhao W, et al. Solution-processed highly efficient Cu₂ZnSnSe₄ thin film solar cells by dissolution of elemental Cu, Zn, Sn, and Se powders[J]. ACS Applied Materials and Interfaces, 2015, 7 (1): 460 - 464.

[136] Tian Q, Huang L, Zhao W, et al. Metal sulfide precursor aqueous solutions for fabrication of Cu₂ZnSn(S, Se)₄ thin film solar cells[J]. Green Chemistry, 2015, 17(2): 1269 - 1275.

[137] Guo J, Pei Y, Zhou Z, et al. Solution-processed Cu₂ZnSn(S, Se)₄ thin-film solar cells using elemental Cu, Zn, Sn, S, and Se powders as source[J]. Nanoscale Research Letters, 2015, 10(1): 1 - 6.

[138] Berkowitz J, Marquart J R. Equilibrium composition of sulfur vapor[J]. Journal of Chemical Physics, 1963, 39(2): 275 - 283.

[139] Berkowitz J, Chupka W A. Equilibrium composition of selenium vapor: the thermodynamics of the vaporization of HgSe, CdSe, and SrSe[J]. Journal of Chemical Physics, 1966, 45(11): 4289 - 4302.

[140] Yang Y, Kang X, Huang L, et al. Facile and low-cost sodium-doping method for high-efficiency Cu₂ZnSnSe₄ thin film solar cells[J]. Journal of Physical Chemistry C, 2015, 119(40): 22797 - 22802.

[141] Ma Y, Li W, Feng Y, et al. Band bending near grain boundaries of Cu₂ZnSn(S, Se)₄ thin films and its effect on photovoltaic performance[J]. Nano Energy, 2018, 51: 37 - 44.

[142] Kim J H, Choi S Y, Choi M, et al. Atomic-scale observation of oxygen substitution and its correlation with hole-transport barriers in Cu₂ZnSnSe₄ thin-film solar cells [J]. Advanced Energy Materials, 2016, 6 (6): 1501902.

[143] Mendis B G, Shannon M D, Goodman M C J, et al. Direct observation of Cu, Zn cation disorder in Cu₂ZnSnS₄ solar cell absorber material using aberration corrected scanning transmission electron microscopy

[J]. Progress in Photovoltaics: Research and Applications, 2014, 22(1): 24－34.

[144] Lugo S, Sánchez Y, Espíndola M, et al. Cationic compositional optimization of CuIn($S_{1-y}Se_y$)$_2$ ultra-thin layers obtained by chemical bath deposition[J]. Applied Surface Science, 2017, 404: 57－62.

[145] Tajima S, Umehara M, Hasegawa M, et al. Cu_2ZnSnS_4 photovoltaic cell with improved efficiency fabricated by high-temperature annealing after CdS buffer-layer deposition[J]. Progress in Photovoltaics Research and Applications, 2016, 25(1): 14－22.

[146] Ericson T, Larsson F, Törndahl T, et al. Zinc-tin-oxide buffer layer and low temperature post annealing resulting in a 9.0% efficient Cd-free Cu_2ZnSnS_4 solar cell[J]. Solar RRL, 2017, 1: 1700001.

[147] Ericson T, Scragg J J, Hultqvist A, et al. Zn(O, S) buffer layers and thickness variations of CdS buffer for Cu_2ZnSnS_4 solar cells[J]. IEEE Journal of Photovoltaics, 2013, 4(1): 465－469.

[148] Hironiwa D, Matsuo N, Sakai N, et al. Sputtered (Zn, Mg)O buffer layer for band offset control in $Cu_2ZnSn(S, Se)_4$ solar cells[J]. Japanese Journal of Applied Physics, 2014, 53(10): 106502.

[149] Sun K, Yan C, Liu F, et al. Over 9% efficient kesterite Cu_2ZnSnS_4 solar cell fabricated by using $Zn_{1-x}Cd_xS$ buffer layer[J]. Advanced Energy Materials, 2016, 6(12): 1600046.

[150] Barkhouse D A R, Haight R, Sakai N, et al. Cd-free buffer layer materials on $Cu_2ZnSn(S_xSe_{1-x})_4$: band alignments with ZnO, ZnS, and In_2S_3[J]. Applied Physics Letters, 2012, 100(19): 193904.

[151] Meher S R, Balakrishnan L, Alex Z C. Analysis of Cu_2ZnSnS_4/CdS based photovoltaic cell: a numerical simulation approach[J]. Superlattices and Microstructures, 2016, 100: 703－722.

[152] Rey G, Redinger A, Sendler J, et al. The band gap of $Cu_2ZnSnSe_4$: effect of order-disorder[J]. Applied Physics Letters, 2014, 105(11): 112106.

[153] Bourdais S, Choné C, Delatouche B, et al. Is the Cu/Zn disorder the main culprit for the voltage deficit in kesterite solar cells? [J]. Advanced Energy Materials, 2016, 6(12): 1502276.

[154] Shin B, Zhu Y, Bojarczuk N A, et al. Control of an interfacial $MoSe_2$ layer in $Cu_2ZnSnSe_4$ thin film solar cells: 8.9% power conversion efficiency with a TiN diffusion barrier[J]. Applied Physics Letters, 2012, 101 (5): 053903.

[155] López-Marino S, M Placidi, Pérez-Tomás A, et al. Inhibiting the absorber/Mo-back contact decomposition reaction in $Cu_2ZnSnSe_4$ solar cells: the role of a ZnO intermediate nanolayer[J]. Journal of Materials Chemistry A, 2013, 1(29): 8338－8343.

[156] Cui H, Liu X, Liu F, et al. Boosting Cu_2ZnSnS_4 solar cells efficiency by a thin Ag intermediate layer between absorber and back contact[J]. Applied Physics Letters, 2014, 104(4): 41115.

[157] Liu F, Huang J, Sun K, et al. Beyond 8% ultrathin kesterite Cu_2ZnSnS_4 solar cells by interface reaction route controlling and self-organized nanopattern at the back contact[J]. NPG Asia Materials, 2017, 9(7): e401.

[158] Min X, Guo L, Yu Q, et al. Enhancing back interfacial contact by in-situ prepared MoO_3 thin layer for $Cu_2ZnSnS_xSe_{4-x}$ solar cells[J]. Science China Materials, 2018, 62(6): 797－802.

[159] Zhou F, Zeng F, Liu X, et al. Improvement of J_{sc} in Cu_2ZnSnS_4 solar cell by using a thin carbon intermediate layer at Cu_2ZnSnS_4/Mo interface[J]. ACS Applied Materials and Interfaces, 2015, 7(41): 22868－22873.

[160] Zeng F, Sun K, Gong L, et al. Back contact-absorber interface modification by inserting carbon intermediate layer and conversion efficiency improvement in $Cu_2ZnSn(S, Se)_4$ solar cell[J]. Physica Status Solidi-Rapid Research Letters, 2016, 9(12): 687－691.

[161] Maeda T, Kawabata A, Wada T. First-principles study on alkali-metal effect of Li, Na, and K in Cu_2ZnSnS_4 and $Cu_2ZnSnSe_4$[J]. Physica Status Solidi, 2015, 12(6): 631－637.

[162] Johnson M, Baryshev S V, Thimsen E, et al. Alkali-metal-enhanced grain growth in Cu_2ZnSnS_4 thin films [J]. Energy Environmental Science, 2014, 7(6): 1931－1938.

[163] Sutter-Fella C M, Stueckelberger J A, Hagendorfer H, et al. Sodium assisted sintering of chalcogenides and its application to solution processed $Cu_2ZnSn(S, Se)_4$ thin film solar cells[J]. Chemistry of Materials, 2014,

26(3): 1420 - 1425.

[164] Yuan Z K, Chen S, Xie Y, et al. Na-diffusion enhanced p-type conductivity in Cu(In, Ga)Se$_2$: a new mechanism for efficient doping in semiconductors[J]. Advanced Energy Materials, 2016, 6(24): 1601191.

[165] Gershon T, Shin B, Bojarczuk N, et al. The role of sodium as a surfactant and suppressor of non-radiative recombination at internal surfaces in Cu$_2$ZnSnS$_4$[J]. Advanced Energy Materials, 2015, 5(2): 1400849.

[166] Chirila A, Reinhard P, Pianezzi F, et al. Potassium-induced surface modification of Cu(In, Ga)Se$_2$ thin films for high-efficiency solar cells[J]. Nature Materials, 2013, 12(12): 1107 - 1111.

[167] Chirila A, Buecheler S, Pianezzi F, et al. Highly efficient Cu(In, Ga)Se$_2$ solar cells grown on flexible polymer films[J]. Nature Materials, 2011, 10(11): 857 - 861.

[168] Guo L, Shi J, Yu Q, et al. Coordination engineering of Cu-Zn-Sn-S aqueous precursor for efficient kesterite solar cells[J]. Science Bulletin, 2020, 65(9): 738 - 746.

[169] Gong Y, Zhang Y, Zhu Q, et al. Identifying the origin of the Voc deficit of kesterite solar cells from the two grain growth mechanisms induced by Sn^{2+} and Sn^{4+} precursors in DMSO solution[J]. Energy Environmental Science, 2021, 14(4): 2369 - 2380.

[170] Gong Y, Qiu R, Niu C, et al. Ag incorporation with controlled grain growth enables 12.5% efficient kesterite solar cell with open circuit voltage reached 64.2% Shockley-Queisser limit[J]. Advanced Functional Materials, 2021, 31: 2101927.

第四章 染料敏化太阳能电池

染料敏化太阳能电池(dye-sensitized solar cells, DSSC)以低成本的纳米二氧化钛和光敏染料为主要原料,模拟自然界中植物利用太阳能进行光合作用,将太阳能转化为电能。与传统硅太阳能电池相比,其制作工艺简单、不需昂贵的设备和高洁净度的厂房设施,制作成本仅为硅太阳能电池的1/10~1/5;同时具有色彩可调、重量轻、可做成柔性或透明电池等优势;该电池对光线的要求相对不那么严格,即使在比较弱的光线照射下也能工作。利用这些特点,染料敏化太阳能电池可以用作汽车的天窗、建筑物的内外壁和装饰玻璃等,这为光伏领域创造了新的市场需求。

4.1 染料敏化太阳能电池基础与机理研究

4.1.1 染料敏化太阳能电池的发展历程

自1839年法国科学家E. Becquerel等发现光生伏特效应(简称光伏现象)以来,太阳能电池已经历了近180年漫长的发展历史[1]。1873年,德国化学家H. Vogel发现染料处理卤化银极大扩展其对可见光的反应能力,甚至可扩展到红光、红外光区域。该研究结果成为"全色"胶片以及彩色胶片发展的重要基础。1887年,维也纳大学Moster等发现在卤化银电极上涂上赤藓红(erythrosine)染料后可产生光电现象,但当时未引起人们的注意。直到20世纪60年代德国科学家Tributsch等提出染料敏化半导体产生电流的机理后,该发现才引起广泛关注。从此以后,染料被广泛用于光电化学电池研究中[2]。

宽带隙半导体(如TiO_2、SnO_2等)由于具有较好的热稳定性和光化学稳定性,是光电器件中的理想材料,由于半导体是宽带材料,只对紫外线敏感,对光的利用率低。为了提高光的利用效率,通常需要加入染料进行敏化,通过染料敏化宽禁带半导体提供了扩展电池吸收光谱至长波长区域的解决方案。20世纪70年代,为了量化染料敏化剂的光谱增感现象,在摄影技术中首次研究了染料基于氧化物半导体的光谱吸收,如果在此基础上引入电极提取光电流到外部电路,就可以构建出一种具有光伏效应的光电化学器件。1976年,日本大阪大学的Tsubomura等[3]使用氧化锌作为染料载体,开发了世界上第一块DSSC,该电池是基于两个电极之间的电动势进行光电流提取,并获得了2.5%的能量转换效率,但是染料的负载量、对光的捕获能力以及电池的稳定性都比较差。直到1991年,瑞士洛桑联邦理工学院的Grätzel等[4]经过多年努力,发明了一种全新的DSSC,将其转换效率提高到了

7.12%。与之前的研究相比,这种新型 DSSC 主要有以下几个特点: ① 将多孔二氧化钛纳米晶薄膜作为染料载体,此举大大提升了染料的负载量,从而增强了对光的捕获能力;② 以金属钌配合物染料作为光敏剂,金属钌染料具有良好的光稳定性和较高摩尔消光系数;③ 引入基于碘和碘化锂的液态电解质,使得染料再生变快,促进了整个体系的电子循环过程。之后,人们研究的 DSSC 都是以此作为原型。

　　经过近三十年的发展,研究者们进行了大量新材料的开发和器件结构的优化工作,使得 DSSC 的效率不断地得到提升。1993 年,Grätzel 等[5]已将 DSSC 的光电转换效率提高至 10%。2011 年,Grätzel 团队将卟啉类染料和有机染料进行共敏化,在基于钴配合物电解质体系中电池效率达到了 12.3%[6],并在两年后将该体系的效率优化到了 13.0%[7]。2015 年,Hanaya 等[8]同样基于钴配合物电解质体系,通过两种有机染料 ADEKA-1 和 LEG4 共敏化的方式获得了 14.5% 的效率,这是目前 DSSC 的最高报道效率。但在太阳能电池世界纪录效率表中,DSSC 的最高认证效率是由瑞士洛桑联邦理工大学的 Grätzel 团队于 2021 年获得的 13.5%[9]。2014 年,全世界第一面太阳能电池窗户坐落于瑞士洛桑理工学院,总面积达到 300 m²,这无疑为 DSSC 的产业化迈出了坚实的一步(图 4.1)。

图 4.1　瑞士洛桑市的科技会展中心的 DSSC 幕墙(左)和奥地利格拉茨市的科学塔(右)

4.1.2　染料敏化太阳能电池结构与工作原理简介

4.1.2.1　液态染料敏化太阳能电池结构与工作原理简介

　　染料敏化太阳能电池(DSSC)通常采用液态电解质,其结构如图 4.2 所示,一个典型的 DSSC 具有五个重要的组成部分[10]: ① 透明导电氧化物(TCO)或透明导电玻璃,对于 DSSC,通常采用掺氟氧化锡(FTO)导电玻璃作为衬底,因为 FTO 具有良好的化学惰性和抗高温性;② 介孔半导体薄膜,通常为 TiO_2;③ 用于光捕获和产生光电子的染料敏化剂;④ 用于染料再生的氧化还原电解质;⑤ 对电极。染料敏化太阳能电池的总效率取决于这些组分之间的优化和兼容。这种典型的 DSSC 是由光阳极/电解质/对电极组成的夹心"三明治"结构。光阳极是在导电玻璃上制备一层多孔纳米晶 TiO_2,起到光敏染料的吸附载体和转移光生电子的作用;对电极通常是金属铂或镀铂的导电玻璃,主要是催化电解质中的氧化还原反应;两个电极之间填充着含有氧化还原电对的电解质,最常用的氧化还原电对是碘电对(I^-/I_3^-)。

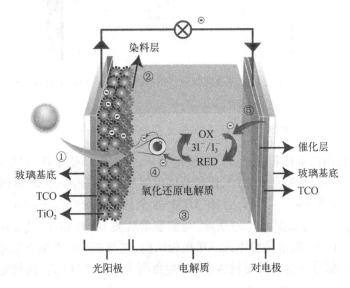

图 4.2 基于液态电解质 DSSC 的结构示意图

和传统的 p-n 结太阳电池不同,在 DSSC 中,光的捕获与电荷的传输是分开进行的。如图 4.3 所示,基态染料分子(S)吸收可见光后变成激发态(S^*),处于激发态的电子注入 TiO_2 导带后被收集到透明导电基片并转移到外电路;同时,氧化态染料(S^+)被电解质中的 I^- 还原再生,I^- 也随之被氧化成 I_3^-,I_3^- 则扩散到对电极并得到由外电路转移来的电子被还原成 I^-,从而完成电子传输的一个循环过程。在这些过程中,一些不利于电池器件高效运行的电子回传反应也伴随其中,例如:染料的激发态电子以非辐射形式回基态(a 过程);注入 TiO_2 导带中的电子与氧化态染料(b 过程)或者电解质中的 I_3^- 发生复合反应(c 过程)。如何强化电子传输循环的每个过程,同时有效抑制电荷的复合反应,已成为 DSSC 研究工作的重点之一。

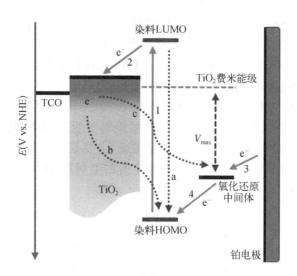

图 4.3　DSSC 的工作原理及能级分布图(虚线箭头表示电子复合过程)

4.1.2.2　全固态 DSSC 结构与工作原理简介

考虑到长期稳定性和工业生产过程的要求,液态电解质中挥发性溶剂泄漏和腐蚀的问题应该设法避免。因而,代替液体电解质的固态空穴传输材料(HTM)也已经被广泛开发和研究[11]。含有 HTM 的全固态 DSSC(all-solid-state DSSC, ssDSSC)的基本结构如图 4.4(a)所示,与液态电解质 DSSC 相比,其显示出以下几点差异:① ssDSSC 通常是整体式的单极板结构,这与三明治型的夹层结构完全不同;② FTO 的部分导电层需要被蚀刻,以避免两个电极之间的直接接触而引起短

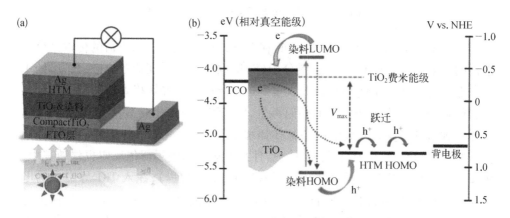

图 4.4　(a) 典型 ssDSSC 的结构示意图;(b) 能级分布
和工作原理图(虚线箭头表示电荷复合过程)

路;③ 应该在 FTO 表面上沉积一层 TiO₂ 致密层,这可以抑制 FTO 界面处的电荷复合;④ 固态 HTM 代替液体电解质;⑤ ssDSSC 采用的是金属背接触式电极(通常为金或银)。如图 4.4(b) 所示,除了 ssDSSC 中染料的再生过程是空穴跃迁到 HTM 之外,ssDSSC 系统与液态电解质 DSSC 有着几乎相同的电荷转移过程。从理论上讲,染料再生效率主要由染料与 HTM 两者的 HOMO 能级间的电位差所决定。同时,有效的界面接触也有利于降低界面电荷复合并促进染料和 HTM 之间的电荷转移[12]。

4.1.3 染料敏化太阳能电池机理研究

DSSC 是一个复杂的系统,包括纳米晶半导体、敏化剂、电解质、对电极等多种材料,以及敏化剂的光激发、光诱导电荷转移、载流子在纳米晶半导体内的传输、氧化还原对的扩散、敏化剂的再生、对电极上的氧化还原反应等多个过程。因此了解各个过程的机理,对于理解 DSSC 的工作机制以及改善 DSSC 的性能具有重要意义。

由于 TiO₂ 半导体内不存在空间电荷层,电池中电荷的有效分离是通过控制各过程反应速度常数来实现,即要使电子注入、染料再生等各正向反应速率远大于复合等各逆向反应速率。如图 4.3 所示,DSSC 中电子回传过程(a - c)和正向过程(1 - 4)之间的竞争,是一个动力学平衡过程[13]。电子损失反应 a 是激发态染料分子直接弛豫到它的基态过程,这一过程与电子注入反应 2 相比,损失可以忽略不计,主要原因是它们的反应速率常数 k_2 和 k_a 相差太大,$k_2/k_a = 1\,000$。研究表明,电子注入反应自由能的变化 $-\Delta G_{inj} = E_{CB} - E_{LUMO}$ 是影响电子注入过程的效率和速度的重要参数。Asbury 等[14] 研究了 SnO₂ 薄膜上吸附不同染料 Ru(dcbpy)₂(X)₂(X₂ = 2SCN,2CN 和 dcbpy)对电子注入的时间影响,所选的三种染料具有相同的电子给体轨道和同样的锚接基团,重点研究了激发态的能级位置 E_{LUMO} 对电子注入的影响。这三种染料的注入时间分别为 3.2 ps、7.0 ps 和 59 ps,电子的注入速率随着 $-\Delta G_{inj}$ 值的增加而增加。目前研究电子注入的方法主要有瞬态吸收(transient absorption,TA)、时间分辨微波传导测量技术(time-resolved Microwave Conductivity,TRMC)及荧光等方法。

注入导带中的电子容易被氧化态染料分子捕获,这一过程就形成损失反应 b(反应速率常数是 k_b)。由于这一过程和电解质中 I⁻ 还原氧化态染料分子(染料再生)存在竞争,而后者的速率常数(k_4)是前者的 100 倍左右,即 $k_4/k_b = 100$,因而这一损失也较小。然而,在这一过程中,I⁻ 和 I₃⁻ 在纳米晶多孔膜中的高效传输是保证有充足的 I⁻ 参与竞争的关键因素,所以优化纳米晶多孔膜的微观结构(如孔径大小、孔径分布及孔径的连通性等)是非常重要的,在一些准固态电解质或者钴电解质体系中,氧化还原电对的扩散系数较小,因此复合损失比较大。通常,染料的HOMO 能级也就是氧化电位(E_{HOMO})与电解质的氧化还原电位(E_{redox})之差作为染料再生反应的驱动力,了解染料再生反应的速度与驱动力的关系已成为该领域的一个研究重点。Torben 等[15]设计了 6 种不同的有机染料和 9 种不同氧化还原电位的二茂铁(变化范围达到 0.85 V)氧化还原对,研究了 54 种不同驱动力组合下的染料再生速度。结果表明当驱动力大于 0.3 V 时染料的再生速度基本相同,这是属于扩散控制的情况;当驱动力小于 0.3 V 时反应速度与驱动力的关系与 Marcus 正常区的理论预测相同。当驱动力达到 0.25~0.3 V 时,染料的再生效率就可以达到99.9%以上。在保证高的染料再生效率的前提下尽可能地降低驱动力是进一步提高染料性能的途径之一。

光诱导产生的电子通过 TiO$_2$ 颗粒和电解液界面被电解质中的氧化成分(如I$_3^-$)捕获,这一过程就形成损失反应 c,这也是电子复合的主要途径。电化学交流阻抗(EIS)、强度调制光电压谱(IMVS)、瞬态光电压衰减(TVD)等技术都可以用来研究电子的复合过程。对于最广泛使用的含碘电解质体系,研究表明在 DSSC中复合的速率与电子密度的平方近似成正比[16]。对于此现象的解释有两类:一类称为转移控制模型,认为碘在界面上的电子反应动力学是速度控制步;另一类是基于扩散控制的模型,认为纳米晶半导体电极中电子的扩散是复合反应的速度控制步。这些模型的主要差别是速度控制步的不同。为了减少电子复合损失,可以在 TiO$_2$ 介孔层和电解质间进行界面修饰,在 TiO$_2$ 表面修饰绝缘的隔离层(较大空间位阻的染料分子结构、Al$_2$O$_3$、ZrO$_2$ 等)是减小导带中电子被电解质捕获的有效途径。

4.2　染料敏化太阳能电池吸光材料——敏化剂

4.2.1　敏化剂概述

敏化剂是 DSSC 的重要组成部分,是捕获光能的天线。敏化剂与纳米晶半导体的能级匹配(电子注入效率)、与纳米晶半导体的结合力、对可见光的吸收效率、被电解质还原再生的速率等因素都决定着电池性能的优劣。此外,具有良好的光照稳定性也是 DSSC 应用的一个重要条件。因此,设计并筛选出合适的敏化剂成为 DSSC 的一个重要课题。近三十年来,世界各课题组设计和合成了众多新的染料敏化剂应用于染料敏化电池。一般来说,理想的太阳能电池染料敏化剂需要符合以下几个条件[17]:① 染料能够吸收波长小于 920 nm 的所有光;② 染料应当含有羧基(—COOH)、磺酸基(—SO$_3$H)、磷酸基(—PO$_3$H$_2$)等官能团,以便牢固地吸附在氧化物的表面;③ 染料吸收光子后注入电子到氧化物导带的量子效率要高,理想的量子效率应为 100%;④ 染料激发态能级与氧化物的导带能级相匹配,以减少电子传递过程中的能量损失;⑤ 染料氧化态电势要足够高,以接受氧化还原电解质或空穴导体的电子得到再生;⑥ 染料应该有足够的稳定性,能经受 10^8 次循环(相当于暴露在自然光下 20 年)。目前,DSSC 的敏化剂主要有三大类:有机敏化剂、金属配合物敏化剂和无机敏化剂。

4.2.2 有机敏化剂

有机敏化剂俗称"有机染料",因具有结构多样可调、摩尔消光系数高、性价比高等优点一直是敏化剂领域的研究热点。早在 1988 年,田禾等[18]已系统研究了有机太阳能电池的染料结构与光电性能的关系,并证明了有机染料的化学性质、结构对其光伏性能有着重要的影响。1996 年,Grätzel 等[19]首次研究了香豆素类化合物 C343(图 4.5),并将其作为敏化剂应用在 DSSC 中。尽管该化合物的激发电子能以高速注入 TiO_2 导带,却因为光响应范围较窄,光电转换效率并不理想。随后,Arakawa 等[20,21]对 C343 进行了一系列的结构修饰,在不同位置引入不同数量的双键、噻吩、氰基乙酸等共轭基团和吸电子基团来改善香豆素染料的吸收光谱。并且通过在电解质中加入 4 - TBP 以及使用脱氧胆酸(DCA)防止染料聚集来优化DSSC 的性能。其中,基于 NKX - 2677(图 4.5)器件的短路电流为14.3 mA/cm²,开路电压为 0.73 V,光电转换效率达到 7.7%,大大提升了香豆素类敏化剂的光电转换率。这类性能良好的有机敏化剂都具有电子给体-π-桥-电子受体(D-π-A)构型特征(图 4.6),并表现出良好的吸收光谱特征和优异的电荷转移特性,已经成为有机敏化剂结构设计的参考标准。

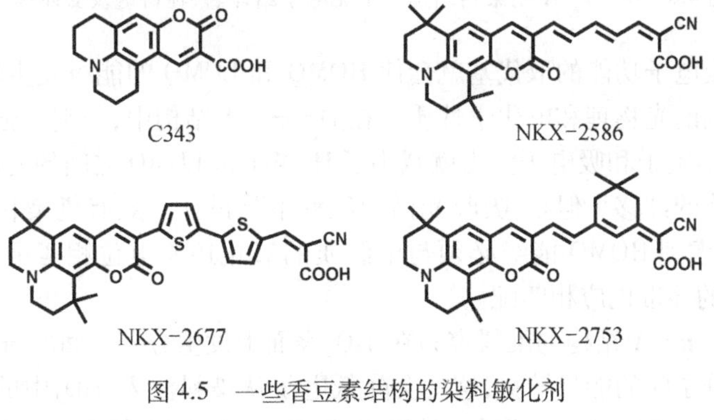

C343   NKX-2586

NKX-2677   NKX-2753

图 4.5 一些香豆素结构的染料敏化剂

一般而言,D-π-A 型有机敏化剂的最高占有分子轨道(highest occupied molecular orbital, HOMO)能级在多数情况下是集中在给体部分,或部分离域在π-共轭体系上,而最低未占分子轨道(lowest unoccupied molecular orbital, LUMO)主要在受体和吸附基团部分。通过扩展敏化剂结构中π-共轭体系,以及在敏化剂中引

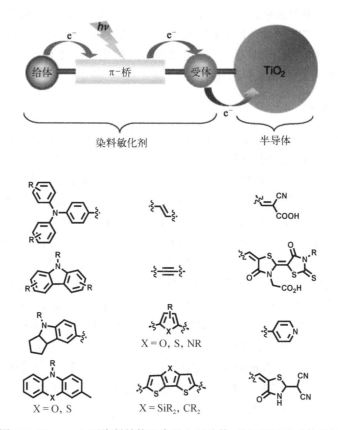

图 4.6　D－π－A 型染料结构和常见电子给体、共轭桥链及受体单元

入给电子或吸电子功能的取代基就会使 HOMO 和 LUMO 的能级发生转移,从而调节有机敏化剂的光物理和电化学性质。在 D－π－A 结构中,分别增强有机敏化剂中 D 和 A 的给电子和吸电子能力就减小了 HOMO 和 LUMO 之间的带隙,从而导致敏化剂吸收峰的红移。但是,吸收光谱的红移不是设计高效有机染料的唯一重要因素,也应考虑到 HOMO 能级必须与电解质的氧化还原电位相匹配,同时 LUMO 能级与 TiO₂ 的导带也应相匹配。

　　然而,D－π－A 结构的染料容易在 TiO₂ 表面上发生分子之间的 π－π 聚集,而引起了染料分子间的能量转移,这就会降低电子从染料注入 TiO₂ 中的效率。为了防止染料分子在 TiO₂ 表面的聚集,脱氧胆酸(DCA)或鹅去氧胆酸(CDCA)等作为共吸附剂被有效用于抑制染料分子的聚集。此外,在染料结构中引入具有一定空间位阻的取代基也可以有效抑制染料的聚集。自 2008 年起,田禾课题组[22,23]合成了一系列基于星射状三苯胺的有机敏化剂(图 4.7),可在 TiO₂ 表面形成更致密的敏化层。星射状结构的设计不仅改善了染料的光电性能,同时也提高了激发态电子的注入效率。染料 S4 在 100 mW/cm^2 的 1.5 AM 光源下,光电转换效率达到 6.02%,相同条件下 N719 的转换效率为 7.79%。以二苯胺为支链的染料 S3 的光电转换效率则要低于 S4,这可能是由于二苯胺的旋转损失了较多的能量,减弱了电子的注入效率。在另一系列的以噻吩为传输体的敏化剂 I 和 II 中,以星射状咔唑为天线分子的染料 I 表现出了非常好的光电稳定性。以该染料制作的准固态电池标准光强下持续照射 1 200 h 仍能保持电池效率基本不变,而以星射状三苯胺为给体的染料的光电性能降低了近 18%。这种大体积给体的引入,能够抑制分子的聚集也能阻碍电解质靠近 TiO$_2$ 表面,有效降低电解质/TiO$_2$ 界面间的电荷复合。

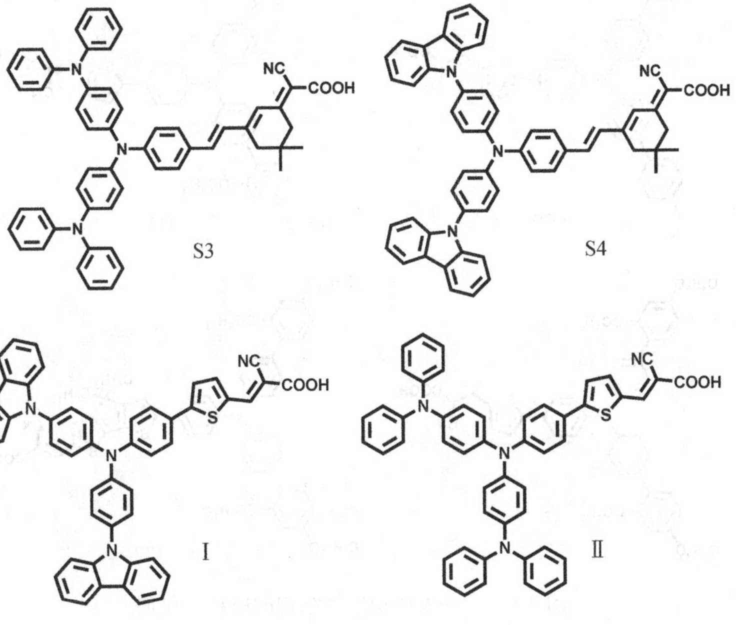

图 4.7　一些星射状三苯胺结构的染料敏化剂

2009 年,Sun 等[24]也报道了拥有大体积给体的染料 D29、D35 和 D37(图 4.8),基于碘电解质,D35 在三者中获得了最高的转换效率为 6.0%,而 D29 和 D37 分别为 4.8% 和 5.2%。2010 年,Hagfelt 等[25]在钴电解质体系中对 D29 和 D35 两个染料开展了进一步地深入研究,结果表明含邻、对位二烷氧基链苯环的结构对阻碍钴配合物与 TiO$_2$ 的接触有非常好的效果,在 Co(bpy)$_3^{2+/3+}$ 电解质体系中 D35 的电压比 D29 提高了 200 mV,而在碘体系中这个差距仅为 80 mV。最后 D35 在钴电解质中的效率提高到了 7.2%。这种含邻、对位二烷氧基链苯环的给体结构(o,p-dialkoxyphenyl,DAP)为在具有严重电荷复合问题的 DSSC 体系中获得高效率提供了可能,尤其是钴电解质的 DSSC 和 ssDSSC[26]。但是由于 D35 非常窄的吸收光谱(最大吸收波长为 445 nm),所以严重影响了电流和效率提高的空间。2011 年,Grätzel 等[27]在染料 D35 的基础上引入二噻吩并环戊二烯(CPDT)共轭桥链替代噻吩环合成出一个新的有机染料 Y123,其吸收波长比 D35 红移了 80 nm 左右,提高了光电流,在基于联吡啶钴配合物的电解质体系中取得了 9.6%的光电转换效率,当改用邻菲罗啉钴配合物和 PEDOT 对电极后,Y123 的效率可达 10.3%[28]。

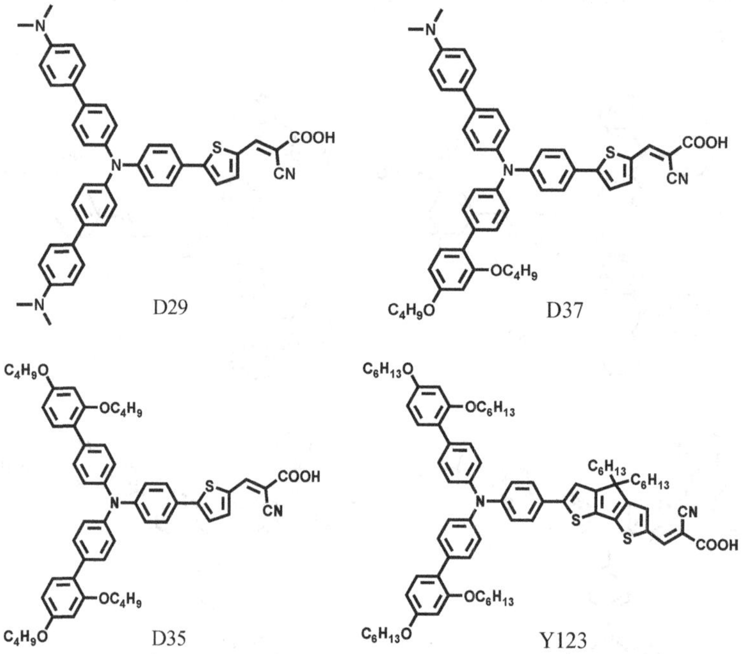

图 4.8　一些大体积给体结构的染料敏化剂

对于传统的 D-π-A 有机染料,光谱拓宽的最重要手段是引入甲川链、噻吩及呋喃等基团扩展敏化染料的共轭桥链,但大的共轭桥链体系染料分子在 TiO₂ 电极上容易形成 π 聚集,从而降低电子注入 TiO₂ 导带的效率。而且还会使染料发生光降解,降低染料分子的稳定性。为了提高染料分子内电荷转移效率和稳定性,2005 年台湾大学 Lin 等[29]首次将低能带隙的苯并噻二唑基团(S1)和苯并硒二唑(S2)作为 π 共轭桥引入到染料敏化剂中,有效地改善了染料分子的电荷分离和迁移性能,在 100 mW/cm² 的 1.5 AM 光源下,基于染料 S1 的光电转换效率达到 3.77%。

2011 年,朱为宏和田禾等[30]将苯并噻二唑基团接到强电子给体吲哚啉上,合成了染料 WS-1 和 WS-2。当加入共吸附剂 CDCA 优化后,染料 WS-2 的短路光电流达 17.7 mA/cm^2,开路电压 0.65 V,填充因子 0.76,总的光电转换效率达到 8.7%。在基于离子液体电解质体系的电池效率也高达 6.6%,并在 1 000 小时持续照射后仍能保持稳定,无解吸附现象。这种缺电子性的苯并噻二唑不仅可以更好调整敏化剂能带和拓宽光谱吸收范围,而且能有效改善吲哚啉给体单元的电子分布,提高染料的光稳定性,并将这类构型命名为"D-A-π-A"染料。自此,D-A-π-A 型染料受到了广泛关注,苯并三唑、喹喔啉、吡咯并吡咯二酮(DPP)和邻苯二甲酰亚胺等多种吸电子性的基团作为辅助受体被引入到 D-A-π-A 染料敏化剂中[31]。2014 年,花建丽和 Grätzel 等[32]合作研究了三个不同给体尺寸的喹喔啉染料(IQ4、YA421 与 YA422)。在碘电解质体系中,给体尺寸较大的 YA421 与 YA422 的性能明显不如 给体尺寸较小的 IQ4。但是在钴电解质的环境下,YA 系列染料的性能都比 IQ4 的要好,其中 YA422 的光电转换效率可达9.22%,并通过使用金和石墨烯纳米片的复合材料(Au+GNP)作为对电极材料,减少了对电极电荷转移电阻,实现了 2014 年最高的光电转换效率 10.65%。2020 年朱为宏课题组采用大给体设计合成的染料 HY64 在液态 Cu(dmp)$_2^{+/2+}$电解质的 V_{oc} 达到1.03 V,光电转换效率高达 12.5%,也是单个有机染料在铜电解质下的记录值[33]。2021 年,Grätzel 团队进一步延长三苯胺大给体的烷基链长至正十二烷,合成的染料 MS5 能有效减少电荷复合,降低电压损失,其 V_{oc} 高达 1.24 V,且与宽光谱响应的大给体染料 XY1b 共敏化后(图4.9),在铜电解质下取得了最高的 DSSC 经认证光电能量转换效率13.5%[9]。这些结果表明星射状大给体能有效地阻挡 TiO$_2$导带电子与电解质之间的回传,降低电荷复合。

此外,全固态 DSSC 同样因为严重的电荷复合问题,其性能与液态电解质 DSSC 还存在着明显的差距。全固态 DSSC 最大的特征是用固态空穴传输材料替代液体电解质,从而可以避免液体电解质的挥发性溶剂泄漏和金属电极被腐蚀的问题。2016 年,花建丽课题组设计合成了一系列含 DAP 单元的大给体有机染料[34],并在全固态 DSSC 中进行了系统地研究。通过与 CPDT 单元相邻的 π-桥键合,他们获得了两种有机染料(XY1 和 XY2),其中 XY2 在最大吸收波长处($\lambda = 578$ nm)展现了 6.66×10^4 M^{-1}·cm^{-1}的高摩尔消光系数,并在只有 1.3 μm 厚的 TiO$_2$介孔层,取得了 7.51% 的光电转换效率。这已达到一般需要超过 2.0 μm TiO$_2$膜厚的性能,同时更薄的 TiO$_2$层使得器件的透明度更高(图4.10)。另外,XY1 的光电转化效率可达 6.69%,而作为参比的 Y123 染料的光电转化效率只有 5.77%,主要因为 XY1 和 XY2 引入了苯并噻二唑作为辅助受体,有助于染料分子的能带调节,促使其光谱响应红移。

2017 年,他们设计合成了两个以喹喔啉为辅助受体,以 3,4-乙烯二氧噻吩(EDOT)和 CPDT 分别为 π-桥的有机染料(AQ309 和 AQ310)[35]。在标准AM1.5,

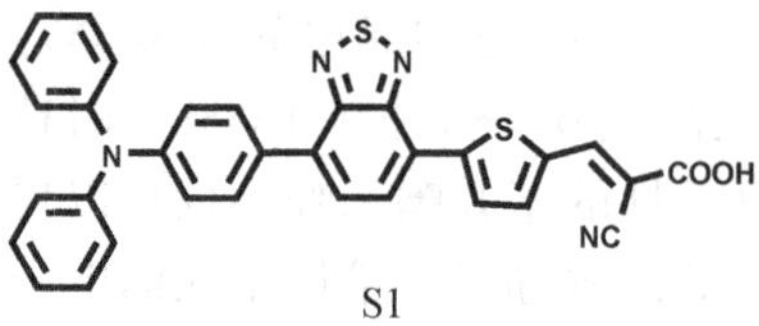

图4.9 一些 D－A－π－A 结构的染料敏化剂

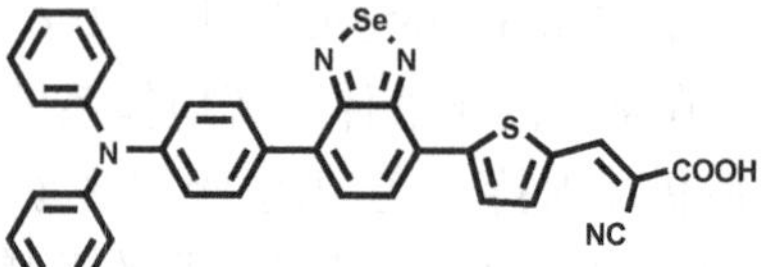

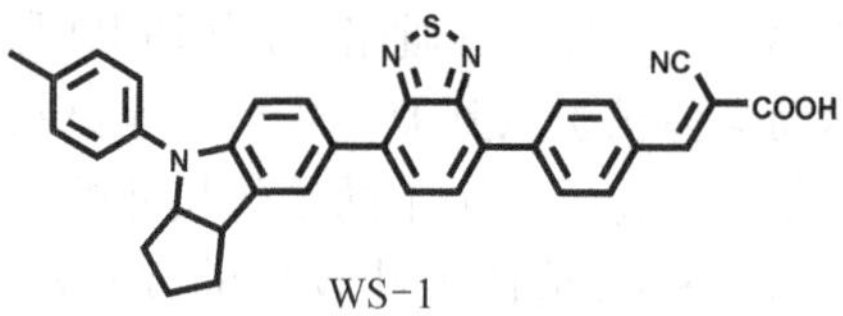

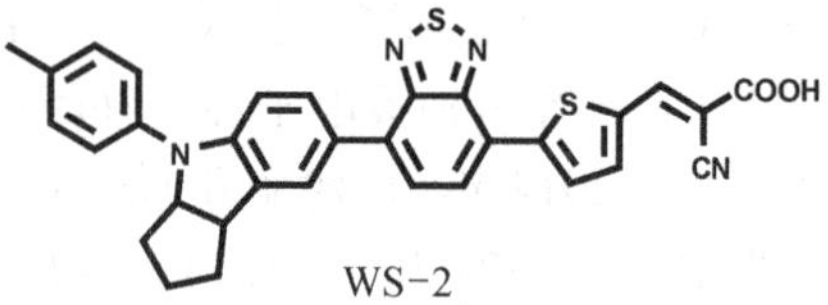

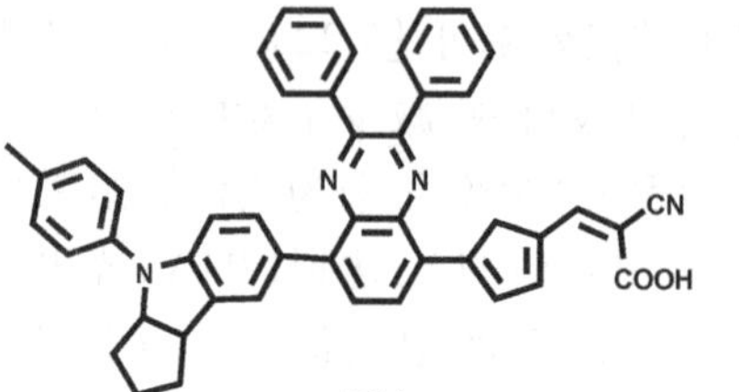

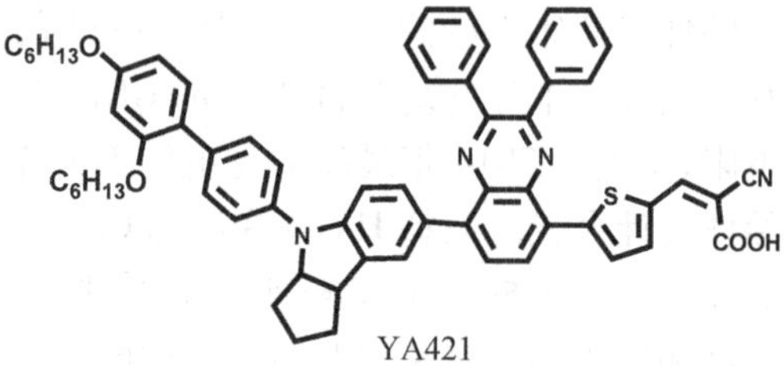

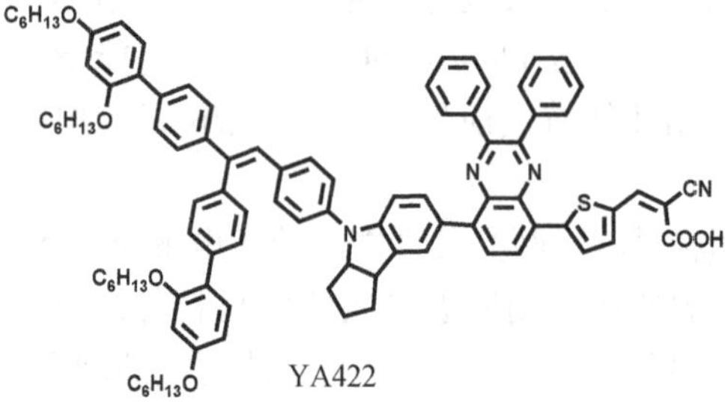

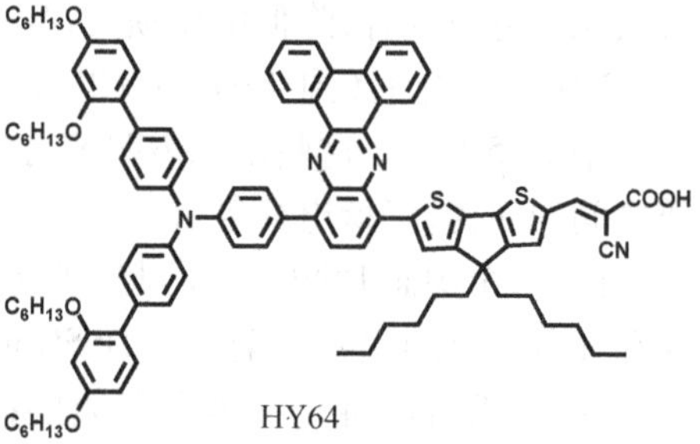

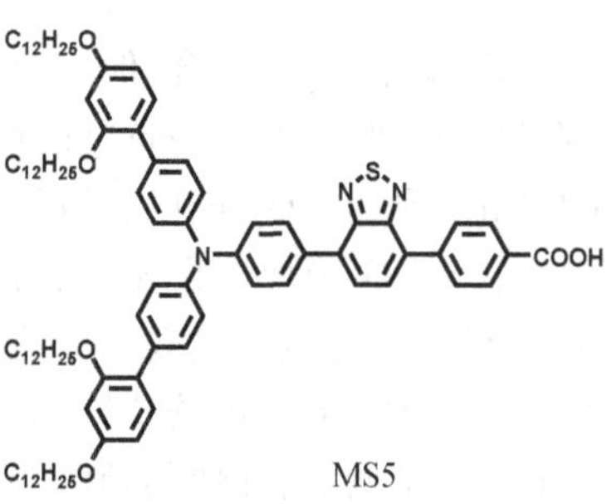

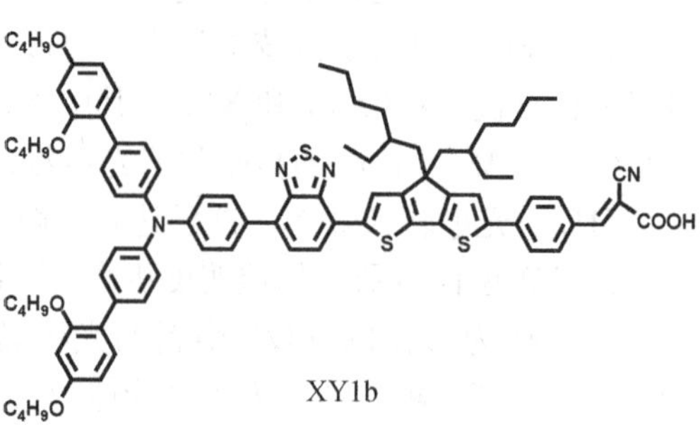

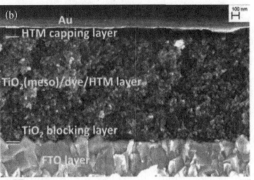

图 4.10 基于 XY2 在 1.3 μm TiO$_2$ 膜厚的全固态 DSSC 照片(a)和截面 SEM 图(b)

100 mW/cm^2 模拟太阳光下,基于 AQ310 的全固态 DSSC 展现了 8.0% 的光电转换效率,而 AQ309 的光电转化效率只有 6.8%。值得注意的是,在 50% 的模拟太阳光强度下,AQ310 的光电转化效率可达到 8.6%。在此基础上,他们引入了给电子能力更强的茚并[1,2 - b]噻吩型给体,设计合成了两个蓝色的有机染料(S4 和 S5)[36],并在给体上额外增加了一个 DAP 单元(图 4.11),以进一步减缓全固态 DSSC 中的电荷复合。研究结果表明,含喹喔啉单元的 S5 在 600 nm 处呈现出 6.3×10^4 M^{-1}·cm^{-1} 的高摩尔消光系数,且基于 S5 的全固态 DSSC 获得了7.81% 的光电转换效率,明显高于基于吡啶并[2,3 - b]吡嗪为辅助受体的 S4 染料(4.71%)。以上研究的结果显示,基于 DAP 单元的大给体染料是进行高效全固态 DSSC 有机敏化剂开发的一个有效策略,同时开辟了与传统黄色、红色等有机敏化剂相结合的新途径。

目前,绝大多数的染料敏化剂都是通过羧基(—COOH)作为吸附基团与TiO$_2$ 纳米晶结合在一起。如图 4.12,羧基可以与 TiO$_2$ 表面形成酯键、螯合键和双齿桥联键,从而使染料牢固地吸附在 TiO$_2$ 表面,形成良好的电子转移[37]。但是经过大量实验表明,羧基在长时间光照作用下会从 TiO$_2$ 表面解离下来,会直接影响到器件的光电转换效率和稳定性,因此寻找新型的吸附基团成为当下的研究热点。2011 年,吡啶被报道作为吸附基团应用在 DSSC 的染料敏化剂中,但是由于其吸电子能力较弱,不利于分子内的电荷转移以及吸收光谱的拓宽,并且吡啶作为吸附基团在 TiO$_2$ 表面的吸附能力非常有限,不利于器件长期稳定[38,39]。

2012 年,Hua 和 Tian 等[40]设计并合成了含有丙二腈-罗丹宁作为电子受体-吸附基团的染料敏化剂 RD - Ⅱ(图 4.13),并将氰基乙酸作为电子受体的染料 CA - Ⅱ作为对比。研究表明,RD - Ⅱ的最大吸收波长要比 CA - Ⅱ红移 40 nm 左右,这种新型的电子受体-吸附基团可以通过罗丹宁烯醇式同分异构体中的 O 和 N 原子以

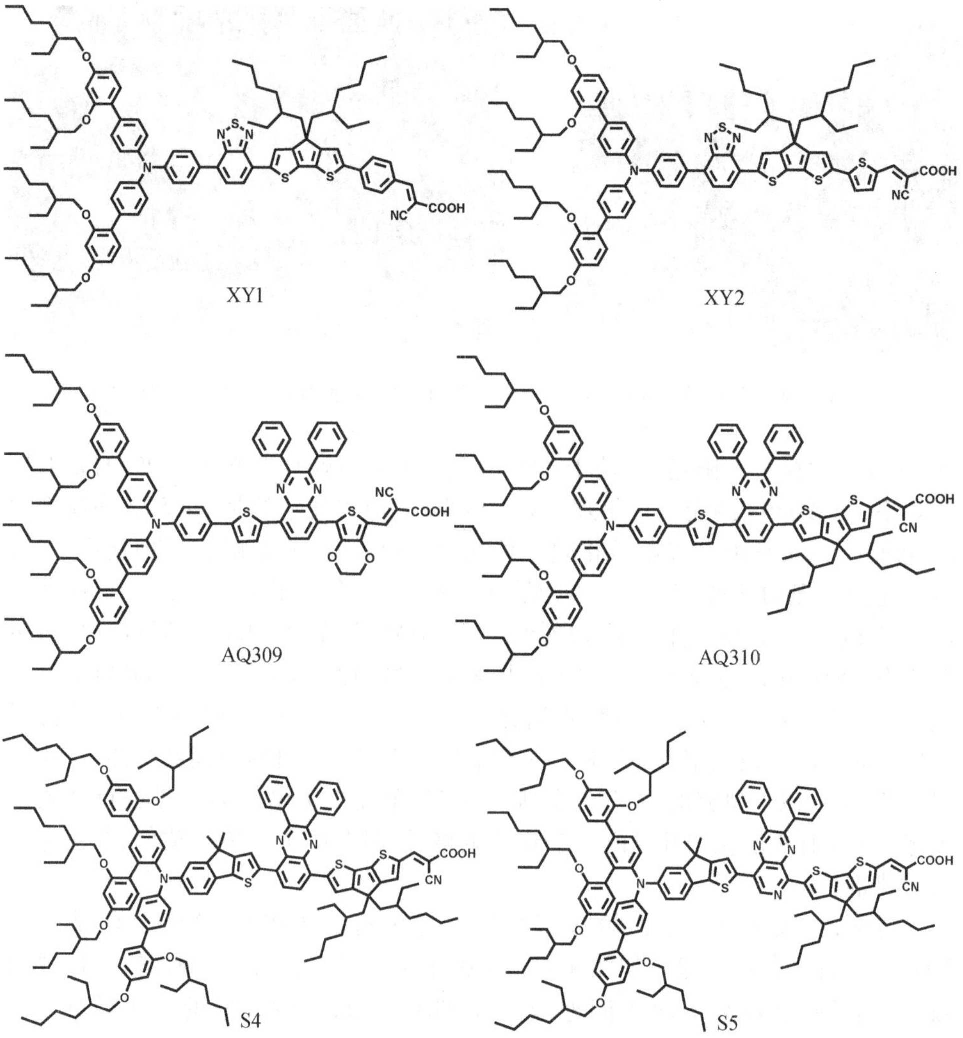

XY1

XY2

AQ309

AQ310

S4

S5

图 4.11 一些用于全固态 DSSC 的含 DAP 单元的大给体有机敏化剂

Lewis 酸的形式与金属阳离子螯合在一起,从而保证了良好的电子注入效率。经过优化,RD-Ⅱ在液态电解质中的光电转换效率达到了 7.11%,高于以氰基乙酸为电子受体的 CA-Ⅱ。另外,在离子液体电解质中RD-Ⅱ的光电转换效率达到了5.15%,且在 500 小时光照条件下具有很好的稳定性。在此基础上,他们引入了给电子更强的吲哚啉单元,并将不同辅助受体苯并噻二唑以及吡啶并噻二唑引入到染料中,系统地考察了辅助受体对电池光伏性能

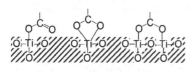

图 4.12 羧基与氧化物半导体表面的化学吸附和物理吸附的模型

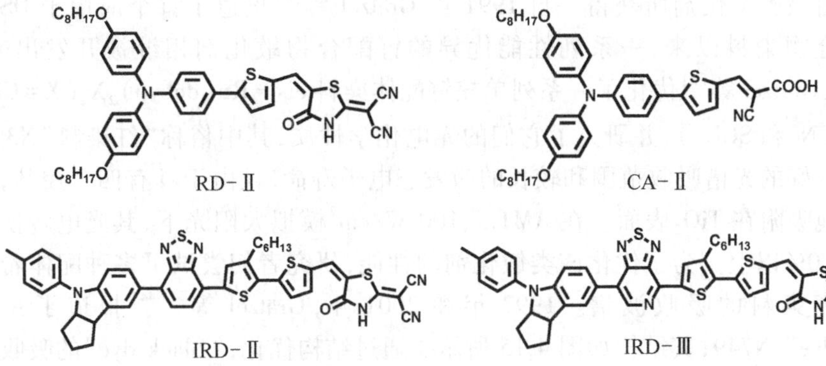

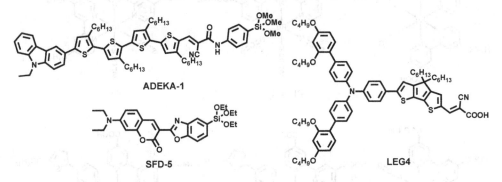

图 4.13　基于丙二腈-罗丹宁受体敏化剂的结构式

的影响。结果表明,基于苯并噻二唑染料 IRD-Ⅱ的光电转换效率高达 8.53%[41]。

　　此外,以烷氧基硅为受体和吸附基团的有机染料,因其与 TiO₂之间的强连接力,其敏化的 DSSC 表现出比羧酸根为受体和吸附基团更高的电子注入效率、开路电压以及稳定性。2015 年,Hanaya 等[42]在基于钴电解质的 DSSC 器件中,研究了以烷氧基硅为受体和吸附基团的染料 ADEKA-1(图 4.14),获得了 12.5% 光电转换效率,其 V_{oc} 高达 1.036 V。通过与香豆素类染料 SFD-5 共敏化,其 DSSC 的最大 IPCE 值达到了 88%,使短路电流密度 J_{sc} 增加至 16.0 mA/cm²,在相同制备条件下使其效率提升至 12.81%。随后,他们又通过用 LEG4 作为共敏化剂,采用 Au+GNP 复合对电极将器件的效率进一步刷新至 14.3%[8]。

图 4.14　染料 ADEKA-1、SFD-5 和 LEG4 的结构式

4.2.3　金属配合物敏化剂

　　金属配合物敏化剂在 DSSC 早期的发展中起到了非常重要的作用,尤其是金属钌配合物展现出了良好的光谱响应和光电稳定性,目前 11.9% 的最高认证效

率正是由该类敏化剂所获得。自 1991 年 Grätzel 等[4]报道了首个应用于 DSSC 的钌配合物染料以来,一系列性能优异的钌配合物敏化剂相继被开发出来。1993 年,Grätzel 等[5]优化了一系列单核钌配体染料 cis - Ru(dcbyp)$_2$X$_2$(X = Cl$^-$、Br$^-$、I$^-$、CN$^-$和 SCN$^-$),并研究了它们的光电化学性质,其中俗称"红染料"N3 不仅具有良好的光谱吸收范围和较长的激发态电子寿命,且由于具有四个羧基,可以牢固地吸附在 TiO$_2$表面。在 AM1.5、100 W/cm^{2}模拟太阳光下,其光电转换效率达到 10% 以上。为了优化该类敏化剂的性能,研究者们尝试了多种配体希望可以扩宽染料的吸收波谱。1997 年和 2001 年,Grätzel 等[43,44]报道了一种"Black dye"N749,其结构如图 4.15 所示。通过结构优化,"Black dye"的吸收光谱拓展到近红外区,光电流响应的起始光吸收波长为 920 nm,短路电流高达 20.53 mA/cm^2,总的光电转换效率为 10.4%。2012 年,Han 等[45]基于"Black dye"体系,引入了一种新型的有机小分子共吸附剂,有效避免了染料分子间的聚集,降低了 TiO$_2$内的电子复合,最终获得了 11.4% 的认证效率。此外,研究者们还开发出了多个光电转换效率接近或超过 10% 的钌配合物染料。他们是 Z907[46](η=9.5%)、N719[47](η = 11.18%)、C101[48](η = 11.0%)以及 C106[49](η=11.7%)。值得一提的是 N719 因具有较高的光电转换效率以及良好的稳定性被广泛作为一种标准染料进行比较研究,并经常被应用于动力学研究。然而,

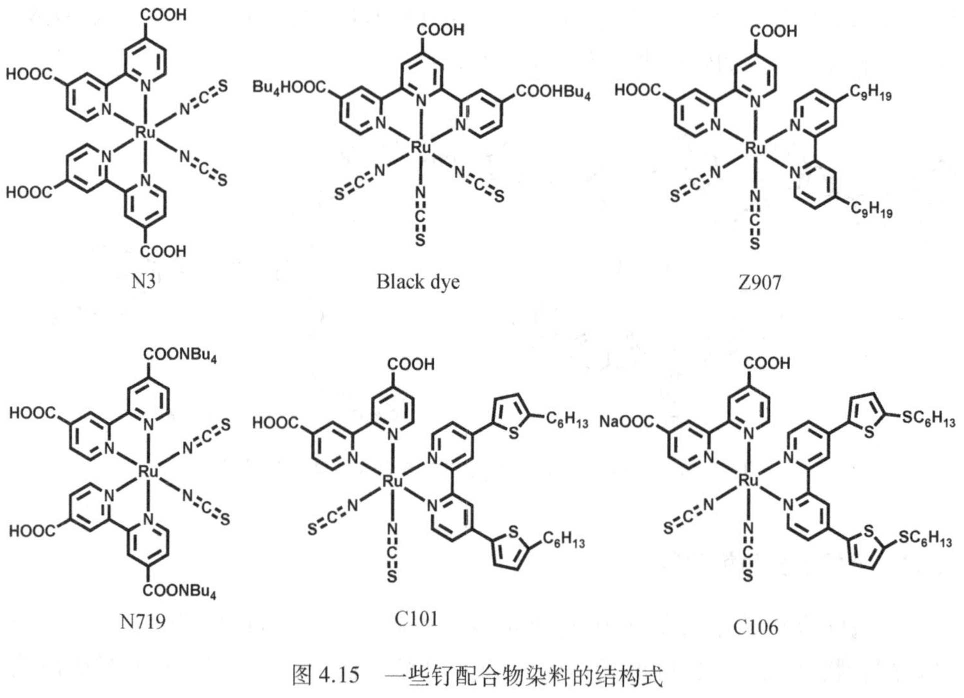

图 4.15 一些钌配合物染料的结构式

钌金属稀有、价格昂贵以及钌配合物染料的规模化制备等问题，限制了其商业化的生产应用，人们不得不寻求性价比更高的光敏染料。

地球上直接利用太阳光的典型途径就是光合作用，而卟啉衍生物叶绿素是实现该种光能转化的反应中心。卟啉是由四个吡咯单元通过亚甲基相连而成的具有 18 电子体系的共轭大环化合物，这类化合物能在近紫外区的 B 带和可见光区 Q 带有效地捕获太阳光，且具有良好的光、热以及化学稳定性，是一类性能优良的光敏材料。1993 年，Grätzel 等[50]首次报道了一个衍生于叶绿素结构的铜卟啉 IX 染料（图 4.16），而其光电转换效率只有 2.6%。在随后的十多年里卟啉类

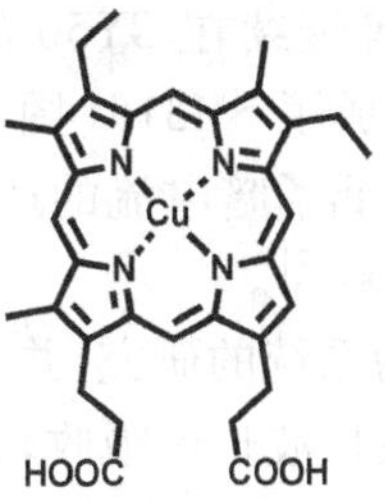

铜卟啉 IX

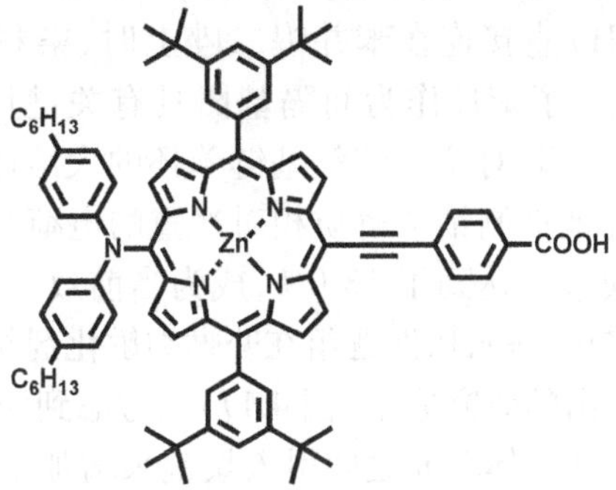

YD-2

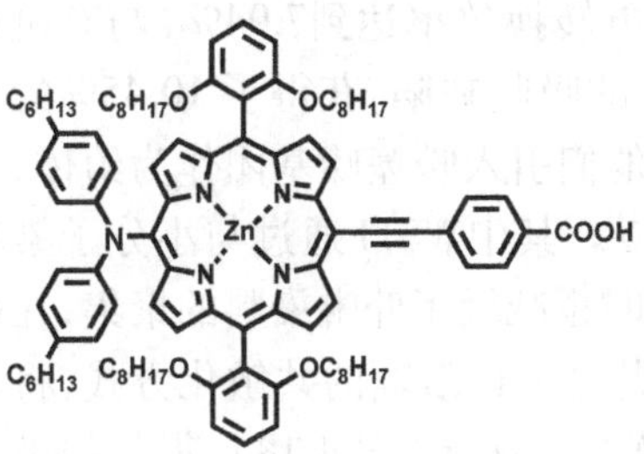

YD2-o-C8

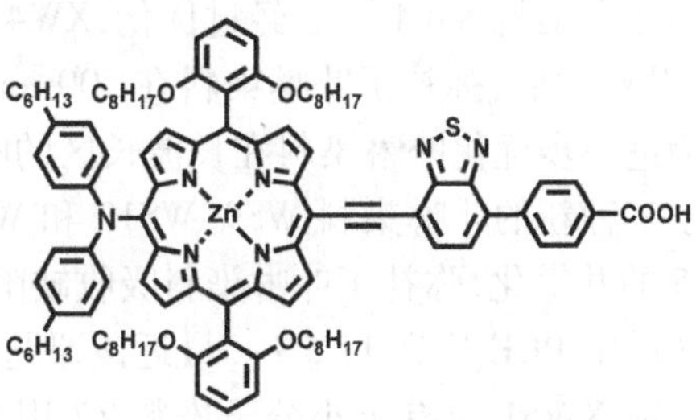

GY50

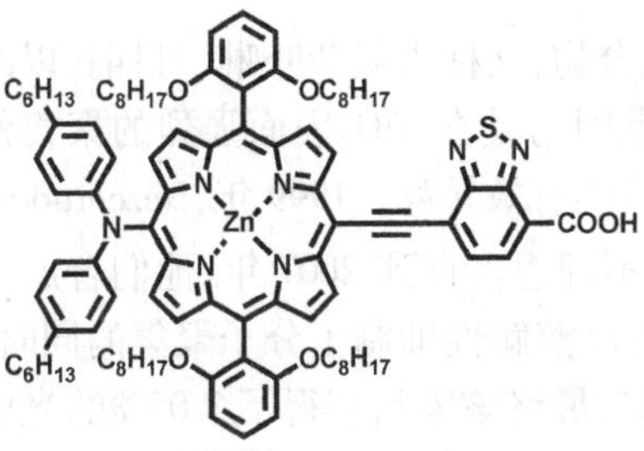

GY21

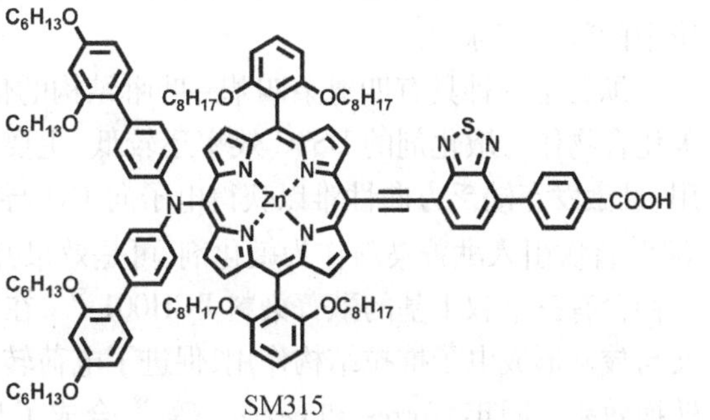

SM315

图 4.16　一些卟啉配合物结构的染料敏化剂

染料的转换效率并不理想,直到 2010 年,Yeh、Dian 与 Grätzel 等[51]合作开发了一种以二芳基胺作为电子给体,乙炔基苯甲酸作为电子受体,卟啉发色团作为 π 桥,具有 D-π-A 的结构锌卟啉染料 YD-2,其光电转换效率可达 11.0%。2011 年,他们在 YD-2 结构的基础上,将原来的叔丁基替换为具有长烷基链的辛氧基,合成了染料 YD2-o-C8(图 4.16)。在使用钴配合物电解质的情况下,得到了 11.9%的光电转换效率,当与 Y123 共敏化后,效率被进一步提高至 12.3%[6]。随后,他们又对 YD2-o-C8 进行了结构改善,在乙炔基团和苯环之间引入了苯并噻二唑单元,合成了一种新的染料 GY50,这类似于有机敏化剂中的"D-A-π-A"构型,最终光电转换效率可达 12.75%[52]。此外,当吸附基团羧酸(—COOH)直接连在苯并噻二唑上时,染料 GY21 的光电转换效率急剧下降为 2.5%,说明了苯环作为间隔基团具有关键作用。Grätzel 等继续在 GY50 的基础上,引入含邻、对位二烷氧基链苯环的大给体单元,设计合成了 SM315(图 4.16),从而更好地抑制钴电解质相对严重的电荷复合,极大地降低了暗电流的产生,其光电转换效率达到了 13.0%,成为当前效率最高的卟啉染料[7]。

　　近些年,解永树课题组在卟啉类敏化剂领域开展了较为系统的研究,并取得了一系列突出的研究成果(图 4.17)。考虑到卟啉染料一般在长波长区吸收较弱,他们在卟啉和给体单元之间引入炔键来增加染料光吸收能力,并在与炔键相连的苯环上引入两条烷氧基链,抑制因卟啉与炔键平面性强而引起的聚集,由此合成出一种新的卟啉染料 XW4[53]。经过优化,XW4 的光电转换效率达到7.94%,与有机染料 C1 共敏化后,弥补了卟啉染料在 500 nm 左右的吸收缺陷,获得了 10.45%的效率。为进一步优化卟啉染料在长波长区的吸收,他们引入吩噻嗪基团作为给体,合成出了三种新的卟啉染料 WS9、WS10 和 WS11[54]。其中WS11通过与小分子染料 WS-5 的共敏化,弥补了卟啉染料吸收缺陷的同时也减缓了卟啉染料的聚集,在碘基电解质中 PCE 达到 11.5%。最近该课题组又提出一种新颖的共敏化方式,将锌卟啉染料 XW51 与有机小分子染料 Z2 用柔性链共价连接(图 4.18),得到的染料 XW61 与 CDCA 共吸附下光电转换效率高达 12.4%,再次刷新了卟啉染料在碘电解质中的效率纪录[55]。

　　酞菁是一种具有四氮杂四苯并卟啉结构的化合物,又称为氮杂卟啉。目前,以酞菁化合物作为敏化剂的 DSSC 效率还较低,主要是因为其在 TiO₂ 表面强烈的聚集作用,且激发态缺乏方向性难以获得电子向 TiO₂ 导带的有效转移。1999 年,Nazeeruddin 等[56]首次引入酞菁染料作为敏化剂,可是效果并不理想。直到 2007 年,他们合成了一种含有三个叔丁基的酞菁染料 PCH001[57],在提高溶解性抑制了分子聚集的同时,又与羧基形成电子推拉结构作用,促进了电荷转移,最终该染料获得了 3.05%的光电转换效率。同年,Torres 和 Grätzel 等[58]合成了与之结构类似的酞菁染料 TT1,通过优化共吸附剂 CDCA 与染料的比例,所制备的 DSSC 器件在 690 nm 处的 IPCE 值

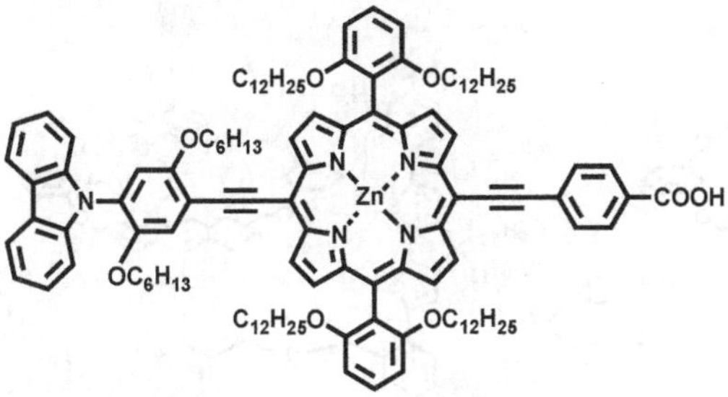

XW4

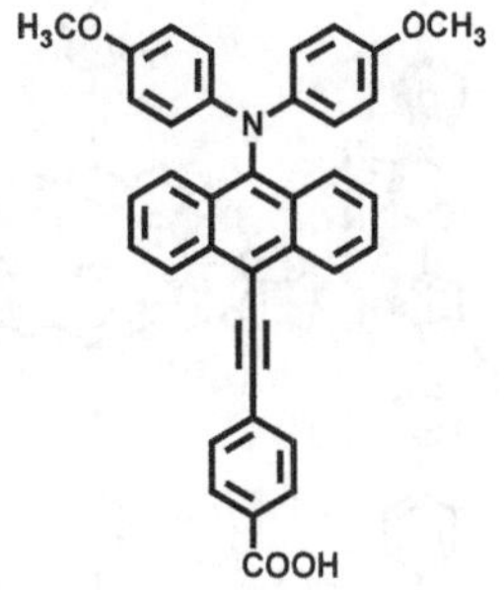

C1

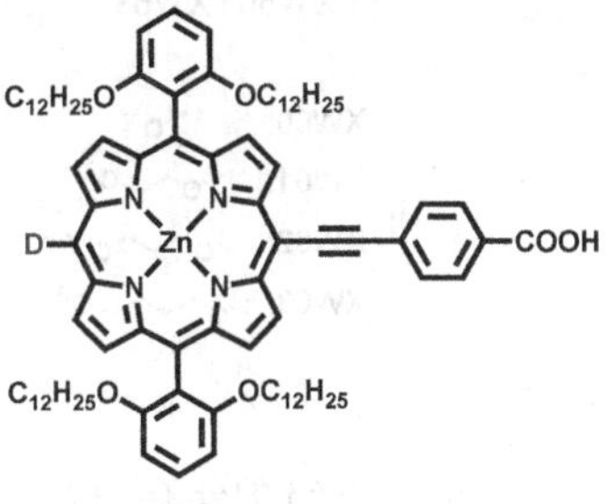

XW9

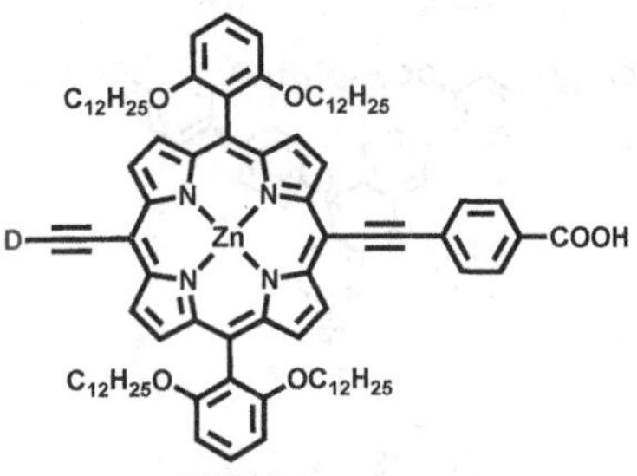

XW10

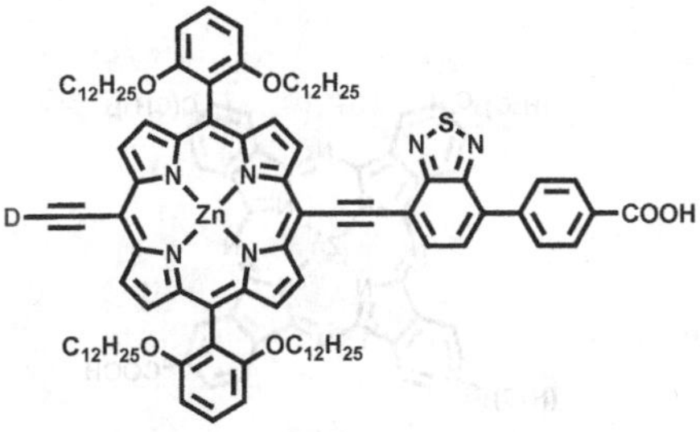

XW11

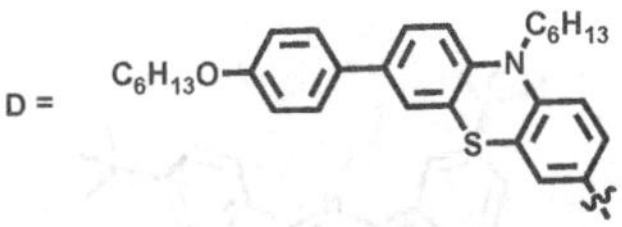

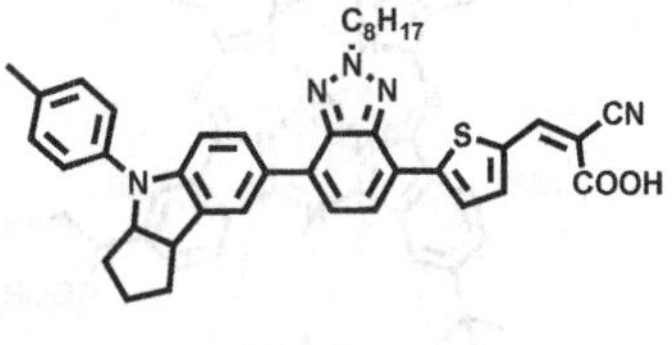

WS-5

图 4.17 一些卟啉配合物染料及有机小分子共敏化剂

可达 80%,总的光电转化率达到了 3.52%。为了更加有效地抑制聚集现象的发生,Mori 等[59]引入了更大位阻的基团,合成了一种新的酞菁染料 PCS6(图 4.19)。结果表明,该分子很难在 TiO_2表面发生聚集,并获得了 4.6%的光电转化效率。相比于卟啉等其他敏化剂,酞菁染料光电转换效率的提升空间依然很大,在以后的研究中如何进一步改善酞菁染料的电子传输取向,依然是一个极具挑战性的工作。

4.2.4 无机敏化剂

随着纳米技术的发展,人们对能带工程的研究不断深入,无机纳米半导体作为敏化剂的量子点敏化太阳电池(quantum dot-sensitized solar cells, QDSC)得到了越

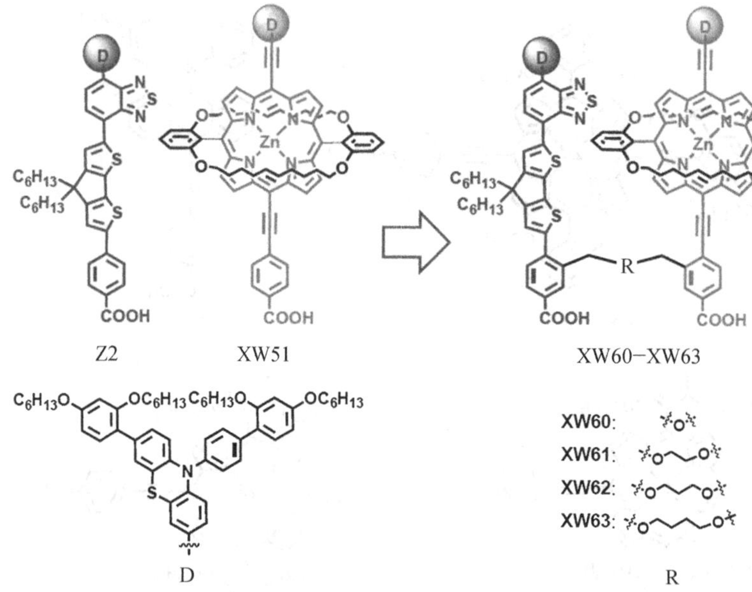

图 4.18　染料 Z2、XW51 和协同染料 XW60 - XW63 的分子结构

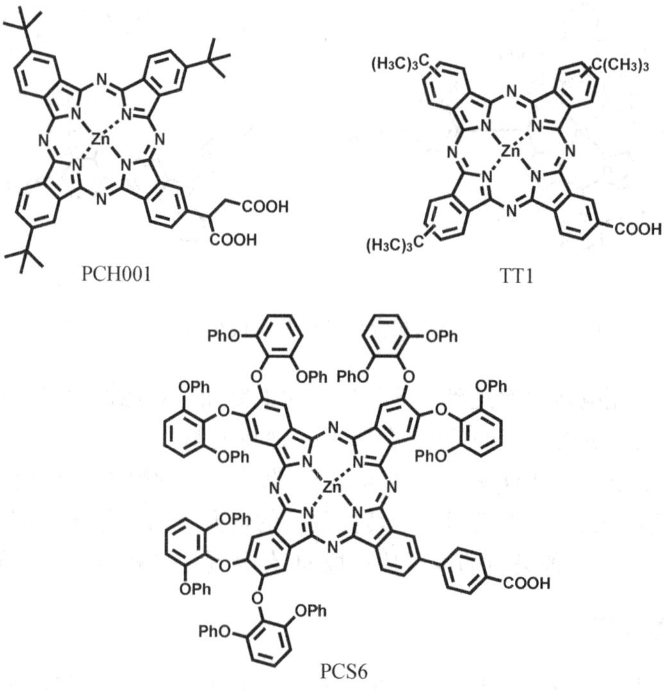

图 4.19　一些酞菁配合物结构的染料敏化剂

来越多的关注,被认为具有广阔的研究及应用前景。QDSC 是由 DSSC 衍生而来,由沉积了量子点的光阳极、电解质和对电极三部分组成,其工作原理与 DSSC 相似。量子点敏化剂是 QDSC 光吸收的核心,它与有机型敏化剂一样,主要是起到吸收太阳光的作用。理想的量子点敏化剂应该具有宽的光吸收范围、少的表面缺陷、合适的能带位置等特点[60]。

目前,CdS 和 CdSe 是被研究较多的两种量子点敏化剂,是因为这两种量子点的制备方法相对成熟简单。1990 年,Weller 等[61]通过原位沉积方法将量子尺寸的 CdS 颗粒敏化到 TiO$_2$电极表面。他们还在此基础上制作了三电极体系的光电化学电池,并在 460 nm 波长的单色光照射下,实现了有效地光电转换(V_{oc} = 0.395 V、J_{sc} = 175 mA/m^2 和 FF = 0.75)。由于较低的光电转换效率,在很长一段时间里 QDSC 并没有像 DSSC 一样引起人们的重视。直到 2007 年,Toyoda 等[62]引入多硫化物电解质,并制备了基于 CdSe 敏化的反蛋白石 TiO$_2$的太阳能电池,将 QDSC 的效率提高到了 2% 以上。2009 年,Lee 等[63]通过连续离子层吸附反应法(SILAR)构建了一种 CdS/CdSe 共敏化结构,两种材料相互结合后,能带结构呈梯状排布,更有利于电子和空穴的分离,最终取得了 4.22% 的转换效率(图 4.20)。由于 CdS 带隙较宽(2.25 eV),其对太阳光的吸收仅局限于 550 nm 以下,CdSe 的吸光范围也仅可拓宽至 650 nm 左右,对太阳光的利用率远远不足。比较而言,PbS、PbSe 等窄带隙的二元半导体材料的吸收波长可以达到 1 200 nm 左右,是一类具有很大潜力的光敏化材料,也被广泛地用于 QDSC 的研究中。Mora-Seró 等[64]在 PbS 量子点表面包覆一层 CdS,有效解决了 PbS 与多硫电解质接触时的不稳定问题,同时抑制了电子复合,最终获得了高达 22 mA/cm^2 的短路电流和 4.2% 的转换效率。由于 PbS/CdS 量子点的吸光范围可以达到 1 100 nm,而 CdS/CdSe 量子点在可见光范围内有

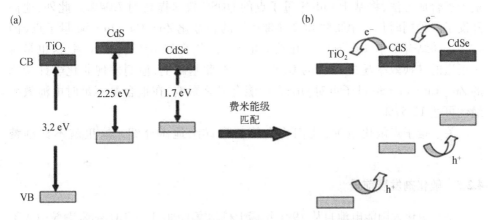

图 4.20 (a) 块体材料中 CdS 和 CdSe 相对 TiO$_2$的能带位置;
(b) CdS/CdSe 共敏化结构产生能带重排后的能带结构

很强的吸收,Meng 等[65]基于铜网对电极,设计了一种叠层 QDSC(上层为 CdS/CdSe,下层为 PbS/CdS),实现了全光谱吸收,电池的短路电流高达 25.12 mA/cm^2,转换效率为 5.06%。

相比于以上所述的二元量子点材料,三元或四元组分的合金量子点可以通过调控元素的组分来调控量子点的能带宽而不需改变它们的颗粒尺寸。目前,QDSC 中使用的多元合金量子点主要集中在 II-VI(CdS$_x$Se$_{1-x}$、CdSe$_x$Te$_{1-x}$ 等)和 I-III-VI(AgInS$_2$、CuInS$_2$、CuInSe$_2$ 等)族的半导体材料。Kamat 等[66]采用不同组分的 CdSe$_x$S$_{1-x}$ 量子点来构成串联结构,形成了能带的层叠,增强了电子传输能力,同时提高了对太阳光的利用率。然而,CdSeS 的光吸收范围较窄,限制了其光伏性能的有效提升。Zhong 等[67]采用有机高温热注入的方法得到了一种新的 II-VI 族合金量子点(CdSe$_x$Te$_{1-x}$),并利用阴离子合金的"光曲效应"其吸收带边达到 800 nm,并且 CdSe$_x$Te$_{1-x}$ 合金量子点的化学稳定性比 CdSe 和 CdTe 更高,且基于该量子点的 QSDCs 获得了 6.36%的转换效率。

I-III-VI 族合金量子点,如 CuInS$_2$ 或 CuInSe$_x$S$_{2-x}$ 被认为是一类"绿色"敏化剂,因为它们不含 Cd 或 Pb 等重金属元素。2012 年 Teng 等[68]设计了一种 CuInS$_2$/CdS 的复合结构,增强了光的吸收并抑制了电子复合,使得 CuInS$_2$敏化的 QDSC 效率得到明显提升(4.2%)。之后,Meng 等[69]在 CuInS$_2$ 量子点外面包覆 Mn 掺杂的 CdS,光吸收范围由 650 nm 扩展至 800 nm,QDSC 的短路电流达 19.29 mA/cm^2,电池效率为 5.38%,远高于单独使用 CuInS$_2$(1.45%)和 Mn-CdS(2.11%)量子点效率之和。由于在 CuInS$_2$ 量子点制备的过程中引入了十二烷基硫醇(DDT)配体,使得其在相转移过程中不能完全被置换,这限制了量子点有效地吸附在 TiO$_2$电极表面。2014 年,Zhong 等[70]发展了一种无 DDT 配体的 CuInS$_2$ 量子点合成方法,将基于 CuInS$_2$量子点的 QDSC 效率提高到 7.04%。此外,他们开发了一种同时具有窄带隙和高导带边缘的合金化 Zn-Cu-In-Se 量子点(图 4.21),并结合基于钛金属网介孔碳对电极,获得了 11.61%转换效率,这也是首次报道的转换效率超过 10%的 QDSC[71]。在此基础上,他们发现非化学计量比的 Zn-Cu-In-Se 量子点对 QDSC 性能有显著影响,在铜含量不足时电池效率最优可达 12.57%[72]。

关于量子点敏化电池,我们将在第五章详细地做介绍。这里就不详细赘述了。

4.2.5　敏化剂发展前景

染料敏化太阳能电池自从 1991 年瑞士科学家 Grätzel 将 TiO$_2$纳米颗粒引入染料敏化太阳能电池之后,大大提高了电池的光电转化效率,从而引起了各国科学界

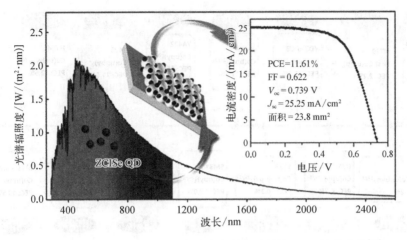

图 4.21 Zn - Cu - In - Se 量子点吸收光谱和对应得 QDSC 性能参数[72]

的广泛关注,并形成了研究的热潮。在 DSSC 的结构组成中,染料敏化剂起着捕获入射光子和激子分离的作用,其光谱和能级的性质很大程度上影响着电池的光电性能。因而,设计开发出高性能的有机染料依旧是科研工作者的重要任务之一。在过去的 30 年里,对染料敏化剂结构的设计和优化已经使得染料敏化电池有了长足的发展,引入新型的低带隙分子基团如苯并噻二唑、喹喔啉、吡咯并吡咯二酮、连二噻唑等作为 π 共轭桥,以及引入强的电子供体如芳香胺、吲哚啉、茚并噻吩或设计 D - A - π - A 的结构,能有效地拓宽染料的吸收光谱,提高电池的短路电流。同时,在染料分子中引入长烷基链,设计大体积三苯胺、吲哚啉、茚并 [1,2 - b] 噻吩给体染料分子等,使得染料敏化剂吸附在 TiO_2 表面能形成一层致密的阻挡层,避免了注入 TiO_2 中的电子与电解质的复合,有效地提高了电池的开路电压。染料敏化太阳能电池领域部分重要工作的大事年表如图 4.22 所示[3,6,9,25,32,33,34,55,73-77]。

目前关于染料分子设计都是着重于优化改变电子给体和 π 共轭桥,而对电子受体却鲜有深入的研究,仍主要为腈基乙酸和饶丹宁酸。腈基乙酸作为电子受体有着吸电子能力强,分子结构简单易得,且腈基的存在也有助于染料更好地吸附于 TiO_2 等优点。但是,单个氰基的吸电子性能还不足以强大,其敏化剂的吸收谱带大都集中在 400~650 nm,近红外乃至红外区域的太阳光利用率不高。而且经稳定性测试发现,目前仍然存在染料容易从 TiO_2 上脱附,并且腈基基团在光照下容易被氧化等问题,导致电池的稳定性下降,这极大地影响了染料敏化电池在将来的工业化应用。因此,除了继续寻找更加匹配的电子给体或共轭传输体外,如何设计出稳定性好,与 TiO_2 键合牢固并且有着较强吸电子能力的电子受体的新型近红外敏化染料的开发迫在眉睫。另外,量子点作为敏化剂的研究已经取得可喜的进展,尝试开发多种类型的光敏材料将是未来敏化剂研究的重要方向之一。

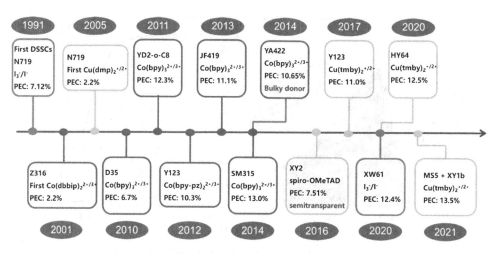

图 4.22　染料敏化太阳能电池领域部分重要工作的大事年表

4.3　染料敏化太阳能电池光阳极材料

4.3.1　光阳极材料的种类及特点

理想的染料敏化太阳能电池的光阳极材料应该具备足够大的比表面积来负载足够多的染料敏化剂,并且能够迅速将光生电荷从敏化剂转移到外电路。同时,光阳极材料的能级要与电池其他部分相匹配,也就是说,光阳极、染料分子、电解质和对电极四者之间的能级要相互匹配,合适的能级匹配能够提高敏化剂产生的电子向光阳极中注入的效率。图 4.23 给出了敏化剂激发及对应的电子转移过程的示意图。如图所示,通常要求电子从激发态染料到 TiO_2(-0.5 V vs. NHE)导带的注入驱动力应大于 0.2 V,而碘电解质氧化还原电位(0.4 V vs. NHE)要有效实现敏化剂再生,驱动力也要大于 0.3 V[78-80]。也就是说,对于有机敏化剂理想的 LUMO 和 HOMO 能级应分别位于约-0.7 V 和 0.7 V,具有约 1.4 V 的适当带隙。基于这些特点,常见的光阳极材料有 TiO_2[81,82]、ZnO[83,84]和 SnO_2[85,86]等。

TiO_2 带隙合适,稳定性好,无毒无害,对环境友好且价格低廉容易制备,尤其是利用纳米颗粒制备的介孔膜有足够高的比表面积,相比于其他光阳极材料有着更加优异的光催化活性和光伏性能,因而被广泛应用在染料敏化太阳能电池中。典型的 TiO_2 薄膜粒径在 20 nm 左右,厚度为 10~12 μm,孔隙率为 50%[88]。

ZnO 也是常用的光阳极材料,带隙与 TiO_2 相近,为 3.2 eV[87]。ZnO 导带来自 s 轨道,而 TiO_2 导带来自 d 轨道,因而 ZnO 电子有效质量要低于 TiO_2 的电子有效质量,也就是说 ZnO 电子迁移率要高于 TiO_2。但是 ZnO 存在表面缺陷多、对酸性染料稳定性差、钌染料电子注入效率低等缺点,限制了其应用范围[89]。

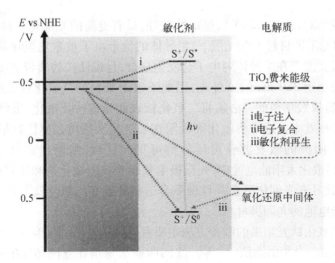

图 4.23 染料敏化太阳能电池光阳极中
电子转移及复合过程示意图

表 4.1 不同半导体光阳极材料的带隙[87]

材料	TiO_2	ZnO	SnO_2	Nb_2O_5	CeO_2	$SrTiO_3$	Zn_2SnO_4	NiO
带隙/eV	3.2	3.2	3.5	3.4	3.2	3.4	3.6	3.5

SnO_2 是 n 型宽能带半导体材料,比起 TiO_2 [电子迁移率为 $0.1\sim1.0$ cm^2/(V·s)] 有着更快的电子迁移率 [$125\sim250$ cm^2/(V·s)] 和更宽的带隙(3.5 eV)[87]。SnO_2 能够使红外和可见光的透射率达到 80%,并且具有高的光反射指数[90]。其不足之处表现在所制备的 DSSC 器件界面复合速率过快[91],大幅降低了器件的开路电压和填充因子。

其他半导体材料,如 Nb_2O_5[92]、CeO_2[93]、$SrTiO_3$[94]、Zn_2SnO_4[95]、NiO[96]等也被用于染料敏化太阳能电池的光阳极材料其带隙见表 4.1。但它们的制备工艺相对于 TiO_2 要困难很多,并且以它们制备的染料敏化太阳能电池的光电转换效率也相对于 TiO_2 要低,因此综合各方面因素,迄今为止,TiO_2 光阳极材料仍然是染料敏化太阳能电池光阳极的主流。

4.3.2 无机纳米晶 TiO_2 光阳极

无机纳米晶二氧化钛是一种资源丰富、无毒无害、化学稳定性好的半导体材料,其晶型有金红石、锐钛矿、板钛矿三种。金红石的带隙较窄(3.0 eV),易发生光腐蚀,且吸附染料的能力较差,不适宜用作染料敏化太阳能电池的光阳极材料。而锐钛矿的带隙相对较宽(3.2 eV),稳定性较好,具有更高的光催化活性[97],适合于作为 DSSC 的光阳极材料。在光照下,半导体的价带电子被激发至导带,同时在价带上形成空穴。由于在半导体内电子会发生复合,且锐钛矿的禁带宽度为 3.2 eV,只能吸收波长小于 380 nm 的紫外光,因此不吸附染料的二氧化钛光阳极制备的 DSSC 的光电转换效率很低。必须将二氧化钛表面光谱特征敏化,增强光吸收,从而提高光电转换效率。通常将敏化剂吸附在二氧化钛颗粒表面使其敏化,敏化后的二氧化钛光阳极的激发波长可延伸到可见光区域,从而提高其光电转换效率[98]。在染料敏化太阳能电池中,光阳极主要起着吸附敏化剂和转移电子到外电路的作用,因此其具有光催化活性并且带隙合适的锐钛矿二氧化钛非常适合用作染料敏化太阳能电池的光阳极材料。

纳米晶二氧化钛光阳极的制备方法主要有丝网印刷法[99]、溶胶凝胶法[100]、水热法[101]、旋涂法[102]和刮涂法[103]等。丝网印刷法是指在丝网印版的一端倒入二氧化钛浆料,用刮板对丝网印版上的浆料部位施加一定压力,同时朝丝网印版另一端匀速移动,浆料在移动中被刮板从网孔中挤压到导电衬底上的方法;溶胶凝胶法是以烷氧基钛或四氯化钛为前驱体,通过这种前驱体的水解与缩醇化反应形成溶胶,最后通过缩聚反应形成二氧化钛的一种方法;水热法是指在密封的压力容器中,以水作为溶剂、钛酸正丁酯或四氯化钛经水解生长 TiO₂的材料制备方法;旋涂(或称旋转涂覆)是依靠匀胶机旋转衬底时产生的离心力及重力作用,将落在衬底上的钛酸正丁酯溶液全面流布于衬底表面的涂覆过程;刮涂,是采用胶带贴出待涂区域,用玻璃棒进行手工涂覆以制得 TiO₂涂膜的一种制膜方法。通常用粗糙因子(roughness factor,即膜的总表面积与其几何面积之比)表示总面积的大小。粗糙因子越大,吸附量越大,光捕获效率越高。通过上述几种方法制备纳米晶二氧化钛光阳极,操作简便,原料获取容易,制备的光阳极粗糙因子高,具有高透过率和良好的孔隙率。而丝网印刷工艺,由于操作方便、可重复性好、厚度易控制等,而被广泛使用。

纳米晶二氧化钛电极的微观结构对光伏性能的影响主要有三个方面:染料吸附量、孔径和孔隙率[104]。首先是染料吸附量的影响:表面积越大,染料吸附量越高,则光生电流越大。接着是孔径的影响:对于相同表面积的光阳极,其孔径的大小同样影响其光伏性能。电极中的微孔在吸附染料之后余下的空间较小,则会降低电解质在微孔中的扩散速度,在低光强下,传质动力学速度足以满足染料的再生,而在高光强下,传质动力学速度并不能够满足染料的再生,因而电流产生效率大幅下降。最后是孔隙率的影响:孔隙率越小,则光生电流越大。因为孔隙率越小则单位体积内的 TiO₂的量就越多,表面积就越大,吸附的染料分子就越多,因而光生电流和光电转换效率就越高。

常规工艺中对 TiO₂纳米膜进行大粒径修饰,就是一个非常成功的案例。最近,

Z. Shariatinia等将无机$AlMo_{0.5}O_3$钙钛矿纳米材料引入到光阳极的介孔TiO_2中。研究发现,TiO_2+0.5% $AlMo_{0.5}O_3$纳米复合光阳极可得到5.30%的PCE(J_{sc}=10.96 mA/cm^2,V_{oc}=0.76 V 和 FF=0.64);而基于纯TiO_2电极的DSSC,PCE只有1.90%(J_{sc}=7.90 mA/cm^2,V_{oc}=0.67 V 和 FF=0.36)。性能的提升,可归因于TiO_2层中加入$AlMo_{0.5}O_3$极大地改善了器件中的电荷转移性能,同时抑制了电荷载流子的复合过程。这也是首次尝试将钙钛矿$AlMo_{0.5}O_3$用于DSSC纳米光阳极[105]。

L. Y. Lin 等则主要针对柔性DSSC的光阳极展开研究。利用阳极氧化和水热工艺,在Ti线上制造了一种新型的TiO_2微锥/TiO_2花生结构(TMC/PN)。通过前驱体异丙醇钛(TTIP)的使用量和水热时间等进行优化,可在衬底上得到不同数量和尺寸的PN。最终,水热4 h,使用4 mL TTIP得到的光阳极,可获得4.37%的光电转换效率。研究表明,通过结构修饰,可减小器件的电荷转移阻抗并提升电荷的收集效率,并为光阳极的改性提供了新的研究思路[106]。

而D. Kumaresan 等则构建了四种不同的双层DSSC光阳极,其中底层约为25 nm大小的TiO_2纳米粒子(TNP),而顶层为1D纳米线(TNW),经$TiCl_4$处理后用于染料敏化太阳能电池光阳极,N719为敏化剂,实现了9.90±0.38%的高光电转换效率。高于包含3D TiO_2纳米结构的光阳极:分层纳米棒(THNR)、核壳微球或大纳米晶多边形+棒状TiO_2作为上层。而TNP+TNW电极的最佳光伏性能则归因于其协同界面的亚层纳米结构所表现出的优异光散射能力和跨亚层的高效电荷传输,从而提高了电荷收集率和载流子寿命。而TNP+THNR双层光阳极,由于THNR层存在金红石相分级纳米棒(Hierarchical Nanorods),影响了敏化剂的吸附量,电荷复合严重,显示出较低的PCE[107]。

M. A. Gondal 等则提出了一种[n-MWCNT-TiO_2/N3/MWCNT]全新结构的染料敏化太阳能电池,其中n-MWCNT-TiO_2是多壁碳纳米管(MWCNT)与不同质量比例的纳米二氧化钛(TiO_2)的复合材料,以钌染料N3为敏化剂。当MWCNT-TiO_2光阳极中碳纳米管的质量比例为0.06%时,光电转换性能最佳,其PCE达到7.15%。与[TiO_2/N3/Pt]常规结构DSSC器件相比,除了光电转换效率未能达到13%外,其MWCNT取代Pt电极的优势还在于成本低廉,另外,研究还发现在TiO_2中引入MWCNT,可观察到吸光度的增强、电子传输改善、电子与氧化染料和氧化还原介质复合的减少等。而对电极多壁碳纳米管也表现出很好的催化活性[108]。

S. Anandan 等则发现利用一定浓度的LiI/NaI对TiO_2光阳极进行表面处理,可有效改善器件的光电流密度。这是由于将LiI/NaI引入TiO_2表面,导致微晶尺寸减小,表面积增加,这有助于更多的染料吸附。而引起的TiO_2能级的正向移动,则导致开路电压的降低。而导带的降低,导致态密度的改变,提升了电子的注入速率,也有利于提高短路电流密度[109]。

像钙钛矿太阳能电池一样,对染料敏化太阳能电池光阳极的表面钝化,同样可提升其光电性能。比如,在纤维状染料敏化太阳能电池(FDSSC)光阳极 TiO_2 和敏化剂中间引入一层聚(2-乙基-2-噁唑啉)(PEO_x)极性聚合物层,由于其链底部的负极性表现出类似电子掺杂的行为,钝化 TiO_2 缺陷位点并减少陷阱辅助的电子复合,而 PEO_x 链顶部的正极性提供了丰富的染料锚定位点以改善 TiO_2 表面上的 N719 的吸附量。而由 PEO_x 夹层的界面本征极性引起的局部内置电场促进了 TiO_2/染料界面处的光生电荷注入/提取动力学,进而使 FDSSC 的功率转换效率得到了显著提高,达到 11.22%。比传统的 FDSSC 的 PCE 提高了大约 32.16%[110]。

对于纤维型染料敏化太阳能电池(FDSSC),研究发现,在阳极氧化过程中,使用不同浓度的 H_2SO_4 电解质蚀刻柔性 Ti 线,首次形成 TiO_2 微锥阵列(TMC),并作为 FDSSC 的光电阳极,表现出高染料吸附、高光利用率、高效的电荷转移和出色的柔韧性。光电转换效率达到 2.11%。利用浸涂技术,将 TiO_2 纳米颗粒(TNP)沉积在 TMC 上,通过增大光阳极比表面积来提高吸附量,使 PCE 进一步提升至 3.70%[111]。

4.3.3　不同形貌的光阳极

除了排列无序的纳米粒子外,一维有序纳米阵列结构(如纳米棒、纳米纤维、纳米管等)也被应用到染料敏化太阳能电池的光阳极上[112]。一维的有序纳米结构被认为可以减少晶界并促进电子在光阳极中的传输。

纳米棒直径一般在几十个纳米,长宽比约为 3~5[113]。纳米棒能够给电子转移/传输提供直接的传递路径,大幅提高了电荷收集效率。Hafez 等通过两步水热法处理 TiO_2 纳米颗粒(P25),得到了面向随机结构的纳米棒,将其与 TiO_2 纳米粒子结合作为光阳极制备的 DSSC,将其光电转换效率 5.8% 提高到了 7.1%[114]。而借助工艺优化,得到面向一致的纳米棒阵列则可将效率提高到 7.91%[115]。

纳米纤维是通过静电纺丝技术来调控直径和形貌得到的小粒径晶体组成的多晶[116]。通常纳米纤维的表面积比纳米棒的表面积要小,因而光伏性能不如纳米棒。静电纺丝纳米纤维常被用作制备纳米材料的模板,TiO_2 纳米纤维在水热处理下生长成单晶 TiO_2 纳米棒[117]。

纳米管是另一种纤维状的纳米光阳极材料,相比于纳米棒和纳米纤维,有着更高的电子透过率、更少的电子复合和更长的电子寿命[118]。二氧化钛纳米管通常是用电化学阳极氧化制备的。比如,将钛箔设置为阳极,以铂电极为对电极,施加 180 V 高压或 20 V 低压,使得二氧化钛纳米管在钛箔表面生成,再将其转移到导电衬底上作为光阳极[119,120]。

另外,针对不同结构纳米材料各自的特性,将两种或更多的纳米材料结合起来组成三维多层纳米结构能够有效利用各组分的优点。最常用的层次结构是将 0 维的纳米粒子和一维的纳米材料结合:一维纳米材料为电子传输提供途径,0 维纳米粒子增大光阳极的表面积提高染料的吸附量,从而提高器件的性能[121-123]。简单的制备复合光阳极材料的方法是将纳米颗粒和纳米纤维或纳米棒混合均匀使其充分接触并结合[124]。也有人尝试不同维度的不同的纳米半导体混合对光伏性能的贡献,比如通过水热法将 ZnO 纳米线混合到 TiO2 纳米粒子中,比起常规 TiO2 光阳极,引入了 ZnO 纳米线后具有光吸收率高、电荷传输快等特点,与未掺杂 ZnO 纳米线的电极相比,可将光电转换效率提高 26.9%[125]。也可以在一维纳米材料湿法生长一层二次结构来形成三维层次结构[126]。Hu 等通过电化学阳极氧化和水热修饰的方法制得了分支有二氧化钛纳米管的二氧化钛纳米棒和 P25 包覆的二氧化钛纳米管,大幅提高了比表面积,从而提高了染料吸附量、光电流密度和器件效率[127]。

也有人尝试将两种一维的纳米材料结合形成的三维多层结构,通常是形成分层的球体结构,并用于 DSSC 光阳极研究。比如,Liao 等通过一步水热法在酸性条件下水解钛酸正丁酯合成分层二氧化钛球,获得了比 P25 颗粒大得多的比表面积,提高了对入射光的散射效果从而增大了光吸收,使所制备的器件的效率提升至 10.34%[128]。研究还发现,有缺陷的分层二氧化钛球有利于染料的吸附和电解质的扩散[129]。Peng 等所制备的高比表面积和高孔隙率的锐钛矿二氧化钛的单分散微球,器件效率更是达到了 11.43%[130]。

多壁碳纳米管和石墨烯等新型碳材料具有良好的导电性、较高的比表面积和吸附性能,能够很好地与多孔 TiO2 纳米粒子结合来提高 TiO2 纳米粒子间的相互连接性。多壁碳纳米管与 TiO2 纳米粒子的交联改善了粗糙因子和导电性,促进了光生电子的快速转移,并抑制了电子复合、提高了光吸收,从而使光电流密度和光电转换效率均得到提高[131,132]。也有人尝试向还原氧化石墨烯中插入氮元素并将其添加到 TiO2 光阳极中,不仅抑制了电子的复合,还优化了电荷转移特性,获得了 7.19% 的光电转换效率,与未添加氮掺杂的还原氧化石墨烯的器件相比,光电转换效率提升了 13.23%[133]。

ZnO 由于与 TiO2 能级接近,一直以来,很多研究者对其用于染料敏化太阳能电池光阳极展开了研究。而且光电转换效率不断逼近 TiO2 电极。最近,Q. H. Wu 等通过十六烷基甲基溴化铵辅助水热法合成了 Cu 修饰的 ZnO 纳米花作为染料敏化太阳能电池的光阳极材料。当 Cu 的含量从 0.5% 增长到 2% 时(质量百分比),ZnO 的形貌从不规则的纳米片到交联的多层多孔纳米花发生转变,进而影响光阳极的敏化剂吸附量和入射光的散射。Cu 的引入还显著增强了电子传输特性并延迟了 ZnO -染料界面中的电荷复合。其中,基于质量百分比 1.5% Cu 修饰的 ZnO 光电极,短路电流密度提高了 84%,功率转换效率提高了 1.6 倍[134]。

N. K. Allam 等利用电纺织技术制备了 Ba3Ti4Nb4O21 三元氧化物六方钙钛矿纳

米纤维(NF),并用作染料敏化太阳能电池(DSSC)中的有效电极材料进行研究。经 650℃烧结后,获得了高度多孔的钙钛矿纳米纤维,增加了纳米纤维的染料吸附能力,进而得到比传统纳米管对应物更高的光转换效率(6.07%,准固态)[135]。

借鉴硅基太阳能电池的 p-n 结的原理,在 n 型 ZnO 半导体里面引入 p 型 NiO 半导体,构建 p-n 复合材料。由于 p-n 结的存在,加快了电荷分离,并最大限度地减少了电子的复合。当加入质量百分比约为 8% 的 NiO 后,所达到的效率是纯 ZnO 的 1.58 倍。而在电极内再掺杂一定量的碳量子点,更是将光电转换效率提升至 ZnO 和 NiO 复合电极的 3.8 倍,达到 13.02%（430 nm LED@ 100 W/m^2）。碳量子点的存在,则是降低 n-ZnO/碳点和碳点/p-NiO 界面处的电荷载流子势垒来促进电荷载流子传输。为高性能光阳极半导体,尤其是基于 ZnO 的纳米半导体材料的性能优化提供了新的研究思路[136]。

4.3.4　复合光阳极

由于大的比表面积,只是以纯 TiO$_2$ 薄膜为光阳极的话,存在着大量的表面态,若表面态能级位于禁带中,可形成局域的陷阱态,限制了电子在 TiO$_2$ 薄膜中的运动,延长了传输时间,增大了在电子传输的过程中与染料或者电解质复合等情况的概率[137,138],因此需要借助表面化学改性、表面包覆、离子掺杂、结构优化等手段来优化电子传输过程,抑制电子的复合,以达到改善器件光伏性能的目的。

1）表面化学改性。通过化学处理光阳极可提高 TiO$_2$ 的表面活化能,以提高电子传输能力。Grätzel 等首次引入了 TiCl$_4$ 水溶液处理纳米 TiO$_2$ 光阳极的方法,在介孔 TiO$_2$ 核外面包覆一层高纯的 TiO$_2$,增加了电子注入效率,且在半导体/电解质界面形成阻挡层,尽管纳米 TiO$_2$ 薄膜的比表面积下降,但单位体积内 TiO$_2$ 的量有所增加,对光伏器件的光电流的贡献还是非常明显的[139]。另外,硝酸处理 TiO$_2$ 光阳极,通过抑制导带上的电子与氧化态染料复合,也可大幅提高光电流密度[140]。

2）表面包覆。光生电子进入 TiO$_2$ 导带后可能会与氧化态的染料分子以及电解液中的 I$_3^-$ 发生复合。因此研究者们提出了用导带位置略高于 TiO$_2$ 的半导体材料来包覆 TiO$_2$ 从而抑制电荷复合,也利于电子的定向传输。目前常用的包覆改性材料有 Al$_2$O$_3$[141]、ZnO[142]、SiO$_2$[143] 等。通过表面包覆,不仅提高了光电流,并且外壳与内层之间存在的势垒减少了电子回传和复合,增大了 TiO$_2$ 导带的电荷密度,因而也有利于开路电压的提高,进而实现了光电转换效率的提高。

3）离子掺杂。由于染料的吸收范围一般集中在可见光范围,而太阳光的一大部分能量则延伸至紫外和红外光区域。通过向 TiO$_2$ 中掺杂上转换材料(稀土离子)也是拓宽器件光响应范围的一种有效手段。比如,通过水热法将 Er^{3+} 和 Yb^{3+} 掺杂到 TiO$_2$ 光阳极中,可将光捕获区域延伸至红外光区域,使光电转换效率从 5.4%

提高至 7.08%[144]。而用 Sm_2O_3 修饰 TiO_2 纳米管,则使其吸收峰蓝移,并在587 nm、613 nm、664 nm 处有强烈的可见光发射,可使器件效率提升 70% 还多[145]。

4）结构优化。比如,目前在实验中制备 DSSC 常用的商用浆料 18NR－T,印刷并烧结后的 TiO_2 平均粒径为 20 nm,通常会在其上印刷一层大粒径的 TiO_2,进行光阳极的结构优化,从而增强光散射以提高对光的利用率[146]。另外,在玻璃衬底上做致密层,比如在导电玻璃上先通过旋涂[147]、喷雾热解[148]或水解 $TiCl_4$ 水溶液[149]等方法形成一层粒径小于 10 nm 的 TiO_2 致密层,起到阻止电子回传,有效抑制电子复合的作用,尤其是对全固态电池,效果明显。该致密层对液态 DSSC 作用不明显的原因,可能是液态电池电解质离子扩散速率快,而且光阳极膜足够厚,吸附足够多的敏化剂,电子复合产生的暗电流占光电流的比重小。另外,将 TiO_2 纳米线、纳米棒引入到光阳极中组成有序阵列可以提高电子传输速率,并可抑制界面间发生的电子复合[150]。利用简单的共沉淀法制备的摩尔比为 TiO_2：Ni：Al = 6：0.45：0.15 的 TiO_2@ NiAl 层状双氢氧化物,然后进行 500℃ 下煅烧,得到 TiO_2@ NiAl 层状双氧化物,并用于染料敏化太阳能电池的光阳极。以 N719 为敏化剂,可得到 5.68% 的光电转换效率[151]。而利用双层半导体 Nb_2O_5+TiO_2 为光阳极,硫化钴为对电极,组装的准固态染料敏化太阳能电池,得到了 6.64% 的光电转换效率[152]。

4.4　染料敏化太阳能电池对电极材料

4.4.1　对电极材料的概述

对于染料敏化太阳能电池,阴极（counter electrode，CE，对电极）通常将铂或其他导电材料沉积在导电玻璃上所构成,也称为反电极。而 CE 在 DSSC 中主要有三大作用[153-157]：① 作为催化剂,它促进了电解质体系内的氧化还原对中氧化组分的还原。② 作为电池的正极,它负责从外部电路收集电子并将它们传输到电池内部。因此,CE 的功能还可将电子从外部负载返回到电池内的“循环”。③ 作为一面镜子,它将穿过电池未被吸收的光反射回电池内部,以提高入射光的利用率[158]。要实现上述功能,CE 应具备的特性包括：高催化活性、高电导率、高反射率、低成本、高表面积、多孔性,并具有很好的化学、电化学和机械稳定性和耐化学腐蚀性等,同时其能级要与电解质中的氧化还原对相匹配,也要与导电衬底具有良好的结合性。对于一个理想的 DSSC 对电极[159-160],对 500 nm 的光应具有 80% 的透光率,表面方块电阻<20 $\Omega/\square$,电荷转移阻抗（R_{ct}）约为 2~3 Ω/cm^2。

CE 对 DSSC 的光电参数有重要影响,理论最大光电压由介质的氧化还原电位与光阳极上的金属氧化物半导体的费米能级之间的能量差决定,并且只能在零电流下获得。然而,在负载下,输出电压通常小于开路电压,这种电压损失与对电极的总过电位相关[161-162],也就是由于激发态电子与电解质及氧化态染料间的电子复合造成的电压损失。

在 DSSC 中,电荷载体从光电阳极到 CE 的输送过程中,要遇到各种电阻[163-166],包括:TCO 导电玻璃方块电阻和电池的接触电阻构成的串联电阻(R_s);TCO/TiO$_2$ 间的接触电阻($R_{TCO-TiO_2}$);TiO$_2$ 薄膜中电子的传输电阻(R_{TiO_2});TiO$_2$ 导带电子与电解质中的 I$_3^-$ 间复合阻抗(R_{ct});描述 I$_3^-$ 在电解质中能斯特扩散的 Warburg 参数(Z_d);CE/电解质界面的电荷转移阻抗($R_{CE-electrolyte}$);和暴露的 TCO/电解质界面间的电荷转移阻抗($R_{TCO-electrolyte}$)。可在 DSSC 中,CE/电解质界面($R_{CE-electrolyte}$)电阻通常在这些阻值中占主导地位。

DSSC 中 CE 的制备方法有很多种,包括热分解、电化学沉积、化学还原、化学气相沉积、水热反应、溅射沉积和原位聚合等。其制备方法对粒径、表面积、形貌、催化和电化学性质等有很大影响。因为随着颗粒粒径的变小,以及形貌的改变,可大幅提高其电极的表面积,将产生更多的催化活性位点并促进电极的电催化活性。随着近年来电极材料的快速发展,制备方法的多样化,有望制备出更高催化活性和导电性的电极材料。

4.4.2　贵金属对电极材料

由于高导电性,并且对三碘化物还原的高催化活性,以及对光高的反射性能,自 1991 年以来,铂作为 DSSC 对电极的首选材料,并且一直沿用至今[152,167-171]。1993 年,Nazeerudin 等通过溅射法在 TCO 玻璃上沉积 2 μm 厚的 Pt,获得 10% 的光电转换效率[172]。同时,也验证了较厚 Pt 膜对光线的反射作用。Papageorgiou 等,通过在 TCO 导电面涂布少量的 5 mmol/L H$_2$PtCl$_6$ 的异丙醇溶液,385℃ 下烧结 10 min,形成一层纳米 Pt 催化剂。利用这种热分解技术可以产生电化学/化学稳定的电极,该催化层同时具有优异的机械耐久性和良好的黏附性。极低的铂负载量(<3 μg/cm^2)赋予电极低电荷转移阻抗(<1 Ω·cm^2)。虽透光率高,但经济高效。从那时起,H$_2$PtCl$_6$ 的热分解作为制备 Pt CEs 的有效方法已被广泛应用[173]。

而针对溅射法制备的 Pt 电极,其厚度甚至可以做到 0.2~2 mm。但研究发现,Pt 薄膜的电导率在一定范围内随着厚度的增加而增强,但电解质/CE 界面处的电荷转移阻抗却没有显著变化,对 DSSC 的性能几乎没有影响,因而 2 nm 厚的 Pt 膜足以获得对三碘化物还原良好的催化活性[174]。

除溅射涂层和热分解外,还有许多制备纳米 Pt CE 的技术,如电化学沉积、气相沉积、喷雾热解、循环伏安沉积、电化学还原等[175-179]。对于常用的热分解法,发现加热速度对 Pt 纳米粒子的形貌影响很大,进而影响其催化活性。加热速度为 1.2℃/min,得到的 Pt 纳米粒子性能最佳,电荷转移阻抗为 0.86 Ω·cm^2,光电转换效率达到 9.30%[180]。另外,研究发现,尿素辅助均相沉积乙二醇(HD – EG)方法,实现了 Pt 纳米粒子粒径和分布的有效控制,并得到了 9.34% 的光电转换效率。而不用尿素仅使用 EG 还原及热还原制备的 CE,光电转换效率仅分别得到 8.66% 和 7.99%[181]。

与块体 Pt 相比,铂纳米粒子优势在于高的表面积和透射率、低的电荷转移阻抗、高的导电性和耐腐蚀性等。进而更加巩固了 Pt 在 DSSC 对电极中的主导地位[182-183]。具有高表面积的 3D 纳米结构也为 Pt CE 增加了新的功能,包括多枝结构、纳米线、纳米花、纳米管和纳米杯等[184-196]。比如,借助紫外纳米压印平版印刷技术制备的可控直径和间距尺寸的周期性排列的 Pt 纳米杯(Nanocup, NC)阵列(直径为 300 nm,间距为 400 nm),显示出 9.75% 的高光电转换效率,而基于平面 Pt CE 仅得到 7.87% 的效率[186]。而纳米管 Pt 电极也较传统的 Pt 电极,光电转换效率提高 25% 以上[190],可归因于 CE/电解质界面低的电荷转移阻抗诱发的高活性电化学还原特性。

总之,由于其优异的导电性和催化活性,Pt 是 DSSC 的首选的 CE 活性材料,目前效率超过 12% 的 DSSC,使用的对电极均为 Pt 电极[197-200]。即便如此,它还是有一些缺陷需要克服:① 尽管要获得所需的催化效果,Pt 的用量仅为 50 mg/m²,对发电成本影响不大,但面对未来太瓦级的太阳能发电规模,将更倾向于性价比更高的材料。毕竟,铂属于稀有金属,且价格昂贵[152]。② 铂可能长时间在 I^-/I_3^- 电解液内会发生氧化和溶解,形成 PtI_4 或 H_2PtI_6[180,201-202]。如果极少量的 Pt 溶解在电解液中,它会缓慢地沉积在 TiO_2 膜上,并通过催化 I_3^- 使电池短路[160,202]。③ 由于电解质与对电极间的能级匹配性,Pt 对电极对钴络合物,T_2/T^- 和多硫化物电解质效果不是很好[153,197,203-205]。未来对 Pt 电极的研究应侧重于开发新方法和基于 Pt 的混合 CE 以减少 Pt 的剂量。

钌(Ru)属于铂族贵金属,但比 Pt 便宜,并且具有低的电阻率和高的功函数。而且,它具有优良的导热性和化学稳定性[206],可借助原子层沉积(ALD)制得不同厚度的 Ru 膜。研究发现,其催化活性和电荷转移阻力随厚度的变化与铂相反[207]。在最佳厚度的情况下,可得到 3.40% 的光电转换效率[208]。虽然钯(Pd)具有与金属 Ru 类似的性质,可沉积的钯膜没有 Ru 膜牢固,但其光电转换效率可做到 4.32%。

对于贵金属 Pt,其电阻率为 10.6×10^{-8} Ω · m,每盎司 1 200 美元。而金属铱(Ir)因其较低的电阻率(4.7×10^{-8} Ω · m)和较低的成本(2015 年为每盎司 540 美元)而受到广泛关注。通过热蒸发技术和射频(RF)溅射技术所制备的 Ir 对电极,可分别得到 5.19% 和 7.2% 的光电转换效率,与 Pt 具有一定的可比性[209-210]。

金(Au)具有比 Pt(0.9×10^5 S/cm)更高的电导率(4.3×10^5 S/cm),也具有一定

的催化作用以及优异的耐腐蚀性。比如,室温下制备的透明 Au/a‑IZO(介孔氧化铟锌)双层电极,其导电率高达 $1.2×10^5$ S/cm,迁移率为 65.6 cm^2/(V·s),所制备的光伏器件也表现出良好的光伏参数: $V_{oc}=0.64$ V, $J_{sc}=9.83$ mA/cm^2, FF $=0.59$, PCE $=3.73\%$[211]。

钛(Ti)是一种银白色金属,具有优异的强度和耐用性。由于其表面可形成天然的钝化氧化物,表现出非常好的稳定性和耐腐蚀性。虽然 Ti 的电阻率为 $42×10^{-8}$ Ω·m,高于 Al 或 Pt(分别为 $2.65×10^{-8}$ Ω·m 和 $10.6×10^{-8}$ Ω·m),但目前人们主要关注 Ti 与 Pt 族金属构成的双层结构对电极的性能。Noh 和 Song 等在 FTO 玻璃上通过 RF 溅射技术制备了 50 nm‑Ti/50 nm‑Ru 双层电极,降低了界面电阻并增强了催化性能,可获得 2.40% 的光电转换效率,是 100 nm 钌电极效率的1.48倍[212]。利用类似的工艺,人们也尝试了 Al/Ru, Au/Pt 和 Cu/Pt 电极在 DSSC 上的应用,其中 Au/Pt 和 Cu/Pt 分别获得 5.28%[213] 和 5.72%[214],高于 Pt 电极的4.60%。

银(Ag)是一种柔软、白色、有光泽的过渡金属,并且具有非常高的导电性、导热性和反射率。由于在纯净空气和水中显示出高的耐腐蚀性和稳定性,因此,人们尝试将其用作 DSSC 的对电极材料,尤其是用于固态 DSSC 的研究[215-217]。利用 Ag 电极的反射性能,代替常用的 Au 电极,增强器件的光吸收,在模拟太阳光下,实现了全固态 DSSC 5.1% 的光电转换效率。

4.4.3　类铂对电极材料

对于 Pt 电极,除了贵金属成本较高,在一定程度上可被电解液腐蚀等缺陷外,而在 I_3^- 的催化性能方面,可与其媲美的电极材料却少之又少的。于是人们想到了应用合金,尤其是 Pt 的合金,制备类铂对电极材料,来进一步降低对电极材料的成本,并借助金属间的协同效应改善其光伏性能。例如基于 Pt 的二元合金材料有 $Pt_{0.02}Co$、$PtCo_2$、$PtCo$、$PtCo_{0.50}$、$PtNi_{0.50}$、$PtNi_{0.75}$、Pt_3Ni、$PtNi$、$PtFe$、$Pt_{0.96}Ni_{0.04}$、$PtMo$、$PtMn_{0.05}$、$PtCr_{0.05}$、$PtPd_{1.25}$、$PtRu_3$、$PtRu$、$PtAu$;而非铂二元合金材料有 $CoNi_{0.25}$、$CoNi$、$FeCo_2$、$FeSe$、$FeNi$、$Co_{0.85}Se$、$CoSe$、$Ni_{0.85}Se$、$NiSe$、$MoSe$、$Cu_{0.50}Se$、$Ru_{0.33}Se$、$RuSe$、Pd_7Se_4、$NiPd$;三元复合电极材料有 $PtCuNi$、$PtCoNi$、$PtPdNi$、$PtFeNi$ 等。其中 $Pt_{0.02}Co$ 更是获得了 10.23% 的高效率。

受到上述 Pt 双层薄膜对电极的启发,通过化学镀的方法在 FTO 基板上沉积 $Ni_{0.94}Pt_{0.06}$ 复合薄膜,并将其用作 DSSC 的光阴极。所形成的纳米颗粒,粒径约为 4~6 nm,Pt 的负载量为 5.13 μg/cm^2。该复合电极表现出高的 I_3^- 的还原催化活性和光反射率,低的电荷转移阻抗,光电转换效率也可达到 8.21%,明显高于同等测试条件下通过热分解制得的纯 Pt 光阴极。为低成本高性能对电极的研发提供了新的思路:低成本的 Ni 不仅可降低贵金属铂的需要量,而且还有利于电子在氧化还原对与对电极间的转移[218]。而通过改变组分,制备的 Pt_3Ni 电极,更是获得了 9.15%高光电转换效率,高于 Pt 电极的 8.33%[219]。而且表现出更加优越的稳定性能。

另外,使用电化学共沉积技术,所合成的 $CoPt_{0.02}$ 合金用作 DSSC 对电极[220],由于在电荷转移、导电和电催化等方面的优越性,实现了令人印象深刻的 10.23%的光电转换效率,而同等测试条件下纯 Pt 的效率为 6.52%。高转换效率、低成本、简单的制备工艺,及其持续拓展性,证明了 CoPt 合金在 DSSC 中的潜在应用。在上述研究中,通过选择 Ni 和 Co 与 Pt 的合金,不仅降低了对电极材料的制备成本,也获得令人满意的光电效果。那么,完全不使用 Pt,用 Co 和 Ni 合金,又效果如何呢?使用温和的水热处理,不含任何表面活性剂或模板,所制备的二元 Co－Ni 合金 $CoNi_{0.25}$[221]。同样表现出优越的电荷转移能力和对三碘化物的还原电催化活性,也实现了 8.39%的光电转换效率,而基于纯 Pt 对电极的光伏器件的光电转换效率为 6.96%。低成本、温和的合成路线和可扩展的潜力,使非 Pt 二元合金对电极在 DSSC 对电极的材料选择方面具有绝对优势。

为了取代昂贵的 Pt 电极,除了研究其替代电极外,降低 Pt 的用量也是有效手段之一。魏明灯教授课题组尝试利用温和的室温置换反应制备负载铂纳米颗粒的泡沫镍,作为 DSSC 的对电极,结果超过聚萘二甲酸乙二醇酯聚合物负载的 Pt 电极,沉积 120 min 后,光电转换效率达到 7.63%,已接近 Pt－FTO 电极的 8.08%[222]。

4.4.4　碳对电极材料

由于低成本、高表面积、高催化活性、高导电性、高热稳定性和良好的耐腐蚀性等,使碳材料成为 DSSC 中用于取代常规的和昂贵的 Pt 材料的理想对电极候选材料之一。几种碳质材料,如石墨烯、碳纳米管、碳纳米纤维、活性炭、石墨和炭黑已被成功应用于 DSSC 对电极的研究[153,223-228]。

（1）炭黑纳米粒子

1996 年,Grätzel 组首次探索石墨-炭黑混合物作为 DSSC 的对电极材料,并取得了 6.67%的光电转换效率[202]。其中功能化的石墨用于增强电子传导性,而高表面积的炭黑以增加对 I_3^- 还原的催化活性。虽然初步获得的光电转换效率比 Pt 低 30%,但为开发低成本无 Pt 对电极开辟了新的研究方向。使用炭黑为对电极,其颗粒形态和表面状态(包括尺寸、表面积、孔隙率、结晶度、厚度、形状和纯度等),以及制备条件对器件的光伏性能起着关键作用。

在以炭黑为 I_3^- 还原催化剂的非铂 DSSC 器件中,填充因子强烈地依赖于碳层的厚度,而且当厚度超过 10 μm 时,光电转换效率有所增加,这是由于随着碳层厚度的增加,其电荷转移阻抗 R_{ct} 显著降低,其最佳阻值可降低到传统 Pt 电极的两倍,约为 2.96 $\Omega \cdot cm^2$, 在 AM 1.5(100 mW/cm^2)标准模拟光照射下, J_{sc} = 16.8 mA/cm^2, V_{oc} = 789.8 mV, FF = 0.685, 最高电池效率可达到 9.1%[229]。在碳浆的制备工艺中, 人们也尝试借助聚(偏二氟乙烯)(PVDF)为黏合剂, 制备炭黑浆料, 经 450℃ 煅烧处理, PVDF 可被完全除去, 可得到与 Pt(8.29%)接近的光电转换效率 8.35%[230]。除了厚度, CB 的粒径同样会影响 DSSC 的光伏性能。利用喷涂工艺, 在 120℃ 下将 CB 层涂覆在 FTO 玻璃上。研究发现, 此工艺中, CB 粒径为 20 nm, 厚度为 9 μm 时, 所制备的光伏器件性能最佳, 光电转换效率为 7.2%, 填充因子为 0.656, 与铂电极的 7.6% 的效率和 0.658 的填充因子相当[231]。

除了适用于典型的碘电解质外, 碳电极在其他电解质体系内, 同样表现出色。比如, 采用 Co(bpy)$_3^{3+/2+}$ 作为氧化还原对, 通过热处理和 CB 负载量的控制, 以 Z907 为敏化剂, 光电转换效率为 7.21%, 超过 Pt 的 7.10%, 而使用敏化剂 Y123, 光电转换效率可以提升至 8.81%[232]。而基于 CB 与聚合物制备的复合电极 CB/聚吡咯(PPy)、CB/聚苯胺(PANI)和 CB/PEDOT, 以 T_2/T^- 为氧化还原对[233]。相应的 DSSC 器件获得的光电转换效率分别为 5.2%、5.2% 和 7.6%, 远高于单组分电极的光伏性能。

（2）碳纳米纤维

碳纳米纤维(carbon nanofibers, CF)可以通过聚苯胺的静电纺丝技术, 并在 1 200℃ 氩气氛围内碳化而制成。然后添加聚氧乙烯十三烷基醚(POETE)作为黏合剂, 将其转化为糊状物, 研磨并超声处理。将该糊状物刮涂到 FTO 衬底上, 在 200℃ 下烧结 15 min, 在 475℃ 下烧结 10 min。可得到平均直径为 250 nm, 长度为数十微米的相对均匀的碳纳米纤维层, 且表现出低的电荷转移阻抗和 I_3^- 还原的快速反应速率。基于该对电极的 DSSC 器件, 实现了 5.5% 的光电转换效率[234]。

此外, 具有鹿角和鲱骨结构的碳纳米纤维, 由于其堆叠形态可加快 I_3^- 的还原并降低电荷转移阻抗(R_{ct} = 0.5 $\Omega \cdot cm^2$), 而参比电极 Pt 的电阻为 2.3 $\Omega \cdot cm^2$。另外, 该鹿角和鲱骨结构还可形成富缺陷边缘平面(defect-rich edge planes), 并且具有较大的直径, 因而有利于电子转移。基于玻璃的 DSSC 器件获得 7.0% 的光电转换效率, 而基于准固态电解质的柔性电池获得 5.0% 的效率, 与 Pt 电极相当[235]。利用同心静电纺丝和热技术, 还可合成具有空心/高介孔壳结构(Meso - HACNF)的活性炭纳米纤维, 形成的核壳直径约为 200~360 nm, 总表面积为 1 191 m^2/g, 并实现了 7.21% 的光电转换效率, 接近于 Pt 电极的 7.69%。其高催化活性归因于高表面积及其一维导电通路[236]。

为了进一步提高基于碳纳米纤维对 I_3^- 的催化活性, 在其中引入 1.0 wt% 的 Pt 形成 Pt/CF 膜并且用作 DSSC 对电极。在 Co$^{3+/2+}$ 电解系统中, 其电荷转移阻抗(R_{ct})和串联电阻(R_s)分别为 1.60 $\Omega \cdot cm^2$ 和 11.65 $\Omega \cdot cm^2$ 与 Pt 非常接近(R_{ct} =

1.32 $\Omega \cdot cm^2$, $R_s = 11.52$ $\Omega \cdot cm^2$），表明 Pt/CF 和 Pt 具有非常类似的电催化活性。其光电转换性能也证实了这一点，在液体 $Co^{3+/2+}$ 电解质体系中，基于该 Pt/CF 电极的 DSSC 实现了 8.97% 的光电转换效率，而 Pt 电极为 9.41%。该研究为降低 DSSC 中 Pt 的用量而不牺牲其催化活性提供了一种可行的研究途径[237]。

（3）碳纳米管

碳纳米管（CNT）是具有圆柱形纳米结构的碳的同素异形体，是富勒烯结构家族的成员。其名称来源于它们长而中空的结构。其管壁可以包含一个或多个石墨烯片的同心壳，称为单壁（SWCNT）或多壁碳纳米管（MWCNT），并且可以具有开口或封闭端。SWCNT 和 MWCNT 的典型直径分别为 0.8~2 nm 和 5~20 nm。纳米管的长度可以从小于 100 nm 到几厘米变化。由于该材料具有优异的强度和刚度，纳米管的长径比最高可达 132 000 000∶1，比任何其他材料大得多。另外，CNT 具有非凡的导电性、导热性和机械强度，对于纳米技术、电子、光学和其他材料科学和技术领域具有重要价值。

对于碳纳米管的研究，最初使用 SWCNT 作为对电极，光电转换效率为 4.5%[238]。而以 MWCNT 为对电极，竹节状结构 MWCNT 的缺陷富集边缘平面促进了对电极/电解质界面处的电子转移，提高了光伏器件的填充因子，改善了稳定性，光电转换效率提高至 7.7%[239]。

研究者进一步将 SWCNT 和 MWCNT 作为 DSSC 中的对电极材料进行了深入的对比[224,240]。分别将 SWCNT 和 MWCNT 与聚乙二醇（PEG）混合，在研钵中研磨，并进行超声处理和离心，得到糊状物，借助刮刀工艺在 FTO 衬底上成膜，然后通过加热除去黏合剂 PEG，这些无黏合剂的 CNT 膜表面粗糙并可与衬底很好的粘合在一起。作为对比，使用（羧甲基）-纤维素（CMC）钠盐作为黏合剂制备厚度为 10 μm 的基于 CNT 的对电极。研究发现，黏合剂的加入，对器件的光伏性能不利。而就碳纳米管本身而言，基于 SWCNT 碳浆的 DSSC 显示出比基于 MWCNT 的器件（$R_{ct} = 0.75$ $\Omega \cdot cm^2$，PCE = 7.63%）更低的电荷转移阻抗（$R_{ct} = 0.6$ $\Omega \cdot cm^2$）和略高的效率（PCE = 7.81%），这可归因于 SWCNT 较大的表面积。而且基于 SWCNT 的光伏器件还表现出更好的稳定性，四周后，SWCNT 器件的光电转换效率从 7.81% 增加到 8.17%，而 MWCNT 则从 7.63% 下降到 6.63%。

利用旋涂法可合成三维 SWCNT/石墨烯气凝胶，并用于制备高效 DSSC 对电极的研究[241]。所制备的 3D 对电极，实现了 8.31% 的光电转换效率，而基于传统的 Pt 电极，效率则只有 7.56%。有趣的是，在镜子的帮助下，光电转换效率增加到 9.64%。可归因于 SWCNT 高的导电性和良好电催化活性，石墨烯优异的催化性能，以及 3D 结构更大表面积和良好表面亲水性，以增加电解质-电极间的相互作用和电解质/反应物的扩散性能。而制备工艺同样影响器件的光伏性能，比如催化化学气相沉积直接生长相对良好排列的 CNT 膜比丝网印刷随机分散的 MWCNT 浆料制备的膜光电转换效率高很多,前者可得到 10.04% 的光电转换效率,后者和 Pt 电极分别为 8.03% 和 8.80%。可归因于气相沉积法所成膜的大表面积和高的电子传导性。

R. D. Costa 等则尝试利用介孔晶体网络组成的碳纳米管(CNT)纤维作为染料敏化太阳能电池对电极(CE),尤其是借助其双面导电性,组装了双对电极器件。经器件优化,特别是在光阳极厚度方面,太阳能转换效率达到了 8.8%,与铂 CE 器件(8.7%)相当。并首次明确证实使用碳纳米管纤维(CNTf)作为 CE 所涉及的不同离子传输过程,即体离子扩散、介孔电极内的离子扩散和 CNT 表面的电荷转移。为染料敏化太阳能电池非铂对电极的研究提出新的思路的同时,该工作还沿着 1 m 连续 CNTf - CE 上并联 10 个大面积染敏太阳能电池(总面积> 10 cm^2),其光电转换效率可与最先进的碳基 DSSC 模块相媲美(2.7%)[242]。

(4) 石墨烯

石墨烯由平坦的单层碳原子形成,表现出非常出色的电学、热学、光学和机械性能。作为最薄的碳材料,具有许多不寻常的特性,比如高载流子迁移率、高比表面积、优异的导热系数、高杨氏模量和高光学透明度等。在 DSSC 对电极中的应用也得到快速发展。

对于制备碳电极用的碳浆的聚(乙二醇)工艺,为了进一步增加表面积和孔隙率,在聚(乙二醇)中研磨 CRGO(化学还原氧化石墨烯),然后进行热处理,与超声波工艺对比,确实将孔径增大到约 1 nm,光电转换效率提高至 7.2%(略低于 Pt 的 7.8%)[243]。为了增加电极的内在活性,人们利用 $C_3H_6N_6$ 和 $(C_6H_5)_3$P 作为 N 和 P 源,通过球磨工艺制备 N 和 P 双掺杂石墨烯(NPG)[244]。这种非金属材料对 I^-/I_3^- 表现出优异的电催化活性。这是由于双掺杂可以通过协同效应显著提高 DSSC 的光伏性能,使光伏性能提高至 8.57%。远高于 Pt 电极和单掺杂电极。有趣的是,通过 Li_2O 和 CO 间简单的反应开发出三维蜂窝状结构石墨烯,同样显示出优异的催化性能,实现了 7.8% 的光电转换效率。

通过石墨和双原子卤素分子(Cl_2, Br_2 或 I_2)之间的机械化学驱动反应(mechanochemically driven reaction)可制备边缘选择性(Edge-Selectively)卤化石墨烯纳米片(XGnPs, X = Cl, Br 和 I)[245]。尤其是对 $Co(bpy)_3^{3+}$ 的还原,表现出很好的电化学催化活性。尤其是 IGnP 对电极的 R_{ct} 约为 0.46 Ω · cm^2,远低于 Pt 的 0.81 Ω · cm^2,填充因子和光电转换效率分别达到 0.713 和 10.31%。

Wang 和 Grätzel 等使用带负电荷的氧化石墨烯和带正电荷的聚(二烯丙基二甲基氯化铵)的逐层组装制备了石墨烯对电极,并进行电化学还原[171,246],以 Ru 络合物 C106TBA 为敏化剂,得到了 9.54% 的高光电转换效率。

研究发现,利用碳对电极,光电转换效率超过 Pt 的报道已经屡见不鲜。使用

YA422 作为光敏剂,石墨烯纳米片(GNP)作为 CE[32],基于 Co 基电解质,可得到 9.60% 的光电转换效率,而用 Au+GNP 为对电极时,进一步降低 R_{ct},效率可提高至 10.65%。用石墨烯作为对电极,钴(Ⅱ/Ⅲ)作为氧化还原对,SM315 作为光敏剂,得到的 V_{oc}、J_{sc}、FF 和 PCE 分别为 0.91 V、18.1 mA/cm^2、0.78 和 13%。马廷丽教授课题组研究了九种碳材料对电极的光伏性能发现,大部分碳基对电极可获得超过 800 mV 的开路电压,而有序介孔碳(well-ordered mesoporous carbon)的电压和电流均超过 Pt 电极,但由于器件电阻的原因,填充因子较低,得到与 Pt 电极相同的光电转换效率[247]。Müllen 组将透明的、高导电性的超薄石墨烯片,替代金电极,用于全固态染敏电池,其导电率达到 55 S/cm,1 000~3 000 nm 波长范围内的透光率为 70%,而且表现出优越的化学和热力学稳定性,将光电转换效率从 0.36% 提高至 0.84%[248]。

M. Raghavender 等在掺氟氧化锡导电玻璃(FTO)的导电面首先喷涂一层还原氧化石墨烯(SSrGO)的 DMF 悬浊液,然后再喷涂一层单壁碳纳米角(SWCNH)的 DMF 悬浊液,用于染料敏化太阳能电池对电极,得到与 Pt 电极相当的光电转换效率(PCE)8.27%,为低价透明对电极制备奠定了坚实的基础[249]。

利用热和化学还原在 FTO 玻璃表面覆盖一层还原石墨烯纳米片(GN),作为染料敏化太阳能电池对电极。也就是说,首先在导电玻璃的 FTO 侧旋涂一层 1.0% 的氧化石墨烯纳米片(GON),然后通过 500℃ 下热还原为 GN,再利用等量的水合肼(HH)和氢碘酸(HI)进行化学还原。作为对比,还使用了传统的铂(Pt)对电极。研究发现,对 GN 涂层进行热还原和化学还原后处理,对 DSSC 的电化学和光伏性能至关重要。基于 Pt 对电极的 DSSC 获得了 8.565% 的整体光伏转换效率(PCE)。而既进行热还原又进行化学还原的 GN 对电极表现出最高的 PCE 7.80%[250]。

由于过渡金属磷化物(TMP)原料丰富、成本低、功能特性和催化活性优异,已被广泛应用于能源转换技术。然而,其复杂的合成工艺和较低的导电性限制了实际应用。在还原氧化石墨烯(rGO)表面上生长完全分散的磷化镍纳米晶体(Ni_xP_y/rGO),由于尺寸、相和成分的可控性,以及简单的制备工艺,提高了其应用性能。所得 Ni_xP_y/rGO 复合材料有效地将 Ni_xP_y 的高密度催化活性位点与 rGO 的优异导电性相结合,从而表现出高度改进的电催化活性。用于染料敏化太阳能电池的对电极,尤其是 $Ni_{12}P_5$/rGO 复合材料,PCE 可达到 8.19%,而传统的 Pt 电极则为 7.87%。根据密度泛函理论(DFT)计算,$Ni_{12}P_5$/rGO 作为 DSSC 中的 CE 的出色电催化活性与优越的 I_3^- 吸附能力有关[251]。

(5)其他碳电极

对于应用于 DSSCc 的对电极的其他碳材料,其中介孔碳就是一种不错的选择。使用大孔隙二氧化硅 LPS 作为模板,可合成六角棒状形态并具有大孔隙的介孔碳

(LPC),其比表面积可达 1 300 m²/g,而且实现了 7.1% 的光电转换效率[152,252]。而对于石墨,虽然其具有优异的固有导电性,可其形态变化同样会影响光伏性能。比如石墨纳米球(GNB)不仅在 sp2 平面上提供了更多表面缺陷,而且还具有丰富的羟基官能团作为三碘化物还原的电催化活性位点,实现了 7.88% 的光电转换效率,高于石墨纳米纤维(GNF)的 3.60% 和石墨纳米片(GNS)的 2.99%[253]。

另外,用于 DSSC 对电极的碳材料还有活性炭(Ca)、炭黑(CB)、导电碳(CC)、碳染料(Cd)、碳纤维(Cf)、打印机废弃的碳粉(Cp)、有序介孔碳(Com)、碳纳米管(CNT)和富勒烯(C₆₀),光电转换效率基本维持在 6.3% 至 7.5% 之间。

而值得一提的还有两种碳电极,一种是利用大表面积多环芳烃(LPAH)薄膜和石墨薄膜制备的全碳对电极,可得到 8.63% 的光电转换效率[153,254];而通过蔗糖的碳化制备石墨碳对电极,光电转换效率更是高达 9.96%[255]。

虽然碳电极在催化活性、制备工艺、使用成本和稳定性等方面,与 Pt 电极具有一定的竞争力。但大多数碳材料的光伏性能还是不及 Pt 电极,这主要是由于来自碳电极与 TCO 基板的接触电阻、较厚碳电极的体电阻,电极内的孔隙扩散阻力等限制了光电转换效率的提高。另外,碳电极需要大剂量才能达到目标催化活性,并且与基材的黏附性能较差。

最近,H. K. Kim 等对聚丙烯腈-b-聚二甲氨基甲基丙烯酸乙酯与聚(3-己基碲苯)进行软模板碳化,制备碲掺杂的碳纳米材料(Te-MC(P))。研究表明,Te 原子可均匀的掺杂与石墨状介孔碳基体中,占总原子数的 0.27%。由于其优异的电催化能力,以 Co(bpy)₃²⁺/³⁺(bpy = 2,2′-联吡啶)为电解质,卟啉染料 SGT-021 为敏化剂,PCE 可达到 12.69%,而以 I⁻/I₃⁻ 为电解质,N719 为敏化剂,PCE 也可达到 9.73%。此外,Te-MC(P) CE 在两种氧化还原电解质中表现出显著的电化学稳定性。结果表明,作为染料敏化太阳能电池对电极,由于成本低、稳定性好、催化效果好等优势,Te-MC(P) 是 Pt 最有前途的替代品之一[256]。

4.4.5　导电聚合物对电极材料

导电聚合物是导电的有机聚合物,这些化合物可具有金属导电性或者作为半导体,还可以利用有机合成方法或先进的分散技术对其电子特性进行微调。导电聚合物的一个重要优势在于借助分散技术实现其可加工性[257]。典型的导电聚合物有聚乙炔、聚苯胺、聚吡咯和聚噻吩及其衍生物。由于其易于合成、具有多孔结构、良好的导电性、低成本、原料充裕和良好的催化性能,使导电聚合物成为 DSSC 非 Pt 对电极的潜在候选材料[153,225,258-259]。例如,聚(3,4-亚乙基二氧噻吩)(PEDOT),虽然是一种不溶性聚合物,但它表现出优异的导电性(300~500 S/cm)[260-261],远高于聚苯胺,聚吡咯和聚噻吩。广泛应用于抗静电、电子和光电等领域。其溶解度问题已经通过掺杂聚(苯乙烯磺酸盐)(PSS)得到解决[262]。

最近有报道称 PEDOT：PSS 的电导率达到 4 600 S/cm 以上[263]。

由于高的导电性、催化活性、电化学可逆性以及显著的热稳定性和化学稳定性，2002 年，Saito 等首先通过在 FTO 上化学聚合 PEDOT 来探索其在 DSSC 对电极的应用[264]。他们分别使用对甲苯磺酸盐（TsO）和 PSS 对其进行掺杂，PEDOT - TsO 电极的光电转换效率几乎与 Pt 相同，并且优于 PEDOT - PSS 电极（由于 PSS 的暴露导致过电位增加）。通过使用电沉积技术在 ITO/PEN 柔性基板上沉积 5 秒，便可获得高效透明的 PEDOT 薄膜，光电转换效率高达 8.0%[265]。

PEDOT 的形貌可影响 CE 的电化学性质，并影响器件的光伏性能。研究发现，可以通过过程控制来修饰其纳米多孔结构，以实现光电性能的控制。比如，Ahmad 等，采用电氧化聚合法，以疏水性离子液体为介质，在 FTO 上制备 PEDOT 纳米多孔层[266]，电导率为 195 S/cm，用于 DSSC 对电极，得到 7.93% 的光电转换效率，接近于用经典的 Pt 电极。另外，在 FTO 上使用 ZnO 纳米线阵列作为模板，通过电聚合可制得 PEDOT-纳米管（NTs），可取得与传统 Pt 电极相当的光伏性能[267]。类似地，通过使用十二烷基硫酸钠胶束作为纳米反应器制备的 PEDOT 纳米纤维（NF），可得到高达 9.2% 的光电转换效率[268]。

而基于钴电解质（$Co^{3+/2+}$），利用恒电流法，在含十二烷基苯磺酸钠胶束的 3, 4 -亚乙二氧基噻吩（EDOT）水溶液中聚合得到具有介孔形貌的 PEDOT，并作为 DSSC 对电极，由于界面电荷转移阻抗的降低，实现了比 Pt CE 更好的催化活性[269]。同样，以 T_2/T^- 为氧化还原体系，使用 PEDOT 为对电极，也应用于 p -型太阳能电池的研究，光电转换效率超过 Pt 电极[270]。

另外，使用聚（3,4 -亚丙基二氧噻吩）（PProDOT），由于其超高的表面积，并且可避免在电极/电解质界面处形成任何钝化层，使用碘基和钴基电解质，分别可得到 9.25% 和 10.08% 的高光电转换效率。人们也展开了对聚噻吩（PTh）[271]、聚苯胺（PANI）[272,273]、聚吡咯（PPy）[274]，等典型的导电聚合物用于 DSSC 对电极的研究，也取得了不错的光电转换效率。

针对染料敏化太阳能电池三碘化物的还原的化学复杂性，开发高选择性和催化活性的对电极（CE）材料一直是研究者面临的挑战。A. Sanson 等首次报道了分子印迹聚吡咯（MIP - PPy）用于染料敏化太阳能电池对电极。在 MIP - PPy 的电聚合过程中考虑了不同的模板分子，如 2 -氨基乙酸（甘氨酸）和 L - 2 -氨基丙酸（L -丙氨酸），以验证 MIP - PPy 作为 CE 的应用。与非印迹聚吡咯（NIP - PPy）相比，低浓度甘氨酸的使用导致 MIP - PPy 薄膜在三碘化物还原方面表现出更高的催化活性和电化学性能。对于所组装的凝胶态 DSSC，功率转换效率较非印迹聚吡咯提高了约 20%，电荷转移阻抗降低了 50%。该工作表明，利用该技术，无需添加任何其他材料或对制备工艺进行大量修改，而只需增加电极选择性[275]。

4.4.6　复合对电极材料

为了提高 CE 的性能和适应性,研究者的注意力也转向了复合材料对电极的光伏性能。利用两种或多种组分组成的混合材料的协同效应,以实现光电转换效率的提高。也使复合对电极材料成为当今的热门课题。对于复合电极,可分为基于铂的复合电极和非铂复合电极。对于后者,通常以碳材料、导电聚合物和过渡金属化合物(TMC)为基本组分,杂化而成。

（1）基于铂的复合电极

2009 年,Wu 等在炭黑中用 $NaBH_4$ 还原 H_2PtCl_6,制备了 Pt/炭黑复合电极[276]。虽然铂质量含量仅为 1.5%,对 I_3^- 的还原,表现出高的催化活性,光电转换效率 6.72%高于铂电极的 6.63%。而借助硫辅助途径制备的 Pt 纳米颗粒/碳纳米管(Pt/MWCNT)复合电极,可将光电转换效率提高至 7.69%(参比的铂电极,效率为 6.31%)[277]。二元复合电极 Pt/TiC、Pt/WO_2 和 Pt/VN 也表现不错,分别得到 7.63,6.94 和 6.80%的光电转换效率。尤其是使用 Pt/TiC 制备的大面积电池,光伏性能也可达到 4.94%[278]。而将 Pt 颗粒沉积在垂直有序的硅纳米线(SiNW)上,得到用于 DSSC 的 Pt/SiNW 杂化 CE,经过工艺优化,DSSC 的 PCE 也可提高至 8.30%,高于对照组 Pt(7.67%)。进一步展开的三元复合物对电极 Pt/TiO_2/WO_2,实现了 7.23%的光电转换效率,为多元复合电极的研究提出了新思路[279]。

此外,使用合成后的碳纳米管气凝胶(CNA)作为 DSSC 的 CE,光电转换效率可达到 8.35%,高于多壁碳纳米管的 5.95%和常规 Pt 电极的 7.39%。进一步通过负载 3.75%Pt(质量百分比),形成 Pt/CNA 复合电极,由于电催化活性的提高,电荷转移阻抗的降低,电解质扩散性能的改善等,使光电转换效率进一步提高至 9.04%[280],成为高性能复合对电极的典型代表。利用 Pt 纳米粒子沉积,也是制备铂基复合电极的一个有效途径,比如,将 Pt 纳米颗粒沉积在碳球(CS)表面上,可形成高性能及柔性的杂化 Pt/电极,基于 ITO‒PEN 可组装柔性的 DSSC。尤其是对于 $Co^{3+/2+}$ 比 Pt 和 CS 表现出更高的催化活性,这也与 $Co^{3+/2+}$ 氧化还原对较低的活化能(Ea)有关,也将柔性电池的光伏性能向前推进了一大步,超过了 9%,达到 9.02%[281]。而对于 Pt/NiO 复合电极,也表现出较高的催化活性和低的电荷转移阻抗,但由于该复合电极极高的透明度,当在 DSSC 背面添加 Ag 镜时,光电转换效率可达到 11.27%[282]。

（2）过渡金属(TMC)/碳复合电极

对于 TMC/碳复合电极,碳材料通常用作载体,而 TMC 为催化剂。通过将 TMC 嵌入到介孔碳(mesoporous carbon,MC)中形成一系列复合电极,如 TiN/MC[283]、MoC/MC[284]、WC/MC[153]、TaO/MC[153]、TaC/MC[284]、WO_2/MC[285-286]、HfO_2/

$MC^{[287]}$、$MoS_2/C^{[288]}$ 和 $VC/MC^{[203]}$ 等。过渡金属的引入,可使比表面积从几十 m^2/g 增加到几百 m^2/g。基于这些复合电极的光伏器件,其光电转换效率分别得到 8.41%、8.34%、8.18%、8.09%、7.93%、7.76%、7.75%、7.69% 和 7.63%,均高于基于 TMC 和 MC 的单组分对电极,这主要归因于混合物的不同组分之间的协同效应。

还原氧化石墨烯(RGO)是氧化石墨烯(GO)和石墨烯之间的中间状态,它具有含氧基团(—COOH、—OH 和═O)和晶格缺陷,它们通常被认为是催化活性位点并且可以与其他组分相互作用。在这方面,RGO 比还原和无缺陷石墨烯更适合于 DSSC 对电极。因而,人们展开了系列 TMCs/RGO 纳米复合电极的研究,比如 NiS_2/RGO、Ta_3N_5/RGO 和 $TaON/RGO^{[289-291]}$。基于碘基电解质,以 N719 为敏化剂的 DSSC,其光电性能相对大小为:NiS_2/RGO(8.55%)>Pt(8.15%)>NiS_2(7.02%)> RGO(3.14%);基于钴基电解质,以 FNE29 为敏化剂的 DSSC,光电转换效率相对大小为:Ta_3N_5/RGO(7.85%)> Pt(7.59%)> RGO(4.55%)> Ta_3N_5(2.89%)和 Pt(7.91%)>TaON/RGO(7.65%)>RGO(4.62%)>TaON(2.54%)。

通过使用金属氯化物作为金属源和酚醛树脂作为碳源,可合成碳载过渡金属碳化物杂化电极:Cr_3C_2/C、Mo_2C/C、WC/C、VC/C、NbC/C、TaC/C 和 TiC/C 等$^{[292]}$。研究发现,碳载碳化物复合电极对 $Co^{3+/2+}$ 氧化还原对的再生表现出高的催化活性。其中基于 TiC/C、VC/C 和 WC/C 复合 CE 的 DSSC 获得的光电转换效率分别为 8.85%、9.75% 和 9.42%,远远高于 TiC、VC 和 WC 等单组分电极。另外,研究者对金属氮化物(MoN、TiN、VN)纳米粒子/N 掺杂还原氧化石墨烯(NG)复合电极也展开了研究$^{[293]}$。由于高浓度活性位点和电子/离子混合导电的协同效应,为 I_3^- 的还原提供了新的对电极材料的选择途径。基于 VN/NG、TiN/NG 和 MoN/NG 对电极的光伏器件的 PCE 值分别为 6.28%、7.50% 和 7.91%,与 Pt 电极(7.86%)相当。

对于其他过渡金属复合电极研究者也展开了相应的光伏性能研究,比如通过两步法合成的 $In_{2.77}S_4$@ 导电碳($In_{2.77}S_4$@ CC)复合材料$^{[294]}$。对 I_3^- 的还原同样显示出优越的电催化活性,得到的光电转换效率为 8.71%(PCE = 8.75%)。而基于松香碳(Rosin Carbon)/Fe_3O_4 的复合对电极,同样表现出色,其光电转换效率达到 8.11%,单组分松香碳、Fe_3O_4 和 Pt 分别得到的效率为 7.0%、6.61% 和 8.37%$^{[295]}$。另外,Zhou 等将 Fe_3O_4 纳米粒子高度分散于 RGO 片材上形成纳米微复合催化剂(NMCC)即 Fe_3O_4@ RGO – NMCC$^{[296]}$。用于刚性和柔性 DSSC 对电极分别实现高达 9% 和 8% 的高 PCE。Fe_3O_4@ RGO – NMCC 的优越性能归因于 Fe^{2+} 和 Fe^{3+} 之间快速电子跃迁以及宽 RGO 片材的自由电子传输。

首次通过简便的逐步进行方式(step-by-step approach)成功设计并制备了一种新型分层纳米材料——超晶格纳米花 P_2Mo_{18}/MoS_2@ C,由超晶格多金属氧酸盐/

MoS_2 异质结负载于 C 纳米颗粒表面而形成。超晶格 P_2Mo_{18} 的形成成功得到了高分散性和小尺寸的多金属氧酸盐纳米粒子。此外，该纳米材料不仅具有超晶格、异质结和分级结构等结构优势，还具有 P_2Mo_{18} 优异的氧化还原性能、2D MoS_2 的高比表面积和电催化活性以及 C 的高电导率等组成优势。N_2 吸附-解吸等温线和电化学测试表明，$P_2Mo_{18}/MoS_2@C$ 纳米材料显示出高比表面积（174.2 m^2/g）以提供更多的活性位点、良好的电导率以实现快速电荷转移，以及染料敏化太阳能电池（DSSC）中优异的 I_3^- 还原催化性能。使用 $P_2Mo_{18}/MoS_2@C$ 作为对电极的 DSSC 的光电转换效率达到 8.85%，优于 Pt 电极，这归因于超晶格 P_2Mo_{18}/MoS_2 异质结与 C 纳米颗粒之间的高度协同作用。具有可定制的电子、催化和更高电子迁移率的超晶格结构为多金属氧酸盐纳米材料的开发提供了新的研究思路，而分级纳米结构的合理选择和设计是获得先进太阳能电池电极材料的有效策略[297]。

K. C. Ho 等利用简便的低温（约 85℃）一锅法制备硒化钴/石墨烯（$Co_{0.85}Se/Gr$）复合材料，用于钴基染料敏化太阳能电池（DSSC）的对电极（CE）。$Co_{0.85}Se/Gr$ 复合膜同时具有两种组分的优点，即 $Co_{0.85}Se$ 的高电化学表面积和 Gr 电子转移的直线路径。基于 $Co_{0.85}Se/Gr$ 的 DSSC 表现出 11.26% 的高功率转换效率（PCE）。根据旋转圆盘电极的结果，$Co_{0.85}Se/Gr$ 膜显示出高电催化表面积（Ae）和极大的本征非均相速率常数（k_0）。此外，$Co_{0.85}Se/Gr$ 复合膜在 400~800 nm（>82%）的波长范围内表现出高透明度，这意味着该电极在背面照明 DSSC 中也具有潜在的应用。比如，分别以 Pt、$Co_{0.85}Se$、Gr 和 $Co_{0.85}Se/Gr$ 为 DSSC 对电极，使用不同电解质研究其在标准光强下（AM 1.5, 100 mW/cm^2）的正反照射特性。由于 $[Co(bpy)_3]^{2+/3+}$ 电解质对染料再生表现出低光吸收和低过电位，其背面照射下，DSSC 显示出最高 PCE 为 9.43 ± 0.02%，大于 I^-/I_3^- 基电解质的 DSSC（PCE = 7.63±0.04%）[298]。

（3）碳/聚合物复合电极

通常选用石墨烯、RGO、CNT、CB、PEDOT‒PSS、PPy 和 PANI 等用于构建碳/聚合物复合电极。2008 年，Hong 等通过室温下旋涂在 ITO 基板上沉积一层石墨烯/PEDOT: PSS 复合膜[299]。厚度为 60 nm，而石墨烯的重量含量为 1%，虽然所制备的复合膜显示出高的透射率（>80%）和电催化活性，但用于 DSSC 对电极，光电转换效率仅为 4.5%。而借助一步电化学聚合法在 FTO 上电沉积 PEDOT: PSS/石墨烯复合膜，由于其低电荷转移阻抗和高的催化活性，得到了 7.86% 的光电转换效率，而传统的 Pt 电极光电转换效率为 7.31%[300]。

而将氧化石墨烯（GO）掺入到 PPy，然后再还原为 RGO/PPy[301]。由于 RGO 的掺入，可作为导电通道，因而使复合电极对 I_3^- 的还原表现出优异的催化活性，R_{ct} 值从 15.5 $\Omega \cdot cm^2$ 降低到 5.0 $\Omega \cdot cm^2$，相应 DSSC 的 J_{sc} 值从 14.27 mA/cm^2 增加到 15.81 mA/cm^2，光电转换效率则从 7.11% 增加到 8.14%。而引入金属后形成的三元复合电极,M/PPy/C 复合体(M = Co,Fe 和 Ni),得到的光电转换效率分别为 7.64%(Co/PPy/C)、7.44%(Ni/PPy/C)和 5.07%(Fe/PPy/C)[302]。使用裸碳电极 效率为6.26%。前两个电极的高性能是由于在 PPy 基质中截留的 Co 和 Ni 金属原 子,形成 Co - N_2 和 Ni - N_2 高活性位点。

光伏性能最出色的要属于炭黑纳米粒子和磺化聚噻吩(CB - NPs/s - PT)的复 合膜,形成于柔性钛箔上,研究发现,由于 s - PT 作为导电黏合剂改善了颗粒间的 连接和粘合,为 I_3^- 提供了大量的催化活性位点,大大提高了其还原动力学速率常 数,显示出高达 9.02% 的光电转换效率,而常规 Pt 电极在相同测试条件下效率为 8.36%[303]。

众所周知,碳材料是构成电极乃至复合电极的最常见组分。而发展基于碳/碳 复合电极也为复合电极的开发提供了新的思路。比如,采用凝胶涂覆法制备的 RGO/SWCNT(20 wt% SWCNTs)复合电极[304]。用于 DSSC 光伏器件,可获得的 V_{oc} 为 0.86 V,光电转换效率为 8.37%,尤其是开路电压明显高于 Pt 电极(0.77 V)。尤 其是老化一周后,由于 RGO 的高表面积和 SWCNT 的高导电性的协同效应,开路电 压甚至增加至 0.90 V。而借助碳纳米管(CNT)在介观碳纳米颗粒(MC)间搭桥连 线,构成快速电子传递网络,所形成的 CNT/MC 复合电极,实现了 8.4% 的高光电转 换效率(Pt 电极为 8.3%),并且表现出非常优越的稳定性[305]。在复合电极的制备 中,静电纺丝和 CVD 技术也引入到复合电极的制备过程,用于制备镍嵌入的 CNT 涂覆的电纺碳纳米纤维(Ni - CNT/CNF)复合物,也产生了 7.96% 的光电转换效率 (Pt 电极为 8.32%)[306]。

有趣的是,借助酶分散法制备的基于活性炭/多壁碳纳米管(AC/MWCNT)的 复合材料[307]。利用了 MWCNT 的高导电性和多孔 AC 的同步结构,导致了高的电 催化活性和 0.60 Ω · cm^2 的低 R_{ct}。而且得到的光电转换效率超过 10%,达到 10.05%,填充因子更是高达83%,表现令人瞩目的优越性。

(4)聚合物/过渡金属化合物复合电极

TiO_2 纳米粒子和 PEDOT: PSS 的黏性混合物表现出非常高的催化活性,涂覆 在塑料基材上组装的全塑料 DSSC 也能实现 4.38% 的光电转换效率。为进一步降 低 DSSC 成本做出了有益的尝试[308]。另外,对于不同形貌的 TiN 与 PEDOT: PSS 组成的复合物,也展开了光伏研究,而其制备工艺也非常简单,仅通过简单的机械 混合,然后再进行超声分散。比如,将 15 nm TiN 纳米颗粒(TiN(P))、约 20 nm 的 TiN 纳米棒(TiN(R))和 170 nm TiN 介孔球(TiN(S))分别均匀分散到 PEDOT: PSS 基质中,由于 TiN(P)/PEDOT - PSS 具有更高的均匀性,可为 I_3^- 提供更多的催 化位点,可得到 7.06% 的光电转换效率,而 Pt,TiN(R)/PEDOT: PSS 和 TiN(S)/ PEDOT: PSS 的效率分别为 6.57%、6.89% 和 6.19%。另外,也有人尝试将 PPy 与 PEDOT: PSS 制备成复合材料,制备成 DSSC 对电极[309]。由于其高表面积和较高的表面粗糙度,该复合膜显示出高的催化活性,得到 7.60% 光电转换效率,同等条件下,溅射 Pt 对电极的光电转换效率为 7.73%。而将 1S-(+)-樟脑磺酸(CSA)掺杂到导电聚合物聚(邻甲氧基苯胺)形成复合材料(CSA/POMA),并用作 DSSC 的对电极[310],当 CSA 重量含量为 16% 时,增加了电极表面的粗超度,并降低了界面电阻。基于 CSA/POMA 对电极的 DSSC 表现出 8.76% 的光电转换效率,高于传统的 Pt 电极。

(5) 金属硫化物复合电极

而将 Ni_3S_4/CoS_2 混合相异质纳米复合材料取代 Pt 电极的研究表明,无论电荷转移阻抗还是对 I_3^-/I_2 的催化活性均高于 Pt 电极。显示出更高的功率转换效率(PCE)7.9%,开路电压($V_{oc} = 836$ mV,$J_{sc} = 16.1$ mA/cm^2),而 Pt 电极的 PCE 为 6.3%($V_{oc} = 805$ mV,$J_{sc} = 16.7$ mA/cm^2)[311]。

Wang 等利用静电纺织和水热或溶剂热策略制备形貌可控的 $NiCo_2S_4$ 纳米粒子(NP)和纳米棒(NR),对碳纳米纤维(CNF)进行修饰,用作染料敏化太阳能电池的对电极。得益于丰富的镍和钴离子的氧化还原特性,垂直分布于 CNF 的 $NiCo_2S_4$ NR 可暴露更多的催化活性位点,以及高导电性提供的更快的电子传输能力,在 AM 1.5 G 标准光源下,基于 $NiCo_2S_4$ NR/CNF CE 的 DSSC 器件获得了 9.47% 的优异光电转换效率,高于 $NiCo_2S_4$ NP/CNF(8.63%)、Pt(8.18%)和 CNF(6.06%)作为 CE 的器件。另外,$NiCo_2S_4$ NR/CNF 电极,对碘基电解质显示出优异的电化学稳定性。为高性能 DSSC 对电极材料的制备提供了一种可控且通用的途径[312]。

4.5　染料敏化太阳能电池电解质材料

4.5.1　电解质材料概述

DSSC 电解质处于光阳极和对电极之间,它起着染料再生和空穴传输的作用。自 1991 年由 Grätzel 教授报道染料敏化太阳能电池(DSSC)原型以来[313],由于其成本低,制备工艺简单,与传统光伏器件相比环境更友好,因此引起了人们的浓厚兴趣[314-316]。在"Grätzel 型太阳能电池"中,光吸收和电荷分离传输分别由不同的物质完成,其光吸收是靠吸附在纳米半导体表面的敏化剂染料来完成,半导体起到电荷分离和染料载体的作用,而电子的传输则由半导体、电解质、对电极和外电路共同完成。虽然目前 DSSC 的光电转换效率还低于传统的晶体硅电池,但继续提高的潜力很大,因为它仍远未达到其理论效率。其中电解质的选择及优化就是一大突破口,来实现 DSSC 光电转换效率的继续提高,同时也是影响器件稳定性的关键因素,为其将来的实际应用奠定基础。就目前的研究而言,已经取得了不错的测试结果的电解质可以分为这么几大类,包括液体碘电解质、非碘电解质、离子液体电解质和全固态电解质。基于液体碘电解质的 DSSC,其光电转换效率已经从11%[317]提升至14%[8],然而,表现出高效率的同时,液体电解质还存在不可回避的潜在问题,如溶剂的泄漏和挥发,易引起附着染料的解吸和光降解,以及对 Pt 反电极的腐蚀性等,均被认为是限制 DSSC 稳定性和将来实际应用的关键问题。因此,人们又展开了很多电解质准固化或全固化的工作,来改善或替换液体电解质,来提高器件的稳定性[318-322]。

4.5.2 液体电解质体系

对于应用于 DSSC 的有机液体电解质,主要包括三大部分:有机溶剂、氧化还原电对和添加剂[323]。1991 年 Grätzel 教授使用含有 LiI/I_2 的有机液体电解质首次报道了 DSSC 光伏器件,它在 AM 1.5 模拟光照射下获得了约 7.1%的总光电转换效率。后来,含有碘化物/三碘化物氧化还原对和高介电常数有机溶剂的多种液体电解质,如乙腈(AcN)、碳酸亚乙酯(EC)、甲氧基丙腈(MePN)、碳酸丙烯酯(PC)、γ-丁内酯(GBL)和 N-甲基吡咯烷酮(NMP),等均被用于 DSSC 并展开相应的光伏性能研究。最常用的氧化还原电对是碘离子(I^-)及其与单质碘(I_2)作用生成的I_3^-,由于其具有适合的氧化还原电位可适用于许多氧化态染料分子的还原,并具有良好的动力学性能。然而,由于 I_2 具有一定的颜色,并在可见光范围内有一定的吸收,当其浓度较高时,会降低染料对光的吸收效率。另外,I_3^- 还有可能与注入半导体导带的电子发生还原反应,尤其是浓度过高时,而形成明显的暗电流。因此,对于电解质中 I^- 和 I_3^- 浓度配比要进行一定优化。过去二十多年的研究表明,液体电解质的每种组分如溶剂、氧化还原对和添加剂在 DSSC 的光伏性能中起着不同的作用。有机溶剂是液体电解质中的基本组分,它为 I^-/I_3^- 的溶解和扩散提供环境支持。有机溶剂的物理特性包括供体数、介电常数和黏度等,均可影响 DSSC 的光伏性能。特别是,溶剂的供体数对 DSSC 的 V_{oc} 和 J_{sc} 有明显的影响。非水溶剂与碘化物在 DSSC 中产生三碘化物的供体-受体反应,可以根据溶剂的供体数预测给定溶剂中 I^- 向 I_3^- 的转化程度。因此,随着 DSSC 中液体电解质中溶剂供体数量的增加,V_{oc} 增加,J_{sc} 降低。综合文献报道,目前应用最多,可适用于绝大多数敏化剂的基于 I^-/I_3^- 的电解质配方(包括溶剂)为:0.1 mol/L LiI, 0.05 mol/L I_2, 0.6 mol/L 1-甲基-3-丙基-咪唑碘(PMII)(或者 0.1 mol/L 1-丁基-3-甲基咪唑碘(BMII)和0.5 mol/L 1,2-二甲基-3-丙基咪唑碘(DMPII)),和 0.5 mol/L 4-叔丁基吡啶(TBP)的乙腈和戊腈(体积比=85:15)的混合溶液[324-325]。

另外,决定器件光伏性能的还有电解质溶液中的添加剂,常用添加剂有 4-叔丁基吡啶(t-BP)、吡啶、N-甲基苯并咪唑(NMBI)或硫氰酸胍(GuSCN)等,这些添加剂的加入可实现暗电流的抑制,通过提高开路电压而提高 DSSC 的光电转换效率。例如,t－BP,它可以通过吡啶环上的 N 原子与 TiO$_2$ 膜表面上不完全配位的 Ti 配位,可阻碍 TiO$_2$ 膜表面的导带电子与溶液中 I$_3^-$ 复合,而显著提高 DSSC 的开路电压、填充因子和总转换效率。截止到目前,在几种典型的基于 I$^-$/I$_3^-$ 氧化还原电对的 DSSC 的电解质体系中,均获得了比较理想的光电转换效率。2001 年,Grätzel 等[43] 报道了基于黑染料敏化的 DSSC 器件,采用 0.6 mol/L 的二甲基丙基咪唑碘、0.05 mol/L 的 I$_2$、0.5 mol/L 的 t－BP 及 0.1 mol/L 的 LiI,以甲氧基丙腈为溶剂的液态电解质,得到光电转换效率为 10.4%。基于 t－BP 的碘基电解质,通过改变对电极(使用透明的 Ni－Se 电极),N719 为敏化剂,光电转换效率也可优化至 10.63%[326]。随后,他们又采用经纯化处理的染料 N719 为敏化剂组装 DSSC,利用 0.3 mol/L 的 I$_2$、0.5 mol/L 的 t－BP、0.1 mol/L 的 GuSCN 的乙腈溶剂的液态电解质(A6141),在 65% 的标准光强下得到的光电转换效率为 11.18%[46]。2006 年,Chiba 等[316] 采用 0.6 mol/L 的二甲基丙基咪唑碘、0.05 mol/L 的 I$_2$、0.5 mol/L 的 t－BP 及 0.1 mol/L 的 LiI 的乙腈溶液为电解质,将黑染料敏化的 DSSC 的光电转换效率提高至 11.2%。也有人尝试采用环丁砜和 3－甲氧基丙腈为混合溶剂,t－BP 为添加剂制备液态电解质,考察环丁砜对电解质导电性能的影响[327]。当然,应用于纯有机敏化剂,也表现出很好的效果。比如,对于基于吲哚啉的全新结构敏化剂,在抗聚集剂的辅助下,光电转换效率也可达到 9.52%[328]。然而,这类氧化还原对并不能对所有染料敏化剂实现有效的再生,例如联吡啶锇类染料(Os (II) bipyridiyl sensitizers),就需要还原能力更强的氧化还原电对。于是具有不同电化学电势的其他氧化还原电对,也在 DSSC 光伏器件中展开了一定的应用研究,例如,(SeCN)$_2$/ SeCN$^-$、(SCN)$_2^-$/SCN$^-$ 等。虽然这些电对与 I$_3^-$/I$^-$ 相比,具有较正的电化学电势,可是,所制备 DSSC 的光电压却没有得到明显提高,并且电池的总转换效率也比较低。借助瞬态吸收光谱分析,得知其效率较低的原因是这类氧化还原电对的染料再生能力较差。

另外,碘化锂等阳离子添加剂,可有效提高液体电解质的短路电流密度 J_{sc}。而对于纳米晶 TiO$_2$,由于粒子半径过小,与液体电解质接触时无法形成像块体电极材料形成的那种能带弯曲和耗尽层[329]。那么这些阳离子添加剂又是如何发挥作用的呢?实际上,阳离子,特别是锂离子(Li$^+$)等小阳离子在 DSSC 的光电性能中的作用,还是不可忽视的。这是因为 TiO$_2$ 的导带中的电子扩散被认为是双极扩散机制,即离子扩散与电子传输密切相关,以确保在整个 TiO$_2$ 网络中的电中性。例如,在液体电解质中加入 LiI 可以显著增强 DSSC 的 J_{sc},原因是小半径的 Li$^+$ 可以深入渗透到介孔染料包覆的纳米晶 TiO$_2$ 薄膜中,与 TiO$_2$ 的导带中的电子形成双极性 Li$^+$－e$^-$,从而提高纳米晶 TiO$_2$ 网络中电子的传输速度,并且增强了 DSSC 的

$J_{sc}^{[330,331]}$。然而,双极性 $Li^+ - e^-$ 对 DSSC 的负面影响是它易与三碘化物结合,导致 DSSC 的 V_{oc} 降低。为了克服这种负面影响,在液体电解质中使用具有较大离子半径的咪唑阳离子在 TiO_2 薄膜表面上形成亥姆霍兹层并阻止三碘化物与双极性 $Li^+ - e^-$ 的直接接触,并增强 DSSC 的 $V_{oc}^{[332]}$。

而 GuSCN 添加剂的使用,可有效提高光伏器件的开路电压[333],这是由于光阳极吸附染料后,对 Gu 离子的吸附,更有利于染料敏化剂分子的再生,进而通过抑制电子的复合而降低暗电流,使 TiO_2 的导带上移,从而提高了器件的开路电压。

此外,孟庆波课题组[334]通过合成碘化铝 AlI_3,然后配合 I_2 单质,以乙醇为溶剂制备液体电解质,组装的 DSSC 光伏器件,也取得了 5.9% 的光电转换效率,其性能几乎可与碘化锂与乙腈组成的体系(在不添加任何添加剂的情况下)相媲美,是取代价格昂贵且极易吸水的无水 LiI 的一项非常重要的尝试性工作。

4.5.3　非碘电解质体系

虽然 I^-/I_3^- 已被证明是氧化态染料再生最有效的氧化还原对,但它对许多密封材料,特别对金属材料,具有一定的腐蚀性,导致大面积 DSSC 的组装和密封困难,并且影响其长期稳定性。另外,还存在着器件的开路电压低、由于自身对光的吸收而降低敏化剂对光的捕获等缺陷。因此,有必要对全新种类的氧化还原对展开研究,如 Br^-/Br_2、$SCN^-/(SCN)_2^-$、$SeCN^-/SeCN_2$、联吡啶钴(Ⅲ/Ⅱ)配合物等。因为它们与敏化染料间能级的匹配性问题,大多数情况下,表现出较 I^-/I_3^- 低的光电转换效率[5,335,336]。而在非碘电解质体系中,表现最突出的要属钴基电解质联吡啶钴(Ⅲ/Ⅱ)配合物,在敏化剂的能级与其相匹配的情况下,可使 DSSC 的光电转换效率尤其是开路电压得到了明显提升。这是由于大体积的钴配合物难以渗透到负载敏化剂的 TiO_2 介孔内,起到抑制电子复合的目的。另外,对于 DSSC 光伏器件,其开路电压 $V_{oc} = E_f - E_{red}$,这里 E_f 为光阳极的费米能级,E_{red} 为氧化还原对(电解质)的氧化还原电势。通常情况下,钴配合物的氧化还原电势要比碘基电解质低很多,因而使器件的开路压得到提高,在短路电流和填充因子变化不大的情况下,有利于提高 DSSC 的光电转化效率[337-340]。这一发现为染料敏化太阳能电池的发展带来了新的机遇。

与传统的碘基电解质的光伏性能相比,在光电转换效率提升方面,钴基电解质确实具有更广阔的研究空间[310]。2011 年,Nusbaumer 研究小组将基于联吡啶钴类电解质的染料敏化太阳电池的光电转化效率提升至 8%,并且在 480~660 nm 光谱范围内器件的外量子效率 IPCE 超过 80%[338]。但是,较大的分子结构使得联吡啶钴类化合物在 TiO_2 表面还存在吸附不均衡问题,限制其开路电压进一步提高。此外,钴基电解质的配体不含有烷基时,却更有利于其吸附于 TiO_2 粒子表面,并且还可更加有效的抑制电子复合,进一步提高开路电压。针对以咔唑为电子供体的新型 D－π－A 敏化剂,目前,基于钴基氧化还原对,也实现了超过 9%（AM 1.5 G, 100 mW/cm²）的高光电转换效率[341]。进一步增强了研究者对钴基电解质的研究信心。人们还尝试以 TFSI⁻ 作为阴离子,设计并合成了两种具有良好光学性质以及电学性能的钴基电解质 FK209 和 FK269,并取得了超过 10% 的高光电转换效率[342]。而在改变钴配体的研究中,选择邻菲罗林,仍可提高基于 D－π－A 结构的有机染料敏化剂的光伏器件的开路电压,使光电转换效率明显提升[343]。

　　而能级匹配同样在基于钴基电解质的新型染料敏化太阳电池的研究中起着至关重要的作用,因而,选择敏化剂成为提高器件光电转换效率的关键步骤。Yella 等[6]利用［Co(bpy)₃］²⁺/³⁺ 作为电解质和卟啉类染料光敏化剂 YD2－o－C8 在全光照射下取得 12.3% 的光电转换效率,发现该类电池在 -20~60℃ 工作温度范围内的寿命可达 20 年以上。该研究成果在钴电解质的研究体系中具有里程碑意义。为提高染料敏化太阳电池的光电转化效率,必须不断改善和设计新型的 D－π－A 结构的全色单分子敏化剂。武文俊课题组利用 D－A－π－A 结构的纯有机染料对卟啉敏化剂进行共敏化,并调节其能级和抑制电子复合的能力,使该体系在碘和钴电解质基础上光电转换效率均超过 10%[344]。于是,Simon 等[7]设计并合成了一种典型的 D－A－π－A 结构全色卟啉染料光敏化剂 SM315,苯并噻二唑的引入,对分子的共轭产生了一定程度的影响,同时吸收光谱产生了一定的红移,摩尔消光系数也有所提高,同时弥补了 500~600 nm 和 700~800 nm 处卟啉敏化剂典型的吸收缺陷,使敏化剂的短路电流密度从 15.9 mA/cm² 提高至 18.1 mA/cm²。同时,由于己氧基的存在,卟啉分子的空间体积大幅度增大,有效地抑制了分子堆积,减少了激发态电子的猝灭,也抑制了钴电解质在 TiO₂ 表面的电子复合。最终将光电转换效率提升至当时纪录值的 13%。对于钴电解质的研究,其配体多数情况下使用联吡啶,针对基于三苯胺的有机染料,也有人尝试菲咯啉为配体,使 DSSC 光伏器件的开路电位超过 1 V。这是由于配体的改变,得到了不同氧化还原电位的钴基氧化还原对,并对电子复合及染料的再生产生影响。而且对于钴（Ⅱ/Ⅲ）的三（5－氯－1, 10－菲咯啉）配合物,提供的 390 mV 染料再生的驱动力足以再生 80% 以上的染料分子,导致入射光子的转换电流超过 80%[345]。

　　尽管目前液体 DSSC 具有较高的光电转换效率,但由于液体电解质组装的电池器件难于封装,溶剂易挥发且容易泄露,可产生染料解析和降解,腐蚀对电极等,很难实用化生产和应用。众多研究者将注意力转移到离子液体、准固态和固态电解质的研究上。

4.5.4　离子液体电解质体系

　　室温离子液体（room temperature ionic liquids, RTIL）具有良好的化学和热稳定

性,可忽略不计的蒸气压,不易燃和高的离子电导率[346-348]。构成离子液体的阴离子有 I^-、$N(CN)_2^-$、$B(CN)_4^-$、$(CF_3COO)_2N^-$、BF_4^-、PF_6^-、NCS^- 等。离子液体在室温下虽然呈液态,但黏度比有机溶剂要高很多,并且黏度随其阴离子的体积增大而下降。在 DSSC 中应用的离子液体,常用的氧化还原电对仍是 I^- 和 I_3^-。离子液体中的 I_3^- 扩散到对电极上的速率很慢,因而,基于离子液体电解质的 DSSC,决定其光伏性能的控制性因素之一便是其离子传输速率。与液体电解质相比,应用于 DSSC 时,基于 I^- 的离子液体既可以作为碘化物的来源,也可以作为溶剂本身。Papageorgiou 等[349]在 1996 年报道,离子液体上述这些独特的性质对于电化学器件如 DSSC 的长期稳定性是非常有利的。他们利用离子液体 1-甲基-3-己基-咪唑碘化物(MHImI)配制准固态电解质,DSSC 光伏性能表现出优异的稳定性,初步估计敏化剂的氧化还原转换数超过 5 000 万。然而,纯离子液体通常具有比有机溶剂更高的黏度,严重限制了 I^-/I_3^- 在体系内的扩散速率,进而影响了电解质体系内的电荷传输和氧化态染料的再生,限制了 DSSC 光伏器件的光伏性能的提高。为了改善其光电转换效率,研究发现,基于 $SeCN^-/(SeCN)_3^-$ 氧化还原对的离子液体 1-乙基-3-甲基咪唑硒氰酸盐(EMISeCN)表现颇佳[350]。21℃下,该离子液体的黏度为 25 cP,比电导率为 14.1 mS/cm,而在 AM 1.5 标准模拟光下,光电转换效率也达到 7.5%~8.3%。这种优越的性能可归因于其低的黏度和高的导电性。

但在 DSSC 研究中,使用最广泛的室温离子液体还要属咪唑碘类化合物,当然,也包括部分非碘阴离子类咪唑盐化合物的研究,比如,1-乙基-3-甲基咪唑四氟硼酸盐、1-丁基-3-甲基咪唑六氟磷酸盐等[351-353]。对于一些结构简单的离子液体,比如三烷基锍的碘化物(Bu_2EtS),光电转换效率并不理想,只有 3.7%[354]。而利用 1-丙基-3-甲基咪唑碘(PMII)和三甲氧基甲硅烷 TMS 形成的复合型离子液体 TMS-PMII 与 I_2 混合制备成凝胶电解质,并发现其具有溶胶凝胶的转换特性,且导电性随温度和 I_2 的添加量而提高,虽然得到的光电转换效率只有 3.2%,但却具有类似固态 DSSC 的稳定性[355]。借助 PMII 与疏水性低黏度的离子液体(EMITFSI)进行物理复合,所配制的离子液体电解质,可将光电转换效率提高至 6.6%[356]。另外比较典型的还有基于 $SeCN^-/(SeCN)_3^-$ [350]和 $SCN^-/(SCN)_2^-$ [357]氧化还原对的离子液体电解质,但前者取得了比较令人满意的光伏性能,所合成的离子液体(EMISeCN)制备的准固态 DSSC,对氧化态 Z-907 染料的还原作用远高于 PMII 离子液体中 I_2 对该染料的还原能力,光电转换效率达到了 7.5%~8.3%。

众所周知,DSSC 器件只有实现了大面积化,才能真正走向应用。借助离子液体的无挥发性,在一定程度上解决了稳定性问题后,接下来就需要尝试组装大面积器件。于是人们尝试利用基于离子液体(EMIm-TFSA)的电解质组装面积分别为 100 mm×100 mm 及 9 mm×5 mm 的 DSSC 光伏组件,光电转换效率分别可达到2.7%

和 4.5%,在离子液体电解质实用化应用方面进行了有效的尝试[358]。最为有趣的是基于离子液体电解质的 DSSC 的填充因子在标准太阳光照射下可达到 0.75 以上。可是利用低黏度有机溶剂稀释离子液体却造成填充因子的下降。这种难以想象的现象,可能由于离子液体在多孔薄膜中对光照下产生的电荷具有屏蔽现象。尽管到目前,还不是很清楚这种屏蔽机制,却发现离子液体电解质中离子浓度越高越有利于电荷分离。

4.5.5　全固态电解质

全固化,是研究染料敏化太阳能电池稳定性的终极目标,到目前为止,其研究已经取得了一定的进展,目前的主要任务,就是继续提高其光电转换效率。而研究过的全固态电解质材料主要包括无机 p -型半导体材料、有机空穴传输材料和导电聚合物。

在 p -型半导体材料中,自由空穴的密度大于自由电子的密度,以空穴为主要载流子。但 p -型半导体要用到全固态染料敏化太阳能电池的电解质体系,必须满足下列条件:① 在可见光范围内透明或对光有微弱吸收;② 材料本身有一定的稳定性,不和敏化剂染料发生化学反应;③ 能级与染料和二氧化钛相匹配;④ 有较高的空穴迁移率。大部分宽禁带的无机 p -型半导体材料都能满足上述的部分条件,如 SiC、GaN 能满足能带结构和透明性的要求,但是,这些材料在高温沉积时会破坏染料层。后来,人们又对亚铜的化合物 (如 CuI 和 CuSCN) 展开研究。比如,Tennakone[359] 等首次将 CuI 作为空穴传输层组装成全固态 DSSC,在 80 mW/cm^2 左右的光照下,获得了当时全固态 DSSC 短路电流密度的最高值,达到 1.5~2.0 mA/cm^2。其不足之处主要表现在稳定性方面,工作 1.5~2 h 后电流开始明显衰减。究其原因,一方面是由于 CuI 薄膜中过量的碘严重削弱了电池的光电流,并且在连续光照下,CuI 有被氧化的趋势。针对此问题,Kumara 等[360] 和 Taguchi 等[361] 用 MgO 包裹的纳米多孔 TiO$_2$ 薄膜和 CuI 作为固态电解质来制备电池,使得电池的转换效率和稳定性均有提高。另一方面是由于 CuI 颗粒尺寸很难控制,导致 CuI 薄膜与染料敏化的 TiO$_2$ 接触不够紧密。为了解决此问题,Tennakone 等发现向碘化亚铜乙腈溶液中添加少量 (约 10^{-3}mol/L) 的 1 -甲基- 3 -乙基咪唑硫氰酸盐 (MEISCN) 能有效地抑制 CuI 晶粒的生长,从而使电池稳定性得到提高。Meng 等[362] 也用同样的方法制备固态 DSSC,并用导电性较好的 ZnO 来改善 TiO$_2$ 纳米颗粒间的电子传输,使光电转换效率达到 3.8%。同时,由于表面的 1 -甲基- 3 -乙基咪唑硫氰酸盐对 CuI 的保护,也提高了电池的稳定性。在 2 周的连续光照后,开路电压和短路电流分别下降了 12% 和 15%。而原位沉积技术,也可用于敏化的二氧化钛薄膜上碘化亚铜的沉积,组装全固态 DSSC 光伏器件[363]。

随后的研究发现,使用 CuSCN,虽然最佳效率目前还未能超过 CuI,但具有很高的稳定性。比如,2001 年,Kumara 等[364]利用 CuSCN 的正丙硫醚溶液沉积 CuSCN 薄膜制备固态 DSSC,光电转换效率达到 1.25%,并且表现出良好的稳定性。同时,从光电转换效率角度讲,该方法明显优于 CuSCN 的电解法沉积以及在含 HCl 的乙腈溶液沉积等方法。并且,通过进一步优化,基于 CuSCN 的 ssDSSC 的光电转换效率已经提高到 2%。2005 年,Perera 等[365]进一步改进了沉积方法,在 CCl_4 的气氛下,把 CuSCN 薄膜沉浸在硫氰有机溶剂中,可在 CuSCN 表面沉积过量的 SCN^-,在 AM 1.5 的光照下,短路电流密度和开路电压可分别达到9.09 mA/cm^2 和 0.512 V,使光电转换效率提高至 2.39%。可见,对于亚铜类 p -型空穴传输材料,其沉积方法,也就是制膜工艺,是提高该类 ssDSSC 光伏性能的关键之一。

有关亚铜类空穴传输材料的研究,除了上述两种材料外,人们也尝试发展新型的半导体铜类材料,比如 $4CuBr_3S(C_4H_9)_2$,用于 DSSC 固态电解质研究,虽然初步只得到 4.3 mA/cm^2 和 0.4 V 的短路电流密度和开路电压,但表现出极高的稳定性,也为亚铜类材料的发展提供了新的研究思路。直到 2005 年,人们开始尝试非亚铜类半导体材料,比如 NiO[366]。该电池的短路电流密度仅为 0.15 mA/cm^2,开路电压也只有 0.48 V,虽光伏性能不及铜化合物,但表现出非常好的稳定性,为非亚铜类 p -型半导体材料的研究迈出重要一步。因而,就无机 p -型半导体材料而言,如何解决其稳定性,提高空穴传输的速率,以改善该类全固态 DSSC 的光伏性能,是当前面临的亟待解决的问题。后来,Kanatzidis 课题组[367]通过将 $CsSnI_3$ 作为 p -型空穴传输材料,经 SnF_2 掺杂和器件组装工艺的优化,使全固态 DSSC 的效率首次突破 10%。

有机 p -型半导体材料(有机空穴传输材料)与无机 p -型半导体材料相比,具有来源广、制备工艺简单、成本低等优势,且光伏转换效率相对较高,受到越来越多的关注。目前,应用于全固态 DSSC 的有机空穴传输材料主要有三苯胺类、吡咯类、噻吩类等,其中三苯胺类由于具有较高的空穴传输能力而备受关注。而从光电转换性能角度讲,2, 2′, 7, 7′-四(N, N -二对甲氧基苯基氨基)-9,9′-螺环二芴(spiro - OMeTAD)是目前作为全固态电解质中最成功的一个三苯胺类有机空穴传输材料。1998 年,由 Grätzel 课题组[368]首次提出,并掺入 $N(PhBr)_3SbCl_6$ 氧化剂、$Li[(CF_3SO_2)_2N]$ 锂盐等添加剂,作为全固态 DSSC 的空穴传输材料,其单色入射光光转换率(也就是外量子效率)IPCE 可达 33%,虽然在 9.4 mW/cm^2 的弱光照射下,光电转换效率也仅有 0.74%,但开创了有机 p -型半导体材料制备 ssDSSC 的先河。2001 年,Kruger 等[369]对最初建立在 spiro - OMeTAD 基础上的 Grätzel 型电池进行进一步的修饰和改进,首次尝试将在液态染料敏化太阳能电池中广泛使用的电解质添加剂 4 -叔丁基吡啶(t - BP)引入到全固态 DSSC 器件中,来取代 $N(PhBr)_3SbCl_6$。研究表明,在全固态器件中,t - BP 的使用,可将电压提高至 0.9 V

以上,短路电流也达到 5.1 mA/cm^2,而得到了 2.56% 的光电转换效率。目前,t‐BP 已经成为基于 spiro‐OMeTAD 空穴传输材料的固有添加组分。同时,也有人尝试,在染料溶液中添加 Ag$^+$,可增强对染料敏化剂的吸附,可将基于 spiro‐OMeTAD 的全固态光电器件的转换效率提升 1 个百分点[370]。正如液态电解质一样,敏化剂与电解质间能级的匹配性,严重制约器件的光伏性能。2007 年,Grätzel 组将 spiro‐OMeTAD 与 K68 钌基染料相结合制备全固态 DSSC,光电转换效率突破 5%,达到 5.1%[371]。Wang 等[372] 将基于 spiro‐OMeTAD 的全固态器件,选择不含金属的纯有机染料敏化剂,电池短路电流密度达到 9.06 mA/cm^2,开路电压和填充因子分别为 0.86 V 和 0.61,也得到了 4.8% 的总效率,接近钌配合物。而在弱光照射下,电池光电转换效率也可超过 5%。成为当时基于纯有机染料作敏化剂组装的全固态 DSSC 所获得的最高光电转化效率。虽然以 spiro‐OMeTAD 为电解质的全固态 DSSC 的光电转换效率已达到 5%,但与液态 DSSC 相比,效率仍然比较低。后来,Grätzel 组采用敏化剂 Y123,将全固态 DSSC 的光电转换效率提高至 7.2%[373]。

另外,除了上述 p‐型无机半导体和有机空穴材料外,导电聚合物本身具有良好的稳定性、优良的导电性、易掺杂性等,还具有网格结构、便于空穴传输、价格低廉、易于制备、环境稳定性好等诸多优点,被人们作为电解质广泛应用到全固态 DSSC 上,并取得一定成效。综合目前的研究成果,作为固态电解质的导电聚合物,应满足以下条件:① 聚合反应必须能在碘存在的情况下发生;② 聚合反应必须在染料敏化剂不发生分解和解吸的温度下发生;③ 存在水等杂质的情况下,聚合反应也能够开始和完成;④ 聚合反应不产生能降低器件性能的副产物;⑤ 聚合反应无需引发剂,防止引发剂的分解产物降低电池的性能。

目前,以吡咯类、噻吩类等的聚合物作为有机空穴传输材料的全固态 DSSC 的光电转换效率还比较低。这主要是因为它们的固有导电率较低,从 TiO$_2$ 到空穴传输材料的电荷复合频率高以及染料分子与它们的电子接触比较弱。为解决上述问题,Murakoshi 等[374] 用原位光电化学法来聚合吡咯,促进染料分子和聚吡咯电解质之间的接触,但是,由于聚吡咯吸收可见光导致电池的光电转换效率仍然很低。经研究发现,噻吩类有机空穴传输材料聚 3,4‐乙烯二氧噻吩(PEDOT)电导率高达 0.55 mS/cm,且在可见光区内透明度好,是理想的替代材料。2002 年,Saito 等[375] 采用原位化学法聚合 PEDOT 用于组装全固态 DSSC,经过两年的努力,将短路电流密度、开路电压和光电转换效率分别从 0.068 mA/cm^2、0.44 V 和 0.012% 提高至 2.3 mA/cm^2、0.5 V 和 0.53%。尽管总的光电转换效率很低,由于该法制备的聚合物与染料分子之间接触更紧密,显示出明显的工艺优势,光电转换效率提高了 43 倍。2006 年,Fukuri 等对上述电池的制备工艺继续进行优化,并使其短路电流、开路电压得到提高,最终也获得了 1.25% 的光电转换效率[376]。

在不断改进沉积方法的同时,人们又通过添加复合聚合层来优化电池,但效果一般。比如用复合导电聚合物聚3,4-乙烯二氧噻吩-聚苯乙烯磺酸(PEDOT-PSS)为电解质与不同染料搭配制备全固态 DSSC。虽然该类聚合物已经证实,具有良好的导电性能,但由于 PEDOT 的溶解性不好,在大多数有机溶剂中都不溶,这严重限制了它作为电解质在全固态 DSSC 中的应用,最终光电转换效率不足 0.1%[377,378]。尽管后来人们尝试进行进一步优化,设计合成了新型窄带隙的 PEDOT 衍生物 poly(heptyl4-PTBT),该聚合物可溶解于大多数有机溶剂,也得到了比较不错的光电转换效率,3.1%[379]。但是,由于纳米多孔膜存在着孔径大小、形貌和分布等许多复杂性因素,改善有机空穴传输材料与 TiO_2 纳米多孔膜的接触,提高有机空穴传输材料空穴传输速率,提高导电率,进而提高全固态 DSSC 的光电转换效率等仍是今后基于导电聚合物的 ssDSSC 的主要研究方向。

导电聚合物成为近年来固态电解质的研究热点之一。另外,由于含有 I_3^-/I^- 的导电聚合物的导电性能优良、制备工艺简单,用它做电解质的全固态 DSSC 的光电转换效率相对较高,也引起了人们的研究兴趣。比如,利用聚合橡胶材料(表氯醇和环氧乙烷共聚物)、NaI、I_2 制备的聚合物电解质[380],在 AM 1.5 的光照下,光电转化效率可达 1.6%。还有一些工作值得一提,比如以丙烯(AN)与甲基丙烯酸甲脂(MMA)的共聚物作为电解质,在 AM 1.5 的光照下,开路电压、短路电流密度和光电转换效率分别达到 0.72 V、6.27 mA/cm^2 和 2.4%[381]。而小分子量的聚乙二醇与戊二醛在乙腈溶液中发生交联聚合反应形成聚合物,再加入 KI、I_2,溶剂挥发后形成固态电解质,组装器件则可获得 3% 的光电转换效率[382]。另外,加入 I^- 和 I_2 以后,也可提高聚合物的导电率。比如,导电聚合物 N-甲基-4-乙烯基吡啶(PNM4VPI)加入 N-甲基吡啶碘(NMPI)和 I_2 以后,电导率从 4.55 mS/cm 提高到 6.41 mS/cm,在 AM 1.5 的模拟光照下,光电转换效率从 3.61% 提高至 5.64%[383]。

总而言之,目前利用导电聚合物作为电解质组装成全固态 DSSC 的总体光电转换率还较低,要进一步发展基于导电聚合物的全固态电解质,还需要继续改善聚合物的结构,开发导电聚合物的沉积技术,以优化聚合物电解质与染料敏化 TiO_2 纳米薄膜的界面接触,提高空穴的传输速率,进而降低光生电荷的复合率。

为了进一步解决固态染料敏化太阳能电池存在的纳米孔填充不足、电导率低和渗透到介观 TiO_2 衬底中的空穴传输材料会发生结晶等问题,导致性能低下。Grätzel 等使用由[Cu(4,4′,6,6′-四甲基-2,2′-联吡啶)$_2$](双(三氟甲基磺酰基)酰亚胺)$_2$ 和[Cu(4,4′,6,6′-四甲基-2,2′-联吡啶)$_2$](双(三氟甲基磺酰基)酰亚胺)的混合物作为空穴传输材料,组装全固态染料敏化太阳能电池,AM 1.5 标准模拟太阳光下,可获得 11% 的光电转换效率(当时的固态 DSSC 的记录值)。可归因于渗透到 6.5 μm 厚的介观 TiO_2 衬底中形成的 Cu(Ⅱ/Ⅰ)无定形导体可促使空穴的快速跳跃式传输。借助具有时间分辨功能的激光进行解析,发现电子从激发态敏化剂 Y123 注入 TiO$_2$ 和通过 Cu(I) 进行再生的时间分别为 25 ps 和 3.2 μs。该工作将促进基于过渡金属配合物作为空穴导体的低成本固态光伏发展[384]。

4.5.6   铜电解质体系

2016 年，M. Freitag 等利用 Cu$^{(II/I)}$(dmby)$_2$TFSI$_{2/1}$(0.97 V vs SHE)和 Cu$^{(II/I)}$(tmby)$_2$TFSI$_{2/1}$(0.87 V vs SHE) 等铜复合物取代传统的碘化物/三碘化物或钴基电解质，敏化剂使用 Y123。同时，与之前报道的 [Cu(dmp)$_2$]$^{2+/1+}$ 配合物也进行了比较。由于铜电解质高的氧化还原电位，显著降低了染料的再生电位，但这并未影响其再生速率。对于该配体，在较低的驱动力下，敏化剂的再生速率仍接近于 1。最佳条件下，电解质 [Cu(tmby)$_2$]$^{2+/1+}$、[Cu(dmby)$_2$]$^{2+/1+}$ 和 [Cu(dmb)$_2$]$^{2+/1+}$ 在 AM 1.5G(1 000 W/m^2) 光照下，光电转换效率分别达到 10.3%、10.0% 和 10.3%。尤其是开路电压高达 1 070 mV，表明器件很强的电荷复合抑制能力以及较低的内部损耗。也表明铜电解质可在小驱动力下可实现敏化剂有效再生的优势。另外，光强降至 0.2 个太阳，电压仍可维持在 1 V 以上，表明其室内应用的潜在优势。将来，通过更换对电极材料优化填充因子，还有望继续提高其光电转换效率[385]。最近，以 Cu$^{II/I}$ 的联吡啶或 1,10-邻菲咯啉配合物作为 DSSC 的氧化还原对，使其开路电压 V_{oc} 超过 1 V，最高达到 1.028 V。为了将敏化剂的光谱响应扩展到红外或近红外(NIR)区域，提高短路电流密度，同时还需保证 Cu^I 的快速再生，作者在 Y123 的基础上，分别采用苯并噻二唑(BT)或菲稠合喹喔啉(PFQ)为辅助受体，设计了全新的 D−A−π−A 敏化剂 HY63 和 HY64。由于 PFQ 优越的电荷复合抑制能力，以 HY64 为敏化剂，实现了 12.5% 的高功率转换效率[33]。

开发与铜(II/I)氧化还原介质兼容的宽光谱响应光敏剂，获得高 V_{oc}，是提高铜基 DSSC 光电转换效率的有效途径。比如，专门为铜基电解质设计的高效蓝色光敏剂 R7，分别以 N,N-二(2,4′-双(己氧基)-[1,1′-联苯]-4-基)胺为电子给体，菲并二氢苯并联噻吩并二氢苯并菲衍生物为辅助受体，乙炔苯并噻二唑为 π 桥，苯甲酸为电子受体。瞬态吸收光谱和电化学阻抗谱测量表明，基于 R7 的 DSSC 具有更高的电荷分离率、更高的电荷收集效率和更低的与铜电解质的电荷复合。尤其是和 Y123 作为共敏化剂，其 PCE 达到 12.7%，并在 45℃ 下 1 个太阳光强下，光照 1 000 h 后仍能保持其初始值的 90%[386]。

铜氧化还原介质用于 DSSC 的最突出优势在于超过 1.0 V 的开路电压。而常规电解质中，加入 4-叔丁基吡啶(t-BP)可有效提升其开路电压(V_{oc})，是否也适用于铜基电解质呢？前期研究表明 tBP 的加入会限制 Cu(II)的光电性能。U. Bach 组设计了两组氧化还原对，[Cu(dmp)$_2$]$^{+/2+}$ 和 [Cu(dpp)$_2$]$^{+/2+}$(其中，dmp = 2,

9 -二甲基- 1 , 10 -菲咯啉和 dpp = 2 , 9 -二苯基- 1 , 10 -菲咯啉),分别研究其三种不同的路易斯碱 TFMP(4 -(三氟甲基)吡啶)、tBP 和 NMBI(N -甲基-苯并咪唑)的相互作用对光伏性能的影响。借助单晶 X 射线衍射分析、吸收光谱和 1H – NMR 光谱,研究了路易斯碱与 Cu(Ⅱ) 中心的配位,发现其协调作用有效地抑制了电荷复合和损失,对于高性能太阳能电池至关重要。然而,对于 $[Cu(dpp)_2]^{+/2+}$ 基光电流的限制作用,则因为发生了配体交换,减缓了电极处的氧化还原介质的再生[387]。

如上所述,选择大给体敏化剂提升铜基 DSSC 开路电压的有效手段。比如使用 N , N -二[(2 , 4 -二(十二烷氧基)-联苯基-胺基-苯基为电子给体,苯并噻唑为 π 桥,苯甲酸为电子受体的敏化剂 MS5,开路电压能达到前所未有的 1.24 V。与另一宽光谱敏化剂进行共敏化,在标准 AM1.5 G、100 mW/cm 太阳照射下其 PCE 高达 13.5%。将该器件置于弱光下(室内),光电转换效率更是高达 34.5%[388]。对于铜电解质,目前研究的关注点主要还在于其配体的选择。比如,孙立成教授组选择二胺-三吡啶五齿配体制备铜电解质,分别为 $[Cu(tpe)]^{2+/+}$ (tpe = N -苄基- N , N' , N' -三(吡啶- 2 -甲基)乙二胺) 和 $[Cu(tme)]^{2+/+}$ (tme = N -苄基- N , N' , N' -三(6 -甲基吡啶- 2 -甲基)乙二胺),作为 DSSC 中的氧化还原介质。实验测试表明,在 TBP 存在下,Cu(Ⅱ) 配合物与五齿配体的配位环境保持不变,这与常用的联吡啶对应物形成鲜明对比。基于 $[Cu(tme)]^{2+/+}$ 配合物的 DSC 表现出优异的长期稳定性,并在连续光照下 400 h 后保持超过 90% 的初始效率[389]。

4.6　柔性染料敏化太阳能电池简介

DSSC 作为最具潜力的新型太阳能电池之一,受限于目前采用的导电玻璃衬底的重量大、成本高、易碎、无法弯折等缺陷,工业化应用发展缓慢。因而人们提出了用柔性衬底取代常规的导电玻璃,组装柔性染料敏化太阳能电池[390]。柔性 DSSC (flexible DSSC,FDSSC) 器件与常规器件结构相似,都是由导电衬底、纳米多孔光阳极、敏化剂、电解质和对电极组成。只是衬底使用了可弯曲、质量轻、可进行卷对卷连续生产的导电材料。而从成本方面讲,与刚性器件相比,柔性 DSSC 生产成本几乎可降低一半[391]。这种可弯折,不易破碎的特性使其在建筑光伏、便携设备等方面有着良好的发展前景。

4.6.1　柔性衬底

FDSSC 的导电衬底主要分为有机塑料衬底[392]、金属衬底[393,394]和普通纸三类[395-397]。有机塑料衬底耐温性较差,一般只能耐受 150℃ 左右的温度,因此在其上制备二氧化钛薄膜需要采用低温制备技术。但是低温下制备的二氧化钛纳米粒子之间,以及和衬底之间的结合程度,与高温下制备的纳米粒子相比,还是较差的,因而限制了器件性能的提高。常用的有机塑料衬底有 ITO(氧化铟锡)-PET(聚对苯二甲酸乙二酯)、ITO-PEN(聚萘二甲酸乙二醇酯)等。比如基于 ITO-PEN 衬底,光电转换效率也可达到 8.0%[398]。

　　针对低温浆料的种种缺点,若使用金属衬底,不仅成本低,电阻小,而且由于其耐温性好,二氧化钛膜可进行高温制备,进而增强二氧化钛纳米粒子之间以及与衬底之间的结合。但由于金属材料通常不透光,因而必须保证对电极的透明性,测试时入射光从对电极进入,由于延长了光子在器件内的运行路径(穿过背电极、电解液后到达光阳极),增加了光损失,同一器件的光伏性能明显低于正面照射的结果。另外在二氧化钛和金属交界处,电子与碘电解质也容易发生复合,会导致基于金属衬底的柔性 DSSC 的性能降低。近年来人们研究比较多的金属衬底材料包括钛箔[400]、钨片[401]和不锈钢箔[402]等。

　　普通纸作为衬底的优点是柔性好、便携、质量轻,同时能很好的移植到纺织品上,耐热程度也高于有机塑料衬底(图 4.24)。例如,Fan 等[396]使用的信封纸能够承受 250℃ 左右的温度,将其作为电池光阳极的衬底,使得 TiO₂ 纳米层的热处理温度相比于有机塑料衬底提高了 100℃ 左右,最终获得了 2.9% 的电池效率。

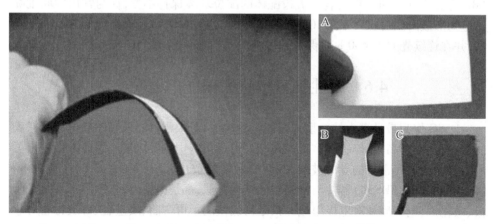

图 4.24　左图为沉积有金属镍的纸张制得的柔性 DSSC[362];
右图为平整(A)、弯曲(B)、吸附染料后的光阳极(C)[399]

4.6.2　柔性电池相关材料及制备方法

　　FDSSC 的光阳极是电池的关键部分,光阳极的微观结构直接影响整个电池器件的性能。基于有机塑料衬底和金属衬底的耐热程度不同,因而其光阳极 TiO₂ 的制备过程分为低温(≤150℃)和高温两种。研究表明,当膜厚较薄的时候,低温和高温制备 TiO₂ 得到的器件效率相近,而随着膜厚的增加,低温制备的器件的短路电流密度要明显低于高温制备的器件。这是由于二氧化钛颗粒间颈部生长(neck growth)以及电荷陷阱密度的改变导致的电子扩散距离的减少。对于高温工艺中丝网印刷使用的 TiO_2 浆料,目前已经商业化了,包括对电极制备所用的铂浆[403]。但是由于浆料中常用的黏结剂松油醇需要在印刷后高温煅烧除去,因而适用于低温制备且成膜性好的浆料仍有待于进一步开发,目前其光电转换效率比较低,效果较好的基本可达到 5.8%[404]。

如果以金属箔为衬底,因其耐温性好,TiO_2 膜可通过刮涂法、丝网印刷法或水热法制备。Kang 等[399]在不锈钢箔上用刮涂法制备 TiO_2 光阳极并在470℃下煅烧,获得了 4.2% 的光电转换效率。而用水热法在钛箔表面制备 TiO_2 纳米线作为光阳极,也可获得 4.32% 的光电转换效率[400]。

对于塑料衬底,由于耐热性差,一般无法进行高温烧结,因而在塑料衬底上制备光阳极可通过转移法[405,406]、电泳沉积法[407]、压力法[408]等制备。转移法由 Dürr 等[406]提出,先将 TiO_2 纳米颗粒烧结处理后剥离再通过压力和低温烧结使其和衬底结合的方法。而电泳沉积法是通过施加电场使带电的纳米粒子向带有相反电荷的衬底定向移动并沉积,而形成光阳极的方法。第三种方法是压力法,该方法针对塑料衬底不易碎裂的性质,通过在衬底两侧施加压力使得衬底表面薄膜上的纳米粒子在外力的作用下相互交联,提高与衬底结合能力的方法。Zhang 等[408]通过对预先吸附染料的氧化锌层进行热压处理大幅提高了器件的短路电流密度。

对于柔性 DSSC 的制备,尤其是在 TiO_2 与衬底结合力较差的情况或者针对连续生产工艺,浸泡式染料吸附工艺也有待于解决。于是,Hashmi 等开发了喷墨印刷浓缩的染料溶液实现高速免洗的染料吸附技术[409],该工艺更加适合将来工业上连续生产。同时,新的不含金属的高摩尔消光系数或高吸附性有机染料也在不断合成出来用于柔性 DSSC 中,目的是实现尽可能薄的 TiO_2 层中保持足够的光捕获性能或敏化剂吸附量。当然,常规器件所使用的共敏化,同样适用于柔性 DSSC 器件。

在柔性 DSSC 中,使用常规 DSSC 的 I^-/I_3^- 液态电解质容易发生泄露并影响器件的稳定性[410],并且由于电解质组分在空间上的不均匀分布会导致大面积柔性 DSSC 的效率降低。Miettunen 等通过优化电解质的组分来减少分布不均的情况从而避免了器件效率的损失[411]。也可使用准固态或固态电解质如聚氧化乙烯(PEO)[412]、聚乙二醇甲基丙烯酸酯(PEGMA)和双酚 A 聚氧乙烯醚双甲基丙烯酸酯(BEMA)混合物[413]、掺有石墨烯的聚丙烯酸-十六烷基三甲基溴化铵(PAA - CTAB)[414]来取代液态电解质提高器件的长程稳定性。近年来,喷墨印刷电解质技术也应大面积生产的要求被开发了出来[415,416]。

那么,对于柔性 DSSC,对电极又有哪些要求以及如何实现柔性化的呢？作为

DSSC 光伏器件的重要组件，为了很好的实现其催化作用，要求有低的电荷转移阻抗和较好的化学稳定性。目前较为常用的柔性对电极有在有机塑料衬底上通过加热分解、还原 H_2PtCl_6 和蒸镀的方法制备的 Pt 电极，也可以通过喷墨打印含铂浆料来制备[403]。Fang 等发现在不同的导电衬底镀上 10 nm 厚铂层均获得很高的催化性能[417]。同时，新型碳材料也在不断开发并应用到柔性 DSSC 中。Acharya 等在有机塑料衬底上用脉冲激光的方法沉积一层石墨[418]，器件性能与铂对电极不相上下。另外，用官能化的导电碳纤维布作为对电极，也可以获得 5.8% 的光电转换效率，有望将来应用于大面积柔性 DSSC 中[419]。

封装工艺在柔性 DSSC 中同样重要，它不仅影响到器件的长期稳定性，同时影响器件的光电转换效率。一般要求封装不引入杂质到器件内部，并且起到电解质密封的作用，目前常用的有紫外光固化胶[420]和沙林（surlyn）膜。而对于金属柔性衬底，可通过构造凹槽来容纳光阳极和电解质来减少电解质泄露[421]。

4.6.3 柔性 DSSC 研究进展

Kazuya Nakata 等通过电化学阳极氧化在 Ti 网（孔呈周期性排列）上制备垂直取向的 TiO_2 纳米管（VOTN），用于柔性 DSSC 的光阳极。研究表明，基于网状 VOTN 的 DSSC 的光电转换效率取决于 TiO_2 纳米管的长度。当其长度约为 18 μm 时性能最佳，在 AM 1.5，100 mW/cm^2 标准太阳光下，PCE 可达到 2.66%。优异的透明性和承受外力的弯曲性，使得 Ti 网格是 DSSC 基板的理想候选者[422]。

而纤维状染料敏化太阳能电池由于其易于制备、重量轻和良好的可编织性，成为柔性染料敏化太阳能电池的代表。为了解决限制其发展的低 PCE 问题，B. Wang 等通过在碳纤维表面依次生长聚苯胺层和 $Co_{0.85}Se$ 纳米片作为对电极，而在 Ti 线上生长 TiO_2 纳米管作为光电阳极，组装 DSSC 光电器件，其光电转换效率高达 10.28%。其中聚苯胺层不仅作为 $Co_{0.85}Se$ 纳米片沉积的成核位点，而且由于其大的比表面积，还可改善对电极的催化活性，降低电荷转移阻抗。而 $Co_{0.85}Se$ 纳米片层则提升 I^-/I_3^- 转变的电催化活性，从而显著提高电池的光伏性能。该结果为高性能柔性纤维状染料敏化太阳能电池的组装提供了一种新的设计策略[423]。另外，利用电沉积制备半透明的二硫化钼（MoS_2）作为对电极（CE），而光阳极则使用低温 TiO_2 浆料制备。并利用导电离子液体（1-丁基-3-乙烯基咪唑碘化物（BVImI）+LiI）对光阳极进行处理，以调整其导带能级，提高电子注入速率。而电解质同样使用离子液体制备。通过离子液体修饰光阳极，将柔性染料敏化太阳能电池的光电流密度和 PCE 分别从 11.56 mA/cm^2 和 4.35% 提升至 12.46 mA/cm^2 和 4.84%。同样条件下，以 Pt 为对电极的柔性器件，PCE 为 6.08%[424]。而 Y. Sulaiman 等则利用电沉积和滴铸法在光阳极表面制备了一层二氧化钛-石墨烯量子点

（TG）光散射层（LSL），用于组装全柔性 DSSC 器件。光电转换效率从 2.65% 提升至 5.18%，提升了 95%，归因于敏化剂负载能力和光散射能力的提高[425]。

如上所述，取代贵金属 Pt 也同样是柔性 DSSC 研究者关注的课题。比如，通过简单的水热法和后热处理，在致密的不锈钢网（CSSM）上直接生长 Co_3O_4 介孔纳米带，然后，这些固定化的 Co_3O_4 纳米带进行原位硫化反应，转换成 Co_3O_4@ Co_3S_4 介孔纳米带薄膜，并用于柔性 DSSC 的对电极。最佳功率转换效率达到 5.30%，高于溅射 Pt CE 的 DSSC（5.23%）。此外，使用该 CE 的柔性染料敏化太阳能电池在连续不同角度弯曲测试和 15 天老化测试后仍保持其初始转换效率 93% 以上。该电极具有优异的电催化活性、机械和长期稳定性以及较低的制备成本，使其作为柔性染料敏化太阳能电池对电极，具有广阔的应用前景[426]。而 Wang 等则利用原子层沉积（ALD）ZnO 作为纳米级牺牲模板（nanoscale sacrificial template），利用碳布制备催化活性可控、高地球丰度和高导电性的无 Pt 柔性对电极。研究表明，碳布的电催化活性可通过 ZnO 的 ALD 次数得到控制（主要影响其表面形态）。可以归因于碳热还原过程中 ZnO 和碳的相互作用，提供了碳布表面缺陷和氧掺杂的协同作用，增强了三碘化物再生为碘化物的催化位点，将 PCE 提高了近 79%[427]。

纤维状染料敏化太阳能电池具有体积小、重量轻、制造容易、柔韧性好、成本低等优点，是典型的可穿戴电子设备。然而，大多数报道的纤维状染料敏化太阳能电池使用铂丝作为对电极，成本高。M. J. Uddin 等报道了一种通过在碳纤维表面沉积三元镍钴硒（Ni–Co–Se）纳米颗粒来制造柔性无 Pt 对电极。与裸碳纤维和改性碳纤维对电极光伏性能对比表明，Ni–Co–Se 合金颗粒极大地增强了电催化活性，从而显著提高了功率转换效率，这与使用涂有 Pt 的碳纤维作为对电极的器件相当。其性能的提升可归因于 $CoSe_2$ 更高的构成比和更大的微晶尺寸，进而显示出高的催化性能[428]。

随着可穿戴电子设备的应用和发展，柔性新能源器件的性能提升，成为研究者关注点焦点之一。染料敏化太阳能电池由于稳定性好、低光强下的光电转换效率高等优势，在不久的将来，必将取得新的突破。

参 考 文 献

［ 1 ］ Becquerel E. On electron effects under the influence of solar radiation[J]. Comptes Rendus de Academie Sciences Paris, 1839, 1: 561.

［ 2 ］ Tributsch H. Reaction of excited chlorophyll molecules at electrodes and in photosynthesis[J]. Photochemistry and Photobiology, 1972, 16(4): 261 – 269.

［ 3 ］ Tsubomura H, Matsumura M, Nomura Y, et al. Dye-sensitized zinc oxide: aqueous electrolyte: platinum photocell[J]. Nature, 1976, 261(5559): 402 – 403.

［ 4 ］ O'Regan B, Grätzel M. A low-cost, high-efficiency solar cell based on dye-sensitized colloidal TiO_2 films[J]. Nature, 1991 (353): 737 – 740.

[5] Nazeeruddin M K, Kay A, Rodicio I, et al. Conversion of light to electricity by cis-X$_2$bis(2,2'-bipyridyl-4,4'-dicarboxylate) ruthenium (Ⅱ) charge-transfer sensitizers (X = Cl$^-$, Br$^-$, I$^-$, CN$^-$ and SCN$^-$) on nanocrystalline titanium dioxide electrodes[J]. Journal of the American Chemistry Society, 1993, 115(14): 6382 – 6390.

[6] Yella, Aswani, Hsuan-Wei Lee, et al. Porphyrin-sensitized solar cells with cobalt (Ⅱ/Ⅲ)-based redox electrolyte exceed 12 percent efficiency[J]. Science, 2011, 334(6056): 629 – 634.

[7] Mathew S, Yella A, Gao P, et al. Dye-sensitized solar cells with 13% efficiency achieved through the molecular engineering of porphyrin sensitizers[J]. Nature Chemistry, 2014, 6(3): 242 – 247.

[8] Kakiage K, Aoyama Y, Yano T, et al. Highly-efficient dye-sensitized solar cells with collaborative sensitization by silyl-anchor and carboxy-anchor dyes[J]. Chemical Communications, 2015, 51(88): 15894 – 15897.

[9] Zhang D, Stojanovic M, Ren Y, et al. A molecular photosensitizer achieves a V_{oc} of 1.24 V enabling highly efficient and stable dye-sensitized solar cells with copper (Ⅱ/Ⅰ)-based electrolyte [J]. Nature Communications, 2021, 12(1): 1 – 10.

[10] Hagfeldt A, Boschloo G, Sun L, et al. Dye-sensitized solar cells[J]. Chemical Reviews, 2010, 110(11): 6595 – 6663.

[11] Docampo P, Guldin S, Leijtens T, et al. Lessons learned: from dye-sensitized solar cells to all-solid-state hybrid devices[J]. Advanced Materials, 2014, 26(24): 4013 – 4030.

[12] Bach U, Tachibana Y, Moser J E, et al. Charge separation in solid-state dye-sensitized heterojunction solar cells[J]. Journal of the American Chemical Society, 1999, 121(32): 7445 – 7446.

[13] 孟庆波, 林原, 戴松元. 染料敏化纳米晶薄膜太阳能电池[J]. 物理, 2004, 33(3): 177 – 181.

[14] Asbury J B, Hao E, Wang Y, et al. Ultrafast electron transfer dynamics from molecular adsorbates to semiconductor nanocrystalline thin films[J]. Journal of Physical Chemistry B, 2001, 105(20): 4545 – 4557.

[15] Daeneke T, Mozer A J, Yu U, et al. Dye regeneration kinetics in dye-sensitized solar cells[J]. Journal of the American Chemical Society, 2012, 134(41): 16925 – 16928.

[16] Duffy N W, Peter L M, Rajapakse R, et al. Investigation of the kinetics of the back reaction of electrons with triIodide in dye-sensitized nanocrystalline photovoltaic cells[J]. Journal of Physical Chemistry B, 2000, 104 (38): 8916 – 8919.

[17] Mishra A, Fischer M R, Buerle P. Metal-free organic dyes for dye-sensitized solar cells: from structure: property relationships to design rules [J]. Angewandte Chemie International Edition, 2009, 48 (14): 2474 – 2499.

[18] 田禾, 黄颂羽, 周昌寿. 有机太阳能电池的染料结构与光电性能关系的研究[J]. 物理化学学报, 1988 (4): 314 – 319.

[19] Rehm J M, Mclendon G L, Nagasawa Y, et al. Femtosecond electron-transfer dynamics at a sensitizing dye-semiconductor (TiO$_2$) interface[J]. The Journal of Physical Chemistry, 1996, 100(23): 9577 – 9578.

[20] Hara K, Kurashige M, Dan-Oh Y, et al. Design of new coumarin dyes having thiophene moieties for highly efficient organic-dye-sensitized solar cells[J]. New Journal of Chemistry, 2003, 27(5): 783 – 785.

[21] Wang Z S, Hara K, Dan-Oh Y, et al. Photophysical and (photo)electrochemical properties of a coumarin dye [J]. Journal of Physical Chemistry B, 2005, 109(9): 3907 – 3914.

[22] Ning Z, Zhang Q, Wu W, et al. Starburst triarylamine based dyes for efficient dye-sensitized solar cells[J]. Journal of Organic Chemistry, 2008, 73(10): 3791 – 3797.

[23] Tang J, Hua J, Wu W, et al. New starburst sensitizer with carbazole antennas for efficient and stable dye-sensitized solar cells[J]. Energy Environmental Science, 2010, 3(11): 1736 – 1745.

[24] Hagberg D P, Xiao J, Gabrielsson E, et al. Symmetric and unsymmetric donor functionalization. comparing structural and spectral benefits of chromophores for dye-sensitized solar cells [J]. Journal of Materials Chemistry, 2009, 19(39): 7232 – 7238.

[25] Feldt S M, Gibson E A, Gabrielsson E, et al. Design of organic dyes and cobalt polypyridine redox mediators for high-efficiency dye-sensitized solar cells[J]. Journal of the American Chemical Society, 2010, 132(46): 16714-16724.

[26] Li X, Zhang X, Hua J, et al. Molecular engineering of organic sensitizers with o, p-dialkoxyphenyl-based bulky donors for highly efficient dye-sensitized solar cells[J]. Molecular Systems Design Engineering, 2017, 2 (2): 98-122.

[27] Tsao H N, Yi C, Moehl T, et al. Cyclopentadithiophene bridged donor-acceptor dyes achieve high power conversion efficiencies in dye-sensitized solar cells based on the tris-cobalt bipyridine redox couple [J]. ChemSusChem, 2011, 4(5): 591-594.

[28] Tsao H N, Burschka J, Yi C, et al. Influence of the interfacial charge-transfer resistance at the counter electrode in dye-sensitized solar cells employing cobalt redox shuttles[J]. Energy Environmental Science, 2011, 4(12): 4921-4924.

[29] Velusamy M, Thomas K J, Lin J T, et al. Organic dyes incorporating low-band-gap chromophores for dye-sensitized solar cells[J]. Organic Letters, 2005, 7(10): 1899-1902.

[30] Zhu W, Wu Y, Wang S, et al. Organic D-A-π-A solar cell sensitizers with improved stability and spectral response[J]. Advanced Functional Materials, 2015, 21(4): 756-763.

[31] Wu YZ, Zhu W. Organic sensitizers from D-π-A to D-A-π-A: effect of the internal electron-withdrawing units on molecular absorption, energy levels and photovoltaic performances[J]. Chemical Society Reviews, 2013, 42 (5): 2039-2058.

[32] Yang J, Ganesan P, Teuscher J, et al. Influence of the donor size in D-π-A organic dyes for dye-sensitized solar cells[J]. Journal of the American Chemical Society, 2014 (136): 5722-5730.

[33] Jiang H, Ren Y, Zhang W, et al. Phenanthrene-fused-quinoxaline as a key building block for highly efficient and stable sensitizers in copper-electrolyte-based dye-sensitized solar cells [J]. Angewandte Chemie International Ed., 2020, 59(24): 9324-9329.

[34] Zhang X, Xu Y, Giordano F, et al. Molecular engineering of potent sensitizers for very efficient light harvesting in thin-film solid-state dye-sensitized solar cells[J]. Journal of the American Chemical Society, 2016, 138 (34): 10742-10745.

[35] Li X, Xu B, Liu P, et al. Molecular engineering of D-A-π-A sensitizers for highly efficient solid-state dye-sensitized solar cells[J]. Journal of Materials Chemistry A, 2017, 5(7): 3157-3166.

[36] Shen Z, Xu B, Liu P, et al. High performance solid-state dye-sensitized solar cells based on organic blue-colored dyes[J]. Journal of Materials Chemistry A, 2017, 5(3): 1242-1247.

[37] Ooyama Y, Harima Y. Photophysical and electrochemical properties, and molecular structures of organic dyes for dye-sensitized solar cells[J]. ChemPhysChem, 2012, 13(18): 4032-4080.

[38] Ooyama D Y, Inoue S, Nagano T, et al. Dye-sensitized solar cells based on donor-acceptor π-conjugated fluorescent dyes with a pyridine ring as an electron-withdrawing anchoring group[J]. Angewandte Chemie International Edition, 2011, 50(32): 7429-7433.

[39] Ooyama Y, Nagano T, Inoue S, et al. Dye-sensitized solar cells based on donor-π-acceptor fluorescent dyes with a pyridine ring as an electron-withdrawing-injecting anchoring group[J]. Chemistry - A European Journal, 2011, 17 (52): 14837-14843.

[40] Mao J, He N, Ning Z, et al. Stable dyes containing double acceptors without COOH as anchors for highly efficient dye-sensitized solar cells [J]. Angewandte Chemie International Edition, 2012, 124 (39): 10011-10014.

[41] Wu Z F, Li X, Li J, et al. Influence of the auxiliary acceptor on the absorption response and photovoltaic performance of dye-sensitized solar cells[J]. Chemistry—An Asian Journal, 2015, 9(12): 3549-3557.

[42] Kakiage K, Aoyama Y, Yano T, et al. Fabrication of a high-performance dye-sensitized solar cell with 12.8%

conversion efficiency using organic silyl-anchor dyes [J]. Chemical Communications, 2015, 51 (29): 6315 – 6317.

[43] Nazeeruddin M K, Péchy P, Grätzel M. Efficient panchromatic sensitization of nanocrystalline TiO$_2$ films by a black dye based on atrithiocyanato-ruthenium complex [J]. Chemical Communications, 1997 (18): 1705 – 1706.

[44] Péchy P, Renouard T, Zakeeruddin S M, et al. Engineering of efficient panchromatic sensitizers for nanocrystalline TiO$_2$-based solar cells [J]. Journal of the American Chemical Society, 2001, 123 (8): 1613 – 1624.

[45] Han L, Islam A, Han C, et al. High-efficiency dye-sensitized solar cell with a novel co-adsorbent[J]. Energy Environmental Science, 2012, 5(3): 6057 – 6060.

[46] Kuppuswamy K, Grätzel M. Efficient dye-sensitized solar cells for direct conversion of sunlight to electricity [J]. Material Matters, 2009, 4(4): 88 – 90.

[47] Nazeeruddin M K, Angelis F D, Fantacci S, et al. Combined experimental and DFT-TDDFT computational study of photoelectrochemical cell Ruthenium sensitizers[J]. Journal of the American Chemical Society, 2005, 127(48): 16835 – 16847.

[48] Gao F, Wang Y, Shi D, et al. Enhance the optical absorptivity of nanocrystalline TiO$_2$ film with high molar extinction coefficient ruthenium sensitizers for high performance dye-sensitized solar cells[J]. Journal of the American Chemical Society, 2008, 130(32): 10720 – 10728.

[49] Yu Q, Wang Y, Yi Z, et al. High-efficiency dye-sensitized solar cells: the influence of lithium ions on exciton dissociation, charge recombination, and surface states[J]. ACS Nano, 2010, 4(10): 6032 – 6038.

[50] Kay A, Grätzel M. Artificial photosynthesis. 1. Photosensitization of titania solar cells with chlorophyll derivatives and related natural porphyrins [J]. The Journal of Physical Chemistry, 1993, 97 (23): 6272 – 6277.

[51] Bessho T, Zakeeruddin S M, Yeh C Y, et al. Highly efficient mesoscopic dye-sensitized solar cells based on donor-acceptor-substituted porphyrins [J]. Angewandte Chemie International Edition, 2010, 49 (37): 6646 – 6649.

[52] Aswani, Y, Mai C L, Zakeeruddin S M, et al. Molecular engineering of push-pull porphyrin dyes for highly efficient dye-sensitized solar cells: The role of benzene spacers[J]. Angewandte Chemie International Edition, 2014, 53(11): 2973 – 2977.

[53] Wang Y, Chen B, Wu W et al. Efficient solar cells sensitized by porphyrins with an extended conjugation framework and a carbazole donor: from molecular design to cosensitization[J]. Angewandte Chemie, 2014, 126(40): 10955 – 10959.

[54] Xie Y, Tang Y, Wu W, et al. Porphyrin cosensitization for a photovoltaic efficiency of 11.5%: a record for non-Ruthenium solar cells based on iodine electrolyte[J]. Journal of the American Chemical Society, 2015, 137(44): 14055 – 14058.

[55] Zeng K, Chen Y, Zhu W H, et al. Efficient solar cells based on concerted companion dyes containing two complementary components: an alternative approach for cosensitization[J]. Journal of the American Chemical Society, 2020, 142: 5154 – 5161.

[56] Nazeeruddin M K, Humphry-Baker R, Grätzel M, et al. Efficient near-IR sensitization of nanocrystalline TiO$_2$ films by zinc and aluminum phthalocyanines [J]. Journal of Porphyrins Phthalocyanines, 1999, 3 (3): 230 – 237.

[57] Reddy P, Giribabu L, Lyness C, et al. Efficient sensitization of nanocrystalline TiO$_2$ films by a near-IR-absorbing unsymmetrical Zinc phthalocyanine[J]. Angewandte Chemie International Edition, 2006, 119(3): 377 – 380.

[58] Cid J J, Yum J H, Jang S R, et al. Molecular cosensitization for efficient panchromatic dye-sensitized solar

cells[J]. Angewandte Chemie, 2007, 119(44): 8510 – 8514.

[59] Mori S, Nagata M, Nakahata Y, et al. Enhancement of incident photon-to-current conversion efficiency for phthalocyanine-sensitized solar cells by 3D molecular structuralization[J]. Journal of the American Chemical Society, 2010, 132(12): 4054 – 4055.

[60] Hodes G. Comparison of dye- and semiconductor-sensitized porous nanocrystalline liquid junction solar cells [J]. Journal of Modern Optics, 2008, 112(46): 191 – 195.

[61] Vogel R, Pohl K, Weller H. Sensitization of highly porous, polycrystalline TiO_2 electrodes by quantum sized CdS[J]. Chemical Physics Letters, 1990, 174(3 – 4): 241 – 246.

[62] Diguna L J, Shen Q, Kobayashi J, et al. High efficiency of CdSe quantum-dot-sensitized TiO_2 inverse opal solar cells[J]. Applied Physics Letters, 2007, 91(2): 023116.

[63] Lee Y L, Lo Y S. Highly efficient quantum-dot-sensitized solar cell based on co-sensitization of CdS/CdSe[J]. Advanced Functional Materials, 2010, 19(4): 604 – 609.

[64] González-Pedro V, Sima C, Marzari G, et al. High performance PbS quantum dot sensitized solar cells exceeding 4% efficiency: the role of metal precursors in the electron injection and charge separation[J]. Physical Chemistry Chemical Physics, 2013, 15(33): 13835 – 13843.

[65] Na Z, Yang Y, Huang X, et al. Panchromatic quantum-dot-sensitized solar cells based on a parallel tandem structure[J]. ChemSusChem, 2013, 6(4): 687 – 692.

[66] Santra P K, Kamat P V. Tandem-layered quantum dot solar cells: tuning the photovoltaic response with luminescent ternary Cadmium chalcogenides[J]. Journal of the American Chemical Society, 2013, 135(2): 877 – 885.

[67] Pan Z, Zhao K, Wang J, et al. Near infrared absorption of $CdSe_xTe_{1-x}$ alloyed quantum dot sensitized solar cells with more than 6% efficiency and high stability[J]. ACS Nano, 2013, 7(6): 5215 – 5222.

[68] Li T L, Lee Y L, Teng H. High-performance quantum dot-sensitized solar cells based on sensitization with $CuInS_2$ quantum dots/CdS heterostructure[J]. Energy Environmental Science, 2012, 5(1): 5315 – 5324.

[69] Luo J, Wei H, Huang Q, et al. Highly efficient core-shell $CuInS_2$-Mn doped CdS quantum dot sensitized solar cells[J]. Chemical Communications, 2013, 49(37): 3881 – 3883.

[70] Pan Z, Mora-Seró I, Shen Q, et al. High-efficiency "Green" quantum dot solar cells[J]. Journal of the American Chemical Society, 2014, 136(25): 9203 – 9210.

[71] Du J, Du Z, Hu J, et al. Zn-Cu-In-Se quantum dot solar cells with a certified power conversion efficiency of 11.6%[J]. Journal of the American Chemical Society, 2016, 138(12): 4201 – 4209.

[72] Zhang L, Pan Z, Wei W, et al. Copper deficient Zn-Cu-In-Se quantum dot sensitized solar cells for high efficiency[J]. Journal of Materials Chemistry A, 2017, 5(40): 21442 – 21451.

[73] Cao Y, Saygili Y, Ummadisingu A, et al. 11% efficiency solid-state dye-sensitized solar cells with copper (Ⅱ/Ⅰ) hole transport materials[J]. Nature Communications, 2017, 8: 15390 – 15397.

[74] Nusbaumer H, Moser J E, Zakeeruddin S M, et al. $Co^{Ⅱ}$(dbbip)$_2^{2+}$ complex rivals tri-iodide/iodide redox mediator in dye-sensitized photovoltaic cells[J]. Journal of Physical Chemistry B, 2001, 105(43): 10461 – 10464.

[75] Hattori S, Wada Y, Yanagida S, et al. Blue copper model complexes with distorted tetragonal geometry acting as effective electron-transfer mediators in dye-sensitized solar cells[J]. Journal of the American Chemical Society, 2005, 127(26): 9648 – 9654.

[76] Yum J H, Baranoff E, Kessler F, et al. A cobalt complex redox shuttle for dye-sensitized solar cells with high open-circuit potentials[J]. Nature Communications, 2012(3): 631 – 638.

[77] Yella A, Humphry-Baker R, Curchod B F E, et al. Molecular engineering of a fluorene donor for dye-sensitized solar cells[J]. Chemistry of Materials, 2013, 25(13): 2733 – 2739.

[78] Kojima A, Teshima K, Shirai Y, et al. Organometal halide perovskites as visible-light sensitizers for

photovoltaic cells[J]. Journal of the American Chemical Society, 2009, 131: 6050-6051.

[79] Im J H, Lee C R, Lee J W, et al. 6.5% efficient perovskite quantum-dot-sensitized solar cell[J]. Nanoscale, 2011, 3(10): 4088-4093.

[80] Kim H S, Lee C R, Im J H, et al. Lead iodide perovskite sensitized all-solid-state submicron thin film mesoscopic solar cell with efficiency exceeding 9%[J]. Scientific Reports, 2012, 2: 591.

[81] Hara K, Sato T, Katoh R, et al. Molecular design of coumarin dyes for efficient dye-sensitized solar cells[J]. Journal of Physical Chemistry B, 2003, 107(2): 597-606.

[82] Marinado T, Hagberg D P, Hedlund M, et al. Rhodanine dyes for dye-sensitized solar cells: spectroscopy, energy levels and photovoltaic performance [J]. Physical Chemistry Chemical Physics, 2008, 11 (1): 133-141.

[83] Xie Y, Wu W, Zhu H, et al. Unprecedentedly targeted customization of molecular energy levels with auxiliary-groups in organic solar cell sensitizers[J]. Chemical Science, 2016, 7(1): 544-549.

[84] Ye M, Chang C, Lv M, et al. Facile and effective synthesis of hierarchical TiO_2 spheres for efficient dye-sensitized solar cells[J]. Nanoscale, 2013, 5: 6577-6583.

[85] Miao X, Pan K, Liao Y, et al. Controlled synthesis of mesoporous anatase TiO_2 microspheres as a scattering layer to enhance the photoelectrical conversion efficiency[J]. Journal of Material Chemistry A, 2013, 1(34): 9853-9861.

[86] Mccune M, Zhang W, Deng Y. High efficiency dye-sensitized solar cells based on three-dimensional multilayered ZnO nanowire arrays with "Caterpillar-like" structure [J]. Nano Letters, 2012, 12 (7): 3656-3662.

[87] Chen L Y, Yin Y T. Hierarchically assembled ZnO nanoparticles on high diffusion coefficient ZnO nanowire arrays for high efficiency dye-sensitized solar cells[J]. Nanoscale, 2013, 5(5): 1777-1780.

[88] Hua W, Bo L, Jian G, et al. SnO_2 hollow nanospheres enclosed by single crystalline nanoparticles for highly efficient dye-sensitized solar cells[J]. CrystEngComm, 2012, 14(16): 5177-5181.

[89] Chen J, Li C, Xu F, et al. Hollow SnO_2 microspheres for high-efficiency bilayered dye sensitized solar cell[J]. RSC Advances, 2012, 2(19): 7384-7387.

[90] Xu Y, Schoonen M. The absolute energy positions of conduction and valence bands of selected semiconducting minerals[J]. American Mineralogist, 2000, 85(3-4): 543-556.

[91] Grätzel M. Conversion of sunlight to electric power by nanocrystalline dye-sensitized solar cells[J]. Journal of Photochemistry Photobiology A: Chemistry, 2004, 164(1-3): 3-14.

[92] Quintana M, Edvinsson T, Hagfeldt A, et al. Comparison of dye-sensitized ZnO and TiO_2 solar cells: studies of charge transport and carrier lifetime[J]. Journal of Physical Chemistry C, 2007, 111(2): 1035-1041.

[93] Liu X Y, Fang J, Liu Y, et al. Progress in nanostructured photoanodes for dye-sensitized solar cells [J]. Frontiers of Materials Science, 2016(3): 225-237.

[94] Prasittichai C, Hupp J T. Surface modification of SnO_2 photoelectrodes in dye-sensitized solar cells: significant improvements in photovoltage via Al_2O_3 atomic layer deposition[J]. The Journal of Physical Chemistry Letters, 2010, 1(10): 1611-1615.

[95] Viet A L, Jose R, Reddy M V, et al. Nb_2O_5 photoelectrodes for dye-sensitized solar cells: choice of the polymorph[J]. Journal of Physical Chemistry C, 2016, 114: 21795-21800.

[96] Song W, Gong Y, Tian J, et al. Novel photoanode for dye-sensitized solar cells with enhanced light-harvesting and electron-collection efficiency[J]. ACS Applied Materials Interfaces, 2016, 8: 13418-13425.

[97] Gholamrezaei S, Salavati-Niasari M. An efficient dye sensitized solar cells based on $SrTiO_3$ nanoparticles prepared from a new amine-modified sol-gel route[J]. Journal of Molecular Liquids, 2017, 243: 227-235.

[98] Das P P, Roy A, Agarkar S, et al. Hydrothermally synthesized fluorescent Zn_2SnO_4 nanoparticles for dye sensitized solar cells[J]. Dyes and Pigments, 2018, 154: 303-313.

[99] Ying Y, Xing L, Shen Z, et al. Restrain recombination by spraying pyrolysis TiO_2 on NiO film for quinoxaline-based p-type dye-sensitized solar cells[J]. Journal of Colloid and Interface Science, 2017, 490: 380 - 390.

[100] 褚道葆, 周幸福, 林昌健, 等. 电化学法制备高热稳定性锐钛矿型纳米TiO_2[J]. 电化学, 1999, 5(4): 443 - 447.

[101] 于哲勋, 李冬梅, 秦达, 等. 染料敏化太阳能电池的研究与发展现状[J]. 中国材料进展, 2009, 28 (7): 8 - 15.

[102] Gupta T K, Cirignano L J, Shah K S, et al. Screen-printed dye-sensitized large area nanocrystalline solar cell [C]. Symposium on Nanophase and Nanocomposite Materials, 1999.

[103] Grätzel M. Sol-gel processed TiO_2 films for photovoltaic applications[J]. Journal of Sol-Gel Science and Technology, 2001, 22(1 - 2): 7 - 13.

[104] Liu B, Aydil E S. Growth of oriented single-crystalline rutile TiO_2 nanorods on transparent conducting substrates for dye-sensitized solar cells[J]. Journal of the American Chemical Society, 2009, 131(11): 3985 - 3990.

[105] Alizadeh A, Shariati Z. Dye sensitized solar cells fabricated based on nanocomposite photoanodes of TiO_2 and $AlMo_{0.5}O_3$ perovskite nanoparticles[J]. Solar Energy, 2021, 218: 435 - 444.

[106] Hong S T, Lin L Y. Novel design of TiO_2 goober structure/microcone array photoanode for fiber-type dye-sensitized solar cell: effect of peanut growth duration and TiO_2 precursor concentration[J]. Journal of Power Sources, 2021, 482: 228954.

[107] Balu M, Baiju K G, Subramaniam M R, et al. Bi-layer photoanodes with superior charge collection ability and diffusion length of sub-layer nanostructures for the fabrication of high efficiency dye-sensitized solar cells[J]. Electrochimica Acta, 2019, 319: 339 - 348.

[108] Younas M, Gondal M A, Dastageer M A, et al. Efficient and cost-effective dye-sensitized solar cells using MWCNT-TiO_2 nanocomposite as photoanode and MWCNT as Pt-free counter electrode[J]. Solar Energy, 2019, 188: 1178 - 1188.

[109] Vijaya S, Landi G, Neitzert H C, et al. Band bending effect of LiI/NaI treated TiO_2 photoanode on performance of dye-sensitized solar cells [J]. Physical Chemistry Chemical Physics, 2020, 22 (18): 18183 - 18191.

[110] Ardhi R, Tran M X, Wang M, et al. Chemically tuned, bi-functional polar interlayer for TiO_2 photoanodes in fibre-shaped dye-sensitized solar cells[J]. Journal of Materials Chemistry A, 2020, 8(5): 2549 - 2562.

[111] Hong S T, Lin L Y. Fabrication of TiO_2 nanoparticle/TiO_2 microcone array photoanode for fiber-type dye-sensitized solar cells: Effect of acid concentration on morphology of microcone[J]. Electrochimica Acta, 2019, 331: 135278.

[112] Li D, Xia Y. Fabrication of titania nanofibers by electrospinning[J]. Nano Letters, 2003, 3(4): 555 - 560.

[113] Zhu H, Tao J, Tao W, et al. Growth of branched rutile TiO_2 nanorod arrays on F-doped tin oxide substrate [J]. Applied Surface Science, 2011, 257(24): 10494 - 10498.

[114] Hafez H, Zhang L, Li Q, et al. High-efficient dye-sensitized solar cell based on novel TiO_2 nanorod/nanoparticle bilayer electrode[J]. Nanotechnology Science and Applications, 2010, 1: 45 - 51.

[115] Lv M, Zheng D, Ye M, et al. Optimized porous rutile TiO_2 nanorod arrays for enhancing the efficiency of dye-sensitized solar cells[J]. Energy Environmental Science, 2013, 6: 1615 - 1622.

[116] Mukherjee K, Teng T H, Jose R, et al. Electron transport in electrospun TiO_2 nanofiber dye-sensitized solar cells[J]. Applied Physics Letters, 2009, 95(1): 012101.

[117] Liu X, Fang J, Gao M, et al. Improvement of light harvesting and device performance of dye-sensitized solar cells using rod-like nanocrystal TiO_2 overlay coating on TiO_2 nanoparticle working electrode[J]. Materials Chemistry and Physics, 2015, 151: 330 - 336.

[118] Jennings J R, Ghicov A, Peter L M, et al. Dye-sensitized solar cells based on oriented TiO_2 nanotube arrays:

transport, trapping, and transfer of electrons[J]. Journal of the American Chemical Society, 2008, 130 (40): 13364 – 13372.

[119] Xie Y, Zhou L, Huang H, et al. Microstructure promoted photosensitization activity of dye-titania/titanium composites[J]. Composites Part A Applied Science and Manufacturing, 2008, 39(4): 690 – 696.

[120] Park H, Kim W R, Jeong H T, et al. Fabrication of dye-sensitized solar cells by transplanting highly ordered TiO$_2$ nanotube arrays[J]. Solar Energy Materials and Solar Cells, 2011, 95(1): 184 – 189.

[121] Teo W E, Ramakrishna S. Electrospun nanofibers as a platform for multifunctional, hierarchically organized nanocomposite[J]. Composites Science and Technology, 2009, 69(11 – 12): 1804 – 1817.

[122] Li Y, Jian G, Deng Y. Hierarchical structured ZnO nanorods on ZnO nanofibers and their photoresponse to UV and visible lights[J]. Sensors and Actuators A Physical, 2010, 158(2): 176 – 182.

[123] Sun C, Wang N, Zhou S, et al. Preparation of self-supporting hierarchical nanostructured anatase/rutile composite TiO$_2$ film[J]. Chemical Communications, 2008, 28: 3293 – 3295.

[124] Su C C, Hung W C, Lin C J, et al. The preparation of composite TiO$_2$ electrodes for dye-sensitized solar cells [J]. Journal of the Chinese Chemical Society, 2010, 57(5B): 1131 – 1135.

[125] Yang B, Hua Y, Zhen L, et al. In situ growth of a ZnO nanowire network within a TiO$_2$ nanoparticle film for enhanced dye-sensitized solar cell performance[J]. Advanced Materials, 2012, 24(43): 5850 – 5856.

[126] Zhang Q, Sun C, Yan J, et al. Perpendicular rutile nanosheets on anatase nanofibers: heterostructured TiO$_2$ nanocomposites via a mild solvothermal method[J]. Solid State Sciences, 2010, 12(7): 1274 – 1277.

[127] Hu A, Cheng C, Li X, et al. Two novel hierarchical homogeneous nanoarchitectures of TiO$_2$ nanorods branched and P25-coated TiO$_2$ nanotube arrays and their photocurrent performances[J]. Nanoscale Research Letters, 2011, 6(1): 91.

[128] Liao J Y, Lei B X, Kuang D B, et al. Tri-functional hierarchical TiO$_2$ spheres consisting of anatase nanorods and nanoparticles for high efficiency dye-sensitized solar cells[J]. Energy Environmental Science, 2011, 4 (10): 4079 – 4085.

[129] Chou H T, Tseng K C, Hsu H C. Fabrication of deformed TiO$_2$ aggregate as photoanode in dye-sensitized solar cells[J]. IEEE Journal of Photovoltaics, 2016, 6(1): 211 – 216.

[130] Peng J D, Tseng C M, Vittal R, et al. Mesoporous anatase-TiO$_2$ spheres consisting of nanosheets of exposed (001)-facets for [Co(byp)$_3$]$^{2+/3+}$ based dye-sensitized solar cells[J]. Nano Energy, 2016, (22): 136 – 148.

[131] Lee T Y, Alegaonkar P S, Yoo J B. Fabrication of dye sensitized solar cell using TiO$_2$ coated carbon nanotubes[J]. Thin Solid Films, 2007, 515(12): 5131 – 5135.

[132] Yen C Y, Lin Y F, Liao S H, et al. Preparation and properties of a carbon nanotube-based nanocomposite photoanode for dye-sensitized solar cells[J]. Nanotechnology, 2008, 19(37): 375305.

[133] Xiang Z, Xing Z, Gang W, et al. Improving energy conversion efficiency of dye-sensitized solar cells by modifying TiO$_2$ photoanodes with nitrogen-reduced graphene oxide[J]. ACS Sustainable Chemistry and Engineering, 2014, 2(5): 1234 – 1240.

[134] Zhuang S X, Lu M, Zhou N, et al. Cu modified ZnO nanoflowers as photoanode material for highly efficient dye sensitized solar cells[J]. Electrochimica Acta, 2018, (294): 28 – 37.

[135] Hafez A M, Abdellah A M, Panaitescu E, et al. Highly porous Ba$_3$Ti$_4$Nb$_4$O$_{21}$ perovskite nanofibers as photoanodes for quasi-solid state dye-sensitized solar cells[J]. Solar Energy, 2020, (206): 413 – 419.

[136] Geleta T A, Imae T. Nanocomposite photoanodes consisting of p-NiO/n-ZnO heterojunction and carbon quantum dot additive for dye-sensitized solar cells[J]. ACS Applied Nano Materials, 2021, 4(1): 236 – 249.

[137] Jongh P D, Vanmaekelbergh D. Trap-limited electronic transport in assemblies of nanometer-size TiO$_2$ particles[J]. Physics Review Letter, 1996, 77(16): 34 – 37.

[138] Schlichthrl G, Huang S Y, Sprague J, et al. Band edge movement and recombination kinetics in dye-

sensitized nanocrystalline TiO_2 solar cells: a study by intensity modulated photovoltage spectroscopy[J]. The Journal of Physical Chemistry B, 1997, 101(41): 8141 – 8155.

[139] Ito S, Liska P, Comte P, et al. Control of dark current in photoelectrochemical ($TiO_2/I^- \text{-} I_3^-$) and dye-sensitized solar cells[J]. Chemical Communications, 2005, 34(34): 4351 – 4353.

[140] Jung H S, Lee J K, Lee S, et al. Acid adsorption on TiO_2 nanoparticles an electrochemical properties study [J]. The Journal of Physical Chemistry C, 2008, 112(22): 8476 – 8480.

[141] Palomares E, Clifford J N, Haque S A, et al. Control of charge recombination dynamics in dye sensitized solar cells by the use of conformally deposited metal oxide blocking layers[J]. Journal of the American Chemical Society, 2016, 125(2): 475 – 482.

[142] Law M, Lori E, Radenovic A, et al. $ZnO\text{-}Al_2O_3$ and $ZnO\text{-}TiO_2$ core-shell nanowire dye-sensitized solar cells [J]. Journal of Physical Chemistry B, 2006, 110: 22652 – 22663.

[143] Maaira J, Andrade L, Mendes A. Highly efficient SiO_2/TiO_2 composite photoelectrodes for dye-sensitized solar cells[J]. Solar Energy, 2017, 158: 905 – 916.

[144] Jia Y, Yang Y, Fan R, et al. Er^{3+} and Yb^{3+} co-doped $TiO_{2x}F_x$ up-conversion luminescence powder as a light scattering layer with enhanced performance in dye sensitized solar cells[J]. Journal of Power Sources, 2013, 243: 436 – 443.

[145] Liu R, Qiang L S, Yang W D, et al. Enhanced conversion efficiency of dye-sensitized solar cells using Sm_2O_3-modified TiO_2 nanotubes[J]. Journal of Power Sources, 2013, 223: 254 – 258.

[146] Wang Y, Zheng Z, Li T, et al. D-A-π-A motif quinoxaline-based sensitizers with high molar extinction coefficient for quasi-solid-state dye-sensitized solar cells[J]. ACS Applied Materials and Interfaces, 2016, 8: 31016 – 31024.

[147] Sangiorgi A, Bendoni R, Sangiorgi N, et al. Optimized TiO_2 blocking layer for dye-sensitized solar cells[J]. Ceramics International, 2014, 40(7): 10727 – 10735.

[148] Xia T, Kovochich M, Liong M, et al. Comparison of the mechanism of toxicity of zinc oxide and cerium oxide nanoparticles based on dissolution and oxidative stress properties[J]. ACS Nano, 2008, 2(10): 2121 –2134.

[149] Burke A, Ito S, Snaith H, et al. The function of a TiO_2 compact layer in dye-sensitized solar cells incorporating "planar" organic dyes[J]. Nano Letters, 2008, 8(4): 977 – 981.

[150] Choi M, Zhuo Z, Chen J, et al. Morphological optimization of large-area arrays of the TiO_2 nanowires & nanotubes for enhanced cold field emission: experiment and theory[J]. RSC Advances, 2015, 5(25): 19470 – 19478.

[151] Foruzin L J, Rezvani Z, Nejati K. TiO_2 @ NiAl-Layered double oxide nanocomposite: an excellent photoanode for a dye sensitized solar cell[J]. Solar Energy, 2019, 186: 106 – 112.

[152] Pva B, Kaa B. Organic dye sensitized $TiO_2\text{-}Nb_2O_5$ electron collecting bilayer photoanode for efficient power conversion in solar cells[J]. Optical Materials, 2020, 109: 110335.

[153] Kalyanasundaram K, Grätzel M. Applications of functionalized transition metal complexes in photonic and optoelectronic devices[J]. Coordination Chemistry Reviews, 1998, 77(1): 347 – 414.

[154] Roy-Mayhew J D, Bozym D J, Punckt C, et al. Functionalized graphene as a catalytic counter electrode in dye-sensitized solar cells[J]. ACS Nano, 2010, 4(10): 6203 – 6211.

[155] Yun S, Hagfeldt A, Ma T. Pt-free counter electrode for dye-sensitized solar cells with high efficiency[J]. Advanced Materials, 2014, 26: 6210 – 6237.

[156] Wang L, Al-Mamun M, Liu P, et al. The search for efficient electrocatalysts as counter electrode materials for dye-sensitized solar cells: mechanistic study, material screening and experimental validation[J]. NPG Asia Materials, 2015, 7(11): e226.

[157] Papageorgiou, N. An iodine/triiodide reduction electrocatalyst for aqueous and organic media[J]. Journal of the Electrochemical Society, 1997, 144(3): 876 – 884.

[158] Wu J, Yan L, Tang Q, et al. Bifacial dye-sensitized solar cells: a strategy to enhance overall efficiency based on transparent polyaniline electrode[J]. Scientific Reports, 2014. 4: 4028.

[159] Service R F. Is it time to shoot for the sun? [J]. Science, 2005, 309(5734): 548-551.

[160] Trancik J E, Barton S C, Hone J. Transparent and catalytic carbon nanotube films[J]. Nano Letters, 2008, 8 (4): 982-987.

[161] Papageorgiou N. Counter-electrode function in nanocrystalline photoelectrochemical cell configurations[J]. Coordination Chemistry Reviews, 2004, 248(13-14): 1421-1446.

[162] Li K, Yu Z, Luo Y, et al. Recent progress of counter electrodes in nanocrystalline dye-sensitized solar cells [J]. 材料科学技术学报(英文版), 2007, 23(5): 577-582.

[163] Wang Q, Moser J E, Grätzel M. Electrochemical impedance spectroscopic analysis of dye-sensitized solar cells [J]. Journal of Physical Chemistry B, 2005, 109(31): 14945-14953.

[164] Fabregat-Santiago F, Bisquert J, Palomares E, et al. Correlation between photovoltaic performance and impedance spectroscopy of dye-sensitized solar cells based on ionic liquids[J]. Journal of Physical Chemistry C, 2007, 111(17): 6550-6560.

[165] Zhang B, Wang D, Hou Y, et al. Facet-dependent catalytic activity of platinum nanocrystals for triiodide reduction in dye-sensitized solar cellsn[J]. Scientific Reports, 2013, 3: 18-36.

[166] Koide N, Islam A, Chiba Y, et al. Improvement of efficiency of dye-sensitized solar cells based on analysis of equivalent circuit[J]. Journal of Photochemistry and Photobiology A: Chemistry, 2006, 182(3): 296-305.

[167] Law M, Greene L E, Johnson J C, et al. Nanowire dye-sensitized solar cells[J]. Nature Materials, 2005, 4 (6): 455.

[168] Longo C, Paoli M D. Dye-sensitized solar cells: a successful combination of materials[J]. Journal of the Brazilian Chemical Society, 2003, 14(6): 898-901.

[169] Mor G K, Shankar K, Paulose M, et al. Use of highly-ordered TiO$_2$ nanotube arrays in dye-sensitized solar cells[J]. Nano Letters, 2006, 6(2): 215-218.

[170] Wu M, Ma T. Recent progress of counter electrode catalysts in dye-sensitized solar cells[J]. Journal of Physical Chemistry C, 2014, 118(30): 16727-16742.

[171] Tang Q, Duan J, Duan Y, et al. Recent advances in alloy counter electrodes for dye-sensitized solar cells: a critical review[J]. Electrochimica Acta, 2015, 178: 886-899.

[172] Williams R. Becquerel photovoltaic effect in binary compounds[J]. The Journal of Chemical Physics, 1960, 32(5): 1505-1514.

[173] Xu L, Xin C, Li C, et al. Custom-designed metal-free quinoxaline sensitizer for dye-sensitized solar cells based on cobalt redox shuttle[J]. Solar Energy, 2018, 169: 450-456.

[174] Fang X, Ma T, Guan G, et al. Effect of the thickness of the Pt film coated on a counter electrode on the performance of a dye-sensitized solar cell[J]. Journal of Electroanalytical Chemistry, 2004, 570(2): 257-263.

[175] Chen L, Tan W, Zhang J, et al. Fabrication of high performance Pt counter electrodes on conductive plastic substrate for flexible dye-sensitized solar cells[J]. Electrochimica Acta, 2010, 55(11): 3721-3726.

[176] Li P, Wu J, Lin J, et al. Improvement of performance of dye-sensitized solar cells based on electrodeposited-platinum counter electrode[J]. Electrochimica Acta, 2008, 53(12): 4161-4166.

[177] Wang G, Lin R, Lin Y, et al. A novel high-performance counter electrode for dye-sensitized solar cells[J]. Electrochimica Acta, 2005, 50(28): 5546-5552.

[178] Ikegami M, Miyoshi K, Miyasaka T, et al. Platinum/titanium bilayer deposited on polymer film as efficient counter electrodes for plastic dye-sensitized solar cells[J]. Applied Physics Letters, 2007, 90(15): 737.

[179] Olsen E, Hagen G, Lindquist S E. Dissolution of platinum in methoxy propionitrile containing LiI/I$_2$[J]. Solar Energy Materials and Solar Cells, 2000, 63(3): 267-273.

[180] Dao V D, Choi H S. Dry plasma synthesis of a MWNT-Pt nanohybrid as an efficient and low-cost counter electrode material for dye-sensitized solar cells[J]. Chemical Communications, 2013, 49(79): 8910 – 8912.

[181] Min Y S, Chaudhari K N, Park J, et al. High efficient Pt counter electrode prepared by homogeneous deposition method for dye-sensitized solar cell[J]. Applied Energy, 2012, 100: 132 – 137.

[182] Yen M Y, Teng C C, Hsiao M C, et al. Platinum nanoparticles/graphene composite catalyst as a novel composite counter electrode for high performance dye-sensitized solar cells[J]. Journal of Materials Chemistry, 2011, 21(34): 12880 – 12888.

[183] Lee Y L, Chen C L, Chong L W, et al. A platinum counter electrode with high electrochemical activity and high transparency for dye-sensitized solar cells[J]. Electrochemistry Communications, 2010, 12(11): 1662 – 1665.

[184] Tang Z, Wu J, Zheng M, et al. A microporous platinum counter electrode used in dye-sensitized solar cells [J]. Nano Energy, 2013, 2(5): 622 – 627.

[185] Hsieh T L, Chen H W, Kung C W, et al. A highly efficient dye-sensitized solar cell with a platinum nanoflowers counter electrode[J]. Journal of Materials Chemistry, 2012, 22(12): 5550 – 5559.

[186] Jeong H, Pak Y, Hwang Y, et al. Enhancing the charge transfer of the counter electrode in dye-sensitized solar cells using periodically aligned platinum nanocups[J]. Small, 2012, 8(24): 3757 – 3761.

[187] Zhang H, Zhou W, Du Y, et al. One-step electrodeposition of platinum nanoflowers and their high efficient catalytic activity for methanol electro-oxidation [J]. Electrochemistry Communications, 2010, 12(7): 882 – 885.

[188] Lee H, Horn M W. Sculptured platinum nanowire counter electrodes for dye-sensitized solar cells[J]. Thin Solid Films, 2013, 540: 208 – 211.

[189] Kim J W, Kang J, Jeong U, et al. Catalytic, conductive, and transparent platinum nanofiber webs for FTO-free dye-sensitized solar cells[J]. ACS Applied Materials and Interfaces, 2013, 5(8): 3176 – 3181.

[190] Wu J, Tang Z, Huang Y, et al. A dye-sensitized solar cell based on platinum nanotube counter electrode with efficiency of 9.05%[J]. Journal of Power Sources, 2014, 257: 84 – 89.

[191] Subhramannia M, Pillai V K. Shape-dependent electrocatalytic activity of platinum nanostructures[J]. Journal of Materials Chemistry, 2008, 18(48): 5858 – 5870.

[192] Lin K L, Tiwari J N, Pan F M. Facile approach to the synthesis of 3D platinum nanoflowers and their electrochemical characteristics[J]. New Journal of Chemistry, 2009, 33(7): 1482 – 1485.

[193] Yang W, Wang Y, Li J, et al. Polymer wrapping technique: an effective route to prepare Pt nanoflower/carbon nanotube hybrids and application in oxygen reduction[J]. Energy Environmental Science, 2010, 3 (1): 144 – 149.

[194] Kawasaki H, Yao T, Suganuma T, et al. Platinum nanoflowers on scratched silicon by Galvanic displacement for an effective SALDI substrate[J]. Chemistry — A European Journal, 2010, 16(35): 10832 – 10843.

[195] Xiao Y, Han G. High performance platinum nanofibers with interconnecting structure using in dye-sensitized solar cells[J]. Organic Electronics, 2016, 37: 239 – 244.

[196] Zheng Z, Chen J, Hu Y, et al. Efficient sinter-free nanostructure Pt counter electrode for dye-sensitized solar cells[J]. Journal of Materials Chemistry C, 2014, 2(40): 8497 – 8500.

[197] Powar S, Daeneke T, Ma M T, et al. Highly efficient p-type dye-sensitized solar cells based on tris(1, 2-diaminoethane)Cobalt (Ⅱ)/(Ⅲ) electrolytes[J]. Angewandte Chemie, 2013, 52(2): 602 – 605.

[198] Yao Z, Zhang M, Li R, et al. A metal-free N-annulated thienocyclopentaperylene dye: power conversion efficiency of 12% for dye-sensitized solar cells[J]. Angewandte Chemie, 2015, 54(20): 5994 – 5998.

[199] Kakiage K, Aoyama Y, Yano T, et al. An achievement of over 12 percent efficiency in an organic dye-sensitized solar cell[J]. Chemical Communications, 2014, 50(48): 6379 – 6381.

[200] Ito S, Murakami T N, Comte P, et al. Fabrication of thin film dye sensitized solar cells with solar to electric

power conversion efficiency over 10% [J]. Thin Solid Films, 2008, 516(14): 4613 - 4619.

[201] Hauch A, Georg A. Diffusion in the electrolyte and charge-transfer reaction at the platinum electrode in dye-sensitized solar cells [J]. Electrochimica Acta, 2002, 46(22): 3457 - 3466.

[202] Pellicano R, Iannantuono M, Ciommo A D, et al. Low cost photovoltaic modules based on dye sensitized nanocrystalline titanium dioxide and carbon powder [J]. Solar Energy Materials and Solar Cells, 1996, 44(1): 99 - 117.

[203] Wu M, Xiao L, Wang Y, et al. Economical Pt-free catalysts for counter electrodes of dye-sensitized solar cells [J]. Journal of the American Chemical Society, 2012, 134(7): 3419 - 3428.

[204] Calogero G, Calandra P, Irrera A, et al. A new type of transparent and low cost counter-electrode based on platinum nanoparticles for dye-sensitized solar cells [J]. Energy Environmental Science, 2011, 4(5): 1838 - 1844.

[205] Lee Y L, Chang C H. Efficient polysulfide electrolyte for CdS quantum dot-sensitized solar cells [J]. Journal of Power Sources, 2008, 185(1): 584 - 588.

[206] Bu H M, Shi Y, Yuan X L, et al. Ruthenium oxide and strontium ruthenate electrodes for ferroelectric thin-films capacitors [J]. Applied Physics A, 2000, 70(2): 239 - 242.

[207] Noh Y, Yu B, Ko M, et al. Property of counter electrode with Pt and Ru catalyst films for dye-sensitized solar cell [J]. Journal of the Korean Institute of Metals and Materials, 2012, 50(3): 243 - 247.

[208] Han J, Yoo K, Min J K, et al. Effect of the thickness of the Ru-coating on a counter electrode on the performance of a dye-sensitized solar cell [J]. Metals and Materials International, 2012, 18(1): 105 - 108.

[209] Noh Y, Yoo K, Kim J Y, et al. Iridium catalyst based counter electrodes for dye-sensitized solar cells [J]. Current Applied Physics, 2013, 13(8): 1620 - 1624.

[210] Mokurala K, Kamble A, Bhargava P, et al. RF sputtered Iridium (Ir) film as a counter electrode for dye-sensitized solar cells [J]. Journal of Electronic Materials, 2015, 44(11): 4400 - 4404.

[211] Sun J, Tang C, Xu J, et al. Au coated amorphous indium zinc oxide (a-IZO) bilayer and its application as counter electrode for dye-sensitized solar cell [J]. International Journal of Hydrogen Energy, 2015, 40(32): 10194 - 10199.

[212] Noh Y, Song O. Properties of a Ru/Ti bilayered counter electrode in dye sensitized solar cells [J]. Electronic Materials Letters, 2014, 10(1): 271 - 273.

[213] Noh Y, Song O. Properties of an Au/Pt bilayered counter electrode in dye sensitized solar cells [J]. Electronic Materials Letters, 2014, 10(5): 981 - 984.

[214] Young Y, Oh N, Song S. Properties of the Cu/Pt bilayered counter electrode employed dye sensitized solar cells [J]. Journal of Korean Institute of Metal & Materials, 2014, 52(7): 557 - 560.

[215] Manseki K, Jarernboon W, You Y, et al. Solid-state dye-sensitized solar cells fabricated by coupling photoelectrochemically deposited poly(3,4-ethylenedioxythiophene) (PEDOT) with silver-paint on cathode [J]. Chemical Communications, 2011, 47(11): 3120 - 3122.

[216] Xia J, Yuan C, Yanagida S. Novel counter electrode V_2O_5/Al for solid dye-sensitized solar cells [J]. ACS Applied Materials and Interfaces, 2010, 2(7): 2136 - 2139.

[217] Street R A, Wong W S, Ready S E, et al. Jet printing flexible displays [J]. Materials Today, 2006, 9(4): 32 - 37.

[218] Nozik A J, Memming R. Physical chemistry of semiconductor-liquid interfaces [J]. The Journal of Physical Chemistry, 1996, 100: 13061 - 13078.

[219] Wan J W, Fang G J, Yin H J, et al. Pt-Ni alloy nanoparticles as superior counter electrodes for dye-sensitized solar cells: experimental and theoretical understanding [J]. Advanced Materials, 2014, 26: 8101 - 8106.

[220] He B, Meng X, Tang Q. Low-cost counter electrodes from CoPt alloys for efficient dye-sensitized solar cells [J]. ACS Applied Materials and Interfaces, 2014, 6(7): 4812 - 4818.

[221] Conibeer G. Third generation photovoltaics[J]. Laser and Photonics Reviews, 2007, 10(11): 42 - 50.

[222] Zhao A, Huang S, Huang J, et al. Nickel foam supported Pt as highly flexible counter electrode of dye-sensitized solar cells[J]. Solar Energy, 2021, 224(98): 82 - 87.

[223] Costa R D, Lodermeyer F, Casillas R, et al. Recent advances in multifunctional nanocarbons used in dye-sensitized solar cells[J]. Energy Environmental Science, 2014, 7(4): 1281 - 1296.

[224] Wang L, Liu H, Konik R M, et al. Carbon nanotube-based heterostructures for solar energy applications[J]. Chemical Society Reviews, 2013, 42(20): 8134 - 8156.

[225] Poudel P, Qiao Q. Carbon nanostructure counter electrodes for low cost and stable dye-sensitized solar cells [J]. Nano Energy, 2014, 4: 157 - 175.

[226] Theerthagiri J, Senthil A R, Madhavan J, et al. Recent progress in non-platinum counter electrode materials for dye-sensitized solar cells[J]. ChemElectroChem, 2015, 2(7): 928 - 945.

[227] Shiraz H G, Astaraie F R. Carbonaceous materials as substitutes for conventional dye-sensitized solar cell counter electrodes[J]. Journal of Materials Chemistry A, 2015, 3(42): 20849 - 20862.

[228] Roy-Mayhew J D, Aksay I A. Graphene materials and their use in dye-sensitized solar cells[J]. Chemical Reviews, 2014, 114(12): 6323 - 6348.

[229] Murakami T N, Ito S, Wang Q, et al. Highly efficient dye-sensitized solar cells based on carbon black counter electrodes[J]. Journal of the Electrochemical Society, 2006, 153(12): A2255.

[230] Wu C S, Chang T W, Teng H, et al. High performance carbon black counter electrodes for dye-sensitized solar cells[J]. Energy, 2016, (115): 513 - 518.

[231] Kim J M, Rhee S W. Electrochemical properties of porous carbon black layer as an electron injector into iodide redox couple[J]. Electrochimica Acta, 2012, 83: 264 - 270.

[232] Liu I P, Hou Y C, Li C W, et al. Highly electrocatalytic counter electrodes based on carbon black for Cobalt (Ⅲ)/(Ⅱ)-mediated dye-sensitized solar cells [J]. Journal of Materials Chemistry A, 2016, 5(1): 240 - 249.

[233] Zhang J, Long H, Miralles S G, et al. The combination of a polymer-carbon composite electrode with a high-absorptivity ruthenium dye achieves an efficient dye-sensitized solar cell based on a thiolate-disulfide redox couple[J]. Physical Chemistry Chemical Physics, 2012, 14(19): 7131 - 7136.

[234] Joshi P, Zhang L, Chen Q, et al. Electrospun carbon nanofibers as low-cost counter electrode for dye-sensitized solar cells[J]. ACS Application Materials and Interfaces, 2010, 2(12): 3572 - 3577.

[235] Veerappan G, Kwon W, Rhee S W. Carbon-nanofiber counter electrodes for quasi-solid state dye-sensitized solar cells[J]. Journal of Power Sources, 2011, 196(24): 10798 - 10805.

[236] Park S H, Kim B K, Lee W J. Electrospun activated carbon nanofibers with hollow core/highly mesoporous shell structure as counter electrodes for dye-sensitized solar cells[J]. Journal of Power Sources, 2013, 239: 122 - 127.

[237] Hg A, Yz A, Wl A, et al. Synthesis of highly effective Pt/carbon fiber composite counter electrode catalyst for dye-sensitized solar cells - ScienceDirect[J]. Electrochimica Acta, 2015, 176: 997 - 1000.

[238] Suzuki K, Yamaguchi M, Kumagai M, et al. Application of carbon nanotubes to counter electrodes of dye-sensitized solar cells[J]. Chemistry Letters, 2003, 32(1): 28 - 29.

[239] Lee W J, Ramasamy E, Dong Y L, et al. Efficient dye-sensitized solar cells with catalytic multiwall carbon nanotube counter electrodes[J]. ACS Applied Materials and Interfaces, 2009, 1(6): 1145 - 1149.

[240] Mei X, Cho S J, Fan B, et al. High-performance dye-sensitized solar cells with gel-coated binder-free carbon nanotube films as counter electrode[J]. Nanotechnology, 2010, 21(39): 395202.

[241] Jie M, Li C, Fei Y, et al. 3D single-walled carbon nanotube/graphene aerogels as Pt-free transparent counter electrodes for high efficiency dye-sensitized solar cells[J]. ChemSusChem, 2015, 7(12): 3304 - 3311.

[242] Monreal-Bernal A, Vilatela J J, Costa R D. CNT fibres as dual counter-electrode/current-collector in highly

efficient and stable dye-sensitized solar cells[J]. Carbon, 2018, 141: 488 – 496.

[243] Zheng H, Neo C Y, Mei X, et al. Reduced graphene oxide films fabricated by gel coating and their application as platinum-free counter electrodes of highly efficient iodide/triiodide dye-sensitized solar cells[J]. Journal of Materials Chemistry, 2012, 22(29): 14465 – 14474.

[244] Yu C, Liu Z, Meng X, et al. Nitrogen and phosphorus dual-doped graphene as a metal-free high-efficiency electrocatalyst for triiodide reduction[J]. Nanoscale, 2016, 8: 17458 – 17464.

[245] Jeon I Y, Hong M K, Choi I T, et al. High-performance dye-sensitized solar cells using edge-halogenated graphene nanoplatelets as counter electrodes[J]. Nano Energy, 2015, 13: 336 – 345.

[246] Xu X, Huang D, Cao K, et al. Electrochemically reduced graphene oxide multilayer films as efficient counter electrode for dye-sensitized solar cells[J]. Scientific Reports, 2013, 3(12): 1489.

[247] Wu M, Lin X, Wang T, et al. Low-cost dye-sensitized solar cell based on nine kinds of carbon counter electrodes[J]. Energy Environmental Science, 2011, 4(6): 2308 – 2315.

[248] Xuan W, Zhi L, K Müllen. Transparent, conductive graphene electrodes for dye-sensitized solar cells[J]. Nano Letters, 2008, 8(1): 323 – 327.

[249] Gurulakshmi M, Meenakshamma A, Susmitha K, et al. A transparent and Pt-free all-carbon nanocomposite counter electrode catalyst for efficient dye sensitized solar cells[J]. Solar Energy, 2019, 193: 568 – 575.

[250] Sahito I A, Sun K C, Arbab A A, et al. Synergistic effect of thermal and chemical reduction of graphene oxide at the counter electrode on the performance of dye-sensitized solar cells[J]. Solar Energy, 2019, 190: 112 – 118.

[251] Wang S, Xie Y, Shi K, et al. Monodispersed nickel phosphide nanocrystals in situ grown on reduced graphene oxide with controllable size and composition as counter electrode for dye-sensitized solar cells[J]. ACS Sustainable Chemistry and Engineering, 2020, 8(15): 5920 – 5926.

[252] Pavuluri S, Prakash S S, Ashraful I, et al. Novel approach for the synthesis of nanocrystalline anatase titania and their photovoltaic application[J]. Advances in OptoElectronics, 2011, 10(9): 1 – 5.

[253] Li Y Y, Li C T, Yeh M H, et al. Graphite with different structures as catalysts for counter electrodes in dye-sensitized solar cells[J]. Electrochimica Acta, 2015, 179: 211 – 219.

[254] Lee B, Buchholz D B, Chang R P H. An all carbon counter electrode for dye sensitized solar cells[J]. Energy Environmental Science, 2012, 5(5): 6941 – 6952.

[255] Kumar R, Sahajwalla V, Bhargava P. Fabrication of a counter electrode for dye-sensitized solar cells (DSSC) using a carbon material produced with the organic ligand 2-methyl-8-hydroxyquinolinol (Mq)[J]. Nanoscale Advances, 2019, 1(8): 3192 – 3199.

[256] Ji J M, Kim C K, Kim H K. Well-dispersed Te-doped mesoporous carbons as Pt-free counter electrodes for high-performance dye-sensitized solar cells[J]. Dalton Transactions, 2021, 50(27): 9399 – 9409.

[257] Skotheim T. Handbook of Conducting Polymers[M]. 2nd. Boca Raton: CRC Press, 2007.

[258] Saranya K, Rameez M, Subramania A. Developments in conducting polymer based counter electrodes for dye-sensitized solar cells: an overview[J]. European Polymer Journal, 2015, 66: 207 – 227.

[259] Yun S, Freitas J N, Nogueira A F, et al. Dye-sensitized solar cells employing polymers[J]. Progress in Polymer Science, 2015, 59: 1 – 40.

[260] Groenendaal L, Jonas F, Freitag D, et al. Poly(3, 4-ethylenedioxythiophene) and its derivatives: past, present, and future[J]. Advanced Materials, 2000, 12(7): 481 – 494.

[261] Sierros K A, Cairns D R, Hecht D S, et al. Highly durable transparent carbon nanotube films for flexible displays and touch — screens[J]. SID International Symposium: Digest of Technology Papers, 2010, 41 (3): 1942 – 1945.

[262] Jonas F, Krafft W, Muys B. Poly(3, 4-ethylenedioxythiophene): conductive coatings, technical applications and properties[J]. Macromolecular Symposia, 1995, 100(1): 169 – 173.

[263] Worfolk B J, Andrews S C, Park S, et al. Ultrahigh electrical conductivity in solution-sheared polymeric transparent films[J]. Proceedings of the National Academy of Sciences of the United States of America, 2015, 112(46): 14138 – 14143.

[264] Saito Y, Kitamura T, Wada Y, et al. Application of poly(3,4-ethylenedioxythiophene) to counter electrode in dye-sensitized solar cells[J]. Chemistry Letters, 2002, 2002(10): 1060 – 1061.

[265] Pringle J M, Armel V, Macfarlane D R. Electrodeposited PEDOT-on-plastic cathodes for dye-sensitized solar cells[J]. Chemical Communications, 2010, 46(29): 5367 – 5369.

[266] Ahmad S, Yum J H, Xianxi Z, et al. Dye-sensitized solar cells based on poly (3,4-ethylenedioxythiophene) counter electrode derived from ionic liquids[J]. Journal of Materials Chemistry, 2010, 20(9): 1654 – 1658.

[267] Trevisan R, Döbbelin M, Boix P P, et al. PEDOT nanotube arrays as high performing counter electrodes for dye sensitized solar cells[J]. Advanced Energy Materials, 2011, 1(5): 781 – 784.

[268] Lee T H, Do K, Lee Y W, et al. High-performance dye-sensitized solar cells based on PEDOT nanofibers as an efficient catalytic counter electrode[J]. Journal of Materials Chemistry, 2012, 22(40): 21624 – 21629.

[269] Ellis H, Vlachopoulos N, Häggman L, et al. PEDOT counter electrodes for dye-sensitized solar cells prepared by aqueous micellar electrodeposition[J]. Electrochimica Acta, 2013, 107: 45 – 51.

[270] Xu X, Zhang B, Cui J, et al. Efficient p-type dye-sensitized solar cells based on disulfide/thiolate electrolytes [J]. Nanoscale, 2013, 5(17): 7963 – 7969.

[271] Bora C, Sarkar C, Mohan K J, et al. Polythiophene/graphene composite as a highly efficient platinum-free counter electrode in dye-sensitized solar cells[J]. Electrochimica Acta, 2015, 157: 225 – 231.

[272] Wang H, Feng Q, Gong F, et al. In situ growth of oriented polyaniline nanowires array for efficient cathode of Co(Ⅲ)/Co(Ⅱ) mediated dye-sensitized solar cell[J]. Journal of Materials Chemistry A, 2013, 1(1): 97 – 104.

[273] Hou W, Xiao Y, Han G, et al. Serrated, flexible and ultrathin polyaniline nanoribbons: an efficient counter electrode for the dye-sensitized solar cell[J]. Journal of Power Sources, 2016, 322: 155 – 162.

[274] Peng T, Sun W, Huang C, et al. Self-assembled free-standing polypyrrole nanotube membrane as an efficient FTO- and Pt-free counter electrode for dye-sensitized solar cells[J]. ACS Applied Materials Interfaces, 2014, 6(1): 14 – 7.

[275] Sangiorgi N, Sangiorgi A, Tarterini F, et al. Molecularly imprinted polypyrrole counter electrode for gel-state dye-sensitized solar cells[J]. Electrochimica Acta, 2019, 305: 322 – 328.

[276] Li P, Wu J, Lin J, et al. High-performance and low platinum loading Pt/Carbon black counter electrode for dye-sensitized solar cells[J]. Solar Energy, 2009, 83(6): 845 – 849.

[277] Jian W G, Bo Z, Yu H, et al. A sulfur-assisted strategy to decorate MWCNT with highly dispersed Pt nanoparticles for counter electrode in dye-sensitized solar cells[J]. Journal of Materials Chemistry A, 2013, 1 (6): 1982 – 1986.

[278] Wu M, Wang Y, Lin X, et al. TiC/Pt composite catalyst as counter electrode for dye-sensitized solar cells with long-term stability and high efficiency [J]. Journal of Materials Chemistry A, 2013, 1 (34): 9672 – 9679.

[279] Wang Y, Zhao C, Wu M, et al. Highly efficient and low cost Pt-based binary and ternary composite catalysts as counter electrode for dye-sensitized solar cells[J]. Electrochimica Acta, 2013, 105(26): 671 – 676.

[280] Chen H, Liu, T, Ren J, et al. Synergistic carbon nanotube aerogel-Pt nanocomposites toward enhanced energy conversion in dye-sensitized solar cells [J]. Journal of Materials Chemistry A, 2016, 4 (9): 3238 – 3244.

[281] Zhu Y, Gao C, Han Q, et al. Large-scale high-efficiency dye-sensitized solar cells based on a Pt/carbon spheres composite catalyst as a flexible counter electrode[J]. Journal of Catalysis, 2017, 346: 62 – 69.

[282] Lan Z, Que L, Wu W, et al. High-performance Pt-NiO nanosheet-based counter electrodes for dye-sensitized

solar cells[J]. Journal of Solid State Electrochemistry, 2016, 20(3): 759 – 766.

[283] Ramasamy E, Jo C, Anthonysamy A, et al. Soft-template simple synthesis of ordered mesoporous titanium nitride-carbon nanocomposite for high performance dye-sensitized solar cell counter electrodes[J]. Chemistry of Materials, 2012, 24(9): 1575 – 1582.

[284] Wu M, Lin X, Hagfeldt A, et al. Low-cost molybdenum carbide and tungsten carbide counter electrodes for dye-sensitized solar cells[J]. Angewandte Chemie, 2011,123(15): 3582 – 3586.

[285] Dao V D, Choi H S. Pt nanourchins as efficient and robust counter electrode materials for dye-sensitized solar cells[J]. ACS Applied Materials and Interfaces, 2016, 8(1): 1004 – 1010.

[286] Wu M, Xiao L, Liang W, et al. In situ synthesized economical tungsten dioxide imbedded in mesoporous carbon for dye-sensitized solar cells as counter electrode catalyst[J]. Journal of Physical Chemistry C, 2012, 115(45): 22598 – 22602.

[287] Yun S, Pu H, Chen J, et al. Enhanced performance of supported HfO_2 counter electrodes for redox couples used in dye-sensitized solar cells[J]. ChemSusChem, 2014, 7(2): 442 – 450.

[288] Yue G, Wu J, Xiao Y, et al. High performance platinum-free counter electrode of molybdenum sulfide-carbon used in dye-sensitized solar cells[J]. Journal of Materials Chemistry A, 2013, 1(4): 1495 – 1501.

[289] Li Z, Gong F, Zhou G, et al. NiS_2/reduced graphene oxide nanocomposites for efficient dye-sensitized solar cells[J]. The Journal of Physical Chemistry B, 2013, 117(3): 6561 – 6566.

[290] Li Y, Wang H, Feng Q, et al. Reduced graphene oxide-TaON composite as a high-performance counter electrode for $Co(bpy)_3^{3+/2+}$-mediated dye-sensitized solar cells[J]. ACS Applied Materials and Interfaces, 2013, 5(16): 8217 – 8224.

[291] Li Y, Feng Q, Wang H, et al. Reduced graphene oxide-Ta_3N_5 composite: a potential cathode for efficient Co$(bpy)_3^{3+/2+}$ mediated dye-sensitized solar cells [J]. Journal of Materials Chemistry A, 2013, 1(21): 6342 – 6349.

[292] Yun S, Wu M, Wang Y, et al. Pt-like behavior of high-performance counter electrodes prepared from binary tantalum compounds showing high electrocatalytic activity for dye-sensitized solar cells[J]. ChemSusChem, 2013, 6(3): 411 – 416.

[293] Zhang X, Chen X, Zhang K, et al. Transition-metal nitride nanoparticles embedded in N-doped reduced graphene oxide: superior synergistic electrocatalytic materials for the counter electrodes of dye-sensitized solar cells[J]. Journal of Materials Chemistry A, 2013, 1(10): 3340 – 3346.

[294] Qian X, Li H, Shao L, et al. Morphology-tuned synthesis of nickel cobalt selenides as highly efficient Pt-free counter electrode catalysts for dye-sensitized solar cells[J]. ACS Applied Materials and Interfaces, 2016, 43: 29486.

[295] Liang W, Shi Y, Wang Y, et al. Composite catalyst of rosin carbon/Fe_3O_4: highly efficient counter electrode for dye-sensitized solar cells[J]. Chemical Communications, 2014, 50(14): 1701 – 1703.

[296] Li J, Li X, Wang T, et al. Hierarchical structure superlattice P2Mo18/MoS_2@ C nanocomposites: a kind of efficient counter electrode materials for dye-sensitized solar cells. ACS Applied Energy Materials, 2019, 2 (8): 5824 – 5834.

[297] Peng J D, Wu Y T, Yeh M H, et al. Transparent cobalt selenide/graphene counter electrode for efficient dye-sensitized solar cells with $Co^{2+/3+}$-based redox couple[J]. ACS Applied Materials Interfaces, 2020, 12(40): 44597 – 44607.

[298] Zhou H, Yin J, Nie Z, et al. Earth-abundant and nano-micro composite catalysts of Fe_3O_4@ reduced graphene oxide for green and economical mesoscopic photovoltaic devices with high efficiencies up to 9%[J]. Journal of Materials Chemistry A, 2016, 4(1): 67 – 73.

[299] Hong W, Xu Y, Lu G, et al. Transparent graphene/PEDOT-PSS composite films as counter electrodes of dye-sensitized solar cells[J]. Electrochemistry Communications, 2008, 10(10): 1555 – 1558.

[300] Yue G, Wu J, Xiao Y, et al. Functionalized graphene/poly (3, 4-ethylenedioxythiophene): polystyrenesulfonate as counter electrode catalyst for dye-sensitized solar cells [J]. Energy, 2013, 54: 315 - 321.

[301] Gong F, Xu X, Gang Z, et al. Enhanced charge transportation in a polypyrrole counter electrode via incorporation of reduced graphene oxide sheets for dye-sensitized solar cells[J]. Physical Chemistry Chemical Physics, 2012, 15(2): 546 - 552.

[302] Liu G, Li X, Wang H, et al. A class of carbon supported transition metal-nitrogen complex catalysts for dye-sensitized solar cells[J]. Journal of Materials Chemistry A, 2012, 1(4): 1475 - 1480.

[303] Li C T, Lee C T, Li S R, et al. Composite films of carbon black nanoparticles and sulfonated-polythiophene as flexible counter electrodes for dye-sensitized solar cells[J]. Journal of Power Sources, 2016, 302: 155 - 163.

[304] Zheng H, Neo C Y, Ouyang J. Highly efficient iodide/triiodide dye-sensitized solar cells with gel-coated reduce graphene oxide/single-walled carbon nanotube composites as the counter electrode exhibiting an open-circuit voltage of 0.90V[J]. ACS Applied Materials and Interfaces, 2013, 5(14): 6657 - 6664.

[305] Jo Y, Cheon J Y, Yu J, et al. Highly interconnected ordered mesoporous carbon-carbon nanotube nanocomposites: Pt-free, highly efficient, and durable counter electrodes for dye-sensitized solar cells[J]. Chemical Communications, 2012, 48(65): 8057 - 8059.

[306] Joshi P, Zhou Z, Poudel P, et al. Nickel incorporated carbon nanotube/nanofiber composites as counter electrodes for dye-sensitized solar cells[J]. Nanoscale, 2012, 4(18): 5659 - 5664.

[307] Arbab A A, Sun K C, Sahito I A, et al. A novel activated-charcoal-doped multiwalled carbon nanotube hybrid for quasi-solid-state dye-sensitized solar cell outperforming Pt electrode [J]. ACS Applied Materials and Interfaces, 2016, 8(11): 7471 - 7482.

[308] Muto T, Ikegami M, Kobayashi K, et al. Conductive polymer-based mesoscopic counterelectrodes for plastic dye-sensitized solar cells[J]. Chemistry Letters, 2007, 36(6): 804 - 805.

[309] Yue G, Wu J, Xiao Y, et al. Application of poly (3, 4-ethylenedioxythiophene): polystyrenesulfonate/ polypyrrole counter electrode for dye-sensitized solar cells[J]. The Journal of Physical Chemistry C, 2012, 116(34): 18057 - 18063.

[310] Tsai C H, Huang W C, Hsu Y C, et al. Poly(o-methoxyaniline) doped with an organic acid as cost-efficient counter electrodes for dye-sensitized solar cells[J]. Electrochimica Acta, 2016, 213: 791 - 801.

[311] Vijaya S, Giovanni L, Wu J J, et al. Ni₃S₄/CoS₂ mixed-phase nanocomposite as counter electrode for Pt-free dye-sensitized solar cells[J]. Journal of Power Sources, 2020, 478: 229068.

[312] Qiu J, He D, Wang H, et al. Morphology-controlled fabrication of NiCo₂S₄ nanostructures decorating carbon nanofibers as low-cost counter electrode for efficient dye-sensitized solar cells[J]. Electrochimica Acta, 2020, 367: 137451.

[313] Chiba Y, Islam A, Watanabe Y, et al. Dye-sensitized solar cells with conversion efficiency of 11.1%[J]. Japanese Journal of Applied Physics, 2006, 45(24/28): 638 - 640.

[314] Wang Y, Duan J, Zhao Y, et al. Ternary hybrid PtM@polyaniline (M = Ni, FeNi) counter electrodes for dye-sensitized solar cells[J]. Electrochimica Acta, 2018, 291: 114 - 123.

[315] Gong J, Sumathy K, Qiao Q, et al. Review on dye-sensitized solar cells (DSSC): advanced techniques and research trends[J]. Renewable and Sustainable Energy Reviews, 2017, 68: 234 - 246.

[316] Freitag M, Teuscher J, Saygili Y, et al. Dye-sensitized solar cells for efficient power generation under ambient lighting[J]. Nature Photonics, 2017, 11(6): 372 - 378.

[317] Grätzel M. Solar energy conversion by dye-sensitized photovoltaic cell[J]. Inorganic Chemistry, 2005, 44 (20): 6841 - 6851.

[318] Wang P, Zakeeruddin S M, Comte P, et al. Gelation of ionic liquid-based electrolytes with silica nanoparticles for quasi-solid-state dye-sensitized solar cells[J]. Journal of the American Chemical Society,

2003, 125(5): 1166-1167.

[319] Wu J, Lan Z, Lin J, et al. A novel thermosetting gel electrolyte for stable quasi-solid-state dye-sensitized solar cells[J]. Advanced Materials, 2007, 19(22): 4006-4011.

[320] Luo D, Yang W, Wang Z, et al. Enhanced photovoltage for inverted planar heterojunction perovskite solar cells[J]. Science, 2018, 360(6396): 1442-1446.

[321] Zhang H, Wang H, Williams S T, et al. SrCl₂ Derived perovskite facilitating a high efficiency of 16% in hole-conductor-free fully printable mesoscopic perovskite solar cells [J]. Advanced Materials, 2017, 29(15): 1606608.

[322] Song L, Wang W, Körstgens V, et al. Spray deposition of titania films with incorporated crystalline nanoparticles for all-solid-state dye-sensitized solar cells using P3HT[J]. Advanced Functional Materials, 2016, 26(10): 1489.

[323] Wu H P, Ou Z W, Pan T Y, et al. Molecular engineering of cocktail co-sensitization for efficient panchromatic porphyrin-sensitized solar cells[J]. Energy Environmental Science, 2012, 5(12): 9843-9848.

[324] Wu W, Xiang H, Fan W, et al. Cosensitized porphyrin system for high-performance solar cells with TOF-SIMS analysis[J]. ACS Applied Materials and Interfaces, 2017, 9(19): 16081-16090.

[325] Wu W, Xu X, Yang H, et al. D-π-M-π-A structured platinum acetylide sensitizer for dye-sensitized solar cells[J]. Journal of Materials Chemistry, 2011, 21(29): 10666-10671.

[326] Duan Y, Tang Q, He B, et al. Transparent nickel selenide alloy counter electrodes for bifacial dye-sensitized solar cells exceeding 10% efficiency[J]. Nanoscale, 2014, 6: 12601-12608.

[327] Ito S, Miura H, Uchida S, et al. High-conversion-efficiency organic dye-sensitized solar cells with a novel indoline dye[J]. Chemical Communications, 2008, 44(41): 5194-5196.

[328] Hu Z Q, Huang D F, Liu X Q, et al. Investigation on applying compound solvent in liquid electrolyte for dye-sensitized solar cells[J]. Advanced Materials Research, 2012, 347-353: 906-911.

[329] 武文俊. 太阳能电池新敏化剂的光电特性及其固化电解质的研究[D]. 上海: 华东理工大学, 2007: 9-12.

[330] Hagfeldt A, Grätzel M. Molecular photovoltaics [J]. Accounts of Chemical Research, 2000, 33(5): 269-277.

[331] Ming L, Yang H, Zhang W, et al. Selective laser sintering of TiO₂ nanoparticle film on plastic conductive substrate for highly efficient flexible dye-sensitized solar cell application[J]. Journal of Materials Chemistry A, 2014, 2(13): 4566-4573.

[332] Watson D F, Meyer G J. Cation effects in nanocrystalline solar cells[J]. Coordination Chemistry Reviews, 2004, 248(13-14): 1391-1406.

[333] Lee K M, Suryanarayanan V, Ho K C, et al. Effects of co-adsorbate and additive on the performance of dye-sensitized solar cells: a photophysical study[J]. Solar Energy Materials and Solar Cells, 2007, 91(15-16): 1426-1431.

[334] Xue B, Fu Z, Li H, et al. Cheap and environmentally benign electrochemical energy storage and conversion devices based on AlI₃ electrolytes[J]. Journal of the American Chemical Society, 2006, 128: 8720-8721.

[335] Sapp S A, Elliott C M, Contado C, et al. Substituted polypyridine complexes of cobalt(Ⅱ/Ⅲ) as efficient electron-transfer mediators in dye-sensitized solar cells[J]. Journal of the American Chemical Society, 2002, 124(37): 11215-11222.

[336] Wang Z S, Yanagida M, Sayama K, et al. Electronic-insulating coating of CaCO₃ on TiO₂ electrode in dye-sensitized solar cells: improvement of electron lifetime and efficiency[J]. Chemistry of Materials, 2006, 18(12): 2912-2916.

[337] Hardin B E, Snaith H J, McGehee M D. The renaissance of dye-sensitized solar cells[J]. Nature Photonics,

2012, 6(3): 162 - 169.

[338] Ahmad S, Bessho T, Kessler F, et al. A new generation of platinum and iodine free efficient dye-sensitized solar cells[J]. Physical Chemistry Chemical Physics, 2012, 14(30): 10631 - 10639.

[339] Yun S, Liu Y, Zhang T, et al. Recent advances in alternative counter electrode materials for Co-mediated dye-sensitized solar cells[J]. Nanoscale, 2015, 7(28): 11877 - 11893.

[340] Yum J H, Baranoff E, Kessler F, et al. A cobalt complex redox shuttle for dye-sensitized solar cells with high open-circuit potentials[J]. Nature Communications, 2012, 3(1): 1 - 8.

[341] Soni S S, Fadadu K B, Vaghasiya J V, et al. Improved molecular architecture of D-π-A carbazole dyes: 9% PCE with a cobalt redox shuttle in dye sensitized solar cells[J]. Journal of Materials Chemistry A, 2015, 3 (43): 21664 - 21671.

[342] Burschka, F K, Nazeeruddin M K, Grätzel M. Co(Ⅲ) complexes as p-dopants in solid-state dye-sensitized solar cells[J]. Chemistry of Materials, 2013, 25(15): 2986 - 2990.

[343] Wang Y, Li X, Liu B, et al. Porphyrins bearing long alkoxyl chains and carbazole for dye-sensitized solar cells: tuning cell performance through an ethynylene bridge [J]. RSC Advances, 2013, 3 (34): 14780 - 14790.

[344] Xiang H, Fan W, Li J H, et al. High-performance porphyrin-based dye-sensitized solar cells with iodine and cobalt redox shuttles[J]. ChemSusChem, 2017, 10(5): 938 - 945.

[345] Feldt S M, Wang G, Boschloo G, et al. Effects of driving forces for recombination and regeneration on the photovoltaic performance of dye-sensitized solar cells using cobalt polypyridine redox couples[J]. Journal of Physical Chemistry C, 2011, 115(43): 21500 - 21507.

[346] Kubo W, Kitamura T, Hanabusa K, et al. Quasi-solid-state dye-sensitized solar cells using room temperature molten salts and a low molecular weight gelator[J]. Chemical Communications, 2002, 4: 374 - 375.

[347] Duangkaew P, Chindaduang A, Tumcharern G. Efficiency and stability enhancement of dye-sensitized solar cell using PEO polymer gel and imidazolium-based ionic liquid electrolyte [J]. Science Journal Ubon Ratchathani University, 2010, 1(1): 9 - 14.

[348] Wu W, Zhang X, Yue H, et al. A Silicon-based imidazolium ionic liquid iodide source for dye-sensitized solar cells[J]. Chinese Journal of Chemistry, 2013 (3): 388 - 392.

[349] Papageorgiou N, Athanassov Y, Armand M, et al. The performance and stability of ambient temperature molten salts for solar cell applications[J]. Journal of the Electrochemical Society, 1996, 143(10): 3099.

[350] Wang P, Dai Q, Zakeeruddin S M, et al. Ambient temperature plastic crystal electrolyte for efficient, all-solid-state dye-sensitized solar cell [J]. Journal of the American Chemical Society, 2004, 126 (42): 13590 - 13591.

[351] Wang P, Zakeeruddin S M, Moser J E, et al. A new ionic liquid electrolyte enhances the conversion efficiency of dye-sensitized solar cells [J]. The Journal of Physical Chemistry B, 2003, 107 (48): 13280 - 13285.

[352] Noda A, Watanabe M. Highly conductive polymer electrolytes prepared by in situ polymerization of vinyl monomers in room temperature molten salts[J]. Electrochimica Acta, 2000, 45(8): 1265 - 1270.

[353] Huaulmé Q, Cabau L, Demadrille R. An important step toward more efficient and stable dye-sensitized solar cells[J]. Chem, 2018, 4(10): 2267 - 2268.

[354] Paulsson H, Berggrund M, Svantesson E, et al. Molten and solid metal-iodide-doped trialkylsulphonium iodides and polyiodides as electrolytes in dye-sensitized nanocrystalline solar cells[J]. Solar Energy Materials and Solar Cells, 2004, 82(3): 345 - 360.

[355] Jovanovski V, Stathatos E, Orel B, et al. Dye-sensitized solar cells with electrolyte based on a trimethoxysilane-derivatized ionic liquid[J]. Thin Solid Films, 2006, 511: 634 - 637.

[356] Kuang D, Ito S, Zakeeruddin S M, et al. Mesoscopic dye sensitized solar cells using hydrophobic ionic liquid

electrolyte[M]. New York: Oxford University Press, 2007: 212 - 219.

[357] Oskam G, Bergeron B V, Meyer G J, et al. Pseudohalogens for dye-sensitized TiO₂ photoelectrochemical cells [J]. The Journal of Physical Chemistry B, 2001, 105(29): 6867 - 6873.

[358] Kawashima T, Ezure T, Okada K, et al. FTO/ITO double-layered transparent conductive oxide for dye-sensitized solar cells [J]. Journal of Photochemistry Photobiology A: Chemistry, 2004, 164 (1 - 3): 199 - 202.

[359] Tennakone K, Kumara G, Kumarasinghe A R, et al. A dye-sensitized nano-porous solid-state photovoltaic cell [J]. Semiconductor Science and Technology, 1999, 10(12): 1689.

[360] Kumara G, Kaneko S, Okuya M, et al. Fabrication of dye-sensitized solar cells using triethylamine hydrothiocyanate as a CuI crystal growth inhibitor[J]. Langmuir, 2002, 18(26): 10493 - 10495.

[361] Taguchi T, Zhang XT, Sutanto I, et al. Improving the performance of solid-state dye-sensitized solar cell using MgO-coated TiO₂ nanoporous film[J]. Chemical Communications, 2003, (19): 2480 - 2481.

[362] Meng Q B, Takahashi K, Zhang X T, et al. Fabrication of an efficient solid-state dye-sensitized solar cell[J]. Langmuir, 2003, 19(9): 3572 - 3574.

[363] Jing H, Jin M C, Xiao W Z, et al. Efficiency enhancement of solid-state dye sensitized solar cell by in situ deposition of CuI[J]. Surface Interface Analysis, 2008, 40(10): 1393 - 1396.

[364] Kumara G R, Tennakone K, Perera V P, et al. Suppression of recombinations in a dye-sensitized photoelectrochemical cell made from a film of tin IV oxide crystallites coated with a thin layer of aluminium oxide[J]. Journal of Physics D: Applied Physics, 2001, 34(6): 868 - 873.

[365] Perera V, Senevirathna M, Pitigala P, et al. Doping CuSCN films for enhancement of conductivity: application in dye-sensitized solid-state solar cells[J]. Solar Energy Materials Solar Cells, 2005, 86(3): 443 - 450.

[366] Bandara J, Weerasinghe H. Solid-state dye-sensitized solar cell with p-type NiO as a hole collector[J]. Solar Energy Materials and Solar Cells, 2005, 85(3): 385 - 390.

[367] Chung I, Lee B, He J, et al. All-solid-state dye-sensitized solar cells with high efficiency[J]. Nature, 2012, 485(7399): 486 - 489.

[368] Bach U, Lupo D, Comte P, et al. Solid-state dye-sensitized mesoporous TiO₂ solar cells with high photon-to-electron conversion efficiencies[J]. Nature, 1998, 395(6702): 583 - 585.

[369] Krüger J, Plass R, Cevey L, et al. High efficiency solid-state photovoltaic device due to inhibition of interface charge recombination[J]. Applied Physics Letters, 2001, 79(13): 2085 - 2087.

[370] Krüger J, Plass R, Grätzel M, et al. Improvement of the photovoltaic performance of solid-state dye-sensitized device by silver complexation of the sensitizer cis-bis (4, 4'-dicarboxy-2, 2'-bipyridine)-bis(isothiocyanato) ruthenium (Ⅱ)[J]. Applied Physics Letters, 2002, 81(2): 367 - 369.

[371] Snaith H J, Moule A J, Klein C, et al. Efficiency enhancements in solid-state hybrid solar cells via reduced charge recombination and increased light capture[J]. Nano Letters, 2007, 7(11): 3372 - 3376.

[372] Wang M, Xu M, Shi D, et al. High-performance liquid and solid dye-sensitized solar cells based on a novel metal-free organic sensitizer[J]. Advanced Materials, 2008, 20(23): 4460 - 4463.

[373] Burschka J, Dualeh A, Kessler F, et al. Tris(2-(1H-pyrazol-1-yl)pyridine)cobalt(Ⅲ) as p-type dopant for organic semiconductors and its application in highly efficient solid-state dye-sensitized solar cells[J]. Journal of the American Chemical Society, 2011, 133(45): 18042 - 18045.

[374] Murakoshi K, Kogure R, Wada Y, et al. Fabrication of solid-state dye-sensitized TiO₂ solar cells combined with polypyrrole[J]. Solar Energy Materials and Solar Cells, 1998, 55(1 - 2): 113 - 125.

[375] Saito Y, Kitamura T, Wada Y, et al. Poly(3,4-ethylenedioxythiophene) as a hole conductor in solid state dye sensitized solar cells[J]. Synthetic Metals, 2002, 131(1 - 3): 185 - 187.

[376] Fukuri N, Masaki N, Kitamura T, et al. Electron transport analysis for improvement of solid-state dye-

sensitized solar cells using poly (3,4-ethylenedioxythiophene) as hole conductors[J]. Journal of Physical Chemistry B, 2006, 110(50): 25251 − 25258.

[377] Johansson E, Sandell A, Siegbahn H, et al. Interfacial properties of photovoltaic TiO_2/dye/PEDOT-PSS heterojunctions[J]. Synthetic Metals, 2005, 149(2): 157 − 167.

[378] Zhang C, Wang K, Hu L, et al. Improved performance of solid-state dye-sensitized solar cells with p/p-type nanocomposite electrolyte[J]. Journal of Photochemistry and Photobiology A Chemistry, 2007, 189(2 − 3): 329 − 333.

[379] Shin W S, Kim S C, Lee S J, et al. Synthesis and photovoltaic properties of a low-band-gap polymer consisting of alternating thiophene and benzothiadiazole derivatives for bulk-heterojunction and dye-sensitized solar cells[J]. Journal of Polymer Science Part A: Polymer Chemistry, 2007, 45(8): 1394 − 1402.

[380] Nogueira A F, Durrant J R, Paoli M. Dye-sensitized nanocrystalline solar cells employing a polymer electrolyte [J]. Advanced Materials, 2001, 13(11): 826 − 830.

[381] Kim D W, Jeong Y B, Kim S H, et al. Photovoltaic performance of dye-sensitized solar cell assembled with gel polymer electrolyte[J]. Journal of Power Sources, 2005, 149: 112 − 116.

[382] Kang M S, Kim J H, Won J, et al. Dye-sensitized solar cells based on crosslinked poly (ethylene glycol) electrolytes[J]. Journal of Photochemistry and Photobiology A: Chemistry, 2006, 183(1 − 2): 15 − 21.

[383] Wu J, Hao S, Lan Z, et al. An all-solid-state dye-sensitized solar cell-based poly (N-alkyl-4-vinyl-pyridine iodide) electrolyte with efficiency of 5.64%[J]. Journal of the American Chemical Society, 2008, 130(35): 11568 − 11569.

[384] Cao Y, Saygili Y, Ummadisingu A, et al. 11% efficiency solid-state dye-sensitized solar cells with copper (Ⅱ / Ⅰ) hole transport materials[J]. Nature Communications, 2017, 8: 15390.

[385] Saygili Y, Söderberg M, Pellet N, et al. Copper bipyridyl redox mediators for dye-sensitized solar cells with high photovoltage[J]. Journal of the American Chemical Society, 2016, 138(45): 15087 − 15096.

[386] Ren Y, Flores-Díaz N, Zhang D, et al. Blue photosensitizer with copper (Ⅱ / Ⅰ) redox mediator for efficient and stable dye-sensitized solar cells[J]. Advanced Functional Materials, 2020, 30(50): 2004804.

[387] Fürer S O, Milhuisen R A, Kashif M K, et al. The performance-determining role of lewis bases in dye-sensitized solar cells employing copper-bisphenanthroline redox mediators[J]. Advanced Energy Materials, 2020, 10(37): 2002067.

[388] Zhang D, Stojanovic M, Ren Y, et al. A molecular photosensitizer achieves a V_{oc} of 1.24V enabling highly efficient and stable dye-sensitized solar cells with copper (Ⅱ / Ⅰ)-based electrolyte [J]. Nature Communications, 2021, 12(1): 1777.

[389] Yu Z, Rui H, Shen J, et al. Stable dye-sensitized solar cells based on copper (ii/i) redox mediators bearing a pentadentate ligand[J]. Angewandte Chemie, 202, 60: 2 − 10.

[390] Miettunen K, Halme J, Lund P. Metallic and plastic dye solar cells[J]. Wiley Interdisciplinary Reviews: Energy and Environment, 2013, 2(1): 104 − 120.

[391] Hashmi G, Miettunen K, Peltola T, et al. Review of materials and manufacturing options for large area flexible dye solar cells[J]. Renewable Sustainable Energy Reviews, 2011, 15(8): 3717 − 3732.

[392] Krebs FC, Tromholt T, Jørgensen M. Upscaling of polymer solar cell fabrication using full roll-to-roll processing[J]. Nanoscale, 2010, 2(6): 873 − 886.

[393] Toivola M, Ahlskog F, Lund P. Industrial sheet metals for nanocrystalline dye-sensitized solar cell structures [J]. Solar Energy Materials and Solar Cells, 2006, 90(17): 2881 − 2893.

[394] Watson T M, Reynolds G J, Worsley D A. Painted steel mounted dye sensitised solar cells: titanium metallisation using magnetron sputtering[J]. Ironmaking Steelmaking, 2011, 38(3): 168 − 172.

[395] Bo W, Lei L K. Dye sensitized solar cells on paper substrates[J]. Solar Energy Materials and Solar Cells, 2011, 95(8): 2531 − 2535.

[396] Fan K, Peng T, Chen J, et al. Low-cost, quasi-solid-state and TCO-free highly bendable dye-sensitized cells on paper substrate[J]. Journal of Materials Chemistry, 2012, 22(31): 16121 – 16126.

[397] Bella F, Pugliese D, Zolin L, et al. Paper-based quasi-solid dye-sensitized solar cells[J]. Electrochimica Acta, 2017, 237: 87 – 93.

[398] Fu N, Yuan L. Preparation of platinized electrode via photo-platinization technique for flexible dye-sensitized solar cells[C]. Advanced Optoelectronics for Energy and Environment, 2013.

[399] Kang M G, Park N G, Ryu K S, et al. A 4.2% efficient flexible dye-sensitized TiO_2 solar cells using stainless steel substrate[J]. Solar Energy Materials and Solar Cells, 2006, 90(5): 574 – 581.

[400] Liao J Y, Lei B X, Chen H Y, et al. Oriented hierarchical single crystalline anatase TiO_2 nanowire arrays on Ti-foil substrate for efficient flexible dye-sensitized solar cells[J]. Energy Environmental Science, 2012, 5(2): 5750 – 5757.

[401] Jun Y, Kang M G. The characterization of nanocrystalline dye-sensitized solar cells with flexible metal substrates by electrochemical impedance spectroscopy[J]. Journal of the Electrochemical Society, 2006, 154(1): B68.

[402] Nakade S, Matsu D M, Kambe S, et al. Dependence of TiO_2 nanoparticle preparation methods and annealing temperature on the efficiency of dye-sensitized solar cells[J]. Journal of Physical Chemistry B, 2002, 106(39): 10004 – 10010.

[403] Oezkan M, Hashmi S G, Halme J, et al. Inkjet-printed platinum counter electrodes for dye-sensitized solar cells[J]. Organic Electronics, 2017, 44: 159 – 167.

[404] Miyasaka T, Ikegami M, Kijitori Y. Photovoltaic performance of plastic dye-sensitized electrodes prepared by low-temperature binder-free coating of mesoscopic titania[J]. Journal of the Electrochemical Society, 2007, 154(5): A455.

[405] Wang L, Xue Z, Liu X, et al. Transfer of asymmetric free-standing TiO_2 nanowire films for high efficiency flexible dye-sensitized solar cells[J]. RSC Advances, 2012, 2(20): 7656 – 7659.

[406] Dürr M, Schmid A, Obermaier M, et al. Low-temperature fabrication of dye-sensitized solar cells by transfer of composite porous layers[J]. Nature Materials, 2005, 4(8): 607 – 611.

[407] Singh A, English N J, Ryan K M. Highly ordered nanorod assemblies extending over device scale areas and in controlled multilayers by electrophoretic deposition[J]. Journal of Physical Chemistry B, 2013, 117(6): 1608 – 1615.

[408] Zhang L, Konno A. Development of flexible dye-sensitized solar cell based on pre-dyed zinc oxide nanoparticle [J]. International Journal of Electrochemical Science, 2018, 13(1): 344 – 352.

[409] Hashmi, S G, Ouml, et al. Dye-sensitized solar cells with inkjet-printed dyes[J]. Energy Environment Science, 2016, 9(7): 2453 – 2462.

[410] Rühle S, Shalom M, Zaban A. Quantum-dot-sensitized solar cells[J]. ChemPhysChem, 2010, 11(11): 2290 – 2304.

[411] Miettunen K, Asghar I, Mastroianni S, et al. Effect of molecular filtering and electrolyte composition on the spatial variation in performance of dye solar cells[J]. Journal of Electroanalytical Chemistry, 2012, 664(1): 63 – 72.

[412] Nogueira A F, Longo C, Paoli M. Polymers in dye sensitized solar cells: overview and perspectives[J]. Coordination Chemistry Reviews, 2004, 248(13/14): 1455 – 1468.

[413] Bella F, Pugliese D, Nair J R, et al. A UV-crosslinked polymer electrolyte membrane for quasi-solid dye-sensitized solar cells with excellent efficiency and durability[J]. Physical Chemistry Chemical Physics, 2013, 15(11): 3706 – 3711.

[414] Yuan S, Tang Q, He B, et al. Multifunctional graphene incorporated conducting gel electrolytes in enhancing photovoltaic performances of quasi-solid-state dye-sensitized solar cells[J]. Journal of Power Sources, 2014,

260(5): 225 – 232.

[415] Hashmi S G, Ozkan M, Halme J, et al. High performance dye-sensitized solar cells with inkjet printed ionic liquid electrolyte[J]. Nano Energy, 2015, 17: 206 – 215.

[416] Wang C, Wang L, Shi Y, et al. Printable electrolytes for highly efficient quasi-solid-state dye-sensitized solar cells[J]. Electrochimica Acta, 2013, 91: 302 – 306.

[417] Fang X, Ma T, Akiyama M, et al. Flexible counter electrodes based on metal sheet and polymer film for dye-sensitized solar cells[J]. Thin Solid Films, 2005, 472(1 – 2): 242 – 245.

[418] Acharya K P, Khatri H, Marsillac S, et al. Pulsed laser deposition of graphite counter electrodes for dye-sensitized solar cells[J]. Applied Physics Letters, 2010, 97(20): 201108.

[419] Tathavadekar M, Biswal M, Agarkar S, et al. Electronically and catalytically functional carbon cloth as a permeable and flexible counter electrode for dye sensitized solar cell[J]. Electrochimica Acta, 2014, 123 (4): 248 – 253.

[420] Chiang T H, Chen C H, Liu C Y. Effect of sealing with ultraviolet-curable adhesives on the performance of dye-sensitized solar cells[J]. Journal of Applied Polymer Science, 2015: 42015.

[421] Wang X, Tang Q, He B, et al. 7.35% Efficiency rear-irradiated flexible dye-sensitized solar cells by sealing liquid electrolyte in a groove[J]. Chemical Communications, 2015, 51(3): 491 – 494.

[422] Luo D, Liu B, Fujishima A, et al. TiO$_2$ nanotube arrays formed on Ti meshes with periodically arranged holes for flexible dye-sensitized solar cells[J]. ACS Applied Nano Materials, 2019, 2(6): 3943 – 3950.

[423] Zhang J, Wang Z, Li X, et al. Flexible platinum-free fiber-shaped dye sensitized solar cell with 10.28% efficiency[J]. ACS Applied Energy Materials, 2019, 2(4): 2870 – 2877.

[424] Gurulakshmi M, Meenakshamma A, Siddeswaramma G, et al. Electrodeposited MoS$_2$ counter electrode for flexible dye sensitized solar cell module with ionic liquid assisted photoelectrode[J]. Solar Energy, 2020, 199: 447 – 452.

[425] Mustafa M N, Sulaiman Y. Fully flexible dye-sensitized solar cells photoanode modified with titanium dioxide-graphene quantum dot light scattering layer[J]. Solar Energy, 2020, 212(1): 332 – 338.

[426] Li Z, Chen L, Yang Q, et al. Compacted stainless steel mesh-supported Co$_3$O$_4$ porous nanobelts for HCHO catalytic oxidation and Co$_3$O$_4$@Co$_3$S$_4$ via in situ sulfurization as platinum-free counter electrode for flexible dye-sensitized solar cells[J]. Applied Surface Science, 2021, 536: 147815.

[427] Tsai M H, Wang C L, He Z H, et al. Achieving a superior electrocatalytic activity of carbon cloth *via* atomic layer deposition as a flexible counter electrode for efficient dye-sensitized solar cells[J]. Journal of Power Sources, 2020, 458: 228043.

[428] Choudhury B D, Lin C, Shawon S M, et al. Carbon fibers coated with ternary Ni-Co-Se alloy particles as a low-cost counter electrode for flexible dye sensitized solar cells[J]. ACS Applied Energy Materials, 2021, 4(1): 870 – 878.

第五章 量子点太阳能电池

5.1 量子点基础知识

量子点(quantum dot, QD)作为半导体材料,近年来吸引了越来越多的关注。随着量子点制备技术的不断发展和提高,量子点已被应用于光电子器件及生物医学等多领域中。量子点是半径小于或接近激子玻尔半径的准零维纳米材料,是由少量原子组成的半导体纳米晶。量子点内部载流子运动在三个维度上均受到限制,载流子能量呈现量子化,因而具有许多不同于体相材料的物理化学性质。同时,量子效应使得量子点表现出尺寸依赖特性。

5.1.1 量子效应

当载流子(电子和空穴)被限制在小空间区域时,这些小空间区域尺寸小于载流子的德布罗意波长或纳晶直径小于激子玻尔半径的两倍,半导体表现出显著的量子效应。由于有效质量不同,量子效应发生在半导体某维度上长度小于 10~25 nm。不同于体相材料的连续能级分布,量子点能带呈现类似原子特性的分立能级结构。量子效应主要包括:量子限域效应、量子尺寸效应、表面效应、多重激子效应等。

1. 量子限域效应

由于量子点尺寸与电子的德布罗意波长、激子玻尔半径相近,电子局限在纳米空间,限制了电子运动。由于电子平均自由程很短,使得电子的局域性和相干性增强,引起了量子限域效应。对于零维量子点,电子和空穴在势阱中运动时,在垂直于表面方向受到限制,且在空间三个维度上都是介观的,具有三维量子限域效应。当量子点尺寸与瓦尼尔(Wannier)激子玻尔半径相当或更小时,处于强限域区,电子的平均自由程局限在纳米空间,介质势阱壁对电子和空穴的限域作用远大于电子和空穴的库仑作用,电子和空穴的关联较弱,使量子限域效应处于支配地位,导致电子和空穴的波函数重叠而形成激子,产生激子吸收带。随着量子点尺寸减小,激子带的吸收系数增加,出现激子强吸收。由于量子限域效应,激子的最低能量向高能方向移动即蓝移。当量子点尺寸大于 Wannier 激子玻尔半径时,处于弱限域区,电子和空穴不能形成激子。

2. 量子尺寸效应

当粒子尺寸小于体材料的激子玻尔半径时,金属费米能级附近的电子能级由准连续变为离散能级,而半导体纳米粒子则出现分立能级,且半导体带隙随着尺寸

减小而逐渐变宽,这种现象称为量子尺寸效应。量子点能级与尺寸之间的关系可以表示为[1]

$$E = E_g + \frac{h^2\pi^2}{2R^2}\left[\frac{1}{m_e} + \frac{1}{m_h}\right] - \frac{1.8e^2}{\varepsilon R}$$

其中,E 是量子点带隙;R 为原子半径;m_e 和 m_h 为电子和空穴的有效质量;ε 为材料的介电常数;E_g 相应体材料的带隙。第二项为量子限域效应引起的能量变化,第三项为电子和空穴的库伦相互作用能。量子尺寸效应对量子点性质的影响主要体现在,改变量子点尺寸可实现对带隙宽度、激子束缚能等调控。半导体量子点带隙随着尺寸的减小发生蓝移。当量子点被一定能量的光激发后,改变量子点尺寸可以调节荧光发射波长及吸收边位置。从图 5.1 看出,不同粒径 PbSe 量子点,吸收边位置随着尺寸增大而逐渐红移[2]。

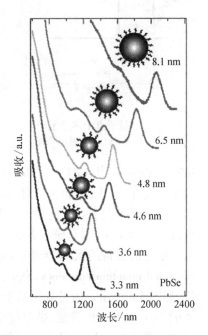

图 5.1 不同粒径 PbSe 量子点吸收光谱[2]

3. 表面效应

对于小尺寸量子点,大部分原子会暴露在量子点表面,而比表面积随量子点粒径减小而增大。由于量子点表面原子数增加,这些表面原子往往因配位不足而存在较多不饱和键和悬挂键,使得表面原子具有高活性和不稳定性,导致量子点表面能较大和高活性,因此容易发生团聚或与其他原子结合。此外,量子点表面缺陷会引入缺陷态能级,当缺陷能级低于激子能级时,电子和空穴被缺陷能级捕获,导致载流子发生复合。通常情况下,可以通过引入配体,使其与量子点表面金属配位来改善量子点表面性质。配体种类可以是两电子给体、单电子给体、两电子受体等。不同配体可以调控量子点能带结构,例如,PbS 量子点可以借助表面配体进行调控 p 或 n 型。此外,配体还可以使量子点保持良好的单分散性,避免团聚[3]。

4. 多重激子效应(Multiple Exciton Generation,MEG)

对体相半导体材料来讲,吸收一个光子($h\nu \geq E_g$),通常会产生 1 个激子(电子-空穴对),产生多个激子非常困难,这主要是由于库仑相互作用非常微弱及跃迁动量守恒的限制。大于带隙的能量以热能的形式激发晶格振动而耗散。由于量子

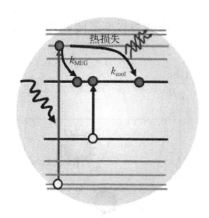

图 5.2   量子点中多激子产生
（MEG）过程示意图

点尺寸接近或小于玻尔半径,载流子之间的强相互作用有助于量子点在吸收一个光子时,有效提高了产生 2 个或多个电子-空穴对的概率(图 5.2),即多重激子效应(MEG)。

一般来讲,对于体相半导体材料,当一个光子能有效形成两个激子时,通常需要最低激发能阈值为光学带隙能量的 2 倍($>2E_g$)。MEG 两个主要影响因素是从最初的光生热激子中产生多激子的速率(k_{MEG})和热激子冷却,二者存在竞争(k_{cool}),增强的量子产率(quantum yield, QY)值可以用 MEG 和冷却速率常数表示。目前已在 PbSe[2,4]、PbS[5]、PbTe[6]、Si[7]、InAs[8-9]、InP[10]、CdSe[11-12]、CdTe[13]、CdSe/CdTe 核壳结构[14]等量子点中观察到 MEG 现象。量子点尺寸、组成、表面化学对 MEG 效率(η_{MEG})有重要影响。

量子点多激子效应使量子点太阳能电池量子效率有望突破 100%,理论光电转换效率高达 44%,引起研究者的广泛关注[15-16]。Beard 等首次报道以 PbSe 量子点为光敏化剂制备的太阳能电池(电池结构为 ITO/ZnO/PbSe QD/Au)外量子效率(external quantum efficiency, EQE)超过了 100%[16]。MEG 发生增加了电池的光电流,如图 5.3 所示。通过对比基于三种 PbSe 量子点(3.0、4.3 和 5.6 nm)太阳能电池的 EQE 和 IQE 值发现,带隙越窄越容易产生 MEG 效应。基于 5.6 nm 的 PbSe 量子点太阳能电池 EQE 值在光子能为 3.44 eV 处获得最高 114±1% 的 EQE 值和大约 130% 的内量子效率(internal quantum efficiency, IQE)[16]。Sambur 等在 PbS 量子点太阳能电池中也得到了超过 100% EQE 值,见图 5.4[15]。

5.1.2   量子点材料的制备

从 20 世纪 90 年代至今,量子点的制备技术不断发展,主要体现在: 制备温度在不断降低、制备工艺在简化并发展一步合成法,可实现量子点尺寸及分布、形貌的精准控制、异质结核壳量子点的构建,发展新量子点体系,对量子点表面化学的控制和不断深入的理解等。在此,我们主要针对应用于量子点太阳能电池中的量子点材料加以介绍。

根据量子点在太阳能电池中的引入方式,可将其制备方法分为原位沉积和非原位制备两种。其中,原位沉积法主要是将量子点直接沉积在宽带隙氧化物光阳极(TiO_2、SnO_2、ZnO 等)表面,用于量子点敏化太阳能电池中。原位沉积法又可以分为化学浴沉积(chemical bath deposition, CBD)和连续离子层吸附与反应(successive ionic layer adsorption reaction, SILAR)法。典型的 CBD 过程包括将所有

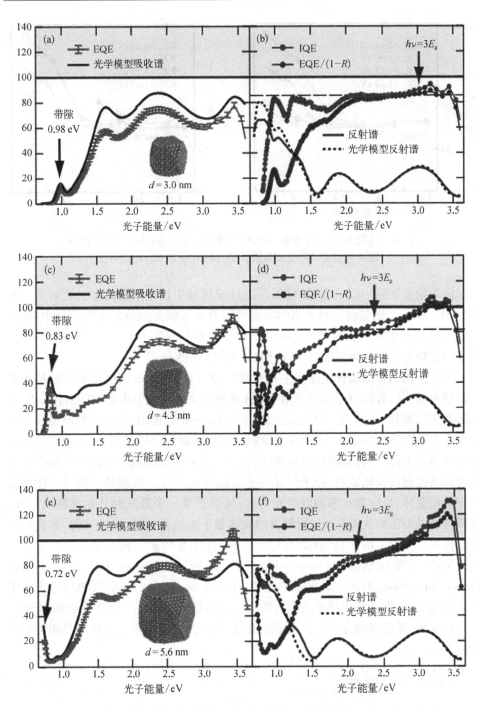

图 5.3　基于三种尺寸($E_g = 0.98$ eV、0.83 eV 和 0.72 eV)

PbSe 量子点制备的电池器件的 EQE 和 IQE 谱[16]

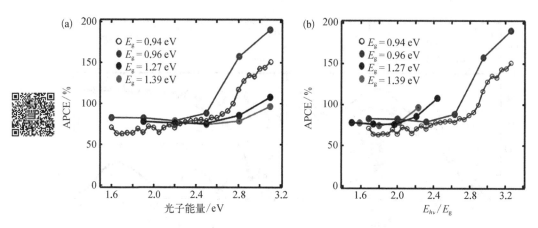

图 5.4   吸收光子-电流效率(APCE)与光子能量关系：(a) APCE 值与
绝对入射光子能量关系图；(b) APCE 值与 $E_{h\nu}/E_g$ 关系图[15]

离子前驱物置于同一反应容器,量子点经过成核和生长逐渐吸附在衬底表面。典型的 SILAR 过程则是将阳离子前驱溶液和阴离子前驱溶液分置不同容器中,将衬底依次浸入上述前驱溶液中通过原位化学反应而生成量子点。金属硫化物、硒化物和碲化物量子点均可以通过 CBD 和 SILAR 法获得。

　　非原位法制备的胶体量子点应用更为广泛,已被用于不同结构类型的量子点太阳能电池中。胶体量子点在水相体系(水热法等)或油相体系中(热注入法、有机溶剂热法等)均可获得。热注入法最初由 Bawendi 等提出,将过量的前驱体快速注入热的表面活性剂溶液中,单体浓度瞬时剧增而诱发成核过程,而随着溶液中单体浓度逐渐下降,不再有新的晶核生成,量子点进入生长阶段。热注入法是借助有机表面活性剂而快速成核,粒子尺寸分布可以达到 10%。溶剂热法则是在较低温度下将前驱体、反应物和溶剂混合在一起,加热到某一个温度时开始成核及生长。这两种合成方法的优点在于：所制备的胶体量子点结晶性好、尺寸均匀、有良好的分散性等。有机表面活性剂(即有机配体)的作用是用来保持胶体量子点的单分散稳定性,主要包括油酸(oleic acid, OA)、油胺(oleylamine, OAm)、三辛基膦(trioctylphosphine, TOP)、氧化三辛基膦(trioctylphosphine oxide, TOPO)等。对于量子点电池,还需要考虑量子点表面的有机配体对量子点电池载流子传输的影响。

　　接下来,我们将结合量子点太阳能电池,对一些代表性量子点材料及相关应用加以介绍。

5.1.2.1　二元量子点

　　量子点电池中常用的二元半导体量子点材料主要包括 Ⅱ-Ⅵ族(CdS、CdSe、CdTe、ZnSe、ZnS 等)和Ⅳ-Ⅵ族(PbS、PbSe、PbTe 等)。

1. Ⅱ-Ⅵ族半导体量子点

Ⅱ-Ⅵ族半导体量子点包括 CdS、CdSe、CdTe、ZnSe、ZnS 等。以 CdSe 量子点为例加以说明。CdSe 量子点具有较高的荧光量子产率,通过尺寸调控可实现对整个可见光的吸收,是量子点敏化电池(QDSC)最常用光敏化剂之一。CdSe 量子点既可以通过 SILAR 或 CBD 法在量子点敏化电池的介孔光阳极表面沉积,也可以采用热注入法、高温热裂解法或水相合成法获得。其中,热裂解法对前驱体反应活性有很高要求,前驱体活性太高会促使在较大温度范围内同时发生量子点成核、生长而导致量子点单分散性变差;而前驱体活性较低则很难控制量子点尺寸,这种合成方法较少使用。热注入法能较好地控制量子点尺寸和粒径分布,是目前普遍采用的方法,见图 5.5[17]。针对 QDSC,Zhong 提出在热注入合成 CdSe 量子点过程中引入配位作用较弱的 OAm 作为配体,有助于后续的配体置换,通过控制反应时间获得了 3.2~5.4 nm 的 CdSe 量子点,分别对应 563~618 nm 吸收边[18]。另外,CdSe 量子点也可以

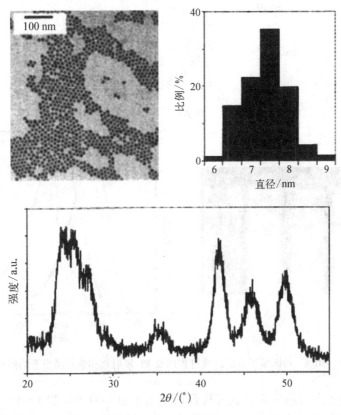

图 5.5 CdSe 量子点透射电子显微镜(TEM)照片、粒径分布及 XRD 谱[17]

采用水相合成法获得,即 Se 粉溶解于水合肼中制得水合肼 - Se,随后加入到含有 CdCl₂/MPA 的去离子水中,通过控制 Cd/Se 比例、温度、时间等来调控 CdSe 尺寸[19]。

　　基于热注入法合成 CdS 量子点过程与 CdSe 量子点相似。将预先制备的 Cd 前驱液与反应剂或配体混合于溶剂中,在惰性气体保护下升至目标温度后快速注入 S 前驱液,依次进行 CdS 量子点的成核和生长。Aboulaich 等[20]通过水热法成功制备得到 MPA - CdS 量子点,见图 5.6。具体合成过程为:将一定比例 CdCl₂、硫脲和 MPA 混合于去离子水后将 pH 调至 10,随后转移至反应釜中进行反应,控制反应温度和时间可调节 CdS 量子点尺寸。

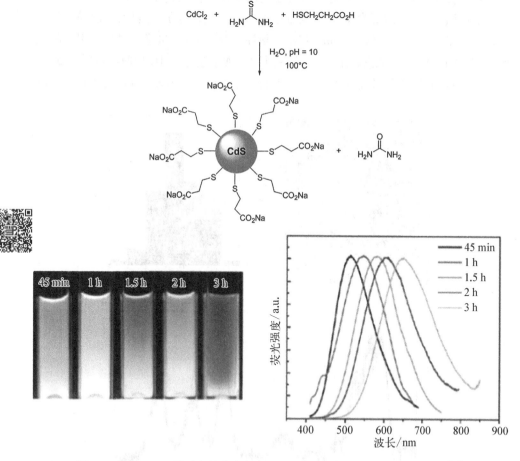

图 5.6　MPA - CdS 量子点的合成过程以及 PL 发射谱和紫外激发下的照片[20]

　　CdTe 量子点的热注入合成过程普遍采用了由 CdO、OA 和 1 - 十八烯(ODE)制备的 Cd 前驱液及由 Te 粉、三丁基膦和 ODE 制备的 Te 前驱液,通过该方法可得到纤锌矿结构 CdTe 量子点。研究发现配体选择对 CdTe 量子点结构有重要影响。当用十八烷基磷酸(octadecylphosphonic acid, ODPA)或十四烷基磷酸(tetradecylphosphonic acid, TDPA)替代 OA 配体时,得到 CdTe 量子点呈闪锌矿结构,而用 TOP 替代三丁基膦制备 Te 前驱液,可获得四足形状的 CdTe 量子点[21]。He 等报道了 CdTe 量子点的水相合成方法[22],即将一定比例的 NaHTe 溶液、Cd 前驱液(CdCl$_2$ 和 RGD 多肽溶解于水)和多肽混合,升温至98℃,通过控制反应时间来调控 CdTe 量子点尺寸,见图5.7。

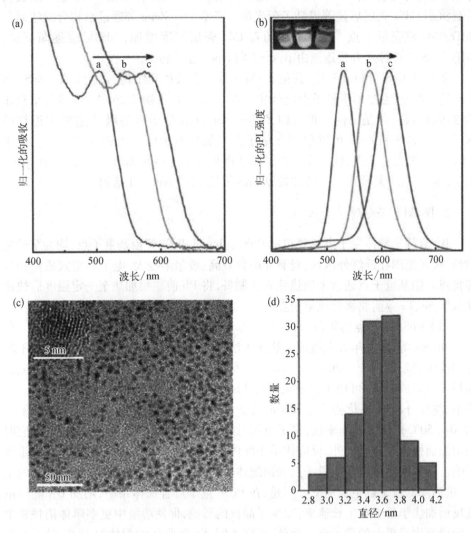

图5.7 (a)和(b)分别为 CdTe$_{532\,nm}$ 量子点、CdTe$_{578\,nm}$ 量子点、CdTe$_{615\,nm}$ 量子点的吸收光谱和 PL 发射光谱;(c)单分散 CdTe$_{595\,nm}$ 量子点的 TEM 图;(d)CdTe 量子点的粒径分布统计[22]

核壳量子点制备

基于 CdSe、CdS 和 CdTe 量子点,构建 type-Ⅰ 和 type-Ⅱ 型核壳量子点,并应用于量子点太阳能电池中。例如,反型 type-Ⅰ 和 type-Ⅱ 型核壳量子点结合了核、壳层量子点的优点,可同时增强光吸收和光生电子效率。CdS/CdSe 核壳量子点则综合了 CdS 高导带能位和 CdSe 宽吸收的优点。Zhong 等采用热注入法原位制备了 CdS/CdSe 核壳量子点,通过控制 Se/Cd 前驱液加入次数调节 CdSe 壳层厚度[23]。CdTe/CdSe 核壳量子点能级则呈现 type-Ⅱ 排列,通过改变 CdTe 核尺寸和 CdSe 壳厚度,可实现光吸收在 540~825 nm 范围内的调节。Zhang 等在 CdTe 量子点表面外延沉积 CdSe 壳层后显著提高了荧光量子产率[24]。Zeng 等通过水相合成法制备 CdTe/CdS 核壳量子点[25],并发现随着 CdS 壳层厚度增加,CdS 导带逐渐下移,CdTe/CdS 能带排列方式逐渐由 type-Ⅰ 向 type-Ⅱ 型转变。

除 CdS、CdSe 和 CdTe 外,其他 Ⅱ-Ⅵ族量子点及核壳结构,包括 ZnTe、ZnSe 和 ZnS 量子点等,也被用于量子点电池中。ZnTe 体材料带隙 2.26 eV,不适合单独作为光吸收材料;但是 type-Ⅱ 结构 ZnTe/CdSe 核壳量子点的吸收边可达近红外区[26]。而 ZnS 和 ZnSe 可以包覆在量子点光敏化剂表面作为钝化层[27,28]。对于 CdS/ZnSe 核壳量子点,核尺寸和壳层厚度将共同决定 CdS/ZnSe 能级排列为 type-Ⅰ 还是 type-Ⅱ,大尺寸 CdS 核和较厚 ZnSe 壳层形成 type-Ⅱ 结构。

2. Ⅳ-Ⅵ族半导体量子点

Ⅳ-Ⅵ族半导体量子点主要包括 PbSe、PbS 和 PbTe 等铅基量子点,均为窄带隙材料,吸光范围在近红外区域,具有介电常数高、玻尔半径大、电子和空穴质量相近等特点。铅基量子点通常采用热注入法制备,将 Pb 前驱物加热至一定温度后快速注入 S、Se、Te 等前驱物合成量子点。

(1) PbSe 量子点的制备

Murray 等 2001 年首先报道了热注入法合成 PbSe 胶体量子点[29],该方法不断得到改进和发展[30-31]。2004 年 Colvin 等发展了基于非配位溶剂的单分散 PbSe 胶体量子点合成方法,可用于合成大尺寸 PbSe 量子点(3~13 nm),这种方法具有低成本、粒径分布窄等优点[32]。PbSe 量子点合成温度虽然低于 Ⅱ-Ⅵ族量子点(250~350℃),但生长速率快,量子点尺寸难以控制,第一激子吸收峰随着反应时间增加而快速红移。此外,反应体系中配体浓度对 PbSe 量子点的生长速率有重要影响。提高配体浓度会使量子点表面配体数量增加而限制单体在量子点表面的生长,进而降低量子点生长速率。但是,在 PbSe 量子点合成体系中,增加 OA 配体浓度反而加快了量子点生长速率,减少了晶核的形成,促使溶液中更多单体消耗在生长阶段而生成更大的量子点。此外,研究表明,Se 前驱体的配体对 PbSe 量子点生长速率同样有重要影响,例如用 TBP-Se(TBP,磷酸三丁酯)替代 TOP-Se 可降低量子点反应速率,更好地控制 PbSe 量子点生长[33]。

（2）PbS 量子点的制备

PbS 量子点的合成与 PbSe 量子点相似。Hines 等以 PbO 和（TMS）₂S 作为 Pb 源和 S 源,OA 为反应剂和配体,ODE 为溶剂首次合成了 PbS 量子点[34]。研究发现,降低 S 前驱液的注入温度以及降低 OA 浓度可获得粒径较小的 PbS 量子点。Liu 等在较低温度下采用非热注入法合成了 PbS 量子点,将预先制备好的 Pb 和 S 前驱液按照一定比例混合后逐渐升温进行量子点的成核和生长。反应温度为 30~120℃ 的 PbS 量子点,吸收峰从 633 nm 红移至 859 nm,在整个升温过程中 PbS 量子点一直保持较窄的尺寸分布[35]。此外,通过对比三种 S 前驱体[（TMS）₂S、TAA（TAA,硫代乙酰胺）、单质 S]以及两种 Pb 前驱体（PbO 和 PbAc₂）发现,不同 S 前驱体合成的 PbS 量子点起始温度不同（（TMS）₂S<TAA<单质 S）,而使用 PbAc₂ 前驱体可获得较快的量子点生长速率。表面配体种类对 PbS 量子点光电学性质以及稳定性有重要影响。目前不同种类配体已经通过对 OA - PbS 量子点配体交换得以实现。

（3）PbTe 量子点的制备

PbTe 量子点的合成方法与 PbSe 量子点和 PbS 量子点类似。Lu 等以 PbAc₂ 和 TOP - Te 为前驱体,苯基醚和 OA 分别为溶剂和配体,通过热注入法获得 PbTe 量子点[36]。随后,Murphy 等发展了另外一种较为环境友好的合成方法[6],将 OA - Pb 前驱液在 Ar 气保护下升温至 170℃,快速注入 TOP - Te 后立即开始成核,随后将温度降至 80~130℃ 进入量子点生长阶段。增加 Pb 前驱体或 OA 浓度都将导致较大粒径 PbTe 量子点的生成。另外,通过优化配体、反应温度和 Pb/Te 比例可以控制 PbTe 量子点形状。例如以 PbAc₂ 为 Pb 前驱体,OA 与 TOP 混合液为配体,TOP - Te 为 Te 前驱液,当设置 250℃ 和 170~180℃ 分别为注入温度和生长温度时,通过调整 Pb/Te 比例分别获得立方体、八面体的 PbTe 量子点[37]。

5.1.2.2 三元量子点

（1）CuIn(S/Se)₂ 量子点的制备

CuInS₂ 和 CuInSe₂ 属于不含重金属元素的绿色合金量子点,因具有较窄的带隙和较高的导带能位而成为潜在的光吸收材料。中科院物理所孟庆波等[38]发展了简单的 CuInS₂ 胶体量子点水相合成法。他们分别以醋酸铜,氯化铟和硫化钠为 Cu、In、S 源,巯基乙酸（TGA）为稳定剂,在室温下得到红棕色且稳定分散的 TGA - CuInS₂ 胶体量子点。此外,典型的 CuInS₂ 量子点有机溶剂合成路线为[28]:将一定量的 CuI、In(OAc)₃、OAm 和 ODE 混合并在惰性气体保护下升温至 180℃,随后将 S 前驱液（将 S 粉溶解于 OAm 中）注入后反应获得 CuInS₂ 量子点。类似地,可以采

用热注入法合成 $CuInSe_2$ 量子点[39]：将 $In(OAc)_3$、CuI、ODE 和 OAm 混合并在惰性气氛下升至目标温度，快速注入 Se 前驱液（Se 粉溶解于 OAm 和二苯基膦）中反应获得 OAm − $CuInSe_2$ 量子点。

（2）$CdSe_xTe_{1-x}$ 量子点的制备

华南农业大学钟新华等提出基于有机溶剂体系合成高质量 $CdSe_xTe_{1-x}$ 合金量子点[40]。分别以 CdO、Se 粉和 Te 粉为 Cd、Se、Te 源，OA 和 TOP 为反应剂和稳定剂，液体石蜡为溶剂。首先将一定比例预先制备好的 OA − Cd、TOP − Se 和 TOP − Te 与溶剂混合后在 N_2 保护下逐渐升温至目标温度进行量子点生长。特别地，量子点生长结束后将反应体系降温至 260℃ 并注入 OAm，在这一过程中高浓度的 OAm 配体成功将量子点表面的 OA 配体置换下来，获得高质量 OAm − $CdSe_xTe_{1-x}$ 量子点，为后续的配体置换和电池制备奠定基础。中科院物理所孟庆波等通过发展一种微波辅助水相合成法[41]成功制备 MPA − $CdSe_xTe_{1-x}$ 量子点。采用上述两种方法均可获得稳定分散的 $CdSe_xTe_{1-x}$ 量子点，但由于油相合成过程在高温下进行，因此量子点具有更高的结晶质量和相对较少的缺陷。

（3）$AgIn(S/Se)_2$ 量子点的制备

$AgInS_2$ 和 $AgInSe_2$ 属于 Ⅰ−Ⅲ−Ⅵ 族直接带隙半导体，具有消光系数高、宽吸收、环境友好等特点。$AgInS_2$ 具有四方相和斜方相两种结构，对应的体相材料带隙分别为 1.87 eV 和 1.98 eV[42]。研究者已经发展了多种 $AgInS_2$ 量子点的合成方法。Kamat 等以 $AgNO_3$ 和 $InCl_3$ 为 Ag、In 前驱体，OA 和十二硫醇为配体溶剂，ODE 为溶剂在 150℃ 惰性气氛中将 S 前驱液（S 粉溶解于油胺）注入进行合成[43]。Huang 等将预先制备的二乙基二硫代氨基甲酸铟（In(dedc)$_3$）与 Ag(dedc)I 和 OAm 混合，在 180℃ 油浴中反应获得 $AgInS_2$ 量子点[44]。Chang 等则发展了水相 $AgInS_2$ 量子点合成路线：将 $AgNO_3$、$In(NO_3)_3$ 和 Na_2S 加入含有半胱氨酸和 NaOH 的去离子水中，该混合物随后转移被至容器中并在 160℃ 微波反应器中反应获得 $AgInS_2$ 量子点[45]。$AgInSe_2$ 体相材料带隙仅 1.2 eV，被认为是一种非常有发展潜力的太阳能电池吸光材料，基于 $AgInSe_2$ 量子点量子点敏化太阳能电池已经被报道。$AgInSe_2$ 量子点的油相和水相合成方法也不断得到发展，Chang 等发展了一种微波辅助水相合成方法[46]：首先以 SeO_2 和 $NaBH_4$ 为原料制备 Se 前驱液，随后加入包含一定比例 $AgNO_3$、$In(NO_3)_3$、柠檬酸钠和谷胱甘肽（glutathione，GSH）的去离子水中，将整个溶液转移至微波反应器中反应得到 GSH − $AgInSe_2$ 量子点。此外，他们还采用相同的合成路线分别制备了 MPA − $AgInSe_2$ 量子点和 TGA − $AgInSe_2$ 量子点。Bhattacharyya 等通过热注入法分别制备了 $AgInSe_2$ 量子点和 Zn − $AgInSe_2$ 量子点，研究发现在 $AgInSe_2$ 量子点中引入 Zn^{2+} 有利于提高电导性[47]。Torimoto 等是采用有机溶剂热法成功获得 OAm 配体包覆的 Zn – AgInSe$_2$ 量子点[48]。

5.1.2.3 多元量子点

多元量子点为实现更好的光物理性质提供了可能,但同时其多元组分也增大了合成难度。华南农业大学钟新华等发展了 Zn – Cu – In – Se 量子点合成方法[39],基于该量子点已获得一系列高效率电池器件。首先将 Zn(OAc)$_2$ 溶解于 OAm 和 ODE 中制得 Zn 前驱液,随后与一定量的 CuI、In(OAc)$_3$、OAm、ODE 混合并在 N$_2$ 保护下升温至 200℃后快速注入 DPP – Se,反应得到含 OAm 配体包覆的 Zn – Cu – In – Se 量子点。类似地,他们还合成了 Cu – In – Ga – Se 量子点,分别以 GaI$_3$、GaCl$_3$ 和镓 2,4 –戊二酸盐(Ga(acac)$_3$)为原料制备 Ga 前液,随后与一定比例的 CuI、Se 粉、In(OAc)$_3$、OAm 和 ODE 混合并在 N$_2$ 保护下升至 180℃后快速注入 DPP – Se,反应得到 OAm 配体包覆的 Cu – In – Ga – Se 量子点[49]。

5.1.3 量子点在光伏领域的应用简介

量子点因其独特的光电特性而被用作太阳能电池的吸光材料,统称为量子点太阳能电池,包括量子点敏化电池(QDSC)、胶体量子点电池(以铅基量子点为代表)、钙钛矿量子点电池等。此外,由于量子点带隙可以通过粒径尺寸、组成等在较大范围内进行调控,因此,通过选择多种量子点材料或不同尺寸量子点组合有望实现全太阳光谱范围内的光吸收[50]。量子点太阳能电池还可以与硅基电池、CIGS 和 CdTe 薄膜电池、有机电池、钙钛矿电池等构建多结太阳能电池,进一步提高太阳光的利用效率。此外,量子点还可用于上述太阳能电池的空穴传输材料或对电极材料。

下面结合具体的量子点太阳能电池,对电池相关材料及器件性质加以介绍。

5.2 量子点电池结构与工作原理

不同类型太阳能电池的性能因器件结构和工作原理有所差异,但基本的电学性质和性能评估是相似的。短路电流密度(J_{sc})、开路电压(V_{oc})、填充因子(FF)和光电转换效率(η)仍然是评估量子点太阳能电池性能的主要参数。随着量子点太阳能电池研究的推进,相应器件结构也在不断发展,但其基本组成仍包括:电子传输层(ZnO、TiO$_2$、SnO$_2$等)、量子点吸光层、空穴传输层和背电极。量子点太阳能电池结构主要划分为三大类,分别为量子点敏化太阳能电池、胶体量子点太阳能电池[以 PbX(X = S、Se 等)为代表]和钙钛矿量子点太阳能电池。

5.2.1　量子点敏化太阳能电池（quantum dot sensitized solar cells, QDSC）

QDSC 与染料敏化太阳能电池（dye-sensitized solar cells, DSC）的结构类似，是由光阳极、量子点光敏化剂、电解质和对电极组成的具有三明治结构的太阳能电池，如图 5.8 所示。

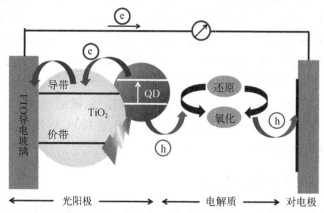

图 5.8　量子点敏化太阳能电池（QDSC）结构示意图

量子点在吸收入射光光子能量后被激发产生光生电子-空穴对并发生分离，电子快速注入光阳极导带后，在光阳极里传输至透明导电玻璃并被外电路收集，失去电子的氧化态量子点则被电解质还原回到基态，被氧化的电解质在对电极处接收外电路流入的电子完成再生，实现一个完整循环。氧化反应发生在 TiO_2/QD 与电解质界面处，电解质中氧化物种 S_x^{2-} 在对电极处被还原成 S^{2-}，相应的氧化还原反应过程如下公式：

$$S^{2-} + 2h^+ \rightarrow S \tag{5.1}$$

$$S + S_{x-1}^{2-} \rightarrow S_x^{2-} (x = 2 \sim 5) \tag{5.2}$$

$$S_x^{2-} + 2e \dashrightarrow S_{x-1}^{2-} + S^{2-} \tag{5.3}$$

具体来讲，光阳极是指在透明导电衬底上沉积宽带隙半导体多孔薄膜，量子点沉积在多孔膜表面。透明导电衬底通常使用氟掺杂氧化锡（fluorine-doped tin oxide, FTO）或铟锡氧化物（indium tin oxide, ITO）导电玻璃。用于 QDSC 的光阳极材料主要包括 TiO_2、ZnO 和 SnO_2 等宽带隙金属氧化物半导体，其中以 TiO_2 最为常用。考虑到一些常用光阳极 TiO_2 需要在高温下烧结制备，FTO 导电玻璃的使用更为广泛。光阳极作为 QDSC 的电子传输层，作用在于促进量子点中光生电子-空穴对的分离并将光生电子传输至透明电极，因此需要选择电子迁移率高且与量子点能带匹配的材料。此外，光阳极需具备尽可能大的比表面积以确保量子点负载量，同时还需要满足电解质在其中的充分渗透。目前，介孔膜、纳米管、纳米线或纳米棒阵列、微球等多种光阳极结构已被研究制备。

　　量子点是 QDSC 电池光吸收的核心。作为一类理想的光吸收材料,量子点不仅具有较窄的带隙以满足对太阳光的宽范围吸收,而且还具有足够高的导带位置以实现较快的电子注入速率,以及良好的光化学稳定性。为了增强光吸收和提高 QDSC 光电转换效率,光物理性质优异的量子点材料被不断开发应用。除了 CdS、CdSe、PbS、PbSe、CdTe 等二元量子点外,窄带隙多元合金量子点(包括 $CuInS_2$、$CuInSe_2$、$CdSe_xTe_{1-x}$、$CuInS_{1-x}Se_x$ 等)及由多种量子点构建的核壳结构量子点相继被应用于 QDSC。

　　电解质的主要作用是还原再生量子点。尽管 DSC 与 QDSC 电池结构非常相似,但 DSC 中电解质却不能直接用于 QDSC 中。QDSC 电解质的选择必须要考虑光电化学稳定性问题,这也是影响电池器件稳定性的关键因素。从 QDSC 电池研究初期至今,所使用的电解质可归纳为:多硫电解质(S^{2-}/S_x^{2-})、非硫氧化还原电解质以及空穴传输材料。目前性能最好的仍然是多硫电解质,通常由一定浓度的硫和硫化钠混合水溶液组成。

　　对电极承担着催化还原电解质的作用,需要具备良好的催化活性、导电性、稳定性,常用的对电极材料包括 Cu_2S、CuS、C 等,为了提高其催化活性,不同化学组成和结构的对电极相继被探索开发。

5.2.2　PbX 基胶体量子点太阳能电池

　　PbX 基胶体量子点太阳能电池主要基于 PbS 和 PbSe 胶体量子点,光电转换效率从最初不到 1% 到如今突破 13%。电池结构也在不断改进,先后发展了肖特基量子点太阳能电池、耗尽异质结量子点太阳能电池、耗尽体异质结量子点太阳能电池及量子结太阳能电池,相应的器件结构与能带示意图如图 5.9 所示。

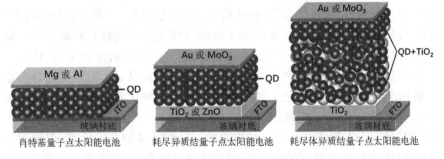

图 5.9　PbX 基胶体量子点太阳能电池结构示意图

5.2.2.1　肖特基量子点太阳能电池

肖特基量子点太阳能电池结构由透明导电氧化物(transparent conductive

oxide，TCO）、胶体量子点吸光层和金属电极三部分组成,见图 5.10(a)。在量子点吸光层与金属电极之间形成肖特基势垒,光生载流子分离和传输就发生在此处,利用 ITO 和金属电极之间的功函数差形成的内建电场可以促进光电流穿过胶体量子点层。太阳光从透明导电氧化物侧入射,量子点层吸收光子能量后被激发产生光生电子-空穴对;p 型量子点层与金属接触后发生能带弯曲,耗尽区集中在量子点层中,形成的内建电场促进了光生载流子的分离,使电子流入低功函数的金属电极而被外电路收集,同时空穴传输至 ITO。肖特基势垒高度取决于金属的功函数和 p 型量子点的电子亲和势,如果两者之间形成理想接触,则金属功函数与量子点准费米能级差值即为电池的开路电压 V_{oc} 值。与体相半导体薄膜所不同的是,在量子点薄膜中,由于胶体量子点表面有配体存在而使载流子被限制在量子点中,载流子只能通过隧穿或跳跃实现输运。

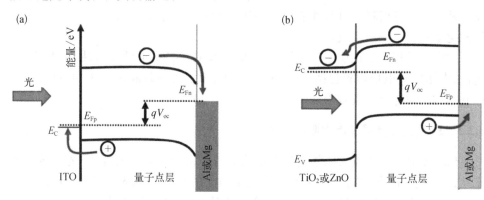

图 5.10   （a）肖特基胶体量子点电池能带示意图；
（b）耗尽体异质结胶体量子点电池能带示意图

　　研究初期,吸收层采用聚合物-胶体量子点复合层,但由于聚合物导电性较差,逐渐用纯胶体量子点取代,此时胶体量子点同时作为光吸收材料和载流子传输介质,这主要是基于 PbX 胶体量子点薄膜的整流结。金属电极主要采用 Al、Ca、Mg 和 Ag 等浅功函金属。通过改善 PbX 胶体量子点表面配体、在金属-半导体界面插入 LiF 阻挡层抑制性能退化、设计制备反结电池结构、氧化 PbX 量子点等方法有效改善了电池性能和稳定性,电池效率突破 5%[51-53]。

　　肖特基量子点太阳能电池具有结构简单、界面少、易制备的优点,但同时存在两个明显缺点:① 光生电荷在量子点-透明电极界面产生,而载流子分离发生在量子点-金属界面,光生电荷产生和分离界面之间的距离限制了电池性能,光生电子必须通过整个量子点层才能被金属电极收集,势必会带来严重载流子复合;② 量子点-金属电极界面处高密度缺陷态易导致费米能级钉扎现象而限制电池的 V_{oc}[54]。通过引入缓冲层等方法可以减少界面电子缺陷态密度,在一定程度上缓解上述问题。然而,光仍然需要从结的非整流一侧入射,这对于传输性能有限的胶体量子点吸光层来说仍然是个难题。

5.2.2.2 耗尽体异质结胶体量子点电池

为了克服肖特基量子点电池的结构缺点,2010 年发展了平面耗尽体异质结胶体量子点电池。这一电池结构结合了肖特基电池和 QDSC 电池结构的优点。典型的耗尽体异质结量子点电池由透明导电氧化物窗口层(FTO/ITO 导电玻璃)、n 型宽带隙半导体电子受体(TiO$_2$ 或 ZnO)、p 型胶体量子点吸收层和高功函数金属(Au、Ag 等)电极组成,如图 5.9(b)所示。其中,窗口层几乎允许所有的入射光到达量子点吸光层,吸光层与 TiO$_2$ 等电子受体直接接触能促进电子和空穴的有效分离和传输,即光生电荷产生与分离均发生在量子点-金属氧化物界面。量子点的导带和价带位置分别允许电子传输至宽带隙金属氧化物及空穴传输至金属电极。量子点吸光层通常是在金属氧化物薄膜表面旋涂胶体量子点溶液获得,在每两次旋涂之间需通过配体置换来替代量子点表面原先的配体,以获得致密、导电良好且足够厚度的量子点薄膜[55,56]。量子点吸光层厚度对电池性能起着决定性作用,太薄不能获得足够的光吸收,太厚则光生载流子因有限的传输特性而不能被完全收集。另一方面,耗尽层内的电场可以促进载流子分离,每种材料的掺杂程度决定了异质结两侧耗尽区宽度。典型地,重掺的 n 型宽带隙半导体可确保更多的耗尽区落在胶体量子点薄膜一侧。通过改善材料和结构,耗尽异质结电池性能不断得到提高,尤其是通过调控胶体量子点与宽带隙半导体之间的能级排列来提高光生电子的注入速率。此外,p-i-n 结构的构建可以扩宽耗尽区宽度,改善电子抽取和增强光吸收。

为了进一步提升电池性能,提出了耗尽体异质结结构,即在耗尽体异质结量子点电池结构基础上引入了可贯穿量子点吸光层的纳米结构金属氧化物层,在扩展耗尽区的同时,改善了光吸收、载流子分离和收集,显著提高了 J_{sc},如图 5.9(c)所示。但同时这种电池结构也引入了更多的界面和复合,因此 V_{oc} 值低于耗尽异质结电池。耗尽体异质结量子点电池在肖特基量子点电池结构基础上引入电子传输层(以 ZnO 为代表),加速了载流子分离和传输。工作原理如图 5.10(b)所示,光从透明导电氧化物一侧入射,穿过 ZnO 电子传输层后被量子点吸收产生光生电子-空穴对;量子点与 ZnO 之间的能级排列可以实现光生载流子在其界面处有效分离,电子由量子点转移至 ZnO,空穴则传输至高功函数金属电极(Au 等)。对于这种电池结构,结在光入射面一侧,由于耗尽层电场的存在,有利于光生载流子的分离与收集,可以提高 V_{oc}。对于耗尽体异质结量子点电池,除了引入致密的 n 型 ZnO 层外,还包括 ZnO 纳米线等可以贯穿量子点层的结构,这种结构的优点在于:增加了量子点与 ZnO 的接触面积,加速了载流子分离和传输,提供了一个将电子传输到透明电极的通道,显著改善了载流子分离和传输,为增加量子点吸光层厚度提供了可能,进而提高了太阳光利用率和电池性能。

5.2.2.3　量子结胶体量子点太阳能电池

随着对 PbX 量子点表面化学研究的不断推进,通过改变表面配体种类可获得 p 或 n 型的 PbX 量子点,研究者们以此为基础发展了量子结胶体量子点电池。从图 5.11 看出,与耗尽异质结电池中以 p 型量子点和 n 型 TiO$_2$ 或 ZnO 形成整流结不同,量子结是在 p 型量子点和 n 型量子点之间形成,因此结两侧均具有量子可调特性。量子结构建的难点在于如何获得空气稳定的 n 型 PbX 胶体量子点。

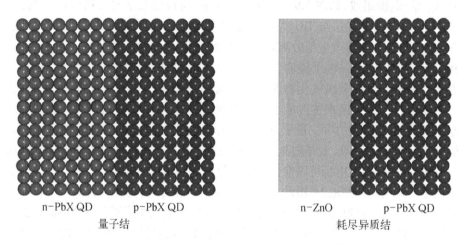

n-PbX QD　　　　　　　　p-PbX QD　　　　　　n-ZnO　　　　　　p-PbX QD
量子结　　　　　　　　　　　　　　　　耗尽异质结

图 5.11　量子结和耗尽异质结的结构示意图[57]

5.2.3　钙钛矿量子点太阳能电池

除了传统的硫属化物量子点材料外,卤化铅钙钛矿半导体因具有光学吸收系数高、带隙可调、载流子扩散长度长、缺陷容忍度高等优异特性而成为近年的材料研究热点。钙钛矿量子点材料主要包括全无机 CsPbX$_3$(X = Cl、Br、I 或混合卤化物),有机无机杂化的 FAPbI$_3$[FA$^+$,CH(NH$_2$)$_2^+$] 和 Cs$_{1-x}$FA$_x$PbI$_3$等。与金属硫属化物量子点材料相比,卤化铅钙钛矿量子点材料具有更强的光致发光和更窄的发射光谱等特性,在光电应用领域具有很大发展潜力。卤化铅钙钛矿量子点太阳能电池已引起广泛的研究兴趣,其光电转换效率更是在近五年内快速提升至 16.6%。典型的电池结构如图5.12所示,电池自下而上依次包括 FTO 透明导电玻璃衬底、电子传输层(ETL)、钙钛矿量子点吸光层、空穴传输层(HTL)和 Au 电极。其中,电子传输层通常为 TiO$_2$ 和 SnO$_2$ 等,最常用的空穴传输材料为 *spiro* - OMeTAD。

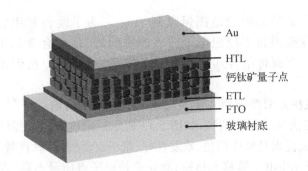

图 5.12　钙钛矿量子点太阳能电池结构示意图。图中,FTO 为
氟掺杂氧化锡,ETL 为电子传输层,HTL 为空穴传输层

5.3　量子点电池的研究发展

下面将结合量子点太阳能电池器件结构详细介绍量子点敏化太阳能电池
(QDSC)、胶体量子点太阳能电池及钙钛矿量子点太阳能电池研究发展。例如,
QDSC 电池研究进展将围绕量子点敏化剂、光阳极、电解质、对电极、界面工程五个
方面加以介绍;胶体量子点太阳能电池发展则分别从电池结构和界面工程两个方
面进行介绍;钙钛矿量子点太阳能电池则根据其钙钛矿组分中是否含铅元素分别
加以介绍。

5.3.1　量子点敏化太阳能电池的发展

QDSC 光电转换效率从 2005 年低于 1% 到 2021 年突破 15%,主要得益于:
① 光电特性优异的新量子点材料开发应用以及量子点负载技术的改进;② 光阳极
结构改进和化学组成调控;③ 电解质开发以及一系列功能性电解液添加剂的发
展;④ 对电极材料和结构的设计制备;⑤ 对 QDSC 光物理过程的不断深入理解及
界面工程的开展。下面具体从量子点、光阳极、电解质、对电极以及界面工程五个
方面介绍 QDSC 的发展。

5.3.1.1　量子点沉积技术及材料开发应用

对于 QDSC 电池,理想的光敏化剂要满足:较窄的带隙以保证足够的太阳
光捕获;较高的导带边以增加电子的注入动力;快速的电子分离速率和较低的
缺陷态以降低载流子复合概率;良好的光化学稳定性,避免发生光腐蚀而降低
器件稳定性。量子点材料的选择需考虑宽光谱吸收和高电子注入速率之间的
平衡,高导带边位置在提高电池 V_{oc} 的同时也导致光吸收范围变窄,反之窄带

隙量子点虽然有宽的光吸收范围但限制了 V_{oc}。为了改善常用二元量子点存在的较窄光吸收范围和不理想电子注入速率问题,多元合金量子点也被用于太阳能电池中。下面将结合具体的量子点体系,从制备方法到器件性能加以阐述。

量子点负载在光阳极表面才能实现对光吸收和电荷输运[58-60]。量子点的沉积方式分为原位法和非原位两种,如图 5.13 所示。原位沉积过程已在前面介绍,在此不再赘述,其优点是操作简便、重复性好、量子点负载量高,且量子点与光阳极直接接触有利于光生电子转移和传输;而缺点是量子点质量不高,表面缺陷较多。CdS、CdSe、PbS、Bi$_2$S$_3$ 等量子点均可采用原位法直接沉积在 TiO$_2$、ZnO、SnO$_2$ 等光阳极薄膜表面。

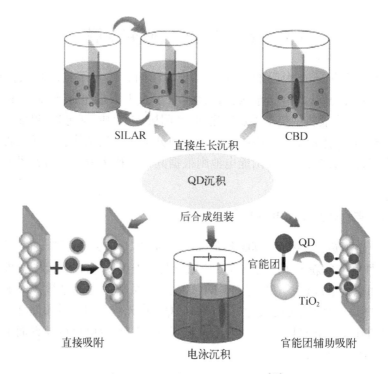

图 5.13   量子点沉积方法示意图[58]

非原位沉积指预先制备胶体量子点,随后通过直接吸附、电泳沉积、官能团辅助等将量子点负载在光阳极薄膜表面。Nozik 等在 1998 年采用直接吸附法将预先制备的 InP 量子点负载在 TiO$_2$ 光阳极表面并报道首个 QDSC 器件[61],但这种直接吸附法易发生量子点团聚现象而导致在光阳极表面覆盖不均匀。相比于直接吸附法,电泳沉积法在电场驱动下加快了量子点的吸附速率并增加了负载量,目前 CdS、CdSe 和 CuInS$_2$ 等量子点已经通过电泳法获得。Kuang 等基于电沉积制备的 CdS/CdSe QD 基 QDSC 获得 4.81% 效率[62-66]。官能团辅助吸附法就是借助双官能团分子将量子点与光阳极连接,见图 5.14。具体分为两种方式:① 原位配体交换,指将氧化物电极先浸泡在含双官能团(通常为 COOH－R－SH,其中 R 指有机链)溶液中,通过羧基可与氧化物连接,随后将处理过的氧化物膜浸入量子点溶液中,另一端的巯基可实现与量子点的连接;② 非原位配体交换,首先对合成的量子点进行配体交换,例如可用短链巯基乙酸(TGA)或巯基丙酸(MPA)替换原先表面的有机长链配体,随后将氧化物电极直接浸泡在经过配体交换的量子点溶液中进行吸附,短链配体的使用可增加量子点的负载量。官能团辅助吸附方法的优点在于量子点质量较高、量子点尺寸和粒径分布可控;缺点是制备过程较复杂、负载量相对较低、量子点表面的配体降低其导电性和载流子传输特性。

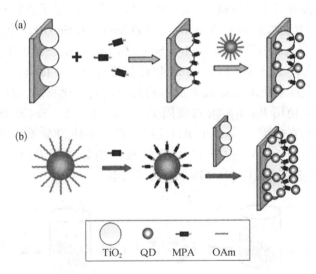

图 5.14　(a) 原位配体交换;(b) 非原位配体交换[18]

在 QDSC 研究初期,基于 SILAR 和 CBD 法制备的 QDSC 更容易获得较高效率。究其原因在于,非原位法中采用了一些有机长链配体,如三辛基膦(TOP)、氧化三辛基膦(TOPO)、油酸(OA)、油胺(OAm)、硫醇等,这些配体对载流子传输非常不利。通常采用短链配体替换表面长链有机分子链或直接合成表面为短链分子的单分散量子点来解决上述问题。然而,有些配体与量子点结合能力强,很难去除干净,如硫醇配体,虽然有利于获得高质量且稳定分散的量子点,但硫醇与量子点之间有非常强的结合力,很难用其他短链分子置换下来,因此,配体选择对于量子点在太阳能电池中应用显得尤为重要。

　　随着量子点合成技术和工艺的改进,在水相和油相体系均可实现高质量胶体
量子点的合成,并通过短链配体两端官能团将量子点吸附在氧化物光阳极膜表面。
中科院物理所孟庆波等借助 TGA - CuInS$_2$ QD 表面的羧基实现了在 TiO$_2$ 介孔膜表
面的吸附,所制备的 CuInS$_2$/CdS QDSC 获得了 4.69% 的效率[38];进一步通过微波
辅助水相制备了 MPA - CdSeTe/CdS 核壳量子点,通过巯基丙酸(MPA)上羧基吸
附在 TiO$_2$ 薄膜表面,获得了 5.04% 电池效率[41]。华南农业大学钟新华等发展了包
含配体交换过程的双官能团辅助量子点沉积方法:在量子点成核与生长完成后将
反应体系降至特定温度并注入一定量油胺(OAm)配体,OAm 更容易被短链的 TGA
或 MPA 配体置换下来,进而将量子点固定在 TiO$_2$ 光阳极表面。这种方法的优势在
于所合成的量子点具有更高的结晶质量和更少的表面缺陷,同时量子点表面的短
链配体相比长链有机配体具有更快的电子注入速率和更少的载流子复合,近年报
道的多个高效率 QDSC 均是基于这种双官能团辅助量子点沉积法。

　　此外,为了提升量子点负载量,量子点共敏化及多次量子点沉积策略也有报
道。通过共敏化方法吸附 Zn - Cu - In - Se (ZCISe) 和 CdSe QD,电池效率由11.6%
提升至 12.65%[67];而采用 Zn - Cu - In - Se 和 Zn - Cu - In - S QD 共敏化策略获得
12.98% 的电池效率[68],见图 5.15。2021 年钟新华等进一步提出量子点二次沉积
方法,即在量子点预敏化的光阳极表面再构筑金属氢氧化物层,提供新的吸附位
点[69]。他们首先使用 MgCl$_2$ 溶液对吸附 Zn - Cu - In - S - Se(ZCISSe) QD 后的
TiO$_2$ 膜进行处理,在表面形成 Mg(OH)$_x$ 层,获得了额外 38% 单层量子点固定在
光阳极表面,见图 5.16。由于量子点负载量的显著提升,QDSC 电池获得
26.52 mA/cm^2 的短路电流(J_{sc})和 15.31% 转换效率。

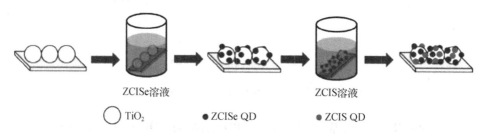

ZCISe溶液　　　　　　　　　　　　　　ZCIS溶液

◯ TiO$_2$　　　　● ZCISe QD　　　　● ZCIS QD

图 5.15　ZCISe/ZCIS 量子点共敏化的 TiO$_2$ 薄膜电极制备过程示意图[68]

　　此外,量子点材料本身的开发也得到很大发展。合金量子点半导体(AB_xC_{1-x})
在物化性质和光学性质都可以随组分变化(x)而连续可调。并且,通过量子点尺寸
或元素组成、比例调节实现带隙调控。因此,多元合金量子点成为高效率 QDSC 电
池光敏化剂的新选择。此外,一些合金量子点还具有“光曲效应”,有可能获得较
其二元组分更窄的带隙和更高的化学稳定性[70,71]。近年,一些合金量子点(包括

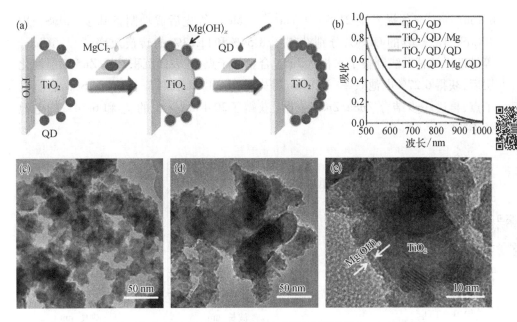

图 5.16 （a）量子点二次沉积过程示意图；（b）不同光阳极 UV - vis 吸收谱；
（c）~（e）TiO₂/QD、TiO₂/QD/Mg/QD、TiO₂/QD/Mg 薄膜 TEM 照片[69]

CuInS₂、CuInSe₂、CdSe$_x$Te$_{1-x}$、Cu - In - S - Se、AgInSe₂ 等）被应用于 QDSC 中。钟新华等设计合成了直径约为 5 nm CdSe$_{0.45}$Te$_{0.55}$QD，这种材料的吸收边可至 800 nm（带隙约 1.55 eV），而相同尺寸的二元组分 CdSe QD 和 CdTe QD 的吸收边分别位于 614 nm 和 680 nm，因此，光吸收范围从可见光拓宽至近红外区，如图 5.17 所示。CdSe 和 CdTe 之间的晶格失配以及原子半径和电负性差异引起"光曲效应"，最终 CdSe$_{0.45}$Te$_{0.55}$ QD 基 QDSC 获得 19.35 mA/cm² 的 J_{sc} 和 6.36% 的高效率[40]。他们后续基于 CuInS₂、Cu - In - Ga - Se、Zn - Cu - In - S、Zn - Cu - In - Se 合金量子点构筑的 QDSC 均获得高的光电转换效率[72,73]。特别是，他们在 CuInSe₂ QD 基础上结合 ZnSe 制备了 Zn - Cu - In - Se 合金量子点（图 5.18），不仅钝化了 CuInSe₂ QD 表面缺陷，还明显提高了量子点导带位置，有利于光生电子向 TiO₂ 的注入，获得 11.61% 高效率和 25.25 mA/cm² 的 J_{sc}[39]；在 CuInSe₂ QDs 中引入 Ga 所制备的 Cu - In - Ga - Se QD 吸收边位于 1 000 nm，同时载流子复合相比 CuInSe₂ QD 得到抑制，电池获得 11.49% 的高效率（如图 5.19 所示，J_{sc} = 25.01 mA/cm²，V_{oc} = 0.740 V，FF = 0.621）[49]；进一步通过阴阳离子共合金策略获得了五元量子点 Zn$_{0.4}$Cu$_{0.7}$In$_{1.0}$S$_x$Se$_{2-x}$。该量子点能同时实现带隙、导带位置、缺陷态密度等方面的调控，电池器件获得 14.4% 的认证效率[74]。Esparza 等在制备基于 CdS QD 的 QDSC 时，引入 CdSe 量子棒和 CdSeTe QD 后，光吸收范围从 450 nm 拓宽至 800 nm，相应地，电池的 J_{sc} 由

8.8 mA/cm² 显著提升至 21.5 mA/cm²[75]。Meng 等先后成功制备基于 CuInS₂ QD 和CdSe$_x$Te$_{1-x}$ QD 的 QDSC,分别获得了 8.54% 和11.23% 的转换效率[76,77]。Chang 等借助微波辅助法制备了水相 AgInSe₂ 合金量子点,在表面沉积 CdS/ZnS 双层钝化层后,获得 6.27% 电池效率[78]。Cao 等先采用 SILAR 法制备了 CdS$_{0.12}$Se$_{0.88}$ 合金量子点,再进一步结合 ZnSe/ZnS 钝化层获得了20.4 mA/cm² 的 J_{sc} 和 6.14% 的电池效率[79]。

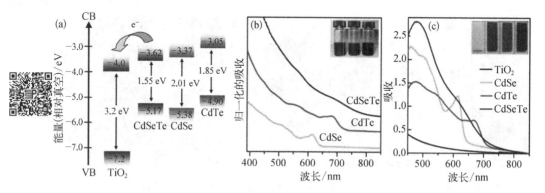

图 5.17　(a) TiO₂、CdSeTe$_{800}$、CdSe$_{614}$ 和 CdTe$_{680}$ QDs 的能级示意图;表面包覆巯基丙酸(MPA)配体的 CdSeTe$_{800}$、CdSe$_{614}$ 和 CdTe$_{680}$ QD 的(b)水溶液和(c)敏化TiO₂膜后的紫外可见吸收谱(插图为对应照片)[40]

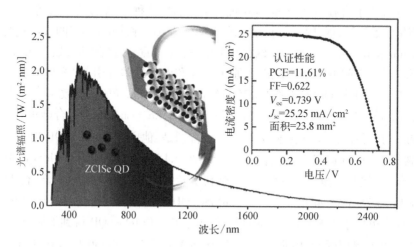

图 5.18　Zn－Cu－In－Se QD 吸收谱和对应电池的 J－V 特性结果[39]

近期,Shen 等合成了 CsPbI₃ QD,结合碘电解液(I⁻/I₃⁻) 和 FTO/Pt 对电极制备QDSC,获得 5.0% 的效率,展现了 CsPbI₃QD 在 QDSC 中的应用潜力[80]。他们还借助飞秒瞬态吸收谱研究了 CsPbI₃QD 分别与 TiO₂ 或 ZnO 之间的光生电子注入动力

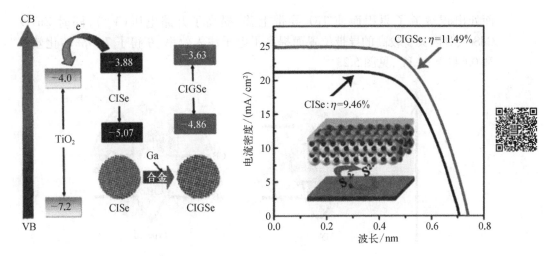

图 5.19　CuInSe₂ QD 和 Cu－In－Ga－Se QD 的能带示意图和 J－V 曲线图[49]

学过程,研究表明在较低的激发强度下 CsPbI₃ QD 中 99% 的光生电子注入 TiO₂ 导带中,对于尺寸为 $10\sim15$ nm 的 CsPbI₃ QD,电子注入速率在 $1.30\times10^{10}\sim2.10\times10^{10}$ s^{-1} 之间,向 TiO₂ 的注入速率约是 ZnO 的 2.5 倍[80]。

　　构建 type－Ⅱ型核壳量子点同样可使有效降低带隙、拓宽光谱响应范围。应用于 QDSC 的 type－Ⅱ核壳量子点,需要满足核价带和导带同时高于壳层的价带和导带位置,以保证光生电子可以由核层转移至壳层,空穴则被限制在核中并通过隧穿进入电解质中,从而使光生电子和空穴分别处于不同材料中而实现空间分离,有效减少载流子复合,促进电子转移和收集,见图 5.20[81]。此外,type－Ⅱ核壳量子点的有效带隙往往比单独核层和壳层量子点带隙更窄,且由于量子限制效应,通过控制核量子点尺寸以及壳层厚度可以实现有效带隙在较大范围内的调控,因此有望将一些带隙不适合用于太阳能电池的半导体材料通过组合构建 type－Ⅱ结构而应用于 QDSC[82]。目前基于 CdSe/ZnSe、CdTe/CdSe、ZnTe/CdSe、ZnSe/CdS、CuInS₂/CdS 等 type－Ⅱ核壳量子点的 QDSC 已被报道。孟庆波等在 CuInS₂ QD 表面原位包覆了 Mn－CdS 层,由于量子限制效应,CuInS₂ QD 较其体相材料有更宽的带隙且导带上移,而 Mn－CdS 层的导带则随厚度增加而降低,由此得以形成 type－Ⅱ排列,加强了界面反应波函数,从而导致 CuInS₂/Mn－CdS QD 在空间上有效带隙的红移,光吸收范围拓展至 800 nm,电池的 J_{sc} 达到 19.29 mA/cm² ,见图 5.21[38]。此外,在 CdSe$_x$Te$_{1-x}$/CdS QD 核壳结构表面原位沉积 CdS 壳层,构建了 type－Ⅱ结构(图 5.22),吸收边从 640 nm 红移至 780 nm,此工作为具有高晶格失配的核壳量子点材料在 QDSC 中的应用提供了新思路[41]。钟新华等制备的 CdTe/CdSe 和 ZnTe/CdSe 核壳量子点吸收边在 850 nm,尤其是 ZnTe/CdSe QD 吸附在 TiO₂ 表面,在光照下界

面处出现载流子累积而使 TiO$_2$ 导带上移,提高了开路电压(V_{oc}),同时 ZnTe/
CdSe QD 因具有较高的导带位置而提高了电子注入效率,获得了 7.17% 转化效率
和 0.642 V 的 V_{oc},见图 5.23[26,83]。

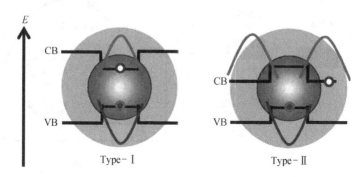

图 5.20　Type-Ⅰ和 type-Ⅱ核壳量子点载流子分布示意图[81]

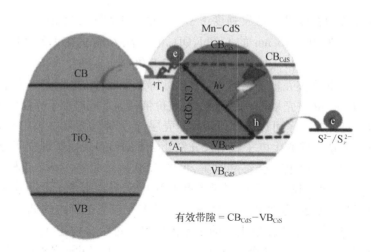

图 5.21　核壳结构 CuInS$_2$-Mn-CdS QDSC 中
可能的载流子转移机制原理图[38]

5.3.1.2　QDSC 光阳极

对于 QDSC,理想的光阳极需要具备:① 与量子点能带匹配,既保证电子的快
速注入,同时可阻挡空穴向光阳极方向的转移;② 具有高电子迁移率,以实现光生
电子的快速传输;③ 具有较大的比表面积和合适的孔隙率,同时满足量子点的高
负载和电解液的充分渗透。目前报道的 QDSC 光阳极材料主要包括 TiO$_2$、SnO$_2$、
ZnO 等宽带隙的金属氧化物[84-88],下面分别加以介绍。

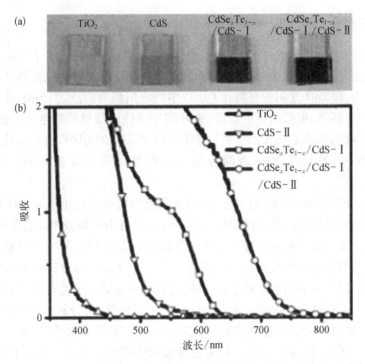

图 5.22 不同 QD 敏化 TiO$_2$ 光阳极的(a)照片和(b)紫外可见吸收谱[41]

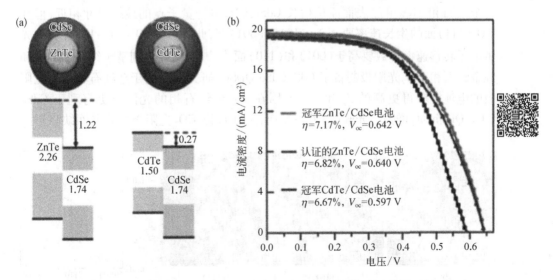

图 5.23 (a) ZnTe/CdSe 和 CdTe/CdSe 核壳量子点的能级排列示意图;(b)基于
ZnTe/CdSe QD 和 CdTe/CdSe QD 光敏化剂的 QDSC 的 $J-V$ 曲线[26]

1. 光阳极结构和组成

光阳极的结构和组成对比表面积、量子点负载量、光散射、电子传输等性质有决定作用,而发生在光阳极/量子点界面的电子转移特性对整个电池器件性能有关键影响。TiO_2 和 ZnO 光阳极材料在 QDSC 中的应用最为广泛,但 SnO_2 具有比 TiO_2 更高的电子迁移率、更低的导带位置、更好的导电性以及更长的电子扩散长度,因而可促进有效的载流子注入和收集。基于 SnO_2 光阳极的 QDSC 已获得比 TiO_2 光阳极更高的效率,另外在 SnO_2 表面包覆 TiO_2 颗粒可帮助降低光阳极中的缺陷位点[87,88]。

以 TiO_2 光阳极为例,最为广泛的双层光阳极结构分别使用不同 TiO_2 纳米颗粒构建透明层和光散射层,其中透明层是由 20 nm 左右 TiO_2 颗粒组成的介孔膜,用来负载量子点;光散射层则是在透明层表面制备的由较大 TiO_2 颗粒(约 300 nm)构成的膜,其光散射作用由颗粒尺寸和形貌决定[89-95]。光阳极厚度同样对电池性能有决定性作用,过薄不能负载足够多量子点,过厚则导致载流子复合而不利于电子传输与收集,理想的透明层厚度一般在 10 μm 左右。此外,部分研究工作中还会在透明电极与光阳极界面引入超薄致密层以阻挡光生电子的反向转移、减少界面电子复合。最常用的致密层可以通过 $TiCl_4$ 处理及 450~500℃ 进行退火而得到[96]。

Toyoda 和 Shen 等分别选取金红石相和锐钛矿相 TiO_2 单晶,系统分析了 TiO_2 不同结晶取向对 CdSe 量子点的负载和电子转移特性的影响规律。从图 5.24 看出,在金红石相 TiO_2 单晶表面原位生长 CdSe QD,尽管量子点的最终尺寸相近,但在 TiO_2(111) 面的生长速率要高于(110)和(001)面,此外 CdSe QD 与(111)界面的光生电子转移速率常数要高于(001)和(110)面[97,98]。Jia 等分别基于纯锐钛矿相和纯金红石相 TiO_2 光阳极制备了 CdS/CdSe QDSC,研究表明基于金红石相结构光阳极的电池能获得更高的 J_{sc} 和 V_{oc},原因在于:金红石相的光阳极更有利于 CdS/CdSe QD 沉积,增强了光吸收;另一方面,金红石相 TiO_2 光阳极的表界面缺陷更少

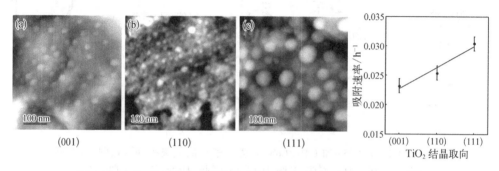

图 5.24　CdSe 量子点在不同取向金红石 TiO_2 单晶表面的生长速率[98]

且与量子点之间的导带能位差更大,因此载流子复合相对较少[99]。Huang 等对比了含 70%(001)晶面取向锐钛矿相 TiO₂ 纳米片光阳极和 P25 基介孔光阳极的 QDSC 性能,结果表明基于(001)TiO₂ 纳米片光阳极可获得更高的电子收集效率[100]。此外,一维、二维和三维有序结构的光阳极结构已被用来制备 QDSC[101-112]。三维有序结构光阳极有利于提高量子点负载量,促进电子传输。孟庆波等基于溶胶凝胶辅助模板法原位制备 ZnO 纳米棒,进而获得 ZnO/TiO₂ 核壳纳米结构,最后得到 TiO₂ 纳米管阵列[113],基于 3 μm 长的 TiO₂ 纳米管阵列光阳极的 CdS/CdSe QDSC 效率达到 4.61% 和 0.689 V 的开路电压,见图 5.25[113]。Wu 等制备了由定向排列纳米晶组成的介孔纳米带,并基于此组装了多维 TiO₂ 层状结构光阳极,这种光阳极结构是通过宽孔径分布和定向组装实现的,具有高表面积(106 cm²/g),电池效率达到 4.15%,较传统的纳晶光阳极基 QDSC 提高了 36%[114]。

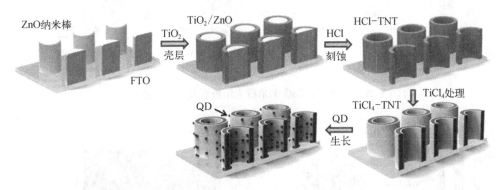

图 5.25 在 FTO 玻璃上制备量子点敏化的 TiO₂ 纳米管阵列:首先制备 ZnO 纳米棒阵列并在其表面制备 TiO₂ 壳层,将 ZnO 模板用 HCl 腐蚀掉后得到 TiO₂ 纳米管阵列,经 TiCl₄ 处理后沉积量子点[113]

Lee 等采用水热法在 FTO 玻璃衬底上制备了三维分层枝杈状 ZnO 纳米线阵列光阳极结构,如图 5.26 所示。这种光阳极结构较单独的 ZnO 纳米线光阳极有更强的光吸收、更小的载流子转移阻抗和更长的载流子寿命,使电池获得更好的性能[115]。Kamat 等对比 TiO₂ 纳米颗粒和纳米管光阳极的 CdS QDSC 发现,光阳极形貌对其电学结构并没有影响,但基于纳米管结构光阳极可以获得更高的光电流[116]。Rao 等直接在透明导电衬底上分别生长了表面光滑和树枝状垂直排列的锐钛矿 TiO₂ 纳米线阵列,CdS/CdSe 壳层则包覆在其表面,如图 5.27 所示。其中,基于树枝状 TiO₂ 光阳极结构制备的 QDSC 表现出更高的 J_{sc} 和 FF,主要归结于更好的光散射特性及更有效的电子注入导致的较高载流子收集效率[117]。其他研究组也发展有序光阳极结构(如反蛋白石结构光阳极等),用于量子点太阳能电池,有

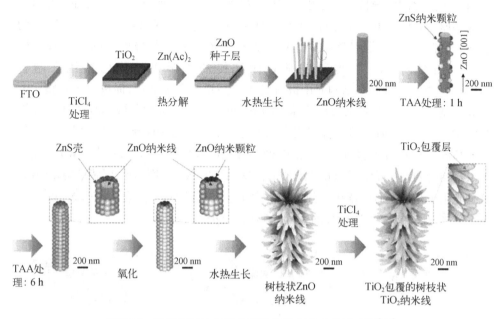

图 5.26 三维多层 ZnO 纳米线光阳极制备方法示意图[115]

图 5.27 （a）CdS/CdSe QD 共敏化 TiO₂ 纳米线光阳极及电子传输路径示意图；
（b）TiO₂ 纳米线阵列光阳极的 SEM 图；（c）不同结构光阳极的电子传输时
间和寿命；（d）不同结构光阳极的载流子收集效率与光强关系图[117]

助于提高器件的填充因子和转换效[118,119]。

光阳极复合结构也用于 QDSC 中[120-124]。Zhao 等制备的光阳极中底层是 TiO$_2$ 纳米棒阵列,上层为由 P25 组成的介孔结构,纳米棒阵列可增强光散射并具有较快的电子传输速率,TiO$_2$ 介孔膜则用于量子点负载和电解液渗透[120]。Li 等通过泡沫模板在 TiO$_2$ 介孔膜中原位生长 ZnO 纳米线所制得的复合光阳极获得了较大的比表面积和增强的光吸收[122]。Li 等对 ZnO 纳米片/纳米棒表面进行 NiCl$_2$ 处理后获得 p-NiO/n-ZnO 异质结,根据 Marcus 理论,pn 结产生的电场加速了光生载流子的分离和转移,使电池获得更高的 J_{sc}[123]。还有多种复杂结构的光阳极被报道,例如以纳米线、纳米棒或纳米管为茎,以纳米棒为树枝共同构成的树状光阳极,提供了高的量子点负载表面积和更快的电子传输速率[125],进一步用分等级纳米结构替代纳米棒作为树枝进一步增加了比表面积,使电池获得更好的效率[126,127]。

2. 氧化物光阳极与碳材料结合

在 TiO$_2$、ZnO 光阳极制备过程中引入石墨烯、还原氧化石墨烯(RGO)、石墨烯片等高导电材料已被证明可加快电子转移速率,减少界面复合。Ghoreishi 等在 ZnO 纳米颗粒光阳极中引入 RGO 使电池效率提高一倍[128]。在 RGO 表面生长 TiO$_2$ 纳米颗粒所获得的光阳极不仅为量子点负载提供了大的表面积,同时 TiO$_2$ 包覆在 RGO 表面避免了 RGO 和电解液直接接触产生的复合,使电池获得更高的性能[129]。此外,石墨烯骨架(graphene framework, GF)作为电子传输中介与 TiO$_2$ 结合的光阳极的电子跃迁时间只有 TiO$_2$ 光阳极的五分之一,电子寿命和扩散长度为 TiO$_2$ 光阳极的三倍[130]。碳纳米管(CNT)因具有大的比表面积、良好的化学稳定性和高的电子迁移率,并且表面官能团的存在有利于增加量子点负载量以及促进与 QDSC 光阳极的结合应用[131-139]。此外,Chen 等研究了 CNT 作为导电支架对于电子捕获和传输的作用,结果表明基于 CNT/ZnO 纳米棒光阳极的电池相比 ZnO 光阳极基电池获得更强的光响应[140]。研究发现 CNT 形貌对电池光响应和性能均有重要影响,六角形结构的 CNT 获得显著高于传统 CNT 结构的 J_{sc} 和效率[141],而通过在多壁 CNT 表面装配官能团可改善量子点吸附和光电流响应特性[142]。

3. 光阳极掺杂对性能的影响研究

对光阳极进行元素掺杂同样可以提高电池的光电流响应。例如,对 ZnO 进行 Ⅲ、Ⅳ、Ⅴ、Ⅵ族元素掺杂可以提高其导电性。采用共沉淀法将 5% 的 Cu 掺入 ZnO 中增强了光吸收和电子传输能力[143]。在 TiO$_2$ 光阳极中掺入 2.5% 的 Nb,促进了光生电子的快速注入,但当 Nb 的掺杂量增加至 5% 时将明显增加缺陷浓度而导致严重的载流子复合损失和不理想的电池性能[144]。而基于 N 掺杂 TiO$_2$ 光阳极的

CdSe$_x$S$_{1-x}$/CdSe QDSC 以及 Zn 掺杂 TiO$_2$ 光阳极的 CdS QDSC 的 J_{sc} 值均得到明显提升[145,146],而基于 Y 掺杂的 ZnO NR 光阳极获得了较小的电子转移阻抗和更长的电子寿命,同时掺杂还帮助获得更大的表面积和更长的 ZnO 纳米棒,进而增加量子点的沉积[147]。对光阳极进行多元素掺杂同样被研究,Li 等在 TiO$_2$ 薄膜中同时掺杂 B 和 S 元素使吸收红移,增强了光电流响应,同时电池还获得高达 1.217 V 的 V_{oc} 值[148]。

4. 其他光阳极材料

ZnSnO$_4$、ZrO$_2$、Nb$_3$O$_7$F、BaTiO$_3$、SrTiO$_3$ 等材料也被用于 QDSC 光阳极。采用水热法制备的 ZnO@ZnSnO$_4$NR 阵列结构光阳极形成了阶梯状的能带排列,促进了电子从 CdS 量子点导带到 FTO 电极的传输,同时 ZnSnO$_4$ 层还可作为一个势垒层减少 ZnO/QD 和 ZnO/电解液界面电子复合,较单独 ZnO 光阳极电池获得更高的 J_{sc} 和效率[149]。ZrO$_2$ 由于较大的禁带宽度和较低的电子亲和能而被用于制备 QDSC 光阳极,研究表明 CdS/CdSe 中电子可注入 ZrO$_2$ 中并进一步被传输至导电衬底[150]。基于 Nb$_2$O$_3$ 光阳极的 CdSe QDSC 获得 5.91 mA/cm^2 的 J_{sc} 和 1.68% 的电池效率[151]。将钙钛矿结构的 BaTiO$_3$ 包覆在 ZnO 表面可增强光散射,而同样是钙钛矿结构的 SrTiO$_3$ 因具有与 TiO$_2$ 相似的带隙和更高的迁移率而被用来制备 SrTiO$_3$/TiO$_2$ 复合光阳极,减小了载流子转移阻抗,使电池获得较高的 V_{oc}、FF 和效率[152]。经理论计算发现 ZnTiO$_3$ 具有与 ZnO 相当的电子迁移率,目前基于 ZnTiO$_3$ 光阳极的电池获得比 BaTiO$_3$、SrTiO$_3$、ZnSnO$_4$ 基电池更高的性能[153]。

5.3.1.3 QDSC 电解质的研究进展

对于 QDSC 来讲,性能优异的电解质需要具备高的溶解度,高的离子迁移率,快速的电子转移。电解质作为 QDSC 的重要组成部分,对于量子点的再生以及空穴向对电极的传输起着至关重要的作用,对电池的几个参数(J_{sc}、V_{oc}、FF 和 PCE)均有重要影响[154-156]。QDSC 的 V_{oc} 理论值是由光阳极费米能级和电解质氧化还原电位之间的能级差决定的。QDSC 的电解质根据其存在状态可分为液态、准固态和固态,其中液态电解质的使用最为广泛[23,157-161]。

目前,绝大多数报道的 QDSC 均采用含有多硫(S^{2-}/S^{2-n})氧化还原对的电解液,它是基于硫化钠(Na$_2$S)/单质硫(S)水溶液制得的,高效率 QDSC 也是基于这种电解液实现的。多硫电解液的工作机制为:首先,电解液中的还原物质(S^{2-})从光阳极/电解液界面收集空穴被氧化,随后氧化态物质通过离子扩散过程在电解液/对电极界面收集电子而被还原回到基态。值得注意的是尽管多硫电解液适用于大多数量子点材料,但与 PbS 量子点接触会发生光腐蚀现象。

人们发现,在 QDSC 制备过程中,多硫电解液因其较大的表面张力而无法在一些纳米结构光阳极或对电极中充分渗透,导致电池性能不理想。目前,一些较低表面张力的溶剂(如甲醇)也有报道,但多硫离子在这些溶剂中的溶解性较差,因此水-甲醇混合溶剂体系电解液被发展用来平衡离子溶解和渗透特性,当水-甲醇体积比为 7:3 时电池效率相比纯水电解液有显著提升,此外甲醇的引入改善了电解液和量子点的接触,降低了 TiO_2 薄膜的费米能级而促进了电子的注入效率[162-165]。但也有报道称甲醇通过清除光生空穴作为牺牲的电子给体,并且在光电极处氧化后的甲醇是不可再生的[166-168]。

尽管基于多硫电解液已经获得多个高效率 QDSC,但由于多硫氧化还原电位较高而使 QDSC 的 V_{oc} 值往往低于 0.7 V。其他类型氧化还原电对,如 I^-/I_3^-、Co^{2+}/Co^{3+} 及有机氧化还原对,也被用作 QDSC 的电解质,但因对量子点的渗透性较差或产生严重的载流子复合,电池性能较差。因此,简便有效的方法就是对多硫电解质进行改进,引入添加剂就是其中一种效果非常显著的方法,这种方法在染料敏化太阳能电池已经使用。在 DSC 体系中,脱氧胆酸、叔丁基吡啶、硫氰酸胍等已经被添加至 I^-/I_3^- 电解质中,这些添加剂不仅可以抑制载流子复合还可以调节 TiO_2 的费米能级位置,电池性能也得到显著改善[169-172]。这一思路在 QDSC 中证明同样可行。由于 QDSC 与 DSC 属于不同敏化体系,用于 DSC 的乙腈溶剂属于极性非质子有机溶剂,含氮的添加剂可稳定存在其中,但在多硫电解质中含氮添加剂的亲和能力急剧下降,因此用于 DSC 中的电解质添加剂并不完全可以直接用水体系的于 QDSC 的多硫电解质,可用于多硫电解质中的添加剂种类比较有限。Ho 等将硫氰酸胍(GuSCN)添加到多硫电解质后电池效率从 1.79% 提升至 2.01%[173]。Zhong 等在电解质中添加聚乙二醇(PEG)后可在 TiO_2 和 QD 表面形成势垒进而抑制光阳极/电解质界面载流子复合,提高电池效率[174]。此外,在多硫电解质中引入聚(乙烯基吡咯烷酮)(PVP)在不同量子点基 QDSC 中同样获得相似的改善效果,其中 $CdSe_xTe_{1-x}$ QDSC 获得 9% 的效率,并且 PVP 的引入增加了电子寿命、提高了电池器件稳定性[175]。随后,他们分别将聚丙烯酸钠(PAAS-Na)和羧甲基纤维素钠(CMC-Na)等具有离子电导性的有机物添加至电解质中,制得的电负性聚合电解质具有亲水基团和三维网状结构,使大量的水可以快速吸附到添加剂骨架中,引入添加剂后的电解质仍具有与不含添加剂电解质相当的离子电导性,此外,添加剂的引入使电解质凝胶化,在一定程度上提高了电池稳定性[176,177]。Jovanovski 等在 2011 年合成一种新的吡咯烷基离子液体,引入多硫电解质后明显提高了器件稳定性,但同时降低了 V_{oc} 和 FF[178]。孟庆波等在 2016 年首次将光电化学稳定性良好的 SiO_2 纳米颗粒直接添加至电解质中以改善 TiO_2/QDs/电解质界面复合,SiO_2 可以很好地分散在多硫电解液中并形成三维网状凝胶结构,增加了电子收集效率和寿命,J_{sc}、V_{oc} 和 FF 均得到显著提高,最终电池获得 11.3% 的效率和更好的器件稳定性,见图5.28[77]。在 QDSC 电解质中引入添加剂,主要可分为两类:一类是对电池效率没有明显影响但提高了稳定性;另一类则是在提高器件稳定性的同时改善电池界面载流子传输、提高了电池效率。

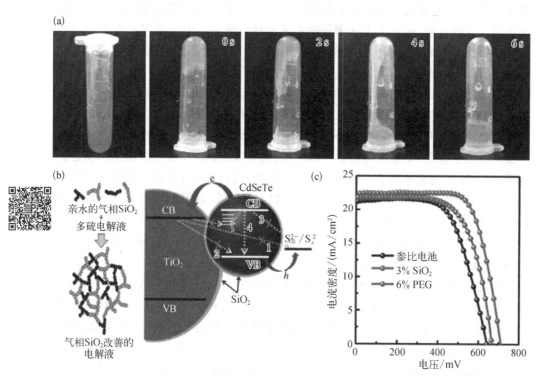

图 5.28　(a) 添加 3%(质量百分比)SiO₂ 纳米颗粒的多硫电解质照片;(b) SiO₂ 在多硫电解质中存在状态示意图和 CdSeTe QDSC 中主要载流子复合路径示意图;(c) 引入 SiO₂ 和聚乙二醇(PEG)电解质添加剂前后 CdSeTe QDSC 的 $J-V$ 曲线[77]

　　考虑到多硫电解质对 QDSC 开路电压的限制,开发氧化还原电势合适的电解质非常有必要,研究者们也在 QDSC 新电解质设计合成方面开展了工作[179]。Sun 等基于 $[(CH_3)_4N]_2S/[(CH_3)_4N]_2Sn$ 电解质制备的 CdS QDSC 获得 1.2 V 高 V_{oc} 和 0.89 的超高 FF[180],而基于四甲基硫脲电解质的 ZnSe/CdS QDSC 同样获得较高的 FF[181]。Co^{2+}/Co^{3+} 氧化还原体系也被用于 QDSC,因其较低的氧化还原电势提高了 V_{oc} 但 J_{sc} 仍较多硫电解质有很大差距;$Fe(CN)_6^{3-}/Fe(CN)_6^{4-}$ 同样被用于 CdS QDSC 的电解质[182]。Yang 和 Wang 等则将硫和四甲基硫酸铵(TMAS)添加至聚氧化乙烯和聚偏氟乙烯混合物中制得固态电解质,电池最终获得更高的效率和稳定性[183]。

　　在不断提高 QDSC 效率的同时,改善器件稳定性也是推进 QDSC 实际应用发展的重要环节。液态电解质易发生蒸发、泄漏问题使电池性能衰减而大大降低电池器件的长期稳定性[184-186],因此,发展准固态或固态电解质以取代常用的液态电解质也是重要的发展方向。准固态聚合物凝胶电解质因具有高的离子电导性、良好的热稳定性以及在介孔光阳极中较好的渗透性而被广泛用于 QDSC 中。其中将液态电解质填充在网状架构中而形成均匀的准固态电解质是一种比较简便的方式。Meng 等将由甲叉双丙烯酰胺和丙烯酰胺聚合制备的凝胶浸泡在多硫电解质后,可以像海绵一样将液态电解质吸附其中,提高了电池长期稳定性(见图5.29)[187]。钟新华等基于聚丙烯酸钠极好的吸收、锁水特性使液态多硫电解质凝

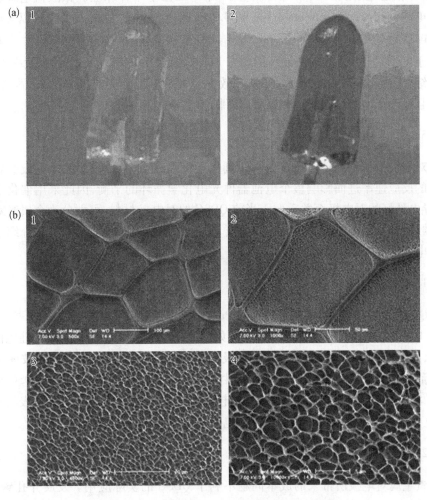

图 5.29 (a) 浸泡多硫电解质前后的聚合物凝胶电解质照片;(b) 聚合物骨架 SEM 图[187]

胶化而获得准固态 QDSC,通过电化学测试发现电解质凝胶化前后对电池的串联电阻
(R_s)和载流子转移阻抗(R_{CE})没有明显影响,证实电解质的凝胶化对电池界面电荷
输运没有不利影响[188]。此外,一些聚合物固态电解质或空穴导体也被用于 QDSC
中,但电池效率远小于液结 QDSC,主要原因在于聚合物固态电解质难以在 TiO_2 介孔
光阳极中充分渗透不充分以及较差的导电性,进而限制了固态电解质和光阳极厚度
而导致较低的光吸收效率[189,190]。近期一些固态有机空穴传输材料,例如,聚 3,4 -
乙烯二氧噻吩(PEDOT),聚 3 -己基噻吩(P3HT),2,2′,7,7′-4 -二甲氧基二苯胺-
螺芴(spiro - OMeTAD)等,以及 CuSCN 等无机空穴传输材料已被尝试用于取代
QDSC 中液态电解质。Dang 等首次基于 1,3 -二己基苯并咪唑硫氰酸盐电解质制
备的电池获得 12.58 mA/cm^2 的 J_{sc} 和 4.26% 的电池效率[191]。Chang 等以 spiro -
OMeTAD 为空穴传输材料制备 $Pb_5Sb_8S_{17}$ QDSC 获得 1.76% 的电池效率[192]。Park
等基于 P3HT 空穴传输材料制备的固态 PbS/CuS QDSC 获得 8.07% 的高效率[193]。

综上,目前基于固态电解质 QDSC 效率大多数都低于液结 QDSC,发展高效、低
成本且适用于 QDSC 的固态电解质仍面临很大挑战。

5.3.1.4　QDSC 对电极

对电极的作用是还原电解质中的氧化态物质,还原能力较差的对电极会导致
较慢的反应速率进而影响整个电池器件光电化学循环的平衡,因此采用催化活性
高、导电性好的对电极至关重要。当前 QDSC 的对电极材料,可划分为金属基对电
极、碳基对电极、过渡金属硫化物对电极、聚合物对电极[194]。下面将具体介绍这四
类对电极在 QDSC 中的研究现状。

1. 金属基对电极

QDSC 发展初期,广泛用于 DSC 的 Pt 电极被直接用作 QDSC 对电极[195-197]。虽
然 Pt 电极对碘电解质或钴盐电解质有很好的催化作用,但对于多硫电解质催化作用
较差,原因在于:硫化物会吸附在 Pt 电极表面,降低了催化活性,这种现象被称为 Pt
"中毒"[198]。此外,金(Au)因其高导电性和合适的费米能级而成为固态 QDSC 对电
极[199,200],Lee 等对比了以 Au 和 Pt 为对电极的 CdS/CdSe QDSC 性能,结果表明基于
Au 电极可获得 4.2% 的效率,高于 Pt 对电极的 3.7%[201]。

2. 碳基对电极

贵金属对电极所带来的成本问题不利于 QDSC 的实际应用。发展介孔碳、碳
纳米管等低成本碳电极则有望解决这一问题,并且碳电极通常具有良好的化学稳
定性、高导电性和耐热性。CNT 是可用于制备 QDSC 对电极的重要碳材料,在多硫

电解质中具有良好的化学稳定性,其较大的比表面积提高了其催化能力。Zeng 等采用喷涂法制备了单壁碳纳米管(MWCNT)对电极,获得 2.39%电池转换效率,而 MWCNT/CZTSe 复合对电极将效率进一步提升至 4.60%[202]。Kim 等对比了 CNT 与 CuS、Pt 对电极的电催化能力,发现 CNT 电极性能优于其他两种电极,基于 CNT 对电极 QDSC 效率为 4.67%,远高于 CuS 对电极的 3.67%和 Pt 电极的 1.56%[203]。钟新华等在 Ti 片衬底上制备介孔碳膜获得了 MC/Ti 对电极,Ti 片有助于提高对电极的导电性,并且 MC/Ti 对电极可降低多硫电解质的氧化还原电势,提高 V_{oc} 值,最终 CdSe$_{0.65}$Te$_{0.35}$QDSC 效率达到 11.16%,见图 5.30[156]。随后他们对 MC 进行 N 掺杂减小了载流子转移阻抗,提高了电池的填充因子,基于 N - MC/Ti 对电极的 Zn - Cu - In -Se QDSC 实现 12.23%的电池效率[72]。此外,活性炭/炭黑复合对电极[204]、富勒烯(C$_{60}$)对电极[205]、有序介孔碳泡沫对电极[206]等均被应用于 QDSC 中。钟新华等采用 N 和 Co 共同掺杂制备对电极,降低了电池的载流子转移阻抗,提高了电池的 J_{sc} 和 FF,见图 5.31[207]。Zhang 等利用富水的石墨烯水凝胶与高催化活性 CuS 的协同效应,获得较小的串联电阻、高催化活性和较小的电子转移阻抗,基于 CdSeTe QD 的 QDSC 9.85%的电池效率和高达 0.756 V 的 V_{oc}。随后在石墨烯水凝胶的凝胶化过程中引入 CuS 纳米颗粒,电池效率提高至 10.71%,V_{oc} 提高至 0.786 V[208]。

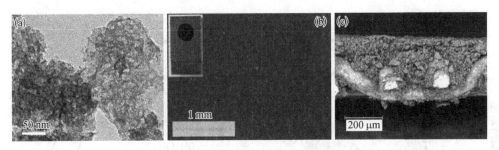

图 5.30 (a)(b)(c)分别为 MC/Ti 对电极的 TEM 图、照片和 SEM 图[156]

3. 过渡金属硫化物对电极

(1) Cu$_2$S、CuS、CuSe 等铜基对电极

在所有的过渡金属硫化物对电极中,铜基硫化物(包括 Cu$_2$S、CuS、Cu$_3$Se$_2$ 等)对电极表现出最好的电池性能,其中最常用的是 Cu$_2$S 对电极。Cu$_2$S 电极的制备方法是将清洗干净的黄铜片浸入一定温度的浓盐酸中,得到多孔结构的铜片,随后将多硫电解液滴在处理好的铜片表面,获得 Cu$_2$S 对电极。由于 Cu$_2$S 良好的催化能力以及铜片作为引出电极具有优异的导电性,基于 Cu$_2$S 对电极已获得多个高效率电池。但 Cu$_2$S 对电极也存在不足之处,特别是,对于组装好的 QDSC,多硫电解液会渗透 Cu$_2$S

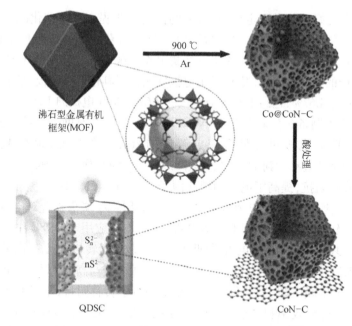

沸石型金属有机
框架(MOF)

900 ℃
Ar

Co@CoN-C

酸处理

QDSC

CoN-C

图 5.31　Co、N 共掺杂碳对电极制备过程示意图[207]

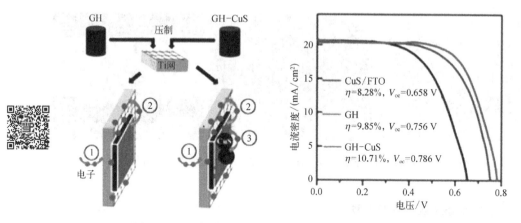

图 5.32　石墨烯水凝胶/CuS 复合对电极制备过程示意图和基于
此对电极的 CdSeTe QD 基 QDSC 的 $J-V$ 曲线[208]

对电极,与下面的铜持续发生反应,最终影响电池稳定性[209,210]。为了解决这一问题,可将制备好的 Cu_2S 纳米颗粒及 Cu_2S 浆料通过刮涂、丝网印刷、滴涂、旋涂等方法沉积在导电衬底上,或者采用电镀、电沉积、离子交换、SILAR 以及 CBD 等方法在导电衬底上原位沉积 Cu_2S[126,208-233]。Shelke 等采用电沉积法在 FTO 玻璃上制得类似椰子壳形貌的 Cu_2S[234]。Jiang 等以导电的单晶 ITO 为核和 Cu_2S 纳晶为壳层组装了

ITO@ Cu_2S 复合对电极,其中 ITO 阵列在提供一个三维载流子传输网络的同时还为 Cu_2S 纳晶沉积提供了活性位点,减小了串联电阻、增加了并联电阻,电池效率较传统的基于铜片的 Cu_2S 对电极电池高出 21.2%,见图5.33[235]。Deng 等将 Cu_2S 原位沉积在石墨纸上获得柔性复合对电极,获得比 Pt、Au 等金属对电极更小的载流子转移阻抗和更好的电池性能[236]。Zhang 等采用 SILAR 法在石墨纸上制得 Cu_xS 对电极,基于Zn-Cu-In-Se QDSC 电池效率达到8.7%,见图 5.34[223]。Kamaja 等制备了 MoS_2-CuS 复合对电极,其中片状的 MoS_2 增加了电子转移能力和催化活性[237]。Du 等制备的 Cu_2S/Ni 柔性对电极(图 5.35)展现出较高的催化活性[238]。

图 5.33　(a-c)为 ITO 纳米线阵列的 SEM 图;(d-f)为 ITO@ Cu_2S 复合对电极的 SEM 图;(g) ITO 和 ITO@ Cu_2S 的 XRD 谱;(h) ITO 纳米线 TEM 图;(i) ITO@ Cu_2S 复合对电极 TEM 图[235]

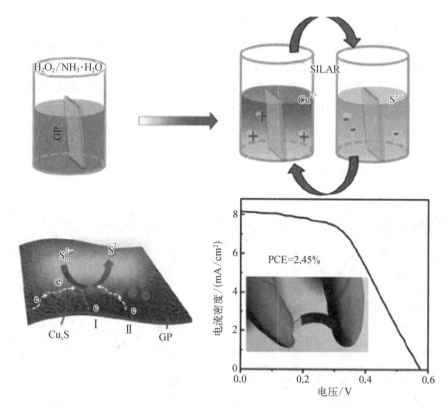

图 5.34　SILAR 法制备 Cu_xS/石墨纸对电极制备过程示意图[223]

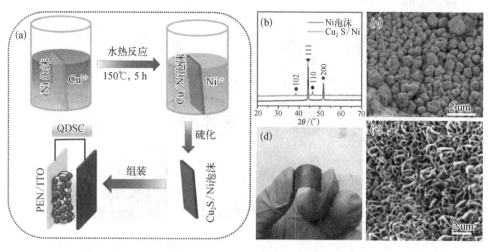

图 5.35　(a) Cu_2S/Ni 对电极制备过程；(b) Cu_2S/Ni 对电极和泡沫 Ni 衬底 XRD 谱；(c)和(d) Cu/Ni 膜的 SEM 图和照片；(e) Cu_2S/Ni 对电极 SEM 图[238]

Cu$_2$Se 具有优异的载流子传输特性和催化能力,Ahmadi 等发现 Cu$_2$Se/电解质界面存在比 CuS/电解质更小的载流子转移阻抗,相应的 Cu$_2$Se 对电极基电池获得比同条件下 CuS 基电池更高的 J_{sc}(11.26 mA/cm^2 vs. 6.02 mA/cm^2)[239]。Tian 等构筑的由纳米棒阵列和纳米片组成的双层结构 Cu$_3$Se$_2$ 对电极呈现出较大的表面积、很好的催化能力和良好的导电性[240]。Chang 等制备的 CuS/CoS 复合对电极具有比单独 CuS 或 CoS 电极更小的内电阻和更高的反射率[241]。Samadpour 等在原位制备 CuS/PbS 对电极之前对 FTO 玻璃衬底上预先沉积了石墨烯,使对电极由致密结构变为多孔结构,增强了对电极的电催化能力[242]。Zhang 等发现相较于常用的 Cu$_x$S/黄铜对电极基电池,所制备的 Cu$_x$Se/FTO 对电极基电池具有更小的载流子转移阻抗、更高的催化活性以及更高的电池效率(图 5.36)[243]。

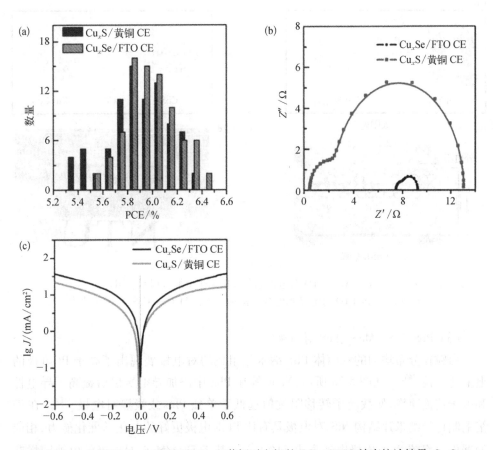

图 5.36 (a) 基于 Cu$_x$Se/FTO 和 Cu$_x$S/黄铜对电极的 CdSe QDSC 效率统计结果;Cu$_x$Se/FTO 和 Cu$_x$S/黄铜对电极基电池的(b) Nyquist 曲线和(c) Tafel 曲线[243]

（2）硫化钴对电极

硫钴矿具有易制备、低成本等优点，可通过对钴膜进行热硫化制得，研究表明 CoS_2 对 S^{2-}/S_x^{2-} 电解质的电催化性能远高于传统的 Pt 电极，CoS_2 基 CdS/CdSe QDSC 获得 4.16% 的效率，高于 Pt 电极的 2.53%[244]。在 FTO 衬底上制备的 Cu−CoS 多孔纳米片具有高反射性，可将入射太阳光限制在电池器件中而增加光吸收效率，同时其大比表面积能提供更多催化位点，提高对多硫电解质的氧化还原能力，见图 5.37[245]。

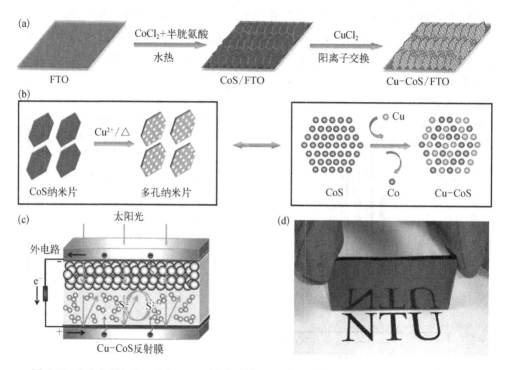

图 5.37　（a）和（b）Cu−CoS/FTO 对电极制备及阳离子交换过程示意图；
　　　　　（c）Cu−CoS/FTO 对电极基电池结构示意图；（d）Cu−CoS/FTO 照片[245]

（3）PbS、NiS_2、MoS_2、FeS 对电极

由粒径分布均匀的八面体 PbS 纳米晶组成的对电极展现出了高于 Pt 电极的电催化活性[246]。如图 5.38 所示，Yang 等在 PbS 中添加导电炭黑后提高了导电性和电子传输速率，使载流子转移阻抗值远低于单独 PbS 或炭黑对电极[247]。在 Ti 箔上制得的纳米片结构 NiS_2 对电极具有比 Pt 对电极更好的电化学催化能力，相应的器件效率较 Pt 对电极电池高出 51%[248]。基于 FTO/MoS_2 对电极的电池同样获得远高于同条件下 Pt 对电极基电池的效率，进一步构建的 MoS_2/石墨烯复合对电

极则对多硫电解质有更高的电催化性能[249,250]。FeS 也是一种非常有潜力的对电极材料,结合多孔碳后所制得的复合对电极可显著提升电池填充因子和效率[251,252]。

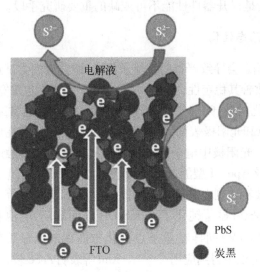

图 5.38　PbS/炭黑复合对电极基 QDSC 工作机制示意图[247]

（4）其他硫化物对电极

Cu_2ZnSnS_4/FTO、MoCuSe/CNT/rGO/Ni、MnCoS/FTO、$NiCo_2S_4$/Ti、$CuInS_2$/炭黑等硫化物复合对电极也被用于 QDSC 中[253-258],其中基于 MoCuSe/CNT/rGO/Ni 对电极的 CdSeTe QDSC 电池效率达到 8.28%,并且具有良好稳定性[257]。

4. 聚合物对电极

用于 QDSC 的聚合物对电极材料,包括聚噻吩（PT）、聚吡咯（PPy）和聚（3,4-乙烯二氧噻吩）（PEDOT）等,其中 PEDOT 因更大的表面粗糙度和更高的电催化活性,表现出较好的电池性能[259]。此外,以 TiO_2 为支架制备的 PEDOT 对电极要比 PEDOT 对电极具有更小的载流子转移阻抗和更好的电池性能[260]。

综上,各类金属、聚合物、金属硫化物等对电极均被用于 QDSC 对电极材料,其中 Pt 和 Au 等金属电极在固态 QDSC 中表现出较好的性能,但对液态多硫电解质基 QDSC 的电催化能力则不太理想;聚合物对电极基电池效率仍比较低;目前高效率 QDSC 主要还是基于 CuS、Cu_2S 等过渡金属硫化物电极或复合对电极。通过前面对对电极较为深入的研究,已经获得了影响对电极性能的一些关键因素,如表面积、导电性、催化活性等。而未来,对电极材料的发展仍存在很大挑战,如何发挥不同类型材料的优势,设计与制备复合对电极,有助于进一步提升 QDSC 的性能。

5.3.1.5　QDSC 界面工程

对于 QDSC 来讲,量子点光腐蚀及严重的载流子复合是限制 QDSC 发展的重要因素,界面工程无疑是提升器件性能不可或缺的重要研究手段。

1. 量子点表面缺陷态钝化

量子点的表面缺陷态会导致严重的载流子复合,研究者们尝试通过界面工程钝化量子点表面缺陷并改善其稳定性,主要方法是在量子点表面包覆宽带隙材料。ZnS 是最常用的宽带隙钝化材料,闪锌矿相 ZnS 带隙为 3.54 eV,通常采用 SILAR 法将 ZnS 原位包覆在量子点和光阳极表面,可有效抑制光照下量子点在电解质中的光腐蚀并在一定程度上避免光阳极中电子与电解质中氧化态物质接触产生的复合[261]。尽管 ZnS 与量子点形成 type-I 型能带排列而导致空穴转移势垒,但由于 ZnS 层很薄使空穴足以通过隧穿被转移到电解质中。如图 5.39 所示,Zhong 等采用热注入法在 $CuInS_2$ QD 表面包覆 ZnS 后显著钝化了 $CuInS_2$ QD 表面缺陷,电池获得 7.07% 的效率[28]。ZnSe(带隙为 2.7 eV)同样在量子点钝化方面展现出显著效果,已在 CdS、CdSe、$CuInS_2$ 等量子点电池中得到应用[262–264]。Kim 等表明 ZnSe 较 ZnS 有更好的钝化效果,而 Mn 掺杂的 ZnSe(Mn-ZnSe)则进一步提高了电池性能[265]。CdS 因其较宽的带隙而被用作缓冲层包覆在 $CuInS_2$ QD 表面,有效钝化了 $CuInS_2$ 表面的缺陷并增强了光吸收,使器件效率由 0.31% 显著提高至 4.2%[266]。随后,Meng 等将 Mn 掺杂的 CdS(Mn-CdS)包覆在 $CuInS_2$ 量子点表面,制备的 $CuInS_2$/Mn-CdS 基电池获得 5.38% 的效

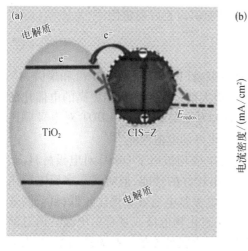
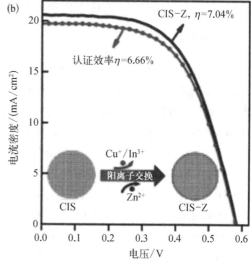

图 5.39　(a) ZnS 钝化层作用机制;(b) $CuInS_2$/ZnS 基 QDSC 的 J-V 曲线[28]

率[38]。此外,CdS 还被用于改善 PbS QDSC 的载流子复合和光腐蚀现象[267,268]。

Al₂O₃、TiO₂、SiO₂、MgO 等宽带隙金属氧化物同样被用来钝化量子点和光阳极表面,其作用原理与 ZnS 相似,包覆在量子点和光阳极表面后形成势垒而有效阻止光生电子与氧化态电解质之间的复合。Eufinger 等在光阳极表面沉积介孔 TiO₂ 层提高了电池效率和光稳定性,介孔 TiO₂ 层具有比锐钛矿相 TiO₂ 光阳极更高的导带能位,阻挡了光生电子从 TiO₂ 反向转移至电解质中[269]。而均匀、超薄 Al₂O₃ 绝缘层可通过 ALD 技术包覆在量子点表面,有效抑制暗电流并增加电子寿命[270]。SiO₂同样可以有效阻挡光生电子向电解质的转移,Zhong 等在 TiO₂/CdSeTe 表面包覆 ZnS/SiO₂ 层有效避免了量子点的光腐蚀,并减少了光阳极与电解质的接触复合,将电池 V_{oc} 从 0.583 V 提高至 0.653 V,电池效率提高了 20%,同时电子寿命和稳定性均得到改善[271]。采用电泳沉积法将 MgO 包覆在 TiO₂/CdS/CdSe 表面,显著减少了 TiO₂/QD/电解质界面电子复合速率[272]。

2. Type-Ⅱ 核壳量子点构建

常用的 CdS 和 CdSe 等量子点虽然具有较高的导带,有助于光生电子向 TiO₂等光阳极的注入,但带隙相对较宽,主要光吸收范围在可见光,而窄带隙的 PbSe 和 PbSe 因导带低而不利于光生电子的注入,type-Ⅱ核壳结构量子点的构建则有利于结合这两类量子点的优点。CdTe/CdS、CdTe/CdSe、ZnTe/CdS、Cu₂S/CdS、CdS/ZnSe 等 type-Ⅱ结构量子点已被成功制备[262,273-276]。其中, CdS/ZnSe 的有效带隙由 CdS QD 的导带和 ZnSe 的价带共同决定,因而 CdS/ZnSe 获得比单独 ZnSe 或 CdS QD 更宽的光吸收,同时type-Ⅱ的能带排列方式使光生电子和空穴分别被限制在 CdS 壳层和 ZnSe 核层中而实现空间上的分离。通过时间分辨荧光衰减谱测得 ZnSe/CdS QD 的电子寿命为 64.03 ns,远大于单独 CdS QD 的 15.4 ns,说明光生电荷复合被有效抑制,可提高电池的电子收集效率;进一步对 CdS 进行 Mn 掺杂可在增强光吸收的同时提高电子注入速率[262,108,277]。Meng 等构建的 type-Ⅱ型 CuInS₂/CdS 核壳结构在拓宽光吸收范围的同时促进了光生电荷分离,在 CdS 中继续掺入 Mn²⁺ 以引入杂质能级,进一步促进了电子向 TiO₂ 的转移[38]。Oron 等在粒径为 3.5 nm CdTe QD 表面包覆约 2.5 nm 厚 CdSe 壳层所形成的 type-Ⅱ CdTe/CdSe QD 光吸收范围被显著拓宽至 900 nm,促进了光生电子收集,并且 CdSe 壳层可避免 CdTe 与多硫电解质直接接触的光腐蚀而提高电池器件稳定性[278]。

5.3.2 胶体量子点太阳能电池

以 PbS、PbSe、Pb(S,Se)为主的 PbX 胶体量子点,因量子限域效应使其带隙高度可调,同时,多激子效应也使单结电池器件理论效率突破 Shockley-Queisser 限制。此外,PbX 量子点还具有合成简便、成本低的优点。PbX 量子点太阳能得到广泛研

表 5.1　基于不同光阳极 QDSC 的代表性电池性能参数总结

光　阳　极	量子点敏化剂	电解质	对电极	$J_{sc}/$ (mA/cm²)	V_{oc}/V	FF	电池效率/%	文献
RGO－TiO₂	CdS/CdSe	Na₂S, S	Cu₂S 黄铜片	12.38	0.569	0.57	4.02	[129]
TiO₂－1.5%GF	CdS/CdSe	Na₂S, S	Pt/FTO	15.89	0.580	0.456	4.20	[130]
分等级枝杈状 TiO₂ 纳米线包覆 TiO₂ 空心球	CdS/CdSe	Na₂S, S, NaOH	Cu₂S/FTO	19.24	0.531	0.542	5.53	[116]
Y 掺杂 ZnO 纳米棒	CdS/CdSe	Na₂S, S, KCl	CuS/FTO	13.37	0.600	0.480	3.30	[175]
SnO₂	CdS/CdSe	Na₂S, S, KCl	Cu₂S 黄铜片	10.13	0.700	0.616	4.37	[279]
TiO₂ 纳米线阵列	CdS/CdSe	Na₂S, S, KCl	Cu₂S/FTO	19.32	0.531	0.586	6.01	[95]
ZnO－TP	ZnSe/CdSe/ZnSe	Na₂S, S, KCl	Cu₂S/RGO	17.30	0.761	0.471	6.20	[280]
ZnO	CdS/CdSe	Na₂S, S, KCl	Cu₂S 黄铜片	10.48	0.683	0.623	4.46	[281]
SnO₂	CdS/CdSe	Na₂S, S	Cu₂S 黄铜片	17.40	0.477	0.444	3.68	[87]
Nb－TiO₂	CdS/CdSe	Na₂S, S, KCl	Pt/FTO	20.37	0.489	0.330	3.30	[145]
TiO₂ 纳米管阵列	CdS/CdSe	Na₂S, S	Cu₂S 黄铜片	10.81	0.689	0.620	4.61	[113]
TiO₂ 单晶纳米管阵列	CdS/CdSe	Na₂S, S	Cu₂S 黄铜片	14.05	0.571	0.517	4.15	[114]
SrTiO₃(10%)－TiO₂(90%)	CdS/CdSe	Na₂S, S	Cu₂S/FTO	6.00	0.600	0.480	1.80	[152]
ITO/ZnO 纳米棒和纳米片复合	CdS/CdSe	Na₂S, S	Cu₂S 黄铜片	10.74	0.610	0.500	3.28	[126]
ZnO 纳米棒和纳米线复合	CdS	Na₂S, S	Pt/FTO	9.01	0.511	0.510	2.35	[127]
TiO₂ 纳米纤维/ZnO 纳米片	CdS/CdSe	Na₂S, S, KCl	Cu₂S 黄铜片	17.15	0.532	0.460	4.21	[282]
ZnSnO₄－ZnO 纳米棒复合	CdS/CdSe	Na₂S, S, KCl	Pt	11.32	0.492	0.370	2.08	[283]

表 5.2　近年报道的基于不同量子点敏化剂 QDSC 的电池性能参数总结

光阴极	量子点敏化剂	电解质	对电极	J_{sc}/(mA/cm^2)	V_{oc}/V	FF	电池效率/%	文献
TiO$_2$	AgInSe$_2$/CdS/ZnS	Na$_2$S，S，KCl	FTO/Cu$_2$S	18.27	0.654	0.627	6.04	[78]
TiO$_2$	CdTe/CdSe	Na$_2$S，S，KCl	Cu$_2$S 黄铜片	19.59	0.606	0.569	6.76	[83]
TiO$_2$	CdSe$_x$Te$_{1-x}$/CdS I－CdS II	Na$_2$S，S，KCl	Cu$_2$S 黄铜片	14.79	0.578	0.590	5.04	[40]
TiO$_2$	CdSe	Na$_2$S，S，KCl	Cu$_2$S 黄铜片	16.01	0.693	0.680	7.54	[175]
TiO$_2$	InP	Na$_2$S，S，KCl	Cu$_2$S 黄铜片	10.58	0.590	0.567	3.54	[284]
ZnO NW	ZnSe/CdSe	Na$_2$S，S，KCl	Cu$_2$S 黄铜片	11.96	0.836	0.450	4.54	[285]
TiO$_2$	Zn－CuInS$_2$	Na$_2$S，S，KCl	Cu$_2$S 黄铜片	20.65	0.586	0.581	7.04	[28]
TiO$_2$	ZnTe/CdSe	Na$_2$S，S，KCl	Cu$_2$S 黄铜片	19.65	0.642	0.570	7.17	[26]
TiO$_2$	CdSe$_x$Te$_{1-x}$	Na$_2$S，S，KCl	Cu$_2$S 黄铜片	22.21	0.710	0.712	11.23	[77]
TiO$_2$	CuInS$_2$	Na$_2$S，S，KCl	Cu$_2$S 黄铜片	22.82	0.601	0.620	8.54	[76]
TiO$_2$	Zn－In－S－Se	Na$_2$S，S，KCl	MC/Ti	26.52	0.802	0.720	15.31	[69]
TiO$_2$	CdS/Cd$_{1-x}$Mn$_x$Se	Na$_2$S，S	Cu$_2$S 黄铜片	19.15	0.580	0.570	6.33	[286]
TiO$_2$	CuInS$_2$/Mn－CdS	Na$_2$S，S，KCl	Cu$_2$S 黄铜片	19.29	0.581	0.48	5.38	[38]
TiO$_2$	Cu－In－Ga－Se	Na$_2$S，S，KCl	MC/Ti	25.01	0.740	0.621	11.49	[49]
TiO$_2$	CdSe$_x$Te$_{1-x}$	Na$_2$S，S，KCl	Cu$_2$S 黄铜片	19.35	0.571	0.575	6.36	[40]
TiO$_2$	PbS/CdS	Na$_2$S，S，KCl	Cu$_2$S/FTO	18.81	0.595	0.642	7.19	[287]
TiO$_2$	CdTe/CdS	Na$_2$S，S，KCl	Cu$_2$S 黄铜片	13.88	0.642	0.669	5.96	[288]
TiO$_2$	Hg－PbS	Na$_2$S，S	Cu$_2$S 黄铜片	39.98	0.604	0.468	5.58	[289]
TiO$_2$	CuInSe$_2$	Na$_2$S，S，KCl	Cu$_2$S 黄铜片	26.93	0.528	0.570	8.10	[290]
TiO$_2$	CuInS$_x$Se$_{2-x}$	Na$_2$S，S，KCl	Cu$_x$S/FTO	16.800	0.560	0.590	5.51	[62]
TiO$_2$	CdSe$_x$S$_{1-x}$	Na$_2$S，S，KCl	Cu$_2$S/RGO	11.200	0.557	0.510	3.20	[65]
TiO$_2$	Zn－Cu－In－S－Se	Na$_2$S，S，KCl	MC/Ti	25.51	0.780	0.724	14.4	[74]

表 5.3　基于不同对电极 QDSC 的代表性电池性能参数总结

光阳极	量子点敏化剂	电解质	对电极	$J_{sc}/(mA/cm^2)$	V_{oc}/V	FF	电池效率/%	文献
TiO$_2$	CdS/CdSe	Na$_2$S*, S, KCl	Au/ITO	16.80	0.532	0.490	4.22	[291]
TiO$_2$	CdS/CdSe	Na$_2$S, S, KCl	Cu$_2$ZnSn(S$_{1-x}$Se$_x$)$_4$	12.71	0.550	0.430	3.01	[292]
TiO$_2$	Mn-CdS/CdSe	Na$_2$S, S	Cu$_2$S/RGO	20.70	0.558	0.470	5.42	[293]
ZnO	CdS/CdSe	低聚物凝胶电解质	C	17.84	0.719	0.420	5.45	[105]
TiO$_2$	CdS/CdSe	Na$_2$S, S, KCl	Cu$_{2-x}$Se/FTO	18.85	0.559	0.593	6.25	[294]
ZnO	CdSe	Na$_2$S, S, NaOH	Cu$_{2-x}$S$_y$Se$_{1-y}$/FTO	15.69	0.772	0.419	5.01	[295]
ZnO	CdS/CdSe	Na$_2$S, S, KCl	CoS/石墨纸	12.60	0.600	0.360	2.70	[296]
ZnO	CdS/CdSe	Na$_2$S, S	FeS	9.60	0.430	0.430	1.76	[252]
ZnO	CdS/CdSe	Na$_2$S, S	碳纳米纤维	7.50	0.587	0.562	2.50	[111]
TiO$_2$	CdS/CdSe	Na$_2$S, S, KCl	NiS/FTO	10.38	0.508	0.550	2.97	[297]
TiO$_2$	CdS/CdSe	Na$_2$S, S, NaOH	Mn/PbS	11.67	0.610	0.510	3.61	[298]
TiO$_2$	CdS/CdSe	Na$_2$S, S, KCl	PbS/炭黑复合	13.32	0.509	0.580	3.91	[247]
TiO$_2$	CdS/CdSe	Na$_2$S, S, KCl	CuInS$_2$/炭黑复合	14.16	0.512	0.600	4.32	[258]
TiO$_2$	CdSeTe	Na$_2$S, S, KCl	Cu$_x$S/FTO	21.09	0.673	0.614	8.72	[243]
TiO$_2$	CdSeTe	Na$_2$S, S, KCl	Cu$_2$S/Ni	20.22	0.651	0.679	8.94	[238]
TiO$_2$	CdSeTe	Na$_2$S, S, KCl	NiS/Ni	17.82	0.633	0.557	6.28	[238]
TiO$_2$	CdSe	Na$_2$S, S, KCl	Bi$_2$S$_3$/FTO	16.68	0.456	0.289	2.20	[299]
TiO$_2$	CdSeTe	Na$_2$S, S, KCl	石墨烯水凝胶/CuS/Ti 片	20.69	0.786	0.660	10.74	[208]
TiO$_2$	CdSeTe	Na$_2$S, S, KCl	介孔碳/Ti 片	20.68	0.798	0.677	11.16	[156]
TiO$_2$	CdS/CdSe	Na$_2$S, S, KCl	Cu$_{2-x}$S 纳米颗粒与纳米线复合	21.39	0.567	0.586	7.11	[244]

究,器件效率目前已超过 13%,而且未经封装的 PbX 量子点电池器件在空气中表现出优异的稳定性,充分表明该电池的应用发展潜力。下面将具体从 PbX 量子点电池表面钝化和器件结构工程两个方面依次进行介绍。

5.3.2.1　PbX 量子点电池表面钝化

PbX QD 因存在大量的表面原子而产生悬挂键,继而形成很多表面态,很容易导致复合、载流子寿命降低和扩散长度减小、载流子抽取效率降低,最终使得电池获得较低的 V_{oc} 值[300,301]。在 PbX QD 表面引入配体进行钝化被证实是一种减少表面态的简便、有效途径。通常在 PbX 胶体量子点表面都存在着 OA 等有机长链配体用来控制量子点尺寸以及避免量子点团聚现象发生,然而这些配体使 PbX QD 之间形成绝缘的势垒而不利于载流子传输。发展新的配体以缩短量子点之间距离而改善载流子传输,并钝化量子点表面缺陷态以减少复合的策略得到广泛关注。用短链配体取代 PbX QD 表面的长链配体这一配体交换过程可在溶液中或固相中进行。PbX QD 表面过多的 Pb 原子需要配位,研究初期主要使用二巯基硫醇(BDT)、1,2-乙二硫醇(EDT)等含双配位基硫醇进行配体交换。随后,MPA 因同时具有巯基(—SH)和羧基(—COOH)两种官能团钝化PbS QD 并获得七倍于 EDT-PbS QD 的迁移寿命[302-304]。

考虑到由 MPA 或 EDT 钝化的 PbX 基量子点电池中光吸收层厚度有限,且存在被氧化和热退火等不足,基于无机配体钝化的 PbX 量子点电池发展起来。研究表明:卤素对 PbS 等量子点有更好的钝化效果,在有效降低量子点表面载流子缺陷态密度的同时使量子点保持了良好的空气稳定性,因此,卤素离子是无机配体中的一个理想选择。Tang 等提出使用十六烷基三甲基氯化铵(HTAC)、溴化十六烷基三甲铵(CTAB)和碘化四丁铵(TBAI)的甲醇溶液处理 OA-PbS QD,可实现配体交换并在 PbS QD 表面形成 Cl⁻,Br⁻ 和 I⁻ 的卤素配体(图 5.40),这些卤素配体与 PbS QD 的 Pb^{2+} 有非常强的结合力,减少了 PbX 薄膜的表面缺陷并展现出良好的稳定性,实现改善的载流子迁移率和电池效率[305]。

2012 年,人们提出了一种新钝化方法,即用 MPA 和 Cl⁻ 钝化 PbS QD,其中 MPA 的双官能团可交联 QD,Cl⁻ 可以钝化 MPA 难以接近的地方[306]。值得注意的是,卤素配体可有效钝化表面的深缺陷态,而浅缺陷态则可通过引入金属阳离子进行钝化[307],目前多种金属阳离子已经被用于减少 PbS QD 表面浅缺陷态。与此同时,PbS QD 表面有害配体的消除也可减少缺陷态[308]。此外,PbS QD 合成过程中在 PbS (111)面存在的羟基虽然对 PbS QD 有稳定作用,但会引起不利的表面缺陷态。研究表明:温和的热退火过程可消除 PbS(111)面的羟基官能团[309,310]。卤化物分子可以消除表面的硫位点而形成 1~2 个原子层的卤化铅钝化层,从而导致减小的缺陷态,获得更高的荧光量子产率以及改善的空气稳定性和增强的电池性能[311,312]。Chuang 等提出在 PbS QD 表面引入不同配体来调控能带排列(图5.41 和图 5.42),

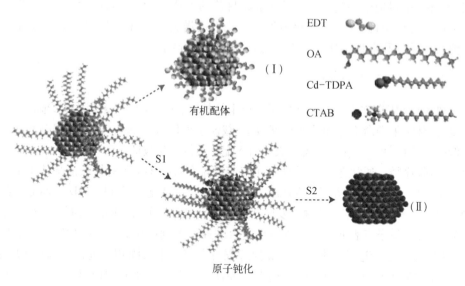

图 5.40　有机配体和卤素原子配体钝化 PbS QD 过程示意图[305]

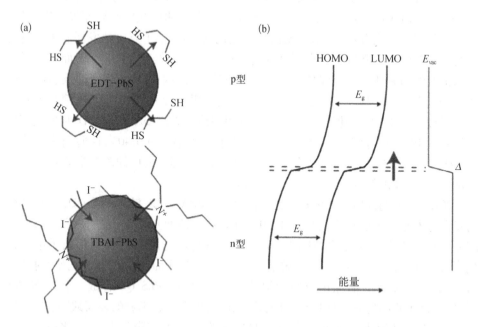

图 5.41　(a) 表面结合的分子可通过诱导可变的表面偶极子来改变量子点能
级(n 或 p 型);(b) 在具有不同表面结合配体的量子点层之间的界
面上,另一偶极位移改变了对器件性能至关重要的能级排列[313]

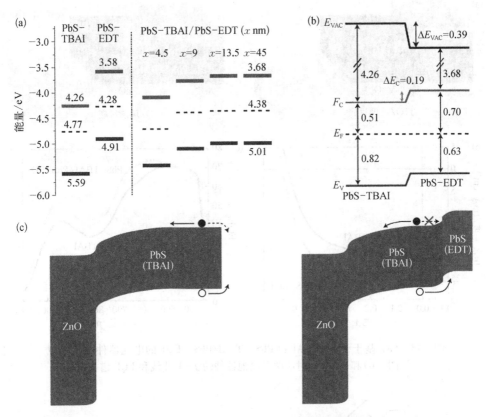

图 5.42 (a) PbS－TBAI 和 PbS－EDT 膜相对真空能级的能级图;(b) PbS－TBAI/
PbS－EDT 界面能级排列示意图;(c) ZnO/PbS－TBAI 和 ZnO/PbS－TBAI/
ZnO/PbS－EDT 电池器件短路状态下的能带弯曲示意图[313]

所制备的 PbS－TBAI 和 PbS－EDT 展现出不同的能带结构。在 ZnO/PbS－TBAI/
PbS－EDT 电池中,PbS－TBAI 作为主要的光吸收层(图 5.43),PbS－EDT 则作为
电子阻挡层或空穴抽取层,获得了比 ZnO/PbS－TBAI 电池更高的 J_{sc} 和良好的器件
稳定性[313]。Lan 等发现碘分子可以减少 PbS QD 表面缺陷态密度而增加扩散长
度,并在不牺牲载流子抽取的情况下增加吸光层厚度,最终获得 9.9% 认证
效率[312]。

Wang 等提出使用碘化铅和二苯基硫脲作为前驱体,在室温下一步合成以碘为
配体的 PbS QD,该方法避免了配体交换过程,降低了器件的制备成本,相应的电池
也获得 10.1% 效率,如图 5.44 和图 5.45 所示[314]。然而,具有高活性的碘分子不利
于 PbS QD 太阳能电池器件的稳定性。为了解决这一问题,甲基碘化铵(MAI)被引
入 PbS QD 中,起到改善钝化作用,实现了 10.6% 的电池认证效率[315]。

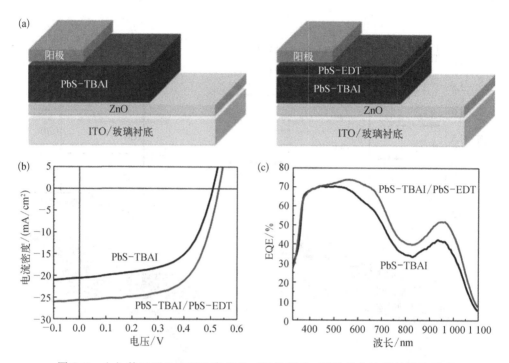

图 5.43　（a）基于 PbS‐TBAI 和 PbS‐TBAI/PbS‐EDT 的电池器件结构示意
图;（b）和（c）分别对应两种电池器件的 J‐V 曲线和 EQE 谱[313]

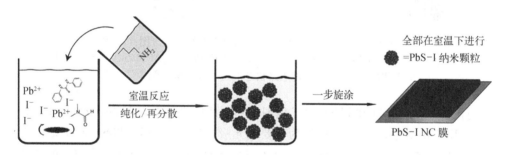

图 5.44　一步直接合成 PbS QD 方法示意图[314]

　　从图 5.46 看出,结合 I⁻ 和 SCN⁻ 钝化 PbS QD,显著减少了缺陷态并允许光吸收层厚度增至 500 nm,使激子峰处的外量子效率达到最高的 80%,电池获得高达 31.50 mA/cm² 的 J_{sc} 和 11.2% 的效率[316]。

　　PbS QD 薄膜一般是采用旋涂、喷涂、喷墨印刷、滴涂等方法逐层制备,需经过量子点沉积、固态配体交换、清洗等步骤,其中的问题在于较低的量子点利用率和过多的溶剂消耗。如果在制备量子点薄膜过程中使用预先配体交换好的量子点溶液,则量子点薄膜的涂覆可一步完成[317]。Ning 等基于 MAI 配体通过溶液相配体

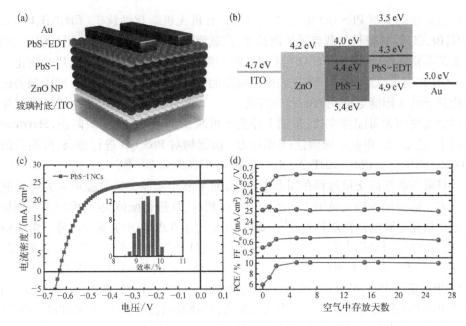

图 5.45　（a）PbS‑I/Pb‑EDT 基太阳能电池结构示意图；（b）电池能级结构示意图；
（c）电池器件的电流-电压特性曲线；（d）电池器件的稳定性测试[314]

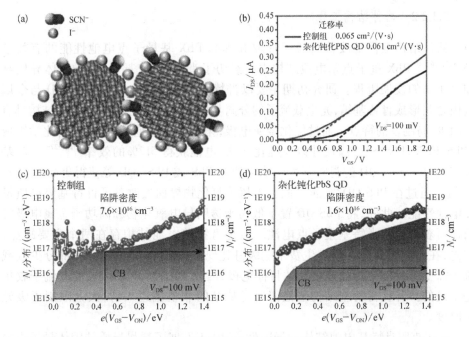

图 5.46　（a）表面包覆 I⁻和 SCN⁻配体的 PbS QD 示意图；（b）I⁻包覆 PbS QD 和杂化
钝化 PbS QD 的转移特性；（c）和（d）为两种量子点的缺陷态密度[316]

交换过程获得 n 型 PbS QD 溶液[318]。目前,有机无机杂化钙钛矿($CH_3NH_3PbX_3$,X=I,Br,Cl)因其较长的载流子扩散长度、高载流子迁移率,尤其是与 PbS QD 之间完美的晶格匹配而用于 PbS QD 液相或固态配体交换过程。$CH_3NH_3PbI_3$ 钝化的 PbS QD 在退火以后,在 PbS QD 表面形成薄的钙钛矿壳层,结合 PbS-EDT 制备的杂化量子结太阳能电池获得 8.95% 的效率[319]。此外,I 钝化 PbS QD 还可通过原位掺杂实现而无需配体交换,采用 I 替换 S 可减少 PbS QD 的深缺陷态,Stavrinad 等以 1-乙基-3-甲基咪唑碘盐(EMII)为 I 前驱物对 PbS QD 进行掺杂,所制备的 ITO/ZnO/PbS-I/PbS-EDT/Au 电池获得 10.47% 的效率[320]。

目前多数配体交换过程在固态中进行,而溶液相配体交换过程可大大降低制备成本。硫醇配体最先被用于在溶液相中对 PbS QD 进行配体交换,但因其不理想钝化作用而导致电池性能较差[321]。2013 年报道了在 PbS QD 表面包覆薄的卤化铅基钙钛矿壳层可获得与最初合成的 OA-PbS QD 相当的荧光量子产率,主要是基于这两种材料在原子级结晶上的一致性并形成了 type-I 能带排列[319,322,323]。2017 年报道了 PbX_2/NH_4Ac 液相配体交换方法(图 5.47),经 $[PbX_3]^-$/$[PbX]^+$ 钝化的 PbS QD 薄膜是通过一步旋涂法获得的,该薄膜相比于 MAI 或 $MAPbI_3$ 等配体钝化的薄膜,具有更好的载流子传输特性,光吸收层厚度增加至 350 nm,因而,获得更高的 J_{sc} 以及 11.28% 的高效率和良好稳定性[324]。

5.3.2.2　器件结构工程

器件结构工程是改善载流子抽取和提高 PbX 基量子点电池性能的有效途径[325,326]。PbX 量子点基电池结构先后经历了肖特基结、耗尽异质结、体异质结和量子结的发展历程。研究初期主要以肖特基结电池结构为主,PbX QD 与金属电极之间形成肖特基结,光生载流子的分离与传输发生在此处,这种电池结构具有界面少、易制备的特点。通过优化金属电极,拓宽光响应范围,优化材料化学组成(PbS,$PbSe$,PbS_xSe_{1-x})、尺寸以及纯化方法,电池获得 5.2% 的效率[316,327-330]。基于三元 PbS_xSe_{1-x} QD 的肖特基太阳能电池较 PbS 或 PbSe QD 等获得更高的 J_{sc} 和 V_{oc} 值。通过在 PbS QD/金属界面引入超薄氧化物界面层改善了肖特基势垒质量和电池性能。此外,将 PbS QD 置于低功函透明导电氧化物和高功函金属电极之间还可获得反型肖特基量子点电池。但是肖特基电池结构存在两个主要缺点:首先,在 QD/金属界面易发生费米能级钉扎现象而限制 V_{oc} 值;其次,部分少数载流子需要穿过整个薄膜才可到达目标电极,因此,在自由电场区域的载流子收集是不足的。并且肖特基结构电池需要光从结的非整流边入射,大大限制了吸光层厚度。

为了克服肖特基电池结构的局限性,2010 年发展了耗尽异质结胶体量子点电池,该电池结构允许更厚的光吸收层,并将耗尽层移动到靠近入射光一侧,有效降低

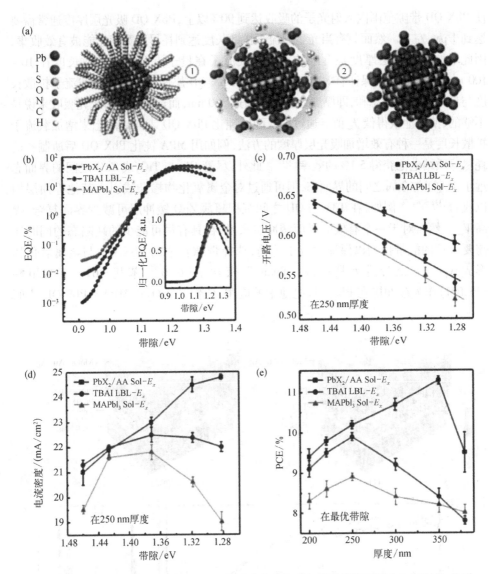

图 5.47　(a) [PbX₃]⁻/[PbX]⁺- PbS QD 推测形成过程;(b) 外量子效率测试;(c)和(d) 分别
为 V_{oc} 和 J_{sc} 随量子点尺寸的变化规律;(e) 不同吸光层厚度对应的器件效率[324]

了复合损失。n 型过渡金属氧化物(TiO₂,ZnO)和 p 型 PbX QD 形成异质结,电子流
向金属氧化物而不是金属电极,同时空穴由 TiO₂向 PbX QD 的转移被抑制,促进了载
流子的分离[331]。相比肖特基电池结构具有以下优点:首先,在耗尽区的内建电场作
用下加速了载流子分离,其次由于 PbX QD/TiO₂界面可实现更好的载流子分离,因此
可获得更高的 V_{oc} 值。最佳的电池结构必须平衡光吸收和载流子收集之间的矛盾,要

使 PbX QD 带隙范围内入射光子的吸收达到 90% 以上，PbX QD 吸光层厚度通常需要达到 1 μm 左右。然而只有当光生载流子扩散长度达到耗尽区宽度才能被有效收集，因此增加光吸收层厚度是有限的。通常载流子在量子点层中的扩散长度在 10～100 nm 范围内，为了保证有效的载流子抽取，PbX QD 层厚度不能超过载流子扩散长度与耗尽区宽度的总和，即厚度一般不能超过 300 nm，而这个厚度对于光吸收来说是不够的，使电池获得低 J_{sc} 值。通过引入配体钝化 PbX QD 表面缺陷态来增加载流子扩散长度是一种有效增加吸光层厚度的方法，例如用 MPA 钝化 PbX QD 后所制备的耗尽异质结电池获得 5.1% 的效率[331]。此外，尽管 QD 与 TiO₂ 或 ZnO 之间的界面态远小于 QD 与金属之间的界面态，但可通过对金属氧化物掺杂或引入其他界面层加以改善[332-334]。例如，在 TiO₂ 和 QD 之间沉积超薄 ZnO 缓冲层可减少界面复合，提高 V_{oc}。然而对于一个有效的界面缓冲层来说，在具有尽可能少的缺陷态的同时还需要合适的能带排列以保证载流子传输，选择带隙合适的 PbX QD 与金属氧化物形成 type-Ⅱ 能带排列是关键。Yuan 等探索了 [6,6]-苯基-61-丁酸甲酯（PCBM）作为缓冲层在 PbS QD 电池中的应用，他们在 TiO₂ 和 MPA-PbS QD 之间

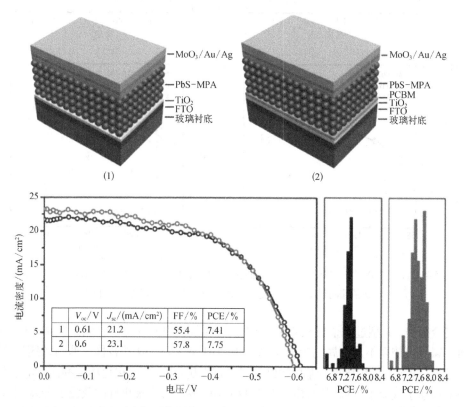

图 5.48　PCBM 缓冲层插入前后电池器件结构示意图和 $J-V$ 特性对比[334]

插入 PCBM 层后仅带来少量的 J_{sc} 和 FF 的改善见图 5.48。进一步经 TBAI 处理 PCBM 层后,同时实现了 n 型掺杂的 PCBM 以及对 PbS QD 的钝化,拓宽了耗尽区,促进了电子由 PbS QD 向 TiO₂ 的注入,为了避免卤素离子的缺失,在 PCBM 层上面依次制备了 TBAI – PbS 和 MPA – PbS 层,电池性能得到明显改善并获得最高 8.9% 的效率,如图 5.49 所示[334]。Zhang 等为 PbS 量子点异质结电池设计制备了一种有机小分子 BTPA – 4 层并引入 PbS 量子点和 Au 电极之间,有效抑制了 PbS QD 和 Au 之间的载流子复合,获得更高的 V_{oc} 和器件稳定性[335]。2018 年,Jang 课题组提出采用 PTB7 作为空穴传输层,简化了 PbS 量子点电池制备工艺,对应器件效率 9.6%,但该电池的开路电压低于以 PbS – EDT 为空穴传输层的电池器件[336]。通过对电池空穴传输层做进一步优化发现,当以 PBDB – T(F) 为空穴传输层时器件效率达到 11.2%[337]。

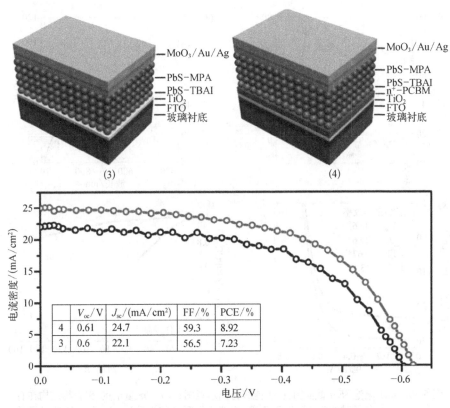

图 5.49　n 型掺杂 PCBM 缓冲层插入前后电池器件结构示意图和 J – V 特性对比[334]

2019 年,Sargent 课题组制备了包含 PbS/聚合物和小分子混合结构的杂化太阳能电池,如图 5.50 所示,所引入的小分子与 PbS QD 可吸收互补,同时与聚合物之间形成的能级排列可保证载流子有效转移,提高界面处的电荷分离效率,电池器件效率达到 13.1%,未封装的器件在空气中连续工作 150 h 后仍可保持初始效率的 80%[338]。

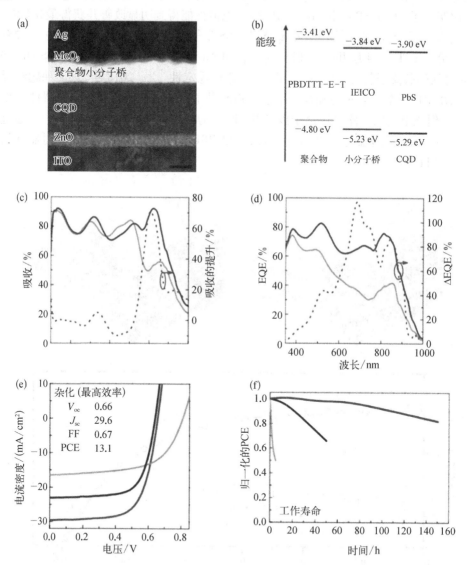

图 5.50　(a) 电池 SEM 截面图;(b) 能级排列示意图;(c) PbS 量子点/聚合物结构在有无小分子时的紫外可见吸收谱(虚线表示吸收的提升);(d) 电池的外量子效率(EQE)曲线(虚线表示 EQE 的提升);(e) 聚合物体异质结,PbS 量子点/EDT 和 PbS 量子点/聚合物体异质结三种结构电池器件的 J - V 曲线(自上而下);(f) 有机体异质结,PbS 量子点/EDT 和 PbS 量子点/体异质结器件的稳定性测试(从左向右)[338]

受有机太阳能电池启发,体异质结结构电池发展起来,用以克服扩散长度短的限制。使用可贯穿整个 PbX QD 薄膜的多孔、有序纳米柱或纳米线网络结构的 TiO₂ 或 ZnO 可以拓展耗尽区,改善光吸收,提高载流子分离和收集效率,从而增加电池光吸收层厚度而显著提高 J_{sc}[339-342]。但该电池结构因引入大量的界面而产生更多的界面复合,又限制了电池的 V_{oc}。研究表明在 PbX QD/金属氧化物界面插入窗口层或使用掺杂的聚合物进行表面钝化可有效减少载流子复合、改善电子抽取。Zhao 等在 ZnO 和 PbS QD 之间引入 CdI₂-CdSe QD 缓冲层,改善了能带排列并钝化了表面缺陷态,电池获得 7.5% 的效率[57]。Wu 等发现使用正辛烷和异辛烷的混合溶剂可改善 PbS QD 层形貌以及电池性能[343]。

随着 PbX QD 表面钝化方法的不断发展,PbX QD 的可控掺杂也得以实现,进而促进梯度掺杂以及量子结电池结构的发展。区别于耗尽异质结和体异质结电池,量子同质结电池的结两侧均可贡献光电流,且该电池结构还允许通过调控能级排列获得更高的 V_{oc} 值。该电池结构并未在 PbX 量子点电池研究初期被提出的主要原因是在构建 pn 结时难以获得在空气中稳定的 n 型 PbX QD,n-PbX QD 暴露在空气中后数分钟内被氧化,PbX QD 因表面易被氧攻击而往往呈现 p 型。这一难题随着卤素配体钝化 PbX QD 的方法被提出而得到解决,研究发现经卤素离子钝化后可得到 n 型 PbX QD,并且在一定程度抑制了 PbX QD 氧化。进一步地,卤素配体种类与载流子密度和迁移率密切相关,如图 5.51 和图 5.52 所示。对比 I⁻、Cl⁻、Br⁻ 处理的 PbX QD 发现,碘钝化的光吸收层具有最高的载流子迁移率以及更高的载流子收集效率,因此碘被认为是钝化效果最好的卤族元素[344]。此外,通过控制掺杂浓度形成梯度掺杂结构,可提高内建电势和 V_{oc}。Ning 等基于碘配体获得了 n 型 PbS QD,并通过控制掺杂浓度调控其电学特性[345,346],经过预先的碘处理以及沉积后的固态钝化过程,成功制备空气中稳定的 pn 结 PbS QD 电池,电池获得 26.6 mA/cm² 的 J_{sc} 和 8% 的效率[344]。随着不断筛选优化配体种类及相应制备条件,当前性能较好的电池结构为 ZnO/PbS-TBAI/PbS-EDT/Au,这种电池结构是耗尽异质结和 p-n 结的组合[347]。其中 p 型的 PbS-EDT 层可作为 PbS-TBAI 和 Au 电极之间的电子阻挡层或空穴抽取层,该电池获得 8.55% 的认证效率,并展现出良好的重复性和空气稳定性[312]。研究表明,增加 PbS-EDT 层掺杂浓度可促使耗尽区向 PbS-TBAI 层移动,实现更高效的载流子抽取和迁移。例如,采用 NaHS 处理 PbS-EDT 层显著增加了 J_{sc} 和 FF,进一步优化 PbS 钝化方法以及改善 ZnO 的界面和掺杂,电池效率突破 10%[348,349]。Jin 等使用石墨炔作为阳极缓冲层,延长了载流子寿命、减少了表面复合,电池效率达到 10.64%,并通过对 PbX QD 电池进行等离子激元等光学工程有效增强光吸收[350]。

Sargent 课题组通过表面配体工程实现了对掺杂浓度和量子点溶解度的调控,使 p 型和 n 型 PbS QD 可以同时溶解于同一种溶剂中[351]。如图 5.53 所示,他们

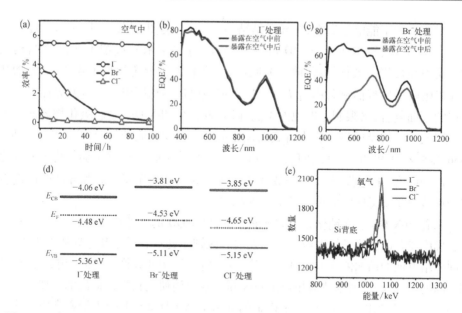

图 5.51　对比经 I⁻、Cl⁻、Br⁻ 处理的胶体量子点对应的电池性能：(a)电池器件在空气中的性能；(b) I⁻ 处理的量子点所制备电池的 EQE 谱；(c) Br⁻ 处理的胶体量子点所制备器件在空气中暴露前后的 EQE 谱；(d) 不同卤素处理的量子点的费米能级、价带和导带能级；(e) 不同卤素处理的量子点薄膜中氧化物含量[344]

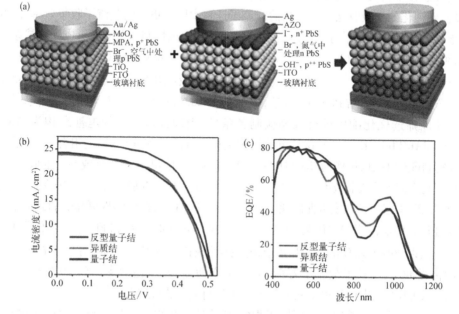

图 5.52　(a) 结合异质结电池中最好的 p 型薄膜和量子点结电池中最好的 n 型薄膜制备的反型量子结电池；三种电池结构的(b)J - V 特性和(c)EQE 谱[344]

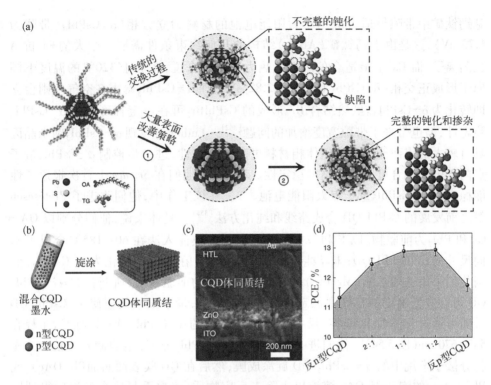

图 5.53 （a）不同的配体交换方法；（b）基于 n 型和 p 型 PbS QD 混合液制备量子点体异质结薄膜；（c）电池器件截面 SEM 照片；（d）使用不同比例 n 型和 p 型 PbS QD 混合制备的电池器件效率[351]

采用碘化铅、溴化铅和醋酸铵作为 n 型 PbS QD 的配体，p 型 PbS QD 则在 n 型量子点基础上引入巯基乙胺作为配体。通过优化 p 和 n 型量子点比例，电池最终实现 13.3% 的高效率。

5.3.3　钙钛矿量子点太阳能电池发展

除了传统硫属化物半导体，卤化物钙钛矿近年来成为研究热点，相应的薄膜电池效率在不到十年时间就突破 25%，成为目前最具发展潜力的新型太阳能电池。这类钙钛矿材料具有立方晶体结构，通用化学表达式为 ABX_3，其中 A 代表一价阳离子（$CH_3NH_3^+(MA^+)$、$CH(NH_2)_2^+(FA^+)$、Cs^+ 等），B 代表二价金属阳离子（Pb^{2+}、Sn^{2+} 等），X 表示卤素离子（I^-、Cl^-、Br^- 等）。钙钛矿量子点通常具有比相应体相钙钛矿更稳定的立方结构，并具有光学吸收系数高、带隙宽范围可调、载流子扩散长度长、缺陷容性高等特点。

5.3.3.1　铅基钙钛矿量子点电池

无机卤化铅基钙钛矿量子点太阳能电池近五年得到快速发展。无机卤化铅基钙钛矿中带隙最适合应用于太阳能电池的材料为立方相(α)CsPbI$_3$(带隙为 1.73 eV),这是由于钙钛矿(ABX$_3$)结构的几何约束条件需要一个大的+1 价 A 位阳离子,而 Cs$^+$是最适合的。但从热力学角度来说,在低于 320℃的温度下倾向于形成正交相(δ)CsPbI$_3$(带隙为 2.82 eV),而 α-CsPbI$_3$暴露在空气中则会立即转化为 δ-CsPbI$_3$。虽然结合 Br$^-$形成的 CsPbIBr$_2$可在一定程度提高 α-CsPbI$_3$ 稳定性,但也带来了带隙宽度增加的问题[352]。Luther 等发现 α-CsPbI$_3$纳米晶因具有较大的表面能而获得比体相材料更高的稳定性,进一步控制 α-CsPbI$_3$量子点内部电子耦合可获得更高的稳定性。2016 年,他们在 *Science* 上首次报道了性能稳定的 α-CsPbI$_3$量子点太阳能电池[353]。在该工作中,他们改进了 Protesescu 等之前发展的 CsPbI$_3$QD 合成路线和纯化方法[354]。具体来说,他们分别以 OA - Cs 和 PbI$_2$为前驱物,以 I$^-$和 OAm 为配体,通过热注入法在 60~185℃合成了不同尺寸的 α-CsPbI$_3$QD;未经纯化的 α-CsPbI$_3$QD 在几天内转化为 δ-CsPbI$_3$,而当他们采用乙酸乙酯(MeOAc)清洗去除未反应的前驱物后,所制备的 α-CsPbI$_3$ QD 可在较低温度的空气中稳定存在数月。此外,量子限域效应使 α-CsPbI$_3$QD 带隙可通过尺寸加以调控,尺寸为 3~12.5 nm 的 α-CsPbI$_3$ QD 对应的激子峰在 585~670 nm(图 5.54)。他们进一步发展了 α-CsPbI$_3$ QD 导电膜制备方法:首先将分散于辛烷中的 α-CsPbI$_3$ QD 旋涂成膜,然后在 QD 膜表面滴加 Pb(OAc)$_2$或 Pb(NO$_3$)$_2$的饱和 MeOAc 溶液以去除未反应物质,多次重复这个过程后得到厚度为 100~400 nm 的 α-CsPbI$_3$ QD 膜。

　　基于粒径约 9 nm 的 α-CsPbI$_3$ QD 所制备的电池结构如图 5.55 所示,器件结构自下而上依次包括 FTO 透明导电玻璃、TiO$_2$致密层、CsPbI$_3$QD 吸光层、*spiro* - OMeTAD 空穴传输层、超薄 MoO$_x$层和 Al 电极。CsPbI$_3$QD 膜可实现较长范围的电子传输,电池最高效率 10.77%,以及 13.47 mA/cm^{2}的 J_{sc}、1.23 V 的 V_{oc}和0.650的 FF,其中 V_{oc}值高于任何其他结构的量子点电池。

　　我们看到尽管 CsPbI$_3$量子点太阳能电池已经获得超过 10% 的效率和 1.23 V的高 V_{oc},但 J_{sc}值较低,这是量子点电池中经常面临的光吸收与载流子收集效率之间的权衡问题。为了调节改善量子点之间的电子耦合和载流子迁移率,Luther 等首次提出 AX 后处理方法[355],其中 A 代表甲脒(FA$^+$)、甲胺(MA$^+$)或 Cs$^+$,X 代表 I$^-$或 Br$^-$,过程如图 5.56 所示,即把制备好的 CsPbI$_3$ QD 膜置于含饱和 AX 盐的乙酸乙酯溶液中浸泡 10 s。如图 5.57 所示,对比不同 AX 盐处理对电池性能的影响发现 AX 盐处理可调控 CsPbI$_3$ QD 之间电子耦合作用和 CsPbI$_3$膜的电学性质,提高 CsPbI$_3$膜中电子收集效率,其中经 FAI 处理的电池获得最高13.43%的认证效率,J_{sc}和 FF 分别被提高至 15.25 mA/cm^{2}和 0.766(图 5.58)。值得注意的是 FAI 处理并未改变 CsPbI$_3$膜的组成、形貌和光

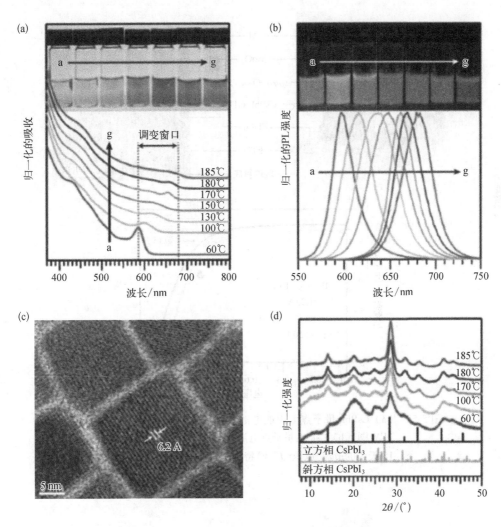

图 5.54 （a）不同粒径 $CsPbI_3$ QD 的归一化紫外可见吸收谱和照片；（b）紫外光照射下
$CsPbI_3$ 量子点的荧光发射谱；（c）180℃制备 $CsPbI_3$ 量子点的高分辨 TEM 图；
（d）$CsPbI_3$ 量子点的 XRD 谱，均呈现立方相 $CsPbI_3$[353]

吸收，反而抑制了 $CsPbI_3$ QD 的量子限域效应。系列表征结果表明，FAI 处理增加了相邻量子点之间的波函数重叠，减轻了量子点中的束缚进而改善了载流子输运性质，提高了电池的 J_{sc}。

2018 年 Luther 等采用阳离子交换法制得 $Cs_{1-x}FA_xPbI_3$ 合金量子点（图 5.59 和图 5.60），实现了光吸收范围在 650~800 nm 范围内的调控[356]，并对比研究了不同 Cs/FA 比例对电池性能的影响（图 5.61）。

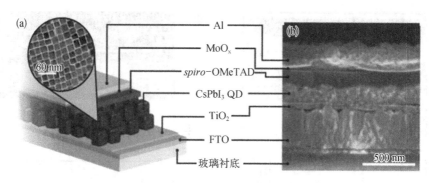

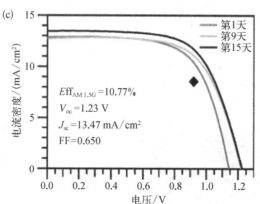

图 5.55　（a）CsPbI₃ 量子点太阳能电池器件结构示意图及 CsPbI₃ 量子点 TEM 图；（b）CsPbI₃ 量子点电池截面 SEM 图；（c）电池器件在 1~15 天内的电流-电压（J-V）特性[353]

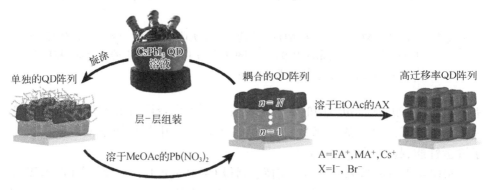

图 5.56　CsPbI₃ 量子点薄膜沉积过程以及 AX 盐的后处理[355]

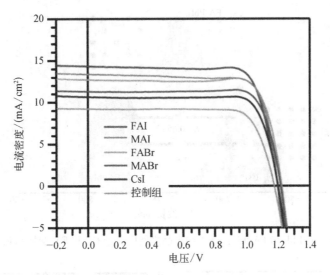

图 5.57　不同 AX 盐处理后的 $CsPbI_3$ 量子
点太阳能电池 $J-V$ 特性[355]

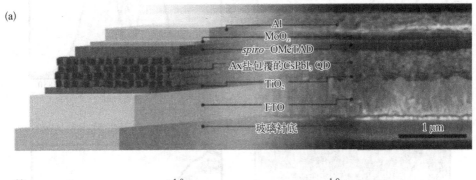

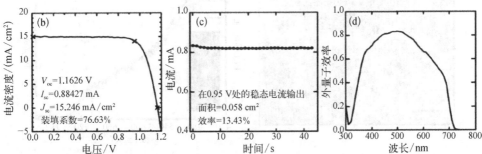

图 5.58　(a) $CsPbI_3$ 量子点太阳能电池器件结构示意图和 SEM 图；(b) $J-V$
特性曲线；(c) 电池稳定性测试；(d) 外量子效率(EQE)[355]

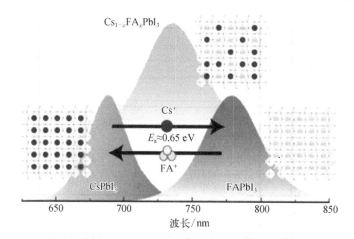

图 5.59　$CsPbI_3$ 与 $FAPbI_3$ 钙钛矿纳米晶之间阳离子 Cs^+ 和 FA^+ 交换示意图[356]

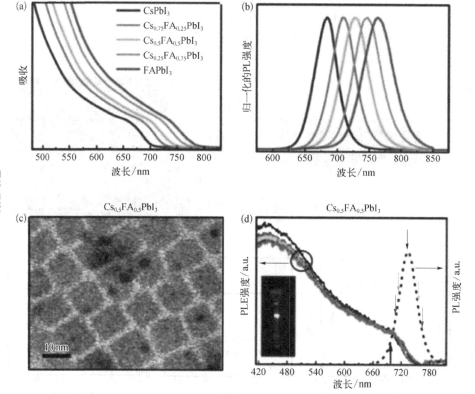

图 5.60　(a) 不同组分 $Cs_{1-x}FA_xPbI_3$ QD 紫外可见吸收谱;(b) 不同组分 $Cs_{1-x}FA_xPbI_3$ QD 的
PL 发射谱;(c) $Cs_{0.5}FA_{0.5}PbI_3$ QD 的 TEM 图;(d) $Cs_{0.5}FA_{0.5}PbI_3$ QD 的光致发光激
发谱(实线)和 PL 发射谱(虚线),插图为紫外辐照下的发光照片[356]

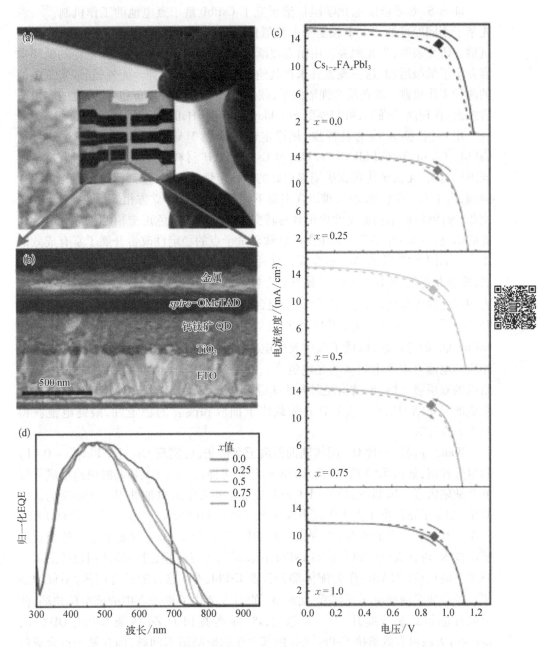

图 5.61 $Cs_{1-x}FA_xPbI_3$ QD 太阳能电池性能：（a）电池结构示意图；（b）电池截面 SEM 图；（c）J-V 曲线图，由下到上分别对应 $FAPbI_3$、$Cs_{0.25}FA_{0.75}PbI_3$、$Cs_{0.50}FA_{0.50}PbI_3$、$Cs_{0.75}FA_{0.25}PbI_3$、$CsPbI_3$；（d）不同组分 $Cs_{1-x}FA_xPbI_3$ QD 电池的归一化 EQE 曲线[356]

Mora-Seró 等借助电化学阻抗谱研究了 $CsPbI_3$ 量子点电池的工作机制[357]，首先基于不同厚度的 $CsPbI_3$ 膜制备电池器件，然后在不同光照强度下测试电化学阻抗谱。研究表明，当光照强度由暗态逐渐增大到标准太阳光强度时，电池的低频电容发生了量级增加，这一现象并未在其他电池结构中观察到。此外，还证实了电池的两种工作机制：即在低光强辐照下，载流子复合由陷阱分布和/或分流的多重陷阱控制；在较高光强下，可观察到 Shockley-Read-Hall 复合。

用 Cs^+ 替换 A 位的易挥发、热稳定性不理想 MA^+、FA^+ 等有机阳离子，目前 $CsPbI_3$、$CsPbI_2Br$、$CsPbBr_2I$、$CsPbBr_3$ 等 Cs 基钙钛矿材料已被应用于电池器件中，展现出比有机-无机杂化钙钛矿明显更好的热稳定性。但 Cs 基钙钛矿面临相稳定性问题，由于 Cs^+ 的半径较小，难以在室温下维持其黑色相（立方相-α，四方相-β，正交相-γ）钙钛矿结构稳定性而很容易转变为非钙钛矿黄色正交相（δ），导致电池性能的退化。国内外多个研究组围绕钙钛矿量子点的稳定性改善开展了富有成效的工作。如图 5.62 所示，Wang 等提出使用 μ-石墨烯（μGR）交联 $CsPbI_3$ QD 的方法，使所获得的 $μGR/CsPbI_3$ 薄膜具有更好的载流子传输性质，同时对湿度、高温应力的稳定性也得到显著提高[358]。构建合金量子点是提高钙钛矿稳定性的有效策略，Liu 等合成的 $CsSn_{1-x}PbI_3$ 合金钙钛矿量子点展现出明显优于 $CsSnI_3$ 和 $CsPbI_3$ QD 的稳定性，该量子点中光生电子注入 TiO_2 中的速率达到 $1.12×10^{11}$ s^{-1}，相应的电池有望产生较高的光电流[359]。Li 等构建了由 $CsPbI_3$ QD 和 $FAPbI_3$ QD 组成的双层吸光层，该结构经退火处理后因发生 A 位阳离子交换反应而形成梯度组成的异质结，从而导致更有效的载流子抽取和改善的稳定性，最终电池获得 15.6% 的效率[360]。

Wang 等提出一种 OA 配体辅助阳离子交换法，可实现 $Cs_{1-x}FA_xPbI_3$（$x=0~1$）的组分控制，如图 5.63 所示，富含 OA 的环境可促进 $Cs_{1-x}FA_xPbI_3$ 的快速形成并降低其缺陷密度。所制备的 $Cs_{1-x}FA_xPbI_3$ 量子点基太阳能电池获得了 16.6% 的认证效率，创造了新的量子点太阳能电池光电转换效率记录，电池在连续光照 600 h 后仍保持其原有效率的 94%，展现出良好的稳定性[361]。Yuan 等发展了一种全自动喷涂技术，可在大气中制备获得 $CsPbI_3$ 钙钛矿量子点薄膜，进一步使用短链的苯基三甲基溴化铵（PTABr）作为配体部分替换 $CsPbI_3$ QD 原有的长链配体，不仅增强了量子点薄膜内载流子迁移率，同时 Br^- 的引入钝化了量子点中的碘空位缺陷，使电池性能得到显著提升[362]。类似地，Zhang 等提出的 Zn 掺杂 $CsPbI_3$ QD（Zn：$CsPbI_3$）方法可有效解决 $CsPbI_3$ QD 内部存在的碘缺陷态问题，即在量子点合成过程中引入 ZnI_2 作为掺杂剂，在形成 Zn：$CsPbI_3$ QD 的同时，可提供额外的 I^- 源以抑制碘缺陷态形成，这一策略帮助 $CsPbI_3$ 钙钛矿量子点电池获得超过 16% 的效率[363]。

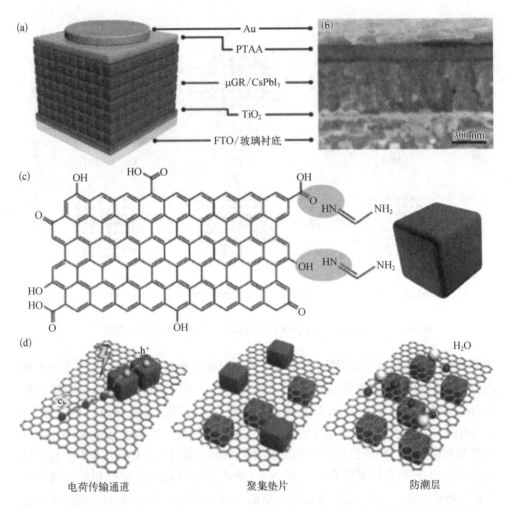

图 5.62　(a) 和 (b) 分别为 μGR/CsPbI QD 基钙钛矿电池器件的结构示意图和 SEM 照片；
(c) μGR 和 CsPbI QD 的化学结构图以及它们的交联机制；(d) μGR/CsPbI$_3$ QD 基钙
钛矿电池器件的电荷输运过程和稳定性机制示意图[359]

5.3.3.2　非铅钙钛矿量子点电池

钙钛矿量子点电池中的铅毒性问题在一定程度制约了其未来商业化发展,研究开发少铅或非铅钙钛矿量子点及其器件具有重要意义。目前钙钛矿的 B 位替换元素主要考虑与 Pb^{2+} 具有相似电学结构、传输和光学性质的 Sn^{2+} 和 Ge^{2+}。室温下,黑色正交相 (γ) 的 CsSnI$_3$ ($E_g \approx 1.3$ eV) 和 CsGeI$_3$ ($E_g \approx 1.6$ eV) 属于 p 型直接带隙半导体,具有高吸收系数、较低的激子结合能、高载流子迁移率以及与铅基钙钛矿相

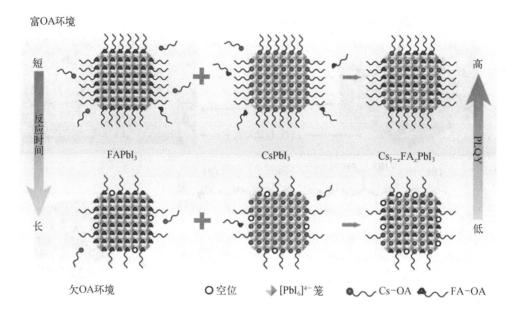

图 5.63　在不同环境中配体辅助 A 位阳离子交换反应过程示意图[361]

当的载流子扩散长度等优异特性,是潜在的太阳能电池光吸收材料,尤其 CsSnI$_3$ 基电池的理论短路电流密度高达 34.3 mA/cm^2[364]。但 CsSnI$_3$ 和 CsGeI$_3$ 同样面临 CsPbI$_3$ 钙钛矿的相转变问题,并且较 CsPbI$_3$ 对空气、湿度、非极性溶剂更敏感,而 CsGeI$_3$ 因 Ge 4s^2 电子较低的结合能比 CsSnI$_3$ 更易被氧化。事实上,CsSnI$_3$ 的相转变与其易氧化性质之间紧密关联:室温下,惰性气体环境中 γ - CsSnI$_3$ 并不会自发转变为黄色相;一旦直接暴露在空气中,γ - CsSnI$_3$ 则容易转变为黄色相并最终氧化 (Sn^{2+}→Sn^{4+}) 为 Cs$_2$SnI$_6$,晶格中出现大量的 Sn 空位缺陷。Cs$_2$SnI$_6$ 的高载流子密度和低迁移率易引起材料内部严重的载流子复合损失而导致电池过低的开路电压 (V_{oc})[365]。例如 Kumar 等制备的 CsSnI$_3$ 电池虽然获得了 22.70 mA/cm^2 的 J_{sc},但 V_{oc} 仅 0.24 V 而电池效率只有 2% 左右,过低的 V_{oc} 正是由于 Sn^{4+} 的 p 型自掺杂引起的复合造成的[366]。因此,解决 Sn 或 Ge 基全无机钙钛矿量子点的相稳定性和易氧化问题,并改善由它们引起的严重载流子复合损失和电池过低的开路电压,是发展高效稳定全无机非铅钙钛矿电池的关键。Wang 等发展了一种简便的 CsSnI$_3$ QD 合成方法,如图 5.64 所示,将 CsI 和 SnI$_2$ 溶解于 N, N-二甲基甲酰胺(DMF)与二甲基亚砜(DMSO)的混合液中,并在该溶液中加入亚磷酸三苯基作为抗氧化剂,随后经过加热处理后获得 CsSnI$_3$ QD 前驱液,最后采用旋涂法制备获得量子点薄膜,相应的电池器件在获得 5.03% 效率的同时可在连续辐照下保持 400 min 的稳态输出[367]。为了便于调控 CsSnI₃ QD 中 Sn/I 元素比例及量子点稳定性,Kang 等提出用草酸亚锡(SnC_2O_3)代替 SnI_2 作为 Sn 前驱物,用 NH_4I 作为 I 前驱物合成 CsSnI₃ QD。研究发现草酸根离子展示出较强的抗氧化能力,可以有效抑制 $CsSnI_3$ 的氧化,所制备的 SnC_2O_3-$CsSnI_3$ 在空气中保存 12 h 后仍保持了良好的稳定性[368]。Liu 等则提出分别使用 2 -乙基己酸锡($Sn(Oct)_2$)和三甲基碘硅烷(TMSI)作为 Sn 和 I 前驱物合成 $CsSnI_3$,该方法可实现对反应物比例的宽范围精细调控[369]。

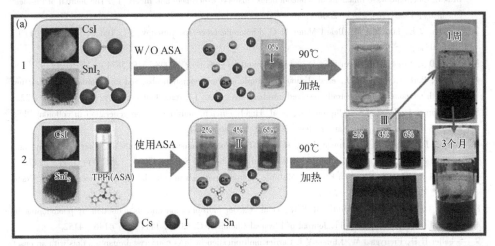

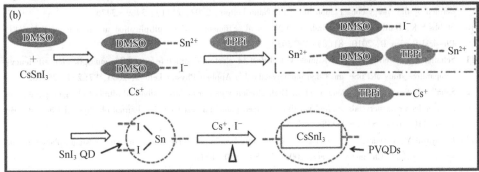

图 5.64　(a) CsSnI₃量子点溶液的制备示意图(左)以及该溶液在不同储存时间的稳定性照片(右);(b) CsSnI₃量子点溶液的生成过程示意图[367]

注:(a)中的比例均为体积百分比。

金属卤化物基钙钛矿量子点太阳能电池已经取得快速发展,为了推进其产业化进程,仍存在多方面问题有待解决:① 钙钛矿量子点的铅毒性问题是制约其商业化的主要因素之一。发展少铅或无铅钙钛矿量子点材料,提升材料及电池器件的稳定性与光电转换性能将成为今后的重点研究方向。② 钙钛矿量子点表面的长链配体阻碍量子点间的耦合,不利于载流子输运。选择合适的配体及配体置换方法,实现载流子输运与量子点稳定性之间的良好平衡将有利于提升电池器件性能。③ 有机-无机杂化的钙钛矿量子点在获得高效率电池器件方面展现出很大优势,因此开展进一步深入研究非常有必要。

参 考 文 献

[1] Brus L. Electronic wave functions in semiconductor clusters: experiment and theory[J]. The Journal of Physical Chemistry, 1986, 90: 2555 – 2560.

[2] Semonin O E, Luther J M, Beard Mater M C. Photoreflectance spectroscopy[J]. Today, 2012, 15(11): 508 – 515.

[3] Norris D J, Efros A L, Erwin S C. Doped nanocrystals[J]. Science, 2008, 319(5871): 1776 – 1779.

[4] Ji M B, Park S, Connor S T, et al. Efficient multiple exciton generation observed in colloidal PbSe quantum dots with temporally and spectrally resolved intraband excitation[J]. Nano Letters, 2009, 9(3): 1217 – 1222.

[5] Ellingson R J, Beard M C, Johnson J C, et al. Highly efficient multiple exciton generation in colloidal PbSe and PbS quantum dots[J]. Nano Letters, 2005, 5(5): 865 – 871.

[6] Murphy J E, Beard M C, Norman A G, et al. PbTe colloidal nanocrystals: synthesis, characterization, and multiple exciton generation[J]. Journal of the American Chemical Society, 2006, 128(10): 3241 – 3247.

[7] Beard M C, Knutsen K P, Yu P, et al. Multiple exciton generation in colloidal silicon nanocrystals[J]. Nano Letters, 2007, 7(8): 2506 – 2512.

[8] Pijpers J J H, Hendry E, Milder M T W, et al. Carrier multiplication and its reduction by photodoping in colloidal InAs quantum dots[J]. Journal of Physical Chemistry C, 2007, 111(11): 4146 – 4152.

[9] Schaller R D, Pietryga J M, Klimov V I. Carrier multiplication in InAs nanocrystal quantum dots with an onset defined by the energy conservation limit[J]. Nano Letters, 2007, 7(11): 3469 – 3476.

[10] Stubbs S K, Hardman S J O, Graham D M, et al. Efficient carrier multiplication in InP nanoparticles[J]. Physical Review B, 2010, 81(8): 081303.

[11] Schaller R D, Petruska M A, Klimov V I. Effect of electronic structure on carrier multiplication efficiency: comparative study of PbSe and CdSe nanocrystals[J]. Applied Physics Letters, 2005, 87(25): 253102.

[12] Schaller R D, Sykora M, Jeong S, et al. High-efficiency carrier multiplication and ultrafast charge separation in semiconductor nanocrystals studied via time-resolved photoluminescence[J]. Journal of Physical Chemistry B, 2006, 110(50): 25332 – 25338.

[13] Kobayashi Y, Udagawa T, Tamai N. Carrier multiplication in CdTe quantum dots by single-photon timing spectroscopy[J]. Chemistry Letters, 2009, 38(8): 830 – 831.

[14] Gachet D, Avidan A, Pinkas I, et al. An upper bound to carrier multiplication efficiency in type II colloidal quantum dots[J]. Nano Letters, 2010, 10(1): 164 – 170.

[15] Sambur J B, Novet T, Parkinson B A, Multiple exciton collection in a sensitized photovoltaic system[J]. Science, 2010, 330(6000): 63 – 66.

[16] Semonin O F, Luther J M, Choi S, et al. Peak external photocurrent quantum efficiency exceeding 100% via meg in a quantum dot solar cell[J]. Science, 2011, 334(6062): 1530 – 1533.

[17] Qu L, Peng X. Control of photoluminescence properties of CdSe nanocrystals in growth[J]. Journal of the American Chemical Society, 2002, 124(9): 2049 – 2055.

[18] Zhang H, Cheng K, Hou Y, et al. Efficient CdSe quantum dot-sensitized solar cells prepared by a postsynthesis assembly approach[J]. Chemical Communications, 2012, 48(91): 11235 – 11237.

[19] Kalasad M N, Rabinal M K, Mulimani B G. Ambient synthesis and characterization of high-quality CdSe

quantum dots by an aqueous route[J]. Langmuir, 2009, 25(21): 12729 − 12735.

[20] Aboulaich A, Billaud D, Abyan M, et al. One-pot noninjection route to CdS quantum dots via hydrothermal synthesis[J]. ACS Applied Materials and Interfaces, 2012, 4(5) 2561 − 2569.

[21] 张宇, 于伟泳. 胶体半导体量子点[M].北京: 科学出版社, 2015.

[22] He H, Feng M, Hu J, et al. Designed short RGD peptides for one-pot aqueous synthesis of integrin-binding CdTe and CdZnTe quantum dots[J]. ACS Applied Materials and Interfaces, 2012, 4(11): 6362 − 6370.

[23] Pan Z, Zhang H, Cheng K, et al. Highly efficient inverted type-I CdS/CdSe core/shell structure QD-sensitized solar cell[J]. ACS Nano, 2012, 6(5): 3982 − 3991.

[24] Zhang W, Chen G, Wang J, et al. Design and synthesis of highly luminescent near-infrared-emitting water-soluble CdTe/CdSe/ZnS core/shell/shell quantum dots [J]. Inorganic Chemistry, 2009, 48 (20): 9723 − 9731.

[25] Zeng Q, Kong X, Sun Y, et al. Synthesis and optical properties of type II CdTe/CdS core/shell quantum dots in aqueous solution via successive ion layer adsorption and reaction[J]. Journal of Physical Chemistry C, 2008, 112(23): 8587 − 8593.

[26] Jiao S, Shen Q, Mora-Seró I, et al. Band engineering in core/shell ZnTe/CdSe for photovoltage and efficiency enhancement in exciplex quantum dot sensitized solar cells[J]. ACS Nano, 2014, 9(1): 908 − 915.

[27] Kim S, Park J, Kim T, et al. Reverse Type-I ZnSe/InP/ZnS core/shell/shell nanocrystals: cadmium-free quantum dots for visible luminescence[J]. Small, 2011, 7(1): 70 − 73.

[28] Pan X, Mora-Seró I, Shen Q, et al. High-efficiency "green" quantum dot solar cells[J]. Journal of the American Chemical Society, 2014, 136(25): 9203 − 9210.

[29] Murray C. B, Sun S, Gaschler W, et al. Colloidal synthesis of nanocrystals and nanocrystal superlattices[J]. IBM Journal of Research and Development, 2001, 45(1): 47 − 56.

[30] Wehrenberg B L, Wang C, Guyot-Sionnest P. Interband and intraband optical studies of PbSe colloidal quantum dots[J]. Journal of Physical Chemistry B, 2002, 106(41): 10634 − 10640.

[31] Du H, Chen C, Krishnan R, et al. Optical properties of colloidal PbSe nanocrystals[J]. Nano Letters, 2002, 2(11): 1321.

[32] Yu W W, Falkner J C, Shih B S, et al. Preparation and characterization of monodisperse PbSe semiconductor nanocrystals in a noncoordinating solvent[J]. Chemistry of Materials, 2004, 16(17): 3318 − 3322.

[33] Dai Q, Zhang Y, Wang T, et al. Ligand effectson synthesis and post-synthetic stability of PbSe nanocrystal[J]. The Journal of Physical Chemistry C, 2010, 114(39): 16160 − 16167.

[34] Hines B A, Scholes G D. Colloidal PbS nanocrystals with size-tunable near-infrared emission: observation of post-synthesis self-narrowing of the particle size distribution [J]. Advanced Materials, 2003, 15 (21): 1844 − 1849.

[35] Liu T, Li M, Ouyang J, et al. Non-injection and low-temperature approach to colloidal photoluminescent PbS nanocrystals with narrow bandwidth[J]. Journal of Physical Chemistry C, 2009, 113(6): 2301 − 2308.

[36] Lu W, Fang J, Stokes K L, et al. Shape evolution and self assembly of monodisperse PbTe nanocrystals[J]. Journal of the American Chemical Society, 2004, 126(38): 11798 − 11799.

[37] Mokari T, Zhang M, Yang P J. Shape, size, and assembly control of PbTe nanocrystals[J]. Journal of the American Chemical Society, 2007, 129(32): 9864 − 9865.

[38] Luo J, Wei H, Huang Q, et al. Highly efficient core-shell CuInS$_2$-Mn doped CdS quantum dot sensitized solar cells[J]. Chemical Communications, 2013, 49(37): 3881 − 3883.

[39] Du J, Du Z, Hu J, et al. Zn-Cu-In-Se quantum dot solar cells with a certified power conversion efficiency of 11.6%[J]. Journal of the American Chemical Society, 2016, 138(12): 4201 − 4209.

[40] Pan Z, Zhao K, Wang J, et al. Near infrared absorption of CdSe$_x$Te$_{1-x}$ alloyed quantum dot sensitized solar cells with more than 6% efficiency and high stability[J]. ACS Nano, 2013, 7(6): 5215 − 5222.

[41] Luo J, Wei H, Li F, et al. Microwave assisted aqueous synthesis of core-shell CdSe$_x$Te$_{1-x}$-CdS quantum dots for high performance sensitized solar cells[J]. Chemical Communications, 2014, 50(26): 3464 – 3466.

[42] Shay J L, Tell B, Schiavone L M, et al. Energy bands of AgInS$_2$ in the chalcopyrite and orthorhombic structures[J]. Physical Review B, 1974, 9(4): 1719 – 1723.

[43] Kobosko S M, Jara D H, Kamat P V. AgInS$_2$-ZnS quantum dots: excited state interactions with TiO$_2$ and photovoltaic performance[J]. ACS Applied Materials and Interfaces, 2017, 9(39): 33379 – 33388.

[44] Cai C, Zhai L, Ma Y, et al. Synthesis of AgInS$_2$ quantum dots with tunable photoluminescence for sensitized solar cells[J]. Journal of Power Sources, 2017, 341: 11 – 18.

[45] Chang J, Li C, Chiang Y, et al. Toward the facile and ecofriendly fabrication of quantum dot-sensitized solar cells via thiol coadsorbent assistance [J]. ACS Applied Materials and Interfaces, 2016, 8 (29): 18878 – 18890.

[46] Li P, Ghule A V, Chang J. Direct aqueous synthesis of quantum dots for high-performance AgInSe$_2$ quantum-dot-sensitized solar cell[J]. Journal of Power Sources, 2017, 354: 100 – 107.

[47] Halder G, Bhattacharyya S. Zinc-diffused silver indium selenide quantum dot sensitized solar cells with enhanced photoconversion efficiency[J]. Journal of Materials Chemistry A, 2017, 5(23): 11746 – 11755.

[48] Kameyama T, Douke Y, Shibakawa H, et al. Widely controllable electronic energy structure of ZnSe-AgInSe$_2$ solid solution nanocrystals for quantum-dot-sensitized solar cells[J]. Journal of Physical Chemistry C, 2014, 118(51): 29517 – 29524.

[49] Peng W, Du J, Pan Z, et al. Alloying strategy in Cu-In-Ga-Se quantum dots for high efficiency quantum dot sensitized solar cells[J]. ACS Applied Materials and Interfaces, 2017, 9(6): 5328 – 5336.

[50] Chen L, Tien C, Tseng Z, et al. Enhanced efficiency of MAPbI$_3$ perovskite solar cells with FAPbX$_3$ perovskite quantum dots[J]. Nanomaterials, 2019, 9(1): 121 – 127.

[51] Jonhston K W, Pattantyus-Abraham A G, Clifford J P, et al. Schottky-quantum dot photovoltaics for efficient infrared power conversion[J]. Applied Physics Letters, 2008, 92(15): 151115.

[52] Koleilat G I, Levina L, Shukla H, et al. Efficient, stable infrared photovoltaics based on solution-cast colloidal quantum dots[J]. ACS Nano, 2008, 2(5): 833 – 840.

[53] Ma W, Luther J M, Zheng H, et al. Photovoltaic devices employing ternary PbS$_x$Se$_{1-x}$ nanocrystals[J]. Nano Letters, 2009, 9(4): 1699 – 1703.

[54] Luther J M, Law M, Beard M C, et al. Schottky solar cells based on colloidal nanocrystal films[J]. Nano Lettres, 2008, 8(10): 3488 – 3492.

[55] Tang J, Wang X, Brzozowski L, et al. Schottky quantum dot solar cells stable in air under solar illumination [J]. Advanced Materials, 2010, 22(12): 1398 – 1402.

[56] Choi H, Kim J K, Song J H, et al. Increased open-circuit voltage in a Schottky device using PbS quantum dots with extreme confinement[J]. Applied Physics Letters, 2013, 102(19): 193902.

[57] Zhao T, Goodwin E D, Guo J, et al. Advanced architecture for colloidal PbS quantum dot solar cells exploiting a CdSe quantum dot buffer layer[J]. ACS Nano, 2016, 10(10): 9267 – 9273.

[58] Li W, Zhong X. Capping ligand-induced self-assembly for quantum dot sensitized solar cells[J]. Journal of Physical Chemistry Letters, 2015, 6(5): 796 – 806.

[59] Guijarro N, Lana-Villarreal T, Mora-Seró I, et al. CdSe quantum dot-sensitized TiO$_2$ electrodes: effect of quantum dot coverage and mode of attachment[J]. Journal of Physical Chemistry C, 2009, 113 (10): 4208 – 4214.

[60] Braga A, Gimenez S, Concina I, et al. Panchromatic sensitized solar cells based on metal sulfide quantum dots grown directly on nanostructured TiO$_2$ electrodes[J]. Journal of Physical Chemistry Letters, 2011, 2(5): 454 – 460.

[61] Zaban A, Micic O I, Gregg B A, et al. Photosensitization of nanoporous TiO$_2$ electrodes with InP quantum dots

[J]. Langmuir, 1998, 14(12): 3153 – 3156.

[62] Santra P K, Kamat P V, Thomas K G, et al. CuInS$_2$-sensitized quantum dot solar cell. Electrophoretic deposition, excited-state dynamics, and photovoltaic performance[J]. Journal of Physical Chemistry Letters, 2013, 4(5): 722 – 729.

[63] Salant A, Shalom M, Hod I, et al. Quantum dot sensitized solar cells with improved efficiency prepared using electrophoretic deposition[J]. ACS Nano, 2010, 4(10): 5962 – 5968.

[64] Yu X, Liao J, Qiu K, et al. Dynamic study of highly efficient CdS/CdSe quantum dot-sensitized solar cells fabricated by electrodeposition[J]. ACS Nano, 2011, 5(12): 9494 – 9500.

[65] Santra P K, Kamat P V. Tandem-layered quantum dot solar cells: tuning the photovoltaic response with luminescent ternary cadmium chalcogenides[J]. Journal of the American Chemical Society, 2013, 135(2): 877 – 885.

[66] Smith N J, Emmett K J, Rosenthal S J. Photovoltaic cells fabricated by electrophoretic deposition of CdSe nanocrystals[J]. Applied Physics Letters, 2008, 93(4): 043504.

[67] Wang W, Feng W, Du J, et al. Cosensitized quantum dot solar cells with conversion efficiency over 12%[J]. Advanced Materials, 2018, 30(11): 1705746.

[68] Pan Z, Yue L, Rao H, et al. Boosting the performance of environmentally friendly quantum dot-sensitized solar cells over 13% efficiency by dual sensitizers with cascade energy structure[J]. Advanced Materials, 2019, 31 (49): 1903696.

[69] Song H, Lin Y, Zhang Z, et al. Improving the efficiency of quantum dot sensitized solar cells beyond 15% via secondary deposition[J]. Journal of the American Chemical Society, 2021, 143(12): 4790 – 4800.

[70] Bailey R E, Nie S. Alloyed semiconductor quantum dots: tuning the optical properties without changing the particle size[J]. Journal of the American Chemical Society, 2003, 125(23): 7100 – 7106.

[71] Li L, Chen Y, Lu Q, et al. Electrochemiluminescence energy transfer-promoted ultrasensitive immunoassay using near-infrared-emitting CdSeTe/CdS/ZnS quantum dots and gold nanorods[J]. Scientific Reports, 2013, 3: 1529.

[72] Jiao S, Du J, Du Z, et al. Nitrogen-doped mesoporous carbons as counter electrodes in quantum dot sensitized solar cells with a conversion efficiency exceeding 12%[J]. Journal of Physical Chemistry Letters, 2017, 8 (3): 559 – 564.

[73] Yu J, Wang W, Pan Z, et al. Quantum dot sensitized solar cells with efficiency over 12% based on tetraethyl orthosilicate additive in polysulfide electrolyte [J]. Journal of Materials Chemistry A, 2017, 5 (27): 14124 – 14133.

[74] Song H, Lin Y, Zhou M, et al. Zn-Cu-In-S-Se quinary "green" alloyed quantum-dot-sensitized solar cells with a certified efficiency of 14.4%[J]. Angewandte Chemie International Edition, 2021, 60(11): 6137 – 6144.

[75] Esparza D, Lopez-Luke T, Oliva J, et al. Enhancement of efficiency in quantum dot sensitized solar cells based on CdS/CdSe/CdSeTe heterostructure by improving the light absorption in the VIS-NIR region [J]. Electrochimca Acta, 2017, 247: 899 – 909.

[76] Wang G, Wei H, Shi J, et al. Significantly enhanced energy conversion efficiency of CuInS$_2$ quantum dot sensitized solar cells by controlling surface defects[J]. Nano Energy, 2017, 35: 17 – 25.

[77] Wei H, Wang G, Shi J, et al. Fumed SiO$_2$ modified electrolytes for quantum dot sensitized solar cells with efficiency exceeding 11% and better stability [J]. Journal of Materials Chemistry A, 2016, 4 (37): 14194 – 14203.

[78] Abate M A, Chang J. Boosting the efficiency of AgInSe$_2$ quantum dot sensitized solar cells via core/shell/shell architecture[J]. Solar Energy Materials and Solar Cells, 2018, 182: 37 – 44.

[79] Hou J, Zhao H, Huang F, et al. Facile one-step fabrication of CdS$_{0.12}$Se$_{0.88}$ quantum dots with a ZnSe/ZnS-passivation layer for highly efficient quantum dot sensitized solar cells[J]. Journal of Materials Chemistry A,

2018, 6(21): 9866 – 9873.

[80] Liu F, Zhang Y, Ding C, et al. Ultrafast electron injection from photoexcited perovskite CsPbI₃ QDs into TiO₂ nanoparticles with injection efficiency near 99%[J]. Journal of Physical Chemistry Letters, 2018, 9(2): 294 – 297.

[81] Resis P, Protière M, Li L. Core/shell semiconductor nanocrystals[J]. Small, 2009, 5(2): 154 – 168.

[82] Kim S, Fisher B, Eisler H J, et al. Type-II quantum dots: CdTe/CdSe(core/shell) and CdSe/ZnTe(core/shell) heterostructures[J]. Journal of the American Chemical Society, 2003, 125(38): 11466 – 11467.

[83] Wang J, Mora-Seró I, Pan Z, et al. Core/shell colloidal quantum dot exciplex states for the development of highly efficient quantum-dot-sensitized solar cells[J]. Journal of the American Chemical Society, 2013, 135(42): 15913 – 15922.

[84] Ali S M, Aslam M, Farooq W A, et al. Assembly of CdS quantum dots onto hierarchical TiO₂ structure for quantum dots sensitized solar cell applications[J]. Materials, 2015, 8(5): 2376.

[85] Han Q, Zheng H, Wu M. Designing metal-sulfide-sphere counter-electrode catalysts for ZnO-nanorod-array-based quantum-dot-sensitized solar cells [J]. European Journal of Inorganic Chemistry, 2017, 32: 3787 – 3793.

[86] Hossain M A, Jennings J R, Koh Z Y, et al. Carrier generation and collection in CdS/CdSe-sensitized SnO₂ solar cells exhibiting unprecedented photocurrent densities[J]. ACS Nano, 2011, 5(4): 3172 – 3181.

[87] Huang Q, Li F, Gong Y, et al. Recombination in SnO₂-based quantum dots sensitized solar cells: the role of surface states[J]. Journal of Physical Chemistry C, 2013, 117(21): 10965 – 10973.

[88] Hossain M A, Koh Z Y, Wang Q. PbS/CdS-sensitized mesoscopic SnO₂ solar cells for enhanced infrared light harnessing[J]. Physical Chemistry Chemical Physics, 2012, 14(20): 7367 – 7374.

[89] Liu Z, Su X, Hou G, et al. Enhanced performance for dye-sensitized solar cells based on spherical TiO₂ nanorod-aggregate light-scattering layer[J]. Journal of Power Sources, 2012, 218: 280 – 285.

[90] Jiang J, Gu F, Ren X, et al. Efficient light scattering from one-pot solvothermally derived TiO₂ nanospindles [J]. Industrial & Engineering Chemistry Research, 2011, 50(15): 9003 – 9008.

[91] Mathew A, Rao G M, Munichandraiah N. Enhanced efficiency of tri-layered dye solar cells with hydrothermally synthesized titania nanotubes as light scattering outer layer[J]. Thin Solid Films, 2012, 520: 3581 – 3586.

[92] Samadpour M, Zad A I, Molaei M. Simply synthesized TiO₂ nanorods as an effective scattering layer for quantum dot sensitized solar cells[J]. Chinese Physics B, 2014, 23(4): 047302.

[93] Samadpour M, Gimenez S, Zad A I, et al. Easily manufactured TiO₂ hollow fibers for quantum dot sensitized solar cells[J]. Physical Chemistry Chemical Physics, 2012, 14(2): 522 – 528.

[94] Zhou N, Chen G P, Zhang X L, et al. Highly efficient PbS/CdS co-sensitized solar cells based on photoanodes with hierarchical pore distribution[J]. Electrochemistry Communications, 2012, 20: 97 – 100.

[95] Xu Y, Wu W, Rao H, et al. CdS/CdSe co-sensitized TiO₂ nanowire-coated hollow Spheres exceeding 6% photovoltaic performance[J]. Nano Energy, 2015, 11: 621 – 630.

[96] Zhang S, Lan Z, Wu J, et al. Preparation of novel TiO₂ quantum dot blocking layers at conductive glass/TiO₂ interfaces for efficient CdS quantum dot sensitized solar cells[J]. Journal of Alloys and Compounds, 2016, 656: 253 – 258.

[97] Toyoda T, Yindeesuk W, Kamiyama K, et al. The electronic structure and photoinduced electron transfer rate of CdSe quantum dots on single crystal rutile TiO₂: dependence on the crystal orientation of the substrate[J]. Journal of Physical Chemistry C, 2016, 120(4): 2047 – 2057.

[98] Toyoda T, Yindeesuk W, Kamiyama K, et al. Effect of TiO₂ crystal orientation on the adsorption of CdSe quantum dots for photosensitization studied by the photoacoustic and photoelectron yield methods[J]. Journal of Physical Chemistry C, 2014, 118(30): 16680 – 16687.

[99] Jia J, Mu L, Lin Y, et al. Rutile versus anatase for quantum dot sensitized solar cell[J]. Electrochimica Acta,

2018, 266: 103 - 109.

[100] Huang K, Luo Y, Cheng H, et al. Performance enhancement of CdS/CdSe quantum dot-sensitized solar cells with (001)-oriented anatase TiO_2 nanosheets photoanode[J]. Nanoscale Research Letters, 2019, 14: 18.

[101] Singh N, Murugadoss V, Nemala S, et al. $Cu_2ZnSnSe_4$ QDs sensitized electrospun porous TiO_2 nanofibers as photoanode for high performance QDSC[J]. Solar Energy, 2018, 171: 571 - 579.

[102] Cai J, Chen Z, Li S, et al. A novel hierarchical ZnO-nanosheet-nanorod-structured film for quantum-dot-sensitized solar cells[J]. Electrochimica Acta, 2018, 274: 326 - 333.

[103] Zhang Y, Zhong X, Zhang D, et al. TiO_2 nanorod arrays/ZnO nanosheets heterostructured photoanode for quantum-dot-sensitized solar cells[J]. Solar Energy, 2018, 166: 371 - 378.

[104] Grimes C A. Synthesis and application of highly ordered arrays of TiO_2 nanotubes[J]. Journal of Materials Chemistry, 2007, 17(15): 1451 - 1457.

[105] Kim H, Hwang I, Yong K. Highly durable and efficient quantum dot-sensitized solar cells based on oligomer gel electrolytes[J]. ACS Applied Materials and Interfaces, 2014, 6(14): 11245 - 11253.

[106] Leschkies K S, Divakar R, Basu J, et al. Photosensitization of ZnO nanowires with CdSe quantum dots for photovoltaic devices[J]. Nano Letters, 2007, 7(6): 1793 - 1798.

[107] Kim H, Yong K. A highly efficient light capturing 2D (nanosheet)-1D (nanorod) combined hierarchical ZnO nanostructure for efficient quantum dot sensitized solar cells[J]. Physical Chemistry Chemical Physics, 2013, 15(6): 2109 - 2116.

[108] Zhang X L, Liu J H, Zhang J D, et al. ZnO@Ag_2S core-shell nanowire arrays for environmentally friendly solid-state quantum dot-sensitized solar cells with panchromatic light capture and enhanced electron collection [J]. Physical Chemistry Chemical Physics, 2015, 17(19): 12786 - 12795.

[109] Zhang Y, Lin S, Zhang W, et al. Mesoporous titanium oxide microspheres for high-efficient cadmium sulfide quantum dot-sensitized solar cell and investigation of its photovoltaic behavior[J]. Elecrochimica Acta, 2014, 150: 167 - 172.

[110] Yang J, Pan L, Zhu G, et al. Electrospun TiO_2 microspheres as a scattering layer for CdS quantum dot-sensitized solar cells[J]. Journal of Electroanalytical Chemistry, 2012, 677: 101 - 104.

[111] Ganapathy V, Kong E H, Park Y C, et al. Cauliflower-like SnO_2 hollow microspheres as anode and carbon fiber as cathode for high performance quantum dot and dye-sensitized solar cells[J]. Nanoscale, 2014, 6(6): 3296 - 3301.

[112] Chen Z, Wei C, Li S, et al. CdS/CdSe co-sensitized hierarchical nanosheet-constructed NiO microballs for quantum-dot-sensitized solar cells[J]. Optik, 2018, 172: 86 - 90.

[113] Zhang Q, Chen G, Yang Y, et al. Toward highly efficient CdS/CdSe quantum dots-sensitized solar cells incorporating ordered photoanodes on transparent conductive substrates [J]. Physical Chemistry Chemical Physics, 2012, 14(18): 6479 - 6486.

[114] Wu D, He J, Zhang S, et al. Multi-dimensional titanium dioxide with desirable structural qualities for enhanced performance in quantum-dot sensitized solar cells [J]. Journal of Power Sources, 2015, 282: 202 - 210.

[115] Lee W, Kang S, Hwang T, et al. Facile conversion synthesis of densely-formed branched ZnO-nanowire arrays for quantum-dot-sensitized solar cells[J]. Electrochimica Acta, 2015, 167: 194 - 200.

[116] Baker D R, Kamat P V. Photosensitization of TiO_2 nanostructures with CdS quantum dots: particulate versus tubular support Aachitectures[J]. Advanced Functional Materials, 2009, 19(5): 805 - 811.

[117] Rao H, Wu W, Liu Y, et al. CdS/CdSe co-sensitized vertically aligned anatase TiO_2 nanowire arrays for efficient solar cells[J]. Nano Energy, 2014, 8: 1 - 8.

[118] Shen Q, Yamada A, Tamura S, et al. CdSe quantum dot-sensitized solar cell employing TiO_2 nanotube working-electrode and Cu_2S counter-electrode[J]. Applied Physics Letters, 2010, 97(12): 123107.

[119] Song X, Ma Z, Deng J, et al. Fabrication of three-dimensionally ordered macroporous TiO$_2$ film and its application in quantum dots-sensitized solar cells[J]. Optics Express, 2018, 26(18): A855-A864.

[120] Du X, Zhao L, He X, et al. TiO$_2$ hierarchical pores/nanorod arrays composite film as photoanode for quantum dot-sensitized solar cells[J]. Journal of Energy Chemistry, 2019, 30: 1–7.

[121] Bai S, Lu W, Li D, et al. Synthesis of mesoporous TiO$_2$ microspheres and their use as scattering layers in quantum dot sensitized solar cells[J]. Acta Physico-Chimica Sinica, 2014, 30(6): 1107.

[122] Du X, Li W, Zhao L, et al. Electron transport improvement in CdSe-quantum dot solar cells using ZnO nanowires in nanoporous TiO$_2$ formed by foam template[J]. Journal of Photochemistry and Photobiology A: Chemistry, 2019, 371: 144–150.

[123] Dong S, Li S, Cai J, et al. An efficient method to boost the short-circuit current of quantum-dot-sensitized solar cells[J]. Applied Physics Letters, 2019, 114(4) 043901.

[124] Tian J, Zhang Q, Zhang L, et al. ZnO/TiO$_2$ nanocable structured photoelectrodes for CdS/CdSe quantum dot co-sensitized solar cells[J]. Nanoscale, 2013, 5(3): 936–943.

[125] Rao H, Wu W, Liu Y, et al. CdS/CdSe co-sensitized vertically aligned anatase TiO$_2$ nanowire arrays for efficient solar cells[J]. Nano Energy, 2014, 8: 1–8.

[126] Tian J, Uchaker E, Zhang Q, et al. Hierarchically structured ZnO nanorods-nanosheets for improved quantum-dot-sensitized solar cells[J]. ACS Applied Materials and Interfaces, 2014, 6(6): 4466–4472.

[127] Chetia T R, Barpuxary D, Qureshi M. Enhanced photovoltaic performance utilizing effective charge transfers and light scattering effects by the combination of mesoporous, hollow 3D-ZnO along with 1D-ZnO in CdS quantum dot sensitized solar cells[J]. Physical Chemistry Chemical Physics, 2014, 16(20): 9625–9633.

[128] Ghoreishi F S, Ahmadi V, Samadpour M. Improved performance of CdS/CdSe quantum dots sensitized solar cell by incorporation of ZnO nanoparticles/reduced graphene oxide nanocomposite as photoelectrode [J]. Journal of Power Sources, 2014, 271: 195–202.

[129] He J, Wu D, Gao Z, et al. Graphene sheets anchored with high density TiO$_2$ nanocrystals and their application in quantum dot-sensitized solar cells[J]. RSC Advances, 2014, 4(4): 2068–2072.

[130] Zhu Y, Meng X, Cui H, et al. Graphene frameworks promoted electron transport in quantum dot-sensitized solar cells[J]. ACS Applied Materials and Interfaces, 2014, 6(16): 13833–13840.

[131] Lee W, Lee J, Lee S, et al. Enhanced charge collection and reduced recombination of CdS/TiO$_2$ quantum-dots sensitized solar cells in the presence of single-walled carbon nanotubes[J]. Applied Physics Letters, 2008, 92(15): 153510.

[132] Badawi A, Al-Hosiny N, Abdallah S, et al. Single wall carbon nanotube/titania nanocomposite photoanodes enhance the photovoltaic performance of cadmium selenide quantum dot-sensitized solar cells[J]. Materials Science in Semiconductor Processing, 2014, 26: 162–168.

[133] Li C, Xia J, Wang Q, et al. Photovoltaic property of a vertically aligned carbon nanotube hexagonal network assembled with CdS quantum dots[J]. ACS Applied Materials & Interfaces, 2013, 5(15): 7400–7404.

[134] Golobostanfard M R, Abdizadeh H, Mohammadi S, et al. Carbon nanotube/indium tin oxide hybrid transparent conductive film: effect of nanotube diameter[J]. Solar Energy Materials and Solar Cells, 2015, 132: 418–424.

[135] Lee W, Lee J, Min S K, et al. Effect of single-walled carbon nanotube in PbS/TiO$_2$ quantum dots-sensitized solar cells[J]. Materials Science and Engineering B-Advanced Functional Solid-State Materials, 2009, 156 (1–3): 48–51.

[136] Udorn J, Hou S, Li C, et al. CdSe/ZnS quantum dot (QD) sensitized solar cell utilizing a multi-walled carbon nanotube photoanode on a stainless steel substrate [J]. International Journal of Electrochemical Science, 2017, 12(5): 3814–3825.

[137] Cao J, Zhu Y, Yang X, et al. The promising photo anode of graphene/zinc titanium mixed metal oxides for

the CdS quantum dot-sensitized solar cell[J]. Solar Energy Materials and Solar Cells, 2016, 157: 814 – 819.

[138] Golzhauser A, Woll C. Interfacial systems chemistry: out of the vacuum-through the liquid-into the cell[J]. Physical Chemistry Chemical Physics, 2010, 12(17): 4273 – 4274.

[139] Yang J, Lee J, Lee J, et al. Photocurrent enhancement of CdSe quantum-dot sensitized solar cells incorporating single-walled carbon nanotubes[J]. Journal of Nanoscience and Nanotechnology, 2018, 18(2): 1347 – 1350.

[140] Chen J, Li C, Zhao D W, et al. A quantum dot sensitized solar cell based on vertically aligned carbon nanotube templated ZnO arrays[J]. Electrochemistry Communications, 2010, 12(10): 1432 – 1435.

[141] Li C, Xia J, Wang Q, et al. Photovoltaic property of a vertically aligned carbon nanotube hexagonal network assembled with CdS quantum dots[J]. ACS Applied Materials & Interfaces, 2013, 5(15): 7400 – 7404.

[142] Wei J, Zhang C, Du Z, et al. Modification of carbon nanotubes with 4-mercaptobenzoic acid-doped polyaniline for quantum dot sensitized solar cells[J]. Journal of Materials Chemistry C, 2014, 2(21): 4177 – 4185.

[143] Chen H, Sun F, Wang J, et al. Nitrogen doping effects on the physical and chemical properties of mesoporous carbons[J]. Journal of Physical Chemistry C, 2013, 117(16): 8318 – 8328.

[144] Yu H, Huang T, Lu M. Enhanced power output of an electrospun PVDF/MWCNT-based nanogenerator by tuning its conductivity[J]. Nanotechnology, 2013, 24(40): 405401.

[145] Shu T, Xiang P, Zhou Z, et al. Mesoscopic nitrogen-doped TiO_2 spheres for quantum dot-sensitized solar cells [J]. Electrochimica Acta, 2012, 68: 166 – 171.

[146] Zhu G, Cheng Z, Lv T, et al. Zn-doped nanocrystalline TiO_2 films for CdS quantum dot sensitized solar cells [J]. Nanoscale, 2010, 2(7): 1229 – 1232.

[147] Kim S K, Gopi C V V M, Rao S S, et al. Highly efficient yttrium-doped ZnO nanorods for quantum dot-sensitized solar cells[J]. Applied Surface Science, 2016, 365: 136 – 142.

[148] Li L, Yang X, Zhang W, et al. Boron and sulfur co-doped TiO_2 nanofilm as effective photoanode for high efficiency CdS quantum-dot-sensitized solar cells[J]. Journal of Power Sources, 2014, 272: 508 – 512.

[149] Bora T, Kyaw H H, Dutta J. Zinc oxide-zinc stannate core-shell nanorod arrays for CdS quantum dot sensitized solar cells[J]. Electrochimica Acta, 2012, 68: 141 – 145.

[150] Greenwald S, Ruhle S, Shalom M, et al. Unpredicted electron injection in CdS/CdSe quantum dot sensitized ZrO_2 solar cells[J]. Physical Chemistry Chemical Physics, 2011, 13(43): 19302 – 19306.

[151] Zhang H, Li Y, Wang Y, et al. A highly crystalline Nb_3O_7F nanostructured photoelectrode: fabrication and photosensitization[J]. Journal of Materials Chemistry A, 2013, 1(22): 6563 – 6571.

[152] Chen C, Bai Q, Miao C, et al. Strontium titanate nanoparticles as the photoanode for CdS quantum dot sensitized solar cells[J]. RSC Advances, 2015, 5(7): 4844 – 4852.

[153] Yu J, Li D, Zhu L, et al. Application of $ZnTiO_3$ in quantum-dot-sensitized solar cells and numerical simulations using first-principles theory[J]. Journal of Alloys and Compounds, 2016, 681: 88 – 95.

[154] Kouhnavard M, Ikeda S, Ludin N A. A review of semiconductor materials as sensitizers for quantum dot-sensitized solar cells[J]. Renewable Sustainable Energy Reviews, 2014, 37: 397 – 407.

[155] Zhu H, Song N, Tian T. Charging of quantum dots by sulfide redox electrolytes reduces electron injection efficiency in quantum dot sensitized solar cells[J]. Journal of the American Chemical Society, 2013, 135 (31): 11461 – 11464.

[156] Du Z, Pan Z, Fabregat-Santiago F, et al. Carbon counter-electrode-based quantum-dot-sensitized solar cells with certified efficiency exceeding 11% [J]. Journal of Physical Chemistry Letters, 2016, 7 (16): 3103 – 3111.

[157] Ganjian M, Kolahdouz M, Aletayeb A, et al. ZnS shell-like CdS quantum dot-sensitized solar cell grown by SILAR approach: effect of electrolyte, counter electrode, and shell thickness[J]. Vacuum, 2017, 146:

548 – 553.

[158] Lee Y L, Chang C H. Efficient polysulfide electrolyte for CdS quantum dot-sensitized solar cells[J]. Journal of Power Sources, 2008, 185(1): 584 – 588.

[159] Liao Y, Zhang J, Liu W, et al. Enhancing the efficiency of CdS quantum dot-sensitized solar cells via electrolyte engineering[J]. Nano Energy, 2015, 11: 88 – 95.

[160] Seo H, Wang Y, Uchida G, et al. Analysis on the effect of polysulfide electrolyte composition for higher performance of Si quantum dot-sensitized solar cells[J]. Electrochimica Acta, 2013, 95: 43 – 47.

[161] Balis N, Dracopoulos V, Bourikas K, et al. Quantum dot sensitized solar cells based on an optimized combination of ZnS, CdS and CdSe with CoS and CuS counter electrodes[J]. Electrochimica Acta, 2013, 91: 246 – 252.

[162] Prasad MBR, Tamboli P S, Bhalekar V P, et al. Impact of composition of polysulphide electrolyte on the photovoltaic performance in quantumn dot sensitized solar cells[J]. Materials Research Express, 2018, 5 (6): 066208.

[163] Fuke N, Hoch L B, Koposov A Y, et al. CdSe quantum-dot-sensitized solar cell with ~ 100% internal quantum efficiency[J]. ACS Nano, 2010, 4(11): 6377 – 6386.

[164] Zewdu T, Clifford J N, Palomares E. Synergistic effect of ZnS outer layers and electrolyte methanol content on efficiency in TiO$_2$/CdS/CdSe sensitized solar cells[J]. Physical Chemistry Chemical Physics, 2012, 14 (37): 13076 – 13080.

[165] McDaniel H, Fuke N, Makarov N S, et al. An integrated approach to realizing high-performance liquid-junction quantum dot sensitized solar cells[J]. Nature Communications, 2013, 4: 2887.

[166] Fan S Q, Fang B, Kim J H, et al. Hierarchical nanostructured spherical carbon with hollow core/mesoporous shell as a highly efficient counter electrode in CdSe quantum-dot-sensitized solar cells[J]. Applied Physics Letters, 2010, 96(6): 063501.

[167] Mora-Seró I, Juan B. Breakthroughs in the development of semiconductor-sensitized solar cells[J]. Journal of Physical Chemistry Letters, 2010, 1(20): 3046 – 3052.

[168] Santra P K, Nair P V, Thomas K G, et al. CuInS$_2$-sensitized quantum dot solar cell. Electrophoretic deposition, excited-state dynamics, and photovoltaic performance[J]. Journal of Physical Chemistry Letters, 2013, 4(5): 722 – 729.

[169] Wang Z S, Cui Y, Dah-Oh Y, et al. Thiophene-functionalized coumarin dye for efficient dye-sensitized solar cells: electron lifetime improved by coadsorption of deoxycholic acid[J]. J. Phys. Chem. C, 2017, 111(19): 7224 – 7230.

[170] Boschloo G, Haggman L, Hagfeldt A. Quantification of the effect of 4-tert-butylpyridine addition to I$^-$/I$_3^-$ redox electrolytes in dye-sensitized nanostructured TiO$_2$ solar cells[J]. Journal of Physical Chemistry B, 2006, 110(26): 13144 – 13150.

[171] Zhang C, Huang Y, Huo Z, et al. Photoelectrochemical effects of guanidinium thiocyanate on dye-sensitized solar cell performance and stability[J]. Journal of Physical Chemistry C, 2009, 113(52): 21779 – 21783.

[172] Hara K, Dan-Oh Y, Kasada C, et al. Effect of additives on the photovoltaic performance of coumarin-dye-sensitized nanocrystalline TiO$_2$ solar cells[J]. Langmuir, 2004, 20(10): 4205 – 4210.

[173] Chou C, Lee C, Vittal R, et al. Efficient quantum dot-sensitized solar cell with polystyrene-modified TiO$_2$ photoanode and with guanidine thiocyanate in its polysulfide electrolyte[J]. Journal of Power Sources, 2011, 196: 6595 – 6602.

[174] Du J, Meng X, Zhao K, et al. Performance enhancement of quantum dot sensitized solar cells by adding electrolyte additives[J]. Journal of Materials Chemistry A, 2015, 3(33): 17091 – 17097.

[175] Jiang G, Pan Z, Ren Z, et al. Poly(vinyl pyrrolidone): a superior and general additive in polysulfide electrolytes for high efficiency quantum dot sensitized solar cells[J]. Journal of Materials Chemistry A, 2016,

4(29): 11416-11421.

[176] Fang W, Zhao L, Du J, et al. Quasi-solid-state quantum dot sensitized solar cells with power conversion efficiency over 9% and high stability[J]. Journal of Materials Chemistry A, 2016, 4(38): 14849-14856.

[177] Feng W, Li Y, Du J, et al. Highly efficient and stable quasi-solid-state quantum dot-sensitized solar cells based on a superabsorbent polyelectrolyte[J]. Journal of Materials Chemistry A, 2016, 4(4): 1461-1468.

[178] Jovanovski V, Gonzalez-Pedro V, Gimenez S, et al. A sulfide/polysulfide-based ionic liquid electrolyte for quantum dot-sensitized solar cells [J]. Journal of the American Chemical Society, 2011, 133 (50): 20156-20159.

[179] Wei H, Wang G, Shi J, et al. Fumed SiO_2 modified electrolytes for quantum dot sensitized solar cells with efficiency exceeding 11% and better stability [J]. Journal of Materials Chemistry A, 2016, 4 (37): 14194-14023.

[180] Ning Z, Tian H, Yuan C, et al. Pure organic redox couple for quantum-dot-sensitized solar cells[J]. Chemistry A European Journal, 2011, 17(23): 6330-6333.

[181] Ning Z, Yuan C, Tian H, et al. Type-II colloidal quantum dot sensitized solar cells with a thiourea based organic redox couple[J]. Journal of Materials Chemistry, 2012, 22(13): 6032-6037.

[182] Tachibana Y, Akiyama H Y, Ohtsuka Y, et al. CdS quantum dots sensitized TiO_2 sandwich type photoelectrochemical solar cells[J]. Chemistry Letters, 2007, 36(1): 88-89.

[183] Yang Y, Wang W. A new polymer electrolyte for solid-state quantum dot sensitized solar cells[J]. Journal of Power Sources, 2015, 285: 70-75.

[184] Kokal R K, Deepa M, Kalluri A, et al. Solar cells with PbS quantum dot sensitized TiO_2-multiwalled carbon nanotube composites, sulfide-titania gel and tin sulfide coated C-fabric[J]. Physical Chemistry Chemical Physics, 2017, 19(38): 26330-26345.

[185] Wang S, Zhang Q, Xu Y, et al. Single-step in-situ preparation of thin film electrolyte for quasi-solid state quantum dot-sensitized solar cells[J]. Journal of Power Sources, 2013, 224: 152-157.

[186] Raphael E, Jara D H, Schiavon M A. Optimizing photovoltaic performance in $CuInS_2$ and CdS quantum dot-sensitized solar cells by using an agar-based gel polymer electrolyte[J]. RSC Advances, 2017, 7(11): 6492-6500.

[187] Yu Z, Zhang Q, Qin D, et al. Highly efficient quasi-solid-state quantum-dot-sensitized solar cell based on hydrogel electrolytes[J]. Electrochemistry Communications, 2012, 12(12): 1776-1779.

[188] Feng W, Li Y, Du J, et al. Highly efficient and stable quasi-solid-state quantum dot-sensitized solar cells based on a superabsorbent polyelectrolyte[J]. Journal of Materials Chemistry A, 2016, 4(4): 1461-1468.

[189] Guo W, Shen Y, Wu M, et al. Highly efficient inorganic-organic heterojunction solar cells based on SnS-sensitized spherical TiO_2 electrodes[J]. Chemical Communications, 2012, 48(49): 6133-6135.

[190] Im S H, Chang J A, Kim S W, et al. Near-infrared photodetection based on PbS colloidal quantum dots/organic hole conductor[J]. Organic Electronics, 2010, 11(4): 696-699.

[191] Dang R, Wang Y, Zeng J, et al. Benzimidazolium salt-based solid-state electrolytes afford efficient quantum-dot sensitized solar cells[J]. Journal of Materials Chemistry A, 2017, 5(26): 13526-13534.

[192] Chang Y C, Suriyawong N, Aragaw B A, et al. Lead antimony sulfide ($Pb_5Sb_8S_{17}$) solid-state quantum dot-sensitized solar cells with an efficiency of over 4%[J]. Journal of Power Sources, 2016, 312: 86-92.

[193] Park J P, Heo J H, Im S H, et al. Highly efficient solid-state mesoscopic PbS with embedded CuS quantum dot-sensitized solar cells[J]. Journal of Materials Chemistry A, 2016, 4(3): 785-790.

[194] Shen C. Recent developments in counter electrode materials for quantum dot-sensitized solar cells[J]. Journal of Nanoscience and Nanotechnology, 2019, 19(1): 1-11.

[195] Sudhagar P, Jung J H, Park S, et al. The performance of coupled (CdS: CdSe) quantum dot-sensitized TiO_2 nanofibrous solar cells[J]. Electrochemistry Communications, 2009, 11(11): 2220-2224.

[196] Wu C, Wu Z, Wei J, et al. Improving the efficiency of quantum dots sensitized solar cell by using Pt counter electrode[J]. ECS Electrochemistry Letters, 2013, 2(9): H31 - H33.

[197] Shalom M, Dor S, Ruhle S, et al. Core/CdS quantum dot/shell mesoporous solar cells with improved stability and efficiency using an amorphous TiO$_2$ coating[J]. Journal of Physical Chemistry C, 2009, 113(9): 3895 - 3898.

[198] Vogel R, Pohl K, Weller H. Sensitization of highly porous, polycrystalline TiO$_2$ electrodes by quantum sized CdS[J]. Chemical Physics Letters, 1990, 174(3 - 4): 241 - 246.

[199] Im S H, Kim H J, Kim S W, et al. All solid state multiply layered PbS colloidal quantum-dot-sensitized photovoltaic cells[J]. Energy Environmental Science, 2011, 4(11): 4181 - 4186.

[200] Giménez S, Mora-Seró I, Macor L, et al. Improving the performance of colloidal quantum-dot-sensitized solar cells[J]. Nanotechnology, 2009, 20(29): 295204.

[201] Lee Y L, Lo Y S. Highly efficient quantum-dot-sensitized solar cell based on co-sensitization of CdS/CdSe [J]. Advanced Functional Materials, 2009, 19(4): 604 - 609.

[202] Zeng X, Xiong D, Zhang W, et al. Spray deposition of water-soluble multiwall carbon nanotube and Cu$_2$ZnSnSe$_4$ nanoparticle composites as highly efficient counter electrodes in a quantum dot-sensitized solar cell system[J]. Nanoscale, 2013, 5(15): 6992 - 6998.

[203] Gopi G V V M, Venkata-Haritha M, Kim S K, et al. Facile fabrication of highly efficient carbon nanotube thin film replacing CuS counter electrode with enhanced photovoltaic performance in quantum dot-sensitized solar cells[J]. Journal of Power Sources, 2016, 311: 111 - 120.

[204] Zhang Q, Zhang Y, Huang S, et al. Application of carbon counter electrode on CdS quantum dot-sensitized solar cells (QDSSC)[J]. Electrochemistry Communications, 2010, 12(2): 327 - 330.

[205] Zhang Q, Zhou S, Li Q, et al. Toward highly efficient CdS/CdSe quantum dot-sensitized solar cells incorporating a fullerene hybrid-nanostructure counter electrode on transparent conductive substrates[J]. RSC Advances, 2015, 5(39): 30617 - 30623.

[206] Seol M, Ramasamy E, Lee J, et al. Highly efficient and durable quantum dot sensitized ZnO nanowire solar cell using noble-metal-free counter electrode[J]. Journal of Physical Chemistry C, 2011, 115(44): 22018 - 22024.

[207] Li Y, Zhao L, Du Z, et al. Metal-organic framework derived Co, N-bidoped carbons as superior electrode catalysts for quantum dot sensitized solar cells[J]. Journal of Materials Chemistry A, 2018, 6(5): 2129 - 2138.

[208] Zhang H, Yang C, Du Z, et al. Graphene hydrogel-based counter electrode for high efficiency quantum dot-sensitized solar cells[J]. Journal of Materials Chemistry A, 2017, 5(4): 1614 - 1622.

[209] González-Pedro V, Xu X, Mora-Seró I, et al. Modeling high-efficiency quantum dot sensitized solar cells[J]. ACS Nano, 2010, 4(10): 5783 - 5790.

[210] Hossain M A, Jennings J R, Shen C, et al. CdSe-sensitized mesoscopic TiO$_2$ solar cells exhibiting >5% efficiency: redundancy of CdS buffer layer[J]. Journal of Materials Chemistry, 2012, 22(32): 16235 - 16242.

[211] Buatong N, Tang I M, Pon-On W. The study of metal sulfide as efficient counter electrodes on the performances of CdS/CdSe/ZnS-co-sensitized hierarchical TiO$_2$ sphere quantum dot solar cells[J]. Nanoscale Research Letters, 2017, 12: 170.

[212] Deng M, Huang S, Zhang Q, et al. Screen-printed Cu$_2$S-based counter electrode for quantum-dot-sensitized solar cell[J]. Chemistry Letters, 2010, 39(11): 1168 - 1170.

[213] Hessein A, Wang F, Masai H, et al. Improving the stability of CdS quantum dot sensitized solar cell using highly efficient and porous CuS counter electrode[J]. Journal of Renewable and Sustainable Energy, 2017, 9 (2): 023504.

[214] Radich J G, Dwyer R, Kamat P V. Cu$_2$S reduced graphene oxide composite for high-efficiency quantum dot solar cells. Overcoming the redox limitations of S$_2^-$/S$_n^{2-}$ at the counter electrode[J]. Journal of Physical Chemistry Letters, 2011, 2(19): 2453-2460.

[215] Yuan B, Gao Q, Zhang X, et al. Reduced graphene oxide (RGO)/Cu$_2$S composite as catalytic counter electrode for quantum dot-sensitized solar cells[J]. Electrochimica Acta, 2018, 277: 50-58.

[216] Liu I, Teng H, Lee Y. Highly electrocatalytic carbon black/copper sulfide composite counter electrodes fabricated by a facile method for quantum-dot-sensitized solar cells[J]. Journal of Materials Chemistry A, 2017, 5(44): 23146-23157.

[217] Zhao K, Yu H, Zhang H, et al. Electroplating cuprous sulfide counter electrode for high-efficiency long-term stability quantum dot sensitized solar cells[J]. Journal of Physical Chemistry C, 2014, 118(11): 5683-5690.

[218] Meng K, Surolia P K, Byrne O, et al. Efficient CdS quantum dot sensitized solar cells made using novel Cu$_2$S counter electrode[J]. Journal of Power Sources, 2014, 248: 218-223.

[219] Meng X, Sun M, Hu Y, et al. Mesoporous nanoflakes Cu$_2$S counter electrode prepared from three-dimensional ordered microporous Cu film for quantum-dot-sensitized solar cell[J]. Journal of Alloys and Compounds, 2018, 735: 2142-2147.

[220] Wang F, Dong H, Pan J, et al. One-step electrochemical deposition of hierarchical CuS nanostructures on conductive substrates as robust, high-performance counter electrodes for quantum-dot-sensitized solar cells[J]. Journal of Physical Chemistry C, 2014, 118(34): 19589-19598.

[221] Jiang Y, Zhang X, Ge Q, et al. ITO@Cu$_2$S tunnel junction nanowire arrays as efficient counter electrode for quantum-dot-sensitized solar cells[J]. Nano Letters, 2014, 14(1): 365-372.

[222] Shen C, Sun L, Koh Z Y, et al. Cuprous sulfide counter electrodes prepared by ion exchange for high-efficiency quantum dot-sensitized solar cells[J]. Journal of Materials Chemistry A, 2014, 2(8): 2807-2813.

[223] Zhang H, Tong J, Fang W, et al. Efficient flexible counter electrode based on modified graphite paper and in situ grown copper sulfide for quantum dot sensitized solar cells[J]. ACS Applied Energy and Materials, 2018, 1(3): 1355-1363.

[224] Chen H, Zhu L, Liu H, et al. ITO porous film-supported metal sulfide counter electrodes for high-performance quantum-dot-sensitized solar cells[J]. Journal of Physical Chemistry C, 2013, 117(8): 3739-3746.

[225] Jiang Y, Zhang X, Ge Q, et al. Engineering the interfaces of ITO@Cu$_2$S nanowire arrays toward efficient and stable counter electrodes for quantum-dot-sensitized solar cells[J]. ACS Applied Materials and Interfaces, 2014, 6(17): 15448-15455.

[226] Hong X, Xu Z, Zhang F, et al. Sputtered seed-assisted growth of CuS nanosheet arrays as effective counter electrodes for quantum dot-sensitized solar cells[J]. Materials Letters, 2017, 203: 73-76.

[227] Song X, Wang J, Liu X, et al. Microwave-assisted hydrothermal synthesis of CuS nanoplate films on conductive substrates as efficient counter electrodes for liquid-junction quantum dot-sensitized solar cells[J]. Journal of The Electrochemical Society, 2017, 164(4): H215-H224.

[228] Yuan B, Duan L, Gao Q, et al. Investigation of metal sulfide composites as counter electrodes for improved performance of quantum dot sensitized solar cells[J]. Materials Research Bulletin, 2018, 100: 198-205.

[229] Sunesh C D, Gopi C V V M, Muthalif M P A, et al. Improving the efficiency of quantum-dot-sensitized solar cells by optimizing the growth time of the CuS counter electrode[J]. Applied Surface Science, 2017, 416: 446-453.

[230] Gopi C V V M, Ravi S, Rao S S, et al. Carbon nanotube/metal-sulfide composite flexible electrodes for high-performance quantum-dot-sensitized solar cells and supercapacitors[J]. Scientific Reports, 2017, 7: 46519.

[231] Muthalif M P A, Sunesh C D, Choe Y, et al. Improved photovoltaic performance of quantum dot-sensitized solar cells based on highly electrocatalytic Ca-doped CuS counter electrodes[J]. Journal of Photochemistry and Photobiology A: Chemistry, 2018, 358: 177 – 185.

[232] Punnoose D, Kumar C S S P, Rao S S, et al. In situ synthesis of CuS nano platelets on nano wall networks of Ni foam and its application as an efficient counter electrode for quantum dot sensitized solar cells[J]. Organic Electronics, 2017, 42: 115 – 122.

[233] Muthalif M P A, Sunesh C D, Choe Y. H_3PO_4 treated surface modified CuS counter electrodes with high electrocatalytic activity for enhancing photovoltaic performance of quantum dot-sensitized solar cells[J]. Applied Surface Science, 2018, 440: 1022 – 1046.

[234] Kamaja C K, Devarapalli R R, Dave Y, et al. Synthesis of novel Cu_2S nanohusks as high performance counter electrode for CdS/CdSe sensitized solar cell[J]. Journal of Power Sources, 2016, 315: 277 – 283.

[235] Jiang Y, Yu B B, Liu J, et al. Boosting the open circuit voltage and fill factor of QDSSC using hierarchically assembled ITO@ Cu_2S nanowire array counter electrodes[J]. Nano Letters, 2015, 15(5): 3088 – 3095.

[236] Deng M, Zhang Q, Huang S, et al. Low-cost flexible nano-sulfide/carbon composite counter electrode for quantum-dot-sensitized solar cell[J]. Nano Express, 2010, 5: 986.

[237] Kamaja C K, Devarapalli R, Shelke M V. One-step synthesis of a MoS_2-CuS composite with high electrochemical activity as an effective counter electrode for CdS/CdSe sensitized solar cells [J]. ChemElectroChem, 2017, 4(8): 1984 – 1989.

[238] Du Z, Tong J, Guo W, et al. Cuprous sulfide on Ni foam as a counter electrode for flexible quantum dot sensitized solar cells[J]. Journal of Materials Chemistry A, 2016, 4(30): 11754 – 11761.

[239] Eskandari M, Ahmadi Mater V. Copper selenide as a new counter electrode for zinc oxide nanorod based quantum dot solar cells[J]. Materials Letters, 2015, 142: 308 – 311.

[240] Wang S, Shen T, Bai H, et al. Cu_3Se_2 nanostructure as a counter electrode for high efficiency quantum dot-sensitized solar cells[J]. Journal of Materials Chemistry C, 2016, 4(34): 8020 – 8026.

[241] Yang Z, Chen C Y, Liu C W, et al. Quantum dot-sensitized solar cells featuring CuS/CoS electrodes provide 4.1% efficiency[J]. Advanced Energy Materials, 2011, 1(2): 259 – 264.

[242] Samadpour M, Arabzade S, Alloy J. Graphene/CuS/PbS nanocomposite as an effective counter electrode for quantum dot sensitized solar cells[J]. Journal of Alloys and Compounds, 2017, 696: 369 – 375.

[243] Zhang H, Wang C, Peng W, et al. Quantum dot sensitized solar cells with efficiency up to 8.7% based on heavily copper-deficient copper selenide counter electrode[J]. Nano Energy, 2016, 23: 60 – 69.

[244] Faber M S, Park K, Caban-Acevedo M, et al. Earth-abundant cobalt pyrite (CoS_2) thin film on glass as a robust, high-performance counter electrode for quantum dot-sensitized solar cells[J]. Journal of Physical Chemistry Letters, 2013, 4(11): 1843 – 1849.

[245] Reddy A E, Rao S S, Gopi C V V M, et al. Morphology controllable time-dependent CoS nanoparticle thin films as efficient counter electrode for quantum dot-sensitized solar cells[J]. Chemical Physics Letters, 2017, 687: 238 – 243.

[246] Xu T, Hu J, Wei P, et al. Octahedron shaped lead sulfide nanocrystals as counter electrodes for quantum dot sensitized solar cells[J]. Functional Materials Letters, 2018, 11(2): 1850025.

[247] Yang Y, Zhu L, Sun H, et al. Composite counter electrode based on nanoparticulate PbS and carbon black: towards quantum dot-sensitized solar cells with both high efficiency and stability[J]. ACS Applied Materials and Interfaces, 2012, 4(11): 6162 – 6168.

[248] Gong C, Hong X, Xiang S, et al. NiS_2 nanosheet films supported on Ti foils: effective counter electrodes for quantum dot-sensitized solar cells[J]. Journal of the Electrochemical Society, 2018, 165(3): H45 – H51.

[249] Quy V H V, Vijayakumar E, Ho P, et al. Electrodeposited MoS_2 as electrocatalytic counter electrode for quantum dot- and dye-sensitized solar cells[J]. Electrochimica Acta, 2018, 260: 716 – 725.

[250] Zhen M, Li F, Liu R, et al. MoS$_2$-graphene hybrids as efficient counter electrodes in CdS quantum-dot sensitized solar cells[J]. Journal of Photochemistry and Photobiology A: Chemistry, 2017, 340: 120 – 127.

[251] Geng H F, Zhu L Q, Li W P, et al. Embedding iron sulfide (Fe-S) nanosheets into carbon electrode for efficient quantum dots-sensitized solar cells[J]. Solar Energy, 2017, 147: 61 – 67.

[252] Chen H N, Zhu L Q, Liu H C, et al. Efficient iron sulfide counter electrode for quantum dots-sensitized solar cells[J]. Journal of Power Sources, 2014, 245: 406 – 410.

[253] Gao X Y, You X Y, Zhao X, et al. Flexible fiber-shaped liquid/quasi-solid-state quantum dot-sensitized solar cells based on different metal sulfide counter electrodes [J]. Applied Physics Letters, 2018, 113 (4): 043901.

[254] Deng J, Wang, M. Song X, et al. Ti porous film-supported NiCo$_2$S$_4$ nanotubes counter electrode for quantum-dot-sensitized solar cells[J]. Nanomaterials, 2018, 8(4): 251.

[255] Xu J, Yang X, Yang Q D, et al. Cu$_2$ZnSnS$_4$ hierarchical microspheres as an effective counter electrode material for quantum dot sensitized solar cells [J]. Journal of Physical Chemistry C, 2012, 116(37): 19718 – 19723.

[256] Vijayakumar E, Kang S H, Ahn K S. Facile electrochemical synthesis of manganese cobalt sulfide counter electrode for quantum dot-sensitized solar cells[J]. Journal of the Electrochemical Society, 2018, 165(5): F375 – F380.

[257] Gopi C V V M, Singh S, Reddy A E, et al. CNT@ rGO@ MoCuSe composite as an efficient counter electrode for quantum dot-sensitized solar cells [J]. ACS Applied Materials and Interfaces, 2018, 10 (12): 10036 – 10042.

[258] Zhang X L, Huang X M, Yang Y Y, et al. Investigation on new CuInS$_2$/carbon composite counter electrodes for CdS/CdSe cosensitized solar cells[J]. ACS Applied Materials and Interfaces, 2013, 5(13): 5954 – 5960.

[259] Yeh M H, Lee C P, Chou C Y, et al. Conducting polymer-based counter electrode for a quantum-dot-sensitized solar cell (QDSSC) with a polysulfide electrolyte[J]. Electrochimica Acta, 2011, 57: 277 – 284.

[260] Shu T, Ku Z L. TiO$_2$-poly (3, 4-ethylenedioxythiophene) composite counter electrode to improve the performance of CdS quantum-dot-sensitized solar cell with polysulfide electrolyte[J]. Journal of Alloys and Compounds, 2014, 586: 257 – 260.

[261] Shen Q, Kobayashi J, Diguna L J, et al. Effect of ZnS coating on the photovoltaic properties of CdSe quantum dot-sensitized solar cells[J]. Journal of Applied Physics, 2008, 103(8): 084304.

[262] Ning Z J, Tian H N, Yuan C Z, et al. Solar cells sensitized with type-II ZnSe-CdS core/shell colloidal quantum dots[J]. Chemical Communications, 2011, 47(5): 1536 – 1538.

[263] Liu C M, Mu L L, Jia J G, et al. Boosting the cell efficiency of CdSe quantum dot sensitized solar cell via a modified ZnS post-treatment[J]. Electrochim Acta, 2013, 111: 179 – 184.

[264] Chang J Y, Su L F, Li C H, et al. Efficient "green" quantum dot-sensitized solar cells based on Cu$_2$S-CuInS$_2$-ZnSe architecture[J]. Chemical Communications, 2012, 48(40): 4848 – 4850.

[265] Gopi C V V M, Venkata-Haritha M, Kim S K, et al. Improved photovoltaic performance and stability of quantum dot sensitized solar cells using Mn-ZnSe shell structure with enhanced light absorption and recombination control[J]. Nanoscale, 2015, 7(29): 12552 – 12563.

[266] Li T L, Lee Y L, Teng H. High-performance quantum dot-sensitized solar cells based on sensitization with CuInS$_2$ quantum dots/CdS heterostructure[J]. Energy & Environmental Science, 2012, 5(1): 5315 – 5324.

[267] Manjceevan A, Bandara J. Robust surface passivation of trap sites in PbS q-dots by controlling the thickness of CdS layers in PbS/CdS quantum dot solar cells[J]. Solar Energy Materials and Solar Cells, 2016, 147: 157 – 163.

[268] Braga A, Gimenez S, Concina I J, et al. Panchromatic sensitized solar cells based on metal sulfide quantum dots grown directly on nanostructured TiO$_2$ electrodes[J]. Journal of Physical Chemistry Letters, 2011, 2

(5): 454 - 460.

[269] Eufinger K, Poelman D, Poelman H, et al. Photocatalytic activity of dc magnetron sputter deposited amorphous TiO$_2$ thin films[J]. Applied Surface Science, 2007, 254(1): 148 - 152.

[270] Roelofs K E, Brennan T P, Dominguez, J C, et al. Effect of Al$_2$O$_3$ recombination barrier layers deposited by atomic layer deposition in solid-state CdS quantum dot-sensitized solar cells[J]. Journal of Physical Chemistry C, 2013, 117(11): 5584 - 5592.

[271] Zhao K, Pan Z X, Mora-Sero I, et al. Boosting power conversion efficiencies of quantum-dot-sensitized solar cells beyond 8% by recombination control[J]. Journal of the American Chemical Society, 2015, 137(16): 5602 - 5609.

[272] Tachan Z, Hod I, Shalom M, et al. The importance of the TiO$_2$/quantum dots interface in the recombination processes of quantum dot sensitized solar cells[J]. Physical Chemistry Chemical Physics, 2013, 15(11): 3841 - 3845.

[273] Blackman B, Battaglia D M, Mishima T D, et al. Control of the morphology of complex semiconductor nanocrystals with a type II heterojunction, dots vs peanuts, by thermal cycling[J]. Chemistry of Materials, 2007, 19(15): 3815 - 3821.

[274] Zhang W J, Chen G J, Wang J, et al. Design and synthesis of highly luminescent near-infrared-emitting water-soluble CdTe/CdSe/ZnS core/shell/shell quantum dots[J]. Inorganic Chemistry, 2009, 48(20): 9723 - 9731.

[275] Xie R G, Zhong X H, Basche T. Synthesis, characterization, and spectroscopy of type-II core/shell semiconductor nanocrystals with ZnTe cores[J]. Advanced Materials, 2005, 17(22): 2741 - 2745.

[276] Li X M, Shen H B, Li S, et al. Investigation on type-II Cu$_2$S-CdS core/shell nanocrystals: synthesis and characterization[J]. Journal of Materials Chemistry, 2010, 20(5): 923 - 928.

[277] Jamshidi A, Yuan C, Chmyrov V, et al. Efficiency enhanced colloidal Mn-doped type II core/shell ZnSe/CdS quantum dot sensitized hybrid solar cells[J]. Journal of Nanomaterials, 2015, 2015: 921903.

[278] Itzhakov S, Shen H P, Buhbut S, et al. Type-II quantum-dot-sensitized solar cell spanning the visible and near-infrared spectrum[J]. Journal of Physical Chemistry C, 2013, 117(43): 22203 - 22210.

[279] Xiao J Y, Huang Q L, Xu J, et al. CdS/CdSe co-sensitized solar cells based on a new SnO$_2$ photoanode with a three-dimensionally interconnected ordered porous structure[J]. Journal of Physical Chemistry C, 2014, 118(8): 4007 - 4015.

[280] Yan K Y, Zhang L X, Qiu J H, et al. A quasi-quantum well sensitized solar cell with accelerated charge separation and collection[J]. Journal of the American Chemical Society, 2013, 135(25): 9531 - 9539.

[281] Li C H, Yang L, Xiao J Y, et al. ZnO nanoparticle based highly efficient CdS/CdSe quantum dot-sensitized solar cells[J]. Physical Chemistry Chemical Physics, 2013, 15(22): 8710 - 8715.

[282] Cao Y, Dong Y J, Chen H Y, et al. CdS/CdSe co-sensitized hierarchical TiO$_2$ nanofiber/ZnO nanosheet heterojunction photoanode for quantum dot-sensitized solar cells[J]. RSC Advances, 2016, 6(81): 78202 - 78209.

[283] Li L B, Wang Y F, Rao H S, et al. Hierarchical macroporous Zn$_2$SnO$_4$-ZnO nanorod composite photoelectrodes for efficient Cds/Cdse quantum dot co-sensitized solar cells[J]. ACS Applied Materials and Interfaces, 2013, 5(22): 11865 - 11871.

[284] Yang S L, Zhao P X, Zhao X C, et al. InP and Sn: InP based quantum dot sensitized solar cells[J]. Journal of Materials Chemistry A, 2015, 3(43): 21922 - 21929.

[285] Xu J, Yang X, Yang Q D, et al. Arrays of CdSe sensitized ZnO/ZnSe nanocables for efficient solar cells with high open-circuit voltage[J]. Journal of Materials Chemistry, 2012, 22(26): 13374 - 13379.

[286] Tian J J, Lv L L, Fei C B, et al. A highly efficient (>6%) Cd$_{1-x}$Mn$_x$Se quantum dot sensitized solar cell [J]. Journal of Materials Chemistry A, 2014, 2(46): 19653 - 19659.

[287] Jiao S, Wang J, Shen Q J, et al. Surface engineering of PbS quantum dot sensitized solar cells with a conversion efficiency exceeding 7%[J]. Journal of Materials Chemistry A, 2016, 4(19): 7214 – 7221.

[288] Yang J W, Zhong X H. CdTe based quantum dot sensitized solar cells with efficiency exceeding 7% fabricated from quantum dots prepared in aqueous media[J]. Journal of Materials Chemistry A, 2016, 4(42): 16553 – 16561.

[289] Lee J W, Son D Y, Ahn T K, et al. Quantum-dot-sensitized solar cell with unprecedentedly high photocurrent [J]. Scientific Reports, 2013, 3: 1050.

[290] Kim J Y, Yang J, Yu J H, et al. Highly efficient copper-indium-selenide quantum dot solar cells: suppression of carrier recombination by controlled ZnS overlayers[J]. ACS Nano, 2015, 9(11): 11286 – 11295.

[291] Lee Y L, Lo Y S. Highly efficient quantum-dot-sensitized solar cell based on co-sensitization of CdS/CdSe [J]. Advanced Functional Materials, 2009, 19(4): 604 – 609.

[292] Cao Y, Xiao Y, Jung J Y, et al. Highly electrocatalytic $Cu_2ZnSn(S_{1-x}Se_x)_4$ counter electrodes for quantum-dot-sensitized solar cells[J]. ACS Applied Materials & Interfaces, 2013, 5(3): 479 – 484.

[293] Santra P K, Kamat P V. Mn-doped quantum dot sensitized solar cells: a strategy to boost efficiency over 5% [J]. Journal of the American Chemical Society, 2012, 134(5): 2508 – 2511.

[294] Chen X Q, Li Z, Bai Y, et al. Room-temperature synthesis of $Cu_{2-x}E(E=S, Se)$ nanotubes with hierarchical architecture as high-performance counter electrodes of quantum-dot-sensitized solar cells [J]. Chemistry-A European Journal, 2015, 21(3): 1055 – 1063.

[295] Xu J, Yang X, Yang Q D, et al. Phase conversion from hexagonal CuS_ySe_{1-y} to cubic $Cu_{2-x}S_ySe_{1-y}$: composition variation, morphology evolution, optical tuning, and solar cell applications[J]. ACS Applied Materials & Interfaces, 2014, 6(18): 16352 – 16359.

[296] Que M L, Guo W X, Zhang X J, et al. Flexible quantum dot-sensitized solar cells employing CoS nanorod arrays/graphite paper as effective counter electrodes[J]. Journal of Materials Chemistry A, 2014, 2(33): 13661 – 13666.

[297] Kim H J, Kim D J, Rao S S, et al. Highly efficient solution processed nanorice structured NiS counter electrode for quantum dot sensitized solar cells[J]. Electrochimica Acta, 2014, 127: 427 – 432.

[298] Kim B M, Son M K, Kim S K, et al. Improved performance of CdS/CdSe quantum dot-sensitized solar cells using Mn-doped PbS quantum dots as a catalyst in the counter electrode[J]. Electrochimica Acta, 2014, 117: 92 – 98.

[299] Yu H J, Bao H L, Zhao K, et al. Topotactically grown bismuth sulfide network film on substrate as low-cost counter electrodes for quantum dot-sensitized solar cells[J]. Journal of Physical Chemistry C, 2014, 118 (30): 16602 – 16610.

[300] Kim D, Kim D H, Lee J H, et al. Impact of stoichiometry on the electronic structure of PbS quantum dots [J]. Physical Review Letters, 2013, 110(19): 196802.

[301] Chuang C H M, Maurano A, Brandt R E, et al. Open-circuit voltage deficit, radiative sub-bandgap states, and prospects in quantum dot solar cells[J]. Nano Letters, 2015, 15(5): 3286 – 3294.

[302] Luther J M, Law M, Song Q, et al. Structural, optical and electrical properties of self-assembled films of PbSe nanocrystals treated with 1,2-ethanedithiol[J]. ACS Nano, 2008, 2(2): 271 – 280.

[303] Koleilat G I, Levina L, Shukla H, et al. Efficient, stable infrared photovoltaics based on solution-cast colloidal quantum dots[J]. ACS Nano, 2008, 2(5): 833 – 840.

[304] Jeong K S, Tang J, Liu H, et al. Enhanced mobility-lifetime products in PbS colloidal quantum dot photovoltaics[J]. ACS Nano, 2012, 6(1): 89 – 99.

[305] Tang J, Kemp K W, Hoogland S, et al. Colloidal-quantum-dot photovoltaics using atomic-ligand passivation [J]. Nature Materials, 2011, 10(10): 765 – 771.

[306] Ip A H, Thon S M, Hoogland S, et al. Hybrid passivated colloidal quantum dot solids [J]. Nature

Nanotechnology, 2012, 7(9): 577 – 582.

[307] Katsiev K, Ip A H, Fischer A, et al. The complete in-gap electronic structure of colloidal quantum dot solids and its correlation with electronic transport and photovoltaic performance[J]. Advanced Materials, 2014, 26 (6): 937 – 942.

[308] Ko D K, Maurano A, Suh S K, et al. Photovoltaic performance of PbS quantum dots treated with metal salts [J]. ACS Nano, 2016, 10(3): 3382 – 3388.

[309] Cao Y M, Stavrinadis A, Lasanta T, et al. The role of surface passivation for efficient and photostable PbS quantum dot solar cells[J]. Nature Energy, 2016, 1: 16035.

[310] Zherebetskyy D, Scheele M, Zhang Y J, et al. Hydroxylation of the surface of PbS nanocrystals passivated with oleic acid[J]. Science, 2014, 344(6190): 1380 – 1384.

[311] Bae W K, Joo J, Padilha L A, et al. Highly effective surface passivation of PbSe quantum dots through reaction with molecular chlorine [J]. Journal of the American Chemical Society, 2012, 134 (49): 20160 – 20168.

[312] Lan X, Voznyy O, Kiani A, et al. Passivation using molecular halides increases quantum dot solar cell performance[J]. Advanced Materials, 2016, 28(2): 299 – 304.

[313] Chuang C H M, Brown P R, Bulovic V, et al. Improved performance and stability in quantum dot solar cells through band alignment engineering[J]. Nature Materials, 2014, 13(8): 796 – 801.

[314] Wang Y, Liu Z, Huo N, et al. Room-temperature direct synthesis of semi-conductive PbS nanocrystal inks for optoelectronic applications[J]. Nature Communications, 2019, 10: 5136.

[315] Lan X, Voznyy O, de Arquer F P G, et al. 10.6% certified colloidal quantum dot solar cells via solvent-polarity-engineered halide passivation[J]. Nano Letters, 2016, 16(7): 4630 – 4634.

[316] Sun B, Voznyy O, Tan H R, et al. Pseudohalide-exchanged quantum dot solids achieve record quantum efficiency in infrared photovoltaics[J]. Advanced Materials, 2017, 29(27): 1700749.

[317] Kiani A, Sutherland B R, Kim Y, et al. Single-step colloidal quantum dot films for infrared solar harvesting [J]. Applied Physics Letters, 2016, 109(18): 183105.

[318] Ning Z, Zhitomirsky D, Adinolfi V, et al. Graded doping for enhanced colloidal quantum dot photovoltaics [J]. Advanced Materials, 2013, 25(12): 1719 – 1723.

[319] Yang Z, Janmohamed A, Lan X, et al. Colloidal quantum dot photovoltaics enhanced by perovskite shelling [J]. Nano Letters, 2015, 15(11): 7539 – 7543.

[320] Stavrinadis A, Pradhan S, Papagiorgis P, et al. Suppressing deep traps in PbS colloidal quantum dots via facile iodide substitutional doping for solar cells with efficiency >10%[J]. ACS Energy Letters, 2017, 2(4): 739 – 744.

[321] Fischer A, Rollny L, Pan J, et al. Directly deposited quantum dot solids using a colloidally stable nanoparticle ink[J]. Advanced Materials, 2013, 25(40): 5742.

[322] Dirin D N, Dreyfuss S, Bodnarchuk M I, et al. Lead halide perovskites and other metal halide complexes as inorganic capping ligands for colloidal nanocrystals[J]. Journal of the American Chemical Society, 2014, 136 (18): 6550 – 6553.

[323] Ning Z, Gong X, Comin R, et al. Quantum-dot-in-perovskite solids[J]. Nature, 2015, 523(7560): 324.

[324] Liu M, Voznyy O, Sabatini R, et al. Hybrid organic-inorganic inks flatten the energy landscape in colloidal quantum dot solids[J]. Nature Materials, 2017, 16(2): 258 – 263.

[325] Kramer I J, Sargent E H. The architecture of colloidal quantum dot solar cells: materials to devices[J]. Chemical Reviews, 2013, 114(1): 863 – 882.

[326] Lan X, Masala S, Sargent E H. Charge-extraction strategies for colloidal quantum dot photovoltaics [J]. Nature Materials, 2014, 13(3): 233 – 240.

[327] Johnston K W, Pattantyus-Abraham A G, Clifford J P, et al. Schottky-quantum dot photovoltaics for efficient

infrared power conversion[J]. Applied Physics Letters, 2008, 92(15): 151115.

[328] Luther J M, Law M, Beard M C, et al. Schottky solar cells based on colloidal nanocrystal films[J]. Nano Letters, 2008, 8(10): 3488 – 3492.

[329] Ma W, Luther J M, Zheng H, et al. Photovoltaic devices employing ternary PbS_xSe_{1-x} nanocrystals[J]. Nano Letters, 2009, 9(4): 1699 – 1703.

[330] Piliego C, Protesescu L, Bisri S Z, et al. 5.2% efficient PbS nanocrystal schottky solar cells[J]. Energy & Environmental Science, 2013, 6(10): 3054 – 3059.

[331] Pattantyus-Abraham A G, Kramer I J, Barkhouse A R, et al. Depleted-heterojunction colloidal quantum dot solar cells[J]. ACS Nano, 2010, 4(6): 3374 – 3380.

[332] Liu H, Tang J, Kramer I J, Debnath R, et al. Electron acceptor materials engineering in colloidal quantum dot solar cells[J]. Advanced Materials, 2011, 23(33): 3832 – 3837.

[333] Ehrler B, Musselman K P, Bohm M L, et al. Preventing interfacial recombination in colloidal quantum dot solar cells by doping the metal oxide[J]. ACS Nano, 2013, 7(5): 4210 – 4220.

[334] Yuan M, Voznyy O, Zhitomirsky D, et al. Synergistic doping of fullerene electron transport layer and colloidal quantum dot solids enhances solar cell performance[J]. Advanced Materials, 2014, 27(5): 917 – 921.

[335] Zhang Y H, Wu G H, Mora-Sero I, et al. Improvement of photovoltaic performance of colloidal quantum dot solar cells using organic small molecule as hole-selective layer[J]. Journal of Physical Chemistry Letters, 2017, 8(10): 2163 – 2169.

[336] Aqoma H, Al Mubarok M, Lee W, et al. Improved processability and efficiency of colloidal quantum dot solar cells based on organic hole transport layers[J]. Advanced Energy Materials, 2018, 8(23): 1800572.

[337] Xue Y, Yang F, Yuan J Y, et al. Toward scalable PbS quantum dot solar cells using a tailored polymeric hole conductor[J]. ACS Energy Letters, 2019, 4(12): 2850 – 2858.

[338] Baek S W, Jun S, Kim B, et al. Efficient hybrid colloidal quantum dot/organic solar cells mediated by near-infrared sensitizing small molecules[J]. Nature Energy, 2019, 4(11): 969 – 976.

[339] Barkhouse D A R, Debnath R, Kramer I J, et al. Depleted bulk heterojunction colloidal quantum dot photovoltaics[J]. Advanced Materials, 2011, 23(28): 3134 – 3138.

[340] Kramer I J, Zhitomirsky D, Bass J D, et al. Ordered nanopillar structured electrodes for depleted bulk heterojunction colloidal quantum dot solar cells[J]. Advanced Materials, 2012, 24(17): 2315 – 2319.

[341] Lan X Z, Bai J, Masala S, et al. Self-assembled, nanowire network electrodes for depleted bulk heterojunction solar cells[J]. Advanced Materials, 2013, 25(12): 1769 – 1773.

[342] Jean J, Chang S, Brown P R, et al. ZnO nanowire arrays for enhanced photocurrent in PbS quantum dot solar cells[J]. Advanced Materials, 2013, 25(20): 2790 – 2796.

[343] Wu R F, Yang Y H, Li M Z, et al. Solvent engineering for high-performance PbS quantum dots solar cells [J]. Nanomaterials, 2017, 7(8): 201.

[344] Ning Z J, Voznyy O, Pan J, et al. Air-stable n-type colloidal quantum dot solids[J]. Nature Materials, 2014, 13(8): 822 – 828.

[345] Ning Z J, Zhitomirsky D, Adinolfi V, et al. Graded doping for enhanced colloidal quantum dot photovoltaics [J]. Advanced Materials, 2013, 25(12): 1719 – 1723.

[346] Zhitomirsky D, Furukawa M, Tang J, et al. N-type colloidal-quantum-dot solids for photovoltaics [J]. Advanced Materials, 2012, 24(46): 6181 – 6185.

[347] Chuang C H M, Brown P R, Bulovic V, et al. Improved performance and stability in quantum dot solar cells through band alignment engineering[J]. Nature Materials, 2014, 13(8): 796 – 801.

[348] Azmi R, Oh S H, Jang S Y. High-efficiency colloidal quantum dot photovoltaic devices using chemically modified heterojunctions[J]. ACS Energy Letters, 2016, 1(1): 100 – 106.

[349] Liu M X, de Arquer F P G, Li Y Y, et al. Double-sided junctions enable high-performance colloidal-

quantum-dot photovoltaics[J]. Advanced Materials, 2016, 28(21): 4142-4148.

[350] Jin Z W, Yuan M J, Li H, et al. Graphdiyne: an efficient hole transporter for stable high-performance colloidal quantum dot solar cells[J]. Advanced Functional Materials, 2016, 26(29): 5284-5289.

[351] Choi M J, de Arquer F P G, Proppe A H, et al. Cascade surface modification of colloidal quantum dot inks enables efficient bulk homojunction photovoltaics[J]. Nature Communications, 2020, 11(1): 103-105.

[352] Guo Y X, Yin X T, Liu J, et al. Highly efficient CsPbIBr$_2$ perovskite solar cells with efficiency over 9.8% fabricated using a preheating-assisted spin-coating method[J]. Journal of Materials Chemistry A, 2019, 7 (32): 19008-19016.

[353] Swarnkar A, Marshall A R, Sanehira E M, et al. Quantum dot-induced phase stabilization of α-CsPbI$_3$ perovskite for high-efficiency photovoltaics[J]. Science, 2016, 354(6308): 92-95.

[354] Protesescu L, Yakunin S, Bodnarchuk M I, et al. Nanocrystals of cesium lead halide perovskites (CsPbX$_3$, X=Cl, Br, and I): Novel optoelectronic materials showing bright emission with wide color gamut[J]. Nano Letters, 2015, 15(6): 3692-3696.

[355] Anehira E M, Marshall A R, Christians J A, et al. Enhanced mobility CsPbI$_3$ quantum dot arrays for record-efficiency, high-voltage photovoltaic cells[J]. Science Advances, 2017, 3(10): eaao4204.

[356] Hazarika A, Zhao Q, Gaulding E A, et al. Perovskite quantum dot photovoltaic materials beyond the reach of thin films: full-range tuning of A-site cation composition[J]. ACS Nano, 2018, 12(10): 10327-10337.

[357] Zolfaghari Z, Hassanabadi E, Pitarch-Tena D, et al. Operation mechanism of perovskite quantum dot solar cells probed by impedance spectroscopy[J]. ACS Energy Letters, 2018, 4(1): 251-258.

[358] Wang Q, Jin Z, Chen D, et al. μ-Graphene Crosslinked CsPbI$_3$ quantum dots for high efficiency solar cells with much improved stability[J]. Advanced Energy Materials, 2018, 8(22): 1800007.

[359] Liu F, Ding C, Zhang Y, et al. Colloidal synthesis of air-stable alloyed CsSn$_{1-x}$PbI$_3$ perovskite nanocrystals for use in solar cells[J]. Journal of the American Chemical Society, 2017, 139(46): 16708-16719.

[360] Li F, Zhou S, Yuan J, et al. Perovskite quantum dot solar cells with 15.6% efficiency and improved stability enabled by an α-CsPbI$_3$/FAPbI$_3$ bilayer structure[J]. ACS Energy Letters, 2019, 4(11): 2571-2578.

[361] Hao M, Bai Y, Zeiske S, et al. Ligand-assisted cation-exchange engineering for high-efficiency colloidal Cs$_{1-x}$FA$_x$PbI$_3$ quantum dot solar cells with reduced phase segregation[J]. Nature Energy, 2020, 5(1): 79-88.

[362] Yuan J, Bi C, Wang S, et al. Spray-coated colloidal perovskite quantum dot films for highly efficient solar cells[J]. Advanced Functional Materials, 2019, 29(49): 1906615.

[363] Zhang L, Kang C, Zhang G, et al. All-inorganic CsPbI$_3$ quantum dot solar cells with efficiency over 16% by defect control[J]. Advanced Functional Materials, 2021, 31(4): 2005930.

[364] Chung I, Song J H, Im J, et al. CsSnI$_3$: semiconductor or metal high electrical conductivity and strong near-infrared photoluminescence from a single material. High hole mobility and phase-transitions[J]. Journal of the American Chemical Society, 2012, 134(20): 8579-8587.

[365] Saparov B, Sun J P, Meng W W, et al. Thin-film deposition and characterization of a Sn-deficient perovskite derivative Cs$_2$SnI$_6$[J]. Chemistry of Materials, 2016, 28(7): 2315-2322.

[366] Kumar M H, Dharani S, Leong W L, et al. Lead-free halide perovskite solar cells with high photocurrents realized through vacancy modulation[J]. Advanced Materials, 2014, 26(41): 7122-7127.

[367] Wang Y, Tu J, Li T, et al. Convenient preparation of CsSnI$_3$ quantum dots, excellent stability, and the highest performance of lead-free inorganic perovskite solar cells so far[J]. Journal of Materials Chemistry A, 2019, 7(13): 7683-7690.

[368] Kang C, Rao H, Fang Y, et al. Antioxidative Stannous oxalate derived lead-free stable CsSnX$_3$(X=Cl, Br, and I) perovskite nanocrystals[J]. Angewandte Chemie International Edition, 2021, 133(2): 670-675.

[369] Liu Q, Yin J, Zhang B-B, et al. Theory-guided synthesis of highly luminescent colloidal cesium tin halide perovskite nanocrystals[J]. Journal of the American Chemical Society, 2021, 143(14): 5470-5480.

第六章　薄膜太阳能电池
材料与器件表征

本书前面章节围绕不同类型薄膜太阳能电池材料和器件,对其物理化学和半导体器件性质进行了重点论述。在实际研究中,先进表征是获得这些性质认识的基础,在本书前面章节中也有所涉及。为了便于读者更好地了解和理解这些先进表征技术及典型应用,本章将更全面深入总结与介绍在薄膜太阳能电池研究中广泛应用的各种表征技术,包括原理、设备构成、典型应用及本书作者的理解。为了便于读者阅读,本章将从结构形貌表征、光学表征、光电谱学和电学表征四个方面进行论述。

6.1　结构形貌表征

6.1.1　X 射线相关技术

6.1.1.1　X 射线衍射

粉末或单晶材料的 X 射线衍射(XRD)是确定材料晶体结构最常用的方法技术,在材料研究中有非常广泛的应用。关于 X 射线衍射的基本原理在此不再赘述,本节主要介绍在新型薄膜太阳能电池材料研究中经常应用的掠入射方法及以此为基础的薄膜应力测量。

常规 XRD 测量时,X 射线入射/衍射面与样品平面垂直,X 射线有较大的贯穿深度,因此无法测量材料的表面性质,也难以获得被测样品深度相关的结构信息。而利用低入射角度下 X 射线在样品表面的全反射性质,可以实现极小的贯穿深度,从而实现样品表面结构信息测量。比如,利用掠入射 XRD 测量钙钛矿薄膜表面二维薄层信息[1],测量铜锌锡硫硒薄膜太阳能电池中 CdS 缓冲层性质[2]。

掠入射 XRD 的另一个重要应用是测量薄膜内部的残余应力,即组分均匀的薄膜从表面到内部由内应力产生的晶格尺寸差异。如前所述,通过改变 X 射线入射衍射面与样品平面的夹角可以改变 X 射线在样品内的贯穿深度,从而可以探测不同深度位置样品的晶格尺寸信息,比较不同深度的晶格尺寸信息即可推测薄膜的残余应力。实验上一般采用 $2\theta\text{-}\sin^2\varphi$ 方法进行测量[3-4]。根据理论计算,薄膜内部的参与应力(σ)可以表示为

$$\sigma = -\frac{E}{2(1+v)}\frac{\pi}{180}\cot\theta_0\frac{\partial(2\theta)}{\partial\sin^2\varphi}$$

其中,E 表示杨氏模量;υ 是泊松系数;θ_0 是无应力下的衍射角;θ 是实际测得的衍射角;φ 是衍射法线与样品法线的夹角,如图 6.1 所示。φ 是通过仪器设置的相关角度和衍射角计算得到的,即 $\cos\varphi = \cos\psi\,\cos(\omega-\theta)$。由此,根据 2θ-$\sin^2\varphi$ 曲线的斜率即可比较不同实验条件制备的薄膜的残余应力状态。

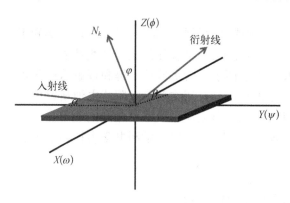

图 6.1　掠入射 X 射线衍射几何图像

北京理工大学和北京大学联合团队在钙钛矿太阳能电池薄膜应力调控方面采用了上述方法对不同退火状态的钙钛矿薄膜进行了研究[3]。图 6.2 给出了不同类型钙钛矿薄膜角度依赖的 XRD 衍射结果。对于无应力的钙钛矿薄膜,样品旋转角度的变化不会引起 XRD 衍射峰位置的变化,而对于存在应力的薄膜,可以明显看到样品旋转角度增大,XRD 衍射峰向大角度方向移动。中科院物理所团队也应用此方法研究了界面调控对钙钛矿薄膜残余应力的影响,发现引入“软”界面层可以显著降低薄膜内应力,从而提高器件性能[5]。

6.1.1.2　X 射线散射

掠入射 X 射线散射是另一种研究薄膜材料不同尺度微观结构信息的有力实验技术手段,在新型薄膜太阳能电池材料的研究,尤其是钙钛矿和有机光伏研究中有重要应用。散射是电磁波与材料的基本相互作用形式。当 X 射线经过薄膜材料表面时,材料不同尺度的结构会对 X 射线产生不同方向的散射,从而产生一定的散射结构。通过二维 X 射线探测器可以直接测量散射结构,进而分析材料不同尺度的微观结构信息。图 6.3 示意性地给出了掠入射 X 射线散射几何图像[6]。根据倒易空间原理,小尺度微结构(比如原子晶格)将会产生大角度的散射,在距离样品较近的位置探测散射信号可以获得广角 X 射线散射图像,而在原理样品进行探测时主要获得的是小角 X 射线散射图像。因此广角 X 射线散射图像主要反映的是原子晶格尺度的结构信息,比如晶格常数、晶面取向等,而小角度 X 射线散射主要反映薄膜形貌微结构等信息。

广角 X 射线散射一个最重要的应用是研究薄膜材料晶面取向。我们知道 X 射线经过单晶材料一般会形成衍射斑点,而经过多晶材料会形成衍射圆环。斑点或圆环到衍射中心的距离反映了衍射晶面间距,而斑点和圆环的差异主要来自晶格的有序度。

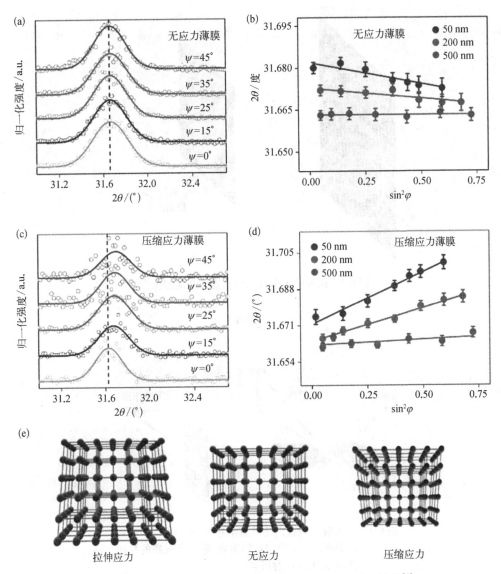

图 6.2 掠入射 XRD 用于钙钛矿薄膜残余应力研究典型结果[3]

　　图 6.4 示意性地给出了晶面取向对 X 射线广角散射的影响。可见当掠入射 X 射线通过平行于衬底的晶面时,会在垂直于衬底(即 q_z)的方向产生散射斑点。而当掠入射 X 射线通过垂直于衬底的晶面时,会在平行于衬底(即 q_{xy})的方向产生散射斑点。实验中可通过散射圆环和斑点判断薄膜材料的晶格有序度,可进一步通过散射斑点所在的位置判断晶体的取向。图 6.5 给出了南开大学刘永胜/陈永胜团队利用该方法对准二维钙钛矿材料的薄膜沉积和晶体取向的表征应用[7]。在图

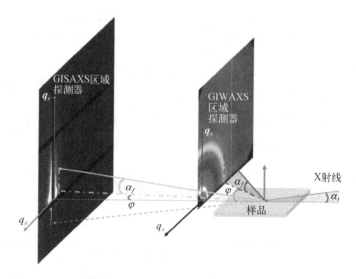

图 6.3　掠入射 X 射线散射示意性几何图像[6]

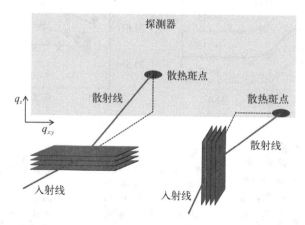

图 6.4　掠入射 X 射线广角散射示意图，其中平行于衬底
的晶面产生 q_z 方向散射斑点，垂直于衬底的晶面
产生 q_{xy} 方向散射斑点

6.5(a)可以清楚看到 q_z 方向对应于二维材料的(020)-(080)散射斑点，而与三维钙钛矿直接相关的(111)和(202)在 q_z 方向散射很弱。这表明在平行于衬底的方向生成了二维钙钛矿，这对于整体太阳能电池器件的电荷传输是不利的。研究者进一步引入添加剂调控准二维钙钛矿结晶，图 6.5(b)给出了调控后的广角 X 射线散射结果。在 q_z 方向不再能观测到二维钙钛矿的散射斑点，说明长链有机离子不再分布于平行于衬底方向，其可能的分布如图 6.5(c)所示。这种分布有利于钙钛矿薄膜内的电荷传输，同时能钝化晶界。

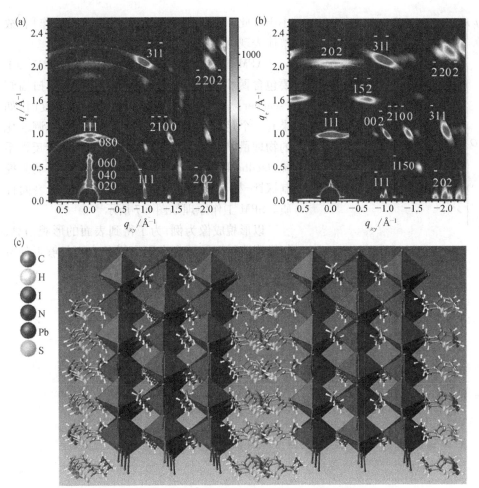

图 6.5 准二维钙钛矿薄膜掠入射 X 射线广角散射结果和对应的钙钛矿结构示意图[7]

6.1.2 原子力显微镜(AFM)及开尔文探针力显微镜(KPFM)

AFM 是一种重要的扫描探针显微技术,能够对各种材料的表面形貌进行表征,具备原子量级的分辨率。KPFM 是 AFM 衍生出来的一种技术手段,可以用于表面电势的测量,已被广泛应用于金属与半导体材料表面的各种电学性质测量。

AFM 主要基于原子之间的范德瓦尔斯力(van der Waals Force)作用来呈现样品的表面特性。假设两个原子,一个在悬臂的探针尖端,另一个在样品的表面。它们之间的作用力会随着距离的改变而变化,其作用力与距离的关系如图6.6所示。当原子之间距离很近时,彼此电子云斥力大于原子核与电子云之间的吸引力作用,所以整体上表现为斥力作用,反之当两原子分开一定距离时,其电子云斥力的作用

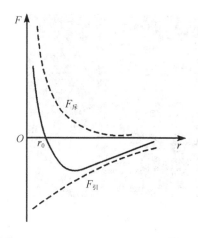

图 6.6　原子之间的相互作用力[8]

小于彼此原子核与电子云之间的吸引力作用,故整体表现为引力。

AFM 是一类特殊的扫描力显微镜(SPM),主要包含两个关键的部件,探针(probe)和扫描管(scanner)。当探针和样品接近到一定程度时,如果有一个足够灵敏且随探针-样品距离单调变化的物理量 $P=P(z)$,那么该物理量可以用于反馈系统(feedback system, FS),通过扫描管的移动来控制探针-样品间的距离,从而描绘材料的表面性质。SPM 工作原理如图 6.7 所示[9]。

以形貌成像为例,为了得到表面的形貌信息,扫描管控制探针针尖在距离样品表面足够近的范

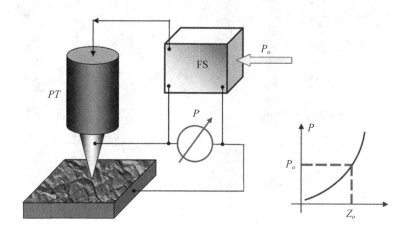

图 6.7　SPM 工作原理示意图[9]

围内移动,探测两者之间的相互作用,在作用范围内,探针产生信号表示随着探针样品距离的不同相互作用的大小,这个信号称为探测信号(detector signal)。为了使探测信号与实际作用相联系,需要预先设定参考阈值(setpoint),当扫描管移动使得探针进入成像区域中时,系统检测探测信号并与阈值比较,当两者相等时,开始扫描过程。

扫描管控制探针在样品表面上方精确地按照预设的轨迹运动,当探针遇到表面形貌的变化时,由于探针和样品间的相互作用变化了,导致探测信号改变,因此与阈值产生一个差值,叫做误差信号(error signal)。SPM 使用 Z 向反馈来保证探针能够精确跟踪表面形貌的起伏。Z 向反馈回路连续不断地将探测信号和阈值相比较,如果两者不等,则在扫描管上施加一定的电压来增大或减小探针与样品之间的距离,使误差信号归零。同时,软件系统利用所施加的电压信号来生成 SPM 图

像。AFM 有多种扫描方式：轻敲模式、接触模式、非接触模式、扭转共振模式和峰值力模式。各扫描方式的对比如表 6.1 所示。

表 6.1 AFM 基本成像方式及特点

扫描方式	反馈参量	优　点	缺　点
轻敲模式	悬臂振幅	无损检测，降低图像分辨率的横向力影响	扫描速度不及接触模式
接触模式	悬臂弯曲量	高分辨率	损伤样品表面，成像受横向剪切力和表面的毛细力影响
非接触模式	悬臂扭曲量	无损检测	分辨率低，扫描速度慢，只能扫描疏水表面
扭转共振模式	悬臂扭曲量	低损检测，高分辨率	易受表面的毛细力影响
峰值力模式	探针-样品相互作用	分辨率高，定量扫描	

　　具体到轻敲模式 AFM，可以把整个扫描过程表述如下：系统以悬臂振幅作为反馈信号，扫描开始时，悬臂的振幅等于阈值，当探针扫描到样品形貌变化时，振幅发生改变，探测信号偏离了阈值而产生了误差信号。系统通过 PID 控制器消除误差信号，引起扫描管的运动，从而记录下样品形貌。整个 AFM 系统如图 6.8 所示[8]。

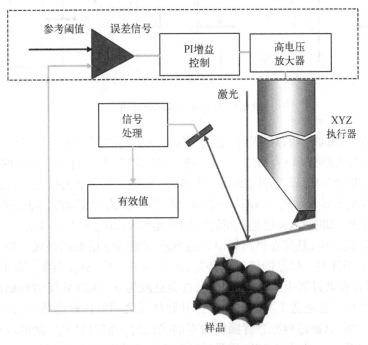

图 6.8　AFM 工作原理示意图[8]

　　KPFM 是一种基于扫描探针显微镜的测量样品表面电势的方法,可在纳米尺度测量表面电势,具有很高的分辨率,是一种定量的测量方法。KPFM 是基于 Kelvin 方法测量探针和样品间的电势差。Kelvin 方法原理如下:当两个金属相互接触的时候,由于占据最高能级的电子能量不同,会发生电子的转移,它们的费米能级被拉平。我们把电子在真空能级和费米能级的能量差称为功函数。当两个功函数不同的金属相互接触时,电子会从功函数低的金属流向功函数高的金属,因此在两个金属之间就产生了接触电势差(contact potential difference,CPD)。如图 6.9 所示,在两个金属板接触之前,它们的费米能级的位置有所差异(E_{F1}、E_{F2} 分别表示金属板 1 和 2 的费米能级)[8]。当把这两个金属板相互连接时,金属板 2 上的电子有更高的能量,就会流向金属板 1。金属板 1 由于得到电子就会带负电,金属板 2 失去电子则带上正电,两者之间就产生了接触电势差 V_{CPD}。如果在两个金属板之间再外加一个直流的补偿电压 V_{dc},通过调节 V_{dc} 来消除两个金属板之间的电势差,当 $V_{dc} = V_{CPD}$ 时,两个金属板之间的电势差被抵消。在这个状态下,如果一个金属板的功函数是已知的 Φ_1,就能得到另一个金属板的功函数可写 $\Phi_2 = \Phi_1 - eV_{CPD}$($e$ 为电子电量)。

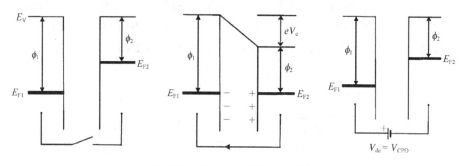

图 6.9　Kelvin 方法原理介绍[8]

　　在 KPFM 测试中,可以把探针-空气-样品组成的系统模拟成一组平行板电容器。探针和样品分别相当于电容器的一个金属板。在 KPFM 中,除了一个外加的直流补偿电压 V_{dc} 外,探针和样品之间需要施加一个引起探针振动的交变电压(频率为 ω,振幅为 V_{ac})。交变电压部分为 $V_{ac}\sin \omega t$,ω 一般设定在悬臂的共振频率附近,从而获得较大的振幅。ΔV_{dc} 包括施加的直流补偿电压和待测的接触电势差,$\Delta V_{dc} = V_{dc} - V_{CPD}$。

　　在轻敲模式中,悬臂在驱动频率处的响应与驱动电压振幅是成比例关系。当补偿电势等于针尖和样品的接触电势差,即 $V_{dc} = V_{CPD}$ 时,ΔV_{DC} 为零。此时,在频率 ω 处,悬臂在振动过程中受到阻力,振幅也会衰减到零。KPFM 反馈回路的目的就是调节外加的补偿电势 V_{dc},使它等于探针和样品之间的接触电势差,此时悬臂的振幅为零。所以,通过检测悬臂振幅为零的状态的补偿电势 V_{dc},就可以得到样品的表面电势分布,这就是 KPFM 测量样品表面电势分布的核心思想。

6.1.2.1 表面粗糙度,表面电势分布

对样品进行 AFM 及 KPFM 表征,一方面,可以由 AFM 表征获得样品表面的粗糙度大小,从而推断其结晶质量差异;另一方面,结合 KPFM 表征,可以获得样品表面电势分布的均匀程度。从图 6.10 看出,通过 AFM 表征可以得到,随着钙钛矿吸收层中 PBDB-T[poly[2,6-(4,8-bis(5-2-ethylhexyl)thiophen-2-yl)-benzo

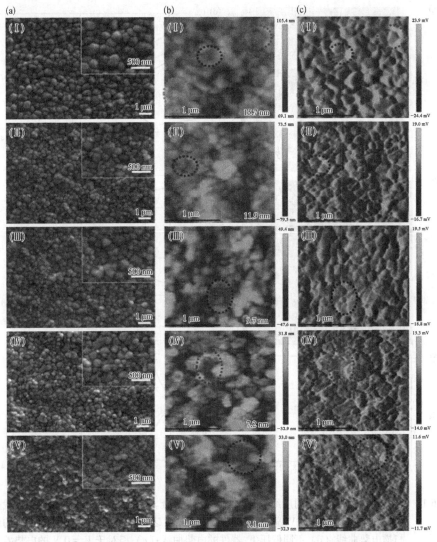

图 6.10 在钙钛矿吸收层掺杂不同浓度的 PBDB-T 对应的表征数据:(a) SEM,(b) AFM,(c) KPFM。其中,(Ⅰ)未掺杂,(Ⅱ)-(Ⅴ)掺杂浓度依次增加[10]

〔1,2 – b：4,5 – b′〕dithiophene〕〕– alt –(5,5 –(1′,3′– di – 2 – thienyl – 5′,7′– bis
(2 – ethylhexyl) benzo〔1′,2′– c：4′,5′– c′〕dithiophene – 4,8 – dione))〕掺杂浓度的
提高,钙钛矿吸收层表面粗糙度不断降低,吸收层结晶质量也不断提升。[10]结合
KPFM 表征数据,可以得到,随着钙钛矿吸收层中 PBDB – T 掺杂浓度提高,钙钛矿吸
收层表面电势分布更加均匀,由此推测在晶界处的聚合物可以钝化钙钛矿界面,削弱
晶界处的电势,从而有利于晶粒之间的载流子运输。类似的工作,可参见文献[11-12]。

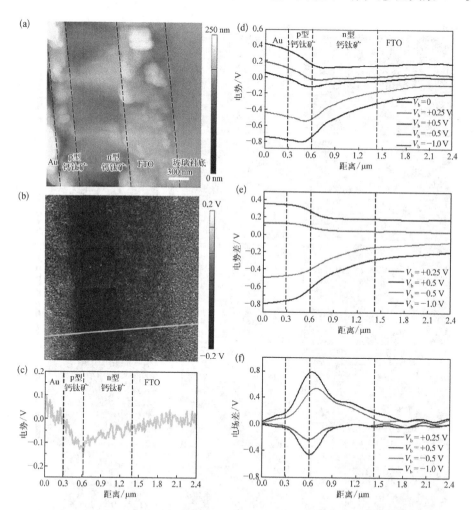

图 6.11　不同偏压下,钙钛矿同质结器件界面 KPFM 测量。(a) $V_b = 0$ V 偏压下,器件截面
　　　　AFM 形貌;(b) $V_b = 0$ V 偏压下,器件截面 KPFM 表征;(c) 沿(b)中所示方向的线
　　　　扫描电势曲线;(d) 不同偏压下,器件的电势曲线;(e) 相对于 $V_b = 0$ V 的电势差曲
　　　　线;(f) 不同偏压下,电场曲线图。测试条件:FTO/钙钛矿同质结(n 型钙钛矿/p 型
　　　　钙钛矿)/Au,FTO 接地,Au 连接到电压源,实现不同的偏压值[13]

在相同的测试条件下,通过比较不同条件制备样品的表面电势,可以获得样品表面电势的相对大小,从而获得判断其电学性质。

6.1.2.2 能带弯曲性质

通过对器件截面表面接触电势差的成像可以测量器件的能带弯曲性质,这在钙钛矿太阳能电池研究中得到了广泛应用[13-14]。研究人员通过该方法证实了钙钛矿电池中内建电场的存在(图 6.11),并通过时间相关的接触电势差测量技术实现了对电池内部电场变化的实时追踪,为研究电池离子迁移和迟滞现象提供了重要参考[13]。

6.2 光 学 表 征

6.2.1 光学吸收

6.2.1.1 稳态吸收

稳态吸收是薄膜太阳能电池研究中最常用的表征方法,在表征衬底透过率、光吸收层吸光系数、带隙(E_g)以及激子结合能等方面发挥了重要作用。图 6.12 给出了薄膜稳态光学吸收测试的示意图。其中入射光(光强为 I_0)照射到薄膜表面,部分入射光发生反射(反射系数为 R),进入薄膜(厚度为 d)的光部分被吸收(薄膜吸收系数为 α),最后从薄膜另一表面透射出来(强度为 I),则 $I=(1-R)I_0\exp(-\alpha d)=TI_0$,其中 T 为透射率。一般定义薄膜的吸光度(Abs.)为 Abs. = $-\lg[I/(1-R)I_0]$。实际应用中,为了准确测量薄膜吸光系数,需要同时测量薄膜的反射率和透射率曲线,然后根据上述系列公式,得到材料吸收系数。

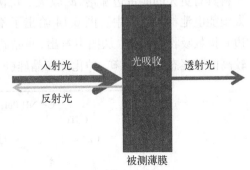

图 6.12 薄膜材料稳态吸收示意图

薄膜材料吸收系数除了反映材料的吸光能力,在反映半导体材料带边性质方面也有重要作用。根据半导体理论,当电子-空穴库仑相互作用较弱时,直接带隙半导体材料的吸收系数可以表示为 $\alpha=A/E\times(E-E_g)^{1/2}$,其中 A 为系数,E 为光子能量。实验中通过绘制 $(\alpha E)^2$-E 曲线(即 Tauc plot),即可外推得到材料的带隙。图 6.13 给出了利用 $(\alpha E)^2$-E 曲线测量 ZnO 纳米薄膜材料带隙的实验结果图[15]。

对于实际半导体材料,除了能带的直接吸收外,能带边的涨落或带尾态也会引起一定的吸收,其吸收一般满足 e 指数形式,即 $\alpha \propto \exp(E/E_u)$,其中 E_u 定义为 Urbach 能。通过拟合直接带隙以下能量位置的吸收系数,可以得到材料的 E_u。通

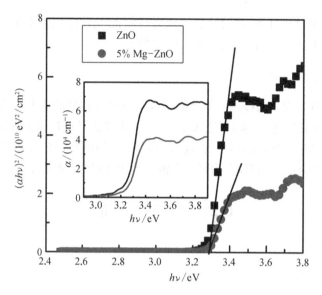

图 6.13　利用吸收系数测量 ZnO 纳米薄膜材料带隙[15]

过 E_u 的大小可以定性判断材料的晶体质量。一般晶格无序度高、晶格缺陷较多的材料具有更大的能带边涨落，E_u 较大。E_u 测量被广泛应用在铜锌锡硫硒和钙钛矿太阳能电池材料研究中。图 6.14 给出了不同类型半导体材料的吸收系数以及带边 e 指数吸收特性。[16] 从图中看出，非晶硅（a-Si）具有较大的 E_u，表明非晶硅有较高的带尾态；而钙钛矿、砷化镓和晶硅（c-Si）等均有较小的 E_u。

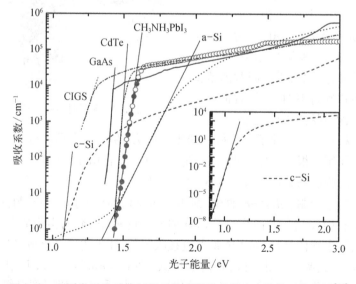

图 6.14　不同类型半导体材料吸收系数及其带边 e 指数吸收特性[16]

对于电子-空穴库仑相互作用的半导体,在研究材料吸收系数时还需要进一步考虑库仑相互作用对直接带隙吸收的增强,同时需要考虑激子吸收,我们在第二章中简单介绍了钙钛矿材料吸收特性和 Elliot 理论公式,即

$$\alpha(E) \propto \frac{1}{E} \left[\sum_n \frac{4\pi\sqrt{E_b^3}}{n^3} \delta\left(E - E_g + \frac{E_b}{n^2}\right) + \frac{2\pi\sqrt{E_b}\,\theta(E - E_g)}{1 - e^{-2\pi\sqrt{\frac{E_b}{E-E_g}}}} \right]$$

其中,E_b 为激子结合能;n 为正整数,表示激子能级主量子数;θ 为阶跃函数;E_g 为直接带隙。[17] 该式右侧第一项表示激子吸收,第二项表示库仑相互作用增强下的直接带隙吸收。在实际应用中,尤其是常温附近应用,需要考虑温度引起的能量涨落。故需要通过数学方法对上述公式中的 δ 函数和阶跃函数进行级数展开。一般可采用双曲正割函数(sech),即

$$\alpha(E) \propto \frac{1}{E} \left[\sum_j \frac{4E_b}{j^3} \mathrm{sech}\left(\frac{E - E_g + E_b/j^2}{\Gamma}\right) \right.$$

$$\left. + \int_{E_g}^{\infty} \mathrm{sech}\left(\frac{E - \xi}{\Gamma}\right) \frac{1}{1 - \exp\left(-2\pi\sqrt{\frac{E_b}{\xi - E_g}}\right)} \frac{1}{1 - \frac{8\mu b}{\hbar^4}(\xi - E_g)} \mathrm{d}\xi \right]$$

其中,Γ 为展开参数。

或采用卷积的解析近似,即

$$\alpha(E) \propto \frac{1}{E} \left\{ 2E_b \sum_{n=1} \frac{e^{-\frac{(E-E_g+E_b/n^2)}{2\sigma^2}}}{n^3\sqrt{2\pi}\,\sigma} + \left[1 + Erf\left(\frac{E - E_g}{\sqrt{2}\,\sigma}\right)\right] \Big/ 2 \right.$$

$$\left. + \frac{\sigma e^{-\frac{(E-E_g+E_b/n^2)}{2\sigma^2}}}{58\sqrt{2\pi}} + \frac{E - E_g - E_b}{116E_b} \left[1 + Erf\left(\frac{E - E_g}{\sqrt{2}\,\sigma}\right)\right] \right\}$$

其中,σ 为展开参数[18-19]。

对于具有明显激子吸收的材料,采用上述展开公式进行拟合,可以得到材料的带隙和激子结合能。该方法在钙钛矿电池材料研究中有较为重要的应用[18-21]。

6.2.1.2 瞬态吸收

瞬态吸收(泵浦-探测)是一种能更直接反映半导体材料具有光学响应的能带结构性质的测量手段。图 6.15 示意性地给出了半导体光吸收过程示意图。一般

情况下光吸收过程对应的是价带电子被激发到导带,所以光吸收能力既与能带态密度有关,也与能带的占据和未被占据概率有关。当半导体材料被光激发时,价带的载流子占据概率和导带的未被占据概率均下降,在此情况下材料对另一光的吸收能力将减弱,即光激发导致材料的吸收减弱(也叫光致漂白)。当然材料也可能会增强对某些特定波长光的吸收,即光致吸收增强(也叫光致吸收)。

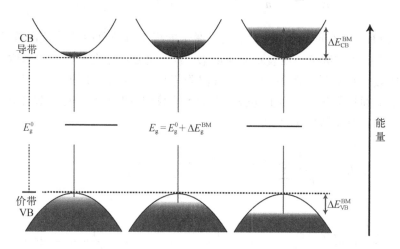

图 6.15　光激发下半导体导带和价带电荷载流子分布示意图

　　一般采用时间分辨技术测量材料的瞬态吸收行为,以此研究材料的不同能级性质以及不同能级间的电荷转移动力学。相比于稳态吸收,瞬态吸收能更好地实现特征能带的分辨。相比于光致发光技术,瞬态吸收能更直接的反映材料内的非辐射相关的电荷动力学过程,比如次带能级间的电荷转移和缺陷电荷捕获过程等。图 6.16 示意性地给出了常用的飞秒瞬态吸收测量光路结构图。一般首先用一束飞秒激光(泵浦光)激发半导体材料,然后测量另一束光(一般为白光,探测光)通过同一空间位置时吸收随时间的变化,由此可以绘制材料吸光度或透光率曲线随时间的变化。对于飞秒瞬态吸收,一般采用光学延迟线技术实现时间分辨;对于纳秒瞬态吸收,一般采用电学延迟的方式实现时间分辨。在分秒瞬态吸收测量中,脉冲泵浦光和探测光一般来自同一光源(飞秒激光器),由此它们之间的时间延迟可以通过光路精确控制。实验中,泵浦光一般为 800 nm 飞秒光的倍频光(400 nm)或通过光参量放大器(OPA)产生的不同波长的飞秒激光;而探测光一般为 800 nm 飞秒光激发蓝宝石片产生的超连续白光脉冲。

　　飞秒瞬态吸收在钙钛矿电池材料的超快带间电荷转移和热载流子动力学研究方面有重要的应用[22-24]。这些研究涉及半导体光学相关知识,在此不做太多介绍,感兴趣的读者可以阅读相关书籍或文献。

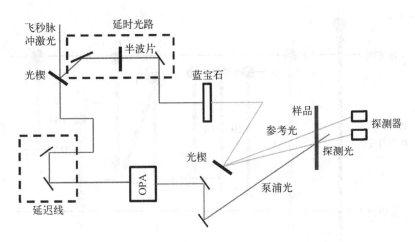

图 6.16　飞秒瞬态吸收(泵浦-探测)测量光路示意图

6.2.2　光致发光(荧光)

光致荧光光谱(photoluminescence)是一种用于薄膜半导体材料性质表征的常用光学表征手段,一般用于研究半导体最低激发态或者位于禁带内的杂质能级或激子能级的性质。光致荧光光谱实际上是半导体发光光谱中的一大类,是利用特定的光源对半导体进行光激发使得半导体发光,从而获取半导体中关于材料的禁带宽度、载流子寿命、扩散长度和与复合机制有关的信息[25]。根据不同的测试目的,选用的激发光源大致可分为普通光源、激光光源和脉冲激光光源等[26]。

在室温下,通常的荧光发光机制为:在能量高于带隙的光源照射下,半导体激发出电子-空穴对,电子和空穴在导带和价带中通过弛豫过程到达导带底 C 和价带顶 V,成为准平衡态,最后准平衡态的电子通过辐射复合,发出能量等于带隙的光子。但是,一般而言,半导体在荧光测试中还存在多种不同的发光过程,如图 6.17 所示[26]。电子空穴对可以形成激子态(E)、束缚激子态(BE),通过激子的湮灭发光;抑或是电子和空穴分别被施主(D)与受主(A)能级俘获,最后发生禁带带中复合(D→V、C→A)。此外,被施主杂质俘获的电子还可以向邻近的、束缚有空穴的受主跃迁(D→A)从而释放出光子。除了浅层的杂质能级外,深层施主(DD)与深层受主(DA)能级也能对最终的发光光谱有所贡献。上述过程中,除了涉及深能级缺陷的发光过程外,其他过程发射的光子能量均接近半导体带隙,因而称为能带边缘发射。

半导体中除了辐射复合外,电子空穴对还可以通过辐射声子(主要为能量相对

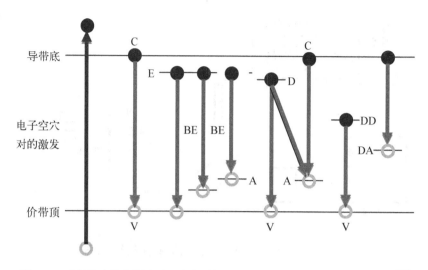

图6.17　半导体在荧光测试过程中各种与电子跃迁相联系的发光过程示意图[26]

较高的光学极性纵模声子)的方式将能量转化为热能,最终不辐射光子而发生复合。荧光的强弱取决于辐射复合与非辐射复合之间的竞争结果,而光谱峰的线宽则反映了电子空穴各自的热分布状态以及其所处的能级展宽[25]。

对于荧光测量,对于不同的仪器生产商与仪器型号,荧光测试仪内部的具体构造会有所差异,但其原理基本相同。图6.18所示瞬态荧光光谱仪的基础原理示意图。荧光测试仪可以测量样品的荧光发射光谱或者荧光激发光谱。测试稳态荧光光谱时,固定激发光波长,使激发光源产生单色光,通过光路照射到样品上激发出不同波长的荧光后,由于荧光的能量一般小于激发光,因而可以通过长波通滤波片(long-pass filter)滤去激发光中的反射光,只保留荧光部分进入探测器中。探测器中的单色仪将不同波段的荧光分离出来并对其强度进行探测,最终得到荧光波长-强度曲线。而测试荧光激发光谱时需要固定探测器的探测波段,利用复色光源(如氙灯、碘钨灯、汞灯等)产生连续波段的激发光,再通过单色器逐一分离出不同的单色光照射样品上,探测不同波长的激发光照射样品时特定波长的荧光强度。

测试瞬态荧光光谱时,需要同时固定激发波长与探测波长(一般设置为稳态荧光测试下荧光强度峰值对应的波长),此时光源一般使用周期脉冲激光(脉冲宽度与样品的荧光寿命应远小于脉冲周期)。目前普遍采用时间相关单光子计数技术实现瞬态荧光。瞬态荧光光谱一般为一条指数衰减曲线,通过指数拟合可以得到指数衰减的时间常数τ,此常数即为样品的荧光寿命。对于半导体而言,此荧光寿命通常被认为是载流子的复合寿命。当样品中有多种荧光反应并存时,对应多个

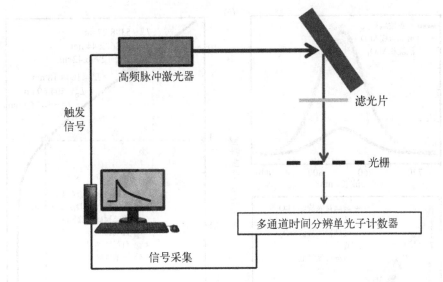

图 6.18　瞬态荧光光谱仪示意图

荧光寿命,此时应采取多指数拟合方法对数据进行处理。

除了上述基本的测试过程外,为获取材料更多的信息(如激子态、缺陷态、界面性能等),人们开发出了一系列荧光测试手段,如改变激发光光强、测试温度、对样品施加电磁场等。这些调制荧光测试方法从不同的角度对材料进行探查,使我们能更全面具体地了解材料的内在物理特性,进而指导实验。

半导体材料吸收光子之后,光生电荷会经历电荷复合以及输运过程,荧光便是电荷直接辐射复合的结果。辐射过程来自电荷的直接跃迁,是材料能级性质的直接体现。其中,稳态或时间积分荧光光谱可以用来测量发光强度或积分光子数随能量的变化关系,而瞬态荧光则用于测量发光强度随时间的变化关系。荧光强度及其寿命可以反应材料内部的复合动力学,进而用于评价半导体材料中载流子寿命、扩散系数等关键性质。

图 6.19(a)表征了混合组分钙钛矿薄膜在不同衬底上的稳态荧光光谱[27]。ALD - Al_2O_3 衬底上生长的钙钛矿薄膜具有更强的荧光强度,显示出更好的辐射能力,暗示着较低的缺陷态密度。图 6.19(b)展示了不同衬底上钙钛矿薄膜的瞬态荧光衰减,水解氧化物衬底上的薄膜拥有更长的电荷寿命,意味着薄膜中具有更少的缺陷态密度,导致其电荷迁移率和扩散长度的增加[27]。

实验上,可以通过引入 spiro - OMeTAD 空穴抽取层,测量钙钛矿薄膜前后瞬态荧光谱变化,结合一维载流子扩散模型计算不同衬底上钙钛矿薄膜电荷扩散长度和迁移率[28-29]。根据一维载流子扩散方程:

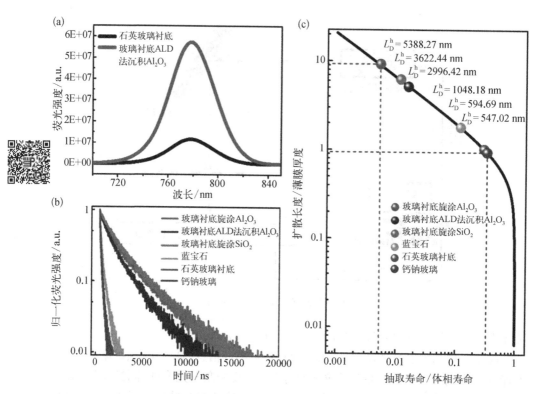

图 6.19　(a) 石英玻璃(黑线)和 ALD－Al₂O₃(红线)衬底上混合组分钙钛矿薄膜的稳态荧光光谱;[27](b) 不同衬底上钙钛矿薄膜的瞬态荧光衰减曲线;[27](c) 载流子扩散长度/薄膜厚度比例同 $\tau_{\text{spiro}}/\tau_{\text{pero}}$ 寿命比例的模拟曲线,以及相应钙钛矿薄膜载流子扩散长度计算[27]

$$\frac{\partial n(x,\ t)}{\partial t} = D\frac{\partial^2 n(x,\ t)}{\partial x^2} - \frac{n(x,\ t)}{\tau_{\text{pero}}}$$

其中,$n(x,t)$是随位置 x 和时间 t 变化的载流子密度;D 是载流子扩散系数;τ_{pero}是没有抽取层的载流子原始寿命。在 $t=0$ 时刻,初始载流子密度为

$$n(x,0) = n_0 e^{-\alpha x}$$

在 $x=d$ 处引入载流子抽取层(d 为钙钛矿薄膜厚度),并假设抽取层抽取载流子速率无穷大,则该模型的边界条件为

$$n(d,\ t) = 0,\ \frac{\partial n(x,\ t)}{\partial t}\bigg|_{x=0} = 0$$

根据初始条件和边界条件,求解扩散方程可得载流子随时间分布:

$$n(t) = \frac{2n_0 d}{\pi} \exp\left(-\frac{t}{\tau_{\text{pero}}}\right) \sum_{m=0}^{\infty} \exp\left[-\frac{\pi^2 D}{d^2}\left(m+\frac{1}{2}\right)^2 t\right]$$

$$\frac{\exp(-\alpha d)\pi\left(m+\frac{1}{2}\right) + (-1)^m \alpha d}{\left[(\alpha d)^2 + \pi^2\left(m+\frac{1}{2}\right)^2\right]\left(m+\frac{1}{2}\right)}$$

结合关系式 $n(\tau_{\text{spiro}}) = n(0)/e$，可以模拟出载流子扩散长度与荧光寿命之间的理论关系，其中 τ_{spiro} 是引入 $spiro$ - OMeTAD 空穴抽取层后的薄膜荧光寿命。图 6.19(c) 给出了电荷扩散长度与荧光寿命之间的模拟曲线，通过实验测得的荧光寿命比值，可以对应出不同衬底上钙钛矿薄膜电荷扩散长度。[27]结合爱因斯坦关系，可获得相对应的迁移率。玻璃衬底上生长的钙钛矿薄膜电荷寿命仅为 160 ns，空穴迁移率约为 0.8 cm²/(V·s)。水解氧化物衬底上生长的钙钛矿薄膜电荷寿命显著提高十倍以上，空穴迁移率也有几倍的提高，并且已经实现了高达5.3 cm²/(V·s) 的空穴迁移率。空穴扩散长度 L_D^h 也从 0.55 μm 增长到 5.4 μm。可见，水解氧化物衬底有助于改善钙钛矿薄膜结晶质量、降低缺陷态密度和提升扩散长度等。

激发光强对荧光性质的影响是一种表征材料电荷载流子性质的方法。首先，与光强相关的瞬态荧光光谱可用于分析材料中电荷-载流子的复合机制并计算材料本身的单分子(A)和双分子复合(B)动力学系数。图 6.20 给出了钙钛矿 $CH_3NH_3PbI_3$ 薄膜在 780 nm 发光峰位置的光强相关荧光衰减动力学过程。[30]当泵浦强度<20 nJ/cm² 时，荧光衰减表现为较慢的单指数衰减行为，其荧光寿命~140 ns 维持稳定，荧光强度 I_{PL} 随泵浦光强 I_{ex} 线性变化，即 $I_{\text{PL}} \propto I_{\text{ex}}$，且荧光谱峰形维持不变(暗示电荷复合机制并未发生变化)，最终把弱光下的电荷复合归因于缺陷态辅助的复合过程；当泵浦强度>20 nJ/cm² 时，荧光衰减出现了快速的非指数衰减段，荧光寿命随泵浦光强增加而减小，且 $I_{\text{PL}} \propto I_{\text{ex}}^2$，最终把这部分的电荷复合归因于双分子直接辐射复合过程。光强相关荧光衰减动力学过程可以通过速率方程组解释：

$$\frac{\mathrm{d}n}{\mathrm{d}t} = -An - Bn^2$$

$$I_{\text{PL}} \propto Bn^2 + BNn$$

其中，n 为光生电荷密度；N 为掺杂的电荷密度；A 为电荷捕获速率；B 为电荷辐射复合系数。[30]当 $n \gg N$ 时，荧光寿命近似表示为，$t_{1/e} = 1/(A + Bn_0)$，n_0 为初始光生电荷密度。利用速率方程组对光强相关荧光衰减动力学进行全局拟合，最终得到 A、B 系数分别为 1.8×10^7 s^{-1} 和 1.7×10^{-10} s^{-1}·cm³。所得到的

$CH_3NH_3PbI_3$薄膜的辐射复合系数 B 可以和典型的直接带隙半导体(如 GaAs，$B \approx 7.2 \times 10^{-10}$ $s^{-1} \cdot cm^3$)相比较。[31-32]该结果也表明了钙钛矿材料在发光和激光等领域的应用潜力。

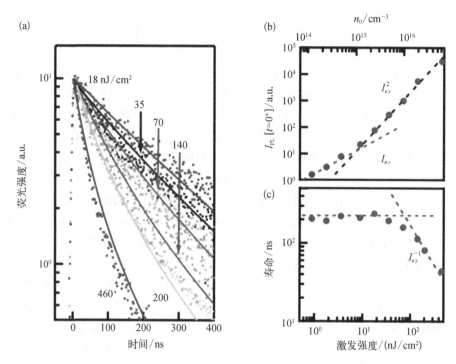

图 6.20　$CH_3NH_3PbI_3$薄膜的光强依赖瞬态荧光动力学衰减[30];(b) 初始荧光强度和(c) 瞬态 PL 寿命随泵浦光强变化关系[30]

　　光强相关稳态荧光还可以用于检测材料的相干光发射性质。图 6.21(a)展示了 $CH_3NH_3PbI_3$薄膜的荧光从自发辐射(SE)到自发辐射放大(ASE)峰的转变过程[33]。在较低泵浦光强下,材料发光表现为较宽的 SE 辐射;随着泵浦光强继续增加,材料在 788 nm 处开始出现尖峰,这是材料 SE 光学固有增益的清晰特征,即 ASE 行为。ASE 阈值作为衡量材料通过光电等手段获得光学增益的难易程度参考,可以为比较不同材料对于激光增益材料的适用性提供一个更好的基准。根据图 6.21(b)测得的阈值通量(12 ± 2 $\mu J/cm^2$)和相应吸收系数(600 nm 处的 $\alpha \sim 5.7 \times 10^4$ cm^{-1}),估算 $CH_3NH_3PbI_3$材料 ASE 阈值载流子密度约为 1.7×10^{18} cm^{-3}[33]。该结果可与 CdSe/ZnCdS 核壳结构胶体量子点的突破进展相比拟[34]。为了检验材料表面缺陷对 ASE 阈值的影响,研究者引入了 $CH_3NH_3PbI_3$/PCBM 双层结构来模拟界面捕获电子缺陷态的情况[33]。结果表明,材料的表面状态不会影响 ASE 过程,

ASE 阈值更多的受到体相缺陷影响,$CH_3NH_3PbI_3/PCBM$ 薄膜的 ASE 阈值为 $10\pm2\ \mu J/cm^2$ 甚至比 $CH_3NH_3PbI_3$ 膜的结果还低。

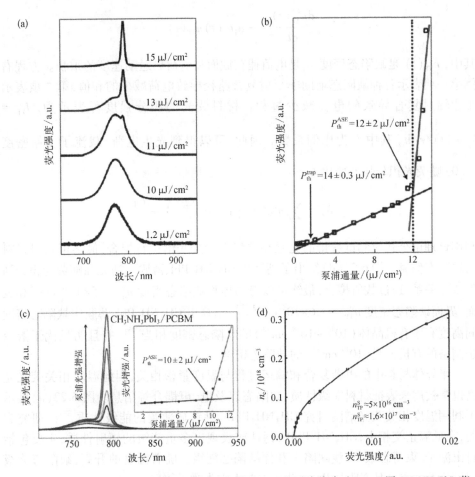

图 6.21 利用波长 600 nm、脉宽 150 fs、重复频率 1 kHz 的泵浦脉冲对 65 nm 厚 $CH_3NH_3PbI_3$ 薄膜进行光强相关稳态荧光光谱测量,随着泵浦光强的增加,薄膜出现了从 SE 峰到 ASE 峰的转变;[33](b)荧光峰积分强度随泵浦光强的变化关系,箭头指示缺陷态饱和阈值光强(P_{th}^{trap})和 ASE 阈值光强(P_{th}^{ASE});[33](c)对于石英玻璃/$CH_3NH_3PbI_3$/PCBM 薄膜的光强相关稳态荧光光谱测量,插图是其荧光峰积分强度随泵浦光强变化关系;[33](d)$CH_3NH_3PbI_3$ 薄膜的泵浦光强随荧光积分强度变化关系[33]

　　此外,还可以通过光强相关稳态荧光光谱估算材料的缺陷态密度。在较低的激发强度下,电荷俄歇复合可以忽略,通过假设缺陷态复合速率比带边辐射复合速率慢得多,材料中光生电荷-载流子密度 n_c 动力学过程可以利用如下微分方程组描述:

$$\frac{\mathrm{d}n_c(t)}{\mathrm{d}t} = -\sum_i a_i n_c(t) n_{\mathrm{TP}}^i(t) - \frac{n_c(t)}{\tau_0}$$

$$\frac{\mathrm{d}n_{\mathrm{TP}}^i(t)}{\mathrm{d}t} = -a_i n_c(t) n_{\mathrm{TP}}^i(t)$$

其中，$n_{\mathrm{TP}}^i(t)$ 是缺陷态密度；a_i 是电荷捕获截面和电荷热运动速度的乘积。方程右侧第一项表示各种缺陷态辅助非辐射复合路径导致电荷减少的和值，第二项表示带边辐射复合导致的电荷减少过程。材料荧光的积分强度可表示为，$I_{\mathrm{PL}} = k\int_0^\infty n_c(t)/\tau_0 \mathrm{d}t$，其中 k 为比例系数。因此，可以得到光生电荷-载流子初始密度 $n_c(0)$ 随荧光积分强度变化关系：

$$n_c(0) = \sum_i n_{\mathrm{TP}}^i(0)\left(1 - \mathrm{e}^{-\frac{a_i\tau_0 I_{\mathrm{PL}}}{k}}\right) + \frac{I_{\mathrm{PL}}}{k}$$

利用该理论公式对测试获得的光强相关稳态荧光光谱进行拟合，最终可获得材料的缺陷态信息。图 6.21(d) 给出了钙钛矿 $CH_3NH_3PbI_3$ 薄膜泵浦光强随荧光积分强度变化关系，通过数值拟合，最终可以得到体相缺陷态密度 $n_{\mathrm{TP}}^F \approx 5\times10^{16}\ \mathrm{cm}^{-3}$ 和表面/界面缺陷态密度 $n_{\mathrm{TP}}^S \approx 1.6\times10^{17}\ \mathrm{cm}^{-3}$。[33] 估算出 $CH_3NH_3PbI_3$ 薄膜中缺陷态密度同高度有序有机晶体（$10^{15} \sim 10^{18}\ \mathrm{cm}^{-3}$）的缺陷态密度相当[35]，并且明显优于溶液法制备的有机薄膜（$10^{19}\ \mathrm{cm}^{-3}$）的缺陷态密度[36]。

半导体材料中的电荷复合和输运过程与温度紧密相关，因此温度相关荧光光谱也常被用来表征材料能级性质、缺陷态以及电-声耦合等信息。图 6.22(a) 展示了利用温度相关荧光谱图研究 $CH_3NH_3PbBr_3$ 钙钛矿薄膜的能级性质[37]。研究表明，在低温正交相中，$CH_3NH_3PbBr_3$ 钙钛矿表现出多重能级的辐射性质，主要包括自由激子、束缚态激子、浅缺陷态和深缺陷态能级。随着温度的升高，缺陷态能级辐射逐渐消失，$CH_3NH_3PbBr_3$ 钙钛矿主要表现为激子辐射。

除了利用温度相关荧光谱图研究材料辐射能量位置，温度相关荧光峰强变化被广泛用于推导半导体材料的辐射猝灭激活能量。[38-40] 根据电荷复合理论，结合 Arrhenius 公式推导出不同温度（T）下的荧光强度（$I(T)$）变化公式为

$$I(T) = \frac{I_0}{1 + A\mathrm{e}^{-\frac{E_A}{K_B T}}}$$

其中，I_0 是低温下的饱和荧光强度；A 是高温下非辐射（τ_0）与辐射（τ_r）复合寿命之间的比值；E_A 是荧光猝灭激活能；K_B 是玻尔兹曼常数。[41] 通过拟合图 6.22(b) 的实验数据可以得出相应参数[27]。

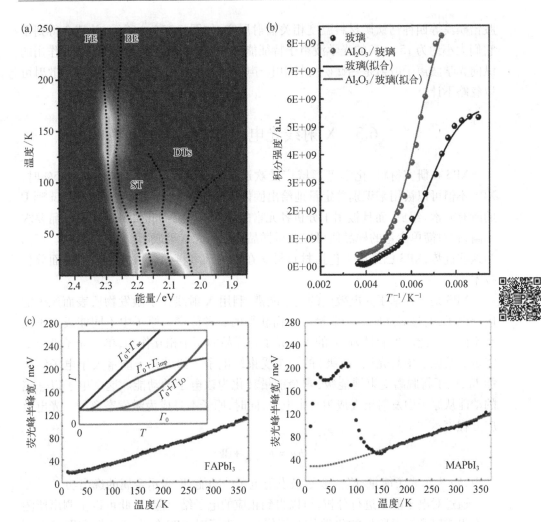

图 6.22 （a）钙钛矿薄膜电子能态的温度依赖荧光谱图分析[37]；（b）不同衬底上钙钛
矿薄膜温度依赖荧光峰强变化分析[27]；（c）钙钛矿电子-声子散射分析[42]

此外,通过温度相关辐射展宽,还能获得材料的声子能量等信息电-声耦合特
性。根据泊松(Boson)模型,温度相关辐射展宽($\Gamma(T)$)可表示为

$$\Gamma(T) = \Gamma_0 + \sigma T + \frac{\Gamma_{OP}}{e^{\frac{E_{OP}}{k_B T}} - 1}$$

其中,Γ_0是与温度无关的非齐次展宽项;σ 和 Γ_{OP}分别是电子-声学波声子以及电
子-纵向光学波声子相互作用项;E_{OP}是光学波声子的特征能量[42]。钙钛矿材料在
结构相变过程中电子-晶格耦合强度会发生显著变化。研究者们测量了甲脒和甲

胺铅碘溴等四种钙钛矿材料温度相关辐射展宽,如图 6.22(c)所示,并拟合得到了它们大小约为 15 meV 的光学波声子特征能量[42]。研究表明,通过 Fröhlich 作用的纵向光学波声子散射是钙钛矿材料中电-声耦合的主要来源,而声学波声子散射可以忽略不计。

6.3　X 射线光电子能谱(XPS)

XPS 在研究材料、化学等领域广受欢迎。当元素原子百分比大于 0.05% 时,XPS 不但可以被用来识别并定量地给出固体表面外层 10 nm 内的元素(从 Li 到 U 的所有元素)组成,而且被用于分析各元素的化学态[43]。同时,该方法对样品要求不高,相对简单少量的样品便可以获得样品的表面元素组成、化学态等信息。正因为这些优势,XPS 已经成为包括材料科学在内的众多科学领域内的强大表面分析技术。

XPS 是一种基于光电效应的电子能谱,利用 X 射线光子激发物质表面原子的内层电子,通过对这些电子能量分析而获得的一种能谱。原子中不同能级电子具有不同结合能。当能量为 $h\nu$ 的入射光子与样品的原子相互作用,单个光子把全部能量交给原子中某壳层(能级)的一个受束缚电子。如果光子能量大于电子结合能 E_b,电子将脱离受束缚能级,剩余能量转化为该电子的动能。这个电子以一定的动能从原子中发射出去成为自由电子,同时,原子本身成为激发态离子。光电效应方程表示如下:

$$h\nu = E'_{\text{kinetic}} + W$$

其中,$h\nu$ 表示光子能量;E'_{kinetic} 表示被发射电子的动能;W 表示金属的逸出功[43]。

通过对电子能量进行分析,可以得到相应的电子结合能,由此可以推测出所测元素组成以及元素所处的化学状态等信息。为了对 XPS 给出的数据和图像有更加深入的认识并从中得到有价值的信息,需要具体了解 X 射线光电子能谱仪的原理和结构。结合光电效应方程,考虑到光谱仪本身的性质,可以得到以下的能量守恒关系[44-46]:

$$h\nu = E_b^{\text{Vacuum}} + E'_{\text{kinetic}} + V_{\text{charge}} + V_{\text{bias}} = E_b^{\text{Fermi}} + \varphi_{\text{spec}} + E_{\text{kinetic}} + V_{\text{charge}} + V_{\text{bias}}$$

其中,$h\nu$ 是光子能量;E_b^{Vacuum} 表示相对于真空能级的电子结合能;E'_{kinetic} 表示被激发电子刚离开样品时的动能;E_b^{Fermi} 是相对于光谱仪(被用来测量电子动能)功函数的电子结合能;φ_{spec} 表示被用于测量电子动能的光谱仪的功函数;E_{kinetic} 是光谱仪探测到的电子动能;V_{charge} 表示由于发射电子和二次电子的电流没有被充分补偿而产生的充电电势能;V_{bias} 表示的是样品与光谱仪之间由于偏压产生的电势能。如果我们测量了电子动能,同时知道 X 射线光电子能谱仪的功函数,可以得到核电子的结合能,同时也可以得到与化学键相关的价电子的信息。通过 XPS 测试,可以得到很多不同的信息来表征所测试的材料。图 6.23 示意性地给出了材料在 X 射线或高能量紫外光子激发下的电子跃迁和转移情况。

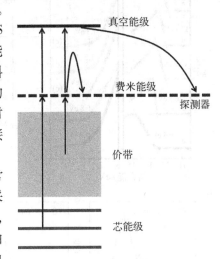

对该过程的理解有助于更好的分析理解 XPS 的测量。光电子能谱测量结果中电子结合能一般以材料费米能级为参考位置是因为材料费米能级与探测器费米能级一般处在相同的位置。但是实际测量中,光电子必须要克服材料表面的束缚到达真空能级才能被探测器接收到。

图 6.23　XPS 和 UPS 相关的电子激发能级结构示意图

除了 XPS,紫外光电子能谱(UPS)也是常用的电子谱学测量技术。相对于 XPS,UPS 采用紫外光或深紫外光子作为样品的激发光源,并进行相应的光电子动能和结合能测量。由于 UPS 激发能量较低,不能激发原子的内层电子,但可以有效激发半导体价带内的电子,是测量材料能带结构的有效手段。相比于 XPS,UPS 的一个优势在于可以直接测量材料的功函数。这是因为当激发出的价带电子在扣除结合能后的剩余能量无法支撑其达到真空能级位置,因此不再被探测到,如图 6.23 所示。在 UPS-结合能谱上可以直接看到,由于功函数限制而产生的光谱截止[图 6.24(a)],再根据截止能量和激发光子能量可以直接计算出材料的功函数(即费米能级位置)[47]。

光电子能谱是目前应用最广的表面分析方法,在钙钛矿材料和器件研究中有广泛应用。图 6.24 给出了一些典型应用示例。[47-51]光电子能谱最重要的两个谱学特征分别是价带谱(valence-band spectra)和芯能级谱(core energy spectra)。所谓价态谱,是指靠近费米能级的结合能较小的谱;而芯能级谱产生于原子未参与能带构建的芯能级,有较大的结合能,是材料内不同元素的特征谱。利用价带谱可以确定材料的带边位置等性质,而利用芯能级谱可以对元素的含量、价态等进行分析。

图 6.24(a-b)给出了利用 UPS 价带谱分析钙钛矿薄膜自掺杂特性的研究工作。研究人员通过改变钙钛矿薄膜沉积原料中的 PbI_2 和 MAI 比例,制备了一系列薄膜,并分别测量 UPS 谱。[47]研究发现,随着 PbI_2 比例的上升,钙钛矿薄膜的价带带边结合能逐渐变大,即费米能级离价带边越来越远,表明自掺杂引起的从 p 型向 n 型转变。关于芯能级谱,利用 N 1s 能级的 XPS 研究了混合阳离子钙钛矿薄膜中甲胺和甲脒离子在加热环境下的稳定性以及晶界和表面封装的影响[48]。由于甲

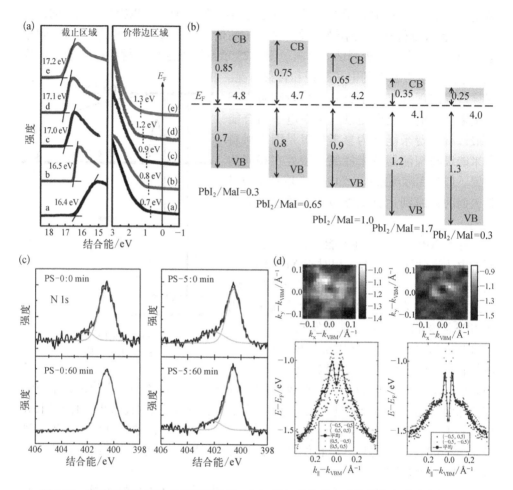

图 6.24　钙钛矿材料的光电子能谱表征：（a）、（b）紫外光电子能谱价态谱确定钙钛矿
　　　　掺杂类型；[47]（c）X 射线光电子能谱确定元素性质；[48]（d）角分辨光电能谱
　　　　确定 k 空间能带分布[51]

胍和甲胺中 N 原子所处的化学环境存在一定的差异，它们的 1s 能级结合能表现出约 2 eV 的差异，这种差异在 XPS 上体现为两个峰。中科院物理所孟庆波等研究发现：高温下，甲胺离子会因为挥发而从薄膜中消失；而通过晶界和表面的 PS 修饰可以显著抑制这种挥发，维持薄膜组分稳定[48]。

　　价带谱的另一个应用是确定不同薄膜间的相对能带位置，从而确定它们间的能带弯曲结构。研究人员利用 XPS 分别测量了 TiO_2 薄膜及其上面沉积的钙钛矿薄膜的价带边结合能[49]。根据两种薄膜在费米能级上的统一性，他们确定了 TiO_2 和钙钛矿薄膜间 2.1 eV 的价态边能量差；再利用两种材料的带隙确定了它们导带边 0.4 eV 的能量差。因此,从能带边位置角度,TiO$_2$可以作为电子传输层接受来自钙钛矿的光生电子,同时阻挡空穴。为了进一步研究薄膜材料内的能带弯曲,研究人员通过不断改变薄膜厚度,测量价带谱。由于能带弯曲以及费米能级的统一性,不同厚度处的价态边与费米能级之差逐渐改变,从而确定能带向上或向下弯曲特性。基于该方法,研究人员分别研究了钙钛矿/Au、钙钛矿/MoO$_x$和钙钛矿/C$_{60}$的能带弯曲性质,为理解钙钛矿电池的界面能带性质提供了重要证据。[50]

角分辨光电子能谱(ARPES)通过对不同角度下光电子能谱的测量可以实现对布里渊区包含角动量的能带测量,即测量 k 空间能带结构,在超导和拓扑绝缘体等领域有重要应用。图 6.24(d)给出了利用 ARPES 获得的钙钛矿单晶近边能带的一个重要测量结果。[51]研究人员利用该方法发现了钙钛矿材料中由于自旋-轨道耦合而导致了巨大的带边能带分裂,即 Rashba Splitting,为理解钙钛矿材料的近边能带结构和有趣的光物理现象提供了重要实验证据。

6.4 电 学 表 征

6.4.1 稳态电学

6.4.1.1 伏安特性

太阳电池的 I-V 特性(即伏安特性)是指在一定光照和一定温度的条件下,电流和电压的函数关系。测量太阳电池的 I-V 特性曲线可以获得电池的一系列参数(短路电流 J_{sc},开路电压 V_{oc},填充因子 FF,电池效率 η),直接反映电池性能的优劣。因此,测量电池 I-V 特性在太阳能电池研究中是必不可少的。

图 6.25 给出了考虑了寄生电阻效应的太阳能电池单二极管等效电路模型,其中,J_{dark}表示暗电流,J_{sc}表示短路电流密度,J_0 表示反向饱和电流密度,R_s表示串联电阻,R_{sh}表示并联电阻。

由等效电路可知 $J = J_{sc} - J_{dark} - J_{sh}$,即

$$J(V) = J_{sc} - J_0 \exp\left[\frac{q(V + J \cdot R_s)}{AK_BT}\right]$$

$$- \frac{V + J \cdot R_s}{R_{sh}}$$

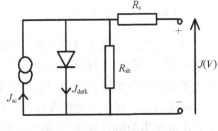

图 6.25 考虑寄生电阻的单二极管模型等效电路

图 6.26 为考虑寄生电阻后太阳电池典型的 I-V 曲线,R_s 和 R_{sh} 的值可从电池在光照条件下的 I-V 曲线得到。具体方法为:在 I-V 曲线的 V_{oc} 处做曲线的切

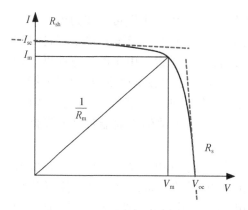

图 6.26 考虑寄生电阻后太阳
电池的 I-V 曲线

线,计算该切线的斜率,斜率的倒数即近似为电池的 R_s;同样 R_{sh} 通过计算 0 V 电压处 I-V 曲线的斜率,并求其倒数得到。也可更严格地对 I-V 曲线进行拟合得到该参数。理想因子 A 和反向饱和电流密度 J_0 是反映电池半导体特性的更本质的参数。A 数值一般在 1~2 之间,其反映 p-n 结中扩散电流与耗尽区复合电流的比例关系,可以反映电池的电荷损失机制。

当 R_{sh} 很大时,有 I-V 曲线模型变换可得

$$-\frac{\mathrm{d}V}{\mathrm{d}J} = \frac{AK_BT}{q}(J_{sc} - J)^{-1} + R_s$$

$$\ln(J_{sc} - J) = \frac{q}{AK_BT}(V + R_s \cdot J) + \ln J_0$$

基于上述两个方程,研究人员可以从电池 I-V 曲线中得到反映电池电荷损失机制的理想因子参数和反应电池电荷复合程度的饱和电流密度参数。这种 I-V 曲线参数分析在钙钛矿太阳能电池和铜锌锡硫硒薄膜太阳能电池中得到了广泛应用。比如中科院孟庆波团队率先在钙钛矿太阳能电池中采用该分析方法,论证了钙钛矿电池的结型属性,并证明了钙钛矿电池具备优异的半导体异质结特性,如图 6.27 所示[52]。

6.4.1.2 太阳能电池光谱响应(量子效率)

太阳能电池的量子效率是指太阳能电池的电荷载流子数目与照射在太阳能电池表面一定能量的光子数目的比率。因此,太阳能电池量子效率与太阳能电池对照射在电池表面的各个波长的光的响应有关。即,太阳能电池量子效率与入射光的波长或者能量有关。对于一定的波长入射光,太阳能电池完全吸收了所有光子,并且也收集到由此产生的所有载流子,那么太阳能电池在此波长的量子效率为 1。对于能量低于带隙的光子,太阳能电池的量子效率为 0。太阳能电池的理想量子效率是一个正方形,也就是说,对于测试的各个波长的太阳能电池量子效率是一个常数。但是,实际的太阳能电池的量子效率会由于光学效应和复合效应而降低。

太阳能电池量子效率,有时也被叫做 IPCE,也就是太阳能电池光电转换效率

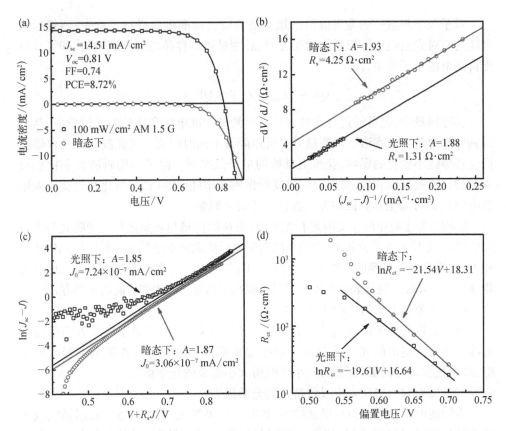

图 6.27　$I-V$ 曲线分析在研究无空穴传输材料钙钛矿太阳能电池结型机制方面的应用[52]

（incident-photon-to-electron conversion efficiency）。通常情况下有两种太阳能电池量子效率：

（1）外量子效率（external quantum efficiency，EQE），太阳能电池的电荷载流子数目与外部入射到太阳能电池表面的光子数目之比。

（2）内量子效率（internal quantum efficiency，IQE），太阳能电池的电荷载流子数目与外部入射到太阳能电池表面被太阳能电池吸收的光子数目之比。

内量子效率通常大于外量子效率。内量子效率低则表明太阳能电池的吸收层对光子的利用率低。外量子效率低表明太阳能电池的吸收层对光子的利用率低，但也可能是由于光的反射、透射比较多造成的。

外量子效率测量结果与光源光谱分布无关，可信度高，它能反映电池对各波长入射光的响应情况，我们可以通过测试不同波长与相应偏压条件下的 QE 值，得到电池器件性能损失方面的定性结论。根据外量子效率也可以计算得到电池的一些重要参数，比如积分短路电流密度。

量子效率测量一般需要借助已知光谱响应的标准电池进行。首先,测量标准电池的相对光谱响应并记录作为参考,然后测量被测样品相对光谱响应,即可计算出待测电池量子效率,即

$$QE = (I_{sample}/I_{ref}) \times QE_{ref}$$

实际测量中,也可通过分光的方式同时测量标准电池和样品的光谱响应,然后得到样品的量子效率谱。该测量方案可以降低不同时间测量光强波动以及仪器结构位置等微小变化的影响,获得更准确的量子效率谱。除了利用斩波器和锁相放大器的交流测量模式外,对于响应速度较慢的太阳能电池(比如敏化和钙钛矿太阳能电池),也可采用准直流的方式进行量子效率测量。

影响外量子效率的主要因素有光吸收、电荷的传输与收集过程。光吸收与吸收层的厚度、光反射或陷光相关;电荷传输与吸收层的载流子迁移率及吸收层晶体质量相关;电荷的收集与界面密切相关,界面缺陷多,复合多,收集电荷能力差。增强吸收、减小材料缺陷、提高表面和界面质量是提高电池量子效率和性能的主要方式。

(1)带隙值大小造成的光学损失

只有能量大于带隙的光子才能激发电子空穴对,反映到量子效率方面就是只有波长小于一定值的光才能对量子效率起贡献作用,因此,合理地调节吸收层带隙,最大化提高光的吸收范围,减小带隙值大小带来的光学损失。

(2)反射和窗口层寄生吸收造成的光学损失

太阳能电池通常由窗口层、缓冲层和吸收层等组成,光在到达吸收层被吸收之前会经历窗口层和缓冲层,如果这两层材料的反射率很高,则很多光会被反射回去,从而减少到达吸收层的光子数量。另一方面,短波光在经过窗口层时,由于窗口层存在吸收,因此达到吸收层的短波光会存在一定的损失,针对这一现象,需要优化窗口层厚度和参数使其允许更多的短波长光子进入吸收层。

(3)量子效率的电学损失

吸收层材料的复合中心以及吸收层与其他层的界面缺陷的存在会使得光生载流子通过带隙间的跃迁复合消失掉,从而极大减少可收集的光生载流子的数量,进而减小量子效率。提高吸收层薄膜晶体质量,钝化表面和界面缺陷是降低电池电学损失的重要方式。

由前述可知,光吸收、电荷的传输与收集过程等诸多因素会影响电池的量子效率。通过测量量子效率,可以获得太阳能电池可能出现的问题,如量子效率谱的长波段的形状和截至边通常对应吸收层的带隙和吸收层性质,而短波段的形状和大小通常对应器件的结构和窗口层性质。通过量子效率的积分也可以佐证电池 $I-V$ 曲线测量尤其是短路电流测量的准确性。目前,量子效率同 $I-V$ 一样,已经成为太阳能电池最基本、不可或缺的表征手段。

除了常规 EQE 测试分析以外,在薄膜太阳电池中还常用偏压 EQE 测试。偏压 EQE 测试指的是器件在不同偏压下测得的量子效率。由于薄膜太阳能电池载流子收集效率随着外加偏压变化明显,利用偏压量子效率可以研究窗口层区域杂质补偿情况、结势垒高低、背势垒高度,通过拟合得到耗尽区宽度(W)以及少子扩散长度(L_n)等重要参数,因此,逐渐成为研究薄膜太阳能电池一种重要手段。对于大多数薄膜太阳电池来讲,加正偏压通常会使量子效率降低,因为正偏压相当于减小了电场,从而使空间电荷区变窄。而加反偏压则通常会使量子效率提升,理论上足够大的反偏压可以使电池的内量子效率达到 100%。

如图 6.28 所示是 CIGS 电池不加偏压(内部实线)和外加 -1 V 偏压(外部实线)的量子效率图[53]。从图中看出,量子效率的损失可以分为 5 个光学损失和 1 个电学损失。光学损失为:① 衬底栅线阴影遮挡带来的光损失,合理设计栅线收集载流子可以有效降低这部分损耗;② 从入射表面到 CIGS 吸收层一路上的光反射损失,可以通过涂覆减反层有效减少这部分损耗;③ 窗口层对光吸收带来的损失,优化窗口层厚度和质量可以减少这部分损耗;④ 缓冲层吸收带来的损失,如 CIGS 电池中的 CdS 层,带隙约为 2.42 eV,吸收波长小于 500 nm 的光产生电子空穴对却不能被有效收集,从而产生损耗,实际可通过减小缓冲层厚度来降低该部分寄生吸收;⑤ 吸收层材料吸收不充分带来的光学损失,提高吸收层晶体质量等措施可以减少这部分损耗。电学损失为:光生载流子不完全的收集,这会受到界面和体相缺陷的影响,因此优化各个界面和体相材料质量可以减少这部分损耗。

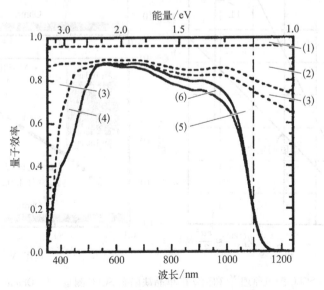

图 6.28 不加偏压和外加负偏压的量子效率图[53]

从以上可以看出,我们可以从量子效率图获得多种信息,通过获得的信息来指导改进实验,优化出高性能太阳能电池,因此,量子效率测试是太阳能电池表征中不可缺失的一环。

6.4.1.3   空间电荷受限电流(SCLC)测量

空间电荷受限电流测量是另一种直流伏安特性测量。但与电池 $I-V$ 不同的是,SCLC 测量要求被测量薄膜材料与界面接触材料之间形成欧姆接触,而不是形成 p-n 结,且 SCLC 测量需要构筑单载流子测量模式,即通过被测材料两侧的界面接触控制流经被测材料的载流子类型。图 6.29 给出了 SCLC 测量的基本原理及该方法在钙钛矿单晶材料研究中的应用[54-55]。一般而言,SCLC 曲线一般可分为三个区域,在低电压阶段,电流与电压间表现出线性关系,为欧姆电流区域;当电压高于临界电压后,被测材料出现明显的缺陷填充行为,电流电压表现出高指数关系;

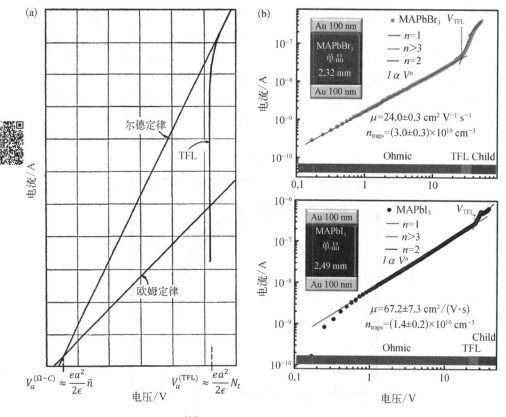

图 6.29   SCLC 测量原理[54]和钙钛矿单晶缺陷态 SCLC 测量[55]。Ohmic 为欧姆区;TFL 为缺陷填充限制区;Child 为符合尔德定律区。

当缺陷被完全填充后,电流由材料内的载流子浓度决定,而载流子浓度与电压间可以通过高斯定理进行直接关联,由此产生电流正对于电压平方的关系,即空间电荷受限电流;随着电压进一步升高,载流子可能出现快速饱和,此时电流与电压的3/2次方成正比。

由上述分析可知,通过 SCLC 测量可以获得材料的缺陷态密度(N_t)和载流子迁移率(μ)等信息。SCLC 曲线中缺陷填充临界电压 V_{TFL} 与缺陷态密度的关系为 $N_t = 2\varepsilon_r\varepsilon_0 V_{TFL}/qd^2$,其中 ε_r, ε_0 为材料的静态介电常数,d 为薄膜厚度。通过高电压处 $V \sim I^2$ 关系可以得到材料的载流子迁移率信息,即 $I = qA\varepsilon_r\varepsilon_0\mu V^2/8d^3$,其中 A 为测试面积。根据这两个关系,研究人员获得了钙钛矿单晶材料的缺陷态密度和迁移率,如图 6.29(b) 所示。研究结果表明,钙钛矿单晶材料具有极低的缺陷态密度和较高的载流子迁移率[55]。值得注意的是,当我们运用该方法测量钙钛矿薄膜材料时,发现测量得到的载流子迁移率非常低,这可能暗示着这种方法是有适用范围。

6.4.2 瞬态电学

6.4.2.1 瞬态光电流/光电压表征的基本原理

瞬态光电流/光电压(TPV/TPC)是研究半导体薄膜器件中载流子复合与电荷抽取过程的一种常用的表征手段,常用于研究太阳能电池等对光强敏感的半导体器件。在瞬态光电测试中,器件被置于稳态光源下(或保持暗态),对器件施加一个附加的微扰脉冲光,在半导体内产生非平衡载流子。载流子在半导体内输运、复合,最终被电极抽取,在外电路中形成随时间变化的电流或电压。传统的 TPC/TPV 测试原理示意图如图 6.30 所示[56]。

6.4.2.2 可调控的瞬态光电流/光电压(m-TPC/m-TPV)

瞬态光电测量可以用来表征光伏器件中电荷载流子动力学过程,为优化器件工艺、提升器件性能提供理论支持。然而传统 TPC/TPV 方法只能测量器件短路状态下的瞬态光电流和开路状态下的瞬态光电压,无法实现器件在任意工作下电荷动力学测量,且测得的瞬态光电流和光电压处于不同的状态,不能进行直接比较和计算。为了解决上述不足,中科院物理所孟庆波团队发展了可调控瞬态光电(m-TPC/TPV)测试系统,实验装置图和等效电路图如图 6.31(a) 与(b) 所示[57]。通过滤波电路的引入,实现了器件在不同偏置光、不同偏置电压的实际工作状态下瞬态光电压和瞬态光电流测量。图 6.31(c) 与(d) 测试了商业多晶硅太阳能电池在不同偏压下瞬态光电流和光电压衰减[57]。然后,通过对相关峰值、积分电量、衰减寿命的分析计算,可以获得器件中电荷转移量子效率(诸如:内量子效率、电荷收集效率、电荷抽取效率等)的相关信息。利用这些量子

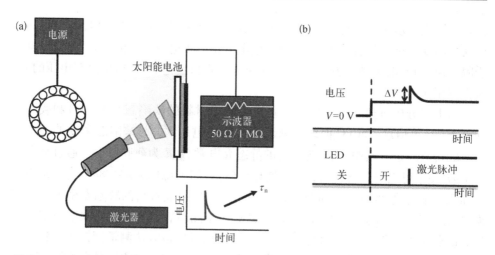

图 6.30　（a）TPC/TPV 测试原理示意图,在 TPC 测试时示波器电阻设置为 50 Ω,TPV 测试时示波
器电阻设置为高阻(一般为 1 MΩ);(b) 由示波器测试得到的信号与光信号示意图[56]

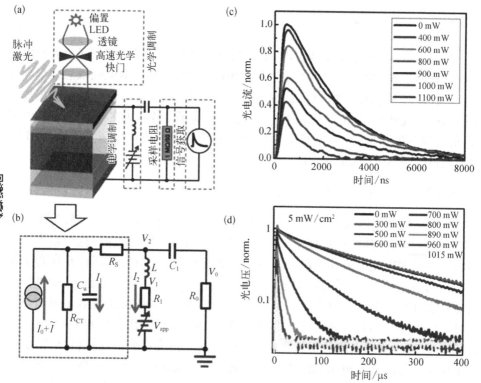

图 6.31　（a）可调控瞬态光电测量系统示意图[57];（d）相应的可调控瞬态光电测
试系统等效电路图[57];不同偏压下商业多晶硅太阳能电池的(c) 瞬态光
电流和(d) 瞬态光电压衰减[57]

效率信息,可以较准确地判断电池的电荷损失机制,从而定向指导器件优化调控。

为清楚起见,结合器件内电荷动力学时间尺度,我们将电荷-载流子动力学分为两个过程,即① 在光活性层界面处的电荷抽取和② 在电荷传输层与电极界面处的电荷收集过程。这种动力学分离是合理的,因为它们发生在明显不同的位置和时间范围内。电荷抽取过程源自太阳能电池光吸收层中载流子传输(比如钙钛矿电池传输时间约为数十纳秒),而电荷收集过程则来自电荷传输层中电荷传输(数百纳秒至几十微秒)。在电荷抽取过程中,电荷损失通过体相复合机制发生;而对于电荷收集而言,会通过在电荷传输层与光活性层界面的反向复合过程而损失。首先,电荷收集效率(η_C)可以从 TPC 衰减寿命(τ_C)和 TPV 衰减寿命(τ_r)得出,即[57]

$$\eta_C(V) = 1 - \frac{\tau_C(V)}{\tau_r(V)}$$

在合理假设下,即器件在反向偏置电压很大时,例如 $-1\ V$ 时,其内部量子效率(IQE)接近于 1,此时可以估算出在不同电压下器件的 IQE 为

$$IQE(V) = \frac{\Delta Q(V)}{\Delta Q(-1\ V)}$$

其中,ΔQ 是 TPC 衰减的积分电量。结合获得的 η_C 和 IQE,我们可以得出电荷抽取效率(η_{ext})为

$$\eta_{ext}(V) = \frac{IQE(V)}{\eta_C(V)}$$

这三个量子效率可用于量化器件的电荷损失,并区分与空间相关的电荷损失机制。简而言之,较低的 $\eta_{ext}(V)$ 表示光吸收层内较高的电荷复合或者低效率的电荷传输过程,而较低的 $\eta_C(V)$ 意味着界面反向复合过程严重需要抑制。使用 m-TPC/TPV 及提炼出的量子效率,可以对电池内的电荷损失进行定性描述。在此基础上,进一步研究太阳能电池的器件物理特性,以建立与电瞬态表征相关更精确可靠的分析方法。

理论上,可以通过考虑吸收层中电荷传输与复合过程之间的竞争关系来得出 η_{ext}:

$$\eta_{ext}(V) = \frac{\Delta Q_{ext}}{\Delta Q_{tot}} = \frac{\Delta Q_{ext}}{\Delta Q_{ext} + \Delta Q_R} = \frac{1}{1 + \frac{\tau_{ext}(V)}{\tau_R(V)}}$$

其中，τ_{ext} 是载流子在体相吸收层内的有效传输时间；τ_R 是载流子复合寿命。通过一维载流子扩散模型[58]，再根据载流子扩散系数(D)和体相吸收层的厚度(L)来估算 τ_{ext}：

$$\tau_{ext} = \frac{4}{D}\left(\frac{L}{\pi}\right)^2$$

该时间参数几乎与偏置电压无关，除非体相吸收层内的载流子传输机制发生了显著变化。根据半导体理论[59]，体相中的载流子复合可以通过偏置电压调节载流子密度或与费米能级交叠的缺陷态密度来进行调控，进而得到近似关系：

$$\tau_R = \tau_{R0}e^{-\frac{qV}{AK_BT}} = \frac{1}{\sigma v_{th}N_t}e^{-\frac{qV}{AK_BT}}$$

其中，σ 是可以通过多种实验手段估算的电荷俘获截面；v_{th} 是根据载流子有效质量计算出的载流子热运动速度；N_t 是缺陷态密度；A 是用来反映偏置电压依赖载流子复合机制的拟合因子。当 A 在 1 和 2 之间时，高电压下电荷复合的增加应该是由注入器件中载流子密度的增加引起的；而当 A 大于 2 时，我们可能需要考虑与半导体费米能级状态有密切关系的缺陷态分布的影响。最终可以得到 η_{ext} 与偏置电压之间的理论定量关系，即

$$\eta_{ext} = \left[1 + \frac{4\sigma v_{th}N_t}{D}\left(\frac{L}{\pi}\right)^2\exp\left(\frac{qV}{AK_BT}\right)\right]^{-1}$$

图 6.32 展示了通过可调控瞬态光电测试系统对钙钛矿太阳能电池的电荷损失研究，A 和 B 两器件的器件性能如图 6.32(a)所示。[60] 两器件在低于 0.8 V 的电压下具有约 100% 的高 η_C，这表明低偏置电压情况下电荷传输层和钙钛矿光吸收层界面发生的反向复合而产生的电荷损失在两种器件中均可忽略不计。对于器件 A，其 η_C 从 0.8 V 以后开始明显降低，而器件 B 的 η_C 在约 0.9 V 以后才开始降低。即使对于器件 B 来说，高压下的 η_C 仍需要进一步改善以提高器件当前的开路电压 V_{oc}，这可能是由于由界面能级结构和界面电荷复合所决定的。而抑制这种 V_{oc} 损失也被认为是目前报道高效钙钛矿太阳能电池进一步提升器件性能的关键。对比器件 A 和器件 B，性能差异的根源主要在于 $\eta_{ext}(V)$ 的差异。从图 6.32(b)看出，在短路(SC)条件下，器件 A 的 η_{ext} 仅为约 86%，而器件 B 的 η_{ext} 则高达 99%。这种 η_{ext} 的差异很大程度上决定了 J_{sc} 的差异，并且表明器件 A 的电荷损失主要发生在钙钛矿体相吸收层中。进一步地，数值拟合 η_{ext} 并结合实验测得的 σ 和 D，分别计算器件 A 和器件 B 钙钛矿吸收层中的缺陷态密度约为 4.3×10^{15} 和 1.5×10^{15} cm^{-3}[60]。该结果与利用光强相关稳态荧光光谱估算的缺陷态密度结果数量级相似。

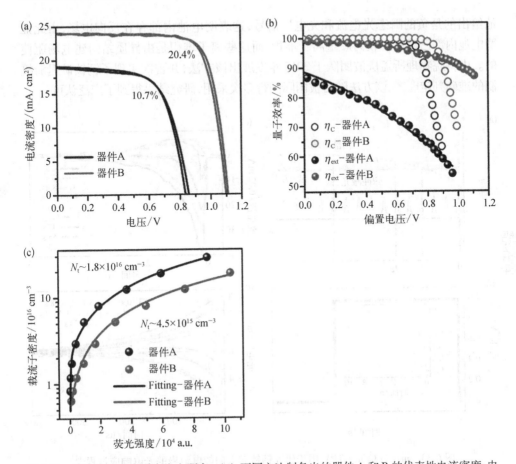

图 6.32 钙钛矿电池中瞬态光电研究:(a)不同方法制备出的器件 A 和 B 的代表性电流密度-电压特性;(b)两器件电荷收集效率 η_C 和抽取效率 η_{ext} 随偏置电压依赖关系;(c)不同钙钛矿薄膜的 PL 强度与光生载流子密度之间的关系,实线是缺陷态模型的数值拟合[60]

　　m-TPC/m-TPV 的另一个特征在于可以在给器件施加电学或光学调控的同时实现其内部瞬态光电性质的实时原位测量,因此在测量电池慢响应以及监测器件稳定性等方面有重要应用。在测量电池慢响应方面,将该方法成功用于研究钙钛矿薄膜太阳能电池的迟滞和离子迁移方面[61-62]。该测量方法的思想如图 6.33 所示[61]。当给太阳能电池施加一个周期在 s 或 min 级的电学脉冲时,由于电池慢电学响应,其内部电场会随时间逐渐变化。在此过程中,同时将周期在 ms 量级的脉冲微扰激光施加在器件上,利用示波器等高速电学设备实时记录电池 TPC 或 TPV 动力学曲线随时间的演化关系,即可获得电池的电荷动力学演化行为,进而推测电池内部的电学响应时间和电场电荷分布等性质。图 6.33 给出了钙钛矿电池在慢响应过程中 TPC 和 TPV 演化结果。可见,当外部电压刚施加到器件上时,电池给出的是负的瞬态光电流和光电压信号,这表明电池内部存在反向电场,由此证明电池内部已经存在较为严重离子堆积,而这些离子堆积是由异质结内建电场驱使的。中科院物理所孟庆波团队于 2015 年发展出该方法,并首次实现了钙钛矿迟滞机制的准确判定[62]。该方法随后被国际同行多次采用,研究结果得到了广泛认可。

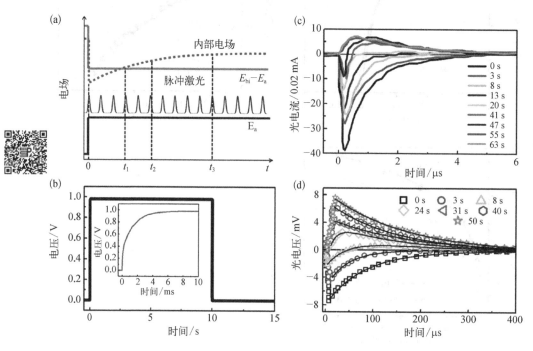

图 6.33　m‐TPC/m‐TPV 用于研究钙钛矿太阳能电池慢的光电响应过程[61]

6.4.3　交流电学测量

　　交流电学测量也是太阳能电池表征的重要电学手段,已经得到了广泛应用,且其物理模型和分析方法相对完善。图 6.34 示意性地给出了交流电学测量的思想和过程。一般地,我们对被测器件施加一个交流电压信号。为了使器件工作在不同的状态,也可以叠加一个直流偏压。通过探测被测器件的电流响应,可以获得系统的阻(容)抗特性,进而根据物理模型提取分析特定的物理性质。对于简单结构的太阳能电池(比如单结电池),一般将其电学物理简化为并联的电阻和电容,如图 6.35 所示。其中,电阻反映了器件的电荷复合(或电荷正向注入)性质,被称为电荷转移阻抗(R_{ct}),这是一个抽象简化的概念。而电容即表示器件的电容,一般由耗尽区电容、载流子扩散电容、缺陷响应电容等多部分构成。R_{ct} 和电容可以通过交流阻抗测量系统获得。

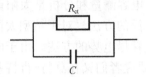

图 6.34 交流电学测量思想示意图

图 6.35 单结太阳能电池简化的电学模型

对于 R_{ct},可定义为 $R_{ct} = V_1/J_1$。R_{ct} 具体表现形式可以从电池伏安特性推得,即

$$\bar{J} + J_1\exp(i(\omega t + \varphi)) = J_{sc} - J_0\left[\exp\left(\frac{q(\bar{V} + V_1\exp(i\omega t))}{AK_BT}\right) - 1\right]$$

由此可获得 R_{ct} 的近似表现形式为

$$R_{ct} = \frac{AK_BT}{qJ_0}\exp\left(-\frac{q\bar{V}}{AK_BT}\right)$$

由此可知,交流电学测量与直流电学测量在物理模型和表现形式上是统一的。通过测量 R_{ct} 随稳态电压的变化关系,也可获得电池的理想因子和反向饱和电流密度。中科院物理所孟庆波团队在研究钙钛矿太阳能电池电学特性时较早就推得上述形式并获得了与直流电学自洽的结果,如图 6.36 所示[63]。

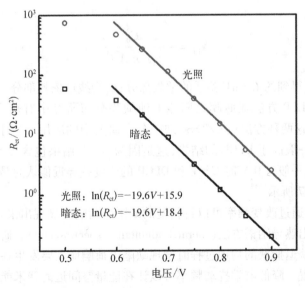

光照:$\ln(R_{ct}) = -19.6V + 15.9$
暗态:$\ln(R_{ct}) = -19.6V + 18.4$

图 6.36 无空穴传输层钙钛矿太阳能电池 R_{ct} 研究[63]

　　电容测量和分析是太阳能电池物理性质,尤其是缺陷态性质研究中使用更为广泛的方法。对于结型太阳能电池,莫特-肖特基曲线($1/C^2 - V$)是最常用的确定耗尽电势的方法。由于电容随偏压的关系与耗尽半导体内电荷分布密切相关,研究者们又在莫特-肖特基方法的基础上发展出了 $C-V$ 方法来估算光吸收层半导体内的电荷分布。在实际应用中,通过改变交流测量时的微扰电学频率,可以把具有不同时间响应特性的电荷分布区分开来。其中自由载流子(比如电荷掺杂)在高频下可充分响应,而缺陷电荷响应在低频下才逐渐表现出来。故通过频率相关的 $C-V$ 测量可以获得材料内缺陷近似一维空间分布性质。具体原理公式如下:

$$N_{\text{CV}}(W) = \frac{2}{q\varepsilon_r\varepsilon_0 A^2}\left[-\frac{\mathrm{d}V}{\mathrm{d}(1/C^2)}\right]$$

其中,W 对应空间位置,也可通过电容获得,即 $W = \varepsilon_r\varepsilon_0 A/C$。

　　对于实际器件,除了光吸收层材料体相缺陷会表现出电容响应,其界面缺陷也存在缺陷响应,因此电容测量获得的是器件的整体电容,无法区别体相和界面。为了获得更准确的体相电荷分布,研究人员又进一步发展出了 DLCP(drive-level capacitance profiling)方法。该方法主要通过改变交流电压的振幅($\mathrm{d}V$),测量电容随振幅的关系,进而通过级数展开的方式获得体相电荷的分布。该理论涉及到一定的物理公式推导,感兴趣的读者可以阅读相关文献。DLCP 测得的电荷密度分布为

$$N_{\text{DL}} = -\frac{C_0^3}{2q\varepsilon_r\varepsilon_0 A^2 C_1}$$

其中,C_0 为测量得到的 $C-\mathrm{d}V$ 关系的常数部分;C_1 为线性依赖部分。

　　$C-V$ 和 DLCP 方法在薄膜太阳能电池缺陷分布研究中有较为重要的应用。图 6.37 给出了这两种方法在 CZTSSe 缺陷分布研究中的应用。[64] 可见,$C-V$ 测量出的电荷密度一般高于 DLCP 的结果,这是因为 $C-V$ 结果包含界面缺陷的贡献。因此,研究者们一般将 0 V 时 $C-V$ 和 DLCP 的浓度差异近似认为是界面缺陷浓度(N_{IT}),如图 6.37 所示[64]。

　　如前所述,通过改变频率可以将较慢的缺陷电荷响应显现出来。据此,研究人员进一步发展出热导纳谱方法(thermal admittance spectroscopy)。研究者们在研究缺陷电荷的捕获退捕获的物理过程时发现缺陷电荷响应主要发生在与费米能级相交的缺陷态位置。降低电学扰动频率可以让在能量空间远离费米能级位置的缺陷态也产生电荷响应,由此可以获得缺陷电容与频率(f)的关系。根据实验测得的 $C-f$ 关系,可以得到材料的能量分布为

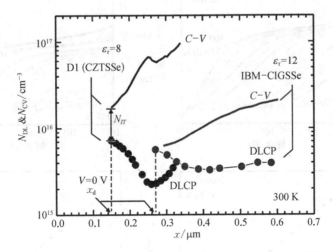

图 6.37　$C-V$ 和 DLCP 方法在 CZTSSe 电池研究中的应用[64]

$$N_t(E_\omega) = -\frac{V_D}{qW}\frac{\omega}{K_BT}\frac{dC}{d\omega}$$

其中,V_D 为结耗尽电势;W 为光吸收层薄膜厚度;ω 为圆频率;E_ω 为对应的能量位置,其形式为

$$E_\omega = K_BT\ln\frac{2\beta_V N_V}{\omega}$$

其中 $2\beta_V N_V$ 是描述缺陷捕获速率相关的参数,可通过温度相关的 $C-f$ 实验测得。实验中,一般先测量器件在不同温度下的 $C-f$ 曲线,然后根据 N_t 公式计算缺陷态浓度随频率的分布关系,找到每个温度下缺陷浓度的峰值位置,此位置对应的频率为 ω_m,对应的能量即为缺陷态能级 E_t。进一步得到 $\ln(\omega_m/T^2)$ 随温度(T)的变化关系,通过斜率和截距参数即可推得半导体材料的缺陷态能级 E_t 和缺陷捕获速率相关参数 $2\beta_V N_V$,在此基础上可以计算缺陷对应的能量分布 E_ω。

图 6.38 展示了热导谱在钙钛矿薄膜太阳能电池研究中的应用,研究者们完整给出了从温度相关的 $C-f$ 测量到缺陷态分布的分析过程,可为读者们理解该方法和运用该方法提供较好的参考[65]。

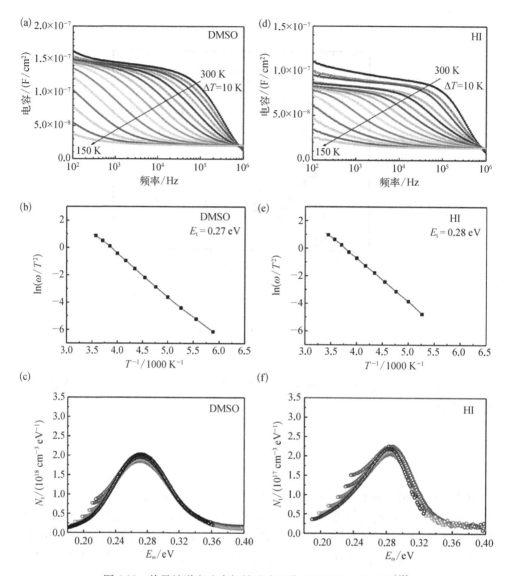

图 6.38　热导纳谱方法在钙钛矿太阳能电池研究中的应用[65]

参 考 文 献

[1] Wang K, Li Z, Zhou F, et al. Ruddlesden-Popper 2D component to stabilize γ-CsPbI₃ perovskite phase for stable and efficient photovoltaics[J]. Advanced Energy Materials, 2019, 9(42): 1902529.

[2] Duan B, Lou L, Meng F, et al. Two-step annealing CZTSSe/CdS heterojunction to improve interface properties of kesterite solar cells[J]. ACS Applied Materials & Interfaces, 2021, 13(46): 55243 − 55253.

[3] Zhu C, Niu X, Fu Y, et al. Strain engineering in perovskite solar cells and its impacts on carrier dynamics[J].

Nature Communications, 2019, 10: 815.

[4] Stefenelli M, Todt J, Riedl A, et al. X-ray analysis of residual stress gradients in TiN coatings by a Laplace space approach and cross-sectional nanodiffraction: a critical comparison [J]. Journal of Applied Crystallography, 2013, 46(5): 1378 – 1385.

[5] Wu J, Cui Y, Yu B, et al. A simple way to simultaneously release the interface stress and realize the inner encapsulation for highly efficient and stable perovskite solar cells[J]. Advanced Functional Materials, 2019, 29(49): 1905336.

[6] Xiao Y, Lu X, et al. Morphology of organic photovoltaic non-fullerene acceptors investigated by grazing incidence X-ray scattering techniques[J]. Materials Today Nano, 2019, 5: 100030.

[7] Lai H, Kan B, Liu T, et al. Two-dimensional Ruddlesden-Popper perovskite with nanorod-like morphology for solar cells with efficiency exceeding 15%[J]. Journal of the American Chemical Society, 2018, 140(37): 11639 – 11646.

[8] 殷豪, 李勇君, 党文辉, 等. Bruker MultiMode 8 中文操作手册[Z]. 4 版. 北京: 布鲁克中国客户服务中心, 2015.

[9] Mironov V. Fundamentals of scanning probe microscopy[M]. Russia: Nizhny Novgorod, 2004.

[10] Qin P, Yang G, Ren Z, et al. Stable and efficient organo-metal halide hybrid perovskite solar cells via π-conjugated lewis base polymer induced trap passivation and charge extraction[J]. Advanced Materials, 2018, 30(12): 1706126.

[11] Wang Y, Wu T, Barbaud J, et al. Stabilizing heterostructures of soft perovskite semiconductors[J]. Science, 2019, 365(6454): 687 – 691.

[12] Kim J, Kim G, Son D, et al. High photo-conversion efficiency $Cu_2ZnSn(S, Se)_4$ thin-film solar cells prepared by compound-precursors and metal-precursors [J]. Solar Energy Materials and Solar Cells, 2018, 183: 129 – 136.

[13] Cui P, Wei D, Ji J, et al. Planar p-n homojunction perovskite solar cells with efficiency exceeding 21.3%[J]. Nature Energy, 2019, 4: 150 – 159.

[14] Cai M, Ishida N, Li X, et al. Control of electrical potential distribution for high-performance perovskite solar cells[J]. Joule, 2018, 2(2): 296 – 306.

[15] Dong J, Shi J, Li D, et al. Controlling the conduction band offset for highly efficient ZnO nanorods based perovskite solar cell[J]. Applied Physics Letters, 2015, 107(7): 073507.

[16] Wolf S, Holovsky J, Moon S, et al. Organometallic halide perovskites: sharp optical absorption edge and its relation to photovoltaic performance[J]. The Journal of Physical Chemistry Letters, 2014, 5(6): 1035 – 1039.

[17] Elliott R. Intensity of optical absorption by excitons[J]. Physical Review, 1957, 108(6): 1384 – 1389.

[18] Wu B, Nguyen H, Ku Z, et al. Discerning the surface and bulk recombination kinetics of organic-inorganic halide perovskite single crystals[J]. Advanced Energy Materials, 2016, 6(14): 1600551.

[19] Yang Y, Ostrowski D, France R, et al. Observation of a hot-phonon bottleneck in lead-iodide perovskites[J]. Nature Photonics, 2016, 10: 53 – 59.

[20] Galkowski K, Mitioglu A, Miyata A, et al. Determination of the exciton binding energy and effective masses for methylammonium and formamidinium lead tri-halide perovskite semiconductors[J]. Energy & Environmental Science, 2016, 9(3): 962 – 970.

[21] Shi J, Zhang H, Li Y, et al. Identification of high-temperature exciton states and their phase-dependent trapping behaviour in lead halide perovskites [J]. Energy & Environmental Science, 2018, 11 (6): 1460 – 1469.

[22] Shi J, Li Y, Li Y, et al. From ultrafast to ultraslow: charge-carrier dynamics of perovskite solar cells[J]. Joule, 2018, 2(5): 879 – 901.

[23] Yang Y, Ostrowski D, France R, et al. Observation of a hot-phonon bottleneck in lead-iodide perovskites[J].

Nature Photonics, 2015, 10: 53 - 59.

[24] Guo Z, Wan Y, Yang M, et al. Long-range hot-carrier transport in hybrid perovskites visualized by ultrafast microscopy[J]. Science, 2017, 356(6333): 59 - 62.

[25] 陆卫, 傅英. 半导体光谱分析与拟合计算[M]. 北京: 科学出版社, 2014.

[26] 叶良修. 半导体物理学(第二版) 上册[M]. 北京: 高等教育出版社, 2006.

[27] Li Y, Li Y, Shi J, et al. High quality perovskite crystals for efficient film photodetectors induced by hydrolytic insulating oxide substrates[J]. Advanced Functional Materials, 2018, 28(10): 1705220.

[28] Stranks S, Eperon G, Grancini G, et al. Electron-hole diffusion lengths exceeding 1 micrometer in an organometal trihalide perovskite absorber[J]. Science, 2013, 342(6156): 341 - 344.

[29] Xing G, Mathews N, Sun S, et al. Long-range balanced electron-and hole-transport lengths in organic-inorganic $CH_3NH_3PbI_3$[J]. Science, 2013, 342(6156): 344 - 347.

[30] Yamada Y, Nakamura T, Endo M, et al. Photocarrier recombination dynamics in perovskite $CH_3NH_3PbI_3$ for solar cell applications[J]. Journal of the American Chemical Society, 2014, 136(33): 11610 - 11613.

[31] Varshni Y. Band-to-band radiative recombination in groups Ⅳ, Ⅵ, and Ⅲ-Ⅴ semiconductors (Ⅰ) [J]. Physica Status Solidi (B), 1967, 19(2): 459 - 514.

[32] Dmitriev A, Oruzheinikov A. The rate of radiative recombination in the nitride semiconductors and alloys[J]. Journal of Applied Physics, 1999, 86(6): 3241 - 3246.

[33] Xing G, Mathews N, Lim S, et al. Low-temperature solution-processed wavelength-tunable perovskites for lasing[J]. Nature Materials, 2014, 13(5): 476 - 480.

[34] Dang C, Lee J, Breen C, et al. Red, green and blue lasing enabled by single-exciton gain in colloidal quantum dot films[J]. Nature Nanotechnology, 2012, 7(5): 335 - 339.

[35] Mehraeen S, Coropceanu V, Brédas J. Role of band states and trap states in the electrical properties of organic semiconductors: hopping versus mobility edge model[J]. Physical Review B, 2013, 87(19): 195209.

[36] Willa K, Häusermann R, Mathis T, et al. From organic single crystals to solution processed thin-films: charge transport and trapping with varying degree of order[J]. Journal of Applied Physics, 2013, 113(13): 133707.

[37] Shi J, Yiming L, Wu J, et al. Exciton character and high-performance stimulated emission of hybrid lead bromide perovskite polycrystalline film[J]. Advanced Optical Materials, 2020, 8(10): 1902026.

[38] Krustok J, Collan H, Hjelt K. Does the low-temperature Arrhenius plot of the photoluminescence intensity in CdTe point towards an erroneous activation energy? [J]. Journal of Applied Physics, 1997, 81(3): 1442 - 1445.

[39] Priolo F, Franzò G, Coffa S, et al. Excitation and nonradiative deexcitation processes of Er^{3+} in crystalline Si [J]. Physical Review B, 1998, 57(8): 4443 - 4455.

[40] Levcenko S, Tezlevan V, Arushanov E, et al. Free-to-bound recombination in near stoichiometric Cu_2ZnSnS_4 single crystals[J]. Physical Review B, 2012, 86(4): 045206.

[41] Leroux M, Grandjean N, Beaumont B, et al. Temperature quenching of photoluminescence intensities in undoped and doped GaN[J]. Journal of Applied Physics, 1999, 86(7): 3721 - 3728.

[42] Wright A, Verdi C, Milot R, et al. Electron-phonon coupling in hybrid lead halide perovskites[J]. Nature Communications, 2016, 7: 11755.

[43] Paul H. X-ray photoelectron spectroscopy: an introduction to principles and practices[M]. New York: John Wiley & Sons, 2011.

[44] Hufner S. Photoelectron spectroscopy: principles and applications[M]. 3ed. Berlin: Springer, 2003.

[45] Fadley C. Atomic-level characterization of materials with core- and valence-level photoemission: basic phenomena and future directions[J]. Surface & Interface Analysis, 2008, 40(13): 1579 - 1605.

[46] Fadley C. X-ray photoelectron spectroscopy: from origins to future directions[J]. Nuclear Instruments and Methods in Physics Research Section A: Accelerators, Spectrometers, Detectors and Associated Equipment,

2009, 601(1 - 2): 8 - 31.

[47] Wang Q, Shao Y, Xie H, et al. Qualifying composition dependent p and n self-doping in CH₃NH₃PbI₃[J]. Applied Physics Letters, 2014, 105(16): 163508.

[48] Zhang H, Shi J, Zhu L, et al. Polystyrene stabilized perovskite component, grain and microstructure for improved efficiency and stability of planar solar cells[J]. Nano Energy, 2018, 43: 383 - 392.

[49] Lindblad R, Bi D, Park B, et al. Electronic structure of TiO₂/CH₃NH₃PbI₃ perovskite solar cell interfaces [J]. The Journal of Physical Chemistry Letters, 2014, 5(4): 648 - 653.

[50] Liu P, Liu X, Lyu L, et al. Interfacial electronic structure at the CH₃NH₃PbI₃/MoOₓ interface[J]. Applied Physics Letters, 2015, 106(19): 193903.

[51] Niesner D, Wilhelm M, Levchuk I, et al. Giant rashba splitting in CH₃NH₃PbBr₃ organic-inorganic perovskite [J]. Physical Review Letters, 2016, 117(12 - 16): 126401.

[52] Shi J, Dong J, Lv S, et al. Hole-conductor-free perovskite organic lead iodide heterojunction thin-film solar cells: high efficiency and junction property[J]. Applied Physics Letters, 2014, 104(6): 063901.

[53] Hegedus S, Shafarman W. Thin-film solar cells: device measurements and analysis [J]. Progress in Photovoltaics: Research and Applications, 2004, 12(23): 155 - 176.

[54] Lampert M. Simplified Theory of Space-charge-limited currents in an insulator with traps[J]. Physical Review, 1956, 103(6): 1648 - 1656.

[55] Saidaminov M, Abdelhady A, Murali B, et al. High-quality bulk hybrid perovskite single crystals within minutes by inverse temperature crystallization[J]. Nature Communications, 2015, 6: 7586.

[56] Meysam P, Anders H, Tomas E. Characterization techniques for perovskite solar cell materials [M]. Amsterdam: Elsevier, 2019.

[57] Shi J, Li D, Luo Y, et al. Opto-electro-modulated transient photovoltage and photocurrent system for investigation of charge transport and recombination in solar cells[J]. Review of Scientific Instruments, 2016, 87(12): 123107.

[58] Sproul A. Dimensionless solution of the equation describing the effect of surface recombination on carrier decay in semiconductors[J]. Journal of Applied Physics, 1994, 76(5): 2851 - 2854.

[59] Sze S, Ng K. Physics of semiconductor devices[M]. New York: John Wiley & Sons, 2006.

[60] Li Y, Shi J, Yu B, et al. Exploiting electrical transients to quantify charge loss in solar cells[J]. Joule, 2020, 4(2): 472 - 489.

[61] Shi S, Zhang H, Xu X, et al. Microscopic charge transport and recombination processes behind the photoelectric hysteresis in perovskite solar cells[J]. Small, 2016, 12(38): 5288 - 5294.

[62] Shi J, Xu X, Zhang H, et al. Intrinsic slow charge response in the perovskite solar cells: electron and ion transport[J]. Applied Physics Letters, 2015, 107(16): 163901.

[63] Shi J, Luo Y, Wei H, et al. Modified two-step deposition method for high-efficiency TiO₂/CH₃NH₃PbI₃ heterojunction solar cells[J]. ACS Applied Materials & Interfaces, 2014, 6(12): 9711 - 9718.

[64] Wang W, Winkler M, Gunawan O, et al. Device characteristics of CZTSSe thin-film solar cells with 12.6% efficiency[J]. Advanced Energy Materials, 2014, 4(7): 1301465.

[65] Heo J, Song D, Han H, et al. Planar CH₃NH₃PbI₃ perovskite solar cells with constant 17.2% average power conversion efficiency irrespective of the scan rate[J]. Advanced Materials, 2015, 27(22): 3424 - 3430.

第七章 结语与展望

在即将完成本书编著工作之际,新型薄膜太阳能电池又有了新的发展和进步。本书所涉及的几种新型薄膜太阳能电池,包括钙钛矿太阳能电池、量子点太阳能电池、铜锌锡硫硒和染料敏化太阳能电池的光电转化效率分别达到 25.7%、18.1%、13.6%和13%,表明新型薄膜太阳能电池已经进入快速发展期。其中,高效钙钛矿薄膜太阳能电池已经引起产业界的广泛关注与投入,研发与攻关重点已经从基础研究转向了大规模生产工艺研发、提升产品寿命等方面。

与热力学理论效率相比,这几种薄膜太阳能电池效率仍有很大的提升空间。因此,研究人员需从以下两个方面开展更深入系统研究:① 新材料(如光吸收材料、载流子传输材料、界面修饰材料等)设计与制备、器件结构优化、界面调控等;② 制约电池效率提升的各种缺陷(如材料体相缺陷、表界面缺陷等)的产生机制与调控方法。对于不同种类太阳能电池来讲,在其不同的发展阶段,都会有制约电池效率的关键短板缺陷,因此,实现对完整电池缺陷的精准诊断,准确定位关键短板缺陷的空间位置、种类及产生的原因、最终实现精准优化,是快速提升电池效率的核心。

随着先进表征技术的发展,并结合超高时空分辨显微技术,人们发展了多种原位光电测量方法,为研究缺陷演化对电池载流子动力学影响提供了新手段。尤其是可以对电池在工作状态下载流子动力学性质进行表征,进而获取电池器件的光生载流子损失机制以及相关缺陷指纹信息。这些技术方法将极大促进电池材料和制备工艺发展。为此,本书专门设立"薄膜太阳能电池材料与器件表征"一章,为进入该领域的研究生和年轻科研工作者提供便利。

相比于拥有七十多年发展历史的晶硅太阳能电池,新型薄膜太阳能电池正处在快速发展时期,仍有很多科学和技术问题需要解决。随着世界各国对以太阳能为代表的清洁能源的重视和支持,以及越来越多的优秀青年人才加入新型薄膜太阳能电池的研发领域,可以预期,在不远的将来,薄膜太阳能电池一定会取得新的重大突破。

我们相信,新型薄膜太阳能电池将以其优异的性能和低廉的成本而成为光伏市场上的有力竞争者,在光伏建筑一体化及大规模太阳能发电领域中将占据重要地位,为解决人类的能源需求、促进社会经济的健康发展而做出新贡献。